Ces risques
que l'on dit naturels

Pierre Martin

Ces risques
que l'on dit naturels

EYROLLES

ÉDITIONS EYROLLES
61, bd Saint-Germain
75240 Paris Cedex 05
www.editions-eyrolles.com

TABLE DES MATIÈRES

Chapitre 2

AVANT-PROPOS

Risque, danger, péril

Un risque est une menace incertaine dont la réalisation est possible sinon probable ; quels qu'ils soient, quelles qu'en soient les causes, quelles que soient nos précautions, nous prenons de nombreux risques, éventuellement acceptés ou même calculés mais souvent incompris ou même ignorés, partout et toujours dès que nous agissons ou même simplement parce que nous existons : le risque nous est inhérent. Un risque que l'on craint devient un danger que l'on redoute et que l'on doit se préparer à affronter si sa réalisation plus ou moins prévisible parait envisageable voire inévitable, puis un péril que l'on doit fuir si elle semble imminente.

Les événements naturels dangereux

Les chutes de météorites, les éruptions volcaniques, les séismes, les tsunamis, les cyclones, les crues, les mouvements de terrain... sont des événements intempestifs de phénomènes naturels qui peuvent être plus ou moins fréquents et se révéler plus ou moins dangereux en certaines circonstances dans certains sites, les bassins de risque ; les pires peuvent être de véritables désastres écologiques à l'échelle de la Terre.

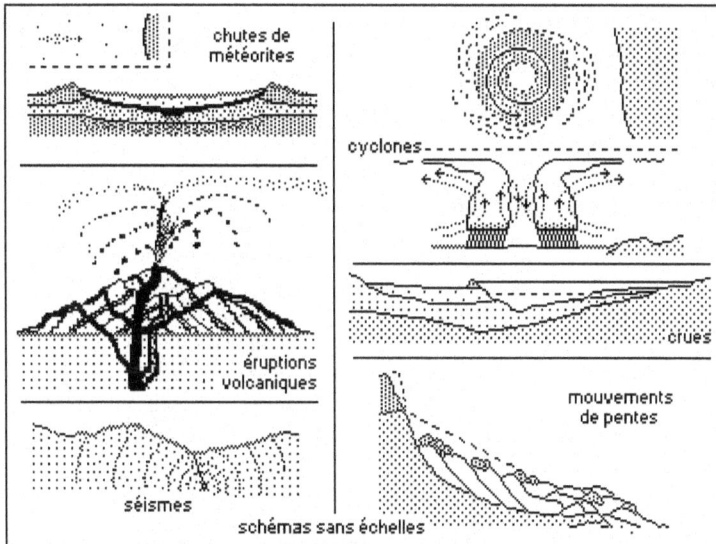

Figure 0.1 - Événements naturels dangereux

Vous avez dit risque « naturel » ?

Ces événements font ainsi courir à certains de nos aménagements, de nos ouvrages et donc à certains d'entre nous, des risques que l'on dit naturels.

En fait, est naturel ce qui appartient à la nature, qui lui est conforme, qui vient d'elle seule, indépendamment de nous, ce qui se produit sans que nous intervenions ou que nous soyons seulement présents ; c'est aussi ce qui est normal, habituel, qui va de soi. Les risques et les catastrophes dont les sources sont des événements naturels ne sont évidemment rien de tout cela. Mais, malgré les explications et les moyens que la science et la technique nous ont procurés, nous qualifions toujours les risques et les catastrophes de « naturels » : les phénomènes sont naturels, pas les risques et encore moins les catastrophes qui sont humains ; à nous de nous accommoder des risques que nous font courir leurs événements intempestifs qui ne sont dangereux que pour nous ; nous le faisons rarement et nous nous lamentons quand un tel événement nous affecte, imprédictible voire imprévisible, mais possible ou même probable là où il se produit ; nous évoquons alors les caprices de la nature, le vice du sol, le hasard ou la fatalité : c'est une survivance de croyances animistes ; nous essayons ainsi de les charger du péché, de nous en absoudre, de nous cacher que ce que nous subissons résulte de notre présence, de nos actions, de nos comportements et/ou des défauts de nos aménagements et de nos ouvrages.

Nous devrions plutôt agir, nous comporter, concevoir nos aménagements et construire nos ouvrages en tenant compte des risques auxquels notre présence, et non le hasard ou la fatalité, nous expose à travers eux ; car la nature n'est pas capricieuse, le sol n'est pas vicieux : c'est nous qui le sommes ; eux ne sont même pas indifférents ; ils n'ont aucun de nos défauts ; ils suivent simplement leur cours que nous pouvons parfois perturber, mais jamais interrompre ni même détourner.

Les phénomènes naturels

Plus ou moins fréquents, plus ou moins violents, généralement irrépressibles, les événements intempestifs susceptibles d'être dangereux, péripéties et non anomalies du cours normal, compliqué mais intelligible des phénomènes naturels, sont pour la plupart maintenant assez bien connus ; leurs effets peuvent donc en grande partie être prévenus, les personnes peuvent être protégées et les dommages aux biens peuvent être plus ou moins évités et en tous cas, limités : nous pouvons partir quand un tel événement est susceptible de se produire, nous protéger ou nous accommoder de ses effets dommageables par des aménagements, des constructions et des dispositifs de crises adaptés aux risques encourus dans les sites que nous occupons.

Pour la plupart de ces événements, on sait à peu près répondre aux questions essentielles, où ?, comment ?, avec quelle intensité ?, dont les réponses conduisent à la prévention et à la protection qui pourraient en amoindrir plus ou moins les effets ; par contre, on ne sait pas répondre à la question fondamentale, quand ?, qui autoriserait la prédiction et donc permettrait d'éviter les accidents et les catastrophes.

Les risques humains

Mais si ces événements, les aléas, sont à la source des risques « naturels », ils n'en sont pas le seul élément : les conséquences de leurs effets que l'on doit prévoir et les décisions que l'on doit prendre sont fondées sur d'autres éléments tout aussi importants, comme la vulnérabilité des installations et des personnes, les enjeux dans le bassin de risque, les moyens de prévention et d'intervention dont on dispose, la détermination et la compétence des décideurs et des intervenants...

Quand un de ces événements déclenche une catastrophe, on le considère maintenant comme un excès d'intensité jamais observée ; la catastrophe trouble la conscience collective et les média la présentent comme celle « du siècle » ou « quasi historique ». Or, aucune série statistique ne montre une augmentation de la fréquence de ces événements ; mais nous voyons en temps réel leurs impacts à l'autre bout du monde et nos aménagements de plus en plus nombreux, complexes, surpeuplés... accroissent sans cesse les ravages qu'ils provoquent : ce ne sont pas les aléas qui ont changé, ce sont notre nombre, notre vulnérabilité et nos informations.

L'étude des phénomènes naturels dangereux

On ne maîtrise jamais les événements naturels imtempestifs ; ils sont toujours des germes de risques ; mais la plupart des dommages, accidents, catastrophes dont ils nous menacent, peuvent être sinon évités, du moins limités si l'on connaît bien les phénomènes en cause ; la démarche scientifique des probabilités, du chaos et/ou des systèmes flous est la seule qui convienne à leur étude, car en l'état de nos connaissances l'irrationnel, fatalité ou hasard, est inacceptable et le déterminisme n'est pas adapté à l'étude des phénomènes naturels, trop complexes.

Les disciplines d'études sont celles des sciences de la Terre, géologie, géophysique, géomécanique..., synthétisées et mises en œuvre par la géotechnique.

La géotechnique

Technoscience de l'aménagement de la subsurface terrestre, la géotechnique permet de définir les conditions générales et particulières dans lesquelles des aménagements et des ouvrages existants ou projetés, répondant à des usages ou à des programmes spécifiques, peuvent être adaptés aux particularités naturelles de leurs sites pour y être maintenus avec le maximum de sécurité, d'efficacité et d'économie : on aménage un cours d'eau pour contenir ses crues ; on construit parasismique pour atténuer les effets d'un séisme possible dans une certaine région ; on étudie les fondations d'un bâtiment pour optimiser son coût, limiter le risque économique de sa construction et pour lui éviter des dommages ou même la ruine...

Dans un site donné, on peut faire l'inventaire des phénomènes naturels potentiellement dangereux, puis les étudier pour y adapter les aménagements et les ouvrages ou renoncer à les construire là. Et si le site a été occupé avant que l'on ait appris à le faire, ce qui est le cas général dans les vieux pays, on peut organiser des procédures et des moyens d'intervention ; en cas de réalisation du risque, ils limiteront les dégâts et permettront de revenir rapidement à une situation normale.

L'étude rationnelle d'un risque « naturel »

Sur la base de cette démarche, l'étude rationnelle d'un risque « naturel » consiste à l'identifier, l'analyser, établir sa probabilité de réalisation, en prévoir les conséquences pour s'en prémunir, le réduire et préparer la gestion d'une crise éventuelle.

Cet ouvrage qui n'est ni un manuel ni un traité mais un essai, a pour objet de montrer comment y parvenir. On n'y trouvera pas les habituelles descriptions de catastrophes qui impressionnent subjectivement le lecteur, sans lui donner les explications qu'il attend : mes expériences et mes lectures m'ont montré que les mêmes événements racontés par des auteurs différents qui souvent n'y ont pas assisté, pouvaient prendre des tours inattendus, pour étayer des opinions personnelles plutôt que pour présenter objectivement des faits patents.

Je n'y soutiens pas de thèse et n'y engage pas de polémique ; j'y expose et y commente des faits. Je m'aventure ainsi sur des terrains instables, tourbeux, glissants ou même interdits, clôturés, minés : théologie, philosophie, sciences naturelles, physiques et humaines, techniques diverses, économie, droit, politique... C'est téméraire, mais je ne peux pas faire moins qu'en prendre le risque, assurément négligeable, comparé à celui dont je vais essayer de présenter ce qu'il est ou plutôt, ce que j'en pense.

... Les phénomènes les plus confus et les plus irréguliers
ne se produisent pas capricieusement.
Ils ont aussi leurs causes...
Sénèque

La plaque de Portici

Au pied du Vésuve, Portici est l'une des villes qui a le plus durement souffert de l'éruption du 17 décembre 1631, la plus violente et la plus dommageable depuis celle de 79 qui a détruit Pompeï et Herculanum, et ensuite jusqu'à aujourd'hui. Dans les deux cas, la phase paroxystique de l'éruption a été très brève, moins de 24 heures, ce qui n'a laissé pratiquement aucune chance de survie à la majeure partie de leurs habitants.

En 1631, des séismes peu violents ont été ressentis dès juillet ; le 16 decembre, le volcan a brusquement produit un énorme nuage, des éclairs et des tonnerres, et a émis de la lave dans la caldeira qui était alors cultivée et habitée ; dans la nuit, de violents séismes et des tsunamis ont commencé les destructions alentour ; le matin du 17, une formidable explosion a décapité le volcan et projeté jusqu'à la côte des blocs, des pierres et des cendres, puis des lahars et des coulées de laves ont atteint la mer, détruisant tout sur leur passage ; à Naples la nuit était totale et il s'y est déposé près d'un demi-mètre de cendres ; dès le 18, le calme est revenu progressivement, avec quelques faibles séismes et projections de cendres, jusqu'au début de janvier 1632.

C'est à ma connaissance la première, voire la seule action publique claire, précise et permanente d'information et de prévention d'un risque « naturel » dans un bassin de risque ;à ce titre, elle devrait être inscrite au Patrimoine de l'humanité et une traduction en italien devrait être apposée sous elle. Car même à Portici, pratiquement personne ne la connaît ou du moins ignore ce qu'elle raconte ; peu de volcanologues en savent l'existence !

À divers propos, je la cite dans cet ouvrage. POSTERI POSTERI

Photo 0.1 – La plaque de Portici

Pour pérenniser la mémoire de cette catastrophe, une plaque monumentale de marbre d'environ 3 m de haut et 1,5 m de large a été érigée à l'angle du *municipio*, sur l'antique *via Campania*, actuellement *corso Garibaldi*. Elle décrit l'éruption, phénomènes précurseurs, paroxysme, durée, effets et recommande aux générations futures de fuir sans tarder, dès les premières manifestations du réveil du volcan.

```
VESTRA RES AGITVR
DIES FACEM PRÆFERT DIEI NVDIVS PERENDINO
ADVORTITE
VICIES AB SATV SOLIS IN FABVLATVR HISTORIA
ARSIT VESÆVVS
IMMANI SEMPER CLADE HÆSITANTIVM
NE POSTHAC INCERTOS OCCVPET MONEO
VTERVM GEDIT MONS HIC
BITVMINE ALVMINE FERRO SVLPHVRE AVRO ARGENTO
NITRO AQVARVM FONTIBVS GRAVEM
SERIVS OCVVS IGNESCET PELAGOQ. INFLVENTE PARIET
SED ANTE PARTVRIT
CONCVTITVR CONCVTITQ. SOLVM
FVMIGAT CORVSCAT FLAMMIGERAT
QVATIT AEREM
HORRENDVM IMMVGIT BOAT TONAT ARCET FINIBVS ACCOLAS
EMICA DVM LICET
IAM IAM ENITITVR ERVMPIT MIXTVM IGNE LACVM EVOMIT
PRÆCIPITI RVIT ILLE LAPSV SERAMQ. FVGAM PRÆVERTIT
SI CORRIPIT ACTVM EST PERIISTI
ANN. SAL. CI) I)C XXXI. XVI KAI IAN :
PHILIPPO IV REGE
EMMANVELE FONSECA ET ZVNICA COMITE MONTIS REGII
PRO REGE
REPETITA SVPERIORVM TEMPORVM CALAMITATE SVBSIDIISQ. CALAMITATIS
HVMANIVS QVO MVNIFICENTIVS
FORMIDATVS SERVAVIT SPRETVS OPPRESSIT INCAVTOS ET AVIDOS
QVIBVS LAR ET SVPPE LEX VITA POTIOR
TVM TV SI SATIS ADVI CLAMANTEM LAPIDEM
SPERNE LAREM SPERNE SARCINVLAS MORANVLLA FVGE
ANTONIO SVARES MESSIA MARCHIONE VICI
PRÆFECTO VIARVM
```

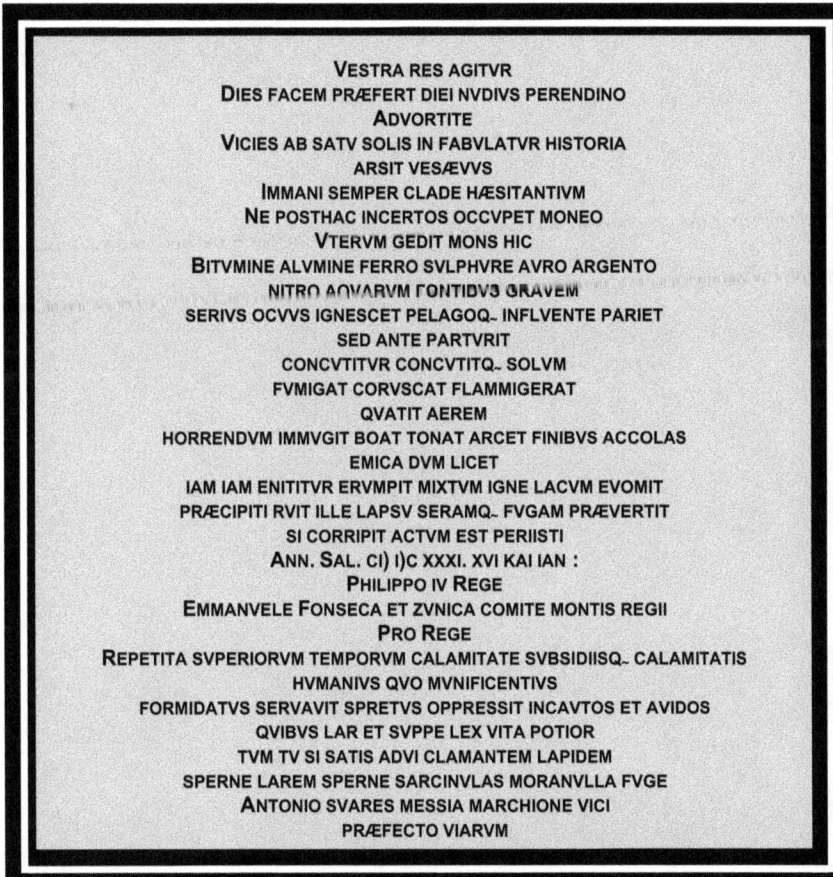

Figure 0.2 – Transcription de la plaque de Portici

Tous nos descendants auront intérêt à lire avec la plus grande attention cette histoire que l'on a racontée de nombreuses fois ! Quand de temps en temps, le Vésuve se réveille, ne vous laissez pas surprendre, je vous avertis que dès le lendemain, vous allez subir une horrible catastrophe : cette dangereuse montagne se déchaîne, s'embrase et vomit des torrents de lave fétide qui vont fondre sur vous. Mais avant, elle vous préviendra en ébranlant le sol, en lançant dans les airs un nuage de poussière, des flammes, des éclairs et des tonnerres grondant de façon effrayante. Fuyez quand il est encore temps, car elle va exploser, tout ruiner et vous couper la retraite. Abandonnez votre maison et vos biens. Si vous la dédaignez, si vous essayez de lui échapper, si vous vous montrez téméraires, imprévoyants ou cupides, vous périrez. Fuyez sans attendre, sans vous retourner.

L'an de grâce 1631, sous le règne de Philippe IV, Emmanuel Fonseca, vice-roi
Antonio Suarez, préfet de la voirie *(Transcription et traduction libre du latino-ibérico-napolitain, par l'auteur)*

1

DES RISQUES DE TOUTES NATURES

1.1 - HISTOIRES ÉDIFIANTES

L'Histoire du risque « naturel » regorge d'histoires édifiantes, d'exemples de ce qu'il aurait fallu faire ou ne pas faire pour qu'un événement intempestif de phénomène naturel ne se transforme pas en une catastrophe ; ceux que je présente ne sont que quelques gouttes d'un océan d'irrationnel, d'ignorance, de prétention, d'aberration, d'erreur, de négligence, d'incompétence, d'escroquerie... que l'on travestit en fatalité, hasard, malchance... pour ne pas perdre la face, se donner bonne conscience ou plutôt fuir ses responsabilités, individuelles mais surtout collectives.

Mais je terminerai ce chapitre d'introduction plutôt pessimiste sur une note qui l'est un peu moins : le risque «naturel» peut être sinon évité, du moins très atténué dans un site adapté aux dangers auxquels il est exposé et/ou pour un ouvrage entretenu attentivement durant toute sa vie.

1.1.1 - UNE CALAMITÉ DURABLE

Le réchauffement actuel de la planète dont on dit qu'il serait dû aux gaz à effet de serre émis par les hommes modernes, inconscients et inciviques est le sujet majeur d'inquiétude de nos temps d'écologie militante, car il serait la cause d'innombrables catastrophes présentes et futures ; en fait, ce réchauffement a débuté, il y a environ 12 000 ans, et ce fut alors et jusqu'à ce jour la pire des calamités. Malgré ce que l'on en dit, on n'en connaît pas très bien les causes, mais les hommes d'alors n'y étaient bien sûr pour rien et n'ont pu qu'en subir les effets dont ils ignoraient évidemment les causes. On sait par contre à peu près ce que les débuts du réchauffement ont fait subir à nos ancêtres et comment ils ont réagi.

1.1.1.1 - LA FIN DU WÜRM

En raison de sa violence et de sa rapidité à l'échelle du temps géologique, le réchauffement qui a affecté la Terre à la fin du Würm, la dernière des grandes glaciations du Quaternaire, a été un tel bouleversement climatique et écologique que nous en avons fait le passage géologique du Pléistocène à l'Holocène, et celui archéologique du Paléolithique au Mésolithique. Il n'a pas été monotone : vers ses débuts durant lesquels il a été le plus rapide, des stades plus ou moins chauds ou froids, de quelques centaines à un millier d'années chacun se sont succédés ; du début du premier stade chaud du Bölling vers 13 300 B.P. (*before present* - avant 1950) jusqu'à la fin du dernier stade froid du Dryas III vers 10 200 B.P., la température de surface de l'océan est allée en fluctuant constamment d'environ 7 à 15° en été et 1 à 10° en hiver. En quelques périodes plus ou moins rapides, la majeure partie de l'Europe est alors passée du climat polaire qui était le sien depuis plus de 100 000 ans au climat tempéré qu'on lui connaît depuis environ 9 500 ans : les vents dominants froids et secs de NE régis par l'anticyclone sibérien ont viré au SW tièdes et humides, régis par l'anticyclone des Açores ; la plupart des glaciers ont alors plus ou moins fondu de sorte que la mer a transgressé de 120 m, rapidement jusque vers 8 000 B.P, puis lentement et par paliers jusqu'à nos jours ; ainsi, l'eustatisme transgressif flandrien a progressivement supprimé toutes les plaines côtières, créé les îles épicontinentales comme l'Irlande vers 9 500 B.P. puis l'Angleterre vers 8 300 B.P., et noyé les deltas et les basses vallées en créant nos estuaires, fjords, calanques... Les cours d'eau aux débits énormes, ont érodé les moraines et construit les plaines alluviales par sédimentation ; les plaines intérieures se sont transformées en marécages et les dépressions en lacs ; la végétation est passée de la toundra de mousse-lichen-dryas à la steppe de graminées puis aux forêts de bouleau-pin, de pin-noisetier et enfin de chêne-tilleul-orme-frêne par l'intermédiaire de quelques séquences dryas/pin/chêne/dryas... ; les petites hardes forestières d'aurochs-cerfs-sangliers... ont remplacé les grandes hardes steppiques de mammouths-rennes-bisons-chevaux...

Dans ce qui est maintenant la France, les hommes de la fin du Paléolithique supérieur habitaient des grottes, des abris sous-roches ou des huttes en groupes d'au plus une centaine d'individus ; ces groupes quasi sédentaires, très peu nombreux et dispersés sur des territoires restreints à peu prés vides qu'ils connaissaient bien, sur lesquels ils trouvaient assez facilement tout ce dont ils avaient besoin, avaient le même genre de vie et appartenaient à une civilisation homogène de l'Atlantique à l'Oural, en bordure de l'inlandsis ; ils fabriquaient en os et bois de renne les pointes de lances, harpons, sagaies qu'ils lançaient au propulseur pour chasser de près de grandes hardes de gros gibier, rennes, chevaux, mammouths... ; bien adaptés à leur environnement, ils avaient le temps et les moyens d'orner leurs lieux de cultes de somptueuses sculptures, gravures et peintures... En à peine plus de 3 000 ans au total, mais au cours d'incessants changements beaucoup plus rapides, ils ont progressivement perdu d'immenses territoires envahis par la mer, leur gibier traditionnel et leur relative sécurité ; pour s'adapter, leurs descendants très déstabilisés et/ou après un éventuel hiatus, leurs remplaçants du début du Mésolithique ont dû évoluer en colonisant les territoires libérés par les glaciers, en adoptant un mode de vie, des techniques et des instruments, des traditions et des mythes différents... Dans un premier temps, en moins d'un millénaire, des groupes nomades d'au plus une vingtaine d'individus, isolés les uns des autres ont eu une vie précaire sur des territoires très vastes mais inconnus, ce qui a réduit drastiquement leur nombre ; individuellement ou en groupes locaux, ils devaient être fréquemment les victimes directes des éléments et notamment des crues et des mouvements de terrain bien plus violents que ceux qui nous menacent ; l'arc et la flèche leur permettaient individuellement d'atteindre de plus loin un gibier plus petit, plus mobile et mieux dissimulé qui leur fournissait en moindre quantité des matériaux moins adaptés à leurs besoins ; dans cet environnement hostile, l'art pariétal a disparu et la civilisation a régressé en se morcelant de façon régionale voire locale. Puis, ils s'y sont de mieux en mieux adapté à mesure que les conditions climatiques se stabilisaient ou du moins évoluaient beaucoup plus lentement : nous sommes les descendants directs des hommes qui ont été les premières victimes de cette calamité et les héritiers de ceux qui se sont adaptés aux conditions actuelles, notamment en créant l'agriculture et l'élevage vers 10 000 B.P. dans le Croissant fertile. Il paraît que nous subissons encore cette calamité.

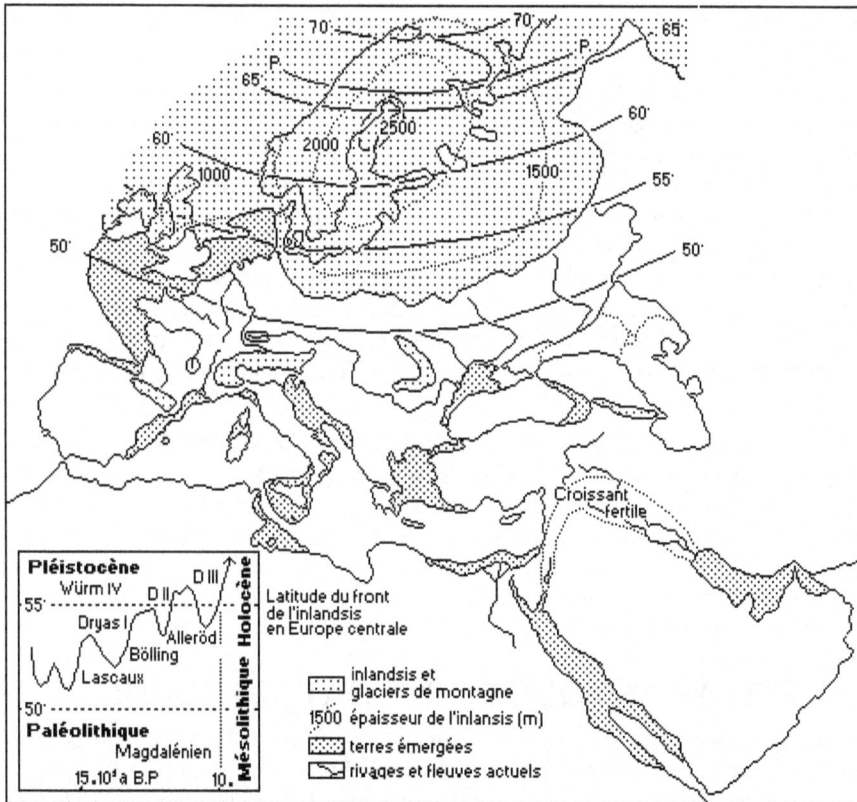

Figure 1.1.1 - L'Europe glaciaire vers le Dryas I

1.1.1.2 - L'OPTIMUM MÉDIÉVAL ET LE PETIT ÂGE GLACIAIRE

En fait depuis lors, les fluctuations climatiques, sans être aussi importantes, n'ont jamais cessé : le dernier millénaire a connu successivement une période « chaude », l'Optimum médiéval, environ 850/1350, une période « froide », le Petit âge glaciaire, environ 1350/1850, et une nouvelle période « chaude », dans laquelle nous sommes depuis environ 1860.

L'Optimum médiéval a permis aux Vikings de s'installer en Islande vers 874 puis au Groenland, la Terre verte, vers 985 ; le Petit âge glaciaire les a chassés du Groenland vers 1400 ; ils n'ont pu rester en Islande que parce qu'ils y disposaient de nombreuses sources d'eau chaude volcanique et en chassant la baleine. En Europe occidentale, l'Optimum médiéval a multiplié les étés secs et les famines, près de dix de 1200 à 1320 ; le Petit âge glaciaire, lui aussi très fluctuant, l'a soumise à une dizaine de décennies d'hivers particulièrement rudes entre 1600 et 1860, deux à trois mois de gel, embâcles fréquents de presque toutes les rivières, glaces en Manche et en mer du Nord, glaciers alpins revenant dans les grandes vallées et détruisant de nombreux hameaux, partout récoltes misérables, inflation du prix du blé, famines, surmortalité... Pour le moment, le réchauffement actuel nous évite tout cela : l'eustatisme transgressif flandrien continue à grignoter les basses terres littorales, mais les foires sur la Tamise, les patineurs d'Avercamp, les hussards de Pichegru au Helder... ne sont plus de notre temps.

Que subiront nos descendants tant que cette tendance persistera puis quand elle se renversera, ce qui est inéluctable à terme indéterminé ? Cela est d'autant plus difficile à dire que la préhistoire et même l'histoire du climat et de ses variations sont mal connues et que les théories qui essaient de les expliquer et surtout de prévoir celles qui les attendent ne sont que des hypothèses très discutées plus ou moins concurrentes et rapidement variables selon la mode du moment (*cf. 1.7.2.4*). Ainsi, nous ignorons à peu près tout de l'évolution du climat, à court comme à long terme : ses facteurs sont trop nombreux pour être tous connus ou même pour prendre en compte ceux qui le sont, et ceux dont on privilégie l'utilisation dans les modèles de prévision varient plus ou moins rapidement de façon apparemment aléatoire, en fait chaotique ; alors, réchauffement, refroidissement ? *Chi lo sa ?*

Comment réagiront nos descendants à l'un ou à l'autre ? Sûrement comme l'ont fait nos ancêtres proches et lointains, d'abord en faisant le gros dos et en régressant, puis en s'adaptant, en inventant d'autres façons de vivre qui satisferont plus ou moins leurs descendants immédiats et qu'à plus ou moins long terme, confrontés à d'autres changements, leurs descendants lointains seront obligés de modifier. Car, comme l'ont dit le Bouddha, Yi Jing, le Talmud et beaucoup d'autres, le changement est la seule chose qui ne change pas ; ainsi va le monde !

1.1.2 - MÉTAPHYSIQUE D'UNE CATASTROPHE

Contre le dogmatisme religieux qui enseignait que les catastrophes étaient des épreuves ou des punitions dont la cause était la colère divine, les philosophes européens du XVIIIe siècle ont peu à peu imposé l'explication raisonnée, prélude à la science, qui en cherchait les causes naturelles.

LE SÉISME DE LA TOUSSAINT 1755 À LISBONNE

Le séisme et le tsunami dits de Lisbonne ravagèrent la façade atlantique, du Portugal à l'Afrique du Nord, car le foyer du séisme était vraisemblablement situé vers 300 km au large du cap Saint-Vincent, sur la faille transformante qui, dans l'Atlantique nord, sépare la plaque Afrique de la plaque Europe ; le séisme , peut-être 8,5 M_L (magnitude locale), fut plus ou moins ressenti dans toute l'Europe, jusqu'en Russie, et sans doute aussi dans une grande partie de l'Afrique ; le tsunami a atteint 5 m à Lisbonne, près de 10 m sur la côte marocaine.

À Lisbonne, ils firent en quelques minutes, peut-être 60 000 victimes et entre autres, s'écrouler des dizaines d'églises sur les innombrables fidèles qui assistaient aux offices du matin de la Toussaint (1er nov.) 1755 ; « *[...] Accourrez, contemplez ces mines affreuses, / Ces débris, ces lambeaux, ces cendres malheureuses, / Ces femmes, ces enfants l'un sur l'autre entassés, / Sous les marbres rompus, ces membres dispersés [...]* ». Dans toute la chrétienté européenne, cela provoqua un débat autour de l'éternelle et un peu enfantine question « pourquoi ? » qui traduit toutes les angoisses humaines. Depuis la nuit des temps, on l'a posée après chaque catastrophe et l'on savait bien qu'il s'en fut déjà produit d'aussi amples un peu partout dans le monde ; quelle que soit la religion locale, la colère divine était toujours évoquée. Mais en raison du jour de fête sacrée, de la sainteté des lieux et de la piété des victimes, celle-là bouleversa les théologiens et les philosophes européens. Punition du vice ? Selon le père jésuite Gabriel Malaguda : « *Dieu nous a punis de nos fautes* » ; mais Voltaire objecte : « *[...] Lisbonne, qui n'est plus, eut-elle plus de vices / Que Londres, que Paris plongés dans les délices ? / Lisbonne est abîmée et l'on danse à Paris [...]* ». Vengeance contre l'Inquisition, le colonialisme naissant ? Tanger, Rabat... souffrirent presque autant que Lisbonne... Où donc était le « *meilleur des mondes possibles* » de Leibniz et de Panglos dans lequel « *tout est bien* » ou même « *pour le mieux* », et Pope pouvait-il encore affirmer que « *tout ce qui existe est bon* » ? Candide qui avait assisté au désastre « *se disait à lui-même* » « *[...] si c'est ici le meilleur des mondes possibles, que sont donc les autres [...]* ». Voltaire a ironiquement proposé une réponse désabusée en interpellant les « *philosophes trompés, qui criez "tout est bien"* » ; son célèbre poème lui valut une longue lettre de Rousseau, dans laquelle ce dernier affirmait que les hommes avaient ainsi été punis de s'être risqués à vivre à la ville : « *[...]Ce n'est qu'à Lisbonne que l'on s'émeut des tremblements de terre, alors que l'on ne peut douter qu'il s'en forme aussi dans les déserts. Convenez que la nature n'avait point rassemblé là vingt mille maisons de six à sept étages et que, si les habitants de cette grande ville eussent été dispersés plus également et plus légèrement logés, le dégât eût été beaucoup moindre et peut-être nul[...]* ». C'était bien vu, mais la cause morale sinon religieuse subsistait.

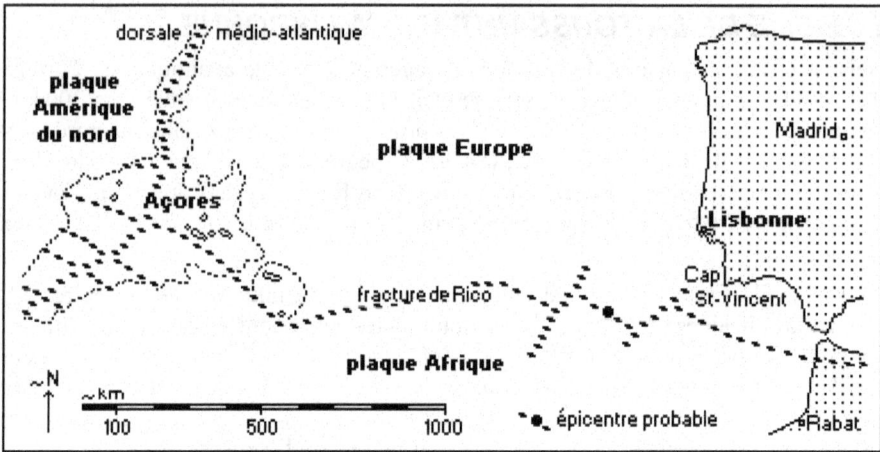

Figure 1.1.2 - Le séisme de Lisbonne

La réponse de Wesley distinguait le péché, cause morale prépondérante, de la cause naturelle quelle qu'elle soit, car le monde de l'époque commençait à prendre conscience qu'il y en avait une. En effet, en 1760, Michell a publié ce que l'on peut considérer comme le premier traité de sismologie, dans lequel il attribue la même cause à un séisme et au tsunami qui lui succède, décrit un séisme comme des vibrations et des ondulations du sol dues à des explosions de cavités souterraines par de la vapeur d'eau surchauffée par le magma volcanique comme celles qui affectaient parfois les premières chaudières de l'industrie naissante, calcule leur vitesse de propagation et détermine la position de l'épicentre ; la théorie et la méthode étaient les bonnes, mais les moyens d'observation et de mesure dont il disposait ne lui permirent pas de caractériser le séisme de Lisbonne comme nous pouvons le faire maintenant.

1.1.3 - LES TRIBULATIONS D'UN PRÉVISIONNISTE EN CHINE

Depuis, la science nous a permis de limiter notre quête aux causes naturelles, mais nous sommes encore loin d'avoir réponse à tout et l'on va voir que l'irrationnel et/ou la prétention rôdent toujours autour des risques, notamment quand on essaie de les prévoir et d'en prédire la réalisation.

1.1.3.1 - LES SÉISMES D'ANSHAN ET DE TANGSHAN (NE DE LA CHINE)

Quelques cas de prédictions réussies, de catastrophes qui auraient ainsi été évitées, sont généralement présentés comme des victoires de l'esprit sur la matière, laissant entrevoir des lendemains qui chantent et annonçant le prochain Paradis sur Terre où, grâce à la Science, la marâtre Nature sera enfin devenue notre Mère ; à l'analyse, tous ces cas se révèlent fortuits et on peut leur opposer des contre-exemples beaucoup plus nombreux. La sismologie chinoise, la plus ancienne et la mieux documentée du monde, l'a clairement montré.

1.1.3.1.1 - Anshan (04/02/1975, M_L 7,4)

À la suite de deux séismes successifs, M_L 6,8 puis 7,2, qui firent sans doute beaucoup plus que les 8 000 victimes officielles dans la région de Xingtai, à l'ouest de la Grande plaine du Nord en mars 1966, les autorités chinoises lancèrent une campagne de prévision des séismes à l'échelle de leurs moyens humains, administratifs et matériels, qui étaient considérables. Tout ce qui était alors réputé permettre la prévision d'un séisme fut étudié, testé puis mis en œuvre, observations scientifiques de terrain et de laboratoire, observations traditionnelles et routinières comme la turbidité des eaux des puits, les comportements anormaux d'animaux... La basse vallée industrielle du Lia-ho, très peuplée, sismiquement calme depuis le milieu du XIXe siècle, fit l'objet de toute l'attention des sismologues chinois, car de nombreux petits séismes se rapprochaient d'elle depuis Xingtai, sans doute le long d'un même système sismique, un rift qui oriente la Grande plaine du nord, le golfe de Bohai et la basse vallée du Lia-ho. À partir du 1er février 1975, les observations scientifiques et traditionnelles semblaient indiquer qu'un violent séisme allait se produire dans la région du Liaoning, vers Anshan-Haicheng-Yingkou, au fond du golfe du Liaotoung ; le 4 février vers le milieu de la journée, les autorités demandèrent aux habitants disciplinés, préalablement informés et entraînés, de sortir de chez eux malgré un froid rigoureux, ce qu'en fait, ils avaient déjà fait d'eux-mêmes, affolés par plusieurs rafales de petits séismes précurseurs, et de se préparer à affronter les effets d'un violent séisme dans moins de 24 heures : il se produisit dès le début de la soirée, à 19h36, M_L 7,4 ; les dommages matériels furent considérables, car tout a été détruit sur un vaste territoire, bâtiments, ponts, routes..., mais il n'y aurait eu moins d'un millier de victimes dans une région de plus de trois millions d'habitants. Ce qui en fait avait été une prévention populaire spontanée réussie, fut officiellement présentée comme une prédiction qui impressionna d'autant plus le petit monde des sismologues que les Chinois purent en faire état, la décrire et l'expliquer, avec une évidente et plus ou moins légitime satisfaction, à la conférence intergouvernementale sur l'évaluation et l'atténuation des risques sismiques, au siège de l'Unesco à Paris, au cours de la session spéciale de février 1976, ce qui souleva l'admiration unanime.

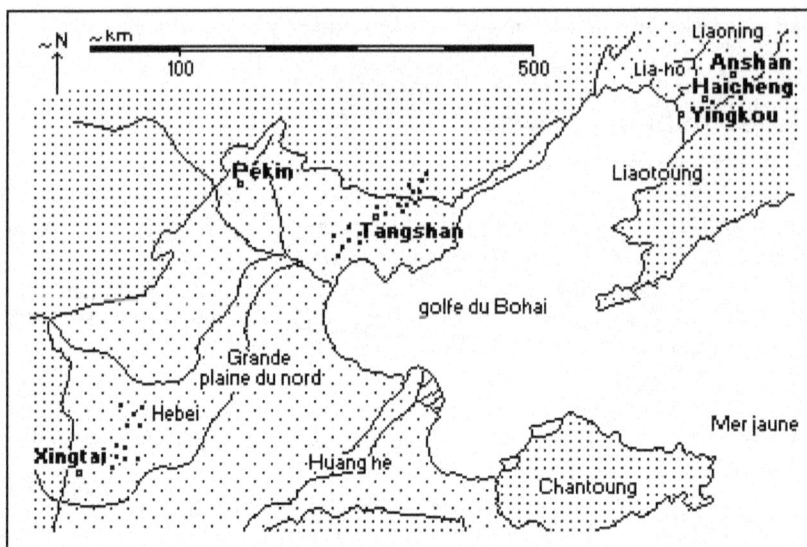

Figure 1.1.3 - Les séismes du NE de la Chine

1.1.3.1.2 - Tangshan (27/07/1976, M_L 7,6)

Malheureusement, l'inévitable contre-exemple ne tarda pas à se produire quelques mois plus tard et un an et demi après Anshan dans la région de Tangshan, à l'est de Pékin, entre Xingtai et Anshan, sans doute sur le même système sismique : le 27 juillet 1976, un séisme M_L 7,6, plus ou moins prévu, mais non prédit et en tous cas non prévenu, y fit des dommages matériels tout aussi considérables qu'au Liaoning, mais surtout 250 000 victimes selon les Chinois et sans doute plus de 650 000 en réalité ; il serait ainsi le séisme le plus meurtrier depuis deux siècles et peut-être depuis toujours.

Par contre, entre août et septembre 1976, la région de Canton est restée dans l'attente d'un séisme qui ne s'est pas produit.

1.1.4 - UNE PRÉDICTION « POLITIQUE »

Péremptoirement avancée sous couvert scientifique, la prédiction peut prendre une forme politique et être tout aussi incertaine voire erronée et donc inefficace voire scandaleuse.

LES RUINES DE SÉCHILIENNE (ISÈRE)

Potentiellement très dangereux, un grand mouvement de terrain affecte peut-être la partie haute du versant nord de la vallée de la Romanche, entre Séchilienne et Vizille (Isère) ; la bordure Est de cette zone plus ou moins stable est marquée par un écroulement rocheux alimentant un éboulis parcouru par une coulée quasi permanente de boue, de débris et parfois de blocs aboutissant quelquefois en pied sur la RN 91, au bord de laquelle se trouvent plus en amont une petite centrale électrique et une usine chimique, dans une zone en principe hors de danger immédiat. Connu de tout temps, cet endroit plutôt malsain s'appelle fort justement « les Ruines » ; en fait, il semble ne s'y être jamais rien passé de très grave : des chutes de blocs de quelques m^3 en 1726, 1762, 1794, 1833 ; le dernier événement important s'est produit en 1906 : dans la nuit du 23 au 24 février, à la suite de pluies abondantes puis de gel/dégel, 80 m^3 de matériaux ont obstrué la RN et le 20 mars, il a fallu dynamiter des rochers menaçants. Au cours de l'hiver 1985, le phénomène s'est de nouveau manifesté, mais de façon plus modérée ; or, en aval de ce site, au pied du versant opposé, un lotissement moderne a été implanté à proximité du hameau ancien de l'Île-Falcon, à Saint-Barthélemy-de-Séchilienne ; cet événement dont ils ignoraient l'éventualité, a provoqué l'inquiétude puis justifié l'intervention auprès des pouvoirs publics, de certains habitants du lotissement, nouveaux venus dans ce site, qui redoutaient un éventuel accident du car de ramassage scolaire. Consulté en qualité de secrétaire d'État aux risques majeurs du gouvernement Fabius, mais aussi comme spécialiste (?), H. Tazieff avait alors péremptoirement déclaré que l'Île-Falcon serait rayée de la carte avant dix ans !

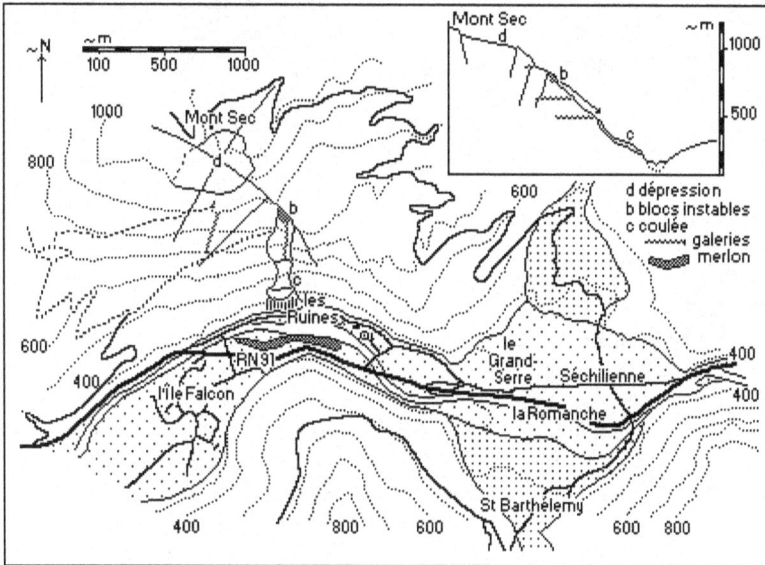

Figure 1.1.4 - Le site de la coulée des Ruines de Séchilienne

À cet endroit, la vallée présente une morphologie de verrou glaciaire typique, alluvions grossières, fond étroit vers la côte 330, *bedrock* vers 280, crêtes de versants très raides vers 1 100 au Mont Sec ; la surface du glacier maximal aurait été vers la côte actuelle 960. Dans la partie W du rameau externe du massif de Belledonne, le site des Ruines se trouve au croisement du système de failles ≈ E-W de la Romanche et d'un faisceau de fractures subverticales ≈ N-S qui affecte les micaschistes à foliation amont-pendage ou subverticale du Mont Sec et son cortège filonien de quartz-plomb-zinc. Les effets de plusieurs épisodes tectoniques, ante-hercyniens à alpin et peut-être même récents à subactuels ont marqué ce site plus ou moins sismique ; la structure de détail très complexe qui en résulte, superposition de foliation, plis, failles, filons... dont l'élément le plus curieux est une dépression d'effondrement sommitale subcirculaire, conduit à y distinguer plusieurs secteurs dont les comportements de subsurface paraissent plus ou moins différents, indépendants et asynchrones ; en dehors de l'écroulement, de l'éboulis et de la coulée, la morphologie et le comportement général atypique du site sont donc très difficiles à analyser et à comprendre. Il semble que le tiers inférieur du versant soit stable et que c'est l'ouverture gravitaire de certaines fissures de la dépression sommitale, peut-être en relation avec des secousses sismiques qui provoque les éboulements : l'éventuelle instabilité actuelle de la partie haute du versant serait due à la poussée centripète de la dépression dont l'affaissement en coin serait subactuel et/ou un effet indirect du retrait définitif du glacier würmien, mais rien n'indique que des événements catastrophiques se soient produits dans ce site depuis cette époque, en dehors de l'étroit couloir de la coulée spectaculaire mais peu épaisse sur du rocher stable.

Ces difficultés sont accrues par celles des accès, couvert forestier dense et pentes très fortes, qui ont limité les études à une cartographie de topographie photogrammétrique, à un lever de terrain plutôt mité, au relevé de deux galeries de mine utilisées de 1850 à 1914 et à une galerie de reconnaissance. Les mouvements superficiels sont suivis au moyen d'un dispositif d'auscultation et de surveillance automatique comportant, entre autres, des extensomètres sur le versant instable et un géodimètre sur le versant opposé. Des simulations de scénarios-catastrophes fondées sur des modèles informatiques ont schématisé les effets possibles de grands écroulements susceptibles (?) de se produire à termes inconnus : en 1985, on a d'abord estimé le volume de matériaux instables limités aux abords immédiats de la niche sommitale à environ 2 Mm³ (millions de m³) ; l'écroulement éventuel correspondant couperait alors la RN 91 à gros trafic sans possibilité de déviation vers Briançon et détournerait la Romanche sans la barrer. Un éboulement de 7 Mm³ produirait un barrage et une retenue d'eau à la côte 350 ; la RN serait évidemment coupée, la centrale électrique et l'usine seraient noyées ainsi qu'une partie du lotissement du Grand-Serre en aval de Séchilienne, mais l'Île-Falcon ne serait pas atteinte ; en prévention, on a construit un grand merlon sur l'autre rive et déplacé la route au pied du versant opposé, en ménageant entre eux un chenal de dérivation du torrent. En 1987, l'estimation est passée à 25 Mm³ ; le barrage créerait alors une retenue à la côte 380 ; Séchilienne serait submergé et une partie de l'Île-Falcon détruite ; la rupture du barrage, inévitable à plus ou moins long terme provoquerait une inondation particulièrement catastrophique à l'aval jusqu'au-delà de Grenoble ; cela s'est déjà produit au début du XIIIe siècle, une quinzaine de kilomètres en amont, dans le site analogue du pont de la Vena où il y eut des accumulations de coulées de boue sur chaque versant, au croisement d'une autre zone de fracture de Belledonne et d'un verrou de la vallée de la Romanche ; avant de rompre, le barrage avait retenu un lac qui baignait le site du Bourg et dont l'alluvionnement avait construit l'étroite plaine d'Oisans, remarquablement plate dans un site montagneux. Un écroulement de 100 Mm³ créerait un barrage et une retenue à la côte 430 qui noierait Séchilienne et Saint-Barthélémy, et couvrirait entièrement l'Île-Falcon. En principe, le franchissement routier en galerie du site qui permettrait aussi de dériver le torrent en cas d'accident est à l'étude ; en attendant, le dispositif de surveillance automatique devrait permettre de déclencher les plans de gestion de crise et éventuellement, de secours.

Mais passé le délai de dix ans qu'il avait fixé, H. Tazieff élu au conseil général de l'Isère qui supporte la majeure partie du coût des opérations, avait alors déclaré que le risque était mineur ! En effet, depuis l'événement de 1985, il ne s'était plus rien passé de grave dans ce site et fin 2005, le pied de la coulée était toujours couvert par une végétation dense. Entre temps, on avait joué les scénarios-catastrophes à l'ordinateur, construit le merlon, déplacé la route, établi le chenal de dérivation de la Romanche et commencé les expropriations pour cause d'utilité publique des habitants de l'Île-Falcon, légalement possibles depuis le décret 95-1115 du 17/10/95 si la sécurité des personnes est en jeu à très court terme (*cf. 2.8.2.2.2*), ce qui n'est pas le cas, et ne peut pas être assurée pour des raisons techniques et/ou économiques par des mesures de protection et/ou de sauvegarde, ce qui serait le cas de réalisation éventuelle d'un scénario-catastrophe, ou bien si le montant estimé des indemnités éventuelles de « catastrophe naturelle » est jugé prohibitif ; en 2005 quelques d'habitations étaient encore occupées, car certains anciens habitants ne voulaient toujours pas partir, arguant les avis contradictoires d'experts et notamment ceux de Tazieff, la surestimation du risque, les indemnités trop faibles... Certains se demandent aussi pourquoi seule l'Île-Falcon qui ne serait menacée que par un événement de 25 Mm^3 a été expropriée, alors que le Grand-Serre où personne n'a été exproprié, serait noyé par un événement de 7 Mm^3.

Photo 1.1.4 – *Écroulement rocheux des Ruines de Séchilienne*

Cet écroulement connu depuis longtemps menacerait de barrer la vallée de la Romanche. La RN 91 a été déplacée sur la rive opposée ; un merlon protège la route et un lit de dérivation de la rivière.

Le site semble actuellement très peu actif et heureusement, le scénario-carastrophe redouté sans que l'on précise lequel ne s'est pas encore produit et il ne semble pas devoir s'en produire un dans un délai prévisible ; par contre, il se produira sûrement d'autres coulées à terme indéterminé mais relativement court : la construction du merlon, le déplacement de la route et la création du chenal étaient donc des mesures de prévention sinon nécessaires, du moins souhaitables. Ainsi le 24/01/04, à la suite d'un éboulement dont quelques éléments ont atteint le tronçon de route désaffectée, la nouvelle route pourtant à l'abri, a été fermée durant 24 heures, par précaution, en attendant que les experts se prononcent sur l'éventualité d'un événement de plus grande ampleur qui ne s'est pas produit.

1.1.5 - LA TENDANCE SE RENVERSE

Le cours d'un phénomène naturel est extrêmement complexe ; une façon élémentaire de la modéliser est d'observer les variations temporelles d'un paramètre plus ou moins arbitrairement choisi pour le représenter. Les courbes ainsi obtenues sur des laps de temps relativement longs ne sont jamais monotones mais elles montrent parfois une tendance dont l'extrapolation à plus ou moins long terme peut conduire à la prédiction d'un événement paroxystique qui ne se produira peut-être pas parce que la tendance se renversera à un moment et d'une façon imprévisibles.

LA CLAPIÈRE (AM)

En aval de Saint-Étienne, le versant est de la vallée de la Tinée est animé par ce qui parait être un énorme et quasi permanent mouvement de terrain, fauchage superficiel affectant un panneau de près de 100 ha dénivelé de 650 m ou glissement profond d'un volume atteignant peut-être 50 Mm^3 ; le phénomène parait s'étendre vers l'amont, ce qui accroîtrait le volume instable de plus de 5 Mm^3. Quoi qu'il en soit, il bombarde fréquemment le pied du versant de débris, pierres et blocs pouvant dépasser $1\,000 \text{ m}^3$; il alimente ainsi un énorme éboulis de pied, une clapière, obstruant souvent la route qui en longeait le pied sur plus d'un kilomètre, poussant vers l'ouest la rive gauche de la Tinée qui érode donc sa rive droite et sa plaine alluviale cultivée, environ 300 m entre 1970 et 2000 ; un repère sommital s'est déplacé de 125 m horizontalement et 80 m verticalement en une quinzaine d'années. À terme indéterminé que l'on a quelque temps crû proche, il menacerait de barrer la vallée, formant un lac qui submergerait le village et dont la débâcle inévitable à plus ou moins long terme provoquerait une inondation catastrophique à l'aval, jusqu'à Nice.

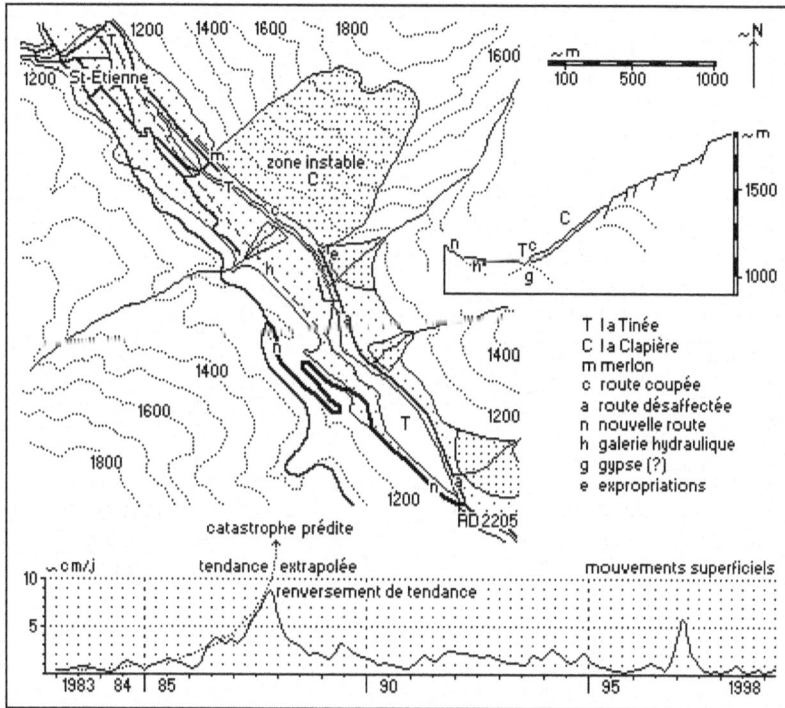

Figure 1.1.5 - Le site du mouvement de terrain de La Clapière - Évolution du phénomène

La principale formation instable du versant est un ensemble migmatitique très altéré appartenant au socle hercynien du Mercantour remanié au Tertiaire : son soulèvement alpin aurait alors entraîné la réactivation du faisceau de failles normales de la Tinée, NW/SE subvertical, qui oriente la vallée et peut-être aussi les surfaces de rupture de l'éventuel glissement profond, ainsi que son écaillage par deux autres réseaux de failles dont l'un découperait le versant en compartiments limités par les vallons adjacents qui bornent latéralement la zone instable ; il aurait aussi provoqué le décollement gravitaire vers le SW de sa couverture secondaire au niveau du Trias gypseux dont on suppose la présence en pied de versant et sous les alluvions, car l'eau des sources y est séléniteuse. Dans la zone profonde stable, la foliation métamorphique d'origine aurait une direction parallèle à la vallée et un pendage amont de 30 à 80°; au-dessus sur environ 200 m d'épaisseur, la foliation aurait basculé jusqu'à l'horizontale sans glisser ; dans la zone superficielle, la foliation serait renversée, aval pendage et donc apte aux glissements bancs sur bancs.

En fait on connaît mal la structure de ce site ; extrêmement accidenté, les surfaces actives de ruptures y sont nombreuses, très ébouleuses et fortement dénivelées ; il est ainsi localement dangereux de s'y promener, très difficile d'y effectuer des reconnaissances géophysiques et géotechniques, impossible d'y faire des sondages profonds et encore moins des galeries de reconnaissance. Les nombreuses équipes qui y interviennent sans coordination soit pour la surveillance et la prévention soit pour des études universitaires privilégient leurs propres points de vue, tectonique, hydrogéologie, géotechnique... L'instrumentation classique de surveillance permet de caractériser et de suivre les déplacements superficiels ; par des mesures hydrauliques et climatiques de débits et durées de réponse des sources en fonction des pluies et de la fonte des neiges, physico-chimiques de réactions d'altération/colmatage et de dissolution/précipitation..., l'hydrogéologie propose et étaye certains schémas de comportement ; la géomécanique ne disposant pas de données spécifiques en profondeur privilégie la manipulation de modèles numériques stéréotypés plus ou moins adéquats, à partir d'hypothèses de comportements qui ne le sont pas moins et d'observations de surface très fragmentaires ; en faisant varier tout cela, on obtient à peu près tous les résultats que l'on veut, du fauchage superficiel tel qu'on l'observe, au gigantesque écroulement instantané qui a fait frémir les foules et parait n'être plus d'actualité, en passant par le même plus ou moins lent ou par des éboulements localisés plus ou moins vastes et rapides, avec des effets indéfinis et des conséquences imprévisibles mais sûrement très différents.

Le modèle géomorphologique et géodynamique le plus probable du phénomène est celui d'une vallée glaciaire dont un compartiment de versant composé de roches schisteuses très altérables a été déstabilisé vers la fin du Würm, quand le glacier qui l'avait surcreusée jusqu'à près d'une centaine de mètres au-dessous du niveau actuel de la plaine alluviale ne l'a plus buté. L'aspect général de la subsurface du site est celui d'un fauchage gravitaire ; la morphologie synthétique de l'ensemble est celle d'un glissement complexe, vaste ensemble fractal d'une multitude de glissements élémentaires aux comportements plus ou moins indépendants et de dimensions extrêmement diverses ; le déplacement vers la plaine alluviale du pied globuleux à pente raide de ce glissement, 40 à 45° entre 1 100 et 1 350 m d'altitude, est peut-être entretenu par la dissolution de l'éventuelle formation gypseuse en pied et sous-alluviale, mais les fluctuations climatiques et météorologiques locales, sécheresse, fortes précipitations, fontes des neiges... ainsi que l'érosion en pied par le torrent, paraissent déterminantes dans l'évolution du phénomène qui ainsi n'est évidemment pas périodique mais chaotique.

Photo 1.1.5 – La Clapière

Ce mouvement de terrain très vaste et très complexe menace de barrer la vallée de la Tinée ; la RD 2205 a été déplacée sur la rive opposée ; une galerie de dérivation de la rivière a été construite.

Il semble que pour la période actuelle, il ait démarré au début du siècle, peut-être avant, car vers 1710, la Tinée aurait été barrée par un écroulement dans cette zone qui donc s'activerait de loin en loin ; l'escarpement sommital actuel serait apparu en 1937, mais la carte topographique à 1/25 000 (1980) et les cartes géologiques à 1/80 000 (1898 et 1967) et à 1/50 000 (1954) ne figurent pas de mouvements de terrain dans cette zone ; en 1970, on a observé les premières chutes de blocs sur la RD 2205 en pied ; on a commencé à s'intéresser à ce mouvement au début des années 80, car la circulation sur la route, la seule de la vallée, paraissait d'autant plus dangereuse qu'elle était devenue plus importante en raison de l'ouverture de la station de ski d'Auron et de celle du col de Restefond. Un comité d'experts assisté par un dispositif de surveillance, extensomètres, inclinomètres sur la zone instable, réseau de cibles sur cette zone et à sa périphérie, périodiquement visées automatiquement depuis le versant opposé, dont les mesures sont télétransmises au laboratoire de l'Équipement de Nice a fonctionné à partir de novembre 1982. Ce dispositif a été progressivement augmenté à la suite d'observations alarmantes et/ou d'utilisations d'appareils plus performants : en 92 on y a joint des géodimètres à laser ; en 96, on a multiplié les cibles et rendu les stations plus accessibles ; s'y ajoutent maintenant les moyens satellitaires classiques, stations GPS, télédétection, interférométrie radar... Ce dispositif coûte très cher, mais chaque fois que l'on aurait voulu l'alléger, un événement inquiétant, chutes de blocs, accélération du mouvement de certaines cibles... en a dissuadé les responsables.

Au cours de l'été 1985, les mesures de déplacements superficiels semblaient indiquer que le lent mouvement de reptation jusqu'alors observé, passait à un énorme glissement rotationnel (? - *cf. 1.9.1.3.1*) ; il a paru accélérer jusqu'à atteindre parfois localement 80 mm/j dans le courant de l'été 87. Par extrapolation de la courbe vitesse/temps, on a crû pouvoir annoncer que la rupture en masse se produirait à l'automne 1988. En fait, après une forte accélération entre janvier 86 et novembre 87, la tendance s'est brusquement renversée : une forte régression s'est produite jusqu'en janvier 91, puis une quasi-stase jusqu'en 2003 malgré d'autres courtes accélérations, novembre 1996, novembre 2001... ; à la fin de l'été 2005, il ne s'est heureusement toujours rien passé de grave ! Pourtant, ce calme apparent relatif n'est sans doute que provisoire, mais pourrait durer fort longtemps ou bien cesser sans long préavis.

Il est donc nécessaire de prévenir et d'être très vigilant : le site et ses abords immédiats ont été interdits d'accès ; une route nouvelle sur l'autre versant a été inaugurée le 28 juillet 1985 ; dès le 6 août, de très grosses chutes de blocs et un bourrelet de pied ont rendu l'ancienne route inutilisable ; il était temps ! Apparemment moins utile à court terme, une galerie de dérivation du torrent, longue d'environ 2 km, a été creusée au pied de l'autre versant pour éventuellement éviter la formation d'un lac de barrage en cas d'écroulement rapide d'un volume d'au moins 2,5 Mm^3. Des arrêtés de « catastrophe naturelle » ont aussi été pris en mai et novembre 1987 pour permettre l'évacuation et l'indemnisation « préventives » de quelques habitations et entreprises dans une zone non menacée directement. Le seuil d'alerte a été fixé à la vitesse moyenne de déplacement de 80 mm/j atteinte pendant l'été 87 ; on a depuis observé localement et temporairement 130 ou même 170 mm/j sans qu'heureusement rien de ce qui a été « prévu » ne se soit encore passé.

Cela entretient donc une polémique technico-politique, d'autant plus acerbe que sur l'autre versant, la nouvelle route n'est pas des plus stables, que la galerie de dérivation, après avoir perturbé les eaux souterraines et provoqué quelques affaissements, subit maintenant des déformations alarmantes, que les coûts de ces ouvrages, de la surveillance et des indemnisations parait exorbitant et que l'économie de la commune a été durement affectée par une situation paraissant indéterminée sinon incertaine. Plusieurs stéphanois sont allés s'établir ailleurs ; ceux qui sont restés sont sceptiques, ironiques ou excédés !

1.1.6 - UNE QUERELLE D'EXPERTS AMPLIFIÉE PAR LES MÉDIA

Multiplier les experts sur une même étude ou surtout en période de crise multiplie... les querelles d'experts.

L'ÉRUPTION DE LA SOUFRIÈRE DE LA GUADELOUPE - 1975/77

La Soufrière de la Guadeloupe est un volcan réputé très peu actif, avec quelques éruptions phréatiques peu dangereuses en près de quatre siècles ; mais c'est une montagne jeune, culminant à 1 467 m, qui s'est édifiée à la suite d'éruptions très violentes dont l'étude géologique a permis de reconstituer la courte histoire. Du reste, son activité ne peut faire aucun doute, car, en dehors des périodes d'éruptions, d'abondantes fumerolles aux odeurs évidemment sulfurées, s'échappent avec un bruit d'enfer, de larges et profondes fractures béantes qui s'ouvrent sur l'abrupt versant SW et sur le chaotique plateau sommital de son dôme ; il y a aussi de nombreuses sources chaudes sur la Basse-Terre, le long de la côte caraïbe au NW du volcan, notamment à Bouillante où se trouve une centrale géothermique ; l'activité du volcan est aussi associée à un bruit sismique continu et à des séismes parfois violents et destructeurs comme celui de 1843.

Durant l'été 1976, la « vieille dame » a produit une violente éruption phréatique qui n'a pas fait beaucoup de dégâts directs. Depuis juillet 1975, on observait une sismicité anormale sur la Basse-Terre, avec des chocs de plus en plus nombreux et violents, jusqu'à atteindre M_L 4,6 en août 1976, tandis que les foyers sismiques montaient de 5 à 3 km de profondeur sous le dôme. Pendant ce temps, les manifestations éruptives, ouvertures de fissures dans le dôme, jets de vapeur et de gaz, projections de blocs et de cendres, lahars... étaient devenues impressionnantes : le lahar du Carbet atteignait presque la très touristique troisième chute de cette ravine ; la banlieue résidentielle de Saint-Claude paraissait pouvoir être bombardée par des blocs dont certains pesaient plusieurs tonnes et effectuaient des vols de près de 2 km de portée ; une fine couche de cendres s'étendait sur Basse-Terre, la préfecture de l'île, à une dizaine de kilomètres au SW, en contrebas des fissures les plus actives du dôme. Avec en mémoire les victimes des éruptions précédentes de la montagne Pelée et de la Soufrière de Saint-Vincent, et sur les avis d'experts qui n'excluaient pas une explosion violente, l'évacuation prudente de 72 000 personnes a été décidée le 15 août. Le volcan s'est ensuite peu à peu calmé et les gens ont pu revenir chez eux dès la fin de cette même année 1976. Des manifestations extérieures se sont poursuivies jusqu'en mars 1977 ; le relatif calme sismique initial est revenu depuis 1978.

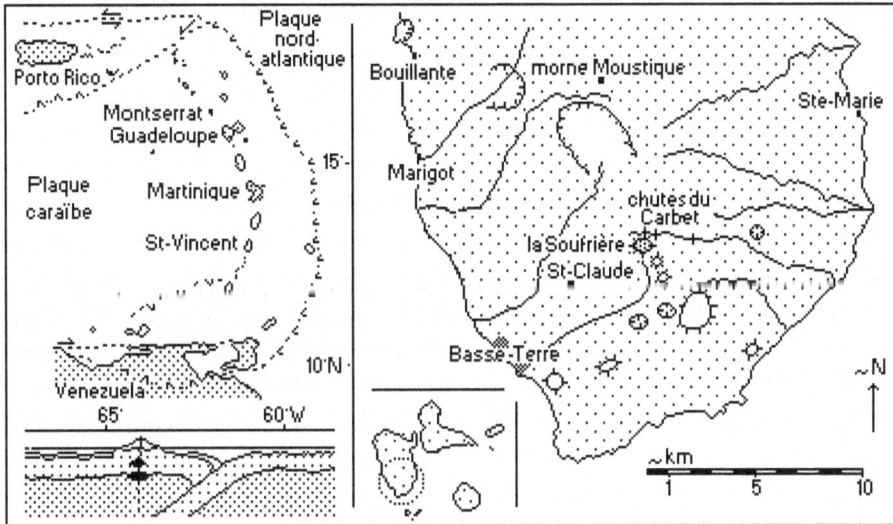

Figure 1.1.6- Le site de la Soufrière

Au cours de cette éruption, on a vu et entendu des experts dont l'inévitable Tazieff, s'affronter doctement, véhémentement et vainement pour décider s'il était opportun de se fier aux indications de la géophysique plutôt qu'à celles de la géochimie, alors qu'il était surtout urgent et indispensable de prendre en toute sérénité, des décisions motivées et raisonnables dont pouvaient dépendre les vies de plus de 50 000 personnes ; cette tragi-comédie scientifico-médiatique bien française, a beaucoup nui au travail des vrais spécialistes, a altéré leur crédibilité ; elle a affolé les gens et fait passer des péripéties polémiques au rang d'événements qui, pour les média en attente de *scoop*, suppléaient au manque de bonne volonté du volcan refusant d'exploser. Il en est résulté des actions hâtives et mal préparées, un joli désordre politico-administratif, puis une longue querelle hargneuse, à propos d'une crise sérieuse, inattendue mais possible, subie et gérée au jour le jour par des décideurs mal informés, le modèle de ce qu'il faut éviter en cas de réalisation de risque «naturel».

Depuis, un observatoire permanent a été installé dans les hauts de Saint-Claude, assez curieusement à moins de 3 km du volcan, dans une zone apparemment très menacée. On considère comme plus ou moins exposé, un tiers de la Basse-Terre, au sud d'une ligne allant de Marigot sur la côte caraïbe, à Sainte-Marie sur la côte atlantique, en passant par le morne Moustique.

La prévention est un art bien difficile, mais la prédiction d'événements catastrophiques qui ne se produisent pas à terme annoncé peut s'avérer beaucoup plus désastreuse pour les gens théoriquement exposés que pour ceux qui les préviennent et parfois les alarment.

Je vous dirai plus loin pourquoi je pense que la prédiction des événements destructeurs de tous les phénomènes naturels ne nous est pas accessible et ne le sera peut-être jamais. Je tacherai aussi de vous rassurer en vous montrant qu'à condition d'être attentif et prudent, on peut dans la plupart des cas, n'en subir que des effets, certes souvent très dommageables, mais presque jamais catastrophiques. Mais les hommes se montrent rarement attentifs et prudents ; ils adoptent même très fréquemment, des comportements aberrants, généralement pour des raisons futiles, sans commune mesure avec les risques pris.

1.1.7 - UNE ÉPOUVANTABLE ABERRATION POLITICO-ADMINISTRATIVE

Selon R. Aron, l'histoire ne tient pas compte des catastrophes évitées ; la notion de catastrophes qui ne se sont pas produites est en effet un non-sens : *avec des si on mettrait Paris en bouteille*. Par contre, on ne compte pas les catastrophes dites « naturelles » provoquées, mais qui auraient pu être évitées ; en fait, elles le sont à peu près toutes, « catastrophes provoquées » est un pléonasme : pour ne pas en provoquer, il faut et il suffit de ne pas être là, où et quand un événement naturel dangereux est susceptible de se produire ; vous trouvez cela évident et/ou stupide ? Voici ce à quoi peut conduire un comportement humain aberrant face à un tel événement.

LE 8 MAI 1902, À SAINT-PIERRE DE LA MARTINIQUE

La montagne Pelée est l'éponyme des éruptions volcaniques les plus immédiatement dangereuses, les éruptions péléennes ; l'éruption type de 1902, est en effet la première qui ait été scrupuleusement étudiée et décrite scientifiquement par Lacroix puis par Perret et ensuite par beaucoup d'autres ; elle constitue donc une référence essentielle en volcanologie.

Malheureusement, elle est plutôt restée célèbre pour avoir entraîné un holocauste dont on dit rarement qu'il a été dû au comportement aberrant des pouvoirs publics, à une horrible manipulation politico-administrative ; cela implique qu'on lui attribue aussi une place particulière dans l'étude du risque volcanique, et même du risque « naturel », celle du contre-exemple, de ce qu'il faut éviter de faire à tout prix.

1.1.7.1 - Le volcan

Située sur la marge ouest de la plaque caraïbe, vers le milieu de l'arc de subduction des petites Antilles, à l'extrémité nord de la Martinique, la montagne Pelée n'émet même pas quelques fumerolles qui montreraient qu'actuellement, elle n'est qu'assoupie.

C'est un strato-volcan calco-alcalin, empilement de blocs et de pyroclastites plus ou moins cimentés, enrobant un axe d'andésite, racine de deux dômes juxtaposés. Il forme un cône, $\phi \approx 15$ km, dont les 3/4 de la circonférence sont des rivages marins ; son sommet, le dôme de 1929, culmine à 1 397 m ; sa surface est striée par un réseau dense de ravines rayonnantes. Les dômes, de 1902 au NE et de 1929 au SW, occupent le fond dit de l'étang Sec, d'une demi-caldeira d'effondrement préexistante, ouverte au SW ; en partie ceinturés par sa paroi subverticale, leurs pieds sont encombrés d'éboulis. Le substratum est constitué par l'appareil fissural du morne Jacob qui s'étend largement au sud, et par celui effusif du piton Conil qui pointe localement au nord du cône ; ces deux appareils sont séparés par la dépression structurale NE-SW de Saint-Pierre dont les parties nord et est sont couvertes par le tiers terrestre de la circonférence du cône.

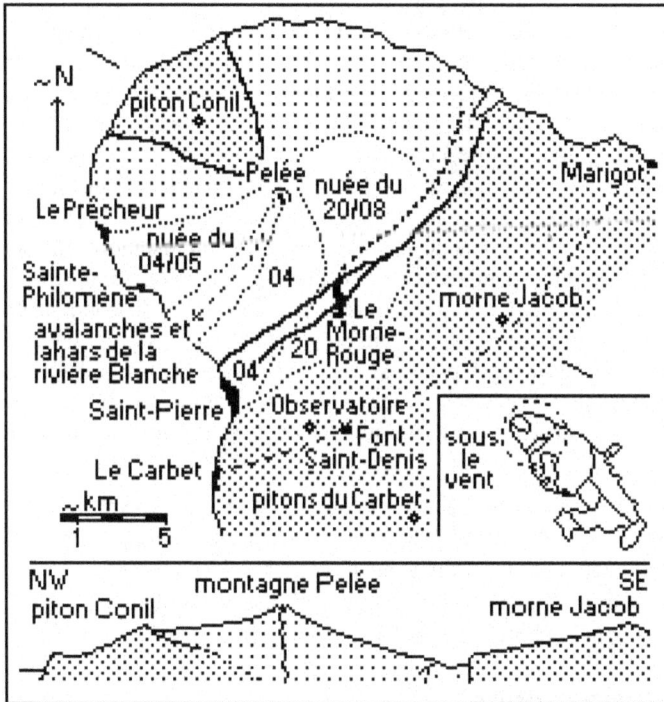

Figure 1.1.7.1 - La Martinique et la montagne Pelée

La première phase d'activité de l'arc antillais se serait manifestée de -50 à -25 Ma (millions d'années). La phase actuelle aurait débuté vers -5 Ma, d'abord au morne Jacob ≈ -5/-2 Ma, et aux pitons du Carbet ≈ -2/-1 Ma, puis au piton Conil <-0,5 Ma. La montagne Pelée aurait vu le jour il y a environ 300 000 ans sur le bord nord de la dépression ; lors de l'épisode actuel qui aurait débuté il y a environ 13 500 ans, elle aurait eu une trentaine d'éruptions pliniennes ou péléennes, en groupes alternants plus ou moins nombreux, non cycliques ; elle en a eu quatre péléennes historiques en un peu plus de 200 ans, en 1792 et 1851 qui n'ont pas dépassé la phase phréatique, en 1902 très explosive et en 1927 qui l'a été beaucoup moins. Comme celui de la plupart des volcans d'arcs de subduction, son magma andésitique est très visqueux : il construit des dômes, produit des projections pyroclastiques, mais pas de coulées de lave ; le déclenchement d'une éruption serait dû à une ascension de basalte provenant d'une chambre inférieure, ≈30 km profondeur locale du plan de subduction, sans doute provoquée par une crise tectonique de l'arc ; le mélange basalte/dacite se produirait dans une chambre supérieure, ≈10 km, qui, après s'être vidangée, serait réactivée par une nouvelle ascension de basalte.

Les éruptions produisent de nombreux événements plus ou moins explosifs selon les conditions physico-chimiques de la montée finale du magma, au cours de laquelle il se dégaze plus ou moins ; on peut les ranger en deux types : les avalanches pyroclastiques gravitaires, alimentées par des écroulements du dôme en surrection et de faibles explosions de magma en grande partie dégazé au cours de son ascension, suivent les ravines et affectent donc des zones très étroites et bien circonscrites entre le sommet et la mer sur le versant SW, apparemment très instable ; les nuées ardentes, au sens propre, que l'on appelle maintenant déferlantes pyroclastiques turbulentes, produites par de fortes explosions à haute pression, > 100 bars, lors de violents dégazages en fin de course au pied du dôme ; en grande partie constituées d'air, elles ne sont pas toxiques, pas très chaudes, 5 à 600°, très peu denses, ≈ 0,05, et véhiculent en suspension des particules magmatiques très vascularisées à la température du magma, > 1 000° ; formant de très hauts nuages, elles dévalent à plus de 100 m/s ; franchissant aisément les coteaux à contre-pente, elles s'étalent largement dans le site et affectent irrégulièrement des zones très vastes aux limites floues. La morphologie, demi-caldeira plinienne prolongée par de profondes ravines, de la partie SW du cône où se produisent les principaux événements de toutes les éruptions, parait régie par la structure de l'appareil orientée selon la direction NE-SW de la dépression structurale ; c'est ainsi que le dôme de 1929 est situé au SW du dôme de 1902 et que la demi-caldeira, ouverte au SW, dirige la plupart des nuées dans cette direction.

D'un point de vue strictement volcanologique, la montagne Pelée est un volcan plutôt modéré : l'éruption de 1902 aurait éjecté ≈ 0,2 km^3 de matériaux, un peu moins que celle de la Soufrière de Montserrat ou du Saint Helens, ≈ 0,35 km^3, beaucoup moins que celle du Pinatubo, ≈ 6 km^3, et encore moins que celle du Krakatoa, ≈ 15 km^3, du Tambora, ≈ 80 km^3, du Katmai (Cent mille Fumées), du Laki... (*Fig. 1.4.1*).

1.1.7.2 - La catastrophe

À l'aube du XXe siècle, Saint-Pierre passait pour le petit Paris des Antilles : au bord d'une magnifique plage sous le vent, près de 30 000 habitants dont environ 8 000 créoles, de belles maisons de pierre bordant l'élégante avenue Victor-Hugo, une cathédrale, un théâtre, un hôpital, un lycée, des usines pour produire le sucre et le rhum, des entrepôts pour stocker les fûts dont ils étaient pleins, un port pour les expédier, en fait la plage et des mahonnes pour charger de nombreux bateaux de commerce au mouillage, une courte jetée, un petit phare... et au nord, une montagne conique, presque toujours couronnée de nuages, d'où de nombreux torrents descendaient radialement.

Un siècle après, quand on vient de Fort-de-France par la route de la côte et qu'à la sortie d'un petit tunnel percé au pied d'une falaise de pyroclastites et laves de l'appareil du Carbet, on double la pointe Sainte-Marthe, on découvre une somptueuse marine, la mer, la plage, la montagne et ses éternels nuages, les torrents..., mais plus de belle ville, seulement un gros village de guère plus de 6 000 habitants, qui serait triste s'il n'était pas antillais, quelques ruines saisissantes dont celles de l'ancien théâtre, de l'église du Fort, la rue Levassor déblayée des cendres accumulées sur près de trois mètres de haut, un petit musée dans lequel, afin que l'on n'oublie pas, Perret a rassemblé d'émouvantes et terrifiantes reliques de la vie de tous les jours, avant que ce paradis ne devienne un enfer, le 8 mai 1902.

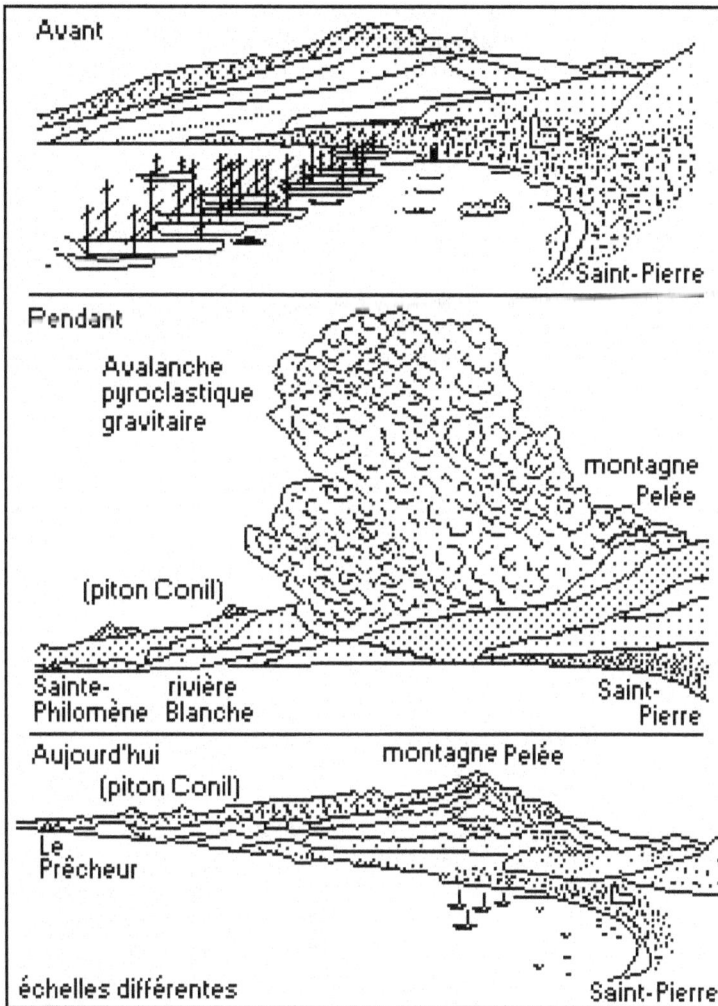

Figure 1.1.7.2 - Avant - Pendant - Après

On présente toujours la nuée ardente qui ce jour-là a ravagé Saint-Pierre et ses alentours, comme une abominable catastrophe « naturelle » dont était responsable un volcan particulièrement imprévisible. Bien évidemment, il était impossible d'empêcher que la ville et ses environs fussent ravagés par la nuée du 8 mai et toutes celles qui la précédèrent et la suivirent ; mais les 28 à 30 000 victimes qu'on lui impute, durent uniquement leur triste sort à une incroyable aberration politico-administrative dont on évite toujours d'exposer les détails : il n'est pas exagéré de considérer que le volcan n'a pas été pour grand-chose dans cette consternante et cruelle histoire.

La montagne Pelée était connue comme un volcan dès avant l'arrivée des Européens sur l'île : les Caraïbes qui avaient peut-être assisté à une éruption au XVIᵉ siècle, l'appelaient montagne de Feu ; sa morphologie et l'existence de volcans actifs dans d'autres îles des petites Antilles, ne permettaient pas d'ignorer sa nature : environ 160 km plus au sud, la Soufrière de Saint-Vincent était alors très agitée depuis plus d'un an et avait eu une violente explosion le 7 mai, ce que les autorités de Saint-Pierre savaient, ignorant toutefois qu'une nuée ardente y avait fait plus de 1 500 victimes ; du reste, depuis la colonisation, deux éruptions phréatiques, apparemment inoffensives de la montagne Pelée, s'étaient produites en 1792 et 1851 ; et s'il est vrai qu'à cette époque, la volcanologie n'était qu'une branche mineure de la géologie et de la minéralogie, le comportement dangereux des volcans était loin d'être inconnu.

À partir de 1889, des fumerolles et des petits séismes indiquaient une reprise d'activité. En février 1902, leur intensification ne laissait aucun doute sur le réveil du volcan, notamment à Sainte-Philomène, hameau du Prêcheur, village situé au nord de Saint-Pierre, zone sous le vent du volcan la plus directement exposée aux pluies de cendres, au pied du versant SW sous l'ouverture de la caldeira qui dirige les avalanches pyroclastiques et les lahars. Le 23 avril, l'éruption commençait par une phase phréatique, étang Sec rempli d'eau brûlante au sommet, crues des torrents, pluie de cendres, détonations, grondements, tremblement continus ; le 25, elle entrait dans une phase explosive avec émission d'énormes panaches de vapeur et de pyroclastites, zébrés d'éclairs : selon les sages recommandations de la plaque de Portici (*Fig. 0.2*) qui, depuis l'éruption de 1631, met en garde les habitants des versants du Vésuve, il aurait fallu partir sans attendre ; elle était malheureusement ignorée des Pierrotins ; l'équipage d'un bateau napolitain, qui connaissait évidemment le Vésuve et peut-être aussi les recommandations de la plaque, appareilla bien qu'il n'en eût pas l'autorisation.

Mais le 27 avril des élections législatives infructueuses avaient eu lieu et un scrutin de ballottage était prévu pour le 11 mai ; les autorités politiques et administratives ne pensèrent donc qu'à empêcher le départ des électeurs : les adversaires polémiquaient stupidement sur la nécessité ou non de partir, dont ils avaient fait une marque de spécificité politique ; de son côté, l'administration organisait imperturbablement le second tour ; elle faisait publier les avis rassurants d'une commission d'« experts » locaux hâtivement réunie dont le seul membre ayant des connaissances scientifiques était le professeur de sciences naturelles du lycée ; elle alla même jusqu'à charger la troupe d'arrêter un début d'exode sous prétexte d'éviter les pillages. À partir du 2 mai, ces comportements étaient manifestement devenus aberrants ; une excursion sur la montagne avait même été organisée pour le 4, qui était un dimanche ; elle n'eut finalement pas lieu, car l'éruption s'amplifiait sans cesse, pluie de cendres continue couvrant toute la région d'une couche s'épaississant d'heure en heure : le 5, lahar destructeur et meurtrier sur la rivière Blanche au nord de Saint-Pierre, suralimentée par la vidange de l'étang Sec et petit tsunami sur la côte à son arrivée dans la mer ; le 6, rupture de câbles téléphoniques sous-marins par un courant de turbidité déclenché par un séisme, et toujours les cendres... On n'était pas loin de la description de Pline que quelques lettrés locaux devaient bien connaître, ainsi que du déroulement de l'éruption de la Soufrière de Saint-Vincent. Mais les autorités étaient toujours aussi rassurantes : l'élection devait avoir lieu le 11. Quelques personnes avisées, mais passant pour couardes et inciviques, forcèrent le blocus ; grand bien leur prit, car l'élection n'eut pas lieu : le 8 mai vers 7 h 50, la tristement célèbre nuée ardente ravagea un secteur SW du volcan d'environ 60 km², axé sur la rivière Blanche, manifestement orientée par l'échancrure de la caldeira sommitale de l'étang Sec ; Saint-Pierre et les villages alentour n'existaient plus ; environ 30 000 citoyens, dont le gouverneur de l'île et sa femme venus sur place pour rassurer les gens à la demande du maire, furent victimes du formalisme électoral et de l'aveuglement politico-administratif ; tout était dévasté sur le versant SW entre Sainte-Philomène et Saint-Pierre : les gens succombèrent quasi instantanément à l'onde de choc et à de cruelles brûlures externes et internes par contact, ingestion et inhalation ; les constructions furent soufflées puis brûlèrent ; près d'une vingtaine de bateaux à l'ancre brûlèrent et sombrèrent...

Mais ce n'était pas fini : d'autres nuées se produisirent les 20, 26 et 30 mai, 6 juin, 9 juillet. Celle du 30 août, la plus violente de toutes, acheva en apothéose cette incroyable histoire : un à deux milliers d'habitants du secteur du Morne-Rouge, plus haut sur le versant SE du volcan, au NE de Saint-Pierre, demeurés là on ne sait trop pourquoi, y laissèrent la vie. Au total, plus de 100 km² furent dévastés. Ensuite, il n'y eut plus d'explosions, mais un débordement quasi continu de magma dégazé très visqueux ; filée par une large fissure sommitale, la célèbre aiguille surgit ainsi début novembre ; à la fin du mois, elle dépassait 200 m de haut et atteignit au maximum 260 m environ ; elle s'accrut et s'écroula plusieurs fois, disparut en septembre 1903, puis le volcan s'assoupit jusqu'en 1929.

Commençait alors une autre histoire, presque aussi spectaculaire, mais heureusement moins dramatique.

1.1.7.3 - Ensuite

L'éruption de 1902 est célèbre ; presque aussi violente d'un point de vue strictement volcanologique, on parle beaucoup moins de celle de 1929, sans doute parce qu'elle n'a fait pratiquement aucune victime ; en effet, d'abord elle ne fut pas explosive, ensuite Saint-Pierre était toujours une ruine inhabitée et enfin grâce à Perret, on avait pris la précaution qui s'impose en pareille circonstance, faire évacuer la zone menacée ; c'est ce que recommande la plaque de Portici et ce que l'on a fait à partir de 1995 autour de la Soufrière de Montserrat dont les seules victimes furent des *téméraires* ou des *cupides* revenus dans la zone interdite en 1997. Néanmoins, les deux éruptions ont été matériellement tout aussi catastrophiques et s'il s'en produisait une autre analogue, elle le serait autant : on ne peut rien contre une éruption durant laquelle se produisent en continu des pluies de cendres, la montée d'une aiguille de lave très visqueuse et à intervalles plus ou moins rapprochés, non seulement des nuées ardentes, mais aussi des avalanches pyroclastiques, des lahars, des petits tsunamis, des glissements sous-marins et des petits séismes.

L'action directe est évidemment impossible. La surveillance est absolument nécessaire, car la prévision de la phase dangereuse d'une éruption en cours est possible : le volcan est de bonne composition, il monte lentement en puissance et prévient toujours avant de se déchaîner : si l'on avait mis les gens en alerte dès février, si on les avait fait partir dès le 25 avril, au début de la phase explosive, l'élection du 27 aurait été différée et... 30 000 vies auraient été épargnées.

Une bonne carte de risque avec les trajets possibles des nuées ardentes, avait été établie par Perret ; elle avait évité une nouvelle catastrophe et lui avait permis d'observer de près l'éruption de 1929 en toute sécurité. L'observatoire du morne des Cadets, à une dizaine de kilomètres au sud du volcan, offre une belle vue d'ensemble de la zone dangereuse, à la limite de laquelle il se trouve. Cette zone couvre à peu près le quart nord de l'île, du Carbet sur la côte caraïbe à Marigot sur la côte atlantique, en passant par Font-Saint-Denis et le morne Jacob. Saint-Pierre, beaucoup moins peuplé qu'en 1902, est toujours aussi exposé, comme le sont aussi tous les villages alentour, au total, environ 20 000 personnes. Pour justifier la présence permanente de cet observatoire, parfois contestée eu égard à l'apparente tranquillité actuelle du volcan, on peut rappeler qu'il avait été établi dès 1903, que l'éruption dite de 1902 s'est en fait poursuivie jusqu'en 1905, qu'ensuite le volcan est redevenu calme de sorte que l'observatoire avait été abandonné par lassitude en 1927, après quoi le volcan s'est de nouveau manifesté de 1929 à 1932 et de façon peut-être aussi violente qu'en 1902, sans toutefois qu'il se soit produit des explosions ! L'observatoire actuel est équipé de balises GPS, géodimètres à laser, inclinomètres, sismographes, magnétomètres, de moyens de télédétection, de tomographie sismique et d'analyses d'éventuelles fumerolles... pour contrôler en permanence la forme et le comportement du volcan ; plusieurs équipes se consacrent aux divers aspects de la volcanologie locale, afin d'en comprendre l'évolution ; on espère ainsi prévenir les effets catastrophiques du réel danger qu'il représente par l'information, la précaution et la prévention en période de stase, la protection et la gestion en temps de crise, les secours en cas de catastrophe. Tout cela incombe aux pouvoirs publics qui, s'ils sont actuellement moins inconscients et/ou cyniques, ne sont guère plus efficaces ; on préfère toujours tuer Cassandre plutôt que l'écouter, et après une catastrophe, on prend des mesures qui se révéleront dépassées à la prochaine.

Il y a à peine plus de 100 ans, la catastrophe du 8 mai 1902 a donné à la France le triste record mondial de victimes directes d'éruptions volcaniques qui, par ailleurs, ne sont jamais très meurtrières par elles-mêmes.

Peut-on donc qualifier cette catastrophe de « naturelle » ? Peut-on croire que la fatalité et/ou le hasard sont à l'origine des catastrophes que l'on dit « naturelles », quel que soit le phénomène en cause, séisme, mouvement de terrains, inondation... ? Pour les hommes, la nature n'est ni capricieuse ni malfaisante : elle est neutre. Les phénomènes sont naturels, pas les risques et encore moins les catastrophes qui sont humains. Dans certains sites et dans certaines circonstances généralement connus, certains événements de l'évolution normale d'un phénomène naturel peuvent être dangereux : on doit donc se comporter et agir, aménager et construire en tenant compte d'éventuelles réalisations de tous les risques « naturels ».

1.1.8 - UNE IMPLANTATION « IMPRUDENTE »

Mais on continue à construire dans les lits majeurs des cours d'eau et on fait souvent pire ailleurs. L'urbanisation moderne s'est développée de façon débridée voire irresponsable, sans tenir compte des particularités naturelles de sites périphériques, beaucoup moins favorables que le site d'origine, noyau relativement sûr de l'agglomération. Elle a notamment aggravé la vulnérabilité des zones dangereuses connues et a même créé de nouvelles zones dangereuses, car la plupart des élus, plus préoccupés par la prochaine élection que par la réalisation hypothétique ou à terme lointain d'un risque, sont enclins à satisfaire les intérêts immédiats de leurs électeurs avant d'assurer leur sécurité.

LA CRUE DU BORNE DU 14 JUILLET 1987

La catastrophe du Grand-Bornand (Haute-Savoie), très limitée dans l'espace, le bas d'un village de montagne, et le temps, moins de quatre heures, n'en aurait pas été une s'il n'y avait pas eu de camping au bord du Borne, torrent alpin tributaire de l'Arve ; seulement quelques champs inondés et/ou érodés, quelques portions de routes, un ou deux ponts emportés..., la routine ! Cette catastrophe n'a pas été vraiment naturelle : le Borne est un torrent connu pour ses violentes crues d'été ; dans la nuit du 8/9 juillet 1879, l'une d'elle avait été catastrophique, routes coupées, ponts emportés, maisons écroulées ; une autre, presque aussi violente, s'était produite en juillet 1936...

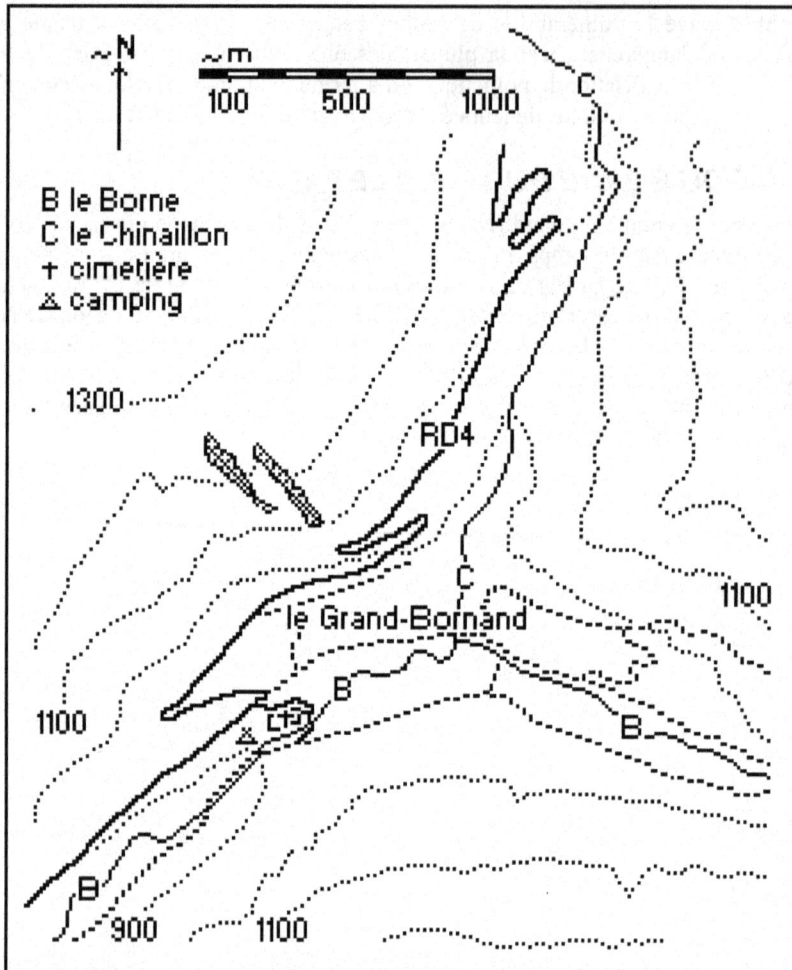

Figure 1.1.8 - Le site de l'inondation du Grand-Bornand

L'établissement du Plan d'exposition aux risques naturels prévisibles (Per - *cf. 2.8.2.2.1*) pour la commune du Grand-Bornand avait été prescrit par le préfet de Haute-Savoie le 12/04/85 mais n'était pas encore publié en 1987 ; il visait explicitement les risques d'avalanches et de mouvements de terrains, mais aussi celui de crues torrentielles, contrairement à ce qui a parfois été dit pour évoquer la fatalité. En 1973, un camping avait été ouvert en aval du cimetière, sur un terrain agricole riverain du torrent, où il n'y avait jamais eu de construction habitée. Cette installation était donc potentiellement d'autant plus dangereuse qu'elle fonctionnait essentiellement en période de risque maximum. Et de fait à partir de mai 1987, il plut de façon quasi continue sur les Alpes de Savoie ; le Borne et son affluent le Chinaillon étaient en crue normale permanente ; les sols de leurs bassins versants étaient saturés ; le 14 juillet à partir de 17h30, de violents orages, ≈100 mm en ≈3 heures, sur le massif des Aravis étaient repérés par les radars-météo ; dès 18h, les pompiers du Grand-Bornand devaient aller secourir les hameaux d'altitude ; vers 19h, en partie à cause de la rupture d'un embâcle sur le Chinaillon, le Borne roulant à plus de 3 m/s, 200 m^3/s d'eau plus que boueuse alors que son lit mineur n'en permettait qu'une cinquantaine, ravageait entre autres le terrain de camping, y emportant voitures, caravanes et campeurs ; 23 y laissèrent la vie ; par chance, l'hélicoptère de la Protection civile qui passait par là pour aller un peu plus loin en reconnaissance put sauver 26 réfugiés sur un îlot inaccessible par la terre, emporté peu après ; vers 20h, tout était terminé, la pluie s'était arrêtée et l'onde de crue était passée.

Expression d'un risque identifié mais négligé, restait un désastre dû à la méconnaissance du passé, à une implantation risquée, « *imprudente* » (!) mais conforme au règlement d'urbanisme selon la commission d'enquête, à une gestion de crise inorganisée... Et s'engageait une consternante affaire politique, administrative et judiciaire : dès le lendemain, le Délégué aux risques majeurs, R. Vié le Sage, avait écarté la thèse de la fatalité, position politiquement très incorrecte puisqu'elle avait pour corollaire l'existence de responsabilités ; désavoué par son ministre de tutelle A. Carignon et âprement critiqué par son prédécesseur H. Tazieff, il dut démissionner le 17 juillet.

Photo 1.1.8 – *Le Borne canalisé*

Le terrain de camping était situé entre le cimetière et l'immeuble récent.

Jouant sur les mots de prédiction et prévision, sur le fait que le Per était prescrit mais pas encore publié et sur celui que le temps de retour d'une telle crue aurait été de plus de 250 ans malgré 1879 et 1936, les élus et la commission d'enquête ont longtemps soutenu que l'administration, État et commune, n'avait rien à se reprocher, car le terrain de camping était conforme au règlement d'urbanisme, correctement aménagé et exploité : la catastrophe était due à un événement de force majeure et donc imprévisible ; la justice administrative, d'abord favorable à cette thèse de la fatalité qui exonère quiconque de toute responsabilité, l'a infirmée en appel, en retenant que d'autres crues catastrophiques s'étaient déjà produites dans ce site et que donc on n'avait pas pris les mesures de prévention nécessaires, car, nonobstant le Per, le code de l'urbanisme et le code des communes obligent l'État et les communes à assurer la sécurité des citoyens et à prévenir les risques auxquels ils sont susceptibles d'être exposés ; les justices pénale et civile n'ont pas établi de responsabilité personnelle. Maintenant, le Borne est canalisé dans sa traversée de l'agglomération et un petit monument a été érigé en aval du cimetière ; mais on a construit deux immeubles à l'emplacement du camping ; ils sont plus hauts que la plus grande crue théoriquement possible et protégés par des perrés : les catastrophes sont vite oubliées !

1.1.9 - DES DOCUMENTS ADMINISTRATIFS « IMPRÉVOYANTS », DES ÉLUS RESPONSABLES

Naguère impensable, la mise en cause personnelle d'élus « impliqués » de près ou de loin dans une catastrophe est devenue courante ; les maires légalement garants de la sécurité de leurs administrés sont en première ligne et risquent une condamnation correctionnelle.

L'AVALANCHE DU PECLEREY À CHAMONIX-MONTROC, LE 9 FÉVRIER 1999

En montagne, les avalanches étaient et demeurent les plus fréquents mais sauf très rarement les moins graves des phénomènes naturels dangereux. Naguère, les couloirs qu'elles parcourent habituellement étaient connus des montagnards qui n'en étaient que très rarement victimes : la tradition et l'expérience évitaient qu'ils s'y exposassent. Les avalanches destructrices de bâtiments et autres ouvrages étaient encore plus rares : ceux qui y avaient été imprudemment exposés avaient disparu depuis longtemps et l'on ne construisait plus sur leurs emplacements connus pour être dangereux. Actuellement, elles sont à l'origine de fréquents accidents individuels souvent mortels, affectant des citadins, promeneurs ou skieurs imprudents, qui le plus souvent les déclenchent eux-mêmes et beaucoup plus rarement de destructions catastrophiques dans des sites où les aménageurs ont ignoré ou négligé le danger comme à Val-d'Isère le 10/02/70.

En montagne, les avalanches étaient et demeurent les plus fréquents des phénomènes naturels dangereux mais leurs effets sont rarement catastrophiques. Naguère, les couloirs qu'elles parcourent habituellement étaient connus des montagnards qui n'en étaient que très rarement victimes : la tradition et l'expérience évitaient qu'ils s'y exposassent. Les avalanches destructrices de bâtiments et autres ouvrages étaient encore plus rares : ceux qui y avaient été imprudemment exposés avaient disparu depuis longtemps et l'on ne construisait plus sur leurs emplacements connus pour être dangereux. Actuellement, elles sont à l'origine de fréquents accidents individuels souvent mortels, affectant des citadins, promeneurs ou skieurs imprudents, qui le plus souvent les déclenchent eux-mêmes et beaucoup plus rarement de destructions catastrophiques dans des sites où les aménageurs ont ignoré ou négligé le danger comme à Val-d'Isère le 10/02/70.

Entre le massif du Mont-Blanc et celui des Aiguilles Rouges, la haute vallée de l'Arve aux versants très élevés et très raides est un site particulièrement exposé aux avalanches ; on a recensé plus de 100 couloirs dangereux sur l'ensemble du territoire communal de Chamonix qui couvre la majeure partie de la vallée ; l'un d'entre eux se trouve en face de Montroc, écart de la commune de Chamonix, sur le versant du Peclerey en rive gauche de l'Arve côté Mont-Blanc, où le cirque sommital d'accumulation de neige du bec de la Cluy est un départ d'avalanches qui dévalent fréquemment ce couloir bien connu, caractérisé par la morphologie et la végétation, et s'arrêtent généralement soit sur le replat relatif de

Peclerey, soit dans le lit mineur de l'Arve ; elles traversent beaucoup plus rarement le torrent, sans toutefois atteindre la route du Tour qui longe la rive droite ; du moins le croyait-on ; pourtant, les archives de la commune mentionnent qu'une de ces avalanches avait traversé la route en 1843, une carte établie en 1908 figure la même chose et certains habitants se souvenaient que le 12/02/45, l'avalanche que l'on appelait alors « du Grand Lachy » avait atteint la route. Mais les documents d'urbanisme successifs relatifs au risque d'avalanche, Carte de localisation probable des avalanches (CLPA, 1972) puis Plan de zonage d'exposition aux risques d'avalanche (PZAE, 1977), Per (1992) et enfin PPR (1997) limitent la zone d'arrêt de l'avalanche à la route bien qu'en 1991, une révision négligée de la CPLA ait figuré cette zone au-delà de la route.

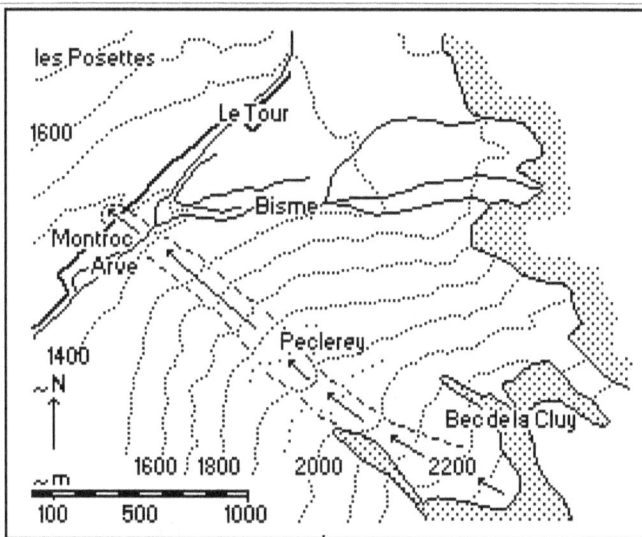

Figure 1.1.9 - Le site de l'avalanche de Montroc

Montroc est une station de sports d'hiver réputée qui, comme presque toutes ses semblables, a été le théâtre d'une urbanisation récente mal contrôlée sinon débridée : sur le Pos approuvé en 1997, le secteur de Montroc était toujours constructible. Il est maintenant totalement inconstructible, car le 9 février 1999, après trois jours d'enneigement quasi continu sur plus de 2 m d'épaisseur, une avalanche nébuleuse très rapide de poudreuse a tracé le chemin à une avalanche de neige dense, écoulement subhydraulique violent qui a traversé l'Arve et la route à contre-pente sur une largeur d'environ 200 m et une vingtaine de mètres de dénivelée pour ensevelir sous une épaisseur dépassant localement 6 m, la majeure partie du lotissement des Poses, détruisant 14 chalets sur 17 et tuant 12 personnes. Ce lotissement était pourtant situé dans la zone blanche du PPR et donc réputé sans risque.

La thèse de la fatalité n'a pas résisté à l'enquête judiciaire : le couloir et les effets de l'avalanche étaient connus et le risque était patent, mais on n'en avait pas tenu compte dans les documents d'urbanisme : au titre de ses responsabilités administratives dans l'élaboration et l'approbation de ces documents, dans la commission de sécurité..., le maire de Chamonix a été personnellement mis en examen puis condamné en juillet 2003 par le tribunal correctionnel de Bonneville.

Photo 1.1.9 –Le couloir de l'avalanche de Montroc et le monument

En bordure de la zone dévastée, il reste maintenant deux chalets épargnés par l'avalanche ; le rez-de-chaussée en béton d'un autre dont l'étage a été emporté, a été couvert par un merlon de remblais et il a été réaménagé !

1.1.10 - VOUS AVEZ DIT « CATASTROPHE NATURELLE » ?

Est naturel ce qui fait partie de la nature, qui lui est conforme, qui vient d'elle seule, sans que l'homme intervienne ou soit seulement présent ; un phénomène peut être naturel, un risque non et une catastrophe, encore moins : un séisme est un phénomène naturel qui ne devient une catastrophe tellurique que quand, comme à Kobe en 1995, il ruine une ville. En France, une « catastrophe naturelle » est un état constaté sous certaines conditions rarement prises en compte, par le préfet sur proposition du maire d'une commune sinistrée, et qui a fait l'objet d'une décision interministérielle, généralement plus politique que technique ; vous avez dit « naturelle » ?

On peut ainsi dévoyer le système d'indemnisation des « catastrophes naturelles » qui ne devrait concerner que des cas effectivement catastrophiques, en homologuant des « catastrophes » dont le seul fondement est le clientélisme politico-administratif.

LES EFFETS DE LA SÉCHERESSE SUR LES CONSTRUCTIONS FRAGILES

Les alternances saisonnières répétées d'humidité/sécheresse ou de gels/dégels produisent des mouvements verticaux incessants de la surface de sols argileux plus ou moins sensibles aux variations de leur teneur en eau, qui monte plus ou moins quand elle augmente ou en cas de gel, ce qui provoque leur gonflement, puis descend plus ou moins quand elle diminue ou au dégel, ce qui provoque leur retrait. Ces mouvements naturels diffèrent des tassements ; on les considère abusivement comme des « catastrophes naturelles » car ils sont bien connus, quasi permanents et facilement évitables; ils peuvent causer d'importants dommages à des ouvrages inadaptés, légers, fondés superficiellement sur de tels sols et dont la structure fragile manque de continuité et de rigidité, qui sont mal drainés et surtout mal entretenus ; dans des contrées au climat rigoureux dont le sous-sol est constitué de matériaux très sensibles, ils peuvent aussi affecter des ouvrages lourds. Quoi que l'on en dise et décrète, ces mouvements sont plutôt rares en France, car son sous-sol recèle peu de sols réellement sensibles et parce que des conditions climatiques saisonnières très contrastées ne règnent habituellement que dans le Sud-Est pour l'humidité/sécheresse, en montagne et dans l'Est pour les gels/dégels.

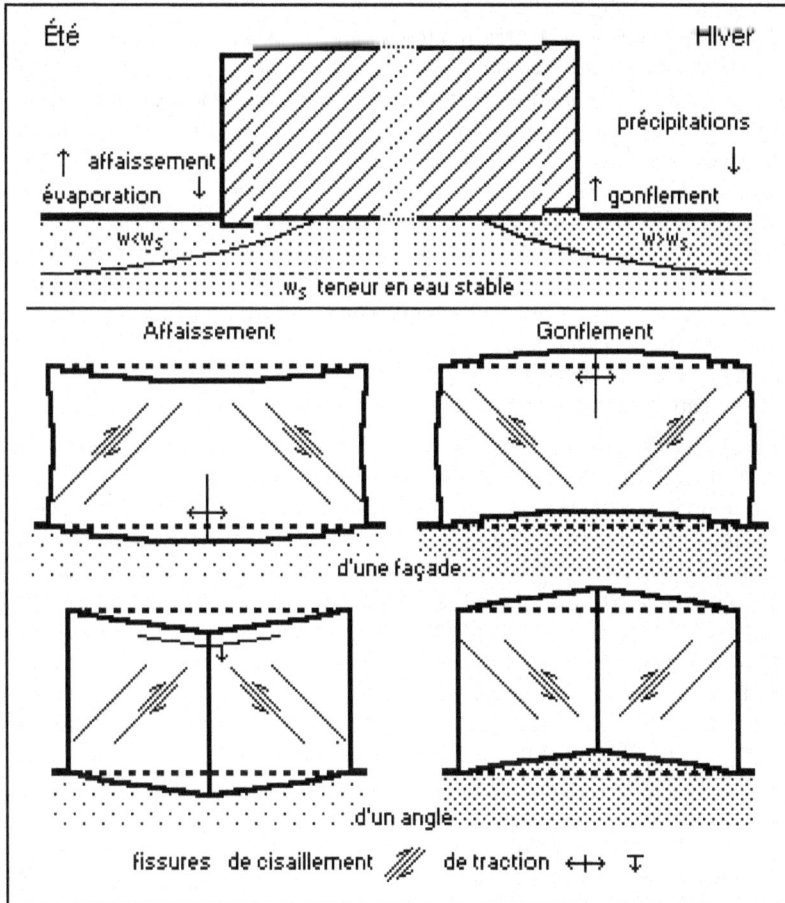

Figure 1.1.10 - Mouvements saisonniers des fondations superficielles

Néanmoins, au tournant des années 80/90, l'application laxiste de la loi 82-600 du 13/07/82 qui a institué l'indemnisation des victimes de « catastrophes naturelles » (*cf. 2.8.5.2*) a créé un type étonnant de telles « catastrophes », les mouvements de terrains dus à la sécheresse ; ces mouvements entraînent effectivement la fissuration de toutes sortes de bâtiments généralement légers et/ou anciens, mais heureusement, ces

« catastrophes » d'un nouveau type n'ont jamais ruiné ni même sérieusement endommagé le moindre d'entre eux, ni causé de dommage corporel à quiconque : elles sont donc pratiquement ignorées du public, car elles ne font pas la une des journaux et la télévision n'en montre pas les prétendus ravages.

Avant la loi, il s'en produisait de temps en temps un peu partout et le rebouchage des fissures qu'ils provoquaient habituellement était considéré comme de l'entretien courant : maintenant souvent décrétés comme des « catastrophes naturelles », leur constatation légale est dans de nombreux cas le moyen politico-social de contribuer à l'entretien socialisé de la partie la plus médiocre du parc immobilier d'une commune, réparations au-delà de la période décennale de très nombreux pavillons mal construits, rénovations de non moins nombreux immeubles vétustes, mal entretenus... Les arrêtés ministériels de déclaration de l'état de « catastrophe naturelle », un par commune « sinistrée », concernant ces mouvements plus que confidentiels avant la loi ont occupé après elle des pages entières du *Journal officiel* ; il s'en est publié plus de 400 un même jour d'avril 1988 et plus de 10% des communes françaises ont un jour ou l'autre été déclarées sinistrées, et pour pas mal d'entre elles, plusieurs fois ; ainsi, par le nombre des arrêtés c'est désormais la deuxième de toutes les catastrophes qui affectent légalement le territoire français, derrière les inondations considérées comme telles depuis longtemps et qui le sont réellement et bien avant les séismes, chez nous beaucoup plus médiatiques que dangereux. En moyenne, on indemnise une douzaine de sinistres individuels par commune, pour environ 10 000 € chacun, mais l'indemnité peut dépasser 100 000 € si l'expert décide la reprise en sous-œuvre du bâtiment sinistré.

Les montants annuels des indemnisations sécheresse sont passés de 400 M€ (millions d'euros) en 1993 à 2 500 M€ en 1999, alors que le coût annuel moyen des indemnisations de toutes les autres catastrophes, les vraies, est d'environ 300 M€ ; cette « catastrophe » est ainsi devenue permanente et s'amplifie régulièrement, ce qui est assez surprenant pour une catastrophe, événement en principe aléatoire et d'intensité exceptionnelle. Cela grève lourdement le fonds du régime national de couverture des catastrophes naturelles alimenté par les surprimes de tous les contrats d'assurance dommages, en fait géré par les assureurs sous le contrôle de la Caisse centrale de réassurance (C.C.R) au nom de l'État ; ils peuvent faire appel à sa garantie si la charge des sinistres devient trop lourde pour eux ; pour amoindrir sinon éviter cette obligation latente, l'État a augmenté par deux fois les surprimes, presque triplées en vingt ans, 12 % actuellement pour 5,5 % à l'origine ; malgré ces augmentations supportées par tous au bénéfice indu de quelques-uns uns, le fonds est insuffisant quand une vraie catastrophe se produit ; l'État doit alors intervenir financièrement, ce qu'il voulait éviter par la loi de 1982 : ce fut le cas pour l'indemnisation des dommages causés par les tempêtes/inondations de l'hiver 1999/2000 qui ont été de véritables catastrophes majeures, de très loin les plus graves et les plus coûteuses des vingt dernières années en France, au total environ 15 milliards d'euros sur lesquels l'État a dû apporter 450 M€ au titre de sa garantie.

Selon la loi de 1982, l'indemnisation des sinistres Catnat est subordonnée au respect dans certaines conditions des mesures de prévention prescrites par les Per ; depuis la loi de 1995, l'obligation du respect de celles prescrites par les PPR (*cf. 2.8.2.2.2*) n'est plus qu'une possibilité laissée à l'appréciation du préfet, mais jusqu'à présent, l'indemnisation a toujours été accordée sans contrôle ni restriction. Cela fait négliger la prévention et même ignorer la prise de risque. Pour responsabiliser les assurés et inciter les communes à la prévention et à la publication de leurs PPR, trois arrêtés de septembre 2000 ont augmenté les montants des franchises par sinistre à la charge des assurés, davantage pour la sécheresse, 1 520 €, que pour les autres catastrophes, 380 €, et les ont modulés en fonction des actes de prévention ; il les augmente aussi de plus en plus sur les communes non pourvues de PPR dans lesquelles deux arrêtés concernant le même risque ont été pris depuis 1995 : ainsi, en 2003, sur 6 600 communes demandeuses, seulement 815 ont été déclarées sinistrées par la commission interministérielle qui prépare les arrêtés ; les autres s'estimant lésées ont évidemment engagé des actions politiques.

Cela ne permettra sans doute pas d'inverser ou même seulement de stabiliser la tendance actuelle ; pour y parvenir, il faudra sûrement réserver l'indemnité de catastrophe-sécheresse aux cas extrêmement rares de bâtiments menaçant ruine et/ou impropres à leur destination. Confrontés au même problème, les assureurs d'autres pays qui ne bénéficient pas du système français de garantie par l'État et se trouvent donc en première ligne, ont multiplié les franchises, les primes, les clauses restrictives, les expertises préalables et les études statistiques pour circonscrire les zones les plus affectées. Là où le risque «naturel» n'est pas assuré et comme naguère en France, les gens entretiennent leurs biens immobiliers et se protègent.

1.1.11 - LA MÉMOIRE DES CATASTROPHES

Dans une zone à risque ignoré ou même connu, un événement normal mais peu fréquent, inattendu, crée une véritable surprise et provoque des dégâts à peu près analogues à ceux d'événements analogues oubliés ; après, en consultant les archives, on s'aperçoit que ces dégâts auraient pu être évités si l'on avait gardé le souvenir des précédents et pris les précautions qui auraient pu les limiter sinon les éviter. Sur les lieux même d'une catastrophe, le souvenir de l'événement se perd en une ou deux générations pour quelques gens informés ou dont l'entourage à été affecté ; pour les autres, il n'excède pas la dizaine d'années et ses particularités deviennent de plus en plus floues, des rumeurs de toutes sortes et en tous sens dont il finit par ne rester que quelques bribes de mémoire confuse chez des ruraux assez stables et relativement proches de la nature et plus rien chez des citadins beaucoup plus mobiles et sans contact suivi avec elle.

L'INONDATION DE NÎMES DU 3 OCTOBRE 1988

À première vue, aucun cours d'eau ne parait traverser Nîmes ; on n'imagine donc pas que cette ville puisse être inondée. C'est ignorer que la violence de certains orages méditerranéens sur un petit versant à forte pente peut entraîner une crue éclair qui sursature ses réseaux d'écoulement tant naturels qu'artificiels et s'il se trouve tout ou partie dans une zone urbaniser, transformer pour quelques heures un quartier en lac et/ou des rues en torrents parce que l'on a sous-calibré ou même négligé leurs aménagements hydrauliques. La ville est établie sur le glacis de piedmont de la bordure du plateau des Garrigues, échancrée par des petits vallons sinueux très raides, drainés par les cadereaux, ravines à fortes pentes dont les thalwegs sont presque toujours secs ; à l'amont, à leur arrivée dans l'agglomération sur cette bordure, ils sont plus ou moins endigués, mais aussi plus ou moins obstrués par des rues, des constructions et mal ou pas entretenus ; leurs ouvrages de franchissement anciens sont plutôt largement calibrés ce qui montre que le risque de très forts débits était connu, alors que les tirants d'air des plus récent sont presque tous ridiculement faibles : à des vieux ponceaux à double arche succèdent des petites buses modernes rapidement saturées puis plus ou moins obstruées par les débris charriés par le courant ; dans le glacis, ils traversent la ville en aqueducs souterrains récents ou anciens comme celui qui relie le canal de la Fontaine au Petit Vistre à travers la vieille ville ; à l'aval, au-delà de la voie ferrée en haut remblai qui constitue un vrai barrage pour les ruissellements de surface, ils sont à ciel ouvert, coupés de leur émissaire, le Vistre, par une rocade et une autoroute, autres barrages occasionnels. Le Cadereau est le plus important d'entre eux ; il borde à l'ouest la partie ancienne de l'agglomération : dans son étroite et sinueuse descente du plateau, la route d'Alès joue à saute-ruisseau avec son thalweg étroit, encombré par de nombreuses constructions et pas entretenu ; à son déboucher sur le glacis, il traverse le cimetière protestant ; au-delà, il est souterrain sous plusieurs rues qui occupent l'emplacement de son thalweg jusqu'à l'aval de sa traversée de la voie ferrée où il repasse à ciel ouvert. La plupart des nîmois ignoraient tout cela et même s'ils en étaient plus ou moins informés, les techniciens des administrations concernées n'en tenaient aucun compte.

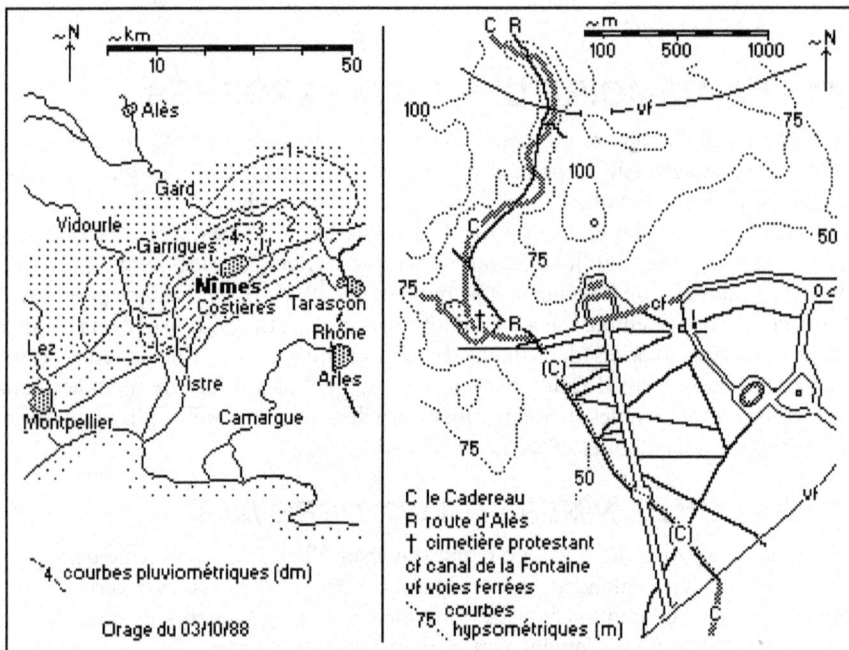

Figure 1.1.11 - le site du Cadereau à Nîmes

Depuis plusieurs jours, la résurgence de la Fontaine était en crue ; un bulletin météorologique spécial du 2 octobre 1988 avait averti le service départemental d'annonce des crues d'un risque de violentes précipitations dans la région ; ignorant le risque nîmois et comme il en avait l'habitude, ce service s'est alors consacré à suivre l'évolution des niveaux du Vidourle et du Gard dont les crues sont habituellement dangereuses en pareil cas. Dans la nuit du 3 octobre, 400 mm de pluie ciblée sur la bordure du plateau ont déclenché tôt le matin dans la ville une crue éclair dont on dit maintenant qu'elle était à peine plus que centennale, souvent constatée, mais aux effets oubliés. Son débit total a été estimé à 2 000 m^3/s ; dans certaines rues, le débit dépassait 300 m^3/s, la vitesse du courant atteignait 7 m/s et la hauteur d'eau allait de 1 à 3 m. En quelques heures, il y eut 9 noyés et 2 sauveteurs décédés par accident, d'innombrables boutiques, ateliers et habitations de rez-de-chaussée ravagées, un millier de véhicules noyés et/ou emportés..., environ 600 M€ de dommages selon les sources. Le plan de secours n'a pu être activé que tardivement, car Nîmes est une préfecture où se trouvaient les quartiers généraux et les centres opérationnels de crise, eux-mêmes surpris par l'extrême rapidité d'un phénomène insoupçonné et plus ou moins sinistrés.

Pour l'opinion publique, les média et même certains spécialistes, les cercueils enlevés au cimetière protestant, éventrés et disséminés un peu partout, quelques dizaines de voitures peut-être occupées, immergées dans le canal de la Fontaine, les innombrables dégâts visibles dans les rez-de-chaussée des rues parcourues par le flot... ont transformé Nîmes, antique cité romaine, en une nouvelle Pompéi : « *Une cité engloutie par le déluge* », « *Un fleuve de boue meurtrier* »... sont des titres de la presse d'alors. Cette crue à peine centennale a causé d'énormes dommages matériels mais heureusement très peu de victimes ; cela n'est pas conforme au cliché médiatique que l'on se fait des catastrophes ; il fallait donc corriger cette image atypique en inventant un nombre important de victimes ; la rumeur et même l'erreur s'en sont chargées : quinze ans après, on trouve encore dans un très récent ouvrage universitaire de géographie qu'il y aurait eu 30 victimes, confusion/assimilation avec le Grand-Bornand (23 victimes) ou Vaison-la-Romaine (32 victimes) ? *Le bruit et la fureur* plutôt que le bilan !

1.1.12 – LES LIMITES DES MODÈLES DE PRÉVISION

Les 26 et 27 décembre 1999, une grande partie de la France, l'ouest de l'Allemagne et de la Suisse ont été balayées par deux ouragans, Lothar et Martin, qui ont provoqué une centaine de victimes et des dommages considérables aux bâtiments, aux forêts et aux réseaux aériens d'électricité et de téléphone ; dans la Gironde où la vitesse du vent a dépassé 198 km/h en rafale, il y a eu un tsunami barométrique qui a provoqué la submersion et la rupture d'une partie des digues de protection de la centrale nucléaire du Blayais, ce qui a imposé son arrêt. Les deux ouragans ont eu des effets analogues à ceux de grandes tornades : leurs traces au sol ont été des coupes claires très sinueuses de plus de 5 km de large dans lesquelles tous les arbres, toutes les toitures... étaient arrachés. D'abondantes précipitations, de neige pour Martin, ont précédé et suivi les vents tourbillonnants. Le montant total des dommages de toutes natures pour les deux ouragans a été estimé à plus de 10 milliards d'euros dont 1,5 pour EDF (Électricité de France) ; dans l'ensemble du monde, il n'avait été dépassé que par l'ouragan Andrew au USA en 1992 et par le typhon Mireille au Japon en 1991, jusqu'à Katrina sur la Nouvelle-Orléans le 29 août 2005 (*cf. 1.1.15*).

1.1.12.1 – LOTHAR

Lothar a abordé le Finistère le 26 vers 2 heures et il est arrivé à Strasbourg en ligne directe vers 11 heures ; il a donc traversé la partie nord de la France à environ 100 km/h. La dépression très profonde a atteint 960 hPa ; les vents maximum instantanés ont localement atteint 200 km/h et ont presque partout dépassé 140 km/h. C'est lui qui a ravagé le parc de Versailles et toutes les forêts de la périphérie de Paris, qui a arraché des plaques de la couverture de plomb du Panthéon...

1.1.12.2 – MARTIN

Martin a abordé l'île de Ré dans l'après-midi du 27 et, après avoir contourné le Massif central et les Alpes du nord, s'est évacué vers le SE et la Méditerranée au matin du 28, provoquant un petit tsunami barométrique sur la côte ouest de la Corse ; sa vitesse de déplacement a été proche de 100 km/h. La dépression a atteint 965 hPa ; les vents à peine moins violents ont localement atteint 180 km/h et environ 130 en moyenne.

1.1.12.3 – LES PRÉVISIONS

Ces deux ouragans ont été des événements exceptionnels à divers titres : les trains de dépressions sont la règle en hiver sur l'Atlantique nord et l'Europe de l'ouest, mais il est rare que deux dépressions aussi profondes se suivent d'aussi près ; ces dépressions ont généralement une trajectoire SW/NE et affectent plutôt le nord de l'Europe de sorte que la plupart d'entre elles ne font que frôler la France par leur bordure sud ; or, la trajectoire de Lothar était W/E et celle de Martin, WNW/ESE ; les tempêtes sont violentes en mer puis s'atténuent rapidement sur les terres, ce que n'ont pas fait les deux ouragans ; ils se sont produits dès le lendemain de Noël, alors que de nombreux prévisionnistes et décisionnaires administratifs ou politiques étaient en vacance... Ainsi, les prévisions les concernant ne pouvaient être qu'imprécises et les alertes, mal relayées.

Les modèles de prévision météorologiques (*cf. 1.7.5*) effectuent des calculs de mécanique des fluides et de thermodynamique permettant de suivre l'évolution de paramètres caractérisant l'état local et temporaire de l'atmosphère d'une zone, d'une région, d'un pays... que les prévisionistes interprètent. À court terme, ces modèles représentent bien cet état si on peut le considérer comme normal, c'est-à-dire habituel dans des conditions semblables et donc bien observé et programmé ; mais il était exceptionnel quand les deux ouragans se sont produits : le modèle Arpège de Météo-France dont la maille est de 100 km a simulé correctement le phénomène général, normal pour lui, de tempêtes atlantiques abordant successivement les côtes françaises, mais a largement sous-estimé l'ampleur du creusement des dépressions et donc la violence des vents à terre : il n'était pas programmé pour calculer les conséquences de l'amplification ou du moins de la permanence de la force des tempêtes à l'intérieur des terres ; les données en temps réel qui l'alimentaient étaient tellement surprenantes qu'elles étaient même éliminées par le programme et/ou par les météorologues. À l'intérieur, il aurait pu être relayé par le modèle Aladin dont la maille est de 10 km, mais ce dernier n'était pas programmé pour traiter les ouragans.

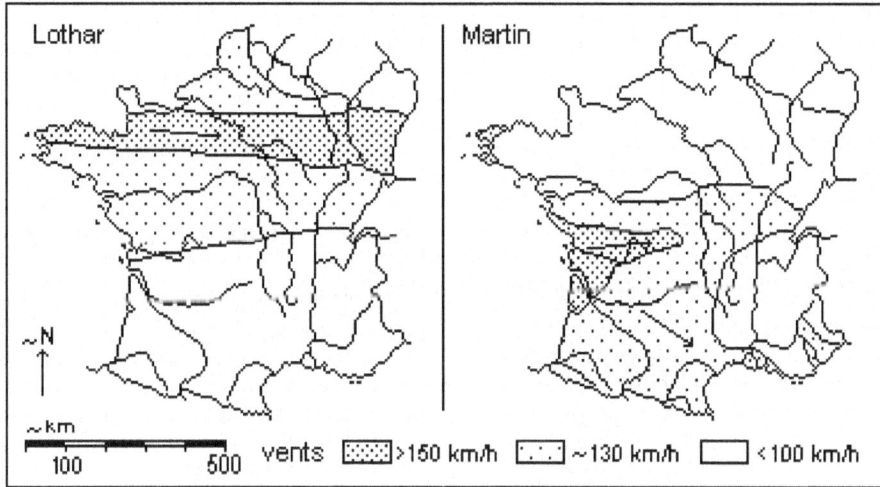

Figure 1.1.12 – Trajectoires des deux ouragans

Tant pour Lothar que pour Martin, des bulletins d'alertes ont bien été diffusés : la trajectoire et la chronologie de Lothar qui parcourait en ligne droite une zone au relief peu accidenté, ont été assez bien prévues mais la force des vents à été largement sous-estimée, car elle dépassait les limites du modèle et elle a surpris les prévisionistes ; Martin parcourait une zone au relief très accidenté, de sorte que sa trajectoire était particulièrement sinueuse et sa chronologie, assez élastique ; mais les prévisionistes l'ont mieux suivi car ils venaient de vérifier qu'il ne fallait pas trop faire confiance aux modèles au cours d'événements exceptionnels. On peut donc dire que la part normale de ces événements a été correctement représentée par le modèle, mais qu'il a largement sous-estimé leur part exceptionnelle ; par contre, les prévisionnistes ont su s'adapter très rapidement pour Martin et ont pu améliorer leurs prévisions à mesure que le temps passait.

Un indispensable retour d'expérience est donc nécessaire pour perfectionner les modèles et leur faire prendre en compte les événements qu'ils ignoraient. On obtient ainsi des modèles de plus en plus performants, mais si perfectionné que soit le dernier dont on dispose, il est clair qu'il sera un jour dépassé par un événement d'ampleur inattendue : la prévision assistée par ordinateur est certes plus efficace que la seule intuition du prévisionniste, mais celui-ci sera toujours indispensable pour interpréter ce que le modèle ne lui présente que sous une forme convenue ; à lui de repérer les situations douteuses et de les interpréter correctement ; c'est un art très difficile.

1.1.13 - LES INFORTUNES DU PARASISMIQUE

Le nombre des victimes d'une catastrophe dépend évidemment des particularités locales du phénomène naturel qui la cause, l'aléa, mais aussi du niveau de connaissance que l'on a du phénomène et de la qualité des aménagements du territoire affecté, la vulnérabilité. Le génie parasismique est la technique de prévention qui propose et met en œuvre des solutions constructives pour éviter ou au moins amoindrir les effets des séismes sur les ouvrages, mais surtout pour protéger les personnes.

La disparité des dommages affectant les immeubles d'un même secteur est l'observation technique qui frappe le plus dans une ville moderne qui vient de subir un séisme catastrophique ; certains sont plus ou moins inclinés, totalement ou partiellement effondrés..., d'autres paraissent intacts ; la plupart de ceux-là le sont effectivement et ce sont souvent des immeubles anciens ; ceux qui ont le mieux résisté ont été bien conçus et bien construits, parasismiques ou pas, car les règles parasismiques adoptées localement s'avèrent souvent inefficaces à la suite d'un séisme pas forcement plus violent que celui attendu. En effet, si l'on sait assez bien circonscrire les régions sismiques, on ne sait pas prédire ni même prévoir la venue, la localisation et la magnitude des séismes attendus et donc définir quantitativement les vibrations, durée, accélération, périodes de résonance, spectre élastique... principaux paramètres qui régissent le comportement des ouvrages existants et permettent de fixer les caractéristiques de ceux à construire. De plus, dans le cas d'immeubles récents, on s'aperçoit souvent qu'elles n'ont pas été scrupuleusement respectées voire même sciemment négligées ou ignorées.

LE SÉISME D'ITMIZ (TURQUIE), LE 17/08/99 (M_L 7,4)

La façade pontique de la Turquie est une zone de très forte sismicité quasi permanente car elle marque la très active faille transformante nord-anatolienne longue d'environ 1 500 km : la côte et la chaîne Pontique, en arc $\approx$ E-W convexe vers le nord, lui sont plus ou moins parallèles ; les vallées des fleuves qui descendent du plateau anatolien vers la mer Noire comme la Sakarya qui passe à Adapazari présentent des tracés en zigzag, avec une direction principale $\approx$ N-S selon l'inclinaison générale du plateau et des tronçons plus ou moins longs $\approx$ E-W dans les zones de failles.

Décrochement dextre entre la petite plaque Anatolie mobile vers l'ouest à $\approx$ 2 cm/an de vitesse moyenne et l'énorme plaque Europe fixe, la faille, en fait un système dense mais relativement simple de failles de cisaillement échelonnées, subverticales et parallèles, quasi linéaire dans ses parties est et centrale, se ramifie vers l'ouest dans la mer de Marmara. La paléosismique indique qu'elle est active depuis une quinzaine de millions d'années ; aux abords du golfe d'Izmit, on la repère à partir $\approx$ 5 Ma ; la sismicité historique rapporte une dizaine de séismes destructeurs en un millier d'années le long de la faille et une vingtaine en 2 000 ans aux abords du golfe d'Itmiz. Entre 1939 à Erzinçan, M_L 8,5 à l'est, et 1999 à Izmit, M_L 7,4 à l'ouest, une série de 11 grands séismes de magnitude M_L >6,8, séparés par des laps de temps de quelques mois à quelques années, se sont succédés le plus souvent d'est en ouest le long de la faille ; en moyenne unitaire, ils ont provoqué des coulissages de l'ordre de 5 m et des affaissements de l'ordre de 2 m visibles en surface, sur des segments de l'ordre de 200 km ; leurs foyers étaient à une quinzaine de kilomètres de profondeur.

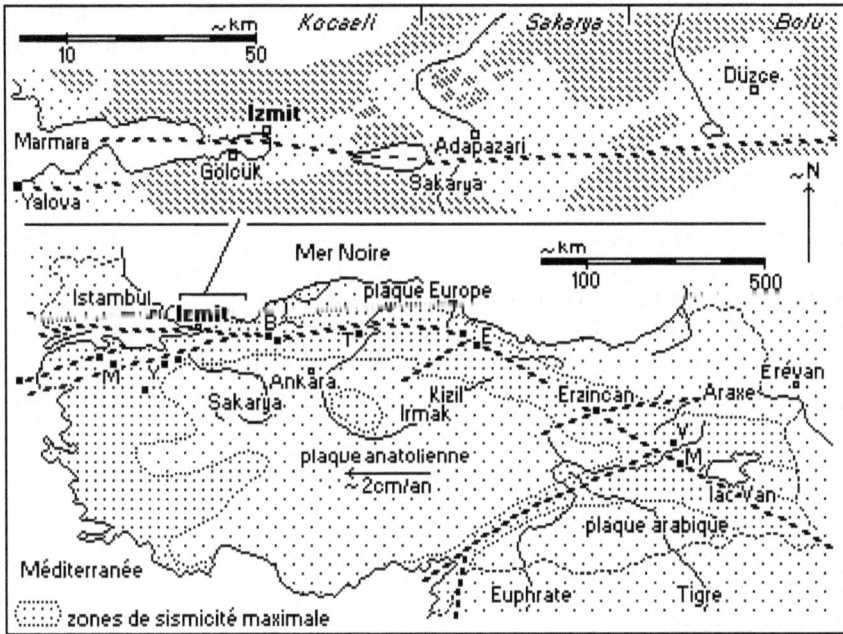

Figure 1.1.13 - La faille nord-anatolienne et le site du séisme d'Izmit

Le 17/08/99 à 0^h01 TUC, 3^h01 locale, le glissement d'un tronçon d'environ 250 km de long à l'extrémité ouest de la faille, a provoqué un séisme M_L 7,4 (M 6,8 pour les Turcs, 7,8 pour les Américains ! *cf. 1.5.4.2.2.3*) qui a gravement affecté les régions de Kocaeli (Izmit), de Sakarya (Adapazari) et de Bolu (Düzce), entre Düzce et Yalova. Son épicentre était à Izmit ; les vibrations destructrices ont duré une quarantaine de secondes pour des accélérations $\leq$0,4 g. Le 12/11, il a été relayé à l'est par un séisme un peu moins violent (M_L 7,2) dont l'épicentre était au sud de Düzce, là où la faille se ramifie vers la mer de Marmara.

Les zones affectées, les magnitudes observées et les spectres d'accélérations calculés en font des événements que l'on peut dire normaux dans ces régions classées au maximum de l'échelle sismique turque publiée en 1997 pour appuyer des règles parasismiques publiées en 1975 et modifiées en 1998.

Les effets de ces séismes auraient donc pu être en grande partie prévenus. Ils firent pourtant environ 17 000 victimes officielles et peut-être 40 000 réelles, endommagèrent environ 120 000 constructions, en détruisirent plus de 2 000, coupèrent en d'innombrables endroits les réseaux d'eau, d'assainissement, d'électricité, de gaz, de télécommunication, routiers et ferroviaires, soit au moins 20 milliards d'euros de dommages matériels directs ; la région d'Izmit est en effet l'un des plus grands centres industriels et commerciaux de Turquie, très peuplé, en urbanisation rapide et désordonnée depuis le début des années 60.

La zone la plus affectée est située au fond d'un golfe aux rivages marécageux prolongé par l'étroite vallée du lac Sapanca dans l'axe de laquelle se sont produits les déplacements horizontaux et verticaux qui marquent l'affleurement de la faille ; le très épais remplissage alluvial de son sous-sol est constitué de matériaux aquifères peu consistants, dans lesquels les vibrations sismiques s'amplifient et provoquent facilement des mouvements de terrain, glissements terrestres et sous-marins, tassements, liquéfaction...

Les effets de site ont donc été déterminants, mais les marécages avaient été en grande partie hâtivement remblayés puis sommairement aménagés et construits ; la plupart des constructions récentes des quartiers populaires étaient affectées de défauts impardonnables qui les ont rendus particulièrement vulnérables, mauvaises conceptions, absence de contrôle technique, mauvais matériaux, mauvais travail, non-respect voire ignorance et en tous cas violation des règles parasismiques... Les installations en bord de mer ont été durement touchées : disparition totale par glissements sous-marins de quais, de bâtiments de la base navale, d'un hôtel... à Gölcük. Dans l'ensemble, les installations industrielles, mieux conçues, construites et entretenues, ont été moins affectées directement.

Les raisons de cette catastrophe sont donc multiples ; aucune n'est naturelle : la prise en compte d'un risque connu, le respect des règles parasismiques et plus simplement celui de règles de l'art universelles, sans négligence ni tricherie en auraient en grande partie atténué les effets. On peut en donner entre autres pour preuve, le bon comportement de 3 immeubles de 15 étages en cours de construction sur le coteau d'Izmit et surtout l'état du quartier le plus touché de Gölcük où, à coté d'une vieille mosquée et de son minaret étroit et très élancé ainsi que de quelques rares bâtiments modernes pratiquement intacts, il y avait quelques immeubles plus ou moins inclinés et de nombreux autres partiellement ou totalement effondrés ; et c'est évidemment dans ceux-là que se trouvaient les victimes.

1.1.14 - LE PIRE DES CATACLYSMES NATURELS HISTORIQUES N'A PAS ÉTÉ UNE CATASTROPHE

Les risques que l'on dit naturels ne sont qu'humains : dans un désert, un cataclysme naturel n'est pas une catastrophe, mais il peut lourdement perturber l'environnement.

LA MÉTÉORITE DE LA TOUNGOUSKA PIERREUSE (SIBÉRIE)

Le 17 (russe) ou 30 (grégorien) juin 1908, à 7h 17mn 11s et par 60° 55' N et 101° 57' E selon les sismographes d'Irkoustk et d'autres lieux plus lointains, la vallée moyenne de la Toungouska pierreuse (Podkamennaïa Tunguska), affluent RD de l'Ienisseï au sud du plateau central de Sibérie, a subi un cataclysme longtemps méconnu puis qualifié d'invraisemblable ; il est maintenant considéré comme le pire des cataclysmes naturels historiques, mais on ne sait toujours pas très bien ce qui s'est réellement passé.

Des études tardives, longtemps superficielles et désordonnées ont peu à peu révélé que son épicentre se trouvait au NW du village de Vanovara dans l'oblast de Krasnoïarsk, vers un millier de kilomètres au NNW du lac Baïkal ; autour de lui, une zone de près de 25 km de rayon de taïga et marécages quasi désertiques où n'évoluaient que quelques troupeaux de rennes et de rares bergers avait été totalement ravagée : tout avait été brûlé dans un rayon d'une dizaine de kilomètres ; au-delà, en dehors de ceux protégés par des reliefs, les arbres avaient été défoliés et la plupart avaient été déracinés et couchés radialement par une onde de choc atmosphérique ; jusqu'à plus d'une centaine de kilomètres vers le sud, des parties de cours d'eau sortis de leur lit avaient provoqué des inondations, des constructions s'étaient écroulées, quelques hommes et des animaux avaient été plus ou moins commotionnés. À plus de 400 km, entre Ienisseï et Lena au nord du transsibérien, des témoins avaient observé une traînée lumineuse NW-SE dans le ciel, et entendu des déflagrations en chaîne puis une formidable explosion après laquelle s'était développé un énorme champignon de poussière flamboyante ; l'explosion avait été entendue jusqu'à plus d'un millier de kilomètres. Dans le monde entier, l'événement avait marqué les enregistrements barométriques et sismographiques et durant près de deux mois, on a observé les habituels phénomènes provoqués par la présence d'importantes quantités de poussière dans l'atmosphère, telles qu'en produisent les grandes éruptions volcaniques pliniennes, baisse de transparence de l'air, nuits claires, aurores et crépuscules somptueux...

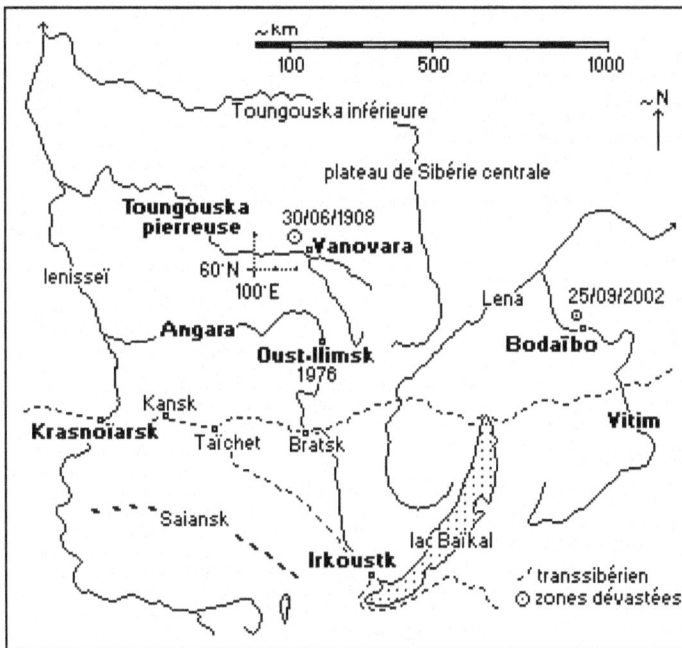

Figure 1.1.14 - Localisations approximatives des points d'impacts des météorites de la Toungouska, de l'Angara et du Vitim

Les événements internationaux et nationaux beaucoup plus graves qui ont suivi, l'éloignement et l'isolation de la zone affectée, le défaut de références scientifiques n'ont permis les premières études qu'en 1921 et la première expédition qu'en 1927 ; le cataclysme a pu alors être plus ou moins correctement décrit mais pas expliqué, en dehors de sa cause première manifestement extraterrestre, ce qui a suscité pas mal de science-fiction médiatique, atterrissage d'un trou noir, d'antimatière, de petits hommes verts... Certains pensent maintenant qu'il aurait été provoqué par un fragment de la comète d'Encke dont l'orbite marquée par l'essaim des Taurides croise celle de la Terre au mois de juin ; d'autres opposent à cela qu'un fragment de comète, glacée très peu dense, ne saurait traverser l'atmosphère terrestre ; ils pencheraient plutôt pour un astéroïde pierreux de 50 à 100 m de diamètre et plusieurs centaines de milliers voire millions de tonnes, qui aurait atteint l'atmosphère terrestre par le NW, sous une incidence d'environ 45°, à 15/30 km/s ; en la traversant, il se serait consumé entre 100 et 10 km, d'altitude, puis aurait explosé en se fragmentant vers 10 à 5 km. La discussion scientifique est loin d'être terminée, car à l'épicentre on observe bien une dépression marécageuse, le marais Sud, qui n'a pas la morphologie d'un astroblème et malgré des sondages, on n'a pas trouvé de météorite ; la présence de fragments microscopiques de verre et de métal, Ni, Co... dans la tourbe de la dépression est toujours discutée.

On attribue maintenant à l'explosion l'énergie d'un millier de bombes d'Hiroshima, référence médiatique en la matière. Ce cataclysme aurait pu être un épouvantable désastre s'il s'était produit n'importe où vers le 60° parallèle et en particulier quelques heures après, sur Saint-Pétersbourg, Helsinki, Stockholm, Oslo, Bergen...

Une autre chute de météorite nettement plus petite, environ 10 m de diamètre, et moins ravageuse, environ 100 km^2 de taïga détruits tout de même, s'est produite le 24/25 septembre 2002, plus au SE dans la région montagneuse de Potomskoïe Nagorie, oblast d'Irkoustk, au nord du Tarim affluent RD de la Lena, proche de la Toungouska à l'échelle de la Sibérie ; toujours dans l'oblast d'Irkourtsk, il s'en était produit une en 1976, près d'Oust-Ilimsk à l'est de l'Angara : ; assez curieux, plutôt inattendu et même improbable dans trois zones désertiques relativement proches, cela montre qu'il se produit peut être assez fréquemment des chutes de météorites dans de telles régions ou en mer ; la surveillance spatiale permanente à laquelle on se livre maintenant permet de repérer les gros astéroïdes et d'en suivre la trajectoire , cela accroîtra notre connaissance de ce phénomène, le plus énigmatique de tous les phénomènes naturels.

1.1.15 – DES CATASTROPHES PRÉVUES, PAS PRÉVENUES

Certaines métropoles sont situées dans des zones où l'on sait qu'un événement naturel paroxystique, un *big one*, est susceptible de se produire, éruption volcanique à Naples, séisme à Tokyo, cyclone à Brisbane, inondation à Dacca... Mais prévoir une catastrophe majeure ne veut pas dire qu'elle sera prévenue, que le site exposé sera efficacement protégé, que la crise sera correctement gérée, que les secours seront adaptés, rapides, efficients... même si l'on en avait théoriquement les moyens techniques ; ceux que l'on s'était donné peuvent se révéler impropres, insuffisants, inefficaces... pour de nombreuses raisons, souvent peu avouables, moyens financiers insuffisants, volontairement limités, impréparation, confusion, incompétence... ; on peut aussi être dépassé par un événement s'écartant du scénario prévu, pire que celui attendu, différent de lui...

KATRINA SUR LA NOUVELLE-ORLÉANS LE 29 AOÛT 2005

Après une traversée de l'Atlantique (*Fig. 1.7.3.2.1.2*) peu remarquée, Katrina est arrivé sur les Bahamas vers le 25 août 2005 ; ce n'était alors qu'un cyclone préoccupant, de 3e catégorie et de direction ≈ E-W ; mais au matin du 29 août, quand il a abordé le delta du Mississippi après avoir dévié vers le nord, il avait atteint la 5e catégorie, la plus élevée de l'échelle de Saffir-Simpson (*cf. 1.7.3.2.1*) , pour revenir à la 4e en pénétrant dans les terres ; son œil d'une cinquantaine de kilomètres de diamètre se déplaçait à environ 25 km/h sur une trajectoire N-S, à peu près perpendiculaire à la côte ; à sa périphérie, la hauteur totale des précipitations dépassait 300 mm, la vitesse du vent dépassait 300 km/h et sur la côte, l'onde barométrique et les vagues de tempête dépassaient 8 m de haut. Le 29 vers 4 heures, il ravageait les côtes très basses de l'Alabama, du Mississippi et de la Louisiane jusqu'à plus de 2 km du bord : bateaux projetés à l'intérieur des terres, toits, lignes aériennes et arbres arrachés, constructions fragiles détruites, ponts emportés, inondations…, rien d'inhabituel dans ces contrées souvent parcourues par des cyclones ; renseignés puis tenus en alerte par les autorités, les habitants savent habituellement à quoi s'en tenir et agissent en conséquence autant que faire se peut, en se calfeutrant chez eux ou en partant. Quand le cyclone est passé et le calme revenu, généralement au bout d'une dizaine d'heures, il reste habituellement à constater les dégâts, déblayer la boue et les déchets, tout remettre en état, estimer les dommages et les indemniser ; on déplore malheureusement presque toujours quelques victimes.

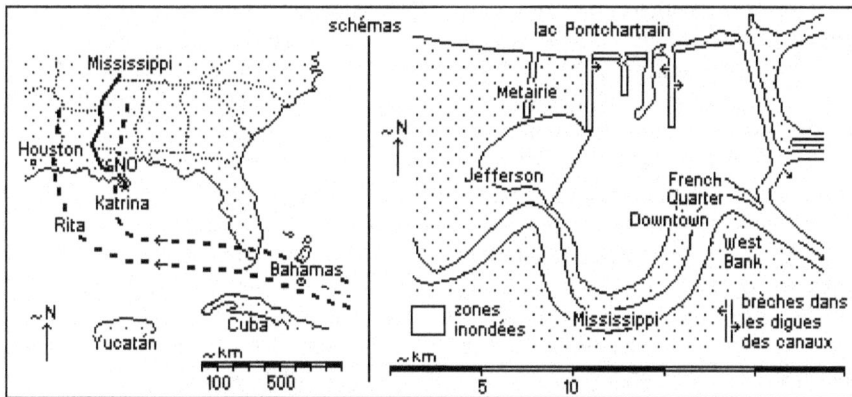

Figure 1.1.15 – Les cyclones Katrina et Rita

Vers 10 heures, Katrina frôlait La Nouvelle-Orléans par l'est et endommageait assez modérément la ville et ses abords : quelques toits arrachés, quelques bâtiments légers détruits, quelques incendies…, la routine ; il semblait qu'on l'avait échappé belle. Mais après le passage du cyclone et quelques heures de calme, une catastrophe qui n'avait rien de naturel s'est produite dans la nuit du 30, et n'a fait que s'aggraver pour devenir le pire désastre que les États-Unis aient subi depuis leur origine : la majeure partie de la ville a été inondée et l'est restée durant près d'un mois ; ce qui avait été épargné par le cyclone a été détruit par l'inondation. Les crues du Mississippi lui-même sont contrôlées par les berges naturellement surélevées du fleuve, un talus large d'au plus 2 km dont la crête est vers 3 m au dessus du niveau de la mer, couronnée par des digues et des quais ; les anciens quartiers de la ville dont le French Quarter historique et Downtown, le quartier des affaires, y sont en principe à l'abri d'inondations catastrophiques, parfois au prix d'ouvertures volontaires de digues en amont comme en 1927 (*cf. 1.8.5*). Par contre, les crues du lac Pontchartrain sont moins fréquentes et moins hautes car le lac est une lagune communiquant avec la mer à l'est ; mais elles sont plus dangereuses car elles menacent directement les bas quartiers de la ville moderne qui occupent le fond de la partie sud asséchée du lac, 1 à 3 m sous le niveau de la mer ; le sol y a tassé de près de 1 m en une cinquantaine d'années sous l'effet de l'assèchement, des constructions, de l'extraction de pétrole... ; cette zone est isolée du lac qui la domine par une digue dont la crête est aussi vers 3 m au-dessus du niveau de la mer ; elle est parcourue et dominée par des canaux de drainage reliés au lac, aux minces berges totalement artificielles ; en cas de forte crue, cette situation n'est tenable que si les digues du lac et des canaux résistent et si la pérennité de fonctionnement d'une vingtaine de stations des pompages est assurée : cette fois, la crue du lac et des canaux due à l'onde barométrique maritime et aux précipitations du cyclone a ouvert trois brèches dans les digues des canaux ; les stations de pompages se sont arrêtées par manque de courant électrique puis ont été submergées... ; la majeure partie de la ville a été noyée en quelques heures.

La vulnérabilité de la ville était parfaitement connue et de nombreux spécialistes avaient produit des rapports alarmants ; on considérait néanmoins que pour un cyclone de 3e catégorie, la ville ne risquait pratiquement rien et que pour un de 5e, les digues pourraient être localement submergées mais pas détruites ; considérant ainsi que le risque n'était pas bien grand, l'*Administration* et le *Congress* n'avaient accordé qu'une faible partie des crédits demandés pour 2001/2005 par l'*Army Corps of Ingineers* responsable de l'entretien des digues ; pourtant en 2004, une simulation avait indiqué que si le niveau de l'eau dans le lac atteignait 3 m, l'inondation était probable et l'évacuation des bas quartiers impérative, mais que celle des personnes empêchées, vieux, malades, pauvres..., ne pourrait pas être assurée ; et c'est bien ce qui s'est passé. Il aurait au moins fallu loger, nourrir, abreuver, soigner... ceux qui étaient resté ; les hésitations des décideurs, l'impréparation des organismes spécialisés comme le Fema (*Federal Emergency Management Agency*) ne l'ont pas permis : trois jours pour réaliser l'ampleur de la catastrophe et prendre les mesures indispensables, inorganisation et extrême lenteur des secours, insuffisance et inadaptation des moyens... Contre 500 M\$ en 5 ans qui n'ont pas été attribués pour réparer les digues, il a fallu engager 62 G\$ pour les opérations de première nécessité, il faudra peut-être 20 G\$ pour réparer et sécuriser les digues et 200 G\$ pour réparer de la totalité des autres dommages dont environ 250 000 bâtiments plus ou moins détruits... sans compter les très nombreuses victimes, au moins 1 300 morts et 6 500 disparus !

Vers le 21 septembre Rita, cyclone de 5e catégorie, menaçait Houston ; les secours ont été organisés et la ville a été évacuée ; mais revenu en 3e, Rita l'a évitée par l'est ; là encore il semblait qu'on l'avait échappé belle ; mais quand les gens qui savaient qu'ils n'avaient rien perdu, ont voulu retourner chez eux au plus vite, ils ont provoqué le plus grand embouteillage connu : catastrophe mineure, certes, mais tout aussi imprévue.

Il n'y a pas que dans le tiers-monde que les événements naturels paroxystiques se transforment en catastrophes non prévenues !

1.1.16 - ADAPTATION D'UN SITE INGRAT

On peut pourtant vivre dans un site ingrat sinon dangereux, sans prendre trop de risques, et même sans que la plupart des occupants s'en rendent habituellement compte : on peut assumer ces risques si l'on adapte bien son comportement et ses ouvrages aux particularités de ce site. Les exemples précédants ne sont pas très convaincants, mais ce que l'on a fait dans le site de Venise depuis le VIIe siècle l'est davantage ; ce que l'on y a fait récemment l'est beaucoup moins.

VENISE

On dit que la pérennité de la lagune et la sécurité de la ville dépendent de la terre, de la mer et des hommes : de la terre parce que les alluvions des rivières l'ensablent et parce que le sol descend par subsidence et tassement ; de la mer parce que les tempêtes érodent les *lidi*, parce que les courants côtiers et ceux de marée dans la lagune y déplacent les bancs de sable, et à cause de l'eustatisme ; des hommes qui perturbent son fragile équilibre par leurs aménagements maritimes et leurs installations industrielles, dragages, remblayages, pompages d'eau souterraine, pollution...

Pour se défendre de la terre et de la mer, les Vénitiens me paraissent être ceux qui, en Occident, se sont montrés les plus extraordinaires géotechniciens ; ils ont fondé, développé et maintenu durant plus de treize siècles, une ville et ses annexes dans l'un des sites les plus inhospitaliers qui soient, une lagune de piedmont, particulièrement instable. Cette lagune borde en effet le fond d'un golfe aux marées sensibles et aux tempêtes impressionnantes, érodant sans cesse un fragile cordon littoral, un *lido*, privé des alluvions des fleuves côtiers détournés, qu'il a donc fallu protéger tout en préservant les chenaux intérieurs et les passes navigables, les *porti* du Lido, de Malamocco et de Chioggia, car Venise n'existait que par le commerce maritime. Jusqu'au XVe siècle, le Piave, le Brenta et d'autres petits fleuves torrentiels alpins aux crues énormes et violentes susceptibles de bouleverser tout le réseau hydrographique du fond du golfe adriatique, aboutissaient de façon permanente ou occasionnelles dans la lagune et leurs alluvions la comblaient progressivement ; poursuivant des travaux qui avaient débuté au XIVe siècle, Fra Giocondo puis Christoforo Sabatino au milieu du XVIe les ont fait détourner au nord et au sud de la lagune pour préserver des chenaux de navigation et de drainage, tout en maintenant un apport d'eau douce nécessaire à la vie : on pense que le *Canal Grande* et surtout le canal de la Guidecca qui traverse la lagune de Fusina au Lido, sont des reliquats de bras de l'ancien delta du Brenta ; pour les mêmes raisons, l'Adige et plusieurs bras du delta du Pô lui-même ont dû aussi être détournés vers le sud au début du XVIIe siècle... Depuis l'origine, le sous-sol de la lagune est affecté d'une subsidence tectonique et diagénétique permanente aux effets de laquelle s'ajoutent ceux de l'eustatisme, et sous la ville elle-même, le tassement de consolidation dû à son poids ; il résulte de tout cela une irrésistible « montée » apparente des eaux qui imposa plusieurs fois sinon continûment, de changer le niveau de base de la ville. Le Canaletto a mis en place ses nombreux tableaux à la boite noire, ce qui a permis de mesurer le niveau de l'eau au XVIIIe siècle dans tout Venise et dans diverses situations ; des observations archéologiques l'ont permis à plusieurs endroits, pour diverses époques, notamment dans la crypte de San Marco dont le niveau relatif du dallage a baissé de près de 2 m ; actuellement, la montée eustatique des eaux est d'environ 1,5 mm/an, mais il n'est pas constant : le niveau de l'eau aurait monté vers la fin du premier millénaire puis descendu durant le XIe siècle, de nouveau monté par saccades jusqu'au XVIe, serait reste stable jusqu'au XVIIe, aurait descendu jusqu'à la fin du XIXe pour remonter jusqu'à aujourd'hui et pour peut-être encore longtemps, sans que l'on sache trop pourquoi.

Par l'ampleur des travaux entrepris et par leur durée, l'aménagement du site de Venise doit être l'un des plus considérables que l'homme n'ait jamais entrepris et mené à bien avant de disposer des moyens techniques et scientifiques de ce siècle. La détermination des Vénitiens a largement appuyé l'obligation dans laquelle ils se trouvaient d'expérimenter sans cesse en hydraulique fluviale et maritime : il leur arrivait aussi de détruire eux-mêmes les ouvrages qu'ils avaient construits, si les faits montraient que les effets de ceux qu'ils avaient crus bénéfiques, étaient au contraire désavantageux, voire nuisibles ; on verra plus loin que, malgré l'arsenal de moyens théoriques et pratiques dont nous disposons, les effets de nos propres aménagements de cours d'eau et de littoraux sont toujours aussi incertains, et que si, beaucoup moins humbles et lucides qu'eux, nous ne détruisons plus les ouvrages qui se révèlent inadéquats, voire dangereux à l'usage, les crues et les tempêtes le font pour nous en provoquant des accidents ou des catastrophes qui n'ont en rien de naturels.

La ville couvre un groupe d'îlots dont la pérennité n'est due qu'à l'activité incessante des hommes ; il a fallu le protéger à la fois de l'érosion et de l'envasement, compenser la lente montée des eaux par des apports quasi permanents de remblais, de telle sorte que la partie artificielle du sous-sol de Venise est stratifiée. Et pourtant, ce petit archipel avait été judicieusement choisi comme le mieux adapté aux besoins de ses occupants, parce que situé dans la partie la plus sableuse et donc la plus stable de la lagune, sans doute le delta du Brenta. Toute la ville est évidemment construite sur ce que l'on appelle maintenant fondations spéciales. Le système change selon la nature locale du sous-sol, l'époque de construction, le poids et les dimensions de l'édifice. On connaît trois types de fondations à Venise, le radier, les pieux courts et quasi jointifs compactant la couche superficielle très peu consistante du sous-sol, ou les pieux longs et espacés transmettant les charges à une couche sous-jacente sableuse, plus compacte. Nous n'avons rien inventé ; les pieux étaient en bois, ils ont été en acier, ils sont en béton ; les longrines et les radiers étaient des enchevêtrements de troncs couchés et/ou de fascines, ils ont été des poutres d'acier ou des voûtes renversées maçonnées, ils sont en béton armé, coulé ou injecté. Les matériaux ont changé, mais la technique est la même ; elle a seulement évolué avec les progrès techniques des matériaux et de leur mise en œuvre.

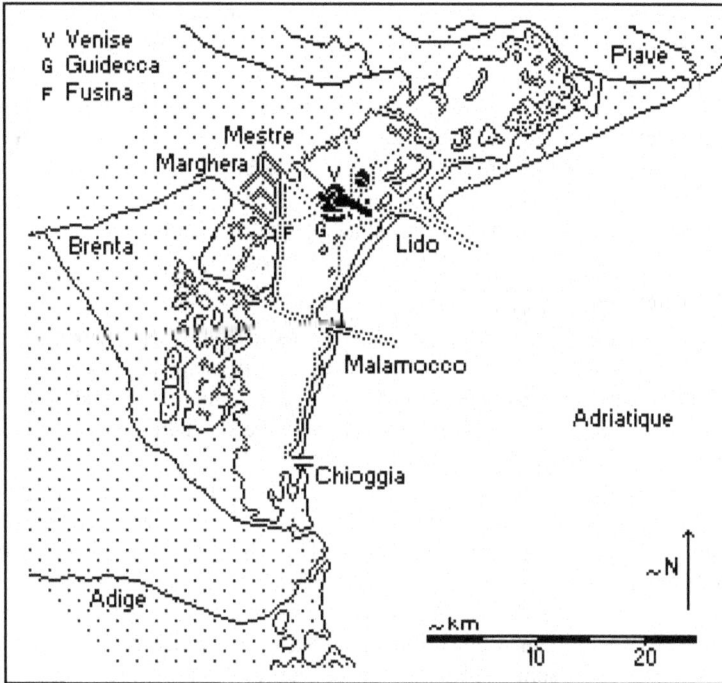

Figure1.1.16 - Le site de Venise

Comme tous les maîtres d'œuvre vénitiens, Sansovino était aussi un habile géotechnicien qui, évidemment, attachait un soin particulier à fonder ses constructions et à réparer celles des édifices qu'il restaurait ; chef des Procurateurs, c'est-à-dire architecte en chef de la République, tout ce qui s'est entrepris à Venise durant une bonne moitié du XVIe siècle, l'a été sous son contrôle ou avec son concours ; il est ainsi un des premiers hommes de l'art à avoir entrepris une étude systématique des techniques de fondation. Par leur travail incessant, ses successeurs et leurs collègues hydrauliciens ont réussi à conserver, d'abord pour eux, ensuite pour nous, la ville extraordinaire qui émerge des brumes matinales quand on franchit le pont *della Libertà*, puis dont on découvre les somptueuses façades des palais qui bordent le *Canal Grande*, à bord du *vaporetto* qui conduit à la place San-Marco.

Lors d'*acque alte*, marées hautes exceptionnelles de plus en plus fréquentes, environ 50 en 100 ans, mais 6 en 1960, une dizaine actuellement, ou aucune de 1886 à 1906, cette place et une partie plus ou moins grande de la ville, sont hélas transformées durant 4 à 5 heures, le temps d'une marée haute de plus de 0,8 m, en un pittoresque, mais pernicieux lac que l'on parcourt sur des passerelles démontables ; une station météorologique située à environ 12 milles du rivage du Lido, donne l'alerte quand la marée montante y dépasse 1,1 m. Pour l'*acqua altissima* du 4/11/1966, marée haute de vives eaux associée au sirocco, à une basse pression atmosphérique, à une seiche par résonance du fond du golfe et aux fortes crues des fleuves, a dépassé la hauteur de 1,9 m, pénétrant partout dans la ville, tandis que la tempête associée ruinait de longues sections de *murazzi*, les digues à la mer du rivage de l'Adriatique construites durant tout le XVIIIe siècle, après la destruction des premières défenses par les tempêtes de 1686 et 1691. De façon courante actuellement, le marnage d'*acqua alta* peut atteindre 1,5 m auquel les fragiles quais des petits canaux et les pieds des façades de bâtiments résistent d'autant plus mal qu'ils sont incessamment sapés par les vagues de sillage des *vaporetti* et autres innombrables embarcations à moteur qui sillonnent les canaux et la lagune. Dans des conditions différentes il se produit aussi des *secche*, marées basses exceptionnelles qui peuvent dépasser - 1,2 m ; on en parle moins mais elles sont aussi très pernicieuses car elles assèchent la plupart des canaux et affouillent les fondations des ouvrages riverains, quais, ponts, bâtiments...

Sauver Venise ?

Ainsi, Venise est toujours aussi fragile ; elle l'est même davantage, car aux effets de la terre et de la mer s'ajoutent ceux des hommes, essentiellement de l'occupation moderne, touristique, indifférente aux effets du temps, plutôt que résidentielle, attentive à préserver son milieu ; la ville a du reste perdu une grande partie de ses habitants : la plupart de ceux qui y travaillent, arrivent le matin, pour en repartir le soir. Mais les effets néfastes prépondérants sont surtout ceux de l'énorme zone industrielle et des installations portuaires de Marghera sur le bord terrestre de la lagune, ainsi que ceux des canaux de navigation qui les relient au *porto* du Lido, en longeant la Giudecca et directement, à celui de Malamocco ouvert en 1970, long de 18 km dont 15 en mer, large de 140 m, profond de 15 m ; ces aménagements ont débuté au cours des années 20 et se sont amplifiés à partir de 1970. L'érosion du rivage marin entre Chioggia et l'embouchure du Piave est très active malgré les *murazzi,* qui sont fréquemment bousculés voire ruinés par les tempêtes littorales. Pourtant, la montée des eaux est le phénomène le plus redoutable ; l'eustatisme est toujours actif, mais c'est surtout l'affaissement du sol, subsidence et tassement, qui la détermine, environ 12 cm/siècle en moyenne pour la période historique, 3 mm/an en moyenne pour la période actuelle avant Marghera, plus de 5 à 10 mm/an après, principalement à cause de l'exploitation industrielle des eaux souterraines qu'il a bien fallu limiter, puis interdire ; on est alors revenu vers 5 mm/an ; ainsi, la basilique de San Marco ne sera pas de sitôt noyée jusqu'au bas de ses coupoles comme l'a récemment montré une image télévisuelle de synthèse, affolante mais totalement irréaliste.

De nombreux bâtiments de Venise sont plus ou moins gondolés ou inclinés sous l'effet de tassements différentiels, inévitables dans ce site dont tout le sous-sol alluvial peu compact est très compressible, ainsi que sous l'effet de la dégradation des matériaux de construction, tant par l'air marin et l'eau saumâtre que par les pollutions industrielles ; il arrive heureusement assez rarement qu'en général faute d'entretien, certains s'écroulent tout ou partie ; il s'agit alors d'ouvrages abandonnés dans des zones peu fréquentées. Le campanile de San-Stefano penche mais parait stable ; haut d'une centaine de mètres, celui de San-Marco était à peu près vertical ; construit en 1512, il s'est écroulé en 1902, alors que son faux aplomb n'atteignait pas 1% de sa hauteur ; il était fondé sur un massif de maçonnerie de 13 x 13 m de surface et 3,2 m d'épaisseur, reposant sur des pieux jointifs de 2,5 m de long, une technique courante de fondation à l'époque de sa construction. On a calculé que la pression ultime de rupture du matériau d'assise était d'environ 20 bars alors que la pression effective que lui transmettait l'ouvrage était d'environ 6 bars, soit un coefficient de sécurité supérieur à 1/3, valeur que l'on considère maintenant comme suffisante ; géomécaniciens sans le savoir, les anciens vénitiens faisaient comme nous ! Donc, l'écroulement n'était dû ni à l'inclinaison, ni au poinçonnement des fondations tel que la géomécanique le prévoit habituellement, car dans ce cas il se serait produit peu de temps après l'achèvement de la construction, mais sans doute à la dégradation des matériaux de construction de la base de l'édifice ; son écroulement aurait alors été provoqué par un événement secondaire aléatoire, *acqua alta*, *secca*, petit séisme... qui l'aurait déséquilibré : il a été reconstruit à l'identique au même emplacement, avec des matériaux plus légers, sur les mêmes fondations simplement renforcées : la géomécanique n'est peut-être pas la science exacte que l'on croit et l'étude du risque «naturel» sera toujours plus ou moins... risquée ; après l'incendie qui l'a détruite, la Fenice a été reconstruite apparemment à l'identique, mais en fait, c'est un bâtiment dont la structure est moderne, avec des sous-sols étanches et sur de nouvelles fondations.

Sauver Venise est donc une œuvre qui dépasse les moyens de ce qui reste de Vénitiens et même de l'ensemble des Italiens ; patrimoine de l'humanité, c'est à nous tous, sous l'égide de l'Unesco, d'écarter le risque de le perdre, en l'entretenant pour le conserver.

En 1984, un groupement d'entreprises et de spécialistes de l'hydrologie marine a lancé l'étude d'un vaste projet de prévention de l'*acqua alta* qui a abouti à un dispositif automatique de panneaux mobiles pour fermer les trois *porti* lors de marées dépassant la hauteur de 1 m considérée comme courante sinon normale : le *MOdulo Sperimentalo Elettromeccanico*, *Mose*, Moïse en français, acronyme en jeu de mots technocratico-biblique, Moïse écartant les eaux de la mer Rouge pour faire passer les Juifs pourchassés par Pharaon puis les laissant revenir pour noyer ce dernier et son armée ; il est estimé à 2 à 3 milliards d'euros et sa construction durerait une dizaine d'années ; parallèlement, on construirait des récifs au large des *porti* pour les protéger des tempêtes... Le projet étudié depuis près de trente ans est très critiqué par les experts du *Consorzio Venezia nuova* sous l'autorité du *Magistrato all'Acqua*, héritier du deuxième personnage hiérarchique de la République après le Doge pendant plus de 500 ans, car il modifierait d'une autre façon aux effets inconnus l'état actuel de la lagune et n'aurait évidemment pas d'effet sur l'eustatisme.

Un autre projet, théoriquement moins traumatisant pour l'environnement, mais pratiquement irréalisable avec les moyens techniques dont on dispose, dans un délai et pour un coût raisonnables, serait de rehausser tout ou partie de la ville de plus de 1 m.

Il serait moins spectaculaire, mais plus réaliste et plus efficace de rétablir autant que possible la lagune dans son état d'avant l'aménagement industriel en plaçant au large des bouées de déchargement des pétroliers qui seraient reliées à Marghera par pipe-line, ce qui permettrait de supprimer les grands chenaux de navigation, et aussi en rehaussant les quais, les berges et les ouvrages les plus affaissés, en nettoyant les canaux et les chenaux..., ce que les anciens vénitiens faisaient sans cesse. Moïse devrait pourtant être de nouveau sauvé, mais cette fois par la politique des grands travaux, pas par la fille de Pharaon.

On pourrait aussi éviter d'attendre qu'un ouvrage soit en ruine pour le reconstruire, en intervenant systématiquement, selon un plan général fixant un ordre de priorité en fonction de l'état réel des ouvrages menacés.

1.1.17 - EFFICACITÉ DE L'ENTRETIEN

Dans des conditions géotechniques plus délicates, la tour de Pise est heureusement toujours debout ; elle existe depuis plus de huit siècles au cours desquels elle a été régulièrement entretenue, ce qui assurément, a évité sa ruine : c'est l'exemple le plus caractéristique de la nécessité de surveiller et entretenir un ouvrage exposé à un risque «naturel». Car les ouvrages dont la ruine a été évitée ou du moins retardée fort longtemps, sont nombreux et variés, de tout temps et de tous lieux ; s'il n'en était pas ainsi, rien de durable n'existerait ; leurs exemples sont convaincants et instructifs : pour éviter la ruine, il faut et il suffit d'être attentif, compétent, consciencieux et actif. Autre affirmation apparemment évidente et/ou stupide, qui mérite aussi d'être illustrée.

LA TOUR DE PISE

La pérennité de cet ouvrage célèbre, qui est aussi un chef-d'œuvre géotechnique, montre qu'un aléa, inconnu et impossible à comprendre à l'origine, n'entraîne pas nécessairement la ruine, pour peu que l'on soit attentif à en corriger les effets en temps voulu et que l'on accepte d'entretenir l'ouvrage durant toute sa vie.

En arrivant sur le *campo dei Miracoli*, en fait une vaste prairie couverte de touristes moutonniers, par la porte Santa-Maria d'où la vue de la tour est la plus spectaculaire, on se prend à vouloir courir pour aller vite l'empêcher de tomber tant son inclinaison est impressionnante, environ 5° vers le sud, soit environ 5 m de faux aplomb pour environ 20 m de diamètre à la base et environ 57 m de hauteur : mais ne vous pressez pas, quoi que l'on en dise, elle n'a pas encore été près de s'écrouler spontanément ! En effet, en la regardant attentivement de l'est ou de l'ouest, vous verrez qu'elle penche moins en haut qu'en bas, car son aplomb a visiblement été progressivement corrigé au cours de son édification : ses constructeurs successifs savaient sans doute que le sous-sol du site n'était pas stable, car ils avaient dû observer les effets des tassements sur le *duomo* voisin, construit depuis près de cent ans ; ils surveillaient donc attentivement leur ouvrage dont la construction a duré près de deux siècles, de 1173 à 1350, en deux ou trois phases d'une dizaine d'années chacune ; ils l'arrêtaient quand les mouvements devenaient inquiétants comme vers 1180 au niveau du quatrième étage et en 1278, au niveau de la terrasse du sixième, et la reprenaient en rectifiant un peu l'inclinaison quand les mouvements s'atténuaient. Ainsi, grâce à cette pratique qui permettait la lente consolidation des matériaux du sous-sol de son assise sous l'effet de son propre poids, grâce à sa surprenante silhouette de banane, la tour ne s'est pas encore écroulée

Cela a sûrement beaucoup plus contribué à sa survie que les projets issus des innombrables et savantes études théoriques sur son comportement depuis que l'on a inventé la géomécanique et même avant : jusqu'à présent, les seuls travaux efficaces ont été ceux de consolidation de sa structure ; car en fait, tant que sa structure sera solide, ce qu'elle est depuis l'origine, la tour ne pourrait s'écrouler que si l'aplomb de son centre de gravité sortait plus ou moins de son polygone de sustentation ; il en est encore très loin. Par contre, les travaux entrepris sur ses fondations n'ont jamais ralenti son mouvement ; ils l'ont même souvent aggravé ; ce mouvement n'est du reste pas plus continu que tout autre phénomène naturel, ce qu'il est : comme eux, selon l'époque, suivant les variations climatiques et hydrologiques saisonnières, annuelles..., il accélère, ralentit ou même s'arrête un temps, selon un comportement que l'on qualifie maintenant de chaotique, mais la tendance est bien toujours à un lent accroissement de l'inclinaison et du tassement.

Photo 1.1.17 – La tour de Pise

Son aplomb a été rectifié au cours de sa construction : elle penche moins en haut qu'en bas.

Il en va au contraire différemment quand on essaie de la redresser ou de sinon arrêter, du moins ralentir son mouvement ; jusqu'à la dernière trop récente pour que l'on puisse en apprécier le résultat définitif, toutes les interventions sur les fondations se sont soldées par une aggravation de l'inclinaison : en 1838, lors du creusement du trottoir périphérique destiné à montrer la partie basse de la tour enterrée par le tassement, le mouvement qui était à peu près arrêté, a fortement repris, 40' de plus d'inclinaison, soit 45 cm de plus de faux aplomb ; en 1934, injection de ciment dans les fondations : $+ 31''$ d'inclinaison, soit $+ 8$ mm de faux aplomb ; au cours des années 1960/70, pompages dans la nappe aquifère : $+ 41''$ d'inclinaison, soit $+ 10$ même de faux aplomb ; en 1985, intervention sur les

fondations : $10''$ d'inclinaison, soit $+ 2,5$ mm de faux aplomb ;en 1995, encore des travaux sur les fondations dont le principal résultat a été une véritable panique, car on a craint un moment l'effondrement !Ce monument et ceux qui l'entourent, baptistère qui penche un tout petit peu lui aussi, d*uomo* plus ou moins gondolé... sont en effet construits dans un site particulièrement ingrat, la plaine alluviale fluvio-marine subactuelle de l'embouchure de l'Arno, dont le sous-sol est constitué d'une couche épaisse de plus de 300 m de matériaux sablo-argileux aquifères peu consistants, très compressibles. Épais d'environ 10 m, les matériaux superficiels sur lesquels est directement fondée la tour sont plutôt sableux et auraient supporté sans poinçonner la pression moyenne d'environ 5 bars que son radier de fondation leur transmettrait si elle était droite ;l'inclinaison se traduit par des tassements d'environ 1,3 m au nord et de 2,8 m au sud, de sorte que la pression est d'environ 0,5 b au nord et d'environ 10 b au sud. On pense que cela est dû d'abord au fait que ces matériaux sont un peu plus compacts au nord qu'au sud et à la présence d'une couche d'argile molle plus ou moins fluente au-delà de 10 m.

Grâce à la géomécanique, on sait donc maintenant expliquer l'inclinaison de la tour par le tassement différentiel de sa fondation, mais plus simplement, on constate en descendant sur son parvis avant de la gravir, que ce tassement dépasse 2 m au total, ce qui est tout aussi ahurissant que son inclinaison ; on a fait aussi des mesures de faux aplomb très précises, moins de 1 mm/an d'accroissement au cours de ce siècle, mais il y a près de 400 ans, Galilée aurait déjà lâché divers objets du bord de la sixième terrasse pour établir sa loi de la chute des corps ; si comme on le dit maintenant, c'est une légende analogue à celle de la pomme de Newton, elle confirme néanmoins que la tour penche bien de façon très spectaculaire depuis très longtemps ; certains géomécaniciens ont pu néanmoins prétendre qu'actuellement elle serait devenue instable au point qu'ils ont prédit son écroulement dans un délai très proche ; le délai de certaines prédictions est même déjà écoulé depuis pas mal de temps !

De nombreuses commissions d'experts ont étudié le comportement de la tour en vue d'éviter cet écroulement tant de fois prédit, mais qui heureusement a jusqu'à présent refusé de se produire ; demeurées théoriques, leurs études n'ont longtemps servi qu'à alimenter des querelles...d'experts et la perplexité des décideurs.

Après l'effondrement d'un campanile à Pavie en 1989, qui a fait 4 victimes, on a fermé par précaution l'accès à la tour en février 1990 et une 17e commission a repris les études de la 16e qui dataient de 1965. Sans attendre ses conclusions on a décidé de renforcer la structure de la tour, ce qui était une excellente chose, facile à faire ; on a ainsi cerclé ses parties les plus dégradées au moyen de câbles d'acier précontraints : les fissures se sont alors un peu fermées. Selon le diagnostic de la commission publié en 1993, il importait de ralentir le mouvement, ce qui se fait plus ou moins naturellement à très long terme ; c'est difficile à réaliser comme l'ont montré diverses tentatives mais cela peut être une bonne chose à court terme pour rassurer les contemporains : chercher à redresser un tout petit peu la tour est en fait la quête plus médiatique que technique du Graal de la géotechnique pisane ; c'est aussi un fantasme universel : dans le film *Superman III*, Christofer Reeve s'y employait.

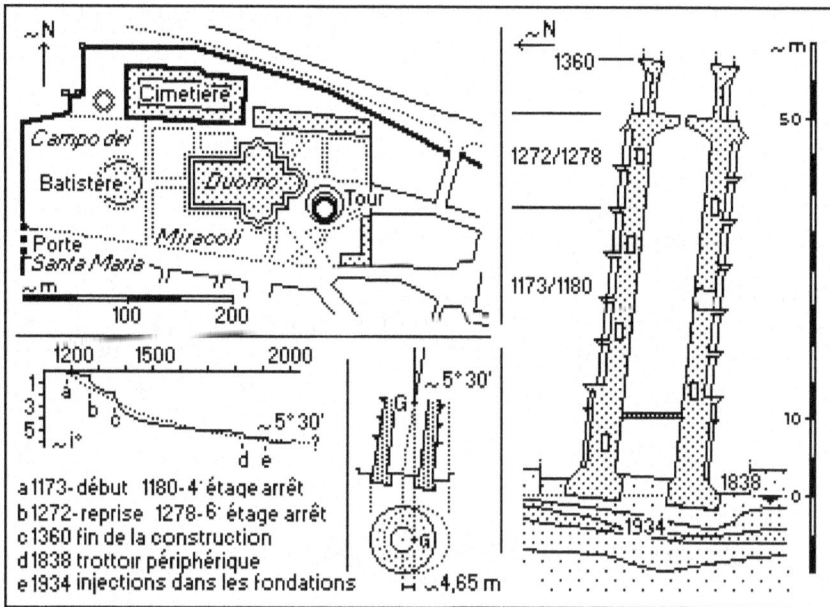

Figure 1.1.17 – Site et mouvements de la tour de Pise

Ce qui a alors été décidé ne rassurait pas vraiment : en 1993, après modélisation et simulations multiples, on a placé au pied du côté nord qui a le moins tassé, un contrepoids de 600 tonnes de plomb pour diminuer de 1° 30' soit environ 1,2 m de moins de faux aplomb : cette curieuse façon de traiter le tassement différentiel général en surchargeant le côté qui tassait le moins et dont on disait même qu'il se soulevait, n'a pas eu l'effet escompté : le gain d'inclinaison n'a été que de 52'' et donc le faux aplomb n'a gagné que 13 mm mais... le tassement c'est accru de 2,5 mm ! En 1995, on a congelé le sous-sol du côté sud, ce qui a accru l'inclinaison jusqu'au risque d'effondrement ; on a alors arrêté les travaux et ajouté 230 t de lest au nord pour arrêter l'inclinaison mais, conséquence inévitable, on a encore accru le tassement. Avec la 18e commission, cela est devenu un peu surréaliste mais plus prudent : elle a d'abord fait établir un modèle numérique très compliqué pour tester les effets possibles des différentes solutions envisagées, puis fait bâtir un modèle en vraie grandeur près du pignon ouest du cimetière pour valider la solution retenue, ancrer la partie nord par des tirants puis extraire par forage à la tarière un peu de matériau sous la partie nord de la fondation afin de faire tasser ce côté sans faire tasser l'ensemble et enfin injecter le sous-sol côté sud ; cette solution a été préférée à une autre envisagée, reprise en sous-œuvre au moyen de micropieux ancrés vers une cinquantaine de mètres de profondeur ; elle a ensuite fait haubaner la tour au niveau du 3e étage le temps d'exécuter les travaux.

L'opération terminée après une dizaine d'années d'études plus ou moins farfelues et de travaux plus ou moins imprudents voire dangereux, et pour plus de 25 M€, on aurait arrêté pour un temps indéterminé le mouvement d'inclinaison, l'inclinaison aurait diminué de 0°-15' et le faux aplomb de 22,5 cm, soit un gain d'environ 4% alors que l'on visait au moins

10% : *Much Ado About Nothing* ! La tour n'en demandait pas tant, mais au moins, les touristes privés de monter durant près de douze ans, peuvent de nouveau faire l'ascension pour se dégourdir les jambes après un long parcours d'approche en autocar.

On dit que cette « réparation » doit assurer encore deux à trois siècles de vie à la tour de Pise, mais bien savant ou plutôt bien inconscient serait qui pourrait l'affirmer. Que durera encore la tour ? Un jour, un an, dix ans, un siècle, dix siècles ou même plus ? Tout dépendra en fait de l'intérêt que les hommes continueront ou non à lui témoigner et des bêtises qu'ils éviteront de faire en essayant de la conforter et surtout de la redresser inconsidérément.

La plupart sinon la totalité des événements rapportés dans la suite cet ouvrage ont des histoires tout aussi édifiantes.

1.2 - LE SYSTÈME TERRESTRE

La manifestation intempestive de n'importe quel phénomène naturel, volet aléa du risque « naturel », n'est qu'une courte et rapide péripétie parmi d'autres du comportement normal du système terrestre, la Terre.

L'observation directe de ce système extrêmement complexe est en grande partie impossible puisque seule la surface du sol est visible et tangible. Ses éléments sont eux-mêmes très complexes : leurs formes et leurs comportements sont rarement déterminables avec précision ; leurs dimensions très petites ou très grandes, n'ont généralement aucune commune mesure avec les dimensions facilement accessibles à l'homme sans le secours d'instruments ; ils ne sont pas immuables et la plupart des facteurs qui régissent leurs comportements, généralement très typiques, sont mal connus et ne peuvent pas être maîtrisés.

Mais l'hétérogénéité considérable du matériau terrestre n'est pas aléatoire ; ce matériau est en effet structuré : on ne confond pas un cristal d'orthose, une poche de vase, une dune de sable, un filon d'aplite, une couche de craie, une coulée de basalte..., mais d'autres structures, tectoniques en particulier, sont beaucoup moins évidentes. Ses comportements sont eux aussi extrêmement complexes mais tout aussi structurés ; les phénomènes naturels sont innombrables et leurs manifestations sont généralement spécifiques d'un lieu : ce qui se passe à proximité d'un volcan lors d'une éruption n'a rien à voir avec ce qui se passe dans une plaine alluviale lors d'une inondation, sous un immeuble dont l'assise tasse... ; elles sont aussi spécifiques d'un moment : chaque événement quel qu'il soit, où que ce soit, est unique ; ce qui se passe avant, pendant et après est certes coordonné, mais l'enchaînement est plus ou moins aléatoire ; on peut prévoir l'événement, pas le prédire.

L'étude de ce système ressortit plus ou moins et tout ou partie selon le cas, à de nombreuses sciences, astronomie et/ou planétologie, géodynamique interne et/ou externe, climatologie et/ou météorologie, hydraulique marine et/ou continentale... et met en œuvre de nombreuses techniques générales et/ou spécialisées, observations, mesures, modélisations, interprétations... Elle est donc particulièrement compliquée ; ses acquisitions en continuelle évolution ne sont jamais définitives ; la plupart des théories qui en découlent ne sont que des hypothèses ; les résultats qu'on en obtient sont des approximations n'exprimant que des ordres de grandeur.

1.2.1 - ORGANISATION ET COMPORTEMENT

Les formes et l'organisation du système terrestre ressortissent à la géomorphologie ; son comportement ressortit à la géodynamique ; l'une et l'autre sont dites internes quand elles concernent les profondeurs du globe et externes quand elles concernent sa surface.

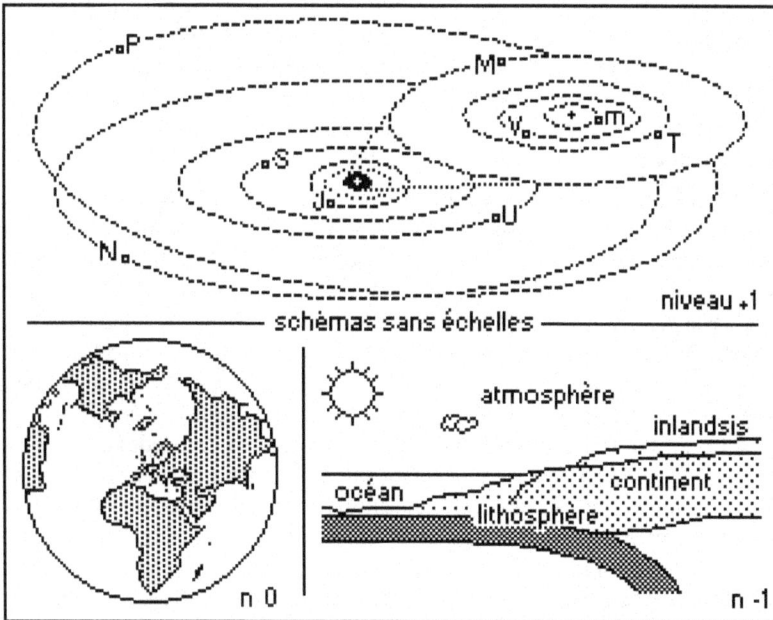

Figure 1.2.1 - Le système terrestre

Le système terrestre est d'une part un petit élément du système solaire dont il dépend étroitement parce qu'il lui impose sa structure et son comportement propres, et d'autre part un ensemble spécifique, quasi-autonome, particulièrement complexe, structuré en sous-systèmes, lithosphère, hydrosphère, atmosphère et biosphère qui sont eux-mêmes les ensembles de sous-systèmes de rang inférieur, continent, inlandsis, océan..., jusqu'aux roches, minéraux, cristaux, molécules, atomes, particules... qui ont des comportements spécifiques, tout en interagissant d'innombrables façons, à d'innombrables niveaux, en d'innombrables endroits. Depuis que la croûte terrestre existe, c'est-à-dire depuis plus de 4 Ga, des reliefs se créent et se détruisent incessamment à la surface du globe ; l'eau s'évapore de l'océan pour tomber sur les continents et retourner à l'océan par les fleuves ; à un endroit donné, le temps qu'il fait varie plus ou moins d'un jour à l'autre et le climat fait de même à plus long terme : système dynamique instable, animé par l'énergie thermique interne, la gravité et l'énergie solaire, le système terrestre évolue continuellement et de façon plus ou moins coordonnée à toutes les échelles d'espace et de temps qui passe.

À l'échelle du temps de la Terre, cette évolution paraît continue et monotone, mais elle semble ne pas l'être à l'échelle du temps humain, car on n'en observe que des événements de très courte durée à partir d'un certain seuil d'intensité qui dépend à la fois de la nature du phénomène considéré et de nos sens ou de nos instruments ; la fonction intensité/temps de n'importe quel phénomène est continue, mais dans un certain intervalle de n'importe quelle échelle de temps, elle est apparemment désordonnée voire incohérente, successivement plate, croissante ou décroissante avec des minimums et des maximums relatifs plus ou moins individualisés et parfois des paroxysmes. Pour le peu que l'on en sait, car le temps historique humain est court et la géologie historique est imprécise, cette évolution montre aussi des tendances à la hausse, à la baisse ou une stabilité durant des périodes plus ou moins longues et plus ou moins espacées mais jamais cycliques. Les événements naturels intempestifs voire paroxystiques sont uniques, contingents, mais normaux et généralement explicables ; ce ne sont pas des anomalies.

Le temps du système terrestre est orienté et irréversible ; l'état final d'un site affecté par un phénomène n'est jamais identique à son état initial ; il en va de même pour l'ensemble du système terrestre : ce qu'il est et ce qu'il s'y passe aujourd'hui n'est ni ce qu'il était et ce qu'il s'y passait hier, ni ce qu'il sera et ce qu'il s'y passera demain. Contrairement à ce que dit l'Ecclésiaste, inspiré par les anciens Égyptiens, et que beaucoup d'autres ont cru et croient encore, rien de ce qui s'y est produit ne s'y reproduira. Contre l'avis de Cuvier, catastrophiste convaincu qui le savait, Lyell, uniformitariste doctrinaire, a fait admettre le contraire à des générations de géologues ; Maxwell, qui n'était pas un savant révolutionnaire, a clairement affirmé que, dans ce monde, les antécédents ne se retrouvent pas et que rien ne se reproduit deux fois ; Poincaré a dit à peu près la même chose ; Valéry a écrit que l'histoire était la science des choses qui ne se répètent pas... On parle néanmoins de cycles à propos d'événements et/ou d'états successifs analogues que l'on observe de temps en temps, mais il ne s'agit jamais de cycles strictement périodiques, au cours desquels le même événement et/ou le même état se reproduisent régulièrement.

1.2.1.1 - ORGANISATION

Le matériau dont est fait le système terrestre, se compose d'arrangements locaux et spécifiques, emboîtés à toutes les échelles d'espace, de minéral en majeure partie et d'organique non vivant en moindre partie ; ce sont les minéraux, les roches, les formations... Ainsi, ce matériau est structuré, presque ordonné, même si la connaissance de certaines de ses formes extrêmement complexes, dépasse souvent nos moyens d'information et notre pouvoir de compréhension.

Ces arrangements et leurs liaisons sont les éléments de structures instables issues de dispositions transitoires antérieures ; ils dépendent de la nature du matériau et des phénomènes qui l'ont affecté au cours de son histoire. Sans remonter jusqu'aux particules élémentaires, le nombre des atomes et des phénomènes naturels qui peuvent les concerner, radioactivité essentiellement, est relativement peu élevé. Les minéraux et les corps organiques naturels fossiles, groupements d'atomes sont bien plus nombreux comme le sont les phénomènes susceptibles de les affecter, altération particulièrement. Les arrangements et les phénomènes connexes, érosion, transport, sédimentation... se diversifient considérablement quand on passe aux roches, groupements de minéraux ou de corps organiques, puis aux formations, groupements de roches présentant certaines affinités stratigraphiques ou structurales, puis aux massifs, régions, provinces...

À mesure donc que s'accroît l'échelle d'observation ou d'analyse du système terrestre, la complexité apparente de son organisation augmente.

1.2.1.2. - COMPORTEMENT

Le comportement de la Terre est historique : les événements de tous les phénomènes naturels sont aléatoires ; ceux qui se produisent sont uniques ; ceux qui se succèdent sont analogues, jamais identiques ; l'état actuel du système terrestre est le résultat contingent de son passé profond, d'une évolution qui aurait pu être différente, de sorte que cet état serait lui aussi différent ; les systèmes solaire et terrestre vieillissent ; l'entropie thermodynamique du système terrestre croît ; il est donc beaucoup moins stable qu'il paraît à l'échelle de temps de notre très court passage en son sein ; son entropie statistique est énorme, mais n'est pas incommensurable puisqu'il est fini ; son instabilité est donc loin d'être désordonnée ; il évolue de façon cohérente.

Le matériau terrestre est le siège ou l'élément d'actions dont les causes sont naturelles, gravité, électromagnétisme, radioactivité... et dont les effets sont de plus ou moins le modifier sans cesse à différents niveaux ; ce sont les phénomènes naturels ; la plupart sont connus : leurs cours sont compliqués mais intelligibles ; leurs paroxysmes sont plus ou moins fréquents, irrépressibles mais normaux ; certains produisent des événements violents qui peuvent être plus ou moins destructeurs de vies et/ou d'ouvrages ; ce sont les aléas. Les évolutions de ces phénomènes sont spécifiques, localisées et généralement peu sensibles à l'échelle du temps humain ; le fait qu'ils évoluent parfois intempestivement n'est pas anormal. On ne peut pratiquement pas en influencer le cours et empêcher la réalisation de leurs événements intempestifs ; on peut par contre constater leurs effets, essayer de comprendre leurs mécanismes et se prémunir de ceux qui sont à la source des risques, par des actions qui peuvent prendre des formes très différentes et être plus ou moins possibles selon le phénomène considéré.

Les événements intempestifs sont extrêmement rapides à l'échelle de l'histoire de la Terre ; à l'échelle d'une vie humaine, ils sont presque instantanés et rarement observés, sauf s'ils provoquent des catastrophes, mais alors, l'observation scientifique n'est pas le souci principal de ceux qui les subissent. On les caractérise plutôt indirectement par leurs effets, en constatant l'état résultant du site affecté, dont la stabilité acquise n'est qu'apparente. Explicables mais plus ou moins imprévisibles, possibles mais non certains, ces événements sont des péripéties et non des épisodes ; on ne peut donc les appréhender qu'en termes de probabilité.

Les phénomènes internes sont ceux dont l'origine est dans les entrailles de la Terre, essentiellement volcanisme qui amène en surface du matériau profond, et sismicité qui résulte des mouvements incessants de la lithosphère ; leurs manifestations les plus violentes sont très destructrices. Avant la tectonique globale, on savait que séismes et volcans étaient plus ou moins associés sans bien en connaître la raison ; on sait maintenant comment ils fonctionnent. Leurs modèles généraux sont bons ; leurs modèles spécifiques, moins.

Les phénomènes externes sont ceux dont l'origine est à la surface de la Terre. La désagrégation et l'altération désorganisent les roches et en facilitent l'érosion, déblayage et transport de blocs, graves, sable, limon, argile, ce qui permet à la désagrégation et à l'altération de se poursuivre. Quelles qu'en soient les causes, la gravité est le moteur principal de ce processus ; l'air et l'eau sous toutes leurs formes, le déclenchent, le facilitent, l'entretiennent et en transportent les produits. Écroulements, glissements, effondrements... sont innombrables, se produisent à peu près partout dans le monde et à tous moments ; mais généralement moins spectaculaires que les phénomènes internes, ils sont moins médiatiques. Leurs manifestations les plus violentes peuvent être néanmoins très destructrices. Leurs modèles généraux sont assez bons, mais on dispose rarement de modèles spécifiques acceptables.

La sédimentation et la diagenèse sont les phénomènes inverses qui accumulent les produits de l'érosion et les transforment en roches en les compactant, par l'effet de la gravité sur des grains juxtaposés, évidemment pesants, que la sédimentation d'autres grains charge progressivement ; elle est très lente et les sols récents sont généralement peu compacts ; son mécanisme de base est la réduction de la porosité des sédiments et l'expulsion de l'eau qu'ils contiennent. Les ouvrages que supportent ces matériaux peu compacts sont très souvent affectés de dommages qui peuvent aller jusqu'à la ruine et sont particulièrement sensibles aux effets des séismes qui peuvent liquéfier ceux qui sont sous-consolidés.

1.2.2 - LES CYCLES NATURELS

Par analogie avec les cycles astronomiques, on considère généralement que tous les phénomènes naturels ont des cours cycliques, et donc que les événements naturels dangereux ont des périodes de retour annuelles, décennale, centennale, millennale... sur lesquelles est imprudemment bâtie la prospective du risque « naturel », car la périodicité de ces événements n'est qu'apparente : *les jours se suivent et ne se ressemblent pas*, pas plus que les saisons, les années...

1.2.2.1 - LES CYCLES ASTRONOMIQUES

Connus depuis la plus haute Antiquité, les mouvements des astres ne sont en fait cycliques que vus de la Terre, pour des laps de temps relativement courts et à condition de négliger de nombreuses perturbations : les éphémérides de tous les corps du système solaire doivent être révisées de temps en temps ; la précession des équinoxes modifie sans cesse l'aspect du ciel, la durée des saisons et peut-être aussi les climats...

1.2.2.1.1 - Les cycles extraterrestres

Copernic, Kepler et Newton ont expliqué comment et pourquoi les mouvements des corps du système solaire nous paraissent cycliques ; avant eux et malgré Épicure, leur belle régularité apparente a été à la source de l'irrationnel dont souffre encore la prospective du risque « naturel ». Les comètes et les astéroïdes se montrent à nous à peu près régulièrement et bombardent la Terre de météorites quand leurs orbites croisent la sienne. Les éclipses de Lune sont de beaux spectacles assez fréquents et partout visibles ; celles de Soleil moins fréquentes et beaucoup plus localisées déplacent les foules ou les passionnés selon les endroits d'où on pourra les voir ; le cycle lunaire gouverne celui des marées, peut-être aussi quelques cycles biologiques et influencerait plus ou moins le temps...

1.2.2.1.2 - Les cycles de la Terre

La Terre tourne sur elle-même et autour du Soleil, par définition en 24 heures et en un an ; elle ne le fait pas aussi régulièrement qu'il paraît : ces cycles courts sont plus ou moins perturbés par des cycles longs, variations de l'excentricité de l'orbite de période $\approx 100\,000$ ans, variations de l'inclinaison de l'axe sur l'écliptique, l'obliquité, de période $\approx 40\,000$ ans, rotation conique de l'axe qui produit la précession des équinoxes, la plus irrégulière des trois puisque ses « périodes » varient de 13 000 à 25 000 ans... (*cf. 1.7.2.4.2*). Courts comme longs, tous ces cycles régissent plus ou moins les climats et le temps qu'il fait comme celui qui passe.

1.2.2.2 - LE CYCLE GÉOLOGIQUE

L'enchaînement des phases interne d'orogenèse, surrection, et externe d'érosion, altération, ablation, transport, de sédimentation et de diagenèse, constitue un cycle géologique dont la durée se mesure en dizaines voire centaines de millions d'années ; en France métropolitaine, on observe les effets de quatre d'entre eux, cadomien, calédonien, hercynien et alpin, les deux premiers avec difficulté ; nous assistons à l'achèvement de l'orogenèse alpine, première phase du cycle en cours.

Le cycle géologique est le modèle schématique du comportement du système terrestre selon lequel, depuis l'origine de la Terre, des reliefs se créent et se détruisent incessamment à la surface du globe. C'est aussi une belle illustration du mythe de Sisyphe ; les entrailles de la Terre épuisent leur énergie à remonter des rochers que la gravité fait inéluctablement redescendre ; les planètes mortes sont les preuves que ce petit jeu n'a qu'un temps. Cette conception de l'évolution du système terrestre a été proposée par Hutton dès la fin du XVIIe siècle ; Lyell l'a systématisée ; d'autres l'ont sacralisée. Les géomorphologues structuralistes la considèrent maintenant comme archaïque, à cause de son aspect anthropomorphe ; pourtant, il faut bien considérer comme une histoire l'enchaînement des phases d'un cycle géologique dont le personnage central, le relief, a un début, une vie et une fin, comme nous.

Ce cycle n'est évidemment pas périodique au sens mathématique ; ceux qui se sont succédé depuis l'origine n'ont pas eu la même durée ni la même histoire et l'état du système terrestre au début d'un cycle n'est jamais le même qu'à la fin : le supercontinent de la Pangée issu de l'orogenèse hercynienne, qui a commencé à se fragmenter à la fin du

Permien était totalement différent de celui issu de l'orogenèse calédonienne qui a commencé à se fragmenter à la fin de l'Ordovicien, comme le supercontinent qu'est en train de construire l'orogenèse alpine sera sûrement très différent de la Pangée et de ce que nous pouvons sinon prévoir, du moins imaginer ; certains événements qui jalonnent un cycle sont analogues, jamais identiques ; les phases n'y ont pas été strictement distinctes et enchaînées mais y sont plus ou moins simultanées ; le relief commence à se détruire avant que sa surrection soit terminée et le cycle suivant débute avant que le précédent soit achevé ; l'évaporation est continue sur l'océan mais la pluie ou la neige tombe de façon intermittente aussi bien sur le continent que sur l'océan ou sur l'inlandsis ; le régime de la rivière caractérisé par son débit moyen, ses crues et ses étiages, varie selon les conditions climatiques régionales et atmosphériques locales...

1.2.2.2.1 – Géodynamique interne : la production des reliefs

Le comportement interne, souterrain, du système terrestre résulte en majeure partie de la dissipation de l'énergie que libère le matériau profond, nucléaire du matériau lui-même et gravitationnelle accumulée lors de la période d'accrétion de la Terre en formation ; il régit l'orogenèse, surrection discontinue de reliefs successifs, les chaînes de montagnes qui ont peu à peu construit les continents par juxtaposition.

L'orogenèse est maintenant modélisée de façon particulièrement efficace par la théorie de la tectonique globale ou des plaques. On ne peut évoquer ici que les grandes lignes de cette théorie dont les détails et même le vocabulaire ne sont pas fixés : au début du cycle de tectonique des plaques, la majeure partie des terres émergées est rassemblée en un supercontinent ; au cours du déplacement de ce dernier, des fractures s'y développent par divers processus très hypothétiques, panaches volcaniques, météorites... ; elles s'élargissent peu à peu et deviennent des océans qui séparent de plus en plus les morceaux du supercontinent devenus des continents autonomes ; puis certaines limites océan/continent rompent et les plaques océaniques s'enfoncent sous les plaques continentales ; quand les plaques océaniques se sont entièrement enfoncées, les continents forment un nouveau supercontinent qui ne va pas tarder à se rompre...

On connaît en gros le moteur thermique interne qui anime tout cela, mais on est tout à fait incapable d'expliquer et *a fortiori* de prévoir ces déplacements de plaques qui ont l'apparence de lents mouvements browniens ; à court terme, si l'on peut dire, ils paraissent effectivement ne pas en être, car les positions actuelles des plaques dépendent manifestement de leurs positions antérieures et des directions apparemment constantes des mouvements qui les animent ; à long terme, c'est moins évident : l'ouverture de l'Atlantique n'était sans doute pas inscrite dans le passé de la Pangée, dernier des supercontinents qui a commencé à se rompre il y a environ 200 Ma (millions d'années) ; personne ne sait si l'ouverture de la mer Rouge qui a débuté il y a environ 3 Ma se poursuivra jusqu'à créer un nouveau grand océan entre l'Afrique et l'Arabie.

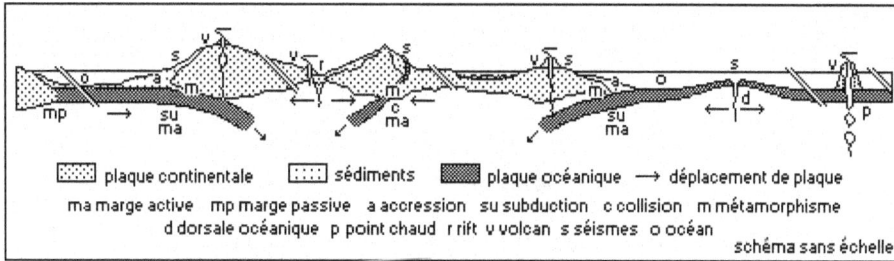

Figure 1.2.2.2.1 - Géodynamique interne

Au cours de leurs déplacements, les plaques surmontent parfois des points chauds, panaches isolés de magma profond qui les perforent ; si la plaque est océanique et libre comme à Hawaii, ils produisent des volcans basaltiques alignés dans le sens du déplacement ; si la plaque est continentale et en extension, des alignements de points chauds se forment sous des zones de fractures qui peuvent s'effondrer en rifts associés à des volcans andésitiques comme dans le Massif central. Si l'extension et l'afflux de magma persistent, le rift peut évoluer vers un nouvel océan comme semble le faire la mer Rouge. De la lithosphère basaltique se crée en continu dans l'axe des dorsales médio-océaniques jalonnées de volcans actifs comme l'Islande, Tristan-da-Cunha, Amsterdam... (*Fig. 1.4.1*) Cette création entraîne l'écartement de plaques semi-rigides qui constituent le puzzle mouvant de l'écorce terrestre et portent les continents. Puisque le diamètre du globe n'augmente apparemment pas, il se détruit autant de lithosphère qu'il s'en crée, soit dans des zones de subduction, enfoncement d'une plaque sous une autre, d'abord soulignées par un arc d'îles volcaniques andésitiques parallèle à la suture comme celui des Antilles, puis par une chaîne de montagne comme les Andes et enfin par une zone d'obduction, chevauchement d'une plaque par une autre, aboutissant à l'écrasement d'un océan entre les deux plaques, ce qui édifie une chaîne de montagne d'un autre type comme celle des Alpes, entre l'Europe et l'Apulie, digitation de l'Afrique. Deux plaques peuvent être en contact actif sans que se crée ni se détruise de croûte ; elles coulissent alors le long de failles transformantes comme la faille nord-anatolienne (*cf. 1.1.13*) ou celle de San Andreas en Californie.

Outre les déplacements de plaques, mesurables mais insensibles à l'échelle de temps humains, le comportement interne du système terrestre se manifeste en surface par les séismes et les éruptions volcaniques, événements naturels des plus dangereux.

1.2.2.2.2 - Géodynamique externe : la destruction des reliefs

Le comportement externe, superficiel, du système terrestre est en grande partie déterminé par l'énergie que le Soleil lui dispense à travers l'atmosphère, selon la position et l'inclinaison du globe sur l'écliptique : les climats et le temps, particulièrement variés et extrêmement instables, associés à la gravité monotone et stable, ont un rôle déterminant dans la destruction incessante, l'érosion du relief continental qui se pénéplanise progressivement.

L'érosion commence dès que les reliefs émergent et se trouvent affrontés à l'atmosphère ; à son début, elle se superpose donc à leur production.

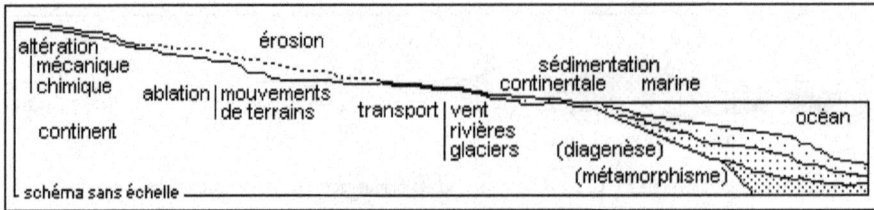

Figure 1.2.2.2.2 - Géodynamique externe

L'altération physico-chimique affecte les minéraux des roches, préparant ces dernières à l'érosion en les désagrégeant. L'ablation, accessoirement chimique sur des roches plus ou moins solubles dans l'eau comme le gypse ou le calcaire, est plus généralement mécanique, régie par la gravité associée à un autre agent comme le ruissellement, le vent, la glace, la mer littorale ou même profonde : les phénomènes spécifiques sont les mouvements de terrain terrestres, reptations, glissements, éboulements, écroulements, effondrements, ou marins, courants de turbidité... Le transport plus ou moins long d'éléments plus ou moins volumineux selon l'état de fragmentation et l'agent, les amène plus ou moins rapidement dans des zones de calme plus ou moins durable où ils sédimentent. À mesure qu'ils sédimentent, les amas généralement stratifiés de façon plus ou moins horizontale qu'ils constituent, se compactent sous l'effet de la gravité, essentiellement par expulsion d'eau, et au bout d'un temps très long, peuvent atteindre le stade de roche sédimentaire par la diagenèse.

Selon les lieux et les circonstances, tous ces phénomènes sont susceptibles d'être des facteurs de risques « naturels » ; on rattache entre autres les glissements et les écroulements à l'érosion, certaines subsidences et les tassements à la diagenèse que la géomécanique appelle consolidation.

1.2.2.3 - LES CYCLES ATMOSPHÉRIQUES

Les états global et local de l'atmosphère actuelle dépendent des cycles terrestres courts, annuel pour les saisons, deux ou quatre selon la latitude, mensuel à journalier pour les météores. À l'échelle du temps humain ils paraissent à peu près réguliers ; aux échelles de la géologie, de l'archéologie et même de l'histoire, les zones climatiques et les climats types ne le sont pas : l'atmosphère est de très loin le sous-système le plus instable du système terrestre, et c'est en grande partie pour en comprendre l'évolution à court comme à long terme que la théorie du chaos à été développée.

1.2.2.4 - LE CYCLE DE L'EAU

Conditionné par les climats et le temps, le cycle de l'eau dont la durée est pluriannuelle à pluricentennale, provoque et entretient en grande partie la destruction des reliefs. Très schématiquement, il débute par l'évaporation, en majeure partie océanique ; sur les continents, les précipitations, rosée, pluie, neige alimentent les eaux de surface dont la majeure partie retourne directement à l'océan par les fleuves ; une autre partie s'infiltre, alimente les nappes souterraines dans les roches perméables et au bout d'un parcours plus ou moins long, surgit pour rejoindre les eaux de surface.

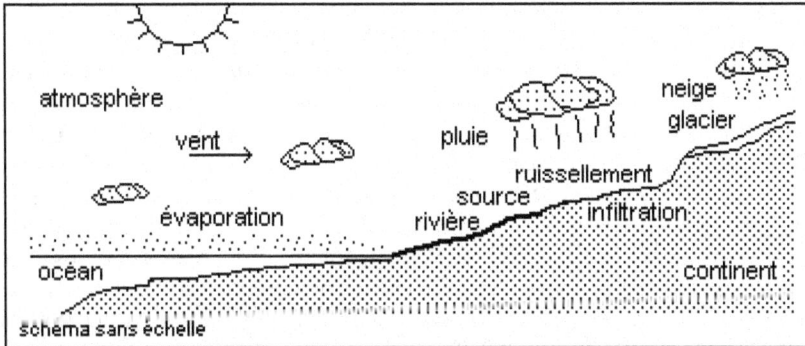

Figure 1.2.2.4 - Le cycle de l'eau

1.2.3 - LES PHÉNOMÈNES NATURELS

Les phénomènes naturels dont certains événements sont des facteurs de risques « naturels » ont tous au moins un caractère commun, leur évolution entraînant une série de transformations successives affectant plus ou moins le système terrestre, en partie ou en totalité. L'évolution de n'importe quel phénomène naturel dépend d'un nombre plus ou moins grand de facteurs que l'on est généralement loin de connaître tous et dont on ignore souvent l'importance relative. Ces facteurs résultent d'évolutions spécifiques de phénomènes secondaires indépendants, moins complexes que lui, mais ils sont très rarement simples ; ils évoluent eux-mêmes indépendamment les uns des autres ; ils ont des hauts et des bas, des paliers, leurs intervalles de monotonie sont plus ou moins longs, leurs changements de tendances sont brusques ou lents. Le phénomène dont ils sont les éléments est en stase quand tous le sont aussi, ce qui est très peu fréquent, plus ou moins intense quand au moins l'un d'entre eux évolue, et à son paroxysme quand ils sont tous à leur maximum, ce qui peut n'arriver que très rarement. En fait, rien n'est aussi simple ; les événements qui animent le système terrestre et jalonnent son évolution, ou ses éléments de niveaux inférieurs sont, quelle que soit l'échelle à laquelle on les observe, uniques, spécifiques d'un lieu et d'une époque, imbriqués, interdépendants, co-influents. Ils font partie de l'évolution normale de systèmes complexes structurés, et ainsi, ne sont pas aléatoires mais chaotiques, c'est-à-dire qu'ils sont régis par *le hasard et la nécessité* ; la nécessité contrôle l'évolution et lui impose une tendance générale plus ou moins proche de la stabilité : selon le type de phénomène, l'inertie du système est convenable et/ou les flux entrant et sortant s'équilibrent et/ou l'effet de la réaction à une variation perturbatrice s'oppose au sien et/ou les réactions de deux sous-systèmes s'annihilent... Si le hasard perturbe plus ou moins ceci et/ou cela en y introduisant un grain de sable, de fantaisie, le système se dérègle, éventuellement s'emballe, parfois jusqu'au cataclysme.

Le régime de la plupart des rivières du monde est bien connu, quel que soit le niveau culturel des riverains ; sa connaissance est en effet liée à l'agriculture, activité collective de base de l'homme, l'une des plus anciennes, et partout les vallées sont des sites d'occupation privilégiés où la densité humaine est la plus grande ; il est enseigné dès l'école primaire. Les étiages sévères et les fortes crues comptent parmi les grandes catastrophes et sont sans doute les plus fréquentes partout et de tout temps ; on ne connaît donc pas si bien que cela le phénomène naturel le mieux connu puisque l'on ne sait pas le prévoir et en prévenir les effets efficacement. La raison réside dans la multiplicité et la diversité des phénomènes en jeu et dans la difficulté d'en préciser les relations d'influence : on peut considérer avec prudence comme immuable, à l'échelle du siècle, la morphologie du bassin versant ; dans ce bassin, la part du ruissellement, de l'absorption et de l'évaporation, la végétation, le climat... sont des phénomènes à évolutions lentes, plus ou moins liées mais asynchrones ; le nombre, l'intensité, la durée, le volume, la répartition des précipitations au cours d'une période donnée, sont des paramètres dont les évolutions rapides sont pratiquement aléatoires : pour s'en convaincre, il suffit d'écouter les bulletins météorologiques puis de comparer les observations aux prévisions. Or l'évolution de chacun de ces phénomènes est individuellement assez bien connue ; ce que l'on ne connaît pas, c'est la part de chacun dans l'évolution du régime et ce que l'on ne sait pas faire, c'est la combinaison raisonnée de l'évolution de chacun d'eux. À très court terme, les orages violents et les longues périodes de pluies persistantes sont les facteurs apparemment les plus influents du régime d'un cours d'eau ; les météorologistes effectuent à peu près partout sur le globe des mesures quasi continues de température, pression, humidité, vent..., exploitent les photographies satellites, utilisent les ordinateurs les plus puissants dont on dispose actuellement pour prévoir le temps et donc, entre autres, les précipitations ; on ne peut pas vanter la précision des résultats qu'ils obtiennent.

Si donc on n'est pas plus avancé que cela dans la connaissance de l'évolution du phénomène naturel le plus connu et l'un des plus dangereux pour l'homme, que dire de celle des autres ? À partir de l'historique fiable d'un phénomène à un endroit donné, on peut, dans les limites de cet historique et de cet endroit, se représenter son évolution en estimant les fréquences d'événements d'intensités données ; on suppute alors plus ou moins qu'il y a d'autant moins de chances de voir se produire une certaine intensité qu'elle est plus forte, et qu'il y a d'autant plus de chances d'observer une intensité plus forte que la période d'observation est plus longue. Ce n'est pas grand-chose et on n'en est même pas certain ; c'est déjà beaucoup et on ne peut pas faire mieux.

On peut illustrer ce type d'évolution stochastique par celui d'un phénomène météorologique particulièrement bien connu, la variation de la pression atmosphérique, tant locale que globale ; elle est mesurée en permanence et abondamment publiée, partout dans le monde, depuis plus de deux siècles, tant par des professionnels que des particuliers ; on dispose ainsi de très longues séries d'observations qui en permettent l'exploitation statistique satisfaisante, situation quasi unique en matière de phénomène naturel. Ses variations de tous ordres sont très rapides et donc observables et significatives à l'échelle du temps humain ; à un instant donné, elle varie d'un endroit à un autre, de façon continue et assez cohérente pour qu'on puisse la figurer sur une carte d'isobares présentant des creux, des replats et des bosses, dépressions, thalwegs, marais, anticyclones... ; à un endroit donné, elle varie continuellement dans d'assez larges limites, avec des minimums, des paliers et des maximums journaliers, hebdomadaires, mensuels, saisonniers, annuels... qui pourtant ne sont jamais strictement cycliques. Les enregistrements barométriques montrent très bien cela et peuvent être considérés comme des modèles réduits d'enregistrements des variations dans le temps des autres phénomènes naturels, impossibles à faire eu égard à la lenteur de leurs évolutions. Il n'est malheureusement pas possible de les extrapoler : Lorenz a montré que même à très court terme, on ne peut, au mieux, discerner que des tendances dans l'évolution des paramètres météorologiques ; au départ, les renversements de tendances ne sont jamais très caractéristiques et par la suite, ils peuvent s'affirmer ou s'annihiler, rendant toute prévision contingente.

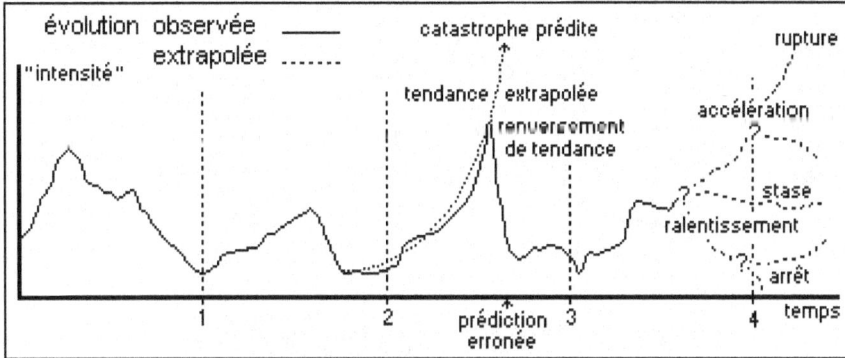

Figure 1.2.3 - Évolution d'un phénomène naturel

C'est du reste un caractère constant de tout ce qui évolue : les courbes de tendance de la Bourse trompent régulièrement les naïfs qui les exploitent. Dans le cours normal des phénomènes naturels, tendance moyenne plus ou moins proche de la stase, les événements intempestifs générateurs éventuels d'accidents sont spécifiques et contingents ; cette tendance ne renseigne donc pas sur le risque de leur manifestation ; des événements plus modérés que l'on appelle précurseurs se produiront-ils ? où et quand ? à quelle distance spacio-temporelle du paroxysme ? On peut expliquer *a posteriori* un événement et ce qui l'a provoqué et éventuellement annoncé, mais on ne peut pas discerner dans la tendance la situation qui en provoquera un autre analogue.

1.2.4 - LES PHÉNOMÈNES NATURELS « DANGEREUX »

Classer, décrire et étudier n'importe quel phénomène naturel n'est pas simple, car jamais isolé, son évolution est rarement spécifique ; elle est toujours plus ou moins influencée par celles d'autres phénomènes, pas forcément proches : une chute de grosse météorite ou une violente éruption volcanique peut durablement troubler le climat terrestre ; un séisme, une tempête littorale, de fortes précipitations... peuvent provoquer des mouvements de terrain... Cela devient inextricable si on amalgame aléa et vulnérabilité, car, intrinsèquement, pas plus que les risques et les catastrophes sont naturels, que certains sols sont vicieux, certains phénomènes naturels sont dangereux : dans certaines circonstances qui ne dépendent que de nous, certains événements naturels sont plus ou moins dangereux pour les personnes et/ou les ouvrages vulnérables qui y sont exposés ; d'autres événements de nature et d'intensité analogues le sont peu ou même ne le sont pas, parce que ceux qui y sont exposés sont efficacement préparés et protégés, ou parce qu'il n'y a rien là où ils se produisent.

On peut classer, décrire et étudier les phénomènes naturels susceptibles d'être dangereux en ne distinguant pas comme on le fait habituellement, les événements implacables qui affecteraient des personnes et des ouvrages passifs, là par inadvertance, de ceux qui affecteraient des ouvrages, facteurs actifs de leurs propres dommages : un pont enlevé lors d'une crue l'a-t-il été inévitablement par l'effet propre de l'événement ou parce que le tirant d'air du pont était insuffisant, ses fondations mal assurées, le lit de la rivière surcreusé par une exploitation de grave en aval ? L'effet est bien le même, seul le point de vue change. Pourquoi le séisme a abattu cet immeuble et a épargné cet autre ? L'événement était le même, mais la vulnérabilité des immeubles ne l'était pas : l'un était très fragile et l'autre était bien construit.

1.2.4.1 - LES CHUTES DE MÉTÉORITES

En plus de la lumière et de la chaleur, le système solaire envoie des météorites sur la Terre. Il peut se produire de telles chutes partout, n'importe quand, de n'importe quel volume ; elles seront sans doute toujours imprévisibles.

1.2.4.2 - LES PHÉNOMÈNES D'ORIGINE INTERNE

Les effets superficiels des mouvements lents, 1 à 20 cm/an, mais continus des plaques lithosphériques sont les éruptions volcaniques et les séismes ; ils se produisent essentiellement sur les marges actives des plaques comme à la périphérie du Pacifique qui sont donc des bassins de risques telluriques importants.

1.2.4.2.1 - Éruptions volcaniques

Environ cinq cents volcans localisés à proximité immédiate d'endroits très particuliers de la lithosphère tant océanique que continentale sont le siège d'éruptions plus ou moins violentes ; ces éruptions sont des aléas très spécifiques, relativement rares même près de volcans actifs, impossibles à expérimenter.

1.2.4.2.2 - Séismes

On appelle séismes les vibrations terrestres naturelles, mais il est très facile d'en produire lors d'expériences nucléaires ou de violentes explosions, évidemment très localisées, en effectuant des terrassements rocheux ainsi que d'autres travaux et ouvrages dont certains effets entraînent des modifications plus ou moins importantes des contraintes naturelles du sous-sol, exploitations et travaux souterrains, mises en eau de barrages, machines fixes ou roulantes...

1.2.4.2.3 - Tsunamis

Ce sont des ondes isolées du large qui s'amplifient démesurément à l'approche des côtes et pénètrent souvent très loin du rivage, provoquant alors des dommages bien plus considérables que les tempêtes ; ils sont produits par des phénomènes affectant les fonds marins, séismes, explosions volcaniques ou effondrements de caldeiras, mouvements de pentes de rivages ou de bords de talus continentaux, courants de turbidité...

1.2.4.3 - LES PHÉNOMÈNES ATMOSPHÉRIQUES

Les événements atmosphériques, cyclones, tempêtes, tornades... et les événements naturels qui en sont les sous-produits, inondations, mouvements de terrains... sont les aléas les mieux connus et les plus suivis car ils concernent partout toutes les activités humaines de base et évoluées, agriculture, pêche, navigation, industrie, loisir... : quel temps fera-t-il demain, pour le week-end, pour les vacances ? le prochain hiver sera-t-il froid et humide, doux et humide, froid et sec ? le prochain printemps sera-t-il pluvieux ou sec ? ... On ne sait pas répondre à ces questions : les paramètres qui régissent l'évolution des phénomènes atmosphériques sont extrêmement nombreux ; ils varient très rapidement de façon apparemment aléatoire, en fait chaotique ; ils sont loin d'être tous connus.

1.2.4.3.1 - Les phénomènes climatiques

Les phénomènes climatiques glaciations, eustatisme, sécheresse... affectent une partie voire l'ensemble du globe pour des durées qui dépassent largement le temps humain et même historique. Ils paraissent en partie régis par les cycles longs de la Terre, excentricité, obliquité, précession des équinoxes,... mais aussi par des événements aléatoires de courtes ou de longues durées, chutes de météorites, éruptions volcaniques, orogenèses...

1.2.4.3.2 - Les phénomènes météorologiques

Les phénomènes météorologiques, moussons, cyclones, tornades, orages, enneigement puis fonte des neiges... n'affectent jamais l'ensemble du globe et n'ont pas des effets aussi radicaux et durables que ceux liés au climat. Ils sont plus ou moins saisonniers mais pas strictement réguliers ; il s'en produit d'intempestifs hors saison. Ils sont régis par les cycles terrestres courts et par les interactions continents/océans/atmosphère.

1.2.4.4 - PHÉNOMÈNES LIÉS AUX CONDITIONS ATMOSPHÉRIQUES

Les inondations, les crues, les tempêtes littorales, les avalanches..., ainsi que, dans une large mesure la plupart des mouvements de terrain, sont des conséquences régionales et/ou locales de cyclones, orages, pluies persistantes, fontes de neige...

1.2.4.4.1 - Inondations, crues, tempêtes littorales

Associés à la gravité, ces phénomènes provoquent et entretiennent l'érosion, le transport et la sédimentation à l'échelle régionale, et des déplacements de lits, de côtes, des modifications de paysages... à l'échelle locale ; ils ruinent parfois les ouvrages riverains et ceux construits pour s'en prémunir, comme les digues, ce qui peut accentuer leurs effets jusqu'à d'amples catastrophes.

1.2.4.4.2 - Avalanches

En montagne, les avalanches sont des aléas naturels extrêmement fréquents et souvent très graves. Elles se produisent dans des zones prédisposées par la topographie et l'exposition, notamment lors d'un redoux suivant rapidement une chute abondante, par surcharge de chutes successives sur de fortes pentes, sous l'effet de vibrations dues au vent, à une chute de bloc de glace ou rocheux, au passage d'un animal ou d'un homme, lors de la fonte...

1.2.4.5 - LES MOUVEMENTS DE TERRAIN

Ce sont les effets de la gravité sur le matériau terrestre, associée à des événements déclencheurs, séismes, fortes précipitations, excavations naturelles ou artificielles...

1.2.4.5.1 - Mouvements de pente

Tant par leurs localisations quasi globales que par le nombre et la variété de leurs formes, de leurs manifestations et de leurs effets les mouvements de pente constituent la classe la plus vaste d'aléas. Ce sont des mouvements obliques qui affectent les pentes tant naturelles qu'artificielles, écroulements, glissements, coulées... ; partout où il y a une pente de la surface topographique, naturelle ou artificielle, on peut être sûr qu'à plus ou moins long terme, elle se modifiera pour s'amoindrir, de façon continue ou épisodique, imperceptible ou intempestive. Un talus, un coteau, une paroi, un versant... peuvent demeurer très longtemps stables puis glisser ou s'écrouler à la suite de séismes, de fortes précipitations, de redoux, du dégel, de crues, de tempêtes littorales... À l'exception de certains de ceux provoqués par les séismes ou les terrassements mal étudiés et/ou mal exécutés, qui peuvent n'avoir que des causes purement mécaniques, la plupart des mouvements de terrains sont donc des phénomènes liés au temps ; l'oublier, les étudier et les contrôler du seul point de vue mécanique ne peut conduire qu'à de graves déboires.

1.2.4.5.2 - Mouvements verticaux

Les affaissements, effondrements, poinçonnements, tassements... sont aussi des mouvements naturels ou provoqués ; naturels, ils résultent de la consolidation progressive de sédiments, sous l'effet de leur propre poids, à laquelle s'ajoute parfois la subsidence, d'effondrements de voûtes de cavités de formations karstiques, gypseuses... Ils peuvent être provoqués soit par surcharge locale de la surface du sol, comme celle résultant de la construction d'un ouvrage, soit par extraction de matériau du sous-sol, comme lors de l'exploitation de pétrole, d'eau, de matériaux, de minerai, la construction de galeries...

1.2.5 - L'ACTIVITÉ HUMAINE

Même quand elle est bénéfique, l'activité humaine a bien des effets pervers : *on ne saurait penser à tout*. Les innombrables activités, aménagements et ouvrages humains, presque tout ce qui se creuse, construit, exploite ou rejette partout dans le monde sont concernés par des risques, une région par un séisme, une ville par une inondation, une nappe d'eau souterraine par une pollution, les environs d'une carrière par un tir intempestif, une galerie par un éboulement, un immeuble par un tassement excessif... Ils peuvent subir les effets dommageables de phénomènes auxquels ils sont étrangers, éruption volcanique, glissement de terrain... aggraver ou déclencher le phénomène qui les endommage, éboulement de paroi de fouille, poinçonnement de fondation... Dans les deux cas, les phénomènes, évidemment naturels, sont les mêmes et les dommages susceptibles d'affecter les ouvrages ont des formes analogues ; ils dépendent de la façon dont ils ont été étudiés, construits et entretenus. Les mêmes causes ultimes provoquent un glissement dans la nature ou sur un chantier de terrassement ; les mêmes particularités de structure rendent un immeuble apte à subir sans grand dommage, un séisme, un mouvement naturel de terrain, un tassement qu'il provoque...

L'activité humaine est évidemment à l'origine des pollutions, quelles qu'elles soient et quel milieu qu'elles touchent ; mais celles qui affectent le sol et le sous-sol, ont une influence géotechnique incontestable, notamment sur la qualité des eaux souterraines qui les concentrent et les véhiculent ; les parades et les traitements ressortissent en grande partie à l'hydrogéologie. Il en va de même pour le stockage des déchets et en particulier pour ceux qui sont quasi indestructibles ou qui ont une très longue durée de vie ; la fiabilité à long terme de certains stockages est loin d'être assurée. Les effets pervers de certains aménagements et pratiques, les comportements et décisions aberrants en temps de crise sont des conséquences moins connues mais tout aussi dangereuses de l'activité humaine.

Aussi insolite que cela puisse paraître, il semble donc normal de considérer l'activité humaine comme une source d'aléas.

1.2.6 - LE PARADOXE DU RISQUE « NATUREL »

Le système terrestre est très complexe, mais il n'est pas désordonné et son comportement n'est pas erratique ; il n'y a pas n'importe quoi n'importe où, il ne s'y passe pas n'importe quoi n'importe où, n'importe quand et n'importe comment. Les risques « naturels » sont donc étroitement localisés et, assez paradoxalement, les aléas sont en grande partie déterminés et plus ou moins prévisibles ; si, à un certain endroit et dans certaines circonstances, l'un d'entre eux paraît possible, l'événement se produira à peu près sûrement dans un délai que l'on peut en principe estimer par sa probabilité, mais parmi toutes les situations imaginables, la probabilité de celles susceptibles d'être très dommageables est relativement faible.

La probabilité de réalisation d'un risque « naturel » nous paraît donc à peu près déterminée à plus ou moins long terme et pratiquement indéterminée à court terme ; ce paradoxe peut être atténué en considérant d'abord que l'évolution du bassin de risque, sous-système du système terrestre, est modélisable de façon autonome si on lui attribue des conditions aux limites acceptables, ensuite, si l'on admet, ce qui est probable mais pour le moment indémontrable, que le temps caractéristique du sous-système est très petit à l'échelle humaine mais très grand à l'échelle géologique ; cela voudrait dire que ce qui peut paraître plus ou moins déterminé à l'échelle géologique, ne l'est pas à l'échelle humaine. Et en fait, on sait où et comment se manifeste n'importe quel phénomène naturel, mais on ne sait pas quand il atteindra une intensité éventuellement génératrice d'accident, qui ne sera pas une anomalie dans le cours du phénomène. Cela explique que l'on puisse clairement caractériser un risque « naturel » sans que l'on sache le localiser précisément et en prédire ni souvent même en prévoir la réalisation ; on ne peut pratiquement jamais modifier l'évolution d'un phénomène en empêchant la production d'un événement intempestif par une action directe, ni s'en protéger totalement ; par contre, on peut en prévenir les effets après avoir positivement identifié et analysé le risque, établi la probabilité de sa réalisation, prévu ses conséquences, notamment en diminuant la vulnérabilité des aménagements ; mais on préfère toujours s'évertuer à prédire un événement redouté plutôt que se préparer à en subir les effets, parce qu'on a l'arrière pensée irrationnelle qu'il ne se produira jamais. Pourtant, la meilleure sinon la seule façon, toujours possible, nécessaire mais malheureusement pas toujours suffisante de juguler un risque « naturel » est la prévention, car si structurellement, la prévision nous est plus ou moins accessible ; la prédiction ne l'est pas.

1.3 - LES CHUTES DE MÉTÉORITES

Les effets esthétiques des arrivées de météorites dans l'atmosphère, les étoiles filantes, sont très fréquents et connus de tous ; on sait moins que leurs chutes sur terre qui s'ensuivent parfois, sont des aléas dont la probabilité est à peu près inconnue, sans doute extrêmement faible mais non négligeable ; en fait, elles ne sont pas si rares que l'on croie. À ce jour, elles semblent ne nous avoir causé que d'insignifiants dommages, mais la chute d'une grosse météorite est sans doute le pire événement naturel qui puisse affecter la Terre : les dinosaures ont peut-être été victimes de l'un d'entre eux à la fin du Crétacé.

Depuis un quart de siècle, la connaissance du phénomène a énormément progressé, en particulier grâce aux hommes et aux engins qui observent l'espace et qui y vont. Les promenades sur la Lune ont permis de ramener sur Terre des échantillons rocheux, de les dater et ainsi de dater les cratères lunaires après les avoir photographiés et topographiés. Ce sont les effets des impacts de météorites demeurés en l'état depuis leur formation, car en l'absence d'atmosphère, il n'y a pas d'érosion sur la Lune ; on connaît donc maintenant à peu près le mécanisme et l'histoire de ces événements.

Ce qui suit fait état de nos connaissances actuelles, sans prétendre être exhaustif, car elles évoluent très vite.

1.3.1 - LE PHÉNOMÈNE

Selon les lois de la mécanique céleste, le comportement du système solaire est apparemment simple ; en fait, les innombrables objets gros et petits qui gravitent autour du Soleil ont des mouvements réels qui paraissent plus ou moins instables voire chaotiques : d'une part, plus ou moins perturbés par les effets thermiques du Soleil, l'accumulation des effets gravitationnels de Jupiter, leurs influences gravitionnelles réciproques, les chocs entre eux..., tous ces objets évoluent dans des plans plus ou moins proches de l'écliptique, sur des orbites plus ou moins elliptiques qui s'allongent parfois brusquement, selon des périodes plus ou moins variables... ; d'autre part, ils sont bien plus nombreux que les *trois corps* (*cf.4.4.8*), limite de nos moyens de calcul sans le secours de la méthode des perturbations dont les résultats doivent néanmoins être plus ou moins adaptés à l'observation, ce qui avait découragé Newton qui l'a inventée pour préciser le comportement réel de la Lune, mal décrit par ses calculs de base ; enfin, si l'ordinateur a facilité des calculs longs et compliqués, les résultats que l'on en obtient, entachés d'erreurs systématiques d'autant plus grandes que l'on va dans le futur lointain, sont plus ou moins rapidement chaotiques. Ainsi, la période de Saturne perturbée par Jupiter est incertaine à plusieurs jours près ; les trajectoires des petites planètes comme Pluton ou Mercure, paraissent instables ; pour décrire le mouvement réel de la Terre, on a dû préciser son mouvement newtonien par des composantes annexes comme la rotation des apsides, l'excentricité, l'obliquité, la précession, la nutation... En fait, il faut constamment remettre à jour toutes les éphémérides. Les très petits objets, comètes et astéroïdes qui finissent parfois en météorites, sont évidemment les plus instables.

Une chute de météorite est un événement naturel quasi instantané, achevant une histoire qui a commencé dans l'espace il y a environ 4,6 Ga (milliard d'années), quand le système solaire s'est organisé. Depuis cette époque, des objets de toutes dimensions et de toutes compositions gravitent un peu partout dans le système, à peu près dans le plan de l'écliptique ; entre Mars et Jupiter, ils constituent la Ceinture principale d'astéroïdes à laquelle appartiennent les petites planètes, Cérès, Pallas, Junon, Vesta, Astrée... ; au-delà de Neptune, la ceinture de Kuiper dont fait partie Pluton est le réservoir des comètes à petites périodes, qui ont donc une histoire comme celle de Halley figurant sur la tapisserie de Bayeux, « présage » de la bataille de Hasting en 1066 et que les Chinois semblent avoir observée depuis 240 av. J.-C. ou peut-être dès 466 et même 1057 ; à une à deux années-lumière du soleil, le nuage de Oort serait celui, hypothétique, des comètes à grandes périodes qui nous apparaissent incidemment puis disparaissent peut-être à jamais.

Le cours des astéroïdes est plus ou moins instable, car ils ont des influences gravitationnelles réciproques, entrent en collision... Certains acquièrent ainsi des orbites telles que leurs périodes sont dans un rapport simple avec celle de Jupiter, 1/3, 2/5... ; on dit qu'ils entrent en résonance avec elle ; par accumulation de l'effet gravitationnel de cette planète, l'orbite de certains d'entre se déforme de plus en plus, ils changent d'orbite et/ou de période, ils se fragmentent..., leur mouvement devient chaotique. Ceux qui sont ainsi susceptibles de s'approcher de temps en temps de la Terre sont les géocroiseurs, NEA (*Near Earth Asteroids*) ou NEO (*Near Earth Objects*). Des phénomènes analogues perturbent le cours de certaines comètes qui peuvent ainsi s'approcher plus ou moins de la Terre.

À certains moments, certains objets peuvent s'en approcher assez pour entrer dans son champ de gravitation, ricocher ou tomber sur elle. En commençant à brûler dans la haute atmosphère, vers 150 km d'altitude, ces derniers forment alors les étoiles filantes, parfois en essaims périodiques comme les Taurides en juin, les Perséïdes en août, les Léonides en novembre, les Géminides en décembre... ; la plupart se vaporisent rapidement entre 80 et 60 km, créant des anomalies thermiques qui ont parfois ému la surveillance nucléaire. Ceux qui arrivent au sol sont les météorites, pour la plupart issues de la Ceinture principale d'astéroïdes. La traversée de l'atmosphère terrestre est une rude épreuve pour les objets qui la tentent ; peu d'entre eux y parviennent jusqu'au bout ; tous ceux-là y laissent des plumes par ablation et fragmentation, heureusement pour nous !

1.3.1.1 - FORMES ET COMPORTEMENTS

Selon sa nature pierreuse, métallique ou un peu des deux, sa masse de quelques grammes à des milliards de tonnes, sa vitesse relative de 10 à 70 km/s (40 ± 30), son angle d'incidence... l'objet qui pénètre dans l'atmosphère peut entièrement y brûler, exploser à haute altitude et produire des fragments de toutes tailles qui eux-mêmes brûlent en totalité ou en partie, exploser à basse altitude, atteindre à peu près intact la géosphère...

Les plus dangereux sont évidemment ceux qui explosent à basse altitude et ceux qui atteignent la terre ferme, les météorites, petites ou grandes ; on a cependant la quasi-preuve que de gigantesques météorites tombées en mer ont eu des effets catastrophiques à l'échelle planétaire.

Les plus petits objets, pierreux ou métalliques, perdent pratiquement toute leur énergie cinétique extraterrestre dans l'atmosphère et tombent en chute libre, comme de vulgaires pierres ; leur vitesse finale est de 1 à 3 km/s et leur énergie en fin de course est relativement peu élevée : la plupart s'enfoncent d'à peine un mètre dans des sols peu consistants ; leurs impacts sont locaux et les dégâts qu'ils occasionnent éventuellement sont limités à la zone de chute. De façon à peu près analogue, ceux qui se sont fragmentés dans l'atmosphère font pleuvoir des blocs et des pierres sur des surfaces elliptiques plus ou moins grandes : en 1969 à Allende, au Mexique, des milliers de fragments dont les plus gros atteignaient la centaine de kilogrammes, se sont répartis sur une ellipse d'environ 50×10 km. Les plus gros, presque toujours métalliques, ne sont pratiquement pas ralentis ; leur vitesse finale dépasse donc toujours 10 km/s ; leur énergie cinétique considérable se transforme au choc en énergie thermique et mécanique ; ils produisent des ondes de choc terrestres et atmosphériques, des flashes lumineux ; à plus de 10 000 degrés, ils métamorphisent les roches percutées, creusent des cratères plus ou moins grands, les astroblèmes, achèvent de se volatiliser en dévastant d'immenses zones et en saturant l'atmosphère de poussières jusqu'à modifier plus ou moins longtemps le climat local ou global... Certains ont ainsi provoqué les pires des cataclysmes quasi instantanés qu'a subi la Terre, enchaînements d'effets secondaires suivant le choc lui-même, violents séismes, énormes et durables éruptions volcaniques, gigantesques tsunamis, incendies généraux saturant l'atmosphère de particules, fumées et gaz, obscurcissant la Terre, provoquant des pluies acides, accroissant l'effet de serre, perturbant lourdement et durablement la physico-chimie de l'océan... ; seul, le volcanisme de trapps pourrait avoir eu des effets analogues, mais avec des durées incomparablement plus longues. L'extinction en masse de la limite Crétacé/Éocène a vu entre autres, la disparition des dinosaures ; elle est généralement attribuée à la gigantesque météorite qui aurait creusé le plus grand astroblème repéré à ce jour, le cratère-fantôme de Chicxulub au Yucatán, plus de 200 km de diamètre, 65 Ma, associé à un immense champ de tectites s'étendant au delà des grandes Antilles ; on suppose que les poussières qui en étaient issues contenaient de l'iridium ; il y en aurait aussi dans des sédiments répartis sur l'ensemble du globe, au toit du Maestrichtien, ce qui montrerait l'extension planétaire de l'événement, par l'intermédiaire de l'atmosphère. On aurait trouvé un autre astroblème dans l'océan Indien, à peu près contemporain, deux à trois fois plus grand ; il serait coupé en deux par la dorsale de Carlsberg, actuellement une moitié vers Bombay, l'autre vers les Seychelles ; on lui attribuerait le déclenchement de l'extraordinaire volcanisme des trapps du Deccan qui, en quelque 500 000 ans, a déposé environ 2 000 m d'épaisseur de basalte sur environ 500 000 km², à peu près la superficie de la France ; en lui affectant conjointement la fin des dinosaures, on réaliserait une belle synthèse des deux théories concurrentes de l'extinction, météorite et/ou volcanisme ; la théorie du déclenchement du volcanisme du

Deccan par l'effet de l'onde de choc aux antipodes, proposée par certains géophysiciens, paraît peu probable en raison de la position incompatible de l'Inde à l'époque de l'événement.

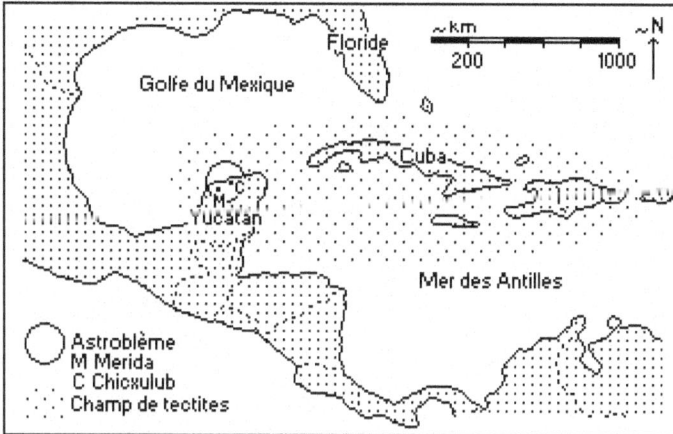

Figure 1.3.1.1 - Chicxulub

On dit également que la fragmentation de la Pangée aurait été déclenchée par l'impact d'une gigantesque météorite, tombée quelque part au sud du vieux continent ou au NW de l'Australie, à la fin du Permien, vers 250 Ma ; mais à cette époque, il y eut aussi le plus grand volcanisme de trapps connu, au NW du plateau central de Sibérie ; on attribue donc aussi son déclenchement à la météorite, et à l'un et/ou à l'autre, la plus grande extinction de masse que la vie terrestre ait subie. On rapproche aussi l'extinction de la fin du Trias aux chutes quasi simultanées des fragments d'une énorme météorite dans ce qui est maintenant le Canada et l'Europe, à Rochechouart entre autres.

Pour finir sur le grandiose d'un temps à peu près sûrement révolu, on raconte même que vers la fin de la phase d'accrétion de la Terre, aux débuts du système solaire, au moins deux impacts de météorites géantes auraient, pour l'un, provoqué l'arrachement de la Lune et pour l'autre, l'inclinaison de l'axe de rotation de la Terre sur le plan de l'écliptique, ce à quoi l'on devrait le phénomène des saisons ; il est à peu près certain que de tels objets ne se promènent plus dans le système solaire : l'Apocalypse ne se produira pas ainsi.

1.3.1.2 - ÉTUDE

Les astronomes, les planétologues et les géologues étudient les météorites pour en tirer des renseignements sur la constitution et l'évolution de l'Univers, du système solaire et de la Terre ; cela leur permet de poser de graves questions existentielles auxquelles ils ne répondent pas plus que ceux qui les ont posées depuis la nuit des temps. Rares sont ceux qui s'intéressent spécifiquement à leurs chutes et aux dangers qu'elles constituent, sinon à écrire par-ci par-là que l'atterrissage d'une énorme météorite produirait un cataclysme inimaginable, pour ajouter tout de suite, afin de rassurer, que la probabilité de l'événement est infime, sans dire pourquoi ni comment ils peuvent l'affirmer.

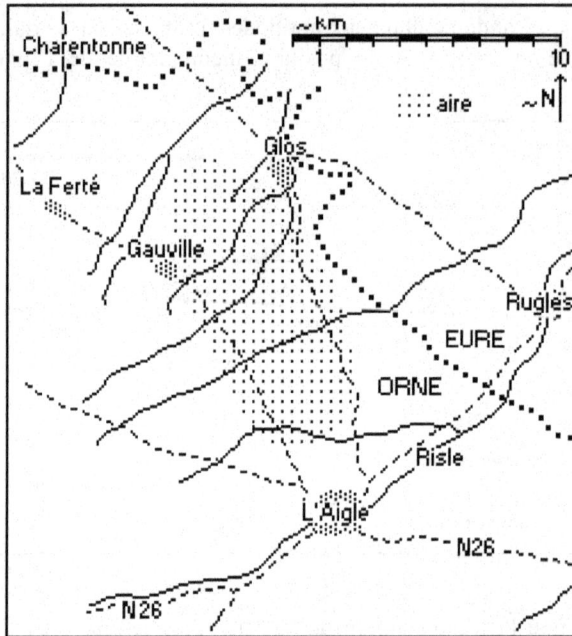

Figure 1.3.1.2 a- L'aire d'atterrissage des fragments de la météorite de L'Aigle

Le fer dont sont faits quelques rares outils préhistoriques est issu de météorites. La pierre de lune du temple d'Artémis à Ephèse était une météorite ; une autre se trouvait dans le temple solaire de Baal, à Émèse ; Rome en a longtemps vénéré une trouvée en Phrygie et dédiée à Cybèle, censée lui avoir donné la victoire finale sur Carthage ; la pierre angulaire noire de la Kaaba de La Mecque est une météorite ; il y en a aussi une dans le temple japonais de Suga Jinga, tombée à Nagata (Kyushu) en 961, une autre dans l'église d'Ensisheim, environ 150 kg à l'origine, tombée le 16 novembre 1492 ; il y en a sans doute dans bien d'autres lieux de culte et maintenant dans les musées, comme les fragments de L'Aigle au Muséum d'Histoire Naturelle, la sidérite de 30 t d'Anhighito, tombée il y a environ 10 000 ans au Groenland où l'on en a longtemps tiré des outils et des armes, et maintenant devenue new-yorkaise...

De tout temps et partout, leur caractère exceptionnel sinon surnaturel et en tous cas extraterrestre n'a donc échappé à personne. On a longtemps admis qu'elles tombaient miraculeusement du ciel et qu'elles étaient des présages ; cela ne convenait évidemment pas aux rationalistes du XVIIIe siècle pour lesquels la mécanique céleste ordonnait strictement le cours des astres ; Lavoisier y voyait les effets de la foudre sur les roches terrestres : il avait en effet constaté que la composition chimique de la pierre de Lucé, tombée en 1777, était effectivement la même que celle d'une *espèce de grès pyriteux* ; Laplace considérait les météorites comme des projections de volcans lunaires. Mais en 1794, Chaldni a établi la nature réelle des météorites après avoir recueilli un grand nombre de témoignages. La description précise par Biot en 1803, de la pluie de deux ou trois milliers de fragments de météorites de 10 kg à 10 g pour un total ramassé de 37 kg, dans une zone elliptique d'environ 10x6 km au nord de L'Aigle, a clos le débat ; elle a montré, ce qui depuis ne s'est jamais démenti, que, fort logiquement, le grand axe de l'ellipse était dans la direction de la météorite et que le classement des fragments était granulométrique, les plus petits au début de la chute et les plus gros à la fin.

Après cela, on a pratiquement oublié ces objets qui ne retenaient l'attention que des musées, des collectionneurs, des entrepreneurs imaginatifs, comme Barringer qui voulait exploiter le fer hypothétique de la météorite pulvérisée de Meteor Crater à Coon Butte dans le désert d'Arizona, astroblème d'environ 1 200 m de diamètre, 180 m de profondeur, 25 000 B.P., et des pétrographes un peu marginaux qui s'intéressaient aux impactites et aux tectites.

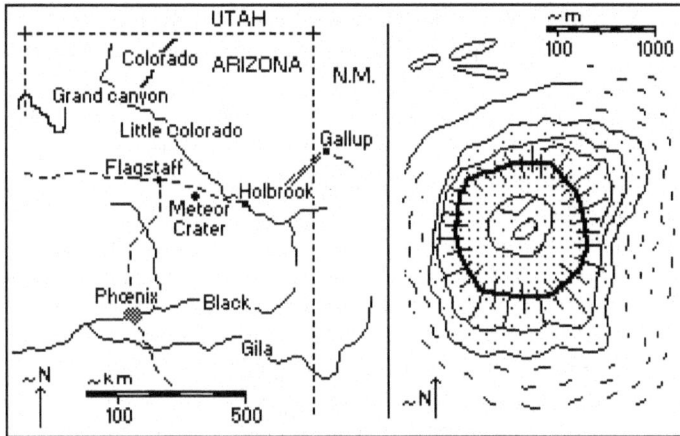

Figure 1.3.1.2 b - Meteor Crater

Le cataclysme de la Toungouska pierreuse (*cf. 1.1.14*) , environ 1 500 km² de taïga ravagés le 30 juin 1908, a longtemps été considéré comme invraisemblable, puis comme d'origine énigmatique ; son étude scientifique n'est toujours pas achevée. Les explorations lunaires et les sondes martiennes ont remis au goût du jour les astroblèmes ; la thèse des Alvarez a conduit une partie du petit monde des géologues en mal de travaux inédits à chercher des astroblèmes, essentiellement au moyen de photographies de satellites ; ils en ont trouvé un peu partout, de toutes tailles et de tous âges, essentiellement sur les cratons désertiques, Australie, Afrique du Sud... où, comme sur la Lune, ils ont le mieux résisté à l'érosion ; on en serait actuellement à plus de 150, de 0,5 à 200 km de diamètre, âgés de quelques milliers à quelques milliards d'années répartis partout dans le monde. La France a le sien à Rochechoirt, 200 km de diamètre, 200 Ma (*Fig. 2.7*).

Depuis que l'on s'intéresse à elles, on aurait observé un millier de chutes et trouvé près de 3 000 météorites dont la plus grosse ne dépasse pas 100 t.

1.3.1.2.1 - Moyens

Les moyens d'observation des astéroïdes susceptibles de devenir de très grosses météorites, et d'étude de leurs effets se sont multipliés depuis que la Nasa a convaincu le

Congress que certains géocroiseurs étaient dangereux et que l'Agence spatiale européenne a fait de même avec la Commission ; ils sont d'abord classiquement terrestres, avec les innombrables observatoires astronomiques professionnels et amateurs, spatiaux, avec les explorations de la Lune, les télescopes satellisés, les sondes d'exploration comme Giotto, Stardust, NEAR (*Near Earth Asteroids Rendezvous*)... ; cette dernière est entre autres parvenu en juin 97 à environ 1200 km de Mathilde, astéroïde d'une cinquantaine de kilomètres de diamètre, de forme irrégulière, couvert de cratères d'impacts ; en février 2000, elle a été mise en orbite autour d'Éros et s'y est écrasé en février 2001 après l'avoir cartographié et analysé... On peut maintenant repérer, photographier et calculer les trajectoires des géocroiseurs et de certains objets plus petits à proximité de la Terre ; parallèlement, on utilise les radiotélescopes terrestres en radars d'approche. Au sol, on recherche et on cartographie les astroblèmes au moyen des photographies de satellites et d'avions ; on étudie le métamorphisme d'impact de ceux que l'on peut visiter et on les date par les radioéléments ; la géomorphologie et la pétrographie des régions alentour permettent de se faire une idée de leurs effets lointains... ; la Nasa a même fait des simulations de chutes de modèles réduits de météorites.

Des spectateurs chanceux photographient et filment parfois les derniers moments très lumineux d'objets qui vont atterrir ; afin d'essayer de prévoir l'endroit de leur chute, on dispose des réseaux permanents de surveillance pour suivre les débris vagabonds et incontrôlés de satellites accidentés ou en fin de vie qui tombent un peu n'importe où, sans qu'on puisse le préciser, bien que leurs trajectoires finales soient à peu près connues et systématiquement suivies en phase ultime ; cela a permis au passage de calculer avec un succès relatif la trajectoire et le point de chute de quelques météorites. On collecte, pour les étudier, les poussières de micrométéorites dans les boues abyssales et les petites météorites principalement dans les déserts et sur les inlandsis où l'on fait maintenant de la prospection systématique, car l'écoulement de la glace les y concentre localement ; on cartographie les surfaces arrosées par les essaims de fragments que l'on recueille tant comme objets de collection que scientifiques ; on fait évidemment de même avec toutes les météorites trouvées et transportables ; on photographie et on décrit les points d'impacts spectaculaires comme les toits de maisons ou les automobiles...

1.3.1.2.2 - Résultats

On s'appuie sur tout cela et sur pas mal d'imagination pour présenter sérieusement des estimations plus ou moins fantaisistes du diamètre, de la masse, de la vitesse d'impact et donc de l'énergie dissipée, souvent exprimée en nombre de bombes d'Hiroshima, environ 10 kt de TNT, $\approx 1,5.10^{14}$ j, attribués à la météorite pulvérisée qui a creusé l'astroblème étudié et dont on ne sait rien en dehors de cela ; des statistiques aussi fantaisistes proposent des probabilités de chute en fonction des dimensions soit de météorites, soit d'astroblèmes dont on est loin d'avoir fait l'inventaire et qui, de toute façon, ont sans doute presque tous disparus de la surface de la Terre par érosion, sédimentation, subduction... : on a avancé sans preuve sérieuse et même avec quelque incohérence, qu'une météorite créerait un astroblème dix à vingt fois supérieur à son diamètre et dévasterait une zone cent fois plus grands que lui ; qu'une météorite d'environ 40 à 100 m de diamètre créerait un astroblème d'environ 1 km de diamètre comme Meteor Crater ;

qu'une météorite d'environ 1 km de diamètre, environ 350 Mt, créerait un astroblème d'environ 20 km de diamètre... ; le diamètre de la météorite de la Toungouska aurait été de 50 à 100 m, environ 1 à 10 Mt, et celui de la météorite de Chicxulub, environ 10 à 15 km, 4 000 Gt. La seule chose dont on soit presque sûr, grâce aux datations de radioactivité sur les échantillons de cratères lunaires qui, eux, sont tous demeurés à peu près intacts, est que, depuis le début des bombardements des deux astres, il y a plus de 4 Ga, le nombre et le volume des grosses météorites ont décru sans cesse dans d'énormes proportions ; ce serait plutôt rassurant pour nous. Toutefois, le plus récent grand cratère lunaire ne daterait que de 2 Ma et un impact lunaire dont le cratère de 20 km de diamètre serait celui appelé Giordano-Bruno, aurait été observé de la Terre par cinq moines de Canterbury, en juin 1178. La comète SL9 repérée le 23/03/93 par les Schoemaker aurait été captée par Jupiter vers 1929 ; elle se serait alors fragmentée en une vingtaine de morceaux qui ont percuté Jupiter comme on l'avait calculé entre le 16 et le 29 juillet 1994, sous les yeux aidés d'instruments de toute la communauté des astronomes, créant d'énormes astroblèmes et perturbant durablement l'atmosphère et la magnétosphère joviennes. Ainsi, il est clair que les chutes de météorites sont permanentes dans le système solaire, mais la Lune et Jupiter sont peut-être des pièges gravitationnels qui protègent plus ou moins la Terre ; si la météorite de Giordano-Bruno était tombée sur la Terre, nous ne serions peut-être plus là pour en parler !

On a repéré plus d'une centaine de géocroiseurs d'au moins 1 km de diamètre ; Toutasis, constitué de deux fragments d'environ 3 km de diamètre, est passé à environ 3,5 Mkm de la Terre en 1992 ; il paraît susceptible de s'en rapprocher davantage lors de ses passages successifs, environ tous les 4 ans ; le temps caractéristique de ses pérégrinations serait d'un millier d'années ; au-delà, on ne sait donc pas très bien ce qu'il fera. Hermès, moitié plus petit, passerait de temps en temps à moins de 1 Mkm de la Terre ; une dizaine d'autres de taille comparable font à peu près de même. À leur sujet, quelques médias n'hésitent pas à annoncer des frôlements qui ne seraient préoccupants que si leurs prévisions reposaient sur des résultats sérieux d'observations et de calculs : en mars 1998, on a ainsi prédit pour octobre 2028 le passage d'un astéroïde de 1,5 km de diamètre à moins de 40 000 km de la Terre, ce qui serait effectivement risqué ; mais quelques jours après, la distance est passée à plusieurs centaines de milliers de kilomètres, très au-delà de l'orbite de la Lune ; ouf ! Ainsi, la précision des observations n'est pas très grande et ne laisserait aucun délai de réaction s'il était possible d'en avoir : repéré 12 jours avant, un astéroïde d'environ 300 m de diamètre est passé à 850 000 km de la Terre le 07/01/02 ; un autre d'une soixantaine de mètres de diamètre, n'a été repéré que 3 à 4 jours après son passage vers 120 000 km en juin 2002...

Ceux qui croient que tout est réglé dans ce monde et ailleurs ont la manie des événements cycliques qui permettraient de tout prévoir sans effort et sans erreur ; c'est évidemment pardonnable quand on regarde le ciel depuis la Terre, ça ne le serait pas si on pouvait regarder la Terre depuis Sirius, ça ne paraît pas l'être quand on la regarde d'ici-bas. Leur vrai bonheur est de montrer une relation entre un événement astronomique cyclique et un événement terrestre marquant ; si l'on ne s'attache pas trop aux détails, c'est à peu près vrai pour le climat annuel. On constate aussi des essaims périodiques d'étoiles filantes et de chutes groupées de petites météorites quand la Terre passe dans des nuages identifiés et localisés de queues de comètes ou sur certaines trajectoires de NEA. Pour extrapoler aux gros objets, on évoque ainsi une période d'une trentaine de millions d'années pour des événements de type Chicxulub, liée au passage périodique du Soleil dans le plan de la Voie lactée où il traverserait un nuage interstellaire dense, ce qui favoriserait les perturbations de trajectoire des astéroïdes et donc accroîtrait le bombardement de la Terre. Il ne semble pourtant pas s'être produit de chute analogue depuis la dernière, il y a 65 Ma ; il ne nous reste donc plus qu'à attendre le prochain passage pour valider ou non cette théorie ; mais comme le temps caractéristique du système solaire ne paraît être que de 10 Ma et que, comme l'a ironiquement rappelé Keines, à long terme nous serons tous morts...

Les télescopes et les satellites de surveillance ont révélé qu'il arrive bon an mal an dans la haute atmosphère, plusieurs milliers d'objets de l'ordre du kilogramme, un peu plus d'une centaine de l'ordre de la centaine de kilogrammes, mais que la plupart explosent ou se consument avant d'atteindre la géosphère ; le nombre de ceux qui atterrissent serait d'une dizaine par an en moyenne. On est à peu près sûr qu'il n'est rien tombé de comparable à la météorite de Chicxulub depuis environ 65 Ma, mais on connaît plusieurs astroblèmes terrestres de 10 à 20 km de diamètre qui ont moins de 10 Ma d'âge.

Les impacts de petites météorites n'ont rien de spectaculaire sauf quand on y assiste, ce qui arrive de temps en temps. Les astroblèmes des grandes sont impressionnants ; d'après les observations lunaires, plus ou moins confirmées sur Terre, on en distingue plusieurs types selon leur diamètre et leur morphologie ; les plus petits, 2 à 4 km de diamètre, ont une forme d'assiette creuse comme Meteor Crater ; les plus grands présentent des structures complexes, avec un fond bombé comme Steinheim en Bavière, parfois entouré de rides concentriques ayant figé l'onde de choc et un pourtour fracturé comme à Rochechouart ; tous sont à peu près circulaires.

Peut-être que, comme pour le Déluge à propos de la fin du Würm, la chute d'une très grosse météorite est restée dans la mémoire profonde de l'humanité comme l'Apocalypse. Mais aucune chute connue ne paraît avoir fait de victime humaine et les ravages de la Toungouska n'auraient affecté que des arbres, des rennes et plus ou moins commotionné quelques hommes à une centaine de kilomètres plus au sud, ce qui est pour le moins étonnant. Le Deuxième ange n'a pas sonné ce jour-là ; *nous l'avons en dormant, madame, échappé belle.*

1.3.2 - LE RISQUE

Ainsi, selon la dimension de la météorite, sa chute serait un phénomène quasi anodin ou ravageur, toujours de probabilité très faible ; dans les cas extrêmes, la vulnérabilité des aménagements, quels qu'ils soient, serait totale, mais le risque de dommages serait infime. Tout cela n'est pas très sûr ; le très récent cataclysme de la Toungouska auquel on attribue une énergie d'environ 1 000 bombes d'Hiroshima, n'a peut-être ravagé que de la taïga, mais il aurait provoqué la plus grande catastrophe connue, quelle qu'en soit le facteur, s'il s'était produit dans une région d'occupation dense comme le nord de l'Europe occidentale ; à quelques heures près, cela aurait pu arriver entre Saint-Pétersbourg et Bergen. La chute de la météorite d'une soixantaine de tonnes, 2 à 3 mètres de diamètre, dans le désert de Namibie en 1920, aurait fait beaucoup de dégâts si elle s'était produite sur n'importe quelle ville du monde.

1.3.2.1 - SCÉNARIO

Le déroulement du scénario de chute est presque immuable, mais pas sa dernière scène qui dépend de l'énergie finale de l'objet et du point d'atterrissage. Une énorme quantité d'astéroïdes de toutes dimensions pénètre dans la haute atmosphère terrestre, mais très peu d'entre eux achèvent leur parcours sur la géosphère. La plupart de ceux qui y arrivent vont à la mer, apparemment sans déclencher de tsunamis parce que trop petits, et parmi les autres, presque tous tombent dans des zones inhabitées, déserts, inlandsis, forêts... ou de faible densité, rase campagne, zones agricoles... Cela résulte de la faible proportion de continents sur le globe, environ 30 %, de la non moins faible proportion d'occupation de ceux-ci, moins de 30 %, et de l'infime proportion des régions très peuplées, moins de 3 %. La plupart des astéroïdes sont très petits, mais de temps en temps, il y en a de gros, de très gros même, et ceux-là finissent leur course presque intacts ou seulement fragmentés.

1.3.2.2 - PROBABILITÉ DE CHUTES

Depuis le départ de l'objet de la Ceinture principale des astéroïdes, ou d'ailleurs, jusqu'à son atterrissage éventuel en un point précis du globe, le système dynamique météorite, bien qu'en grande partie régi par les lois de la mécanique céleste, est beaucoup trop complexe et instable pour que l'on puisse imaginer que l'on prévoira un jour quoi que ce soit de précis à son sujet : aucune série d'observations ne permet d'établir même statistiquement la période de retour (P) des chutes de météorites en fonction de leur diamètre (D) ; on publie néanmoins des tableaux abusivement déterministes qui reposent sur des relations exponentielles inavouées comme $P \approx 0,01*D^{2,5}$ pour les valeurs suivantes, les plus courantes dans les publications médiatiques et même scientifiques : une étoile filante toutes les 30 s, une météorite d'environ 5 m de diamètre (Namibie) environ tous les ans, $\approx$ 10 m (D) $\approx$ 5 ans (P), $\approx$ 50 m (Toungouska) $\approx$ 250 ans, $\approx$ 100 m (Meteor Crater) $\approx$ 20 000 ans, $\approx$ 500 m (Bosumtwi, Ghana) $\approx$ 80 000 ans, $\approx$ 1 km $\approx$ 450 000 ans, $\approx$ 5 km $\approx$ 25 Ma, $\approx$ 10 km (Chicxulub) $\approx$ 150 Ma... ; on oublie alors que le phénomène est historique et que le système solaire vieillit, de sorte qu'il contient de moins en moins de grosses météorites. On dit aussi qu'il atterrirait sur les continents environ 15 000 météorites d'environ 0,1 kg, 2 500 d'environ 0,5 kg, 200 d'environ 10 kg... et sur des zones peuplées de façon plus ou moins dense, moins de 10 % de tout ce qui traverse l'atmosphère ; la probabilité de dommage par l'impact d'une petite météorite sur un ouvrage humain important est effectivement à peu près nulle, car même dans une grande ville occidentale, il y a encore beaucoup d'espace libre, comme un bord de rue à Chambéry en 1997... Pour la dernière décennie, on en est au total à trois automobiles plus ou moins endommagées, deux aux USA, une en France, et à guère plus de toitures percées ; pour toute la période historique, il semble qu'aucune personne n'ait été grièvement atteinte, même sous une averse dense de fragments ; la chance, peut-être, le manque d'information plus sûrement !

1.3.2.3 - VULNÉRABILITÉ

Les petites météorites qui arrivent au sol comme des pierres, sans exploser, ne peuvent occasionner que des dégâts limités strictement à la zone d'impact ; s'il s'agissait d'une météorite de 50 t et d'un immeuble de 40 étages entièrement occupé, ce serait néanmoins une vraie catastrophe.

Par contre, dans une zone dont la surface serait considérable, rien ne résisterait à l'explosion d'une grosse météorite, une de celles dont on ne retrouve que l'astroblème. Bien que cela n'ait guère de sens, pour donner une idée de l'effet d'un tel événement, on peut indiquer que l'énergie libérée par la météorite évaporée de Fianarantsoa à Madagascar, qui a creusé deux astroblèmes d'environ 200 m de diamètre le 30 juillet 1977, correspondrait à celle de quelques dizaines de bombes d'Hiroshima, celle de Meteor Crater à une ou deux centaines de bombes, celle de la Toungouska à un millier de bombes, celle de Chicxulub à 400 millions de tels engins.

Ainsi, les chutes de météorites de moins de 10 m de diamètre ne feraient que des dégâts locaux, celles d'une centaine de mètres feraient des dégâts régionaux, celles de quelques kilomètres feraient des dégâts planétaires, et celles de plus de 10 km détruiraient à peu près tout sur la Terre.

1.3.3 - ACTIONS

Les études ne peuvent évidemment être réalisées qu'*a posteriori*, sur les astroblèmes repérés, pour la plupart très anciens ; cela permet seulement d'imaginer une faible partie de ce qui pourrait se passer si une grosse météorite atterrissait.

Dans de telles conditions, on ne peut pas envisager d'action réalisable : les notions d'information, de prospective, de prudence, de protection, sont des non-sens. D'éventuelles actions directes dont les techniques restent à inventer ont été imaginées pour neutraliser en vol des astéroïdes repérés et considérés on ne sait pas trop par quel moyen comme susceptibles d'être destructeurs : déviations et/ou destructions par modification de la vitesse, de la masse, au moyen d'engins moteurs, par impact ou explosion nucléaire... ; elles ressortissent pour le moment à la science-fiction et/ou à la préparation inavouée de « guerres des étoiles » ; la masse et l'énergie des NEA sont telles que tout ce que l'on pourrait leur faire serait l'équivalent d'une chiquenaude qui ne troublerait même pas leur trajectoire et aurait des résultats incertains voire dangereux si des fragments arrivaient malgré tout sur Terre. Néanmoins, le *Congress* puis la Commission européenne ont décidé d'étudier les astéroïdes afin d'essayer de parvenir à les maîtriser : Clementine II, vaisseau spatial financé par le *Congress*, devait avoir rendez-vous avec Toutasis en 1999/2000, le photographier et l'analyser au moyen d'une sonde qui s'y serait posé ; le projet à été arrêté par l'*Administration*, car il lui paraissait violer le traité sur les missiles antimissiles ; ce n'est sans doute que partie remise. L'Européenne Rosetta a pris le relais en janvier 2003 pour atteindre la comète Wirtanen.

Restent les secours ; dans les meilleurs des cas, ils seraient à l'échelle d'accidents assez banals, traités par quelques sauveteurs locaux ; dans les pires des cas, ils seraient au moins à l'échelle d'une guerre mondiale au premier jour de laquelle les deux camps utiliseraient la totalité de leurs arsenaux nucléaires à peu près au même endroit. Mais alors, ce serait la notion de secours qui serait un non-sens.

1.4 - LES ÉRUPTIONS VOLCANIQUES

Les éruptions volcaniques sont de loin les plus spectaculaires des événements naturels destructeurs ; elles fascinent en un mélange de peur et d'admiration. Elles sont beaucoup moins meurtrières qu'on le croit ; depuis que l'on sait à peu près estimer les victimes des catastrophes, le nombre total de celles qu'on leur impute ne dépasse pas 300 000 ; il est loin de celui d'un seul grand séisme, 600 000, ou d'une seule grande inondation, 1 000 000, comme il advient parfois dans de vastes régions très exposées, très peuplées et très vulnérables. Sur l'ensemble du globe, il se produirait une cinquantaine d'éruptions par an, en des endroits peu nombreux, bien inventoriés et sur des surfaces relativement petites ; tous les cinq à dix ans, l'une d'elles peut être très destructrice mais fait généralement peu de victimes : sur les quelques éruptions bien documentées qui en ont fait plus de 20 000, seule celle de la montagne Pelée a directement agi par le feu, mais on l'a vu, à la suite d'une ahurissante aberration ; les autres ont agi indirectement, celles du Krakatoa dans le détroit de la Sonde en 1883 et du Nevado del Ruiz en Colombie en 1985, par l'eau, tsunami imprévu aux effets imparables pour la première et lahar attendu aux effets prévus mais pas prévenus pour la seconde, et celle du Laki en 1783, par la famine consécutive aux ravages que d'énormes émissions de gaz et de cendres ont causé à l'écosystème de l'Islande, aggravée par l'isolement et les conditions de vie précaires sur cette île ingrate, en plein Petit âge glaciaire. En effet, à de rares exceptions près, les volcans sont de bonne composition : ils préviennent presque toujours avant de se déchaîner ; quand ils le font, rien ne leur résiste évidemment et ils peuvent provoquer des dommages matériels considérables, peut-être dans certains cas à l'échelle planétaire par l'intermédiaire de l'atmosphère. Mais ils ne font des victimes que parce que, consciemment ou non, généralement pour ne pas abandonner leurs biens, elles s'exposent inconsidérément à un danger évident qu'il est pratiquement toujours possible de fuir à temps ; à Pompéi, alors que la plupart des gens étaient partis quand il en était encore temps, certains étaient restés avec leurs biens ou, cupides et inconscients, étaient revenus pour en emporter davantage. On a vu qu'à la suite de l'éruption catastrophique du Vésuve en décembre 1631, une plaque érigée contre un mur du *municipio* de Portici recommande aux générations futures de fuir sans tarder, même en abandonnant les biens les plus précieux, dès que la montagne présente les signes précurseurs clairement énumérés d'une éruption, grondements, séismes, fumerolles, gerbes de feux... (*Fig. 0.2*).

1.4.1 - GÉOGRAPHIE

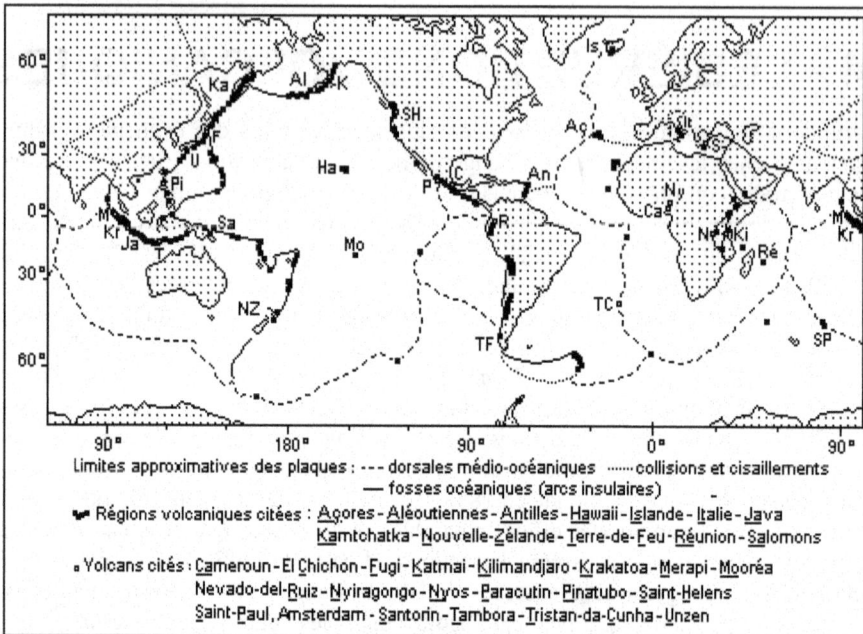

Figure 1.4.1 – Les volcans dans le monde

Le volcanisme est un phénomène planétaire : on trouve des volcans partout dans le monde, mais seulement dans certaines zones-clefs de la tectonique globale, dorsales médio-océaniques, points chauds ou panaches, arcs insulaires de subduction, rifts... En raison de leur morphologie caractéristique, la plupart des volcans, actifs ou non, sont faciles à reconnaître et à localiser ; sur terre, les plus nombreux et les plus actifs sont autour du Pacifique où, entre le Terre de feu et la Nouvelle-Zélande en passant par les Aléoutiennes, ils dessinent une chaîne continue, la Ceinture de feu ; en mer, les dorsales sont en quelque sorte des volcans linéaires qui émergent de loin en loin comme en Islande, aux Açores, à Tristan-da-Cunha, Saint-Paul, Amsterdam...

On a inventorié environ 1 500 volcans ; sous la mer, ils sont en fait innombrables ; environ 500 seraient actuellement actifs sur terre, 127 en Indonésie dont 35 sur Java ; une cinquantaine de volcans terrestres seraient particulièrement dangereux, tant en raison de leur type de comportement que de leur localisation à proximité de zones très habitées, voire de grandes villes. Il s'en crée parfois de nouveaux, en des lieux prédisposés, parfois terrestres, plus généralement marins ; en 1943, le Paracutín est ainsi venu au monde dans une région mexicaine parsemée de cônes inactifs ; en 1957, le Capelinhos ajouta une île aux Açores ; en 1963, l'île volcanique de Surtsey émergea au large de la côte sud de l'Islande et à la fin de l'éruption, en 1967, sa surface était de 2 km^2 ; attestée depuis 10 av. J.C., l'île de Graham émerge épisodiquement entre Panteleria et Sciaccia au SW de la Sicile ; le plus récent est le Kavachi, volcan sous-marin des Salomons occidentales qui a émergé en 2002.

Un volcan est rarement isolé ; généralement, il fait partie d'une chaîne ou d'une aire plus ou moins vastes : dans le sud de l'Italie, entre Panteleria et Naples, il y a l'île épisodique de Graham, l'Etna, le Vulcano, le Stromboli, la chaîne sous-marine du Marsili, le Vésuve, les Champs Phlégréens, sans compter tous ceux qui sont inactifs.

1.4.2 - LE PHÉNOMÈNE

Le volcanisme est un phénomène de géodynamique interne qui détermine en partie l'évolution du système terrestre ; c'est un des fondements de la théorie de la tectonique globale. Elle permet d'expliquer la répartition des volcans, de comprendre leur comportement éruptif, leur dynamisme. La plupart des volcans explosifs, les plus dangereux, sont dans les zones de subduction et de collision ou sur des marges de rift ; la plupart des effusifs, en général plus spectaculaires que dangereux, sont sur des points chauds océaniques ou sur les dorsales.

Dans leurs environs immédiats, les volcans produisent des coulées de lave, des projections de bombes, pierres et cendres, les pyroclastites, des nuées ardentes, des émanations de gaz, des coulées de boue, les lahars... Les grandes éruptions explosives à ingnimbrites peuvent modifier le paysage environnant sur des centaines de km² et altérer plus ou moins le climat de la planète durant quelques mois à quelques années. Ceux qui explosent en mer provoquent des tsunamis particulièrement destructeurs : la plus ancienne et sans doute la plus puissante explosion connue est celle du Santorin, en mer Égée, il y a environ 3 500 ans ; elle a produit une caldeira en partie sous-marine d'environ 85 km², a émis au moins 30 km³ de pyroclastite et a provoqué un gigantesque tsunami qui aurait détruit la civilisation minoenne ; depuis environ 200 av. J.C, une activité explosive moins violente s'est manifestée au cours d'une quinzaine de périodes ; l'île centrale de Nea Kameni est sortie de l'eau en 1707 par 400 m de fond et l'activité se poursuit actuellement, avec encore une éruption en 1950. La plus puissante explosion historique fut en 1883, celle du Percuatan, (le Silencieux !), sur l'île de Krakatoa ; elle a provoqué l'un des pires tsunamis connus qui a ravagé les rivages du détroit de la Sonde ; à partir de 1923, dans la caldeira d'environ 25 km² et 270 m de profondeur qui est résulté de l'explosion, son Fils, l'Anak Krakatau dont l'activité est permanente, a émergé ; il accroît constamment sa surface et sa hauteur qui atteint actuellement 200 m au-dessus de l'eau ; il provoque souvent de petits tsunamis. Le mont Fuji est très médiatique mais relativement calme ; il a produit sa dernière éruption en 1707. Le Vésuve est très médiatique et très agité depuis deux millénaires au cours desquels il a produit au moins deux catastrophes en 79 et en 1631 ; pourtant, on ne sait toujours pas très bien comment il fonctionne.

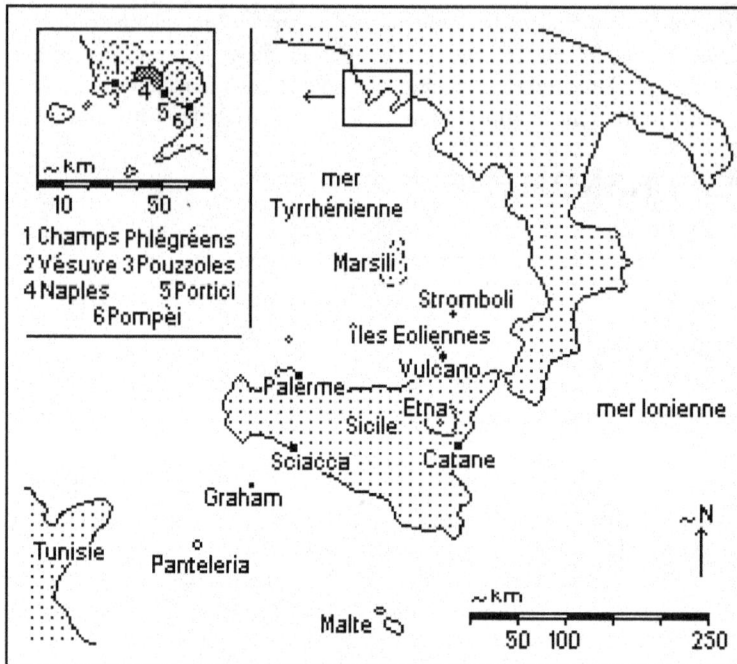

Figure 1.4.2 – Les volcans actifs italiens

1.4.2.1 - *FORMES ET COMPORTEMENTS*

Un volcan est un édifice naturel, terrestre ou sous-marin, produit par l'afflux, à travers la croûte et l'empilement sur la géosphère, de matériaux en fusion et gazeux provenant généralement du manteau, sous hautes température et pression. Sa forme classique est un cône percé par une cheminée axiale débouchant au sommet par un cratère rempli de lave incandescente et duquel s'échappent des fumerolles ; ce n'est pas toujours ni même souvent qu'il se présente ainsi.

En fait, « volcan » est un terme générique ; il n'en existe pas deux semblables et aucun ne se comporte de la même façon lors d'éruptions successives. Certains ont une activité pratiquement permanente, régulière ou saccadée, d'autres restent assoupis durant des années ou des siècles, voire des millénaires, et se réveillent sans cause apparente, brusquement ou progressivement, de façon anodine ou cataclysmique et demeurent plus ou moins actifs de façon permanente ou intermittente, pendant plus ou moins longtemps.

Ainsi, le réveil du Vésuve, qui était assoupi depuis un peu plus d'un millénaire, a été marqué par un séisme violent en 63 ap. J.-C. ; apparemment éteint, il n'était pas considéré comme un volcan par les Romains avant l'éruption de 79 qui a détruit Pompéi et Herculanum ; par la suite, il eut des éruptions, dont quelques-unes plus ou moins catastrophiques, datées avec plus ou moins d'exactitude et de certitude en 203, 222, 235, 379, 395, 472, 512, 536, 685, 787, 798, 968, 991, 999, 1007, 1036-1037, 1049, 1068, 1138, 1150, 1270, 1347, 1430, 1440, 1568, soit en moyenne une éruption tous les 50 ans, mais pour un retour minimum de 8 ans et maximum de 170 ans. Il semble s'être fait oublier jusqu'en 1631, quand il surprit de nouveau les riverains du fond du golfe de Naples (*Fig. 0.2*) ; il eut ensuite des éruptions plus ou moins violentes, notamment en 1660, 1694, 1698, 1707, 1712, 1737, 1760, 1767, 1779, 1794, 1822, 1834, 1850, 1858-61, 1868, 1871-72, 1874, 1880-83, 1885-86, 1891-94, 1895-99, 1900-06, 1913-19, 1929, 1932 et 1944, soit en moyenne une éruption tous les 35 ans, mais pour un retour minimum d'un an et maximum de 63 ans. Il est calme depuis plus de 60 ans, ce qui ne veut pas dire qu'il va se déchaîner à nouveau dans quelques années, car aucune prévision statistique n'est possible à partir de cette série d'une cinquantaine d'éruptions en une vingtaine de siècles ; son panache de vapeur, des fumerolles permanentes et des petits séismes fréquents rappellent maintenant qu'il n'est qu'assoupi. Ignorant généralement qu'une éruption du Vésuve serait la pire des catastrophes susceptibles de se produire en Europe, car la région de Naples qui compte près d'un million d'habitants, serait dévastée en quelques heures, les touristes peuvent ainsi compléter leur visite d'Herculanum et de Pompéï par une promenade au fond de sa caldeira.

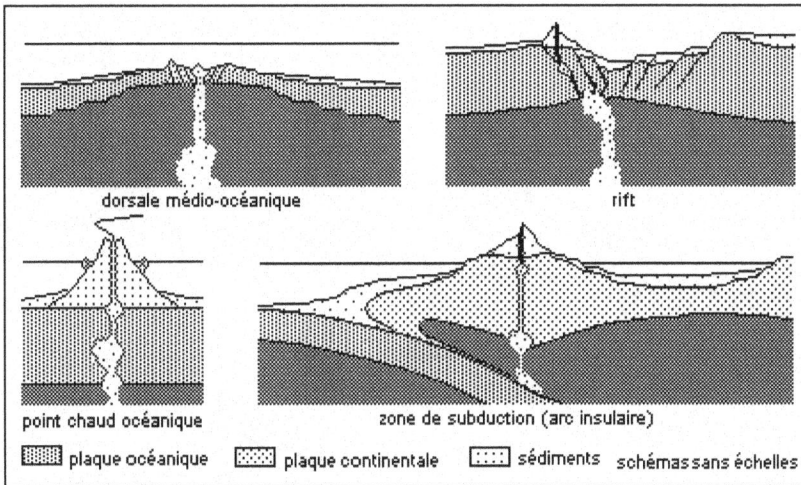

Figure 1.4.2.1 a – Les volcans dans la tectonique globale

Il arrive encore, sans que l'on ait pu encore l'expliquer, que des volcans voisins, généralement situés sur un même arc de subduction, entrent en éruption presque en même temps ; ce fut le cas de la Soufrière de Saint-Vincent et de la montagne Pelée en 1902 sur l'arc des Antilles, de l'Unzen sur Kyushu et du Pinatubo sur Luçon, en juin 1991, sur l'arc Japon-Philippines.

Un volcan a plus ou moins la forme d'un cône cycloïdal plus ou moins régulier et pentu, souvent drainé par un réseau rayonnant de ravins, dont le sommet est parfois occupé par un lac, enneigé ou même coiffé d'un glacier jusque sous l'Équateur : *les neiges du Kilimandjaro* et les splendides parois glacées de sa caldeira sont célèbres, mais il semble qu'actuellement elles se résorbent à cause du réchauffement climatique (*cf. 1.7.2.3*), environ 75 % depuis 1912.

Un appareil volcanique résulte de l'accumulation de tout ce qu'il a expulsé lors d'éruptions successives ; la forme d'un volcan dépend donc étroitement de son comportement, conditionné par sa position structurale. Très schématiquement, lors de sa montée, généralement dans une cheminée et/ou à travers un réseau de fissures, depuis une chambre intermédiaire, le magma qui alimente le volcan est plus ou moins modifié par les matériaux, croûte océanique basaltique ou croûte continentale granitique, sédiments, qu'il traverse en les fracturant, ce qui provoque des séismes précurseurs, et qui se mêlent à lui ; ainsi, les volcans de points chauds océaniques produisent presque en permanence des coulées de basalte très fluide, tandis que ceux d'arcs insulaires, de rifts ou de points chauds continentaux présentent de longues périodes de calme apparent et se réveillent brusquement, parfois de façon explosive en produisant des projections et des aiguilles d'andésite/dacite plus ou moins visqueuse, parfois quasi solides. En général, l'accumulation de magma dans la chambre près de la surface entraîne le gonflement de l'appareil, en y provoquant des fissures par lesquelles s'échappent des gaz brûlants susceptibles de produire des éruptions phréatiques, de la lave et/ou des pyroclastites ; quand la chambre magmatique s'est vidée, elle s'effondre souvent en une caldeira. L'énergie d'une éruption est thermique à l'origine et se dissipe essentiellement en surface ; l'énergie cinétique du magma ascendant est due en faible partie à sa différence de densité avec les roches encaissantes, et principalement à l'expansion des gaz qu'il contient et qui peut être explosive en surface.

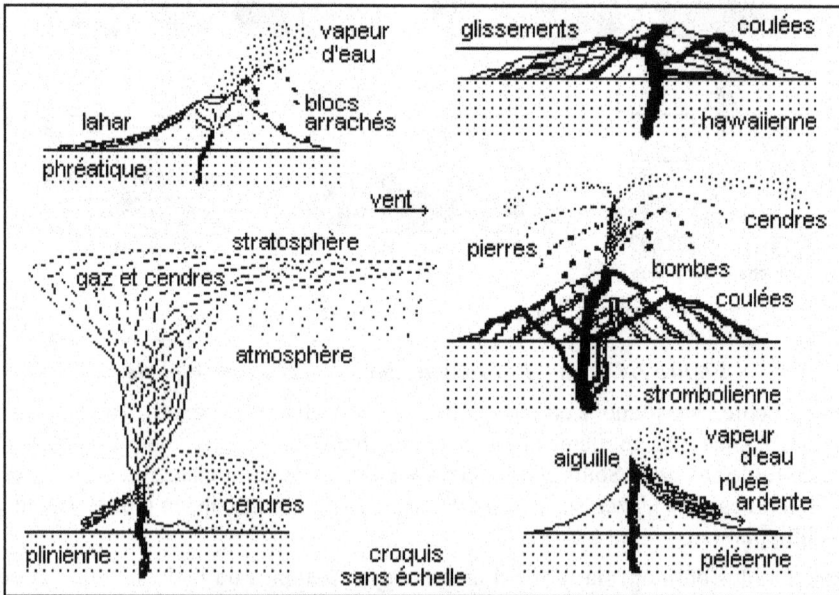

Figure 1.4.2.1 b– Quelques types d'éruptions

En fait, ce n'est pas si simple ; au cours d'une même éruption ou d'éruptions successives, le magma se modifie par dégazage, cristallisation fractionnée, emprunts de matériaux solides et d'eau aux roches encaissantes... de sorte que sa température et sa viscosité varient ; ainsi, lors d'éruptions successives ou de phases d'une même éruption, le même volcan peut être en même temps ou successivement, effusif, extrusif et/ou explosif : une coulée hawaiienne de faible débit et fort dégazage peut se transformer en explosion strombolienne, la colonne d'une éruption plinienne peut s'effondrer en coulée pyroclastique et ce type d'éruption peut s'achever en nuées ardentes ou même en coulées de lave ; c'est ce que font souvent les volcans italiens. D'autres volcans n'ont qu'une éruption, effusive ou explosive, et la suivante se produit un peu plus loin ; c'est comme cela que s'est construite notre chaîne des Puys. La durée d'une éruption, de plusieurs jours à quelques mois ou années, dépend essentiellement de la capacité de la chambre magmatique et de la viscosité du magma.

On comprend aisément qu'ainsi la systématique des volcans soit très fluctuante ; suivant l'aspect de l'appareil et le déroulement de l'éruption qui en principe y correspond, on en distinguait jusqu'à il y a peu quatre ou cinq types, mais on en ajoute à chaque nouvelle observation un peu originale ; en fait, aucun volcan réel ne correspond strictement à l'un d'entre eux, et au cours du temps, un même volcan peut changer de type ou prendre un aspect et un comportement intermédiaires ; il existe par ailleurs un grand nombre de volcans que l'on ne peut pas classer dans un de ces types, car ils produisent des éruptions successives plus ou moins différentes ; c'est entre autres, le cas de l'Etna tantôt effusif, tantôt explosif ou simultanément l'un et l'autre. Pour faire simple, on peut se contenter de distinguer les volcans rouges effusifs de points chauds océaniques comme le Kilauea, le piton de la Fournaise... ou continentaux comme le Cameroun, le Nyiragongo..., aux éruptions plus ou moins fréquentes et plus ou moins continues, produisant essentiellement des coulées de laves, et les volcans gris explosifs de subduction comme le Saint Helens, la montagne Pelée..., à éruptions rares et discontinues, par périodes de quelques mois à quelques années et par phases de quelques secondes à quelques mois, de dégazage explosif produisant des ondes de choc atmosphériques, des projections de pyroclastites, parfois des nuées ardentes et plus rarement des laves vite figées. En fait, la clef de la systématique des volcans est plutôt le comportement que la forme, plutôt le dynamisme ou l'éruption que l'appareil ; cela convient bien à l'étude du risque essentiellement fondée sur la nocivité des éruptions qui n'est jamais nulle.

1.4.2.1.1 – Dynamisme fissural

Les éruptions fissurales sont généralement cataclysmiques à l'échelle de la planète, mais elles sont extrêmement rares. La seule qui soit historique mais heureusement très peu puissante, est celle du Laki en Islande : un système de fissures évolutives, long de près de 25 km, a vomi de la lave très fluide, de juin 1783 à mars 1784, couvrant une surface de près de 600 km^2 ; les émanations de gaz carbonique et surtout sulfureux ont ravagé l'île entière et, comme l'a alors observé Franklin, rendu l'hiver 1784 particulièrement rigoureux dans tout l'hémisphère nord. Toujours en Islande mais à une moins grande échelle, les éruptions fissurales de l'Hekla, en 1947/48, 1970, 1980..., de Surtsey en 1963, de Heimaey en 1973 ont permis l'étude scientifique de ce type d'éruption que depuis, on appelle parfois surtseyennes. Certains volcans de points chauds continentaux fonctionnent à peu près de la même façon ; c'est peut-être ainsi que démarrent les trapps.

Les trapps que l'on appelle aussi Lip, *Large Igneous Provinces*, sont des accumulations généralement plus ou moins stratifiées de plusieurs millions de km^3 de laves et de pyroclastites dont l'épaisseur totale va de 1 000 à 3 000 m, la surface, de 150 000 à 1 500 000 km², mises en place en 0,5 à 1 Ma ; on leur attribue parfois une période de retour très peu convaincante de 26 Ma. En concurrence et/ou association avec les chutes d'énormes météorites, voire avec des explosions de supernovae proches du système solaire, on leur impute tout ou partie des grandes extinctions : 260 Ma, Saxonien/Thuringien en Emeishan ; 250 Ma, Permien/Trias en Sibérie, 1 500 000 km² ; 185 Ma, Pliensbachien/Toarcien au Karoo, 150 000 km²; 135 Ma, Tithonique /Berriasien en Etendeka et au Paraná ; 65 Ma, Danien/Maastrichtien au Deccan, >1 000 000 000 km² ; 60 Ma, Danien en Norvège, Écosse, Groenland ; 25 Ma, Chattien en Éthiopie et Atlantique nord ; 16 Ma, Burdigalien/Helvetien à Columbia River, 200 000 km², 800 000 km³... Prise dans son ensemble, l'Islande pourrait bien être un trapp moderne en cours de formation.

1.4.2.1.2 - Dynamisme hawaiien

En général, les éruptions hawaiiennes sont effusives, très peu explosives ; elles produisent de longues coulées de lave caractéristiques de volcans de points chauds océaniques mais aussi continentaux, que l'on appelle volcans-boucliers en raison de leur forme en coupole surbaissée, cône plat ondulé, assez régulier, de 5 à 10° d'angle au sommet ; cet appareil est constitué par des juxtapositions et des superpositions de coulées peu épaisses, pour la plupart issues de fissures disséminées sur lui ; sur de grands fonds océaniques, son diamètre de base peut dépasser la centaine de kilomètres et sa hauteur, plusieurs milliers de mètres. L'activité est quasi incessante. Le magma basaltique est très fluide ; il forme parfois un lac de lave en fusion dans le cratère qui résulte généralement d'explosions ou d'effondrements de chambres magmatiques précédentes ; les gaz et la vapeur d'eau s'en dégagent très facilement. La plupart des éruptions sont donc peu bruyantes et calmes, sans puissantes explosions ; le lac de lave ou la fissure émettrice bouillonne parfois, émettant peu de projections liquides, gerbes de feux constituées de bombes fluides et de gouttes incandescentes qui s'étirent et refroidissent en fils très fins, les cheveux de Pélé. Les coulées sortent d'échancrures du cratère ou plus généralement de fissures qui s'ouvrent un peu n'importe où, du sommet jusqu'au pied du cône, parfois selon des directions structurales, dans une zone plus ou moins permanente ; larges de quelques dizaines à quelques centaines de mètres, hautes de quelques mètres à quelques dizaines de mètres, les coulées dévalent de quelques centaines de mètres à quelques dizaines de kilomètres par heure, selon leur viscosité et leur température, en suivant généralement les ravines sur des distances de quelques centaines de mètres à quelques dizaines de kilomètres. La solidification des coulées de lave émises vers 1 100° C prend de quelques jours en surface à plusieurs années en profondeur. En fin d'éruption, il arrive que des petits cônes de pyroclastites se construisent sur certaines fissures ; parfois aussi, des fumerolles s'échappent ensuite d'autres fissures pendant un certain temps. Les volcans océaniques s'édifient sur des fonds importants, de sorte que leur hauteur réelle est très supérieure à leur hauteur apparente ; le développement de leurs talus est considérable, 3 à 5 000 m de dénivelée sous-marine, pente pouvant atteindre les 30°; la lave soumise à l'altération hydrothermale et marine, se transforme localement en argile, notamment sur les parois des fissures et fractures ; ainsi, nombreux d'entre ces volcans comme Mooréa, Saint-Paul, le piton de la Fournaise, le Kilauea... ont été ou sont affectés de grands glissements de versants dont on confond souvent la morphologie, escarpements et éboulis à pentes anormalement fortes, avec celle de caldeiras. Le type de ces volcans est le Kilauea, au sud d'Hawaii.

1.4.2.1.3 – Dynamisme strombolien

Les éruptions stromboliennes peu explosives, à coulées de laves et projections pyroclastiques relativement fines, en parts à peu près égales, sont produites par des volcans de marges océaniques peu actives, proches de continents ; on les appelle strato-volcans en raison de leur structure, alternance quasi stratigraphique monoclinale de coulées de lave relativement fluide et de produits pyroclastiques de plus en plus fins vers la périphérie et le pied de l'appareil. Leur cône, dont l'angle au sommet peut dépasser la quinzaine de degrés quand il est actif, est très régulier, presque géométrique ; de moindres dimensions que les boucliers, ces volcans peuvent atteindre quelques dizaines de kilomètres de diamètre de base et quelques kilomètres de hauteur. Leur sommet est souvent composé de plusieurs petits cônes fonctionnels entourés d'un grand cratère inactif qui résulte généralement d'explosions. Leur activité est quasi continue. Leur magma encore basaltique, tirant sur l'andésite/trachyte, est plus visqueux ; les gaz et la vapeur d'eau s'en échappent plus difficilement et donc sous plus forte pression. Les éruptions sont à peine moins calmes, très fréquentes, assez régulières de forme et de durée ; quand il y a un lac de lave, elle y est plutôt figée ; les projections, assez fluides, se refroidissent en bombes craquelées et fuselées de toutes dimensions jusqu'à plusieurs tonnes ; les coulées semi-fluides sont parfois faites de blocs de lave plus ou moins solidifiée qui roulent les uns sur les autres, enrobés de lave fluide ; elles sont lentes, étroites, peu épaisses et assez courtes ; elles ne suivent pas toujours les ravins.

L'éponyme de ce type de volcan est le Stromboli, au nord des îles Éoliennes ; ce volcan a une activité explosive permanente mais relativement faible ; il projette surtout des bombes semi fluides souvent très volumineuses à quelques centaines de mètres de son cratère sommital ; sa dernière éruption violente de 1930 a produit une nuée ardente qui a fait quelques victimes.

Dans le monde, un grand nombre de volcans fonctionnent ainsi, soit de façon exclusive, soit lors de certaines éruptions, comme le Vésuve et l'Etna. Ce dernier, le plus grand volcan d'Europe, un des géants les plus actifs du monde, est documenté depuis que l'on écrit l'histoire et connu comme un volcan depuis bien plus longtemps sans doute : c'est là qu'Homère logeait Héphaïstos et les Cyclopes. Fissural à sa naissance plio/pléistocène, il est devenu peu à peu un strato-volcan hawaiien puis strombolien, avec même des éruptions pliniennes voire péléennes ; il a aussi parfois des éruptions phréatiques à la fonte des neiges. Il n'est pas très dangereux pour les hommes car il annonce ses crises notamment par des séismes et des émanations de gaz, et leur laisse le temps de s'éloigner de ses coulées de lave s'échappant de fissures qui s'ouvrent sans prévenir un peu partout sur ses flancs et atteignent parfois la mer ; elles sont par contre très destructrices et ont souvent ravagé tout ou partie des villages et bourgs implantés sur ses flancs et à ses pieds ; en avril 1669 la plus grande historiquement connue a détruit en partie Catane ; plus fréquemment, les coulées coupent des voies ferrées, des routes, des remontées mécaniques, détruisent des fermes et des installations touristiques, ravagent des forêts et des cultures. Sans grand succès car les effets ne sont que temporaires, on tente souvent de les détourner ou même de les arrêter si elles menacent directement des installations importantes ; ainsi, la coulée de 2001 qui menaçait le refuge Sapienza a été endiguée et arrosée ; elle a effectivement épargné le refuge... car la bouche d'où elle sortait s'est tarie à l'ouverture d'une bouche en contrebas.

1.4.2.1.4 - Dynamisme vulcanien

Les éruptions vulcaniennes, explosives avec peu de lave et beaucoup de projections pyroclastiques en grande partie grossières, correspondent à des volcans de marges océaniques très proches de continents, de points chauds ou de rifts continentaux, avec des chambres magmatiques relativement petites mais presque continuellement alimentées. Ce sont des appareils relativement petits et assez irréguliers, des cônes de débris pyroclastiques dont la pente au sommet peut dépasser la vingtaine de degrés en activité ; leurs cratères sont complexes, avec de petits cônes secondaires, très souvent situés dans une caldeira égueulée. L'activité d'un volcan vulcanien est discontinue mais plutôt fréquente ; même endormi, un panache de fumerolles qui s'échappe souvent de son sommet montre qu'il est toujours actif. Le magma, nettement visqueux, est un basalte plus ou moins trachytique, très contaminé par les roches encaissant la chambre et la cheminée ; il produit des laves consistantes et relativement peu de gaz, sous très forte pression ; quand le volcan se réveille, il en résulte une explosion du bouchon du cratère et des projections violentes de blocs énormes à des distances pouvant dépasser le kilomètre. Les éruptions sont d'assez longue durée, quelques mois à quelques années ; elles sont très fantasques, avec quelques paroxysmes très violents, séparés par des périodes plus ou moins longues de calme ; les coulées de lave sont rares, très lentes, limitées aux abords des points d'effusion ; les produits pyroclastiques sont particulièrement variés de formes et de dimensions, bombes en boules et blocs craquelés, lapilli, cendres sablo-argileuses.

L'éponyme de ce type de volcans est le Vulcano, au sud des îles Éoliennes ; il produit rarement plus d'une éruption par siècle, mais chaque éruption peut durer plusieurs années ; il parait endormi depuis l'éruption explosive de 1886/89 qui est la référence de ce type de dynamisme ; actuellement il ne se manifeste que par des séismes et des fumerolles plus chaudes depuis les années 70, ce que l'on avait interprété comme une reprise d'activité qui ne s'est pas encore produite.

D'assez nombreux volcans en position structurale ambiguë fonctionnent à peu près comme lui, de façon exclusive, ou, comme le Vésuve et l'Etna, lors de certaines éruptions.

1.4.2.1.5 – Dynamisme plinien

Les éruptions pliniennes, très explosives, pratiquement sans coulées mais à extrusion de lave extrêmement visqueuse ; on peut les considérer comme des variantes d'éruptions vulcaniennes ou péléennes, ou plutôt, considérer ces dernières comme ses variantes. À l'échelle du monde, elles sont les plus fréquentes, parce que produites par les volcans de marges très actives comme les zones de subduction rapide, de loin les plus nombreux sur les terres émergées ; les innombrables volcans de la Ceinture de feu du Pacifique et de l'arc de la Sonde, les volcans antillais, le Santorin, le Krakatoa, le mont Saint Helens... sont de ce type. Très caractéristiques, ces éruptions sont aussi particulièrement puissantes, leurs effets sont impressionnants et le plus souvent redoutables très loin de l'appareil. Le magma, généralement andésitique, extrêmement visqueux, bouche la cheminée et contrarie l'expansion de gaz très chauds et très abondants ; de très fortes pressions se développent ainsi dans l'appareil qui explose très violemment en produisant de très fortes ondes de choc et en pulvérisant le magma contenu dans la cheminée ainsi qu'une partie des matériaux anciens du cône ; il en résulte une suspension en phase gazeuse de blocs, pierres et cendres, très fluide et très chaude ; ces volcans émettent alors des nuées ardentes, mais surtout des colonnes de cendres et de gaz jusqu'à plusieurs dizaines de kilomètres d'altitude ; quand l'énergie de l'éruption diminue, une colonne peut s'effondrer en répandant une ingnimbrite qui s'accumule alentour, sur plusieurs mètres ou dizaines de mètres d'épaisseur, et une poussière impalpable qui s'étale parfois jusqu'à plusieurs centaines de kilomètres dans la direction des vents dominants, généralement vers l'est qui est celle des jet-steams stratosphériques. Ces volcans produisent par contre très peu de lave extrêmement visqueuse qui ne s'écoule pratiquement pas et construit parfois une aiguille au sommet de l'édifice ou un dôme qui s'affaisse assez vite. Le début d'une éruption, qui peut durer quelques mois, est généralement marqué par une forte activité sismique, parfois par une éruption phréatique, et la fin, par l'effondrement de l'édifice et la création d'une caldeira qui en bouleverse la forme. Les éruptions sont généralement peu fréquentes, parfois espacées de plusieurs siècles ; entre-temps, le volcan paraît éteint ou ne produit que des fumerolles. Le type de ces éruptions est celle du Vésuve, en 79 ; leur parrain est Pline le Jeune qui en fit la description ; la majeure partie des volcans d'arcs insulaires, comme la Soufrière de Montserrat, en ont eu et en auront de semblables.

À l'ouest de Naples, les Champs Phlégréens (Ardents) bordent la baie de Pouzzoles ; impressionnés par ce site étrange, les Anciens situaient l'entrée des Enfers au lac Averno, où le Phlégéton, le fleuve de Feu, prenait sa source ; le lac de Misène était la *puluda styigia*, où le Styx prenait la sienne. Cet appareil volcanique d'environ 150 km² est une demi-caldeira dont la baie est le complément : un énorme strato-volcan l'a produite en s'effondrant à la fin d'une éruption cataclysmique qui a répandu des pyroclastites dans toute la Campanie et des cendres dans toute la Méditerranée, il y a environ 35 000 ans.

Photo 1.4.2.1.5 – *La* Solfatara

Une partie de ce cratère est occupée par un centre de vacance ; la vue est prise depuis des immeubles construits sur son bord nord.

Depuis, il n'a jamais cessé de fonctionner, ouvrant de nombreux cratères ; mais, malgré la *Solfatara* et le bradysisme (*cf. 1.9.2.1*), on considère qu'il n'est plus actif depuis 1538, quand le *monte Nuovo*, le plus jeune volcan d'Europe, s'est édifié : des séismes annonçaient son éruption phréatique dès 1534 ; avant elle, le temple de Sérapis aurait monté de 6 m et après il serait redescendu de 4 m. Pourtant, l'activité actuelle de ce site parsemé de nombreux cratères dont certains sont devenus des lacs, qui lui donnent un aspect lunaire assez surprenant dans une zone en grande partie urbaine, se manifeste avec plus ou moins d'intensité dans la *Solfatara*, par des fumerolles sulfureuses, des dépôts de soufre, des petits cônes plus ou moins actifs de cendres et de boue, des eaux thermales, et un peu partout, des lacs chauds de cratères, une forte sismicité et des variations dans les deux sens du niveau du sol, le bradysisme : les colonnes, actuellement les pieds dans l'eau quand on ne la pompe pas, du célèbre temple de Sérapis, évidemment construit à terre à l'époque romaine, ont été immergées jusqu'à près de 6 m de hauteur, durant le Moyen Âge ; en 1969/74 puis 1982/89, le sol de Pouzzoles et de sa presqu'île a varié dans les deux sens de près de deux mètres, provoquant de graves dommages à de nombreuses constructions et au port, jusqu'à ce que la question de l'opportunité d'évacuer tout ou partie des habitants se pose ; depuis les mouvements se sont calmés, mais on ne sait pas pour combien de temps. En fait, cet appareil complexe au comportement inquiétant est étroitement surveillé, car il est peut-être plus dangereux que le Vésuve : il est plus proche de Naples que lui et l'agglomération de Pouzzoles en occupe la majeure partie.

Hamilton a publié en 1776 ses *Campi Phlegræni* que l'on considère souvent comme le premier traité de volcanologie moderne.

1.4.2.1.6 - Dynamisme péléen

Je serais assez tenté d'écrire qu'en fait, les éruptions péléennes sont des modèles réduits d'éruptions pliniennes, mais la révérence due au travail de Lacroix m'en empêche ; l'éruption-type de la montagne Pelée, en 1902, est en effet la première qui ait été scrupuleusement étudiée et décrite scientifiquement ; elle constitue donc une référence essentielle en volcanologie. À ce titre, elle devrait être regardée comme un monument historique ; malheureusement, elle est plutôt restée célèbre pour avoir entraîné un holocauste dont on dit rarement qu'il a été dû au comportement aberrant des pouvoirs publics ; cela implique qu'on lui attribue aussi une place particulière dans l'étude du risque volcanique, et même du risque « naturel ».

Ce type d'éruption violemment explosive, sans coulée, à dôme, est produit par des volcans de marges de subduction peu active. Les appareils sont plutôt petits, on les appelle parfois cumulo-volcans ou cumulo-dômes ; les cônes d'éboulis creux de blocs anguleux enrobant une arête axiale massive ont des pentes au sommet relativement fortes, jusqu'à une trentaine de degrés ; il n'y a ni cratère, ni coulées de lave. Le magma andésitique à rhyolitique est extrêmement visqueux et très gazeux mais d'assez faible pression ; le tout correspond à des énergies thermique et cinétique plutôt limitées qui produisent des explosions orientées par les parois subverticales de caldeiras d'éruptions antérieures ou par des fissures qui s'ouvrent vers le haut aminci d'un cône très fragile ; cela donne des projections latérales de blocs parfois très volumineux mais sur des distances qui dépassent rarement le pied du cône, et surtout, des nuées ardentes, mélanges de gaz très chauds et de blocs, pierres, cendres en suspension ; précédées par une violente onde de choc, elles dévalent les ravins mais empruntent aussi des contre-pentes, sur des distances de quelques kilomètres à quelques dizaines de kilomètres, à quelques dizaines à centaines de km/h, durant quelques minutes ; il s'en produit habituellement plusieurs au cours d'une crise qui peut durer plusieurs mois, pas toujours dans la même direction ; parallèlement, de la lave extrêmement visqueuse est lentement poussée dans la cheminée comme dans une filière ; il en émerge au sommet un dôme ou une aiguille de formes variées qui s'écaille en cours de surrection et alimente des éboulis latéraux quasi solides. À la fin de la crise, le volcan peut s'assoupir pour plusieurs années, décennies ou siècles, sans même émettre de fumerolles et passer ainsi pour éteint.

1.4.2.1.7 - Dynamisme surtseyen

On qualifie de surtseyenne une éruption effusive sous-marine ou côtière qui fait surgit inopinément une île ; il s'en produit sur les dorsales et les points chauds océaniques.

Construite de basalte massif, une île surtseyenne peut devenir une nouvelle terre ; c'est le cas de toutes les îles océaniques ; construite de matériaux pyroclastiques, elle peut surgir puis disparaître par érosion, plus rarement par explosion, et réapparaître lors d'une nouvelle éruption : dans le détroit de Sicile, à une cinquantaine de kilomètres au SSW du port de Sciacca, un haut-fond est connu depuis l'Antiquité pour émerger et disparaître ainsi de temps en temps ; sa dernière émersion a duré de juillet 1831 à janvier 1832 ; l'île d'environ 700 m de diamètre et 70 m d'altitude a été appelée Graham par l'Angleterre, Ferdinandea par le royaume des Deux Siciles et Julia par la France qui se la disputaient car on croyait qu'un isthme était en train de se créer entre la Sicile et la Tunisie. Actuellement le fond est de 8 m et on observe des vagues et des bulles gazeuses à la surface de l'eau ; si l'île reparaît, elle n'intéressera que les navigateurs et les volcanologues ; elle sera italienne sans discussion.

L'éruption-type est celle qui a construit l'île de Surtsey sur la côte sud de l'Islande en 1963.

1.4.2.1.8 - Éruptions phréatiques

Les cônes fissurés ou composés de matériaux meubles perméables, débris et cendres, en zone climatique très pluvieuse ou en bord de mer, sont de véritables châteaux d'eau qui alimentent les ruisseaux ou torrents coulant dans les ravins radiaux ; généralement en début d'éruption, l'eau souterraine est vaporisée par la chaleur du magma proche et/ou par celle des gaz qui s'en échappent ; il se produit alors une éruption phréatique, violente détente de vapeur d'eau et expulsion de débris de roches anciennes solidifiées ; selon la proximité du magma et l'énergie disponible, il peut simplement se produire quelques éruptions phréatiques avant que le volcan redevienne calme, ou bien l'éruption devient magmatique, généralement du type habituel du volcan, le plus souvent plinien. Le brandysisme des Champs Phlégréens serait dû à des éruptions phréatiques qui ne s'épancheraient pas en surface ; la pression de la vapeur d'eau ainsi produite gonflerait le sous-sol qui se dégonflerait par reliquéfaction de l'eau en fin de crise.

1.4.2.1.9 – Les volcans sous-marins

Au-delà du plateau continental, le substratum sous-marin est presque exclusivement basaltique : il est produit par les effusions quasi permanentes des dorsales médio-océaniques ; il porte aussi les volcans hawaiiens de points chauds, isolés ou en files.

Tant qu'ils sont sous-marins, ces appareils se construisent en ne se manifestant que par les tsunamis que provoquent leurs éruptions ou les glissements de leurs pentes très instables ; en mer ouverte, ils passent donc inaperçus. Sur les fonds océaniques supérieurs à 3 000 m de la mer Tyrrhénienne entre les Éoliennes et la baie de Naples, la chaîne volcanique du Marsili est un haut-fond vers –500 m, d'environ 70 km de long sur 30 km de large ; aucun volcan n'y est actuellement actif mais les glissements qui affectent certains de ses versants provoquent des petits tsunamis sensibles sur les côtes proches ; un événement plus grave, voire catastrophique, serait possible à la suite d'un séisme ou d'une éruption.

1.4.2.1.10 - Autres événements volcaniques

Quel qu'en soit le type, un volcan peut être le théâtre et l'acteur d'autres événements qui dépendent de l'éruption quelle qu'elle soit, mais aussi de facteurs secondaires spécifiques.

La plupart des éruptions de quelque importance sont précédées de séismes locaux, dus à la montée du magma, qui provoque la fracturation et la fissuration du socle et du cône ; leur magnitude dépasse rarement 4, mais ils peuvent parfois entraîner des éboulements sur des cônes fragiles et des dégâts alentour ; au cours de la période d'activité, des séismes moins violents se produisent en quasi-synchronisation avec les événements principaux de l'éruption ; les microséismes, eux, sont quasi permanents.

Quand la chambre magmatique est proche de la surface, vaste et entièrement vidée par l'éruption, elle peut s'effondrer en caldeira, cirque ou anneau au bord interne subvertical ; elle comporte des échancrures plus ou moins larges et continues qui peuvent orienter les éruptions ultérieures, coulées de laves comme nuées ardentes.

Les appareils volcaniques constitués de matériaux peu ou pas consolidés plus ou moins perméables, ont généralement des pentes en équilibre mécanique limite ; cet équilibre peut être rompu par leur gonflement dû à la montée du magma, par un nouvel apport de matériaux, par la saturation en eau des matériaux à la suite de pluies et/ou de la condensation atmosphérique de vapeur d'eau d'éruption... Il peut donc se produire des mouvements de terrain classiques, écroulements, éboulements, glissements... en cours d'éruption ou même longtemps après.

Si la quantité d'eau disponible est importante parce que le volcan produit beaucoup de vapeur d'eau qui, jointe à l'eau atmosphérique, se condense en précipitations particulièrement abondantes, notamment en zone tropicale en raison du passage d'un cyclone, ou de la fonte d'un glacier, du débordement d'un lac, et si la granulométrie du matériau meuble du cône est adaptée, il peut se produire des lahars, coulées de boues turbulentes et rapides, chaudes ou froides, qui dévalent certains ravins radiaux en s'alimentant par l'érosion des matériaux pyroclastiques de leurs berges très fragiles ; en fin de course, ils s'étalent en vastes et épais cônes de déjections. Ils sont extrêmement dangereux, car ils sont pratiquement inévitables et laissent rarement le temps de fuir. Le 13/11/1985, Armaro, construite sur le piedmont de la cordillère Centrale, au bord du rio Langunilla qui descend du Nevado del Ruiz, à une cinquantaine de kilomètres du volcan, a été détruite par un lahar attendu mais non prévenu, épais de plus de 5 m, qui a ravagé l'étroite vallée ; Libano et des villages, plus proches du volcan mais construits sur des terrasses, ont été épargnés ; un lahar analogue c'était produit en 1845. En Islande, les lahars sont pires, très fréquents mais en principe non dangereux : une route et quelques ponts régulièrement emportés sont les seuls et indispensables ouvrages qui peuvent exister dans la plaine côtière du sud, impressionnant désert noir que balayent les lahars produits, entre autres, par les éruptions du Grimsvötn qui font fondre une partie de l'immense Vatnajökull ; le dernier s'est produit en septembre/novembre 1996.

La création d'une caldeira ou le glissement d'un grand cône en bord de mer, notamment sur une île-volcan d'arc ou sur un volcan océanique de point chaud, engendre généralement un énorme tsunami qui peut affecter les côtes à des centaines de kilomètres de distance ; c'est ce qui s'est passé à partir du Santorin dans la mer Égée et à partir du Krakatoa, dans le détroit de la Sonde où des vagues atteignirent la quarantaine de mètres et firent plus de 35 000 victimes.

Normalement, les fumerolles, vapeur d'eau, gaz carbonique, sulfureux et autres, se dispersent dans l'atmosphère en milieu ouvert, ce qui est le cas général sur un volcan ; il peut en résulter des pluies acides très loin de lui. Dans de vastes cuvettes, comme certains cratères d'explosion et caldeiras occupés par des lacs, ou plus généralement avec des conditions anticycloniques persistantes, des gaz plus lourds que l'air peuvent s'accumuler temporairement en nappes épaisses, parfois meurtrières, comme au lac Nyos le 21/08/86 : les raisons de l'asphyxie soudaine des hommes et des bêtes jusqu'à une vingtaine de kilomètres autour du lac, les effets d'une vague 80 m au-dessus de son niveau n'ont pas été comprises rapidement car on n'avait jamais observé un tel phénomène ; on sait maintenant que le gaz carbonique qui s'échappe du fond de la caldeira, s'accumule en demeurant dissous dans l'eau selon les conditions de température et de pression qui règnent à sa profondeur d'environ 200 m ; à saturation, la surface du lac pétille de plus en plus, jusqu'à ce qu'une énorme bulle se produise ; ce scénario a été validé par une expérience réussie de dégazage. Maintenant, afin d'éviter une autre catastrophe, on surveille et on dégaze périodiquement ; cet exemple est à peu près le seul d'une action directe réussie sur un phénomène volcanique ; il est beaucoup trop particulier pour être généralisé.

Avec les chutes de météorites moyennes, beaucoup plus rares, les éruptions explosives de type plinien comptent parmi les phénomènes les plus perturbateurs du climat global, sur des périodes souvent pluriannuelles. Le Saint Helens en 1980, El Chichon en 1982, le Pinatubo en 1991 et beaucoup d'autres avant eux comme le Tambora, le Laki, ont produit des colonnes de gaz et poussières en aérosols, hautes de 10 à 15 km, qui se sont petit à petit étalées contre une barrière de densité, vers la limite atmosphère/stratosphère, en se déplaçant vers l'est dans l'hémisphère nord par l'effet des *jet streams* ; ces nuages ont persisté durant plusieurs mois à plusieurs années, produisant parfois de spectaculaires effets chromatiques dans le ciel, opacifiant l'air, provoquant des chutes de température et des pluies acides, essentiellement sulfuriques, libérant du chlore que l'on dit destructeur de la couche d'ozone ; les hommes pollueurs sont loin de pouvoir les égaler. On attribue à une éruption préhistorique sur Sumatra, $\approx$ 75.000 B.P., $\approx$ 2.000 km^3, le stade froid 4 du Würm ; la baisse de température moyenne sur l'ensemble de la Terre a été estimée à près de 1° C, après la pire éruption historique, celle du Tambora en 1815 sur Sumbawa, petite île de la Sonde, suivie par une « année sans été » ; les éruptions du Krakatoa, du Chichon, du Pinatubo, du Saint Helens ont eu des effets analogues, mais plus limités dans l'espace et dans le temps selon la puissance de l'explosion et la situation du volcan ; durant quelques mois en Europe, celle du Saint Helens aurait accru les précipitations de 25%, réduit l'ensoleillement de 15% et la température moyenne de 1°. La rencontre de tels nuages est très dangereuse pour les avions ; en une quarantaine d'années, il y a en aurait eu une centaine, provoquant quelques arrêts de moteurs, mais pas d'accidents graves.

Dans certaines conditions, toutes les phases d'une éruption, quel qu'en soit le type et tous ces autres événements, peuvent avoir d'énormes effets destructeurs, et donc, être des facteurs de risques, généralement matériels et plus rarement humains.

1.4.3 - ÉTUDE

Longtemps objets de curiosité et de crainte, ce n'est qu'à partir de la formulation de la tectonique globale que l'on a compris les implantations et le fonctionnement des volcans.

Mais l'extrême diversité des formes et des comportements de volcans, fait que la volcanologie est une science dont l'expression est polymorphe, avec presque autant d'opinions et de méthodes que de volcanologues. Pendant longtemps, ces derniers ont été essentiellement des excursionnistes ombrageux et folkloriques ou des pétrographes dont l'unique passion était de décrire des roches volcaniques nouvelles ; ils pouvaient consacrer toute une vie à un même volcan au travers d'un microscope polarisant, car on observe autant de basaltes, andésites/dacites, trachytes/rhyolites... différents que d'échantillons ramassés ; il y en a donc bien davantage et on en trouve toujours d'inédits ; cependant tant sur une coulée que sous forme de bombe ou de cendre, toutes ces roches ont des airs de famille qui permettent de les attribuer à un certain volcan ; tous les basaltes de la Terre, tant volcaniques que crustaux, se ressemblent plus ou moins ; cela permet de leur donner un même nom générique, de leur attribuer des caractères analogues et de les placer savamment sur un diagramme de Streckeisen ou autre.

Parallèlement, quelques esprits aventureux et méthodiques comme Hamilton, Palmieri, Matteucci et Perret sur le Vésuve, Lacroix et Perret aux Antilles, Jaggar à Hawaii établirent des postes d'observation temporaires ou permanents sur leurs volcans préférés et purent intervenir plus ou moins efficacement lors de certaines crises.

Devenus tectoniciens, géophysiciens, géochimistes... les volcanologues savants se sont ensuite attachés à donner aux volcans une place dans le modèle global ; cela a permis d'affiner ce modèle et de comprendre enfin ce que sont et font les volcans. Pour profiter de cela, certains pensent maintenant pouvoir mettre en équations et en formules physiques, chimiques et/ou statistiques divers éléments du dynamisme volcanique, afin de rendre déterminés des phénomènes qui ne le sont manifestement pas à notre échelle de temps. En imitant l'échelle d'intensités et la magnitude des séismes, on a ainsi établi un système de comparaison entre les éruptions ; il est fondé sur l'évaluation de l'énergie de l'éruption à partir du volume de magma éjecté et de quelques paramètres thermiques, combinés dans une élégante formule biunivoque ; d'une utilité plus qu'incertaine et d'un usage pour le moins confidentiel, il indique par exemple que l'explosion de Krakatoa aurait éjecté environ 20 km^3 de magma sous forme de projection de densité 1,8, ce qui correspondrait à une intensité de VIII et à une magnitude de 10 (?).

La pression des événements et des médias a enfin conduit quelques-uns d'entre eux à s'intéresser au risque volcanique, sans méthode spécifique ; les résultats obtenus en périodes de crises n'ont pas encore suscité l'admiration. Sur le terrain, la discussion vaine et oiseuse à propos de la primauté d'une opinion ou d'une méthode sur d'autres a presque toujours supplanté l'action efficace. Les volcanologues confrontés au risque devraient tous connaître par cœur l'inscription de la plaque de Portici (*Fig. 0.2*) ; cela leur permettrait de conseiller les décideurs sans trop d'état d'âme. Ils sont peut-être près d'y parvenir : en 1997, les effets catastrophiques de l'éruption de la Soufrière de Montserrat ont pu être limités par une suite de décisions opportunes, fondées sur l'observation de petits séismes dès 1992, une éruption phréatique en 1995 et des explosions pliniennes de plus en plus fréquentes ; sur plus du tiers de l'île, les destructions matérielles ont été considérables ; l'évacuation des 2/3 de la population, sans réel espoir de retour pour la plupart, a été inévitable ; mais il n'y eut qu'une cinquantaine de victimes, revenus chercher leurs biens au début d'une crise totalement inattendue, car le volcan était inactif depuis plus de 400 ans ; l'éruption a commencé à faiblir en 1998, mais il faudra longtemps avant que l'île reprenne son aspect et son activité précédentes.

1.4.3.1 - MÉTHODE

Chaque volcan est un cas d'espèce ; il importe donc de l'étudier comme un individu. On a fini par comprendre cela ; des observatoires de proximité, comme les Italiens en avaient construit depuis longtemps sur le Vésuve et l'Etna, ont été installés sur de très nombreux volcans jugés à risque. Sous prétexte qu'une éruption n'est jamais paroxystique du jour au lendemain, on a soutenu qu'il était inutile que ces observatoires soient permanents sur les volcans à faible activité mais au réveil redouté ; cela ne me semble pas pertinent, car l'étalonnage des appareils de mesures que l'on utilise est nécessaire et le temps de le faire n'est pas toujours suffisant avec un observatoire mis en place en début apparent de crise. De plus, il est très difficile, voire aventureux, d'interpréter des mesures dont on connaît mal le contexte, par référence à un autre volcan, car une évolution inquiétante ici ne l'est pas nécessairement là. Enfin, quoi qu'il en soit et ne serait-ce que pour implanter au mieux les appareils, il est indispensable de bien connaître la morphologie superficielle et profonde ainsi que l'histoire du volcan instrumenté, qui sont généralement déterminantes pour la connaissance du risque ; or, les renseignements nécessaires ne s'obtiennent pas au cours de rapides visites durant lesquelles la sécurité n'est peut-être plus assurée ; plusieurs volcanologues ont péri dans de telles conditions.

La recherche historique classique n'est possible que pour un petit nombre de volcans implantés dans des régions de vieille tradition. Même dans ces conditions elle n'est pas suffisante ; là comme ailleurs où l'on ne dispose pas d'archives, la cartographie géomorphologique de terrain et la datation rigoureuse de toutes les traces d'anciennes éruptions sont indispensables.

La méthode comporte donc trois volets indissociables et d'égale importance : l'étude morpho-structurale peut s'étendre très loin du volcan dans le cas d'éruptions pliniennes ; retracer l'histoire du volcan impose que l'on dispose de bases traditionnelles et documentaires mais aussi géologiques, car elle dépasse largement l'échelle du temps humain ; l'instrumentation de surveillance comporte des appareils et processus communs à tous les volcans et d'autres qui sont spécifiques de l'un d'entre eux, inopérants, voire trompeurs ailleurs. L'expérimentation physique est évidemment impossible ; la simulation numérique se heurte à la difficulté de construire des modèles représentant des situations mal connues et de les nourrir de données convenables.

1.4.3.1.1 - L'étude morpho-structurale

L'étude morpho-structurale consiste à mettre en œuvre les méthodes et les moyens de la physique du globe, de la prospection pétrolière et minière, de la géotechnique, télédétection, levers de terrains, géophysique, sondages, essais *in situ* et de laboratoire, pour bâtir le modèle morpho-structural du volcan et de ses environs sur des distances qui peuvent dépasser plusieurs centaines de kilomètres pour la répartition des cendres, et sur des profondeurs atteignant la centaine de kilomètres dans les zones de subduction. On s'intéresse alors aux objets et phénomènes proprement volcaniques, en détaillant avec minutie les coulées et les dépôts pyroclastiques, en s'efforçant de distinguer clairement chaque éruption, de façon à la caractériser et à la dater, ainsi qu'aux détails morphologiques et structuraux susceptibles d'influencer le déroulement de la prochaine, fissures, failles, parois, ravins... en surface, eaux souterraines, failles, cheminée, chambre magmatique, Moho... en profondeur. On établit ainsi des cartes et coupes volcanologiques, modèles de forme du volcan, à deux ou trois échelles différentes, permettant de bonnes vues d'ensemble et de détails importants, notamment ceux pouvant diriger les coulées et projections ; on en tirera ensuite des cartes de risques.

1.4.3.1.2 - Histoire du volcan

Photos 1.4.3.0.2 - Le Vésuve au XVIIIe siècle et aujourd'hui

Après l'éruption de 1631, l'aspect général du volcan n'a pratiquement plus changé ; par contre, les constructions se sont multipliées à ses pieds.

Les éruptions paroxystiques d'un volcan sont heureusement très peu fréquentes ; mais on les oublie au bout de quelques générations ; retracer l'histoire d'un volcan est donc indispensable mais difficile. Même dans le cas du Vésuve, le plus étudié et le mieux suivi depuis près de deux millénaires, les traditions, les chroniques, les documents écrits et graphiques n'y suffisent pas, car cette histoire s'enfonce plus ou moins dans le temps profond géologique. Le repérage, la caractérisation et la datation par les moyens de la géologie, de tous les événements antérieurs à l'époque historique sont nécessaires, même pour les volcans très actifs. Cela permet d'établir des scénarios de comportement général et d'éruptions caractéristiques qui pourront servir de modèles pour l'étude du risque et pour le définir spécifiquement.

1.4.3.1.3 - Instrumentation de surveillance

Les premiers volcans étroitement surveillés scientifiquement ont été ceux qui étaient très actifs dans des zones très peuplées de pays riches, Vésuve, Etna, Kilauea... Au départ simples points d'observation aménagés de façon spartiate par des volcanologues passionnés, la plupart de ces observatoires sont devenus de véritables laboratoires scientifiques servis par des équipes structurées. Dans le tiers-monde, à part quelques volcans manifestement dangereux en permanence, toujours surveillés par des spécialistes locaux qui utilisent des méthodes et moyens traditionnels localement très efficaces, la décision d'instrumenter un volcan n'est généralement prise que si le risque est patent et l'éruption, estimée prochaine ; ce sont souvent des établissements provisoires installés à la hâte, et dont l'équipement n'est pas toujours adapté au comportement spécifique du volcan, car le choix des instruments est limité et leurs implantations s'effectuent pratiquement au hasard ; souvent, ceux qui les servent ne connaissent pas très bien ce comportement et peuvent avoir quelques difficultés à interpréter les mesures qu'ils obtiennent.

Les appareils les plus fréquemment utilisés et les plus efficaces à longue échéance sont les sismographes qui peuvent être installés assez loin du volcan pour ne pas être détruits en cours d'éruption et qui permettent à la fois de modéliser son comportement et d'en suivre l'évolution ; l'informatique permet l'exploitation tomographique des sismogrammes ; avec de bons programmes comme il en existe, on peut ainsi savoir ou plutôt imaginer en temps réel, ce qui semble se passer en profondeur, notamment suivre la montée du magma. Les magnétomètres et les gravimètres sont parfois utiles, mais l'interprétation de leurs indications est difficile. Les inclinomètres, les mires topographiques et les stations GPS (*Global Positioning System*) implantés sur le cône permettent de mettre en évidence ses déformations qui correspondent en principe aux effets de la montée du magma en phase finale, mais la plupart peuvent disparaître en cours d'éruption. Tous ces appareils peuvent télétransmettre leurs mesures en temps réel, ce qui permet la surveillance à distance.

L'observation thermodynamique et chimique des fumerolles, naguère difficile sur site, est maintenant possible au moyen d'électro-sondes spécifiques de température, pression, dosages de divers gaz..., posées sur le volcan ; à l'échelle de la région environnante, on peut mettre en œuvre des véhicules et même des avions renifleurs réellement efficaces ceux-là.

L'exploitation de toutes les mesures ainsi faites est facile en périodes d'activité réduite ou nulle, quand les volcanologues ont le temps devant eux ; en périodes de crises, elle l'est beaucoup moins ; l'expérience et le calme de certains d'entre eux, généralement discrets, est alors déterminante pour extraire la bonne information de la masse dont ils disposent.

Les satellites d'observation permettent maintenant de surveiller les volcans peu accessibles et dangereux, comme ceux des Aléoutiennes et du Kamtchatka, situés à proximité de couloirs aériens très fréquentés.

1.4.3.1.4 – L'expérimentation

On expérimente au laboratoire pour déterminer les conditions physico-chimiques de mise en place des roches volcaniques. On peut simuler numériquement une éruption, mais cela relève plus de l'effet spécial cinématographique, que de la recherche scientifique. On peut se faire une vague idée des phénomènes volcaniques et estimer l'influence de certains paramètres physico-chimiques des magmas, en observant les coulées de hauts fourneaux et/ou les tirs ratés de carrières, qui produisent une onde de choc aérienne, des miniséismes et d'abondantes projections de débris rocheux.

1.4.4 - LE RISQUE

Des grandes villes comme Naples, Catane, Seattle, Mexico, Quito, Tokyo, Auckland, Basse-Terre... et de nombreuses régions très peuplées plus ou moins proches d'un volcan plus ou moins actif sont plus ou moins exposées à un risque volcanique ; l'Indonésie est de loin la région du monde qui l'est le plus ; viennent ensuite l'Amérique centrale et les Antilles, le Japon, la cordillère d'Amérique du sud...

Les nuée ardente sont les pires risques volcaniques, suivi par les tsunamis, les lahars et les effets secondaires sur l'environnement local et même mondial ; les coulées de lave, les émissions de gaz, les projections ne sont pas vraiment des risques pour les personnes, car on s'en protège assez facilement.

La notion de volcan actif/éteint est un non-sens ; malgré deux antécédents historiques, en 1595 et 1845, de la catastrophe qu'il a provoquée le 13 novembre 1985, le Nevado del Ruiz n'était plus considéré comme actif jusqu'à son réveil en 1984 ; en d'autres temps et ailleurs, il en est allé de même pour beaucoup d'autres, et du Vésuve en particulier, en 79 puis en 1631 ; là comme ailleurs, il en est souvent résulté des catastrophes. En fait, dans les régions où l'on observe actuellement des phénomènes volcaniques secondaires, comme des fumerolles, des solfatares, du thermalisme, une géothermie élevée..., les volcans que l'on y considère habituellement comme éteints devraient être regardés comme seulement assoupis.

La prédiction des éruptions n'est pas pour demain comme le montre le comportement du Vésuve, le mieux connu de tous les volcans, car proche de villes et villages depuis l'Antiquité historique ; son activité incessante est scrupuleusement décrite depuis la destruction de Pompéi en 79 ; les éruptions, dont les bouches se déplacent, peuvent être, sans que l'on sache pourquoi, de type strombolien effusif, coulées de lave et nuages de cendres quasi inoffensifs ou vulcanien explosif, très dangereux. Sa dernière éruption date de 1944 ; on ignore quand se produira la prochaine et quels seront sa forme et ses effets ; les riverains du golfe de Naples voudraient bien le savoir ; pour essayer de les informer, on a mis en place sur ses versants un dispositif de tomographie sismique qui devrait permettre d'établir la structure profonde du volcan, puis de suivre son évolution dans le temps. C'est sûrement la meilleure chose que l'on puisse faire, en espérant qu'elle sera efficace. Un autre exemple significatif est celui du réveil du mont Saint Helens, en mai 1980 dans les Cascades, au sud-est de Seattle, après quelques éruptions mineures entre 1831 et 1875, puis plus de 100 ans de repos ; en raison de nombreux signes précurseurs puis évolutifs, l'éruption était attendue, le volcan était instrumenté, surveillé par une équipe de volcanologues, et ses abords étaient interdits. Le 18 mai, l'explosion a amputé le volcan de plus de 400 m de hauteur et projeté dans la haute atmosphère près de 0,5 km^3 de poussières qui se sont mêlées aux gaz et cendres juvéniles de l'éruption et l'ensemble a traversé le territoire des États Unis en moins de quatre jours ; elle s'est produite alors que l'on ne prévoyait pas cela, et parmi les victimes il y a eu des volcanologues ; ce fait n'est pas rare : en 1993 six volcanologues ont péri sur le Galeras en Colombie, alors qu'ils observaient le début de l'éruption ; en juin 1991 après un repos de deux siècles, l'Unzen a fait une quarantaine de victimes dont le couple Krafft, d'autres volcanologues et des journalistes qui les accompagnaient ; or, en 1792, une éruption de ce volcan aurait fait plus de dix mille victimes. Toujours en juin 1991, l'éruption du Pinatubo qui n'en avait pas produit depuis environ 500 ans et était donc considéré comme éteint, a été peu meurtrière dans une région très vulnérable extrêmement peuplée, fait assez rare pour être souligné ; la raison en était la proximité de la base militaire américaine de Clark Field qu'il était humainement inacceptable de protéger puis d'évacuer sans faire de même alentour ; 35 000 personnes ont donc été déplacées deux jour seulement avant l'explosion qui a réduit la hauteur du volcan de presque un millier de mètres ; il y eut tout de même près d'un millier de victimes. On en a déduit que cette éruption qui avait débuté en avril et n'était devenue violente que le 12 juin avant l'explosion du 17, avait été prévue, ce qui n'était pas très difficile compte tenu du comportement habituel de ce type de volcan, et de son instrumentation décidée dès ses premières manifestations signalées par les locaux, essentiellement justifiée par la présence de la base ; en fait, elle a surtout été bien prévenue, ce qui montre, en la matière, la supériorité des actions de prudence sur celles de prospective ; on revient toujours à la plaque de Portici (*Fig. 0.2*). Par la suite, on a dû déplacer environ 250 000 personnes, car 400 000 ha de terres agricoles ont été ravagées. On ne sait pas où, comment et quand se produira la prochaine éruption destructrice, mais actuellement, le lac qui s'est installé dans la caldeira déborde en saison pluvieuse et provoque de très nombreux lahars qui menacent Botolan ; en 2001, on a entrepris de le contrôler par un canal d'évacuation.

Les régions volcaniques en général, les cônes et les alentours des strato-volcans plus spécialement, sont extrêmement fertiles, en particulier dans les zones tropicales. Ce sont ainsi des régions très peuplées où le risque volcanique est permanent. Les habitants savent traditionnellement s'en accommoder ; ils considèrent que leur intérêt économique, souvent leur survie au jour le jour, est largement supérieur à un risque dont la réalisation est peu fréquente.

1.4.4.1 - CARACTÉRISATION

Le risque volcanique générique est assez facile à caractériser : un volcan va entrer en éruption ; s'il y a des installations à proximité, elles seront plus ou moins en danger et au moins une partie sera sans doute détruite. Les risques volcaniques spécifiques le sont beaucoup moins ; que va-t-il se passer en fait au cours de l'éruption ? On a vu que les phénomènes volcaniques sont très divers et nombreux, souvent spécifiques d'un appareil, mais pas forcément toujours exprimés lors d'une éruption, ou exprimés de façons différentes lors d'éruptions successives ; quel est donc le risque le plus redoutable actuellement ? On ne peut donner à ces questions que des réponses de principe ; c'est même seulement en période de crise et sur place que l'on peut essayer de le faire avec quelques chances de succès, à condition de bien connaître le volcan. Le risque volcanique est un bel exemple du paradoxe du risque « naturel » , facile à caractériser en général, difficile à prévenir en particulier.

1.4.4.1.1 - Scénarios

Comment et quand le volcan assoupi va-t-il se réveiller ? Une éruption magmatique va-t-elle suivre l'éruption phréatique en cours ? Où se dirige la coulée de lave ? Parviendra-t-elle à ce village ? Quel sera le trajet d'une éventuelle nuée ardente ? Je pourrais multiplier ce genre de questions, mais la liste n'en serait jamais exhaustive ; on comprend aisément que l'on ne puisse qu'essayer de leur apporter des réponses spécifiques dans un étroit contexte donné et au moins à deux niveaux, celui du comportement général du volcan considéré, puis celui du déroulement de l'éruption dont on pressent l'imminence. Le volcanologue de risque doit être un scénariste très imaginatif tout en demeurant avisé ; néanmoins, il pourra toujours se tromper.

1.4.4.1.2 - Prévision

Essayer de tirer une quelconque caractéristique statistique d'une série de dates historiques ou géologiques d'éruptions d'un volcan est un exercice sûrement voué à l'échec ; sans même tenir compte des types d'éruptions et de la violence relative de chacune, rarement précisée, revoyez plus haut, pour vous en convaincre, les dates de celles du Vésuve, assez nombreuses pour constituer à première vue une série statistique exploitable : une cinquantaine d'éruptions en une vingtaine de siècles, mais plusieurs laps de temps d'inactivité de plus de 100 ans ; actuellement plus de 60 ans de repos, après une série d'une quinzaine d'éruptions en un siècle !

Tout ce que l'on avance parfois est qu'une éruption sera d'autant plus violentes que la durée du repos antérieur a été plus long ; on se réfère ainsi à l'impression générale, rarement confirmée par l'observation, selon laquelle les événements naturels sont d'autant plus intenses qu'ils sont plus rares ; on la modélise néanmoins par une relation « intensité »/fréquence exponentielle, grande fréquence des faibles intensités et petite fréquence des fortes intensités.

Ainsi, on ne peut que surveiller un volcan et attendre qu'il se réveille, en espérant qu'il ne le fera pas.

1.4.4.1.3 - Vulnérabilité

Aucun aménagement ni personne ne peut résister longtemps et sans dommage à une coulée de lave, à une nuée ardente, à un amoncellement de cendres, à un lahar... Auguste Cyparis, l'unique rescapé du passage meurtrier de la nuée de la montagne Pelée sur Saint-Pierre, n'a dû sa vie qu'au fait d'être en prison, dans un cachot isolé aux parois épaisses, pratiquement sans ouverture, en fait, un vrai blockhaus ; il avait néanmoins subi de graves brûlures.

1.4.4.1.4 - La réalisation du risque

Les éruptions d'un même volcan sont toujours différentes et totalement irrésistibles : on ne peut que les constater sans pouvoir intervenir directement sur leurs manifestations et leurs déroulements ; la ruine à peu près totale des aménagements et des ouvrages qui se trouvent dans les zones affectées est la règle ; pour les personnes, le salut est dans la fuite ; elles en ont pratiquement toujours le temps, mais il arrive qu'elles ne l'utilisent pas, par manque d'information, de moyens, par insouciance, cupidité... C'est alors la mort certaine.

1.4.4.2 – ACTIONS

Il n'est pas possible d'intervenir sur le comportement d'un volcan tant à terme que lors d'une éruption ; il en va de même sur la plupart de ses effets ; aux abords des volcans dangereux, on ne peut que diminuer autant que possible la vulnérabilité des aménagements, informer et préparer les riverains, organiser la gestion d'une crise éventuelle.

1.4.4.2.1 - Information

L'information de ceux qui sont menacés, c'est-à-dire de tous ceux qui vivent près d'un volcan, est à peu près la seule chose que l'on puisse faire pour les rendre conscients d'un risque dont la réalisation serait inexorable. Le vice-roi de Naples est le premier, et peut-être le seul, à l'avoir concrétisée de façon durable (*Fig. 0.2*). Actuellement, l'information est généralement savante et ne concerne pas spécifiquement le risque ; il est même rarement évoqué. Elle ne sort pas d'un petit cercle de quelques initiés qui seront surpris comme tout le monde quand la crise s'annoncera.

1.4.4.2.2 - Prospective

L'extrême complexité d'un système volcan ou même d'un système éruption, rend vain tout essai raisonnable d'action de prospective. Les temps caractéristiques de ces systèmes sont sans doute très courts ; près d'un volcan actif, on ne sait donc pratiquement jamais ce que réserve le lendemain ; je laisse aux optimistes l'espoir qu'il n'en sera pas toujours ainsi. Tout ce que l'on peut dire actuellement est qu'en fait, les éruptions catastrophiques sont rares et ne sont jamais impromptues : on peut vivre sans trop de soucis près d'un volcan, à condition d'avoir conscience du danger, d'être prudent et prêt à partir à la moindre alerte sérieuse. C'est tout ce que l'on peut recommander à ceux qui vivent à proximité d'un volcan plus ou moins actif (*Fig. 0.2*).

1.4.4.2.3 – Prudence

Les actions de prévention et de protection se sont presque toujours montrées vaines et les rares réussites évoquées ont en général été limitées dans le temps, dans l'espace et dans les résultats. À part peut-être un abri anti-atomique pas trop proche du cratère, aucun ouvrage ne peut résister à un volcan. Plusieurs volcanologues qui étaient allés regarder des éruptions de trop près y ont laissé la vie. Il faut donc être prêt à partir dès que le danger semble devenir imminent. Toute autre précaution serait vaine, et en cas de réalisation, on ne pourrait préserver que sa vie. La vigilance est donc de mise, celle des autorités bien sûr, car les particuliers ne peuvent qu'attendre qu'on leur dise ce qu'ils doivent faire ; on ne les informe généralement qu'au dernier moment.

Le plan d'évacuation de la région de Naples, menacée par le Vésuve et les Champs Phlégréens, a été établi sur la base de ce que l'on sait de l'éruption des 16 à 18 décembre 1631 : précurseurs sismiques de 15 jours à un mois, paroxysme de l'éruption rapide et court, moins de 24 heures, durée totale de la crise, quelques jours au plus... (*Fig. 0.2*). En moins d'une semaine, environ un million de personnes devraient être évacuées et réparties dans de nombreuses zones préparées de toute l'Italie ; mais en fait, on ne connaît pas le scénario de la prochaine éruption ; sera-t-il le même que celui du modèle ?, qui décidera de faire quoi ?, qu'en résultera-t-il ? ; on ne sait pas.

1.4.4.2.4 - L'action directe

On a bombardé, éventré, barré, arrosé... des coulées de laves qui ont toujours fini par passer par où elles voulaient et se sont arrêtées là où elles voulaient, quand elles le voulaient ; sur l'Etna, on sait depuis toujours que l'on peut ainsi les retarder, jamais les arrêter : l'énergie dont disposent les hommes est dérisoire devant celle mise en jeu par une simple coulée de lave qui peut continuer à progresser sous la mer. De janvier à juin 1973, les coulées de l'Eldafell ont fait l'objet de multiples interventions de toutes natures pour protéger le port et la ville de Westmannaeyjar, sur l'île de Heimaey, au sud de l'Islande ; mais on a pu alors constater qu'arroser avec des motopompes, si puissantes, nombreuses et bien alimentées en eau soient-elles, une coulée qui n'est pas arrêtée par la mer elle-même, n'est globalement pas une action très efficace. L'action directe n'est donc possible que sur de petites coulées de lave, pour essayer de les ralentir quelque temps, afin de sauver ce qui mérite de l'être dans un espace très limité. Quant à faire quoi que ce soit pour contrer les autres manifestations éruptives, et notamment une explosion plinienne...

1.4.4.2.5 - Gestion de crise

La gestion de crise est particulièrement éprouvante pour les décideurs et leurs conseils. Faire ou non évacuer ? Là est la seule question. Quoi que l'on fasse et quoi qu'il arrive, il se trouvera toujours des irresponsables pour critiquer une décision qui, en l'occurrence, ne peut être que radicale. Et que valent quelques dizaines de millions d'euros publics dépensés pour une évacuation qui, après coup, ne s'imposait pas, devant les vies menacées de quelques unités, dizaines, ou même centaines de milliers de personnes ?

On trouvera sans doute tout cela bien pessimiste ; ce n'est pas aussi vrai qu'il paraît, car je suis convaincu que si le voisinage des volcans est dangereux il est assez facile d'y éviter les accidents, pour les personnes s'entend, car pour les biens, relisez la plaque de Portici ; on ne saurait être plus clair !

1.5 – SÉISMES ET AUTRES VIBRATIONS DU SOL

La Terre vibre sans cesse et partout, de façon essentiellement naturelle et accessoirement provoquée, de l'échelle du globe à l'échelle locale, sous la forme de secousses brusques et transitoires du sol et du sous-sol. Les vibrations naturelles sont les séismes, déclenchés par des ébranlements plus ou moins profonds et violents, résultant de ruptures tectoniques, d'activités volcaniques, de mouvements de terrains, de chutes de météorites... Quelques séismes tectoniques et de rares séismes volcaniques, sont plus ou moins destructeurs ; les séismes tectoniques les plus violents entraînent des catastrophes parmi les pires que l'on connaisse. Les vibrations artificielles résultent de nombreuses activités humaines, essais nucléaires, tirs de mines, trépidations de machines, circulation lourde, mises en eau de barrages, coups de toits ou effondrements de galeries, injections ou extractions de fluides dans le sous-sol... L'énergie mise en jeu lors de séismes paroxystiques est sans commune mesure avec celle des autres vibrations qui, néanmoins, peuvent être des facteurs de dommages, au moins pour des ouvrages fragiles proches.

1.5.1 - LES VIBRATIONS DU SOL

Suivant la façon dont on l'aborde, l'étude des vibrations du sol ressortit à diverses disciplines. Une partie de la mécanique des milieux continus, et plus précisément, de la mécanique du solide élastique, analyse strictement le phénomène vibratoire lui-même. La sismologie d'observation est une partie de l'une des sciences fondamentales de la Terre, la physique du globe ; elle s'intéresse aux effets des vibrations naturelles, surtout des séismes tectoniques, pour en définir les caractéristiques et les causes, essentiellement afin de préciser la structure et le comportement dynamique du globe. La sismique est la science appliquée ou le groupe de techniques qui considère les effets de vibrations artificielles, provoquées pour préciser la structure locale du sous-sol d'un site ; elle est alors une partie de la géophysique appliquée ; quand les physiciens du globe l'utilisent pour étudier les structures profondes, ils l'appellent sismologie expérimentale ou instrumentale. L'analyse et la prévision des effets de vibrations artificielles, dues notamment à des tirs de mines, sont des branches peu connues de la sismique, pratiquées par certains ingénieurs de mines, de génie civil et de carrières. Le génie parasismique est la technique qui propose et met en œuvre des solutions constructives pour éviter ou du moins amoindrir les effets des séismes sur les ouvrages, mais surtout pour protéger les personnes.

Il est curieux de constater que les protagonistes de chacune de ces disciplines n'ont que des relations de principe, et même n'en ont pratiquement pas ; ils ne s'intéressent que secondairement aux risques de vibrations du sols et en particulier au risque sismique, dans le cadre strict de leur discipline ; en fait, bien que beaucoup de gens en parlent, il existe moins de spécialistes de ce risque qu'il ne semble.

La discipline mécaniste fournit les bases théoriques physico-mathématiques nécessaires aux autres. La sismologie et la sismique permettent de préciser les structures, les comportements et les limites des zones à risques. Le génie parasismique réduit le comportement d'une telle zone à un coefficient sismique combinant quelques paramètres censés représenter le comportement du matériau, du site et de la structure, à une valeur d'intensité nominale tirée de l'intensité MSK maximale prévue et/ou à un spectre accélération/fréquence, traduits en coefficients de calcul des structures d'ouvrages. On surveille les essais nucléaires à partir, entre autres, de leurs effets sismiques.

1.5.1.1 - LE PHÉNOMÈNE

À partir d'une zone ou d'un point source profond ou superficiel, où se produit naturellement ou artificiellement un ébranlement plus ou moins violent, le sol d'un site peut vibrer temporairement sous l'action d'un séisme, d'une explosion, d'un choc... ou de façon plus ou moins permanente sous celle d'une machine fixe ou mobile ; la vibration est un infime mouvement du sous-sol, un infrason alternatif non périodique, aléatoire et transitoire qui dure de quelques fractions de secondes à quelques minutes ou qui est entretenue pour la durée de fonctionnement de la machine source ; selon la violence de l'ébranlement, elle se propage à de plus ou moins grandes profondeurs, en suivant des chemins plus ou moins tortueux, sur des distances allant de quelques dizaines de mètres à plusieurs milliers de kilomètres à travers une portion de matériau terrestre qui peut aller de quelques milliers de mètres/cubes jusqu'à l'ensemble du globe ; sa vitesse de propagation est d'autant plus élevée que le matériau traversé est plus compact, en subsurface de moins de 300 m/s dans un limon à plus de 6 000 m/s dans une roche dure. En cours de route, la vibration non entretenue est constamment modifiée par la nature, la structure et la morphologie des matériaux traversés ; elle se fractionne et s'amortit plus ou moins vite ; sa fréquence moyenne peut varier de plus de 500 à moins de 0,01 Hz selon la nature de l'ébranlement d'origine, la compacité du matériau traversé et la distance parcourue ; en fait, à l'origine, le spectre des fréquences de la vibration est très étendu ; le filtrage des hautes fréquences se fait progressivement selon le chemin parcouru et les matériaux traversés ; aux distances décamétriques, on n'observe plus que des fréquences maximales de l'ordre de la centaine de hertz et au-delà, de la dizaine de hertz ; les matériaux arrêtent des fréquences d'autant plus basses qu'ils sont peu compacts ; les fréquences principales des séismes sont très basses, de 10 à 0,1 Hz, car les chemins suivis sont longs, compliqués, et finissent dans des matériaux de surface, peu compacts. L'énergie que la vibration rayonne localement est d'autant plus grande que l'ébranlement a été plus violent, que la distance de l'ébranlement au point d'observation est plus courte et le chemin plus direct, et que les matériaux à travers lesquels elle a cheminé étaient plus denses.

Elle est portée par des ondes de compression/extension et de cisaillement, courtes et tridimensionnelles de volume en profondeur, plus longues et quasi planes de surface ; ces ondes progressent rapidement en profondeur, plus lentement en surface, à des vitesses respectives dans un rapport théorique $\approx \sqrt{3}$; tridimensionnelles dans le premier cas, elles sont dites de volume ; quasi planes dans le second, elles sont dites de surface ; en chemin elles subissent de multiples réflexions, réfractions, diffractions, diffusions, entrent en résonance... ; cela peut ici atténuer la vibration, là l'amplifier ; les ondes de surface sont particulièrement sensibles à ces altérations. Les ondes de cisaillement et en particulier celles de surface portent les vibrations d'intensité les plus grande.

1.5.1.2 - LES EFFETS

Dans le matériau terrestre, qui n'est ni homogène, ni isotrope, ni élastique, comme le voudrait la théorie, les effets des vibrations dépendent de ses caractéristiques réelles, et notamment de sa densité et de sa teneur en eau que traduit sa compacité. Un massif rocheux compact est relativement proche du modèle théorique ; en général, il vibre sans que sa structure soit sensiblement altérée ; il n'en va pas de même d'une formation de matériau meuble ; sa structure tend à se compacter, à se resserrer en passant généralement par une phase de réarrangement des grains et expulsion d'eau ; c'est à peu près ce qui se passe lors du compactage d'un remblai au rouleau vibrant ou du béton frais à l'aiguille vibrante. Dans certains sites, la vibration peut alors déclencher des affaissements, des glissements, et même des liquéfactions si la formation est saturée ; elle devient instable, très dangereuse pour les éventuels ouvrages qu'elle supporte, sans que la vibration elle-même les affecte.

Dans les sites urbains où l'on trouve des collines, des vallons, d'anciens marécages..., on constate toujours après un fort séisme qu'à qualités égales, les immeubles sont plus ou moins affectés selon l'endroit où ils sont implantés. Les effets des vibrations sur un ouvrage dépendent en effet de son couplage avec le sol qui vibre, c'est-à-dire de son système de fondation, de sa rigidité et de son éventuelle mise en résonance, c'est-à-dire de sa structure. Cet effet de site devrait conduire à réaliser systématiquement comme actes de prévention le microzonage sismique des secteurs dangereux, et les études géotechniques et structurales détaillées des ouvrages qui s'y trouvent. À une autre échelle, il serait tout aussi indispensable d'étudier très sérieusement le comportement de l'assise d'une machine vibrante, fixe ou mobile.

Les hommes sont très sensibles aux vibrations du sol tant naturelles qu'artificielles, même de très courtes durées ; ils en apprécient mal l'intensité réelle et sont impressionnés, voire affolés, par celles qui sont en fait inoffensives pour les ouvrages et donc pour eux-mêmes. Ils peuvent être traumatisés quand ils subissent de fortes vibrations continues, comme celles que produisent les machines vibrantes.

1.5.1.3 - LES MODÈLES

Par expérience, on sait que, dans la plupart des cas, si sa structure demeure à peu près stable, on peut modéliser le massif dans lequel la vibration se propage, comme un solide élastique, stratifié en couches sphériques ou planes de matériaux homogènes ; en effet, quand il vibre, sa déformation est très rapide, très faible, alternative, de courte durée, et quand elle est amortie, il revient à peu près à son état initial, toutes choses qui ne sont pas incompatibles avec la loi de Hooke (*Fig.4.5.2.2.2*). On peut ainsi admettre que la propagation des ondes sismiques y est analogue à celles des ondes électromagnétiques dans l'éther, sonores dans l'air ou dans l'eau ; dans un modèle géométrique, les rais sismiques se comportent à la manière des rayons lumineux, réflexions, réfractions, diffractions... En fait, on doit également tenir compte de ce que le matériau se déforme aussi par fluage en accumulant les effets de cycles successifs ; ainsi il aurait un comportement élastovisqueux à effet post-élastique. Mais les amortissements se font plutôt par rayonnement d'énergie que par écoulement visqueux ; l'amortissement par rayonnement affecte surtout les composantes verticales et l'amortissement visqueux dépend de la fréquence. En simplifiant à l'extrême, le modèle rhéologique unidimensionnel généralement adopté est un ressort/amortisseur en parallèle pour l'élasticité et la dissipation d'énergie par cycle, plus un amortisseur en série pour le fluage sur la durée totale de la vibration.

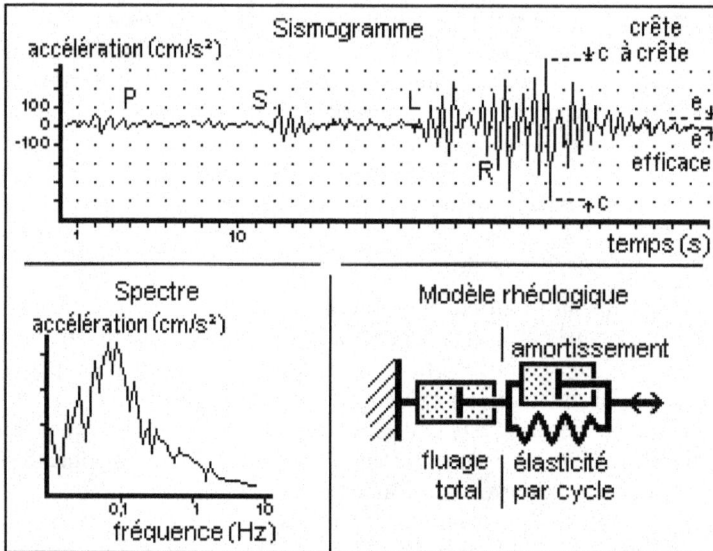

Figure 1.5.1.3 - Vibration

On décrit une vibration du sol avec quelques paramètres classiques de la mécanique, clairement définis et faciles à mesurer directement, longueur d'onde, vitesse de propagation, durée, fréquences, amplitude de vibration qui est une fonction de contrainte, et ses dérivées par rapport au temps, vitesse de vibration, fonction d'énergie, et accélération particulaire, fonction de force. Aucun de ces trois derniers paramètres n'est constant durant de la vibration ; on les caractérise donc par leurs valeurs maximales de crête à crête ou par leurs valeurs moyennes, qui ne représentent pas grand-chose ; leurs valeurs efficaces sont beaucoup plus intéressantes, car elles caractérisent l'énergie rayonnée ; on les établit au moyen d'abaques avec un crayon et du papier, par traitement électronique ou informatique.

Par référence à l'oscillation monochromatique entretenue dans un milieu élastique, la seule que l'on sait à peu prés correctement manipuler mathématiquement, on peut ainsi étudier le comportement de la vibration sans trop de difficulté, au moyen de techniques mathématiques éprouvées ; les équations différentielles de base sont classiques et leurs intégrations particulières sont aisément abordables, sans qu'il soit nécessaire d'utiliser des conditions aux limites trop restrictives par rapport aux cas naturels les plus courants, sphères concentriques pour le modèle du globe, couches superposées, plus ou moins inclinées, parallèles ou non pour un modèle géomorphologique régional à local.

On sait par expérience, que ces modèles déterministes sont acceptables sans trop de réserves, ce qui est d'autant plus rare pour l'image d'un phénomène naturel qui lui-même n'est pas déterminé, sans doute en raison d'un effet d'échelle ; ils paraissent ainsi assez fidèles et les résultats des manipulations sont exploitables sans trop de restrictions. L'étude théorique de la vibration du sol est donc facilement abordable, et les résultats obtenus représentent à peu près correctement la réalité telle qu'on la conçoit actuellement, au moins en subsurface où on l'a étalonnée par sondage.

1.5.1.4 - LES MESURES

Les paramètres qu'il importe de mesurer pour caractériser une vibration du sol sont l'instant de son arrivée au point de mesure, ses fréquences et ses amplitude, vitesse de vibration et/ou accélération particulaires, maximales de crête à crête et efficaces.

Les mécanismes et les circuits électromécaniques oscillants sont à la base des instruments qui permettent ces mesures ; ils fonctionnent presque tous par inertie : une masse considérée comme libre et fixe par rapport au sol mobile, mais qui ne l'est effectivement pas puisqu'il faut bien qu'elle soit accrochée quelque part, sert de référence aux déplacements d'un repère solidaire du sol ; malgré des artifices d'amortissement plus ou moins efficaces, cette masse finit donc toujours par vibrer plus ou moins elle aussi comme un pendule, ce qui gêne l'exploitation des mesures de longue durée. Les sismographes mécaniques de la sismologie de naguère, compliqués, encombrants et fragiles, délivrent l'amplitude ou l'accélération de la vibration captée, selon leur pulsation propre ; les géophones électromécaniques de la sismique, plus maniables, délivrent la vitesse de vibration ; les capteurs piézo-électriques, simples, légers, solides qui les ont peu à peu remplacés, délivrent l'accélération. Dans certains observatoires, on utilise parfois des extensomètres, des dynamomètres, et même des appareils assez bizarres qui ne font pas mieux que les autres. Selon la façon dont ils sont fabriqués, tous ces instruments fonctionnent verticalement ou horizontalement ; au point de mesure, on les groupe souvent orthogonalement par trois, pour caractériser la forme spatiale de la vibration ; on note alors qu'en général, la composante verticale est nettement moins grande que l'horizontale, dans un rapport d'environ 0,6 mais en fait très variable, et même parfois supérieur à 1. Les appareils scientifiques de sismologie doivent être extrêmement sensibles et protégés de toute perturbation ; on les installe donc de préférence sur du rocher compact, dans des zones assismiques, loin de la mer et des installations humaines, souvent dans le sous-sol, caves, galeries, sondages... La technique électromécanique et électronique moderne permet d'atténuer les défauts résiduels par filtration, des hautes fréquences en particulier. Dans l'eau, on utilise des hydrophones, sensibles aux variations de pression hydrostatique.

Avec les récents progrès de l'électronique et de l'informatique, les mesures techniques, de plus en plus sélectives, précises, assez fidèles et généralement contrastées, sont devenues faciles à prendre, à mémoriser, à traiter et à interpréter directement sur le terrain, généralement au moyen d'appareils compacts connectés à des chaînes ou des nappes de géophones ou de capteurs piézo-électriques tridimensionnels. Ces appareils délivrent l'instant d'arrivée de la vibration, son amplitude, sa vitesse ou son accélération par simple commutation de différenciation ou d'intégration électroniques, éventuellement après filtrage ; de la même façon, ils fournissent les valeurs de crête à crête, efficaces ou moyennes de chaque paramètre ; on peut aussi en contrôler électroniquement la sensibilité soit manuellement, soit automatiquement, et ainsi éviter la saturation du dispositif d'enregistrement lors de très fortes vibrations ; ils permettent enfin de réaliser des enregistrements numériques automatiquement déclenchés aux arrivées de trains d'ondes d'amplitude donnée, directement exploitables par des programmes informatiques ; on peut ensuite analyser l'ensemble d'une vibration enregistrée au moyen de logiciels appliquant la méthode de Fourier et ainsi établir les spectres accélération/fréquence dans les trois dimensions, utilisés par le parasismique. Ces appareils sont légers, solides, pratiquement indéréglables ; leur mise en œuvre sur le terrain est relativement rapide et commode ; cela est particulièrement appréciable en temps de crise sismique, pour des stations d'observation provisoires.

Les solides acquisitions de la sismologie et les innombrables applications de la sismique expérimentale et de prospection montrent qu'en pratique, les résultats obtenus au moyen de vibrations provoquées sont fiables, assez précis et directement utilisables, tant pour modéliser les sites et/ou les ouvrages à risque que pour éviter ou amoindrir les dangers et les dommages que des vibrations naturelles ou artificielles pourraient leur occasionner.

1.5.2 - LA SISMIQUE

Provoquer puis analyser des vibrations de faible puissance au moyen d'explosifs ou de vibrateurs est la méthode directe d'investigation du sous-sol d'un site qui, en complément du levé géologique de terrain, permet d'en établir le modèle de forme mécanique et de mesurer certains paramètres mécaniques des matériaux qui le constituent. Ces éléments sont indispensables à l'étude géotechnique du risque de vibration, car les effets de sa réalisation dépendent en grande partie d'eux ; sous l'influence de vibrations analogues, des ouvrages analogues subiront des dommages plus ou moins graves, selon les caractères des sous-sols des sites dans lesquels ils sont implantés ; en parasismique, on appelle cela l'effet de site. Négliger ces éléments reviendrait à conduire cette étude par le risque, démarche particulièrement défectueuse.

1.5.2.1 - SISMIQUE STRUCTURALE

Pour établir le modèle mécanique d'un site, indispensable à la géotechnique et au parasismique, on réalise des sondages et des tomographies sismiques en captant en des points différents du site, habituellement alignés, des vibrations parfois naturelles, comme les répliques de séismes, mais plus généralement provoquées par des percussions de masses, des explosions ou des machines vibrantes, et en analysant ces vibrations. De telles vibrations, quelles que soient leurs caractéristiques propres, se propagent dans chaque matériau du sous-sol à vitesse à peu près constante, la vitesse sismique caractéristique d'un matériau donné ; elles se réfléchissent et se réfractent à chaque interface de matériaux dont les vitesses sismiques sont différentes. Généralement, on capte l'onde de compression, la plus rapide, qui se propage en tête des vibrations et déclenche les mouvements des capteurs. En sismique géométrique, l'exploitation semi-graphique et maintenant informatique des mesures de distances et de temps de parcours correspondants entre la source et chaque capteur est très simple ; les résultats sont fiables et reproductibles : par réfraction, on calcule la vitesse sismique de chaque matériau et la profondeur de chaque contact ; par réflexion, on obtient directement les traces des miroirs sur les enregistrements et on en détermine les profondeurs, connaissant les vitesses ; on obtient ainsi des modèles schématiques de la structure mécanique d'un site. En sismique ondulatoire, on tient aussi compte de l'amplitude et de la forme de la vibration pour caractériser chaque réflecteur, ce qui permet d'obtenir des images géométriques plus fines. En sismique haute résolution, l'analyse détaillée de l'évolution dans le temps et dans l'espace de la vibration permet d'identifier les matériaux qui constituent le sous-sol du site , on obtient alors des images tomographiques d'où l'on tire des modèles géométriques en trois dimensions. Ces deux techniques, mais surtout la dernière, imposent l'usage de dispositifs de terrain très complexes et de moyens informatiques extrêmement puissants.

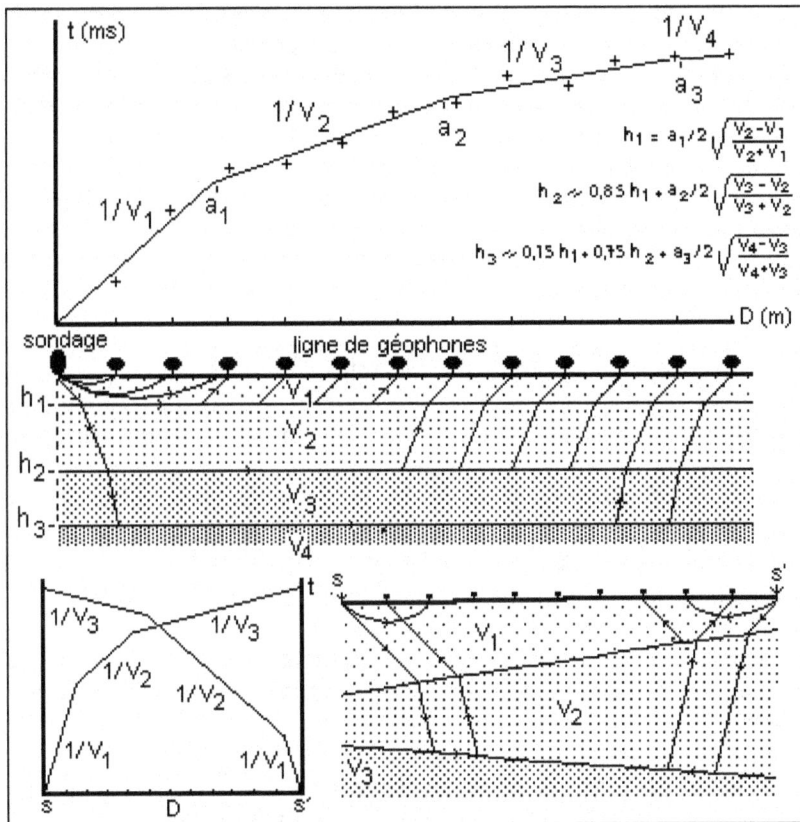

Figure 1.5.2.2 – Sondage de sismique réfraction

La vitesse sismique, celle de l'onde de compression quand on ne le précise pas, est d'autant plus grande que le matériau est plus dense ; ses valeurs vont de moins de 250 m/s pour un limon meuble de subsurface, peu compact et non saturé, à plus de 4 000 m/s pour une roche cristalline massive à faible profondeur. Elle vaut en moyenne

6 km/s dans la croûte terrestre, 8 km/s dans la croûte océanique, et croît progressivement jusqu'à près de 15 km/s dans le manteau profond. C'est un paramètre que l'on peut corréler aux paramètres classiques de la géomécanique. La connaissance de la vitesse sismique du sous-sol de fondation d'un ouvrage est indispensable pour préciser sa vulnérabilité aux vibrations naturelles ou artificielles.

1.5.2.2 - SISMIQUE DE VIBRATION

Pour préciser comment des ébranlements dont on redoute les effets se propagent dans le sous-sol et pourraient provoquer des dommages aux ouvrages d'un site exposé, on a intérêt à effectuer des mesures de vibrations provoquées de façon strictement contrôlée. En plusieurs points d'observation, on mesure la vitesse et la fréquence de la vibration dans les trois dimensions de l'espace ; on en déduit la façon dont le sous-sol du site filtre et amortit la vibration, la façon dont la structure de l'ouvrage réagit et ses fréquences de résonance. Cela permet de régler les tirs d'abattage de terrassement et de carrière pour améliorer leur rendement et d'éviter les dommages aux ouvrages voisins, de construire au mieux un ouvrage dans une zone à risque sismique, d'y renforcer un ouvrage existant... On ne peut réaliser des études de sismique de vibrations profitables que si la structure mécanique du site a été préalablement établie ; le couplage sol/ouvrage, et donc l'effet des vibrations, est différent suivant que le sol est rocheux ou meuble, que la structure de l'ouvrage est iso ou hyperstatique, que l'ouvrage est susceptible d'entrer en résonance pour certaines fréquences de vibration... Parce que l'on avait négligé cet effet de site, d'innombrables ouvrages réputés parasismiques, ont péri ou subi de graves dommages.

1.5.3 - LES VIBRATIONS ARTIFICIELLES

Les puissances mises en jeu par les séismes destructeurs sont bien sûr incomparablement supérieures à celles des vibrations provoquées ; néanmoins les dommages subis par les ouvrages qui sont soumis aux uns comme aux autres sont de même nature, des fissures, déformations et ruptures pouvant aller jusqu'à l'effondrement partiel ou total. On peut considérer les vibrations artificielles comme des modèles réduits de séismes, et à ce titre, elles méritent que l'on s'y intéresse.

Les causes artificielles de vibration du sous-sol d'un site sont les explosions à toutes fins, de toutes natures et de toutes puissances, les coups de toits ou effondrements de galeries, les mises en eau de barrages, les injections ou extractions de fluides dans le sous-sol, certains véhicules et machines... Toutes peuvent être d'éventuels facteurs de nuisances et/ou d'accidents ; les actions parasismiques, y compris l'action directe qui n'est évidemment pas possible pour les séismes, permettent d'éviter qu'elles le soient.

La plupart des explosions, en particulier les tirs de mines et les tirs de sismique structurale, sont volontaires ; on en connaît donc la localisation et la puissance avant de les produire, ce qui en permet l'étude très détaillée soit aux propres fins de leur émission, soit comme modèles réduits de séismes pour apprécier la vulnérabilité d'ouvrages sensibles, construits dans un site exposé. On doit aussi procéder à des études et des réglages de tirs d'abattage avant de tirer pour pouvoir le faire en toute sécurité, à proximité de personnes et d'ouvrages.

Les essais nucléaires produisent des séismes dont la magnitude peut atteindre 6 ; leur localisation et leur puissance sont évidemment connues de ceux qui les font, mais pas des autres qui les repèrent et les mesurent comme s'il s'agissait de séismes naturels ; on peut les localiser à quelques kilomètres près.

Les autres causes ne sont pas contrôlables et leurs effets, généralement inattendus mais rarement dangereux, sont de véritables séismes, uniques ou multiples, dont la magnitude peut atteindre ou même dépasser M 5 ; ce fut le cas au barrage de Koynanagar, sur un affluent de la Krishna, au SSE de Bombay (1967, M 6,5) ; dans la région minière du Witwatersrand, très fréquemment ; autour du champ pétrolier de Wilmington au sud de Los Angeles, au début des années 50 ; du champ gazier de Gazli, en Ouzbékistan (1976 et 1984, M 7) ; des puits d'injection de déchets liquides du Rocky Mountains Arsenal, au NW de Denver, au début des années 60... Il y eut des victimes à Koyna et à Gazli.

1.5.3.1 - TIRS DE MINES

On abat les roches exploitées en carrière ou lors de terrassements à l'air libre ou souterrains au moyen de tirs de mine ; ce sont des sources fréquentes de vibrations du sol provoquées, éventuellement facteurs de dommages aux ouvrages proches, notamment en sites urbains ; ils ont d'autres effets dangereux, comme les projections de pierres et blocs, l'émission de gaz toxiques, les expansions de gaz dans les fissures et les matériaux meubles, les ondes de choc aériennes... et entraînent aussi des troubles de voisinage, bruits aériens, souterrains, poussières, vibrations de vitres et autres objets qui entrent facilement en résonance... Pour la plupart des gens, savoir que l'on utilise des explosifs à proximité crée un sentiment d'insécurité, entretenu par la constatation de ces nuisances. En agglomération, les administrations n'y sont jamais très favorables.

Pourtant, en informant les riverains et en effectuant des tirs de sécurité, on peut réaliser des tirs de mines n'importe où, y compris dans les sous-sols d'immeubles anciens, sans produire de nuisance et sans créer de danger alentour. Le risque est pratiquement nul si le chantier de terrassement a été bien étudié, s'il est bien conduit et rigoureusement contrôlé.

1.5.3.1.1 - Les vibrations

Sauf graves imprudences, les vibrations du sol sont rarement aussi nuisibles et dangereuses que les autres effets d'un tir de mines ; ce sont néanmoins elles que l'on contrôle habituellement, car leurs grandeurs caractéristiques, amplitude, vitesse, accélération sont facilement mesurables et déductibles les unes des autres en fonction de leur fréquence, tout aussi facile à déterminer ; autour de la dizaine de hertz de fréquence, la plus critique pour la plupart des ouvrages, la vitesse de vibration est plutôt préférée aux deux autres ; elle est en effet une fonction d'énergie, directement liée à la puissance de l'explosion ; d'autre part, aux débuts de la technique des tirs de sécurité, les capteurs couramment utilisés étaient les géophones qui la mesurent directement ; on en a gardé l'habitude. Ainsi, la vitesse de vibration exprimée en mm/s est généralement le paramètre normatif des formules et abaques de calculs d'essais, de réglages et de contrôles des tirs de sécurité pour caractériser l'intensité d'une vibration artificielle en un point du sol ou sur un ouvrage.

Sa valeur dépend de nombreux facteurs plus ou moins influents, dans des proportions qu'il n'est pratiquement pas possible de doser ; les principaux sont la structure géotechnique du site, le type de tir, la distance et les positions structurales relatives du tir et de l'ouvrage, l'énergie libérée par le tir, elle-même fonction de la nature, de la quantité et de la vitesse de détonation de l'explosif, le plan de tir, le confinement de la charge... Par amortissement, elle diminue en principe en fonction de la distance du point de mesure au point de tir, mais peut localement s'amplifier par résonance ou en passant d'un matériau à un autre. De nombreuses formules plus ou moins alambiquées, initialement due à Langefors, ne retiennent que la quantité d'explosif et la distance tir/ouvrage pour calculer la vitesse de vibration ; elles se montrent ainsi peu fiables et conduisent même souvent à des résultats tout à fait fantaisistes, soit que le tir ait été mal réglé, soit que l'effet de site ait été mal apprécié, de sorte que les valeurs fixées *a priori* des paramètres ne correspondent à rien de réel ; avec beaucoup de prudence, on peut à la rigueur utiliser une de ces formules et des valeurs convenues de paramètres pour estimer des ordres de grandeurs grossiers de charges maximales susceptibles de produire une vitesse imposée ; seuls des essais de tir sur site fourniront ensuite les valeurs acceptables des paramètres, permettant de fixer des normes de sécurité. Dans les calculs et dans ces normes, on retient généralement la valeur maximale de crête à crête évidemment facile à déterminer mais pas caractéristique de l'ensemble de la vibration, alors qu'il serait préférable de retenir la valeur efficace, qui intègre la durée de la vibration, et donc, représente mieux l'énergie totale rayonnée.

La durée de ce type de vibration est faible, quelques fractions de secondes à quelques secondes pour les très grosses volées à retards ; ainsi les différentes phases de la vibration ne sont pratiquement pas individualisées et l'on ne peut pas y reconnaître spécifiquement les ondes qui la composent. Leur fréquence est relativement élevée, un peu plus d'une dizaine de hertz en général, car les distances de parcours sont relativement courtes, ce qui réduit les effets de filtre.

1.5.3.1.2 - Leurs effets

Sans être dangereuses, les vibrations dont la vitesse atteint 5 mm/s et la fréquence 10 Hz impressionnent les gens qui les ressentent ; selon la façon dont ils ont été informés et selon l'opinion qu'ils ont de l'opportunité des travaux qui imposent les tirs, ils peuvent alors prendre des positions de refus qui conduisent à arrêter les tirs et à leur substituer d'autres techniques d'abattage, ce qui, techniquement, est rarement justifié.

Les effets des vibrations dépendent de nombreux facteurs, en particulier de leurs fréquences, de la compacité du sol de fondation et de l'état de l'ouvrage. Très approximativement, on peut indiquer néanmoins qu'une personne soumise à une vibration dont la vitesse serait d'une vingtaine de mm/s y serait insensible avec une fréquence de l'ordre du hertz, agacée vers 5 Hz, irritée vers 25 Hz, affolée vers 300 Hz ; pour un ouvrage courant fondé sur un matériau compact, cette vibration serait sans effet réellement dommageable ; un ouvrage de qualité médiocre, fondé de même, serait peut-être affecté, sans qu'en général cela le mette en péril ni même gêne son utilisation, sauf s'il contient des appareils très sensibles qui pourraient se dérégler mais rarement devenir hors d'usage, ou des objets très fragiles et très précieux comme les œuvres d'art. Tirer à côté d'un bloc opératoire d'hôpital impose évidemment plus de contraintes qu'à côté d'un blockhaus ; en raison de l'effet de site, il y a lieu d'être très prudent pour un ouvrage fragile fondé sur terrain meuble, quels que soient sa qualité et son usage.

1.5.3.1.3 - Les tirs de sécurité

Les tirs de sécurité sont calculés et mis en œuvre pour ne pas indisposer les riverains, ne pas produire de projections, limiter la vitesse de vibration à des valeurs acceptables compte tenu de l'occupation du site, et pourquoi pas aussi, réussir tous les tirs d'une campagne, obtenir de bons rendements et réaliser au mieux les chantiers ; contrairement à ce que l'on pense souvent, la préparation et la discipline qu'impose ce genre de tirs sont en effet presque toujours profitables, tant du point de vue technique qu'économique. En effet, si l'énergie du tir produit essentiellement du travail mécanique de fragmentation de roche, il n'en restera pratiquement plus pour provoquer des nuisances.

1.5.3.1.3.1 - Préparation

Pour parvenir à ce but, il est nécessaire d'établir le modèle géotechnique et mécanique du site, d'expertiser et d'étudier techniquement les ouvrages à protéger, types et niveaux de fondations, structures, modes de construction, états..., de connaître précisément les usages que l'on en fait et la fragilité éventuelle des appareils qu'ils contiennent, de repérer les réseaux enterrés...

On doit enfin expliquer aux riverains ce qu'est un tir de sécurité au cours duquel ils ne risqueraient rien, même s'ils entendaient du bruit, sentaient vibrer des verres, des vitres et des planchers, et leur montrer les appareils de contrôle en place. Je rappelle en effet que les hommes sont très sensibles aux vibrations ; ainsi, ils ont souvent l'impression que le bâtiment qu'ils occupent s'écroule alors qu'il ne subit aucun dommage. Afin qu'ils ne soient jamais surpris, il faut surtout leur communiquer le programme du chantier, les heures de tirs, et bien entendu s'y tenir rigoureusement ensuite.

On peut alors faire l'inventaire des nuisances éventuelles et les traduire en vitesses de vibrations acceptables.

1.5.3.1.3.2 - Mise au point et réalisation

Fixer de telles vitesses n'est pas facile ; quel que soit le soin consacré à l'étude d'un site de tir, on est loin de disposer d'un modèle géotechnique précis, d'un inventaire complet des nuisances possibles, et d'expertises détaillées de tous les ouvrages et de leurs usages. En privilégiant le risque de fissuration, des auteurs et des organismes proposent néanmoins des normes reposant sur la vitesse sismique au niveau des fondations et l'état de l'ouvrage qui, malheureusement, ne sont pas exclusivement déterminantes. Là encore, la prudence d'utilisation s'impose ; des valeurs acceptables ne peuvent être obtenues qu'à partir d'essais de tir sur site. De plus, le respect d'une telle valeur ne garantit pas l'innocuité d'un tir, qui peut produire d'autres nuisances ; c'est seulement un moyen de contrôle commode qui ne doit pas exclure le respect d'autres règles plus subjectives. Compte tenu de toutes ces imprécisions irréductibles, il est prudent de fixer une valeur maximale à ne pas atteindre, puis, en cours de chantier, d'accroître la surveillance si l'on mesure la moitié de cette valeur, et de modifier le plan de tir si elle en atteint les trois quarts.

Le plan de tir exécuté à l'origine doit donc pouvoir être adapté au coup par coup, d'abord au cours d'essais préalables, puis lors du nécessaire contrôle permanent du chantier. On y parvient en jouant, autant que de besoin, sur les paramètres du plan : type d'explosif, charge spécifique, volume d'une volée, répartition de la charge totale (diamètre et profondeur de forage, maille, surfaces de dégagement, séquence de mise à feu...).

1.5.3.1.3.3 - *Succédanés*

Ainsi, le risque de tir de mine peut être maîtrisé si l'on s'en donne les moyens. De fait, il est habituel de terrasser aux explosifs le gneiss de New York, le granite de Stockholm... sans irriter leurs habitants imperturbables ; dans des roches moins dures de nombreuses villes françaises peuplées de Gaulois râleurs, l'usage des explosifs est, sinon interdit, du moins soumis à de telles conditions de mise en œuvre, qu'il est pratiquement impossible. Et pourtant, les autres moyens de terrasser, brise-roche, coins et éclateurs divers, tronçonneuses, haveuses, fraises, tunneliers... sont souvent loin d'être aussi efficaces et assurés que les tirs de mines. Dans des matériaux pas trop durs, on les préfère habituellement ; ils peuvent néanmoins créer des nuisances non négligeables, comme des vibrations importantes et continues, pour des durées de chantier bien plus longues... ce qui donne souvent d'autres occasions de râler. Dans les matériaux durs, ils ont des rendements déplorables ; on s'en accommode si cela évite les frictions, les arrêts de chantier et les contentieux. Dans les matériaux très durs, ils sont pratiquement inopérants ; on est alors bien obligé d'utiliser les explosifs, quoi qu'en pensent les voisins ; la mise en œuvre de tirs de sécurité est alors la règle absolue, et ça marche !

1.5.3.2 - *LES MACHINES*

Les machines vibrantes fixes ou mobiles, ont des effets spécifiques sur leurs fondations, sur le sous-sol qui les supportent et par son intermédiaire, sur les structures des ouvrages environnants ; elles transmettent au sol des vibrations forcées, généralement d'amplitude et de fréquence fixes peu variables, souvent de longue durée, parfois quasi permanentes. Les vibrations plus ou moins harmoniques des machines tournantes mal équilibrées ou à mouvement alternatif sont continues, ce qui les rend particulièrement désagréables, voire nocives par effet de fatigue, même si elles sont relativement faibles. Celles de courte durée, plus ou moins aléatoires que produisent les machines à chocs répétés, comme les sonnettes de battage, les emboutisseuses..., sont très éprouvantes et même assez dangereuses. Celles des machines tournantes à amplitude et fréquence constamment variables ou à chocs, comme les concasseurs, sont presque toujours redoutables. Malgré des échelles spatiales et énergétiques sans communes mesures, les effets de toutes ces vibrations peuvent être assez semblables à ceux des séismes, notamment s'ils sont persistants, vibrations induites, fissuration, tassements... Les gens, les objets et les ouvrages ne peuvent supporter de fortes vibrations que si elles sont de courte durée et non répétitives ; soumis à des vibrations continues et/ou répétitives, les personnes peuvent en effet être très gravement lésées, les machines, même les plus robustes, peuvent se déglinguer et les ouvrages se fissurer, parfois très gravement s'ils sont fondés superficiellement sur des matériaux peu consistants ; plus généralement, les machines et les ouvrages voisins peuvent subir d'importants effets de fatigue, qui finissent par les endommager, même si les vibrations à la source sont faibles.

Le contrôle des vibrations des machines tournantes est habituel pour vérifier leur état et programmer leurs opérations de maintenance. Mais leurs nuisances ne sont généralement prises en compte qu'après l'intervention d'un médecin du travail ou après que l'on ait constaté des dommages sur les machines elles-mêmes ou aux ouvrages voisins.

1.5.3.2.1 - Machines fixes

Pour éviter les nuisances des machines vibrantes fixes, il est nécessaire que l'étude et la réalisation de leurs fondations soient particulièrement attentives, ce qui est rarement le cas ; les remèdes sont l'observation permanente et l'intervention à la demande, un bon entretien, une rigidification et/ou une isolation de leurs appuis.

Les machines fixes ont généralement pour fondations des massifs de béton auxquels elles sont liées soit de façon rigide soit par l'intermédiaire d'appareils de suspension destinés à empêcher la propagation de leurs vibrations ; le problème principal est de dimensionner correctement le massif pour que l'ensemble demeure stable et ne perturbe pas trop son entourage ; il revient à déterminer les conditions de non-résonance de l'ensemble qui dépendent en grande partie de sa masse. Ses solutions et la réalisation d'un tel ensemble sont en grande partie empiriques, mais on dispose de différents moyens mathématiques de dégrossissage, tous très compliqués mais plus ou moins efficaces pour calculer les fréquences de résonance et la pulsation propre du système ω_0, une amplitude maximale et une durée d'amortissement, au moyen de coefficients empiriques divers, de masse, de fréquence, d'amortissement, de raideur... dépendant des hypothèses propres au moyen utilisé et de conditions particulières comme les caractéristiques du matériau d'assise, la forme, les dimensions, la raideur de la surface d'appuis... : en gros, on considère l'ensemble machine/massif comme un solide continu, rigide, indéformable à un seul degré de liberté ; l'ensemble ramené à son centre d'inertie est soumis à une vibration harmonique en ωt, le géomatériau est élastovisqueux, modélisé par un ressort et un amortisseur en parallèle ; l'amplitude est évidemment maximale si $\omega/\omega_0 = 1$, minimale si ce rapport est inférieur à 0,5 ou supérieur à 1,5. Théoriquement, il faut dépasser cette dernière valeur en jouant sur le rapport de la masse de l'ensemble à celle d'une hypothétique zone de sous-sol perturbée ; cette dernière se détermine en principe par l'égalité de l'énergie cinétique qu'elle rayonne et de celle que lui transmet l'ensemble réduit à une masse concentrée à leur contact ; il semble alors que l'on ne puisse jouer que sur la masse du massif, mais on peut aussi jouer sur ses dimensions et notamment sur sa surface de contact avec le sol et sur sa rigidité. Comme le système a en fait au moins six degrés de liberté, translation et rotation dans les trois directions de l'espace, on superpose les solutions intermédiaires. Il faut aussi vérifier que l'action des vibrations est assez rapide pour que l'inertie du système soit nettement supérieure à l'action de la pesanteur, et admettre que les vibrations s'amortissent par rayonnement et diffusion dans le sous-sol. De tels calculs reposent sur des hypothèses mal fondées ; très compliqués et nécessairement informatisés, ils conduisent à des résultats presque toujours surprenants et souvent aberrants à l'expérience ; simplifiés à l'extrême pour être conduits avec du papier et un crayon, ils ne mènent à rien.

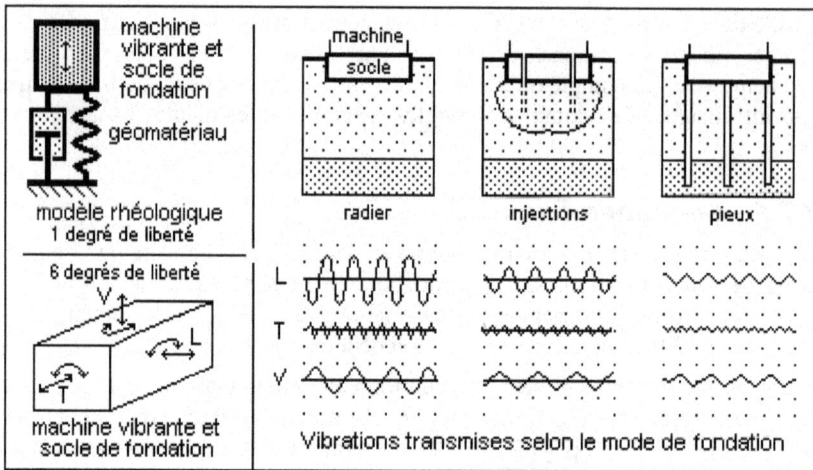

Figure 1.5.3.2.1 – Machines vibrantes

On peut aussi utiliser des modèles réduits sur tables vibrantes, dont les résultats pratiques sont pour le moins incertains car les conditions de similitude sont douteuses ; les modèles grandeur nature sont tout aussi inefficaces, car on ne sait pas modéliser le sous-sol lui-même ; il ne se réduit sûrement pas à une plaque rigide qui vibre de façon convenue et nécessairement simple.

Restent la pratique et l'adaptation par tâtonnement ; vérifier que la structure du sous-sol de fondation ne sera pas trop modifiée à terme ; adapter la rigidité du massif à celle du matériau, éventuellement en recourant à des injections ou à des fondations profondes, découpler les degrés de liberté de l'ensemble notamment en l'isolant latéralement si cela est techniquement possible ; faire en sorte que le rapport de la fréquence de résonance de l'ensemble à la fréquence d'excitation de la machine soit d'au moins 1,5 en agissant sur la masse du massif qui doit être au moins double de celle de la machine ; dans le cas de vibrations principales verticales, faire en sorte que la pression dynamique soit très inférieure à la pression statique de l'ensemble qu'il est d'usage de réduire à la moitié de la pression admissible, et que le système soit bien équilibré par rapport à son centre d'inertie ; dans le cas de vibrations horizontales, faire en sorte que le centre d'inertie du système soit le plus bas possible et que le massif de fondation soit allongé dans la direction de la vibration... Si l'on préfère isoler la machine au moyen de ressorts et amortisseurs ou autres dispositifs à base de plots élastiques, il faut renoncer au calcul et s'attendre à beaucoup de difficultés de mise au point.

1.5.3.2.2 - Machines mobiles

Isoler les machines mobiles, et en particulier celles de charroi lourd sur route ou voie ferrée pour atténuer la transmission des vibrations qu'elles produisent, est toujours possible en adaptant les matériaux et la structure de la plate-forme de fondation de leur surface de roulement au matériau d'assise et au charroi ; c'est ce que l'on fait pour les voies isolées des nouveaux tramways urbains et des métros, mais on ne le fait pas pour l'existant. Les exploitants et certains usagers reconnaissent rarement être responsables des dommages que subissent les ouvrages riverains ; alors que par exemple, il est clair que les nombreux camions qui circulent dans une rue de village sont la cause que les vieilles maisons riveraines vibrent à chaque passage et se fissurent de plus en plus, il est rare que l'on tienne compte des nuisances permanentes que subissent leurs occupants ; certains aiguillages de voies ferrées sont aussi nuisibles en sites urbains.

1.5.4 - LES SÉISMES

Dans le langage courant, on appelle séisme ou tremblement de terre, des vibrations naturelles, aléatoires, transitoires, peu durables, d'une portion plus ou moins vaste de l'écorce terrestre, suffisamment intenses naguère pour être ressenties par les hommes et aujourd'hui pour être captées par des sismographes, ce qui en a accru le nombre annuel dans des proportions considérables puisque l'on compte maintenant pour séismes tous les événements insensibles mais détectés par les appareils au-delà d'un certain seuil. Un séisme est caractérisé par sa magnitude, sa localisation, sa durée et son spectre.

Les séismes sont les phénomènes naturels les plus étudiés ; invisibles, très rapides, imprévisibles, ils sont les plus dangereux et donc les plus redoutés ; leurs effets toujours spectaculaires et souvent dramatiques font qu'ils sont les plus médiatiques, après les éruptions volcaniques, beaucoup moins dangereuses mais beaucoup plus durables et photogéniques. Les tirs de mines et les trépidations de certaines machines vibrantes ont des effets sur leur voisinage qui en font de véritables microséismes ; moyennant quelques adaptations, on pourrait les utiliser comme modèles de simulations pour préciser la vulnérabilité d'ouvrages situés dans des zones à risque sismique, comme certaines précautions que l'on prend pour en atténuer les effets pourraient servir de modèles au parasismique. Les sismologues, qui s'intéressent plus ou moins au risque, les ignorent ; ils sont plutôt absorbés par la quête du Graal sismique, la prédiction réussie. Les ingénieurs de parasismique connaissent rarement les renseignements que l'on peut en tirer.

Parmi les causes des séismes, les mouvements tectoniques sur les marges actives de plaques sont de loin celles qui produisent les plus violents ; viennent ensuite les éruptions volcaniques souvent localisées aux mêmes endroits, les éboulements, les tempêtes, les ouragans... S'il y a des établissements dans la zone affectée, les plus violents peuvent entraîner tous les dommages aux ouvrages et toutes les misères humaines que l'on sait ; ils peuvent aussi provoquer d'autres phénomènes naturels, eux aussi plus ou moins ravageurs : à Anchorage (1964, M 8,6), un des plus violents séismes connus a produit, entre autres, des escarpements de failles spectaculaires, des liquéfactions de sols meubles, des glissements géants en pleine ville, et un énorme tsunami qui a ravagé les côtes dans le golfe d'Alaska et bien au-delà ; la population était avertie, entraînée et disciplinée ; il y eut néanmoins une cinquantaine de victimes et des dommages considérables, car les effets secondaires destructeurs n'étaient pas attendus et de toute façon, étaient inévitables. Au cours de son voyage autour du monde, Darwin a observé le séisme du 20/02/1835 à Concepcion (Chili) ; sa relation est un chef-d'œuvre de sismologie, à une époque où cette science n'existait pas : la secousse principale a duré environ 2mn ; dans toute la région affectée, le sol s'est plus ou moins soulevé et fissuré ; environ une demi-heure après la secousse, la côte a été ravagée par un tsunami de plus de 7 m au-dessus des plus fortes marées ; ensuite, les volcans voisins sont entrés en éruption. Il indique aussi que les mines souterraines ont été moins affectées que les ouvrages de surface et en conclut fort justement que les ondes de surface sont les plus destructrices ; il constate enfin que les ruines se répartissent selon la direction des murs par rapport à la direction de propagation du séisme, ceux parallèles à elle résistant mieux que ceux perpendiculaires et suggère des actions parasismiques.

1.5.4.1 - OÙ ?

Il peut se produire des séismes importants à peu près n'importe où dans le monde, mais essentiellement dans les zones où l'écorce terrestre est en évolution active ; les marges de certaines plaques sont des zones de foyers assez caractéristiques et bien circonscrites ; la zone superficielle affectée est plus ou moins vaste selon la proximité du foyer et l'énergie initiale qui se disperse, tandis que la vibration s'éloigne de lui en s'amortissant ; sa forme dépend entre autres de la structure de son sous-sol et de la profondeur du foyer ; l'épicentre y est à peu près à la verticale du foyer. On localise un séisme par les coordonnées de l'épicentre et la profondeur du foyer.

La tectonique globale indique qu'il se produit des séismes sur les dorsales médio-océaniques, dans les zones d'accrétion, de subduction, de collision et sur les failles transformantes ; la tectonique régionale intracontinentale indique qu'il s'en produit aux abords de volcans en activité, aux marges de certains rifts, ainsi que par le rejeu de failles existantes souvent très anciennes qui paraissent inactives depuis longtemps ; il s'en produit aussi quelques-uns dont la localisation mais non la cause, est pour le moment inexpliquée. Les profondeurs de leurs foyers sont caractéristiques des zones structurales dans lesquelles ils sont situés ; elles varient de plusieurs centaines de kilomètres, dans le manteau à l'extrémité de la plaque plongeante pour les plus profonds des zones de subduction, à quelques kilomètres dans la croûte superficielle pour les moins profonds des zones de coulissage. La majeure partie des foyers sismiques se situe à des profondeurs inférieures à la cinquantaine de kilomètres et le plus fréquemment vers 25 km.

L'Histoire, traditions, chroniques, archives... fournit d'autres sources de documentation et de localisation. La période de référence est d'autant plus longue, et donc, la précision des informations d'autant plus grande que la civilisation de la zone considérée est plus ancienne ; elle est de plus de 2 500 ans en Chine, d'un millénaire au plus en Europe, de moins de deux siècles en Californie... partout, scientifique depuis un peu plus de 100 ans. La Grèce, l'Empire romain, les Proche et Moyen-Orient ont laissé des descriptions de nombreux séismes antiques, mais ils ne sont pas précisément datés et sont rarement bien localisés.

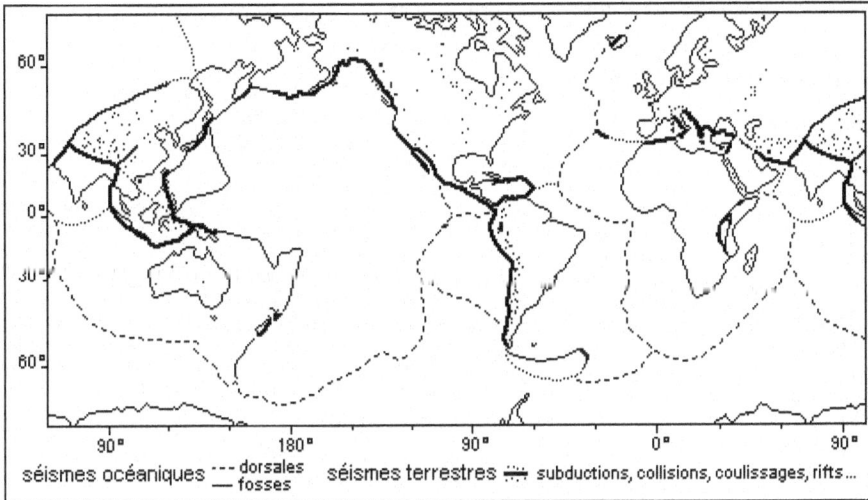

Figure 1.5.4.1 – Les séismes dans le monde

Depuis une centaine d'années, on effectue des enregistrements sismographiques, mais, bien avant, il existait des sismoscopes : en Chine, c'était de magnifiques vases contenant des mécanismes à inertie dont certains commandaient une couronne de gueules de dragons articulées crachant des boules de bronze dans des bouches de crapauds ; en Europe, c'était des arrangements très instables de baguettes de bois ou des vases pleins d'eau ou de mercure, se déversant par des créneaux en couronne. Depuis une cinquantaine d'années, le besoin de repérage des tirs nucléaires a multiplié les stations sismologiques. Actuellement, n'importe où dans le monde, le foyer et l'épicentre du moindre séisme peuvent ainsi être localisés par triangulation, et sa magnitude déterminée d'après les vibrations enregistrées.

En liaison ou non avec ces observations, on utilise depuis peu la télédétection, le positionnement GPS, l'interférométrie radar et les levers géologiques de terrain pour repérer et étudier les endroits où l'on constate des effets naturels de séismes, et notamment les failles actives préhistoriques dont les rejeux successifs peuvent souvent être datés par les méthodes classiques de la géologie stratigraphique ; on parle alors de sismotectonique. Mais on connaît de très nombreux séismes violents qui ne se manifestent pas sur des failles visibles en surface et qui ne laissent pas de trace superficielle naturelle ; on les appelle séismes cachés ; ensuite, en instrumentant la zone affectée, on repère souvent en profondeur, notamment par sismique 3D à partir des répliques, les accidents tectoniques généralement très complexes à l'origine de ce type de séisme.

Les zones à risque sismique important sont donc maintenant bien individualisées et circonscrites. Les séismes qui se produisent dans l'une d'entre elles présentent des particularités, localisation des foyers, magnitude, durée, temps de retour... qu'il importe évidemment de bien connaître pour caractériser le risque que l'on y court. Certaines de ces zones très peuplées, comme les abords de la faille de San Andreas ou la fosse de subduction japonaise, sont maintenant instrumentées et étroitement surveillées, mais il s'y produit toujours des séismes destructeurs inopinés.

Les zones les plus sismiques, celles dans lesquelles les séismes sont les plus fréquents, les plus violents et les plus destructeurs, dessinent exactement les limites des plaques les plus mobiles ; du Chili à la Nouvelle-Zélande, la Ceinture circumpacifique ou de Feu, car volcans et séismes qui ont les mêmes causes sont en grande partie situés aux mêmes endroits ; cet enchaînement assez simple de subductions et de coulissages, passe par les Andes, l'Amérique centrale, la Californie, l'Alaska, le Kamtchatka, le Japon, les Philippines ; du Maroc aux Moluques, le très complexe domaine orogénique alpin passe par le Maghreb, l'Italie, la Grèce, la Turquie, l'Iran, l'Himalaya et l'Indonésie. Les dorsales médio-océaniques sont peut-être davantage sismiques, mais cela ne gêne pas grand monde, sauf dans les îles où elles émergent comme aux Açores. Il n'en va pas toujours de même des rifts qui en sont souvent les prolongements terrestres ; il se produit des séismes violents et fréquents aux abords de certains d'entre eux. Les séismes intraplaques de zones fracturées sont nettement plus rares et moins violents ; ils y sont néanmoins très destructeurs dans les régions au sous-sol meuble et très peuplées du nord de la Chine, mais passent inaperçus dans ses déserts de l'ouest. Il se produit aussi, de loin en loin, des séismes que l'on peut dire hors-zones, sur des plates-formes apparemment stables, comme celles du Saint-Laurent, de l'est et du centre des États-Unis, de l'Ouest de l'Inde ; autour de New Madrid (1811/12, MSK XII) dans le Missouri entre Saint-Louis et Memphis, il y eut d'importants dégâts associés à des modifications de paysage et de cours de rivières dans les épaisses alluvions peu consolidées du Mississippi. Dans le Maharashtra, à l'ENE de Bombay, il s'est produit au moins trois séismes destructeurs, en 1819, 1993 et 2001. Les séismes liés au volcanisme sont parfois destructeurs et préludent, accompagnent et/ou concluent une éruption qui peut l'être davantage ; le séisme de Guadeloupe (1843, MSK IX) a correspondu à une éruption de la Soufrière ; il aurait fait près de 5 000 victimes, principalement dans les immeubles effondrés de Basse-Terre et de Pointe-à-Pitre.

1.5.4.2 - COMMENT ?

Des déplacements saccadés, durablement enchaînés et orientés de matériaux, durant des années, des siècles, des millénaires... dans des zones plus ou moins vastes, plus ou moins profondes de l'écorce terrestre, généralement des systèmes de failles limitant des plaques contiguës ou marquant des déformations intraplaques, y induiraient des contraintes tectoniques de plus en plus fortes, essentiellement de torsion mais aussi de tension. Au-delà d'un certain seuil dépendant de la vitesse du déplacement, des caractéristiques mécaniques et du comportement des matériaux contraints, de la profondeur de la zone perturbée, le foyer, une suite extrêmement complexe, plus ou moins longue, de ruptures suivies de relaxations de contraintes, produirait des rafales de vibrations aléatoires, libérant en un court laps de temps une énorme énergie potentielle lentement accumulée ; en fin de crise, le déplacement au foyer atteint parfois quelques dizaines de mètres de haut sur quelques dizaines de kilomètres de long, sans que cela se répercute forcement en surface et rarement en totalité. Ce modèle, le rebond élastique, a été proposé par Rcid à la suite du séisme de San Francisco en 1906 ; depuis, des précisions lui ont été apportées pour tenir compte d'observations de plus en plus nombreuses et détaillées, notamment sur le rôle de l'eau interstitielle et de la fracturation existante, de l'échelle du cristal à celle de la bordure active de plaque. Quand le phénomène est paroxystique, il prend l'allure d'une déchirure quasi instantanée et produit un séisme violent, mais heureusement, tous ne le sont pas ; comme, bien entendu, le déplacement d'origine ne cesse pas, des contraintes se développent de nouveau jusqu'au prochain rebond, dans un an, dans un siècle... Ce scénario est appelé cycle sismique ; il n'a évidemment rien de périodique, mais dans un avenir indéterminé, il se produira donc sûrement un séisme là où il s'en est déjà produit, car les mouvements de plaques qui le gouvernent sont très lents, quelques centimètres par an, mais continus. Selon ce scénario, en repérant les foyers et en datant les séismes passés dans une zone sismique caractérisée, on peut mettre en évidence des lacunes sismiques qui pourraient être les théâtres de futurs séismes, mais on ignore à quelle échelle de temps : sur un millier de kilomètres de côte pacifique du Mexique, il s'est produit une dizaine de séismes violents en moins de cinquante ans ; les lacunes entre épicentres sont évidentes, mais cela ne suffit pas à localiser et à dater le prochain.

En fait, il n'y a pas de réel schéma de principe du déroulement d'une crise sismique, dont la durée peut varier de quelques heures à plusieurs mois ; la mise en tension plus ou moins longue avant rupture peut être accompagnée de petits mouvements précurseurs en fin de phase, mais la rupture principale peut aussi se produire sans prévenir ; lors du paroxysme, il peut se produire une ou plusieurs secousses plus ou moins violentes, plus ou moins espacées, et qui durent de quelques secondes à quelques minutes ; le maximum connu paraît être de 4 à 5 mn à Antofagasta, port du nord du Chili, (1995, M 8,1). Il se produit ensuite ou non, des répliques plus ou moins nombreuses, plus ou moins fortes, de plus en plus espacées et de magnitude de plus en plus basse ; mais dans certains cas, on n'observe qu'une forte oscillation continue plus ou moins désordonnée et plus ou moins durable. Ainsi, les crises sismiques, courts événements locaux superficiels, résultant d'évolutions globales profondes, longues, lentes et complexes, ne sont sûrement pas des phénomènes strictement déterminés à nos échelles d'espace et de temps : pour caractériser l'aléa local, la modélisation numérique de n'importe quelle crise sismique et sa manipulation efficace par un super-ordinateur ne sont pas pour demain. La réalité du système terrestre est beaucoup plus complexe que ce que nous pouvons imaginer et *a fortiori* comprendre.

1.5.4.2.1 - Les ondes sismiques

Une vibration sismique est portée par un train d'ondes dont l'amplitude croît puis décroît progressivement avec un ou plusieurs pics successifs, de façon aléatoire, un peu comme dans une simulation de système stable non gaussien ; aucune de ses parties n'est analogue à une autre, ni déductible d'une autre ; un même séisme produit des vibrations différentes dans des sites différents ou même dans des zones différentes d'un même site, et des séismes successifs produisent des vibrations différentes à un même endroit : n'importe quelle vibration sismique est donc unique et doit être interprétée globalement, généralement sans le secours d'une analyse spectrale que l'on n'a pas ou qui est très théorique. Plus l'observation est loin du foyer, plus le train s'allonge et plus les phases se distinguent, car en raison des longues distances parcourues entre le foyer et la surface, les ondes circulant à des vitesses différentes ou ayant suivi des chemins différents se séparent de plus en plus. Les premières qui arrivent sont celles de volume, tridimensionnelles, d'abord de compression/extension, notées P primaires, puis de cisaillement notées S secondaires, beaucoup plus amples ; ce sont les ondes initiales de la vibration, courtes, dont les fréquences sont de l'ordre du hertz. Suivent ensuite les ondes de surface, issues des initiales à l'interface sol/air, à condition que les matériaux de surface soient moins compacts que ceux de profondeur, ce qui est le cas général ; elles sont plus ou moins planes, longues, et leurs fréquences sont d'environ 0,1 Hz ; celles dites de Rayleigh, R, résultent d'interactions P/S ; elles correspondent à un mouvement elliptique, vertical, rétrograde, dont le petit axe, proche de la verticale, est incliné dans le sens du rai ; celles dites de Love, de cisaillement horizontal perpendiculaire au rai, sont des avatars de S, issues par réflexion de R ; en fait, les vitesses de ces deux-là sont très proches, de sorte qu'il est difficile de les distinguer au moyen d'un seul appareil ; elles constituent globalement une troisième phase, généralement celle dont l'amplitude est la plus forte. Les ondes P, S et R sont détectées par les sismographes verticaux et horizontaux ; les ondes L ne le sont que par les sismographes horizontaux. À la suite de séismes très violents, ce train d'ondes peut parcourir plusieurs fois le tour de la Terre, en s'allongeant, en se compliquant par des combinaisons multiples d'ondes des quatre sortes, et en s'amortissant de plus en plus.

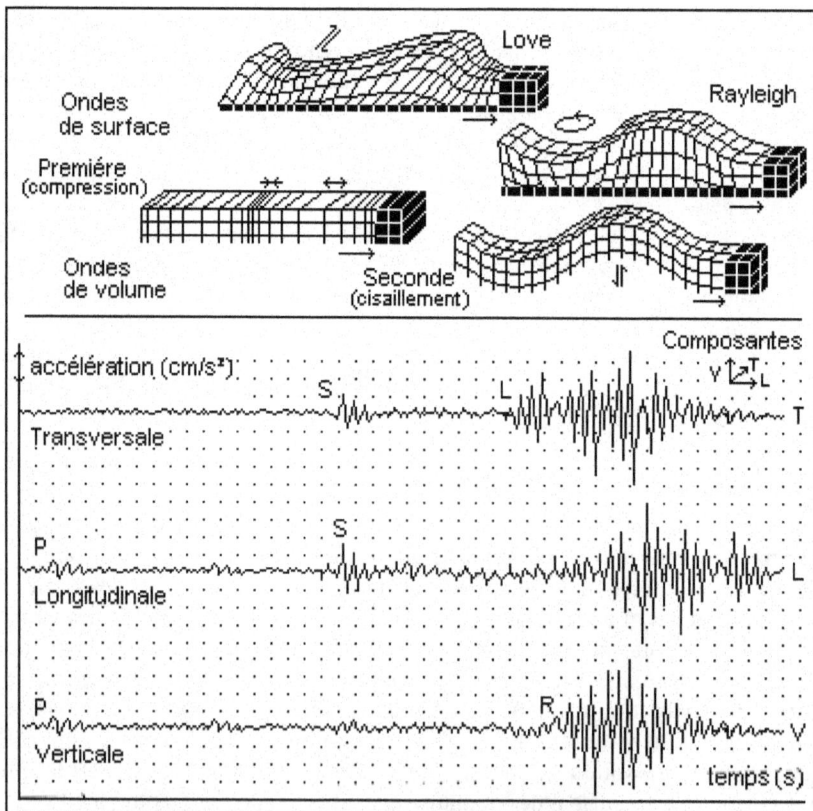

Figure 1.5.4.2.1 – Les ondes sismiques

Les ondes S sont les plus dangereuses lors de séismes profonds qui ne produisent pratiquement pas d'ondes de surface ; lors de la majorité des autres qui en produisent, les ondes L sont les plus redoutables, en particulier si le sous-sol du site est peu compact ; la composante horizontale des ondes S et la totalité des ondes L y produisent de forts déplacements latéraux et des torsions du sol, avec souvent des effets cumulatifs qui les amplifient et les rendent pérennes jusqu'à faire spectaculairement serpenter des voies ferrées, écarter des appuis de ponts, couper des canalisations... Ces déplacements affectent gravement les constructions en cisaillant leurs fondations et leurs superstructures après les avoir fait plus ou moins osciller selon leur hauteur et leur fréquence propre ; les bâtiments élevés de faible fréquence propre, fondés superficiellement sur des matériaux relativement peu compacts dans lesquels les fréquences sont basses, sont les plus vulnérables, car ils entrent presque toujours en résonance. Les accélérations verticales des ondes P, S et R sont presque toujours inférieures à celle de la pesanteur à laquelle résiste évidemment, avec un large coefficient de sécurité, tout ouvrage correctement construit ; généralement, elles sont ainsi moins nocives, mais il arrive que certains ouvrages subissent des poinçonnements destructeurs comme à El-Asnam en 1980.

1.5.4.2.2 - L'énergie sismique

L'énergie que rayonne un foyer sismique dépend de l'énergie élastique libérée par la rupture, puis de la part qui se transforme en énergie mécanique. Entre le foyer et l'épicentre ou le point d'observation, cette énergie se dissipe et les vibrations s'amortissent ; elle évolue donc dans l'espace et dans le temps.

1.5.4.2.2.1 – Intensité et magnitude

Avant de disposer d'appareils adéquats, on estimait l'énergie d'un séisme en observant ses effets de surface par son intensité MSK à l'épicentre ; on la mesure maintenant sur les enregistrements sismographiques par sa magnitude au foyer. Ces paramètres sont complémentaires : l'intensité, paramètre de vulnérabilité, décrit la réalisation du risque sismique qui est humain ; la magnitude, paramètre d'aléa, est directement liée au phénomène sismique qui est naturel.

L'intensité MSK épicentrale, I_0, est fondée sur les effets et le degré de nuisance d'un séisme ; elle caractérise les dommages subis à l'épicentre par les constructions et le paysage à la suite d'un séisme : plus elle est forte, plus les dommages sont grands ; mais l'intensité d'un même séisme diminue avec la distance à l'épicentre.

La magnitude M d'un séisme mesure plus ou moins précisément l'énergie de l'ébranlement-source libérée au foyer, c'est à dire à des profondeurs qui peuvent atteindre voire dépasser la centaine de kilomètres ; comme les vibrations sismiques s'amortissent rapidement pendant leur voyage dans le sous-sol, elles sont de moins en moins fortes à mesure qu'elles s'éloignent du foyer ou de l'épicentre qui est sa projection verticale à la surface du sol ; ainsi, un séisme de forte magnitude produit de faibles vibrations loin de son foyer, mais un séisme de faible magnitude peut en produire de très fortes à proximité du sien : un séisme profond de forte magnitude peut être moins destructeur qu'un séisme superficiel de faible magnitude.

L'intensité et la magnitude ne sont pas directement liés : un séisme donné est caractérisé par une seule valeur de magnitude et par plusieurs valeurs d'intensité, de plus en plus faibles à mesure que l'on s'éloigne de l'épicentre ; l'intensité épicentrale n'est pas déductible de la magnitude, car elle dépend aussi de la distance au foyer, de la géostructure du site, de la qualité des constructions et même d'interprétations plus ou moins subjectives des effets observés ; elle caractérise bien la vulnérabilité et mal l'aléa, alors que la magnitude caractérise bien l'aléa et mal la vulnérabilité ; la magnitude n'est donc pas un bon critère de risque : on ne risque rien d'un séisme de forte magnitude si l'on est très loin de son épicentre et l'on risque énormément d'un séisme de faible magnitude si l'on en est très proche ; à un endroit donné, il serait donc plus instructif de caractériser un risque sismique local par l'intensité que par la magnitude attendues ; il serait même souhaitable que les deux soient toujours indiquées ; mais comme les observatoires ne publient que les magnitudes, et pour paraître savants, les media ne diffusent qu'elle.

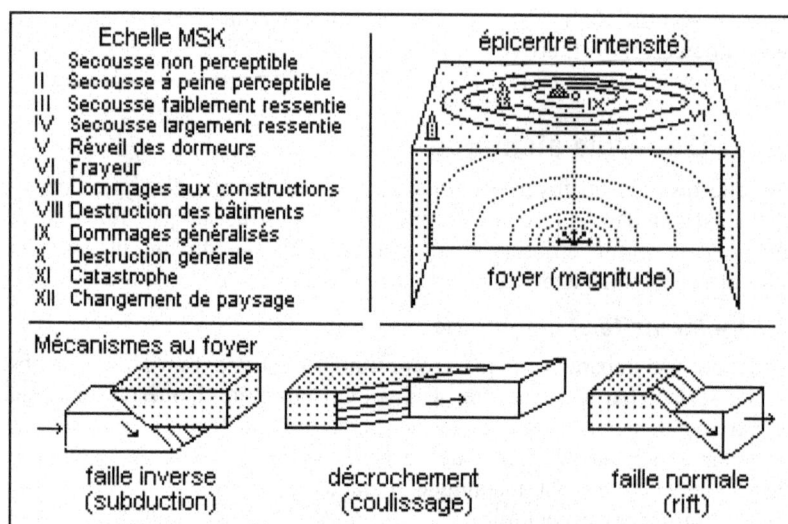

Figure 1.5.4.2.2.1 - Foyer et épicentre. Magnitude et intensité

La magnitude est une fonction logarithmique et donc continue, ouverte dans les deux sens ; elle se mesure, contrairement à l'échelle MSK d'intensité, graduée en douze degrés discrets qui s'estiment. L'expression médiatique « tel séisme a atteint le degré 6,2 dans l'échelle de Richter qui en compte 10 » n'a aucun sens ; il faudrait dire « la magnitude Richter de tel séisme a été de 6,2 » ou bien « tel séisme a atteint le degré X de l'échelle MSK qui en compte 12 ». En fait, le paramètre mesurable qui caractérise le mieux le risque sismique est l'accélération locale susceptible d'être supportée par un ouvrage ; directement déduit des enregistrements, il n'est utilisé depuis peu que par les spécialistes du génie parasismique.

1.5.4.2.2.1.1 –Intensité

Pour caractériser la nocivité de la secousse à la surface du sol, on disposait depuis 1902, de l'échelle macrosismique des intensités de Mercalli, issue d'échelles de plus en plus détaillées, successivement proposées et améliorées par Rossi puis Forel et quelques autres ; ses variantes successives ont abouti à l'échelle MSK 64 (Medvelev, Sponheuer, Karnik) que l'on modifie de temps en temps, de sorte que l'on doit toujours rappeler l'année de sa dernière mise à jour. Elle fait référence aux effets observables sur les personnes, les constructions et le paysage dans la zone considérée ; elle comporte douze degrés notés en chiffres romains, de I à XII. Bâtie sur le modèle de la loi de Weber-Fetcher comme d'autres échelles subjectives, échelle de Mohs pour la dureté des minéraux, de Beaufort pour la force du vent, la progression des degrés par rapport aux paramètres de vibration y est quasi géométrique, l'amplitude double à peu près de degré en degré. Certains sismologues probabilistes et des ingénieurs de parasismique ont néanmoins trouvé le moyen de décimaliser l'échelle MSK en établissant, à partir d'elle, une « échelle décimale des intensités nominales », et l'emploient sans trop tenir compte du fait que leurs « dixièmes » ne sont pas les mêmes d'un bout de l'échelle à l'autre ; la confusion avec la magnitude est alors garantie à ceux qui n'y regardent pas de près, car évidemment, on écrit ces intensités nominales en chiffres arabes comme les magnitudes, puisque l'on ne peut pas écrire de décimales en chiffres romains.

Outre son rôle essentiel d'information, l'intérêt de l'échelle MSK est que, par son moyen, l'identification d'une intensité est à la portée de n'importe quelle personne bien renseignée et que, si l'on dispose d'archives suffisamment explicites, on peut attribuer une intensité MSK raisonnablement acceptable à la plupart des séismes historiques.

L'intensité MSK ne se mesure pas ; elle s'estime et dépend largement des caractéristiques techniques des aménagements et des ouvrages affectés. Elle est d'autant plus forte en un point donné de la surface du sol que le foyer est géométriquement plus proche de ce point, que la magnitude M au foyer est plus élevée et que le site et les ouvrages y sont plus fragiles ; un séisme de forte magnitude dont le foyer est profond, ou situé dans la croûte océanique, pourra être classé peu intense alors qu'un séisme de faible magnitude, dont le foyer est peu profond mais situé sous une zone très habitée, mal construite sur un sol meuble, pourra être classé de forte intensité ; d'autre part, l'intensité d'un séisme de magnitude donnée diminue à l'inverse de la distance à son épicentre : à qualités égales, les ouvrages proches seront plus affectés que les ouvrages lointains. On essaie donc un peu vainement d'améliorer de plus en plus cette échelle pour en rapprocher les indications des valeurs de magnitudes, mais sans succès, car ces deux façons de quantifier les séismes n'ont pratiquement pas de points communs, sinon le séisme lui-même.

1.5.4.2.2.1.2 - Magnitudes

En 1935, pour préciser une conception de Gutenberg et afin de comparer les séismes californiens quasi superficiels de la zone de coulissage de San Andreas, Richter a défini la magnitude en utilisant le sismographe avec lequel il travaillait ; c'est un paramètre empirique instrumental, bâti comme à l'inverse des magnitudes des étoiles en astronomie ; il est le logarithme décimal de l'amplitude maximum de crête à crête à une distance standard du foyer, mesurée en microns au moyen d'un sismographe standard, ou obtenue par manipulations plus ou moins bien définies, à partir de mesures analogues effectuées à d'autres distances, avec d'autres appareils ; c'est un nombre sans dimension.

Les progrès de l'instrumentation sismique et de la compréhension des phénomènes ont conduit à définir d'autres magnitudes pour améliorer cette méthode et en obtenir des résultats permettant de comparer à peu près correctement tous les séismes naturels et nucléaires. On en calcule les valeurs en faisant le rapport des amplitudes maximum de crête à crête et des fréquences des vibrations soit au foyer, soit à l'épicentre ; ce rapport est une fonction de l'énergie du séisme ; on obtient ainsi, la magnitude au foyer pour les ondes P, notée m, m_B ou m_b et pour les ondes de surface notée, M ou M_S ; la magnitude locale pour les ondes de surface, notée M_L, est assimilée à celle de Richter. D'autres magnitudes d'amplitude ont été proposées pour améliorer des valeurs logarithmiques ; cela peut paraître un peu vain, car elles ne sont que des ordres de grandeur: l'intervalle d'une unité de magnitude correspond à peu près à une énergie sismique 30 fois supérieure. On a aussi défini une magnitude de durée notée M_D ou M_τ, fondée sur la durée de la vibration. D'étranges formules empiriques permettent d'échanger leurs valeurs respectives sans trop de surprises.

1.5.4.2.2.1.3 - Le moment sismique

Les définitions plutôt formelles de ces magnitudes et leurs mesures compliquées, peu rigoureuses et fidèles, ne conduisent qu'à des approximations ; à propos d'un même séisme, des observatoires différents procédant de la même façon indiquent souvent des valeurs différentes : pour le séisme d'Izmit du 17/08/99, les Turcs ont donné M 6,8 et les Américains, 7,8, différence énorme d'énergie sismique (*cf. 1.1.14*) ; d'autre part, la même énergie sismique conduit à des magnitudes différentes pour des fréquences différentes. Pour réduire ces imprécisions, gênantes dans les cas de forts séismes ou de surveillance militaire, Kamamori et Hanks ont imaginé le moment sismique, noté M_O, à partir du modèle très théorique d'un double couple qui provoquerait la fracture à l'origine du séisme. Les moyens pour en obtenir la valeur sont ceux de la tomographie utilisant des ondes de surface de très faibles périodes, réseau de capteurs numériques, analyseur de signaux et logiciel complexes, ordinateur puissant. Et comme les valeurs possibles de moments peuvent varier de plus d'une dizaine de puissances de dix, l'incorrigible Kamamori a encore simplifié, si l'on peut dire, l'expression de l'énergie d'un séisme, en définissant la magnitude de moment notée M_W qui, dans la plupart des cas, n'est pas très différente de M_S ni même de M_L, ce qui n'a rien d'étonnant compte tenu de la grande longueur d'une unité de magnitude.

Ainsi, si vous n'êtes pas un savant sismologue ou un sourcilleux militaire, rien ne vous interdit d'en rester à la très médiatique « magnitude de Richter » notée M sans indice ; elle caractérise assez bien les séismes observés et permet de les comparer, quels que soient leurs effets : dans une zone construite, la magnitude M 5,5 (0,015 g, $I_0 \approx$ VII) correspond à peu près au seuil de dommages notables à l'épicentre ; on n'a pas encore mesuré plus de M 8,6, ce qui est considérable et correspond à la destruction totale de tout ouvrage humain et au bouleversement du paysage à l'épicentre ; néanmoins, le séisme d'Antofagasta, M 8,1 un des plus violents connus, n'a pas été très destructeur en raison des bonnes qualités géotechniques du site et technique des constructions. C'est elle que j'utilise dans ce texte et c'est en principe celle que l'on communique à l'annonce d'une catastrophe ; mais il est rare que les media et même des publications scientifiques et/ou techniques indiquent l'indice de la magnitude dont ils donnent la valeur ; certains donnent maintenant sans le dire celle de Mw en l'appelant « de

Richter » pour impressionner davantage par quelques dixièmes de plus : la magnitude
« de Richter » du séisme de Sumatra qui a déclenché le tsunami du 27/12/04 passait
ainsi de 8,5 à 9 selon le médium ; celle du séisme du Chili le 22/05/1960, le plus fort
connu, peut ainsi passer de 8,5 à 9,5 et celle du séisme d'Alaska le 28/03/1964, de 8,4 à
9,2, selon l'humeur de celui qui, pour impressionner, indique généralement la plus forte
sans autre indication ; par contre celle du séisme de Mexico le 19/09/1985 était à peu
près la même dans les deux cas, 8,1 ou 8.

1.5.4.2.2.1.4 - Le spectre d'accélérations

Pour indiquer l'énergie d'un séisme à un endroit donné, on utilise maintenant
l'accélération de la vibration plutôt que sa vitesse ou son amplitude ; elle est
immédiatement mesurée par les capteurs piézo-électriques et directement utilisable en
mécanique des structures car c'est une fonction de force. Dans les massifs rocheux,
l'énergie d'une vibration diminue par amortissement avec la distance parcourue ; mais
son accélération maximale paraît s'amplifier jusqu'à plus de 200% quand elle passe
d'un versant rocheux à une vallée alluviale ; en fait, son énergie ne s'accroît
évidemment pas : les ondes P et S cèdent une partie de leur énergie aux ondes R et L qui
plus lentes, augmentent leurs amplitudes. L'enregistrement systématique des
accélérations est relativement récent ; on ne dispose donc pas de longues séries
statistiques ; les plus fortes accélérations connues seraient de l'ordre de 1,5 g pour les
composantes horizontales et de 2 g pour les composantes verticales d'un séisme M ≈ 7,
mais il n'y a pas de relation directe accélération/magnitude et les accélérations de
nombreux séisme M 8 n'atteignent pas 1 g.

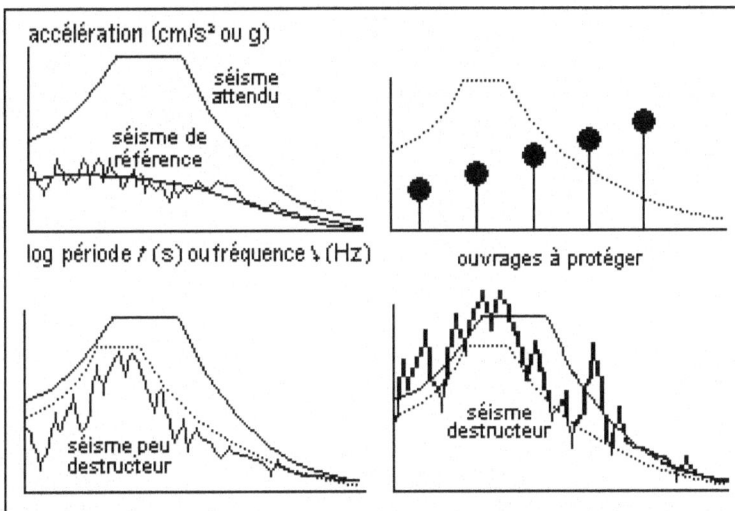

Figure 1.5.4.2.2.1.4 - Accélération et spectre d'accélérations

Les spécialistes du parasismique utilisent le spectre accélération/fréquence d'une
vibration pour la magnitude attendue, afin de le comparer au spectre de réponse d'un
ouvrage à protéger ; on l'établit par un développement de Fourier si possible à partir
d'enregistrements de microséismes locaux ou à défaut à partir de séismes de référence ;

pour le moment, il est rare que le spectre établi à partir des enregistrements d'un séisme qui vient de se produire corresponde au spectre de référence, comme il est rare que l'on sache établir avec précision le spectre de réponse d'un ouvrage que l'on modélise par une série d'oscillateurs simples de périodes propres convenues.

1.5.4.2.4 - Effets secondaires des séismes

Au cours de leurs pérégrinations, les ondes sismiques sont constamment modifiées par les matériaux, la structure et la morphologie des sites traversés ; elles subissent des réflexions, des réfractions, des diffractions, des diffusions... multiples, entrent en résonance... Cela peut ici atténuer la vibration, là l'amplifier ; dans les matériaux meubles de couverture, l'amplitude et la durée des vibrations de surface augmentent sensiblement. Dans certains sites, la vibration peut aussi déclencher des phénomènes secondaires qui dépendent des caractéristiques du sous-sol local et notamment de sa compacité et de sa teneur en eau : un massif rocheux vibre sans que sa structure soit sensiblement altérée ; il n'en va pas de même d'une formation de matériau meuble aquifère qui se compacte et/ou se déstabilise plus ou moins. Selon l'endroit, il peut se produire des fractures, des éboulements superficiels et/ou souterrains, des glissements, des tassements et liquéfactions de sols, des avalanches... Après le séisme, on peut constater des ondulations, des fissures et des escarpements de failles à la surface du sol, des modifications de pentes susceptibles d'entraîner des déplacements de cours d'eau, des assèchements ou des créations temporaires ou permanentes de lacs et/ou de sources, des seiches de lacs, des tsunamis...

Dans de vastes sites urbains où l'on trouve des collines, des vallons, d'anciens marécages..., on constate toujours après un fort séisme, comme à Anchorage, à Mexico (1985, M 8,1)..., qu'à qualités égales, les immeubles sont plus ou moins affectés selon l'endroit où ils sont implantés. On appelle cela l'effet de site, ce qui justifierait, si besoin en était, de réaliser systématiquement comme acte de prévention le microzonage sismique de tous les sites exposés à des séismes dangereux, basé sur des études géotechniques détaillées.

En complément, plutôt que de présenter une liste personnelle qui ne serait pas plus exhaustive que beaucoup d'autres, je préfère m'en tenir à celle des effets qui définissent les degrés de l'échelle MSK :

V - *Modification en certains cas du débit des sources.*
VI - *En certains cas, des crevasses de l'ordre du centimètre peuvent se produire dans les sols détrempés; des glissements de terrain peuvent se produire en montagne ; on peut observer des changements dans le débit des sources et le niveau des puits.*
VII - *Des vagues se forment sur l'eau et celle-ci est troublée par la boue mise en mouvement. Les niveaux d'eau dans les puits et le débit des sources changent. Dans quelques cas des sources taries se remettent à couler et des sources existantes se tarissent. Dans des cas isolés des talus de sable ou de gravier s'éboulent partiellement.*
VIII - *Petits glissements de terrain dans les ravins et dans les routes en talus sur de fortes pentes ; les crevasses dans le sol atteignent plusieurs centimètres de largeur. L'eau des lacs devient trouble. De nouvelles retenues d'eau se créent dans les vallées. Des puits asséchés se remplissent et des puits existants se tarissent. Dans de nombreux cas changement dans le débit et le niveau de l'eau.*

IX - *Des projections d'eau, de sable et de boue sur les plages sont souvent observées. Les crevasses dans le sol atteignent 10 cm ; elles dépassent 10 cm sur les pentes et les berges des rivières. En outre, un grand nombre de petites crevasses s'observent dans le sol ; chutes de rochers ; nombreux glissements de terrain ; grandes vagues sur l'eau ; des puits asséchés peuvent retrouver leur débit et des puits existants peuvent s'assécher.*

X - *Les crevasses du sol présentent des largeurs de plusieurs centimètres et peuvent atteindre 1 m. Il se produit de larges crevasses parallèlement aux cours d'eau. Les terres meubles s'éboulent le long des pentes raides. De considérables glissements de terrain peuvent se produire dans les berges des rivières et le long des rivages escarpés. Dans les zones littorales, déplacements de sable et de boue ; changement des niveaux d'eau dans les puits ; l'eau des canaux, des lacs, des rivières est projetée sur la terre. De nouveaux lacs se créent.*

XI - *Le terrain est considérablement déformé aussi bien par des mouvements dans les directions horizontales et verticales que par de larges crevasses ; nombreux glissements de terrain et chutes de rochers.*

XII - *La topographie est bouleversée. D'énormes crevasses accompagnées d'importants déplacements horizontaux et verticaux sont observés. Des chutes de rochers et des affaissements de berges de rivières s'observent sur de vastes étendues. Des vallées sont barrées et transformées en lacs ; des cascades apparaissent et des rivières sont déviées.*

En mai 1970, un séisme M 7,8 dont l'épicentre se trouvait à une centaine de kilomètres de là, au large du port péruvien de Chimbote, ravagea une aire andine d'environ 75 000 km^2 par d'énormes mouvements gravitaires, glissements, éboulements, effondrements, coulées... 20 000 personnes périrent à Yungay et à Ranrahirca sous une lave torrentielle de glace, blocs, pierres et boue, issue du Nevado de Huascarán ; sur une longueur de versant de près de 20 km et une dénivelée de plus de 4 000 m, on a estimé sa vitesse à près de 300 km/h, et son volume à plus de 50 Mm^3. Une dizaine d'années avant, une catastrophe analogue, à peine moins grave, avait ravagé Ranrahirca, faisant quelques 4 000 victimes. Les hautes vallées des Andes, de l'Himalaya, du Pamir sont de temps en temps les théâtres de catastrophes analogues.

Les failles actives qui produisent de violents séismes sont souvent affleurantes et l'on observe alors sur le terrain, des marches ou des déplacements horizontaux dépassant parfois la dizaine de mètres sur des dizaines de kilomètres de long ; c'est toujours le cas sur la faille de San Andreas et très fréquemment en Alaska, en Algérie, en Arménie, en Turquie, à Taiwan, au Japon... À la suite de séismes pas forcement très violents, les collines de lœss de Chine centrale, certaines plaines côtières comme celle de l'Indus, celles du Japon, de l'Alaska... sont souvent bouleversées sur des centaines de km² par des glissements, des affaissements innombrables...

1.5.4.3 - QUAND ?

Pour un séisme de magnitude donnée, à un endroit donné, l'ambition de nombreux sismologues serait de répondre précisément à cette question fondamentale. Ils espèrent y parvenir en utilisant des phénomènes naturels connexes bien réels, rafales de petits séismes, mouvements de la surface du sol, variations des vitesses d'ondes, de la résistivité électrique, du magnétisme, de la pression interstitielle, du niveau de l'eau souterraine, émission de radon... comme d'éventuels précurseurs de crises sismiques dans le but de réussir d'irréalisables prédictions de séismes ; on n'en a pas encore trouvé de convaincants et il est peu probable que l'on finisse par y arriver : quelques faibles chocs successifs dans le bruit de fond de l'activité sismique générale d'une région sont rarement des événements précurseurs. À ce jour, aucune des multiples façons de traiter la question n'a permis d'y parvenir et il est improbable que l'on saura un jour le faire avec la précision qu'exigerait une prévention efficace .

La raison en est que la plupart des facteurs intervenant dans la production d'un séisme ne sont pas connus ; on ignore à peu près tout de l'évolution de ceux qui le sont ; on sait seulement qu'une crise sismique est provoquée à grande profondeur par la libération relativement rapide, quasi instantanée, et localisée, quasi ponctuelle, d'une énorme quantité d'énergie potentielle élastique accumulée au cours de l'évolution très lente et complexe d'un énorme volume de matériaux, et qu'elle se manifeste en surface par un très court événement local, le séisme proprement dit : à nos échelles d'espace et de temps, le processus conduisant à une crise sismique est chaotique voire flou, sûrement pas déterminé : le système séisme est extrêmement complexe et instable et chaque séisme est un système unique plus ou moins analogue mais jamais identique à n'importe quel autre. Ainsi, tel phénomène connexe déjà observé ne se manifestera pas de la même façon ou une autre fois, au même endroit ou ailleurs ; de toute façon, s'il en allait différemment, on ne saurait pas interpréter ses variations qui, comme celles de tous les phénomènes naturels, n'ont jamais la même allure et ne sont jamais longtemps continues et monotones (*Fig. 1.2.3*). Les nombreux cas rapportés de prédictions réussies, de fausses alertes, de séismes inopinés et de coïncidences, montrent clairement que l'on ne peut pas se fier à eux. Le contraire serait étonnant ; un événement déterminé, superficiel strictement localisé, quasi instantané, clairement observable et interprétable sans ambiguïté, comme devrait être un précurseur, ne peut pas raisonnablement précéder un événement indéterminé qui va se produire à quelque endroit indécelable des profondeurs de l'écorce terrestre, au cours d'une évolution erratique dans le temps profond géologique, et que l'on ne sait même pas décrire après que l'on en ait observé les effets ; il en irait à peu près ainsi de plusieurs événements de natures différentes, qui, de plus, devraient évidemment être sinon synchrones, du moins corrélatifs, ce qui ne saurait être, car chaque événement aurait sa propre durée de circulation et son propre instant de manifestation.

Si ces obstacles pouvaient être surmontés, les précurseurs les plus sérieux seraient les phénomènes connexes qui, clairement identifiés et dont les relations éventuelles à un séisme à venir sont expliquées, seraient mesurables et susceptibles d'évoluer dans le temps. La rafale de petits séismes est un bon précurseur quand elle est immédiatement suivie d'un séisme majeur ; elle peut alors sauver des vies et même éviter une catastrophe, comme à Anshan (*cf. 1.1.3.1.1*), car, s'ils en ont le temps, les gens terrorisés quittent leurs habitations oscillantes ; il ne faut pas non plus que l'attente soit trop longue, car sinon, les gens rentrent chez eux et se font ensevelir alors qu'ils dorment rassurés ; de toute façon, de nombreux forts séismes ne sont pas précédés de rafales de petits, et de nombreuses rafales ne sont pas suivies de forts séismes, alors... On voudrait affiner la méthode par des modèles informatiques d'évolutions supposées de crises sismiques utilisant les enregistrements des séismes de toutes magnitudes d'une région ; ce n'est en fait que l'adaptation au cours terme de la méthode de prévision statistique du temps de retour ; jusqu'à présent, ces deux méthodes ont rarement été efficaces. D'autres phénomènes, comme d'éventuelles réactions animales, sont plus folkloriques, ce qui n'exclut pas que certains animaux puissent être encore plus sensibles que les humains aux vibrations et donc puissent s'affoler bien avant nous quand le sol se met à trembler ; de là à conclure qu'un fort séisme va se produire parce que quelques chevaux se cabrent ou que quelques poissons-chats s'agitent dans un bocal...

Annoncer qu'un séisme de magnitude 4 va se produire quelque part en Grèce dans une semaine n'est pas une prédiction sérieuse mais une quasi-évidence ; on en observerait là plus d'une centaine par an et près de 10 000 dans le monde. Pourtant, en avançant de telles « preuves », des physiciens très médiatiques ont naguère obtenu d'importants fonds publics pour financer la mise au point d'une méthode prétendue infaillible de détection des séismes qu'ils avaient imaginée ; fondée sur l'observation de phénomènes électriques connexes, n'importe quel géotechnicien pouvait donc prévoir qu'à l'usage, elle serait aussi efficace que la grenouille et son échelle pour les prévisions météorologiques ; structurellement, il n'existe pas et il ne peut pas exister de phénomène tellurique précurseur fiable.

Jusqu'à présent, les rares prédictions réussies, qu'elles aient été fondées sur l'intuition, l'empirisme, l'expérience ou l'instrumentation, ont évidemment été montées en épingle ; en fait fortuites, elles sont toutes restées sans lendemain. L'empirisme chinois dispose de près de 1 000 références en plus de 2 500 ans ; dans une zone très sensible des provinces du nord, instrumentée et attentivement surveillée, il a réussi à Anshan, échoué à Tangshan (*cf. 1.1.3.1.2*), 300 km plus au SW ; la même année près de Canton, il a provoqué une longue alerte sans suite qui n'aurait pas été acceptée en Occident.

Même dans un cadre sismotectonique connu, la statistique n'apporte rien de fiable : la façade méditerranéenne du Maghreb est une zone de forte sismicité car elle marque la faille transformante très active qui sépare la plaque Afrique de la plaque Europe : la côte, les vallées et les massifs montagneux, ≈ E-W, lui sont plus ou moins parallèles. Les environs de la côte et de la vallée de l'Oued Cheliff sont très fréquemment affectés par des séismes destructeurs, M 5,7 à 7,5, faisant de très nombreuses victimes dans des zones entourant largement des villes proches des épicentres auxquelles on les réfère : Im Zouren - Maroc (24/02/04), Aïn Témouchent - Algérie (22/12/99), Mascara (18/08/94), El-Asnam (9 et 16/9/54, 10/10/80), Rouina (1992), Tipaza (20/10/89), Alger (1715...), Thénia/Boumerdès (11/05/03). L'intérieur parait plus calme, Sétif (1963, 1975), Constantine (1985)... mais l'archéosismicité de la vallée de la Soummam qui sépare la Grande Kabylie du Tell des Babors-Bibans montre des formations quaternaires fracturées et même subverticales, ainsi que des sites préhistoriques et romains affectés. La période de retour des séismes destructeurs maghrébins serait ainsi de l'ordre de 5 ans sur 50 ans, soit une prob de 0,2. Les deux séismes d'Orléansville/El-Asnam (1954, M 6,7 et 1980, M 7,2) se sont produits à 26 ans d'intervalle, prob 0,025, alors que la probabilité du premier avait été estimée à moins de 0,01 ; le second, plus violent, était donc en principe, encore plus improbable. Les fréquents séismes algériens font toujours de nombreuses victimes, car en réalité les constructions, même modernes, sont rarement parasismiques, même si elles sont prétendues telles. On fait des observations analogues dans toutes les régions très sismiques.

L'instrumentation tant directe par l'étude systématique des sismogrammes, qu'indirecte par des mesures géodésiques, électriques, chimiques... n'a obtenu aucun résultat significatif au Japon, aux États-Unis, en Russie et ailleurs ; les séismes de San Francisco (1989, M 7), d'Arménie (1988, M 6,9) et de Kobe (1995, M 7), l'ont malheureusement montré. Entre Los Angeles et San Francisco, Parkfield est dans une zone de la faille de San Andreas particulièrement exposée selon la théorie des lacunes sismiques ; on y dispose d'un historique fiable de près de 150 ans ; un séisme M 5,6 y a été prédit un peu par hasard en 1966 ; on y a mis en place un spectaculaire ensemble d'instruments divers ; un séisme M 6 y était attendu pour 1988 à cinq ans près, soit entre 1983 et 1993 ; il s'est produit plus de dix ans après la fenêtre de prévision, de façon inattendue le 28/09/2004 ; une autre équipe prévoyait le même séisme entre 1988 et 2018, ce qui lui laissait un peu plus de chance de succès et ainsi peut lui permettre d'affirmer son efficacité ! Par contre, il s'est produit un séisme imprévu à Northridge (1994, M 6,6), banlieue NW de Los Angeles, sur une ramification de la faille de San Andreas, hors lacune et sans agitation instrumentale préalable. En 1980, la prévision erronée de trois séismes M 7 à 9 à Lima, au cours de l'été de l'année suivante, a provoqué un fort malaise dans la population et une situation très difficile pour les autorités ; aux États-Unis, ce genre de prévision irresponsable est, depuis, tempéré par l'avis d'un comité d'experts. En Grèce, on a étudié et instrumenté une zone particulièrement instable du golfe de Corinthe, connu depuis l'Antiquité pour avoir subi de nombreux séismes catastrophiques : celui en trois rafales de février/mars 1981 (M 6,7) a été très destructeur dans le NE du golfe ; il a fait une vingtaine de victimes et a provoqué un tsunami qui a affecté toute la côte de ce golfe très fermé ; après, on a observé des escarpements de failles normales de direction à peu près E-W, inclinés à environ 45° N ou S, longs d'une dizaine de kilomètres et dont certains dépassaient le mètre de haut. Sur cette base, on a pu faire une bonne description sismotectonique et tellurique du séisme d'Aigion (1995, M 6,2), ce dont on avait besoin pour concevoir et construire le viaduc de Rion, à l'entrée du golfe. D'autres zones sensibles, dans tous les pays menacés, sont maintenant les objets d'attentions analogues, surtout si l'on doit y construire des ouvrages importants dont la sécurité doit être maximale.

Les optimistes pensent qu'ainsi, en disposant d'importants fonds de recherche, en étant travailleurs, confiants et patients, les sismologues finiront bien par pouvoir répondre à la question quand ? ; cela me paraît un peu trop relever du déterminisme du XVIIIe siècle ; la science est devenue moins ambitieuse et on doute de sa capacité de prédiction. D'autres dont je suis, qui passent pour des pessimistes, mais sont plutôt des réalistes, pensent que l'on n'y parviendra pas, par essence même du problème ; pour justifier ce point de vue, je rappelle entre autres que le système séisme est extrêmement complexe et instable, et donc que les crises sismiques ne sont pas des phénomènes déterminés mais chaotiques ou même flous ; le fond de notre incompréhension est structurel. *Sachez que vous ne savez rien*, ou du moins pas grand-chose.

1.5.5 - LE RISQUE SISMIQUE

Le séisme est ainsi le plus surprenant des événements naturels dangereux : où que ce soit, même dans les zones notoirement sismiques très surveillées, très peu fréquent ou même rare, invisible, extrêmement rapide, il se produit sans prévenir, sans que l'on puisse le prédire ni même le prévoir par quel moyen que ce soit, à quel terme que ce soit ; il est donc difficile de s'en protéger.

L'aléa sismique régional ou local est maintenant caractérisé par l'accélération et/ou le spectre du séisme attendu ; pour le public, les media préfèrent utiliser sa magnitude En fait, une forte magnitude peut ne pas être dangereuse pour un site lointain : un séisme de magnitude M 8 dont le foyer est sous le désert en Californie peut être à peine ressenti à Los Angeles ; le séisme d'Izmit a été particulièrement destructeur car la ville, construite dans une étroite vallée marquant la faille nord anatolienne et comblée de matériaux fluviaux-marins épais et peu compacts, était à peu près à la verticale de son foyer, sur l'épicentre.

Quelle que soit la magnitude du séisme qui la produit, une vibration sismique n'est pas dangereuse par elle-même : à une magnitude M de plus de 8, correspond une accélération d'au plus 1 g des ondes initiales de volume, ce que peut supporter sans dommage irrémédiable un ouvrage bien construit, comme à Antofagasta ; pourtant, dès $M \approx 5,5$, un séisme peut avoir des effets dangereux à catastrophiques ; ses effets sur un ouvrage, fissuration, inclinaison, cisaillements, effondrements... dépendent de son couplage avec le sol qui vibre, c'est-à-dire de son système de fondation, de sa rigidité et de son éventuelle mise en résonance, c'est-à-dire de sa structure et de ses matériaux de construction, et des phénomènes secondaires affectant la surface de son site, ondulations, fissures, escarpements de failles..., plus ou moins dans le prolongement en surface de la faille active à l'origine du séisme ou de phénomènes secondaires, glissements, affaissements, liquéfaction, tsunamis...

Dans certaines zones très peuplées de pays peu développés, des séismes de magnitude relativement modérée font des ravages, alors que dans des zones aussi peuplées de pays développés, des séismes de magnitude analogue sont souvent des événements remarqués mais sans grave conséquence. Néanmoins, à San Francisco en 1989, à Kobe et ailleurs, des ouvrages modernes, comme des voies urbaines suspendues, ont été gravement endommagés et certains ruinés bien que réputés parasismiques ; il y a eu des milliers de victimes à Kobe, principalement dans des incendies, ce qui est courant au Japon, car nombre de constructions y sont en bois, excellent matériau parasismique, à condition d'être ignifugé ; il y en eut peu à San Francisco, car depuis 1906, on s'y méfie des incendies post-sismiques. Le séisme d'Arménie a été très meurtrier ; à Spitak, beaucoup d'immeubles d'habitation se sont effondrés parce que les mesures parasismiques édictées n'avaient effectivement pas été prises ou l'avaient été fort mal, dans une zone pourtant connue pour sa forte sismicité ; il en a été de même à Puli (Taiwan - 20 sept 99, M 7,6, 2000 victimes), Izmit, Boumerdès...

Il y a eu à peu près trois fois plus de victimes à El-Asnam qu'à Orléansville, car la ville était plus peuplée et mal reconstruite. Que peut-on faire dans un tel site ? L'abandonner ou y construire des blockhaus ! On s'est contenté d'une mesure administrative, rebaptiser la ville Ech-Cheliff, sans doute pour conjurer le mauvais sort ; on avait déjà essayé le truc sans réel succès.

Le séisme d'Antofagasta, très violent et de très longue durée, a fait très peu de victimes et de dommages, car la ville, dont la plupart des immeubles sont parasismiques, est dans un site au sous-sol en grande partie rocheux.

Le risque est évidemment à peu près nul dans une région désertique.

Ainsi, le risque sismique se mesure en grande partie à l'aune de la densité et du niveau de développement des populations des zones sensibles et à celle de la qualité de ses constructions. Car en fait, contrairement à tous les autres phénomènes destructeurs, ce n'est pas le séisme lui-même qui est dangereux, mais les ouvrages qu'il affecte s'ils sont mal implantés et/ou mal construits ; lors du même séisme dans une même ville, quelqu'un tombera peut-être par terre sans se blesser dans un jardin public, un autre sera peut-être écrasé dans son immeuble vétuste qui s'effondrera, et son voisin en sera quitte pour une grande frayeur dans son immeuble parasismique peu affecté.

Les risques sismiques sont nombreux et variés, généralement propres à une zone sensible, tant pour des raisons naturelles qu'humaines. Après les effets des vibrations, communs à tous, surviennent tous ceux des phénomènes secondaires, ici ou là plus ou moins présents et violents, tsunamis, mouvements de terrains... Il en résulte des écroulements d'immeubles, des ruptures de réseaux, des incendies, des paniques... Naguère, il en résultait aussi des pillages, des famines, des épidémies... ; maintenant ce sont plutôt des désastres économiques directs et indirects : indépendamment des victimes, le coût des dommages matériels peut être considérable ; il aurait été de 2,5 milliards de dollars à Kobe et plus de dix ans après, la ville n'a toujours pas retrouvé sa prospérité, car tous les habitants ont subi des pertes qu'ils n'ont pas encore effacées et les investisseurs ne se pressent pas de revenir dans une ville à risque.

1.5.6 - LES ACTIONS PARASISMIQUES

La principale, sinon l'unique action parasismique efficace est la construction spécifique qui ne vaut que pour le neuf ; pour l'existant, c'est-à-dire la très large majorité des aménagements, à quelques exceptions près de confortement prévisionnel, il ne reste pratiquement que l'organisation et la mise en œuvre des secours.

1.5.6.1 - L'ACTION DIRECTE

Il peut paraître extravagant d'évoquer de possibles actions directes pour empêcher ou même atténuer un séisme ; cela est évidemment impossible ; pourtant, on a imaginé qu'un jour, on pourrait lubrifier les failles actives, afin de remplacer la cassure et le choc par un doux glissement !

1.5.6.2 - INFORMATION

Il est regrettable que les media indiquent l'abstraite magnitude d'un séisme dont ils rendent compte plutôt que son imagée intensité. L'indication du degré de l'intensité épicentrale d'un séisme est une bien meilleure information pratique que celle de sa magnitude ; en précisant celui attendu dans une zone sensible, on informe *ipso facto* les habitants de ce qu'ils risquent, par référence aux indications de l'échelle MSK.

Certains média et ceux qui aiment s'y faire remarquer en y prenant souvent un ton incantatoire, voire prophétique, ont pris l'habitude de commenter avec gourmandise, mais rarement avec rigueur, toutes les catastrophes sismiques ; le risque sismique est ainsi devenu familier pour tout le monde et se trouve même redouté par des gens qui n'y sont pratiquement pas exposés. On lit dans des ouvrages spécialisés qu'il se produirait 300 000, voire 1 000 000 de séismes par an dans le monde, sans rappeler que, d'une part, la Terre vibre sans cesse et partout, et que, d'autre part, deux ou trois cents d'entre eux seulement, si l'on peut dire, sont potentiellement destructeurs, M ≥ 5,5 ; deux ou trois le sont gravement, M ≥ 7,5, généralement dans des zones nettement prédisposées et connues de tous les spécialistes ainsi que de la plupart de leurs habitants, s'il y en a.

Les Japonais sont particulièrement bien informés des risques sismiques qu'ils encourent, les prennent très au sérieux et font périodiquement des exercices de protection civile ; le séisme de Kobe a tout de même surpris les habitants et les autorités, et a eu des effets catastrophiques, principalement en raison d'ouvrages parasismiques déficients et d'incendies ; près de dix ans après, le séisme de Niigata, 24/10/04, un peu moins violent, M 6,8, a été aussi ravageur mais beaucoup moins meurtrier, car il n'y a pas eu d'incendie consécutif ; le site de Niigata était pourtant bien connu des sismologues, car on montre toujours les photographies de ses immeubles inclinés lors du séisme de 1964.

La population d'Anchorage était informée des effets classiques d'un séisme éventuel, mais elle ignorait les effets secondaires, failles et glissements de terrain, qu'en fait, elle eut à subir.

L'information locale est sûrement efficace dans les zones très sensibles où la terre tremble souvent sans que ce soit toujours dangereux ; elle l'est beaucoup moins dans les zones où l'on ne ressent qu'un séisme mineur de temps en temps. Le rappel périodique de mesures d'autoprotection et de sécurité civile adaptées à l'intensité du séisme attendu me paraît être l'action d'information essentielle, où que ce soit si l'on y redoute un séisme violent ; on sait toutefois qu'il est difficile de la pérenniser si le calme se prolonge. Dans les zones à faible risque, vite oublié, cela ne sert pas à grand-chose ; quant aux exercices auxquels participe la population, ils n'y ont qu'un intérêt médiatique pour ceux qui l'ont organisé.

1.5.6.3 - PROSPECTIVE

La prospective sismique fait couler beaucoup d'encre et dépenser beaucoup d'énergie ; elle est prise comme exemple par quiconque, théologien, philosophe, sociologue, démographe, historien... et même sismologue, tente d'exposer sa conception du monde et de son avenir ; et souvent, on ajoute encore *pourquoi ?* aux trois questions rationnelles exposées plus haut. La réponse à cette éternelle et angoissante mais vaine question existentielle qui ne devrait pas vous empêcher de dormir, n'a évidemment pas sa place ici ; je dois néanmoins présenter ce que l'on peut raisonnablement attendre de ce genre d'action en sismologie ; si votre fond de pensée est obstinément optimiste et/ou rationaliste, je vais sans doute vous choquer.

1.5.6.3.1 - Prédiction

La prédiction est une démarche déterministe ; c'est la déclaration de ce qui doit nécessairement arriver, l'impossible réponse à la question *quand ?*, une chimère si l'on appelle ainsi le fait d'indiquer suffisamment à l'avance pour organiser la protection d'une population, qu'à tel endroit, il va se produire tel jour à telle heure, un séisme de telle magnitude. En dehors de la divination que la loi n'interdit plus de pratiquer, la seule voie de prédiction serait d'établir des relations de cause à effet certaines, strictement déterministes, entre les manifestations spécifiques de phénomènes précurseurs avérés et un séisme : ayant mesuré telle valeur de tel phénomène à tel endroit, à tel instant, il va sûrement se produire à tel autre endroit, un séisme de telle magnitude à telle heure ; j'ai dit pourquoi cela n'est structurellement pas possible : le séisme n'est pas plus déterminé que n'importe quel autre phénomène naturel. Si le déterminisme est indispensable à votre quiétude, dites-vous que le séisme ressortit au chaos déterministe ou que l'ensemble du processus tectonique dont le séisme est l'événement directement observable, est un système critique auto-organisé (*cf. 4.5.8*) ; la conclusion est la même, mais la démarche est plus rassurante et laisse un espoir d'amélioration sans doute vain.

1.5.6.3.2 –Annonce

Si l'on disposait d'un précurseur fiable, il serait possible d'annoncer un séisme imminent ; il n'en existe malheureusement pas.

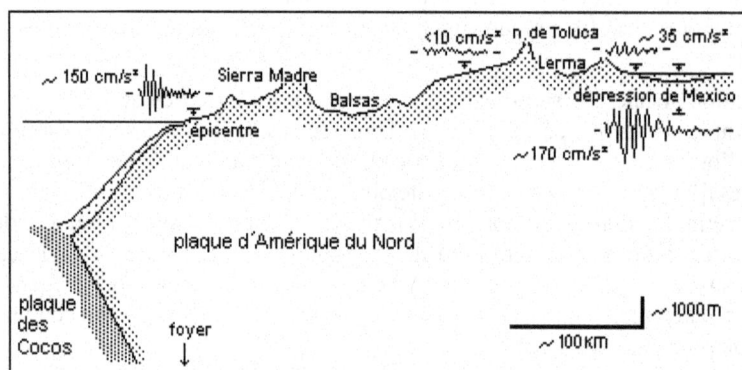

Figure 1.5.6.3.2 – Le séisme de Mexico

L'épicentre du séisme dit de Mexico ou de Michoacán était en fait situé à environ 350 km de la ville, sur la côte du Pacifique, à la limite des états de Guerrero et de Michoacán, où il a été le plus violent, accélération ≈ 150 cm/s² ; des ondes dont la vitesse pouvait être de l'ordre de 6 km/s ont mis environ 50 s pour y parvenir, en s'amortissant en chemin dans les montagnes, puis en s'amplifiant dans la cuvette alluviale dans laquelle se trouve la ville, ≈ 170 cm/s². Espérant être alertées par radio depuis l'épicentre, c'est le temps dont les autorités pensent disposer avant le prochain séisme pour l'annoncer à la population et au moins mettre en alerte leurs moyens de protection civile. Cela ne marchera que si le foyer est proche du précédent, si tout se passe de la même façon et si tout n'est pas détruit à l'épicentre, base d'observation initiale, c'est là que le risque est le plus redoutable. Or, cela est peu probable : en une cinquantaine d'années, il s'est produit une dizaine de séismes destructeurs sur plus d'un millier de kilomètres de côte pacifique mexicaine, jamais au même endroit, jamais dans un ordre spatio-temporel régulier et jamais de même magnitude ; alors, espérer une annonce réussie dans ces conditions...

1.5.6.3.3 - Prévision

La prévision est une démarche probabiliste ; c'est l'estimation de ce qui est susceptible d'arriver, la réponse heureusement plus accessible aux questions *où ?* et *comment ?* : quelque part dans telle région, un séisme de telle magnitude pourrait se produire avec telle probabilité ; le processus sismique est en effet assez bien connu et modélisé, les zones sismiques sont au moins localisées et même, pour la plupart, caractérisées, et l'on sait à peu près comment utiliser ces connaissances pour agir efficacement, du moins en théorie. La prévision statistique est toutefois peu fiable, car elle repose sur de courtes séries temporelles d'observations très peu fréquentes, disparates et hétérogènes ; au cours du XXe siècle, on a répertorié une soixantaine de séismes $M \geq 8$, répartis un peu partout dans le monde, dans des zones tectoniques différentes, pour des temps de retour rien moins que périodiques. À un endroit donné, on ne peut donc pas prévoir un séisme mais on peut à peu près caractériser le séisme qui pourrait s'y produire dans un délai que l'on pense pouvoir estimer, mais qu'en fait on ignore.

1.5.6.3.3.1 - *Échelle régionale*

À l'échelle régionale, la seule que l'on aborde généralement, on dispose partout de connaissances empiriques efficaces, transmises oralement ou par écrit selon les lieux et les époques. Nous y avons ajouté les études géologiques, sismotectoniques, historiques, instrumentales, constamment perfectionnées à mesure de l'accroissement de nos moyens et de nos acquisitions. On peut ainsi de mieux en mieux caractériser les zones sismiques en précisant le type, le mécanisme et le déroulement du phénomène attendu ; la probabilité et le temps de retour d'une intensité et/ou d'une magnitude sont plus difficiles à estimer, car les modèles dont on dispose et leurs manipulations reposent sur des données incertaines et peu nombreuses qui sont loin de constituer des séries statistiques acceptables ; on n'hésite pourtant pas à les manipuler au moyen de longs et complexes traitements informatiques qui produisent souvent de curieux résultats. Avec un peu de compétence, de prudence et de sérieux, on peut néanmoins établir de bonnes cartes de zonage sismique qui sont d'efficaces documents d'information et de prévision courante (*Fig.2.6.5*). C'est entre autres sur elles que l'on fonde les actions parasismiques.

1.5.6.3.2.2 - *Échelle locale*

À l'échelle locale ,on n'effectue en fait que des études sismologiques destinées à la conception et à la construction parasismiques des ouvrages dangereux, barrages hydrauliques, usines et stockages chimiques, installations nucléaires... Les études techniques des installations existantes dans la zone concernée sont plus rarement abordées, car on sait que l'on n'aura rien d'efficace à proposer en fin de compte ; on ne peut raisonnablement pas envisager de détruire une ville entière pour la reconstruire parasismique ; la politique de l'autruche est en l'occurrence, la seule possible. Néanmoins, sachant cela, le moins que puissent faire les autorités est de définir et faire connaître les actions de prudence, de protection, de gestion de crise et de secours, spécifiques de la zone à risque, afin d'y sauvegarder autant que faire se peut les vies humaines et le tissu économique.

1.5.6.4 - PRUDENCE

Lorsque vous ressentez les premières secousses, faites/ne faites pas ceci ou cela ; on trouve ce genre de conseils dans toutes les publications destinées au grand public et même parfois dans celles destinées aux spécialistes. On n'ajoute jamais que si par malchance, vous êtes là où il ne faudrait pas, ce que l'on ne peut savoir qu'après, vous serez sûrement affecté, voire blessé ou même tué, car la secousse ne dure que quelques dizaines de secondes à une ou deux minutes, pas le temps de faire quoi que ce soit d'efficace sauf à être particulièrement bien entraîné, ce qui n'est pas donné à beaucoup de monde, en dehors des spécialistes des secours.

L'efficacité des conseils individuels de prudence que l'on donne généralement n'a donc jamais été démontrée ; conseiller à des gens surpris par un événement inattendu et quasi instantané qui les affole de rester calme, de se mettre sous une table, dans un coin de salle plutôt qu'au milieu, d'éteindre leur foyer, de ne pas tenter de sortir précipitamment d'un immeuble qui est en train de s'effondrer frise l'humour noir quand il s'adresse à quelqu'un n'ayant pas subi un entraînement spécialisé intensif et continu qui n'est pas à l'échelle d'une population ; conseiller de sortir des constructions non parasismiques mais de rester dans celles qui le sont est pire, car avant le séisme, on ne sait pas qu'il va s'en produire un ; après, c'est trop tard : tant mieux pour ceux qui, volontairement et/ou consciemment ou non, étaient dans les bonnes constructions.

Les actions collectives de prudence se résument à étudier soigneusement le risque, à établir une bonne réglementation parasismique et à veiller à ce qu'elle soit appliquée, à bâtir un scénario de crise réaliste et à prévoir l'organisation des secours ; il est rare que tout cela marche, car en fait, quand on le met au point, on ignore ce qui est susceptible de se passer ; le séisme de Kobe l'a clairement montré.

L'information, la prospective, les conseils de prudence... sont donc des actions possibles mais peu efficaces, même dans les zones à haut risque.

1.5.6.5 – LES PRÉCAUTIONS

La plus élémentaire précaution que l'on puisse prendre en zone sismique est d'avoir conscience du risque et de tâcher de s'y adapter, éventuellement de l'accepter ; plus généralement, on préfère l'oublier ; on vit ainsi à Los Angeles, à Tokyo... où les gens avertis savent que sauf à aller vivre ailleurs, en cas de réalisation du *big one*, ils ne seront pas mieux lotis que les autres.

1.5.6.5.1 – Prévention

Construire parasismique, y loger et y accueillir le plus de monde possible est la seule action possible réellement efficace pour se prémunir du risque sismique. L'objet principal de cette action est de protéger les vies humaines, en admettant que, pour le séisme attendu, une construction ne subisse éventuellement que des dommages ne mettant pas en cause sa stabilité ultime afin de protéger les vies des occupants ; cela est toujours faisable ; on en a la preuve sur tous les sites de grands séismes où l'on observe que les immeubles, même très élevés, construits réellement parasismiques, subsistent au milieu des ruines. Sur la mer, les bateaux, innombrables bâtiments de tous types et aux dimensions souvent supérieures à celles de la plupart des bâtiments terrestres, sont soumis presque continuellement aux vagues et à toutes sortes d'autres vibrations pires que celles des séismes ; il en va à peu près de même pour les vibrations auxquelles sont soumis tous les véhicules terrestres et toutes les machines ; leurs formes, leurs structures, leurs règles de construction permettent qu'ils ne subissent aucun dommage. Il n'y a aucune raison pour ne pas faire de même en construction terrestre ; le surcoût parfois évoqué pour ne pas le faire est dérisoire si l'on considère qu'une construction bien réalisée coûte sûrement plus cher qu'un château de carte, mais la différence entre parasismique ou non n'est rien, comparée à celle entre bien ou mal construit ; malheureusement, on construit toujours à l'économie, c'est-à-dire mal, et on compare les coûts de bien ou mal construit pour dire que le premier coûte trop cher ; on trouve ce problème à propos de presque tous les risques « naturels » . Une bonne construction est beaucoup moins dangereuse qu'une mauvaise, parasismique ou non ; on le constate sur tous les sites de grands séismes ; le rapport qualité/prix est alors démesuré. Pour des raisons économiques, on ne peut toutefois pas sécuriser tout de la même façon et une médiation est nécessaire entre le niveau de sécurité souhaité et le coût des dispositions à prendre. La sécurité prime évidemment pour les installations dans lesquelles des dommages aux structures peuvent engendrer des accidents secondaires considérables ; c'est le cas des centrales nucléaires, des usines chimiques, des grands barrages...

L'échelle MSK précise tout cela et décrit les dommages que subissent les constructions non parasismiques lors de séismes de plus en plus destructeurs. Mais, comme ces dommages sont fonctions de la qualité des constructions, elle en définit d'abord trois types :

* *type A : Maisons en argile, pisé, briques crues ; maisons rurales ; constructions en pierres tout venant.*

* *type B : Constructions en briques ordinaires ou en blocs de béton ; constructions mixtes maçonnerie-bois; constructions en pierres taillées.*

* *type C : Constructions armées ; constructions de qualité en bois.*

Elle définit ensuite le degré d'endommagement :

- *1ᵣ degré - dommages légers : fissurations des plâtres ; chutes de petits débris de plâtre.*

- *2ᵉ degré - dommages modérés : fissurations des murs ; chutes d'assez gros débris de plâtre ; chutes de tuiles ; fissurations de cheminées ou chutes de parties de cheminées.*

- *3ᵉ degré - sérieux dommages : lézardes larges et profondes dans les murs ; chutes de cheminées.*

- *4ᵉ degré - destruction : brèches dans les murs ; effondrements partiels éventuels ; destruction de la solidarité entre parties différentes d'une construction ; destruction de remplissages ou de cloisons intérieures.*

- *5ᵉ degré - dommage total : effondrement total de la construction.*

Elle combine enfin ces deux caractéristiques pour définir les degrés d'intensité :

V - *De légers dommages du 1ᵉʳ degré sont possibles dans les bâtiments de type A..*

VI - *Dommages du 1ᵉʳ degré dans quelques constructions du type B et dans de nombreuses constructions du type A. Dans quelques bâtiments de type A, dommages du 3ᵉ degré.*

VII - *Dans de nombreux bâtiments du type C, dommages du 1ᵉʳ degré; dans de nombreux bâtiments de type B, dommages du 2ᵉ degré. De nombreux bâtiments du type A sont endommagés au 3ᵉ degré et quelques-uns au 4ᵉ degré. Dans quelques cas, glissement des routes le long des pentes raides ; fissures en travers des routes ; joints de canalisations endommagés ; fissures dans les murs de pierres.*

VIII - *De nombreux bâtiments du type C subissent des dommages du 2ᵉ degré et quelques-uns du 3ᵉ degré; quelques bâtiments de type B sont endommagés au 3ᵉ degré et quelques uns au 4ᵉ degré. De nombreux bâtiments du type A sont endommagés au 4ᵉ degré et quelques-uns au 5ᵉ degré. Ruptures occasionnelles de joints de canalisations. Les monuments et les statues se déplacent ou tournent sur eux-mêmes. Les stèles funéraires se renversent. Les murs de pierre s'effondrent.*

IX - *De nombreux bâtiments du type C subissent des dommages du 3ᵉ degré, quelques-uns du 4ᵉ degré. De nombreux bâtiments du type B subissent des dommages du 4ᵉ degré et quelques-uns du 5ᵉ degré. De nombreux bâtiments du type A sont endommagés au 5ᵉ degré. Les monuments et les colonnes tombent. Dommages considérables aux réservoirs au sol ; rupture partielle des canalisations souterraines. Dans quelques cas, des rails de chemins de fer sont pliés, des routes endommagées.*

X - *De nombreux bâtiments de type C subissent des dommages du 4ᵉ degré et quelques-uns du 5ᵉ degré ; de nombreux bâtiments du type B subissent des dommages du 5ᵉ degré ; la plupart des bâtiments du type A subissent des destructions du 5ᵉ degré. Dommages dangereux aux barrages et aux digues ; dommages sévères aux ponts. Les lignes de chemins de fer sont légèrement tordues. Les canalisations souterraines sont tordues ou rompues. Le pavage des rues et l'asphalte forment de grandes ondulations.*

XI - *Dommages sévères même aux bâtiments bien construits, aux ponts, aux barrages et aux lignes de chemins de fer ; les grandes routes deviennent inutilisables ; les canalisations souterraines sont détruites.*

XII - *Pratiquement toutes les structures au-dessus et au-dessous du sol sont gravement endommagées ou détruites.*

On sait ainsi à peu près à quoi sont exposées les constructions courantes d'une zone dans laquelle on redoute un séisme d'intensité donnée.

1.5.6.5.2 - Préservation

Améliorer la tenue aux séismes des ouvrages existants est évidemment souhaitable et serait même nécessaire : le vieux bâti, compact, continu, de qualité médiocre sinon mauvaise, occupé de façon dense par des gens peu préparés, est partout très vulnérable ; il se renouvelle très lentement ; le rendre parasismique est une opération de réhabilitation que l'on entreprend parfois, mais que l'on abandonne rapidement en raison des difficultés techniques et humaines, de sa durée et de son coût sous-estimés au départ et qui se révèlent généralement prohibitifs. On débute en principe par un état des lieux et un inventaire des dommages possibles ; on passe ensuite à un diagnostic de comportement et à l'estimation du risque, fondement de la décision d'étudier les améliorations nécessaires, de les programmer et enfin de les réaliser ; il s'agit donc bien d'une opération lourde et compliquée qui parait réservée aux ouvrages indispensables au fonctionnement de la collectivité susceptible d'être sinistrée.

Ainsi dans les zones sensibles, la plupart des constructions anciennes ne sont pas parasismiques et sont presque toujours fragiles ; les renforcer et *a fortiori* les rendre parasismiques serait une action nécessaire mais son énorme coût prévisionnel la transforme la plupart du temps en vœu pieux. Accrocher les façades qui tombent en premier lieu, renforcer les escaliers, toujours très fragiles et indispensables aux secours, créer des contreventements et des raidisseurs, réorganiser les réseaux enterrés de fluides... seraient de bonnes actions de préservations au moins souhaitables dans des locaux communs stratégiques comme les centres de secours, les hôpitaux... Les Californiens ont entrepris de telles opérations pour des coûts exorbitants qui les dissuadent plus ou moins de persévérer.

1.5.6.5.3 - Vigilance

Exercer un contrôle sévère sur le respect des règles parasismiques devrait être une constante préoccupation des autorités ; à Mexico, à Spitak, Izmit, Boumerdès... des immeubles récents réputés parasismiques ne l'étaient en fait pas parce que les constructeurs avaient été négligents ou même avaient triché, par « économie » bien sûr. Le respect de ces règles n'est malheureusement pas toujours suffisant comme on a pu le constater à San Francico, Kobe..., mais alors, c'est plutôt leur définition qui est inadaptée : le séisme attendu ne se produit jamais comme on l'a modélisé et ses effets ne sont pas exactement ceux que l'on avait prévus.

Faire en sorte, tant à l'échelon individuel qu'à tous les échelons collectifs, que l'on reçoive bien les informations, que l'on tienne effectivement compte des recommandations diffusées serait tout aussi nécessaire.

1.5.6.5.4 - Protection

La protection des personnes est essentielle ; elle passe obligatoirement par la fiabilité des aménagements et des ouvrages ; on ne risque pas grand-chose dans une construction réellement parasismique ou même seulement bien construite ; on risque d'être enseveli dans une maison qui s'effondre, brûlé dans une maison en bois non ignifugée dans laquelle on entretient un foyer permanent ou située dans un quartier incendié ; on ne peut faire évacuer les gens et arriver les secours que si les voies de communications sont praticables ; on ne peut s'occuper des blessés que si les hôpitaux sont à peu près intacts...

1.5.6.6 - GESTION DE CRISE

Toute crise sismique est en fait inattendue, même dans une zone très sismique, quasi instantanée, et ses effets sont pratiquement imprévisibles dans leurs détails ; elle est donc particulièrement difficile à gérer ; même si l'on a bâti un scénario détaillé, il y a peu de chances pour que les choses se passent comme prévu. Le plan d'intervention doit être aussi modulable que possible, et sa mise en œuvre doit être extrêmement rapide ; lors d'un séisme *le temps perdu ne se rattrape pas.*

Le cas de Mexico, très particulier comme on l'a vu et qui ne se reproduira pas forcement lors d'un éventuel prochain séisme, laisserait moins d'une minute pour réagir ; c'est à peine suffisant pour mettre en œuvre des spécialistes déjà en alerte, mais peut-on les y maintenir en permanence pour un événement rare et incertain ?

1.5.6.7 - LES SECOURS

Après le séisme, il faut immédiatement vérifier l'état des ouvrages indispensables aux secours, organiser les déplacements des secouristes en fonction des possibilités de circulation, entreprendre les opérations de sauvetage des personnes qui se trouvaient dans les constructions effondrées... Mais les moyens dont on dispose sur place, et qui sont à coup sûr affectés et donc plus ou moins inutilisables, se révèlent toujours très largement insuffisants à l'échelle locale et même régionale ; dans les cas les moins graves, l'échelle nationale est à peine suffisante ; en cas de catastrophe, l'aide internationale est nécessaire, sauf peut-être aux États-Unis ; le Japon, la Chine... la refusent officiellement, mais pas toujours officieusement, comme le faisait l'URSS. À la suite du violent séisme qui a en grande partie ruinée Rhode en 227 av. J.C. et a entre autre abattu le Colosse, l'ensemble du monde hellénique sans cesse en guerre, a néanmoins porté assistance à l'île…

1.5.7 - LE GÉNIE PARASISMIQUE

L'objet du génie parasismique est de réduire la vulnérabilité des ouvrages situés dans des régions sismiques en atténuant les effets des séismes susceptibles de les affecter. Il s'agit essentiellement d'éviter leur effondrement, de permettre leur réoccupation même précaire après sécurisation, puis éventuellement leur réparation, de maintenir le fonctionnement minimum des ouvrages nécessaires à la vie collective, hôpitaux, ponts, voies de circulation...

La disparité des dommages affectant les constructions d'un même secteur est l'observation technique qui frappe le plus dans une ville moderne qui vient de subir un séisme catastrophique ; certaines sont effondrées, d'autres plus ou moins endommagées ; d'autres paraissent pratiquement intactes et la plupart de celles-là le sont effectivement ; les effets de site, liquéfaction, glissements, éboulements... y sont sans doute un peu pour quelque chose, mais la raison principale est de loin que celles qui ont le mieux résisté sont bien conçues et bien construites, pas forcément parasismiques et souvent anciennes.

Photo 1.5.7 – Disparité des dommages - Gölcük 17/08/97 (cf. 1.1.13)

Des immeubles modernes réduits à des tas de gravats, d'autres plus ou moins inclinés, d'autres à peine endommagés, une vieille mosquée et son minaret filiforme presque intacts ! Un même séisme, des destructions radicalement différentes, des victimes ici mais pas là. Vous avez dit « catastrophe naturelle » ?

Les civilisations préscientifiques des régions sismiques, chinoise, grecque, andine…, se savaient exposées aux séismes et connaissaient de nombreux moyens d'en atténuer les effets, au moins pour leurs ouvrages importants, forteresses, sanctuaires, palais... Ceux qui restent ont longtemps résisté à de nombreux séismes ; ils sont généralement peu affectés par les séismes actuels qui, alentour, ruinent de nombreux ouvrages récents. La construction parasismique n'est donc pas une technique moderne : les anciens Chinois et Japonais ont souvent construit en bois avec des structures souples très particulières qui ont amplement fait leurs preuves ; disposant de sites et de matériaux différents, les anciens Grecs et Amérindiens ont adopté des appareils cyclopéens sur rocher, tout aussi efficaces. Il existe donc un parasismique de partout et de tous temps ; les modernes l'ont oublié puis redécouvert à travers la science et la technique.

1.5.7.1 - BASES TECHNIQUES ET ÉCONOMIQUES

La vulnérabilité des ouvrages dépend des caractères morphologiques et géotechniques de leur site d'implantation, risques de liquéfaction, de glissements, d'éboulements... de la qualité de leur conception, volumes, structure, fondations… et de leur construction.

Les effets de site géotechniques, sont souvent plus dommageables que ceux mécaniques, des vibrations elles-mêmes. Néanmoins, les règles de construction parasismique s'appliquent surtout au dimensionnement mécanique des éléments principaux et simples des structures, dalles, poutres, poteaux… Cette démarche, bien que nécessaire, est un peu courte ; en ville, elle montre ses limites à la suite de tout fort séisme : des constructions réputées parasismiques sont endommagées, souvent ruinées ; leurs conceptions architecturales, leurs implantations... n'étaient pas adaptées aux particularités du site, du séisme... Parfois aussi, elles étaient anormalement vicieuses.

En parasismique, il est donc impératif de traiter avec une égale attention toutes les branches techniques de l'art de construire, implantation, architecture, dimensionnement, exécution, contrôle, selon une démarche globale, car si une seule d'entre elles a été négligée ou mal traitée, si elle présente un seul défaut, sans compensation redondante, l'ouvrage sera dangereux, quelle que soit la qualité des autres : un immeuble bien construit peut s'incliner sans rompre si ses fondations sont défectueuses ; un niveau que l'on dit transparent parce qu'il est structuré plus légèrement que le reste de la construction afin de ménager de grands espaces ouverts, peut être écrasé par les niveaux supérieurs qui sont souvent eux-mêmes peu affectés...

Les règles parasismiques qui visent à améliorer la solidité d'un ouvrage, n'en garantissent pas l'invulnérabilité : il serait économiquement impossible d'y parvenir pour le séisme maximum redouté et de façon semblable quel qu'en soit l'usage pour tous les ouvrages d'un site exposé. Il revient aux spécialistes du parasismique de proposer aux décideurs les valeurs des paramètres sismiques à prendre en compte, temps de retour, magnitude, spectre d'accélérations... et les dispositions constructives propres à assurer la sécurité minimale qu'ils souhaitent atteindre sans coût excessif : le niveau de sécurité acceptable est différent pour un ouvrage courant dont l'endommagement ou même la ruine n'affecte que l'ouvrage lui-même, ses occupants et ses abords, ou pour un ouvrage particulier dont l'endommagement même limité peut affecter sans commune mesure avec lui la population et ses abords immédiats ou même lointains : pour le pont de Rion sur le golfe de Corinthe, ouvrage exceptionnel dans une région particulièrement sismique, on a retenu une accélération de 0,5 g à 1 Hz de fréquence pour le séisme décennal, après une étude microsismique particulièrement soignée, basée sur le séisme d'Aigion.

1.5.7.2 - L'EFFET DE SITE

Très longtemps ignorées, les conditions de site sont en fait déterminantes en construction parasismique ; éviter de construire sur les failles actives si elles sont connues, sur les sols meubles qui tassent et même peuvent se liquéfier, sur les versants peu stables qui peuvent glisser... est une règle fondamentale, facile à comprendre et à mettre en œuvre mais rarement respectée, car elle ne fait jamais explicitement partie des règles imposées, et parce que l'on ne dispose pratiquement jamais de microzonage sismique, à l'échelle d'un site ou même d'un ouvrage. Il me paraît ainsi nécessaire de réaliser l'étude géotechnique préalable de toute nouvelle construction en zone sismique ; actuellement, on ne le fait spécifiquement que pour les ouvrages réputés dangereux comme les centrales nucléaires, les grands viaducs... Le mode de fondation de l'ouvrage qui en découle doit être défini dès l'abord, car, dans une large mesure, il détermine la suite de l'étude du projet, sinon le projet lui-même. Un solide couplage sol/ouvrage est nécessaire ; à Niigata (1964, M 8,4),à Izmit, à Puli..., des immeubles parasismiques très rigides se sont spectaculairement inclinés sans autre dommage, car ils étaient fondés superficiellement sur un sous-sol très peu consistant ; on attribue une partie du désastre de Tangshan au fait que des immeubles modernes y étaient construits superficiellement sur le lœss...

Dans les calculs, on figure l'effet de site par quelques paramètres estimés : matériaux d'assise classés selon leur résistance à la compression simple, *rocher* puis *sols* de *a*,

$R_c > 5$ b, à c, $R_c < 1,5$ b ; sites classés du rocher affleurant, S_0, au sol c très épais, S_3 ; on réduit un coteau à un coefficient topographique selon sa hauteur et la distance de l'ouvrage à sa crête ; c'est mieux que rien, mais restreindre ainsi la géotechnique d'un site sismique est beaucoup trop schématique et peut être la source éventuelle de graves déboires.

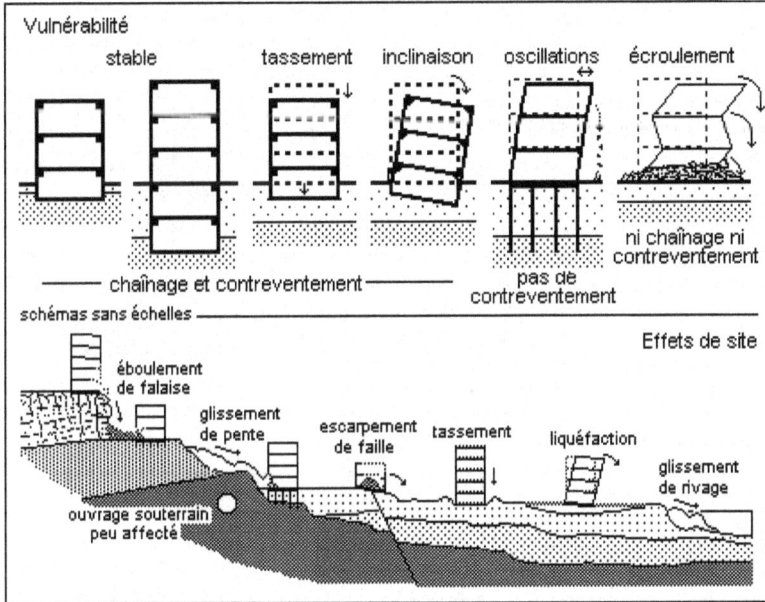

Figure 1.5.7.2 – Vulnérabilité et effets de site

1.5.7.3 - LE PARTI ARCHITECTURAL

On ne tient guère mieux compte de l'influence du parti architectural sur le comportement sismique d'un ouvrage ; il vient pourtant immédiatement après l'effet de site, car il est difficile, très onéreux et souvent peu efficace de concevoir et réaliser une structure parasismique quand le parti architectural est compliqué. Il faut séparer largement les ouvrages voisins, privilégier les ouvrages de forme simple, symétrique et compacte, limiter autant que possible leur hauteur, leur élancement, leur masse, accroître leur surface de base, placer vers le bas leurs parties lourdes ; il faut proscrire les niveaux intermédiaires transparents, les encorbellements, les porte-à-faux, les angles vifs…, limiter le nombre et la surface des ouvertures dont les encadrements doivent être rigides : les zones très sismiques sont donc vouées à une architecture simple qui peut néanmoins être belle, ou à des coûts de construction très élevés ; c'est peut-être parce que l'on néglige les contraintes architecturales que la construction parasismique paraît chère.

1.5.7.4 - LA STRUCTURE

Logiquement, la conception de la structure d'un ouvrage parasismique ne devrait être que la troisième étape de l'étude ; mais on s'occupe d'elle en premier lieu ou même exclusivement, en calculant selon les règles les éléments de structure principaux, dalles, poutres, poteaux... et leurs liaisons ; on privilégie ainsi la démarche mécanique, généralement sans remettre en cause le parti architectural et en ignorant les contraintes de site. Pourtant, les principes de conception des structures parasismique ne sont pas gravés dans le marbre ; ils évoluent avec les retours d'expérience des séismes catastrophiques : les superpositions de planchers-champignons, dalles portées par de minces poteaux en béton n'ont pas résisté aux composantes horizontales des ondes de cisaillement du séisme d'Orléansville (1954, M 6,7) ; devenue El-Asnam, la même ville reconstruite selon les règles parasismiques établies à la suite de ce premier séisme, en a subi un autre (1980, M 7,2) tout aussi destructeur que le précédent ; les nouvelles constructions étaient adaptées aux cisaillements horizontaux, elles n'ont pas résisté aux poinçonnements verticaux ; on négligeait les effets des composantes verticales des vibrations en admettant qu'ils étaient nettement inférieurs à ceux des charges permanentes ; en principe on en tient maintenant compte, mais il n'est pas rare de voir des dalles de viaducs routiers percés par les poteaux qui les portent. Après Kobe, les Japonais ont dû revoir leur conception des longs viaducs urbains qui se sont renversés, car leurs piliers ont été cisaillés en tête et/ou en pied...

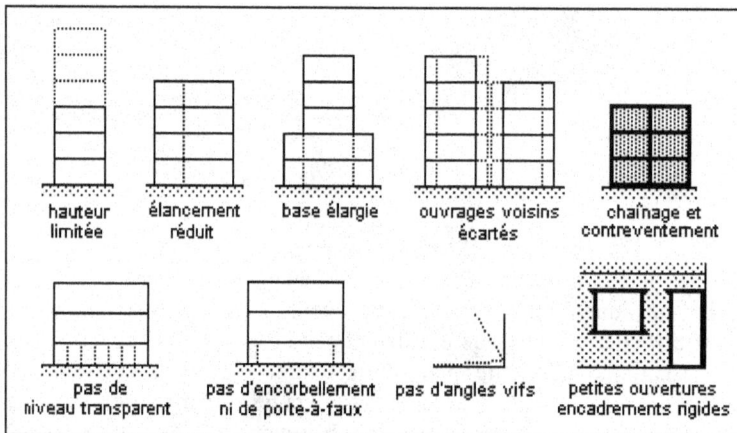

Figure 1.5.7.4 – Architecture parasismique

Pour assurer la continuité et la rigidité de l'ensemble de l'ouvrage, chaînage et contreventement sont indispensables : les voiles tridimensionnels en béton armé banché sont très efficaces s'ils sont simples et homogènes, sinon la défaillance des plus faibles peut être fatale ; les encadrements d'ouvertures doivent être raides ; les portiques, les poteaux isolés, les panneaux de façade simplement accrochés... doivent être proscrits.

La solidité absolue de la structure n'est jamais réalisable et ne serait pas toujours souhaitable : en absorbant et en dissipant l'énergie mécanique des vibrations, les déformations plastiques de certains éléments de structure accroissent l'amortissement de l'ensemble ; les ouvrages sont endommagés mais pas détruits.

1.5.7.4.1 - Les calculs

Pour calculer les éléments simples de structure, on part des statistiques sur l'intensité locale observée pour définir le séisme maximal historiquement vraisemblable (SMHV) et le séisme majoré de sécurité (SMS=2 SMHV) ; on affecte à chaque secteur isosismique de construction, une valeur d'intensité nominale pour le moment tirée de l'intensité MSK maximale prévue ; on lui fait correspondre des coefficients sismiques que l'on introduit dans les formules de calcul usuelles des structures d'ouvrages ; les hypothèses de calcul et les calculs eux-mêmes ont été schématisés au mieux pour les rendre simples et pour qu'ils soient effectués sans difficulté importante selon les méthodes classiques de la résistance des matériaux, avec un crayon et du papier ; le sol d'assise est réduit à un coefficient numérique grossièrement estimé ; on ne retient qu'un seul pic d'accélération ; on néglige la résonance ; on ne tient pas compte de la durée de la vibration....

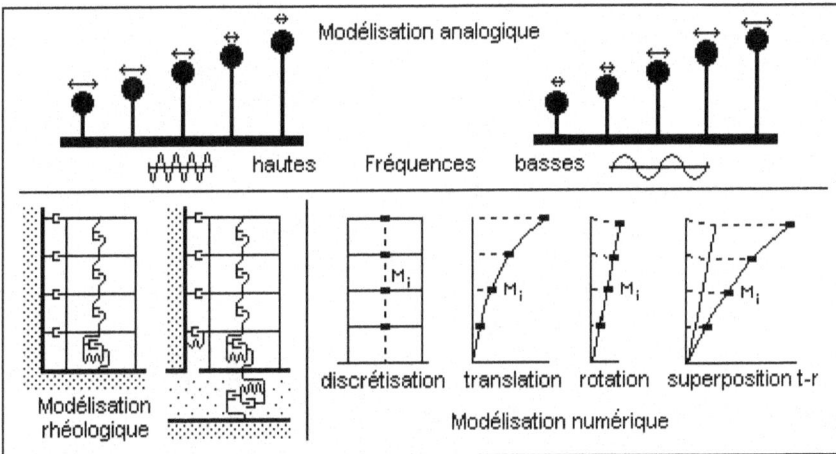

Figure 1.5.7.4.1 – Modélisation parasismique

On ne sait pas calculer les déformations que l'on veut éviter aux ouvrages complexes, car celles qui importent résultent de vibrations aléatoires et sortent du domaine élastique ; les calculs que l'on tente néanmoins, sont extrêmement compliqués et nécessitent de gros moyens informatiques, tant en programmation qu'en appareils et en temps de fonctionnement ; ils reposent sur une difficile modélisation assez arbitraire et sur la superposition d'une longue série d'états intermédiaires calculés itérativement, qui conduit droit à des résultats chaotiques peu satisfaisants, voire hasardeux ; les résultats spécifiques ne peuvent jamais être généralisés car ils dépendent des particularités du modèle, entre autres de la fréquence qui n'est jamais constante ; on arrive plus facilement à des résultats à peu près équivalents par des méthodes analogues, mais en utilisant des vibrations entretenues dans le domaine élastique et en leur appliquant de confortables coefficients de sécurité. En principe, on discrétise la structure, on substitue à chaque élément une masse concentrée par degré de liberté et on applique à l'ensemble découplé puis rassemblé, des rotations et des translations unidirectionnelles pour un comportement général de type élastovisqueux, ce qui autorise les superpositions ; on considère que le système est un oscillateur simple à chaque degré de liberté et on tient compte des couplages. On obtient ainsi les images plus ou moins explicites de ce que pourrait être le comportement de la structure soumise à une vibration convenue qui ne sera peut-être pas celle qu'elle subira.

On peut aussi vérifier que le spectre de réponse d'un ouvrage réduit à quelques oscillateurs simples est intérieur au spectre théorique du séisme attendu. Plus simplement, en admettant qu'en fonction du nombre d'étages N d'un bâtiment, sa fréquence propre serait $f \approx 10/N$, on peut limiter selon ce critère la hauteur des constructions d'une zone sismique ; on en retient plus schématiquement que les fréquences rapides nuisent aux ouvrages bas et les lentes aux ouvrages hauts.

1.5.7.4.2 - Les fondations

Le rôle des fondations des machines vibrantes dans la transmission des vibrations est essentiel (*Fig.1.5.3.2.1*) ; inversement, il en va de même de celui des fondations des ouvrages soumis aux vibrations que lui transmet le sol. Mais en fait, comme le montrent les observations et les calculs, si les vibrations peuvent affecter plus ou moins directement les structures des ouvrages et détruire les plus petits et/ou les plus mal construits, plus généralement, les ouvrages sont ruinés parce qu'ils sont mal fondés dans des sites sensibles et/ou sur des sols instables : la conception et surtout l'exécution des fondations des ouvrages sont essentielles en parasismique ; elles sont en général plutôt négligées.

Dans les matériaux meubles de couverture épais comme les alluvions où les ondes de surface dominent, on constate généralement l'augmentation de l'amplitude et de la durée de la vibration, la prépondérance des basses fréquences nuisibles aux constructions élevées et d'importantes déformations permanentes : un immeuble de dix étages aurait une fréquence propre d'environ 1 Hz ; il est donc préférable de le munir d'un système de fondations profondes, pieux ou sous-sols profonds, car les vibrations de basse fréquence, les plus nocives pour lui sont celles de surface qui s'amortissent rapidement en profondeur, et l'on a de plus la possibilité éventuelle de les encastrer dans un matériau plus compact ; sinon, on doit se limiter à une construction basse, souple, légère et tolérante ou très rigide, hyperstatique, à chaînage tridimensionnel.

Sur le rocher, ce sont des vibrations rapides et peu intenses de haute fréquence qui dominent ; elles sont plus dommageables pour les constructions basses : un bâtiment de deux étages aurait une fréquence propre d'environ 5 Hz. Sauf rupture par faille, le rocher ne subit pas de déformation permanente ; on peut y construire des ouvrages peu fragiles, pas nécessairement rigides et même isostatiques, en les fondant superficiellement s'il affleure ou à travers la couverture par l'intermédiaire de fondations profondes suffisamment encastrées en pied et solidement liaisonnées en tête.

Les ouvrages souterrains sont moins sensibles aux effets d'un séisme que ceux construits en surface ; c'est la raison pour laquelle on construit un réseau de galeries pour le gaz, l'électricité, l'eau et le passage des secours d'urgence sous l'agglomération de Tokyo. Toutefois, les ouvrages enterrés peu profonds sont souvent affectés, comme certaines galeries du métro de Kobé qui se sont effondrées.

1.5.7.4.3 - Les matériaux

Les déformations élastiques, courtes et rapides, sont en principe supportées par tous les matériaux de construction assurant la continuité de la structure ; les déformations plastiques imposent des matériaux ductiles qui peuvent les absorber sans rompre : l'acier, très élastique, résistant à la tension, ductile, est un matériau parasismique excellent ; le bois, s'il est traité pour ne pas être inflammable, est presque aussi bon ; le béton, s'il est correctement armé et mis en œuvre sans tricherie, est assez élastique, apte à la traction mais peu ductile, est plutôt bien adapté au parasismique ; la maçonnerie traditionnelle, très fragile vis à vis de toute autre contrainte que la compression verticale, est très dangereuse en site sismique. Le bois et la maçonnerie ne peuvent être utilisés que pour des ouvrages bas et tolérants.

1.5.7.4.4 - Les isolateurs

Comme pour les machines, on propose parfois de lier les fondations et la superstructure par des isolateurs élastiques et/ou ductiles, entre des plans parallèles horizontaux ; il est en effet possible de modifier ainsi assez sensiblement la fréquence propre de l'ouvrage et de l'éloigner de celles des vibrations les plus courantes, 0,1 à 1 Hz, de façon qu'il n'entre pas en résonance ; théoriquement, un immeuble de 6 étages ainsi isolé n'oscille pas et reste à peu près vertical, même s'il se déplace latéralement. Ce genre d'appareillage est en fait inaccessible au calcul et à l'expérience, donc difficile à valider et comme le montrent les équipements de machines, souvent inefficace. Les éléments du système devront être rigoureusement entretenus, mais on ignore comment ils vieilliront ; de toute façon, que le système existe ou non, les fondations de l'ouvrage doivent être encastrées dans un matériau très résistant et sa structure doit être continue et rigide, c'est-à-dire parasismique, pour ne pas risquer de se déglinguer par les effets d'inévitables oscillations même atténuées.

1.5.7.5 - LE SECOND ŒUVRE

Le génie parasismique ne s'intéresse que très sommairement, sinon pas du tout, aux dégâts subis par les réseaux enterrés, notamment à ceux de gaz dont les ruptures déclenchent ou aggravent les incendies, et à ceux d'eau qui permettraient de les combattre.

Des partis constructifs spécifiques doivent être pris, notamment pour le second œuvre, et en particulier pour ces réseaux qui ne doivent pas rompre à l'interface extérieur/intérieur, souvent fragile ; les escaliers et les ascenseurs des grands immeubles doivent aussi demeurer fonctionnels...

Il est difficile de conclure ce chapitre sur une note optimiste ; à l'exception de la chute de grosse météorite dont j'ai dit la très faible probabilité, le séisme est le seul phénomène naturel courant qui produira encore longtemps, sinon toujours, d'amples catastrophes pratiquement inévitables, car ce n'est pas demain que les constructions de toutes les zones sismiques seront parasismiques ; ce n'est probablement jamais que l'on pourra prédire la prochaine réalisation d'un séisme destructeur et en bâtir le scénario qui se jouera réellement ; cependant, si on arrive à le faire un jour lointain, ce sera grâce à des connaissances et des moyens qui ne ressortissent pas à la science et à la technique actuelles.

1.6 – TSUNAMIS, SEICHES DE LACS

Les tsunamis sont des ondes maritimes solitaires ou en trains de quelques unités. Au grand large, leur longueur d'onde peut dépasser la centaine de kilomètres, leur amplitude varier de quelques décimètres à très rarement plus de deux mètres, selon la puissance de leur source ; ils ne sont pas perçus par les bateaux, mais le sont par les instruments d'observation maritimes et satellitaires ; ils se propagent à peu près proportionnellement à la racine carrée de la profondeur du fond, quelques centaines de kilomètres par heure ; ils mettent ainsi à peine une courte journée pour traverser quelques 15 000 km d'océan, du Chili au Japon. À l'approche des côtes, leur vitesse et leur longueur d'onde diminuent et l'amplitude des lames de fond croît démesurément, surtout là où les côtes sont basses, découpées, plutôt fermées, archipels, baies, détroits, estuaires..., car il s'y produit de multiples divergences, réflexions, interférences, résonances... Contrairement aux tempêtes, les tsunamis ne produisent pas des vagues déferlantes qui assaillent les navires en mer et les rivages, mais une ou plusieurs ondes de marée alternativement descendante puis montante peu sensibles au large qui deviennent des lames de fond à proximité des côtes, inondent le littoral puis refluent très violemment et rapidement ; c'est ce que traduit bien l'expression française de « raz de marée » à laquelle on a substitué le terme japonais, en fait moins imagé ; par contre, la *Vague* d'Hokusai est bien une déferlante de tempête qui ne devrait pas symboliser les tsunamis comme on le fait maintenant.

Pour des durées généralement très courtes, les plus grands tsunamis peuvent successivement découvrir de faibles fonds puis inonder des plaines côtières basses très loin du rivage ; l'eau peut monter au-delà de la centaine de mètres contre des versants abrupts, aux débouchés de vallées étroites ; ils provoquent alors des dommages bien plus considérables que les pires des tempêtes. Mais les caractéristiques des lames de fond finales d'un même tsunami, et donc ses dommages, varient largement d'un point à l'autre d'une même côte, selon sa configuration locale. Le tsunami provoqué par le séisme de Lisbonne (*cf. 1.1.2*) aurait atteint une hauteur de plus de cinq mètres au-dessus de celle des pleines mers dans l'embouchure du Tage, et a largement contribué à la destruction de la basse ville ; il aurait été aussi violent sur la côte ouest du Maroc et aurait été ressenti quelques heures après, de l'autre côté de l'Atlantique, en mer d'Irlande, en mer du Nord jusqu'au-delà des Pays-Bas... La plus grande amplitude connue aurait frisé la centaine de mètres, sur les côtes orientales du Japon en 1771 ; la dizaine de mètres est relativement courante sur les côtes du pourtour du Pacifique. Le tsunami produit par le séisme du 22/05/60 au large de Valdivia dans le sud du Chili, M 8,5, avait 25 m de haut sur Chiloé, 10 m 11 heures après sur Hawaii et plus de 6 m 18 heures après au Japon ; celui produit par le séisme du 12/07/1993 à Hokkaido avait une trentaine de mètres à une cinquantaine de kilomètres de distance, sur l'île d'Okushiri atteinte en moins d'une dizaine de minutes...

Les tsunamis les plus violents sont produits par des événements géodynamiques de très forte intensité, soulevant ou affaissant brusquement le fond marin sur des dizaines de mètres de haut et des milliers de kilomètres carrés ; les pires en intensité et étendue sont produits par les séismes de subduction et par les effondrements de caldeiras volcaniques ; leurs effets sont souvent beaucoup plus catastrophiques que ceux des phénomènes d'origine. Ceux que produisent les mouvements gravitaires, courants de turbidité, glissements... de bords de talus continentaux ou de rivages sont généralement localisés et de relativement faible hauteur ; leurs effets sont parfois dommageables, jamais catastrophiques.

Les tsunamis du Pacifique sont de très loin, les plus intenses et les plus fréquents : en une centaine d'années, le Japon en a subi une quarantaine, le reste des côtes du Pacifique, à peu près autant, dont une douzaine à Hawaii ; ils ont pour la plupart une origine sismique de subduction rapide, au large de la côte ouest de l'Amérique du Sud ou au SW de l'Alaska, dans la fosse des Aléoutiennes... Dans les étroites passes maritimes d'Alaska, d'énormes mouvements gravitaires de terrains se produisent parfois simultanément, amplifiant d'autant plus les lames de fond que les côtes y sont très découpées, faites de couloirs étroits entre des îles et des presqu'îles aux rivages abrupts et instables ; heureusement, ces côtes sont quasi désertes : celui consécutif au séisme de 1964 y produisit localement des lames de fond de près de 70 m de hauteur et fit plus d'une centaine de victimes. Par contre, les séismes de coulissage comme ceux de Californie, du Maghreb..., ne semblent pas produire de tsunamis, car les déplacements correspondants sont subhorizontaux et donc, ne dénivellent pratiquement pas le fond ; il se produit néanmoins des tsunamis en Californie, généralement venus d'Alaska ; celui de 1964 fit des dégâts jusqu'à plus de 2 500 km, au delà de Crecent City. Depuis celui de 1946 qui fit près de 150 victimes à Hawaii, les tsunamis du Pacifique sont étroitement surveillés, au moyen d'un réseau international de sismographes, de marégraphes et de satellites dédiés, centralisé à Hawaii ; néanmoins, en 1960, le tsunami parti de Valdivia à la suite du séisme M 8,5, fit encore des victimes à Hawaii et dans le Nord du Japon. Après un fort séisme, on peut ainsi prévoir à quelques heures près, ceux qui traversent l'océan ou longent les côtes sur des distances suffisamment longues. Des réseaux locaux le complètent et en précisent les renseignements au Japon, en Sibérie, sur la côte ouest des États-Unis... ; sur place, à terme de quelques minutes, le premier retrait de la mer est un précurseur efficace et fiable. Reste ensuite, si l'on en a le temps, à prévenir et à mettre en sécurité ce et ceux qui risquent d'être atteints, car il n'y a rien d'autre à faire que fuir avant l'arrivée d'un tsunami.

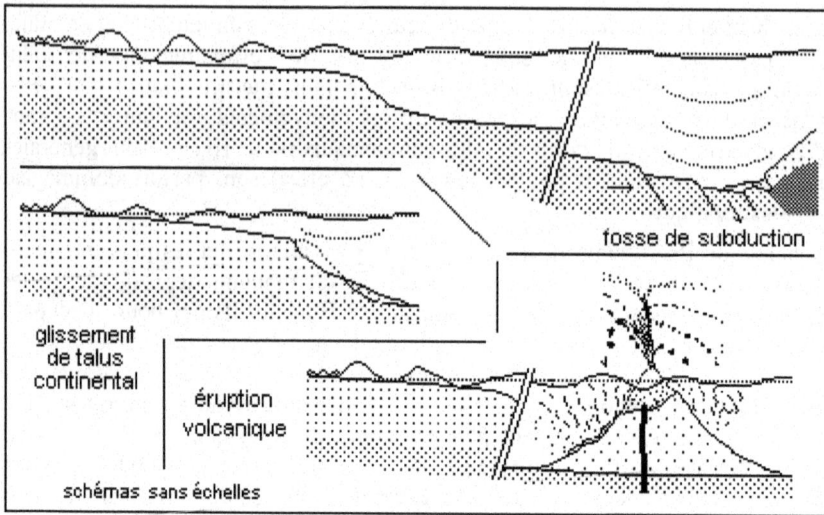

Figure 1.6 - Tsunamis

Le mot tsunami est japonais, à peu près *vague de port* ; le Japon est en effet la partie du monde où il s'en produit le plus, tant à la suite de séismes locaux que lointains ; ils y sont attestés depuis le VIIe siècle ; le pire au monde que l'on connaisse y aurait fait plus de 100 000 victimes en 1703. Dans des zones très exposées comme le golfe de Koshi au sud de Shikoku, les Japonais construisent des ouvrages de défense, digues, barrages, écluses…, modifiés après chaque événement mal paré, car ils ne peuvent être efficaces que pour des événements relativement fréquents de faible intensité ; les alertes fondées sur un dispositif très performant de surveillance sismique et océanographique ne sont pas très fiables, souvent excessives voire erronées : en 1993, 5 mn après l'alerte déclenchée par le séisme, le tsunami fit plus de 200 victimes sur l'île d'Okushiri ; en fait, les fausses alertes sont extrêmement nombreuses au Japon, ce qui prouve que le phénomène est loin d'être compris et prévisible.

En juillet 1998, un tsunami de trois ondes principales, haute chacune de plus d'une dizaine de mètres a ravagé une trentaine de kilomètres de la côte NW de la Papouasie-Nouvelle-Guinée, dans la province isolée du Sepik ; il était dû à un grand éboulement gravitaire du bord du plateau continental provoqué par un séisme sous-marin M 7, à quelques dizaines de kilomètres de la côte, dans l'une des régions structurales les plus complexes du globe, à l'intersection de l'arc alpin et de l'arc pacifique, point triple séparant les plaques pacifique, philippine et australienne, où convergent plusieurs fosses de subduction très mobiles ; le centre d'Hawaii a enregistré le séisme, mais n'a pas annoncé de tsunami, parce qu'il s'est produit dans une zone inhabituelle, à partir d'un événement inhabituel très proche de la côte.

En fait, au-delà de la périphérie et des îles du Pacifique, toutes les côtes ouvertes sur des zones sismiques et volcaniques marines même très éloignées sont exposées aux tsunamis. Il en va notamment ainsi des îles de la Sonde et à partir de là, du golfe du Bengale sinon de tout l'océan Indien, ainsi que des Antilles, des rives de la Méditerranée... Le tsunami du 26/12/04 a ravagé les rives du golfe du Bengale et de

Sumatra, a submergé les Maldives et à été observé sur toutes les côtes de l'océan Indien, jusqu'à la Réunion, à Madagascar et en Afrique orientale où il a aussi causé des dommages, sauf au Kénia car on y a diffusé rapidement l'information ; enregistrées par les marégraphes du monde entier, ses ondes principales ont fait plusieurs fois le tour de la terre en perdant évidemment leur énergie ; à Brest on a mesuré une dizaine de centimètres d'amplitude. Ce tsunami a été déclenché par un séisme sous-marin M 8,5 (M_w 9) dont le foyer se trouvait vers 25 km de profondeur, sous l'arc de subduction de la Sonde, au NW de Sumatra ; en quelques minutes, un pan d'environ 1 000 km de long et 200 km de large de la micro-plaque de Burma coincée entre la plaque indo-australienne et la plaque eurasienne, a glissé sur une dizaine de mètres de long et s'est affaissé sur une hauteur d'une dizaine de mètres ; le séisme puis le tsunami ont d'abord ravagé le nord de Sumatra et sa côte SW ; l'onde principale , 40 cm de crête pour autant de creux, a ensuite atteint la côte est du Sri Lanka, la plus proche à environ 1 500 km de l'épicentre marin en 2 heures environ ; selon l'endroit du rivage, la hauteur de la lame de fond allait de 5 à 20 m. Le séisme particulièrement violent a bien entendu été enregistré et localisé par tous les observatoires et notamment ceux du Pacifique spécialisés dans l'annonce des tsunamis, mais dans le golfe du Bengale, il n'y avait pas de structure d'alerte comme dans le Pacifique, parce que c'est le premier événement de ce type et de cette ampleur qui s'est produit dans cette zone. La catastrophe a fait d'innombrables victimes et des destructions considérables, car les côtes naguère seulement peuplées de pêcheurs locaux et protégées par la mangrove, ont été déboisées et aménagées sans précaution pour le tourisme international, l'aquaculture, l'industrie...

Les effondrements de caldeiras en fin d'éruption, à Santorin parmi les nombreuses îles de la mer Égée vers 1500 av. J.C. et à Krakatoa au milieu du détroit de la Sonde en 1883, ont produit des tsunamis aux effets particulièrement dévastateurs, sûrement très supérieurs à ceux des éruptions elles-mêmes : sur les côtes de Java et de Sumatra, les ondes dépassèrent la trentaine de mètres de haut et il y eut au total, environ 35 000 victimes ; au delà, il a pratiquement fait le tour du globe ; ce type de tsunami est heureusement très rare. Aux Antilles, les tsunamis sont provoqués soit par des éruptions volcaniques comme à Saint-Pierre en 1902, quand le lahar de la rivière Blanche atteignit la mer, soit par des séismes comme à Port-Royal de la Jamaïque en 1692, après qu'une partie de la côte se soit engloutie sous la mer, vraisemblablement par glissement gravitaire ; en Méditerranée, ceux d'Istanbul en 1510 et de Messine en 1908 étaient aussi provoqués par des séismes, mais là comme aux Antilles, on les a surtout considérés comme des événements secondaires, car les effets directs des événements déclencheurs ont été très supérieurs aux leurs ; celui de Port Royal aurait pourtant fait environ 2 000 victimes.

Sur le rivage du golfe de Gênes et jusqu'au delta du Rhône, il se produit assez fréquemment des tsunamis rarement désastreux ; une partie de cette zone est très sismique et la tombée du plateau continental très étroit, en fait presque inexistant, est abrupte, couverte de matériaux meubles très instable ; de grands mouvements gravitaires de terrains s'y produisent parfois, provoqués soit par des séismes, soit par les afflux d'alluvions de grandes crues des nombreux petits fleuves côtiers et du Rhône ; ce sont souvent des coulées de boue qui dévalent d'étroits canyons très pentus échancrant le talus. La rareté des tsunamis de Méditerranée, la multiplicité de leurs causes possibles, les relativement faibles dimensions de cette mer, les rend totalement imprévisibles, mais à l'exception de ceux du Santorin, de Beyrouth, d'Alexandrie, d'Istamboul et de Messine, ils semblent n'avoir jamais été très destructeurs ; les côtes de la mer Égée, de la mer Tyrrhénienne, du détroit de Sicile paraissent les plus exposées à de grands tsunamis tant sismiques que volcaniques. Il en va de même pour les côtes de l'Atlantique nord, avec des risques d'explosions ou de glissements des volcans des Açores et des Canaries, ou de séismes de type Lisbonne.

Des accidents d'aménagements de sites maritimes peuvent provoquer des tsunamis en réduction, mais néanmoins parfois très dommageables, comme à l'embouchure du Var en 1979, lors de travaux de remblayage maritimes (*cf. 2.5.2*).

Un dôme marin dont la hauteur dépasse souvent 3 m au large, occupe l'oeil de certains cyclones, aspiré par la dépression atmosphérique qui y règne ; en approchant d'une côte basse, il peut se transformer en lames de fond atteignant souvent une dizaine de mètres qui peuvent avoir des effets destructeurs analogues à ceux d'un tsunami. Le français les appelle indistinctement raz de marée.

Certaines seiches de lacs sont de petits tsunamis dus à des séismes parfois lointains ou à des écroulements de rives naturels ou provoqués : le séisme de Lisbonne en aurait produit un peu partout en Europe, jusqu'en Écosse et en Suède, et en Afrique. En fait, comme les verres d'eau, les lacs sont d'excellents sismoscopes ; leur plan d'eau oscille sous l'effet de séismes parfois très lointains ; heureusement, ces seiches sont rarement destructrices.

Il n'en va pas de même de celles qui sont déclenchées par des écroulements de berges. Certains lacs naturels de montagnes ont des berges instables, souvent des falaises calcaires qui, en s'écroulant, provoquent des seiches dont la vague peut atteindre la dizaine de mètres et ainsi, ravager une partie des rives, comme cela est arrivé plusieurs fois sur la branche d'Uri du lac des Quatre-Cantons ; le 02/09/1806, une partie des éboulis rocheux du Rossberg (*cf. 1.9.1*) se sont déversés dans la partie nord du lac de Lauerz, soulevant une vague de près de 25 m de haut qui submergea l'île de Schhwanau et la côte sud jusqu'à plus d'un kilomètre, amplifiant le nombre des victimes de l'éboulement lui-même. Les lacs artificiels sont souvent eux-mêmes les facteurs de l'instabilité de leurs rives : la seiche qui a détruit en partie la ville italienne de Longarone en 1963, faisant plus de 2 000 victimes, a été provoquée par le glissement du versant nord du mont Toc dans la retenue du barrage du Vaiont, affluent de la Piave ; favorisé par l'immersion des pieds de versants, il a projeté par-dessus l'ouvrage qui tint bon, une vague d'une centaine de mètres de haut et de quelques centaines de millions de mètres cubes. Vers la fin des années 30, les premières études du site avaient mis en évidence le risque de glissement sur le versant sud de la vallée, en amont de l'emplacement du barrage. En 1960, au cours de la première mise en eau, il s'était produit un premier glissement et une vague d'une dizaine de mètres de haut, que le barrage avait arrêté car la retenue n'était pas pleine ; depuis, le mouvement était permanent et s'accélérait après chaque remise en eau ; on s'est contenté de l'observer... jusqu'à l'accident.

1.7 - LES PHÉNOMÈNES ATMOSPHÉRIQUES

Les phénomènes atmosphériques sont les phénomènes naturels les mieux connus et les plus suivis car ils concernent partout toutes les activités humaines de base et évoluées, agriculture, pêche, navigation, industrie, loisir... : quel temps fera-t-il demain, pour le week-end, pour les vacances ? Certains de leurs événements comptent aussi parmi les plus violents, les plus destructeurs et même les plus meurtriers facteurs d'accidents et de catastrophes : ce cyclone va-t-il passer par ici ? cet orage va-t-il déclencher une crue de ce torrent... ?

Malgré un cours relativement stable et plus ou moins cyclique, les phénomènes climatiques ne se reproduisent pas régulièrement et de façon identique : après l'hiver, le printemps certes ! mais le prochain hiver sera-t-il froid et humide, doux et humide, froid et sec ? le prochain printemps sera-t-il pluvieux ou sec ? On ne sait pas répondre à ces questions car leurs paramètres évolutifs sont trop nombreux pour être tous connus ou même pris en compte et ceux dont on privilégie l'utilisation dans les modèles de prévisions météorologiques varient très rapidement de façon apparemment aléatoire, en fait chaotique ; heureusement, le temps qu'il fait aujourd'hui et ici dépend en grande partie de celui qu'il faisait hier et là, comme celui de demain ici ou là dépend plus ou moins d'eux ; le cours des phénomènes météorologiques est très instable, rapide, jamais cyclique mais chaotique ; on sait à peu près comment il évolue : les prévisions météorologiques à très court terme sont donc relativement fiables.

1.7.1 - L'ATMOSPHÈRE

L'atmosphère est la mince couche gazeuse, $\approx$ 2% du rayon terrestre, composée essentiellement d'azote et oxygène, accessoirement de vapeur d'eau, oxyde de carbone, ozone et autres gaz, qui relie la Terre à son environnement sidéral et permet entre autres que l'on y vive ; sa partie inférieure jusque vers 15 km d'altitude, la troposphère, est une machine thermodynamique et mécanique complexe, en perpétuel mouvement et en continuelle évolution ; très instable, elle tend en permanence à se stabiliser mais elle est constamment perturbée par les effets de la rotation et de la surface irrégulière du globe sur ses mouvements : son évolution paraît chaotique. Elle est constituée de masses d'air de températures différentes en perpétuels mouvements de convection et de dérive qui ne se mélangent pas ; les masses d'air contiguës interagissent par l'intermédiaire de secteurs de transition très instables où la température varie rapidement mais de façon continue. Pour la commodité des études climatologiques et météorologiques, on modélise ces masses comme des cellules à peu près homogènes limitées par des surfaces de contact dites frontales et on représente l'état local momentané de la basse troposphère par une carte d'isobares rapportées au niveau de la mer, sur laquelle on distingue des marais barométriques, des anticyclones reliés par des dorsales, des dépressions reliées par des thalwegs... ; la trace d'une surface frontale y est une ligne schématique, le front, dont la forme et la position très subjectives dépendent de l'interprétation de la carte dont dispose le prévisionniste, car les gradients barométriques sont toujours faibles et varient incessamment.

La répartition et les variations de température de la troposphère qui déterminent son évolution sont sous l'influence essentielle de la position de la Terre par rapport au Soleil et sous les influences secondaires des océans, des inlandsis et des continents. Les mouvements de convection et de dérive des masses d'air assurent les échanges thermiques entre eux et limitent les écarts de températures journaliers, saisonniers, régionaux et globaux ; leur source chaude principale est constituée par la zone intertropicale qui reçoit plus de chaleur solaire qu'elle en émet ; leurs sources froides sont les zones polaires qui en reçoivent moins qu'elles en émettent ; il existe un peu partout des sources secondaires, reliefs, rivages... qui perturbent plus ou moins ces mouvements.

On décrit et on étudie la troposphère et son comportement à deux échelles de temps et d'espace : le climat et la climatologie, à long terme et à l'échelle du globe, de ses grandes zones annulaires, océaniques, continentales et montagneuses ; le temps et la météorologie, à court terme et à l'échelle de régions plus ou moins vastes et d'aires locales.

1.7.2 - LE CLIMAT

Synthèse de l'observation pluriannuelle du temps de chaque jour, le climat décrit l'état moyen général et les combinaisons d'états successifs plus ou moins ordonnés de la troposphère propres à une zone planétaire, à une région, à un lieu ; on caractérise ainsi des climats zonaux, régionaux, locaux et des microclimats. La répartition et l'évolution schématiques des climats types selon les zones de latitude, tropical humide, tropical sec, tempéré, boréal, polaire, sont relativement stables à long terme humain, mais pas à terme de temps géologique ; les autres sont plus ou moins instables à plus ou moins long terme humain selon l'époque et les particularités locales.

1.7.2.1 - FACTEURS DU CLIMAT

Les facteurs qui régissent les climats sont indépendants mais évoluent de façon interactive : mouvements orbitaux de la Terre à très long terme ; situation océanique ou continentale, altitude, topographie, exposition ubac/adroit, au vent/sous le vent à long terme ; circulation atmosphérique générale et locale à court terme...

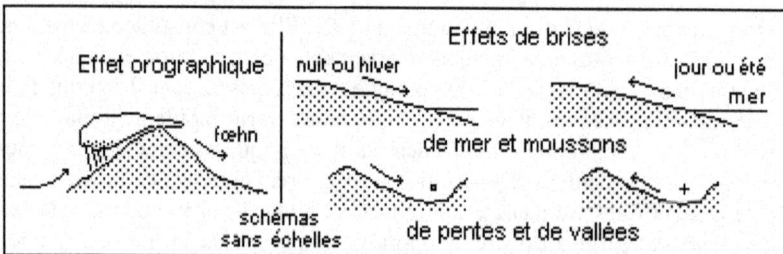

Figure 1.7.2.1 - Facteurs topographiques du climat

Lentes et continues, les dérives de continents, les surrections et ablations de reliefs, peu fréquentes et plus ou moins violentes, les chutes de grosses météorites et les grandes éruptions volcaniques peuvent modifier durablement et catégoriquement le climat général de la Terre au point de provoquer des désastres écologiques globaux ; on explique ainsi tout ou partie des grandes extinctions qui ont perturbé l'évolution de la vie terrestre. Les climats types de toutes natures et de tous lieux peuvent être aléatoirement modifiés de façon temporaire plus ou moins durable par les incendies des grandes forêts boréales et tropicales, les vents de sable issus des grands déserts et par d'autres événements chimiques, biologiques, géodynamiques plus ou moins bien connus affectant la composition de l'atmosphère.

Dans l'état actuel de nos connaissances, les effets néfastes de l'activité humaine, déboisement, irrigation, lacs artificiels, pollution atmosphérique... sur le climat général sont loin d'être certains et ne sont sûrement pas les seuls en cause : l'ozone arrête une partie des UV solaires et sans cet effet d'écran, la vie terrestre ne serait pas possible ; dans la stratosphère, il est détruit par le chlore de nos gaz CFC, mais en surface il est produit par la circulation automobile, le chauffage, les incendies de brousse et de forêt... L'effet de serre dû au méthane mais surtout au gaz carbonique est tout aussi nécessaire à la vie ; la biomasse en produit beaucoup plus que les hommes. Les acides sulfuriques et nitriques qui contaminent certaines pluies, sont certes en partie produits par l'industrie humaine, mais essentiellement par les grandes éruptions volcaniques...

1.7.2.2 - PHÉNOMÈNES LIÉS AU CLIMAT

Les phénomènes liés au climat affectent durablement l'ensemble du globe ; en raison de l'extrême lenteur de leur cours, ils ne sont pas immédiatement dangereux mais pourraient être extrêmement dommageables à plus ou moins long terme.

1.7.2.2.1 - Les glaciations

L'ère quaternaire a été le théâtre de nombreuses alternances de périodes glaciaires et interglaciaires. La fin de la dernière période glaciaire, le Würm, date d'une dizaine de milliers d'années et depuis, le réchauffement a prévalu, mais cette tendance a été constamment troublée par de nombreuses variations climatiques dans les deux sens ; nous vivons actuellement dans ce qui est sans doute une période interglaciaire ; cela veut dire qu'à terme non prévisible mais sûrement lointain pour nous, une nouvelle période glaciaire, étés frais et secs, hivers doux et humides, pourrait lui succéder ; certains l'annoncent pour dans 5 000 ans ; on a le temps de voir ! À terme humain, la tendance actuelle au réchauffement pourrait aussi bien s'inverser que persister : après l'Optimum médiéval qui était plutôt favorable à nos lointains ancêtres, le Petit âge glaciaire a gravement affecté une partie de l'hémisphère nord, provoquant des famines et par là de graves crises sociales et politiques. Notre monde socio-économique actuel est devenu tellement fragile qu'il exige une stabilité qui n'est pas du monde de la nature ; une inversion comme une persistance ne peuvent que le perturber gravement.

1.7.2.2.2 - L'eustatisme

L'eustatisme est le changement général du niveau moyen de l'océan mondial ; en principe, ce niveau monte quand le climat général se réchauffe et baisse quand il se refroidit. Dans le temps profond géologique, il s'en est produit dans les deux sens de très nombreux, plus ou moins amples, dus aux variations des différents facteurs climatiques. La dernière transgression, environ 120 m au total, est due à la fonte des grands glaciers de la fin du Würm ; au départ, elle a dû dépasser le mètre par siècle en moyenne, avec des pointes de 2 à 3 m ; elle est peut-être encore en cours, un à deux décimètres depuis le milieu du XIXe siècle, actuellement de l'ordre de 1,5 mm/an, sans qu'il soit besoin de faire appel à une hypothétique émission de gaz à effet de serre d'origine humaine pour l'expliquer. Quoi qu'il en soit, la submersion progressive actuelle des atolls et des îles coralliens, Maldives, Marshall…, des côtes basses et des grands deltas, Gange-Bramapoutre, est indéniable ; si cette transgression continue comme cela est probable, peut-être 0,3 m d'ici à 2050, elle posera de sérieux problèmes aux habitants de ces régions. Il faut toutefois rappeler qu'elle est loin d'être monotone : pour ce que l'on en sait, lié aux variations climatiques, le niveau de l'eau aurait monté au début du premier millénaire jusqu'au VIIe siècle, puis baissé durant le XIe, monté à nouveau par saccades jusqu'au XVIe, serait reste stable jusqu'au XVIIe, aurait baissé jusqu'à la fin du XIXe pour remonter jusqu'à aujourd'hui et pour peut-être encore longtemps, sans que l'on sache trop pourquoi, car selon les données, les hypothèses et les théories sur lesquelles on les fonde, on peut faire dire à peu près ce que l'on veut à n'importe quel modèle de n'importe quel phénomène naturel.

1.7.2.3 - RÉCHAUFFEMENT ?

On accuse le réchauffement planétaire d'être la cause de l'eustatisme, auquel on ajoute la multiplication hypothétique des sécheresses, des canicules, des feux de forêts, des crues et des inondations, des mouvements de terrain, des cyclones, d'*El Niño*, des icebergs, ainsi que la fonte des glaciers, des banquises et des inlandsis, l'accélération de l'érosion, la dégradation des paysages et des écosystèmes… ; ajoutez-y tout ce que vous voudrez ! Cela excite les acteurs économiques, les écologistes et les media, plaît aux spécialistes incontournables et embarrasse les politiques.

La Terre se réchauffe effectivement depuis la fin du Würm, mais ce réchauffement est loin d'être monotone : la déglaciation de l'Europe aurait débuté il y a 14 000 ans et depuis, des périodes tempérées humides avec des vents dominants océaniques d'ouest, Alleröd, Préboréal, Atlantique, et des périodes fraîches et sèches avec des vents dominants continentaux d'est, Dryas III, Boréal, se sont succédées à peu près tous les 1 000 à 2 000 ans, avec évidemment une prédominance des premières ; plus près de nous, sans être aussi fluctuant, le climat européen est passé de l'Optimum médiéval (~ X^e-XIVe siècle) plutôt chaud, au Petit âge glaciaire (~ XVe-XIXe siècle), d'abord très variable mais plutôt frais, puis de plus en plus frais et enfin froid ; ces périodes étaient elles-mêmes loin d'être monotones : durant l'Optimum médiéval, dans l'ensemble plutôt humide, il y eut de nombreuses années de grande sécheresse ; durant le Petit âge glaciaire, les glaciers alpins ont constamment avancé et reculé. Enfin, depuis que l'on effectue des observations météorologiques, vers le milieu du XIXe siècle, le climat se serait peu à peu réchauffé jusque vers 1940 ; il s'est ensuite rafraîchi jusque vers 1950 et depuis il se réchauffe de nouveau.

Qui est responsable de cela, les hommes ou la nature ? On ne sait pas ; peut-être plus ou moins les hommes depuis la fin du Petit âge glaciaire qui correspond à peu près au début de l'ère industrielle, sûrement pas avant. La tendance actuelle serait aux hivers doux et aux étés secs, ce qui en principe, annoncerait une phase de refroidissement à terme inconnu ; il est peu vraisemblable que l'activité humaine puisse à elle seule, la contrarier radicalement et durablement.

1.7.2.4 - LES THÉORIES CLIMATOLOGIQUES

Il n'est évidemment pas possible d'expliquer de la même façon les variations climatiques du passé lointain pour lesquelles on ne dispose que de données indirectes et pour la plupart incertaines, celles du passé proche pour lesquelles on dispose de données toujours indirectes mais plus fiables et celles du passé récent pour lesquelles on dispose de données mesurées de plus en plus précises et nombreuses.

Utiliser ces données disparates comme une suite homogène et continue pour en tirer une théorie générale est hasardeux sinon abusif. C'est pourtant ce font la plupart des organismes scientifiques de tous lieux et de spécialités diverses, géologiques, archéologiques, météorologiques…, en présentant des courbes plus ou moins analogues de température en fonction du temps, que l'on dit en crosse de hockey car elles montrent en fin de course une brusque et importante augmentation vers le milieu du XIXe siècle ; cela semble bien correspondre au début de l'ère industrielle, mais la pollution était alors beaucoup moins intense qu'actuellement et ce jusque vers le milieu du XXe siècle ; ce pourrait donc n'être qu'un artefact correspondant au début des mesures météorologiques, évidemment plus nombreuses et plus fiables que les données géologiques, paléontologiques, glaciologiques, dendrologiques, pollinilogiques, coraliennes, historiques… auxquelles on les associe ; de plus, les spécialistes privilégient toujours une de ces méthodes indirectes de recueil de données, joignent plus ou moins légitimement leurs données à d'autres qu'ils utilisent sans critique, indiquent rarement leurs sources secondaires et ne donnent jamais leurs marges d'erreurs qui concernent autant la température que la datation : selon les auteurs, les dates du début et de la fin l'Optimum médiéval et du Petit âge glaciaire varient de près de cent ans et celles du début et de la fin des périodes préhistoriques d'après le Würm varient de près de mille ans ! Du reste, la chronologie du Petit âge glaciaire ne parait pas être la même partout dans le monde : il aurait débuté au Xe siècle sur la façade est de l'Asie du nord, entretenant des mouvements de populations asiatiques à mesure de sa progression vers l'Europe où il ne serait arrivé que cinq siècles plus tard.

1.7.2.4.1 - La théorie anthropique

Pour expliquer les variations de température du dernier millénaire, on oppose actuellement en la privilégiant l'activité humaine et en particulier l'amplification de l'effet de serre par l'émission de gaz carbonique due à l'usage inconsidéré des combustibles fossiles, aux causes naturelles que l'on ne connaît pas vraiment : on évoque parfois les variations de l'activité solaire, découvertes vers 1610 et suivies depuis 1640 ; on attribue ainsi le Petit âge glaciaire aux minima de Spörer et de Maunder. Les hypothèses sur lesquelles repose la ou plutôt les théories anthropiques sont assez ambiguës pour que l'on puisse affirmer péremptoirement qu'il se passera ceci ou cela à une époque plus ou moins lointaine que personne de nous ne connaîtra. Diminuer l'émission humaine de gaz à effet de serre est sûrement une bonne résolution, ne serait-ce que pour éviter le gaspillage des combustibles fossiles qui ne sont évidemment pas inépuisables, mais cela n'empêchera pas le reste du monde vivant d'en produire et la tendance naturelle au réchauffement de persister plus ou moins longtemps.

1.7.2.4.2 - La théorie astronomique

On a voulu expliquer l'histoire climatique du Quaternaire, alternance de périodes glaciaires et chaudes, et prévoir le devenir du climat général par les effets de trois mouvements « périodiques » du globe, en fait plus ou moins chaotiques voire erratiques, précession des équinoxes, obliquité, excentricité.

La géologie, l'archéologie et l'histoire montrent que les zones climatiques et les climats types apparemment stables à court terme, ne le sont pas à long terme : l'atmosphère est de très loin le sous-système le plus fluctuant du système terrestre, et c'est en grande partie pour en comprendre l'évolution que la théorie du chaos (*cf. 4.4.3.5*) a été développée. Au cours de son passé profond, la Terre a connu de nombreuses périodes glaciaires que l'on a expliquées de diverses façons : astronomiques, variations du rayonnement solaire, mouvement du globe, chutes de météorites ; telluriques, dérive des continents, surrection-érosion des reliefs, effusions et éruptions volcaniques ; physico-chimiques, effet de serre déjà !...

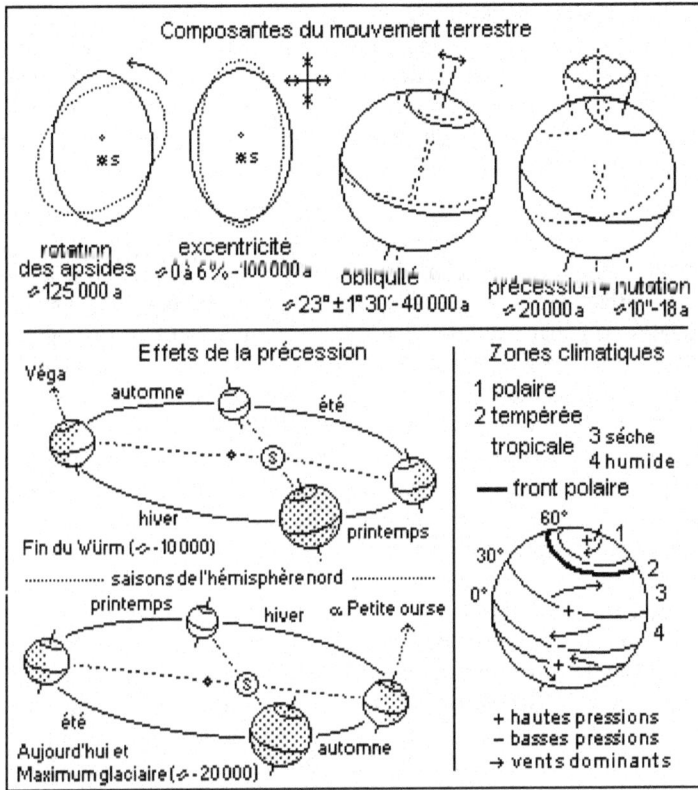

Composantes du mouvement terrestre

rotation des apsides ≈125 000 a

excentricité ≈0 à 6 % -100 000 a

obliquité ≈23° ±1° 30′-40 000 a

précession + nutation ≈20 000 a   ≈10″-18 a

Effets de la précession

Véga

automne   été

hiver   printemps

Fin du Würm (≈-10 000)

·········· saisons de l'hémisphère nord ··········

printemps   hiver   α Petite ourse

été

Aujourd'hui et Maximum glaciaire (≈-20 000)   automne

Zones climatiques

1 polaire
2 tempérée
    tropicale   3 sèche
                 4 humide
— front polaire

60°
30°
0°

1
2
3
4

+ hautes pressions
− basses pressions
→ vents dominants

Figure 1.7.2.4.2.a - Facteurs astronomiques du climat

L'inlansis antarctique s'est formé vers la fin du Miocène, mais l'hémisphère nord est resté sans banquise ni glaciers jusqu'au Plaisancien, il y a 2 à 3 Ma ; sa glaciation a alors débuté, peut-être par l'effet de la surrection de la chaîne montagneuse qui va des Alpes à l'Himalaya, de la surrection de l'isthme de Panama et/ou de l'ouverture du détroit de Drake ; depuis lors, les alternances de stades glaciaires/interglaciaires ne paraissent pas avoir cessé ; nous sommes dans un stade interglaciaire et l'on prédit généralement une nouvelle glaciation pour dans moins de 5 000 ans. Selon la théorie de la climatologie astronomique qui n'explique pas ce qui se passait avant ni pourquoi elles ont débuté, ces alternances résulteraient d'amples variations de l'irradiation solaire de la Terre dues aux variations chaotiques très complexes du mouvement terrestre que l'on rapporte à un système solaire figé et que l'on réduit à quelques composantes périodiques modélisées comme des phénomènes indépendants ; assez paradoxalement, compte tenu de son comportement chaotique, on estime que depuis le début des alternances, le mouvement terrestre ne s'est pas sensiblement modifié et donc que ce que l'on calcule à partir des observations et des mesures actuelles figure exactement ce qui se passait il y a plus d'un million d'années ; depuis lors, les périodes des trois phénomènes considérés comme les plus influants seraient donc demeurées à peu près constantes, ≈ 100 000 ans pour les variations de l'excentricité de l'orbite, ≈ 40 000 ans pour les variations de l'inclinaison de l'axe terrestre sur l'écliptique, l'obliquité, ≈ 20 000 ans pour la rotation conique de l'axe qui produit la précession des équinoxes, la plus irrégulière des trois puisque ses « périodes » varieraient de 13 000 à 25 000 ans. En combinant ces trois périodes, les alternances glaciaire/interglaciaire auraient une demi-période d'environ 10 000 ans si l'on n'y regarde pas de trop près ; c'est bien à peu près le laps de temps qui nous sépare de la fin du Würm.

Sans remonter très loin dans le Pléistocène/Paléolithique sur la courbe isotopique $\delta\ ^{18}O$, $^{18}O/^{16}O$ en $^{\circ}/_{\circ\circ}$, plus ou moins caractéristique de l'évolution climatique globale, on n'observe pas de véritable périodicité : cette courbe est manifestement assez irrégulière ; cependant, les courbes de ses composantes de Fourier de mêmes périodes que celles des trois composantes principales du mouvement terrestre ressemblent plus ou moins à leurs propres courbes ; mais ce sont en fait des extrapolations sur des centaines de milliers d'années en arrière, calculées à partir d'observations plus ou moins précises et plus ou moins correctement rapportées sur trois ou quatre mille ans, et pour les plus anciennes, plus ou moins bien interprétées, d'un mouvement que l'on sait chaotique ; Delambre limite même la base d'extrapolation aux observations d'Hipparque soit 2 200 ans, car il pense que ce que l'on peut tirer des anciens Chaldéens, Égyptiens, Indiens et Chinois n'est pas calculable ; de plus, pour valider la théorie, on a analysé la courbe $\delta\ ^{18}O$ en choisissant comme périodes caractéristiques, celles des trois composantes, ce qui fait en partie un artefact de cette corrélation. Si la théorie de l'influence des variations du mouvement du globe sur le climat peut paraître plus ou moins fondée comme approche de tendances générales, on doit rappeler d'abord que la Terre n'a pas connu de glaciation durant tout le Secondaire et une grande partie du Tertiaire, sans que ces variations aient alors cessé, et ensuite qu'elles ne rendent pas compte des rapides variations du Würm IV et toutes celles de l'Holocène et en particulier l'Optimum médiéval et le Petit âge glaciaire. Ce modèle cyclique ne permet donc pas d'expliquer toutes les variations climatiques passées et de prévoir les futures, en particulier à l'échelle humaine.

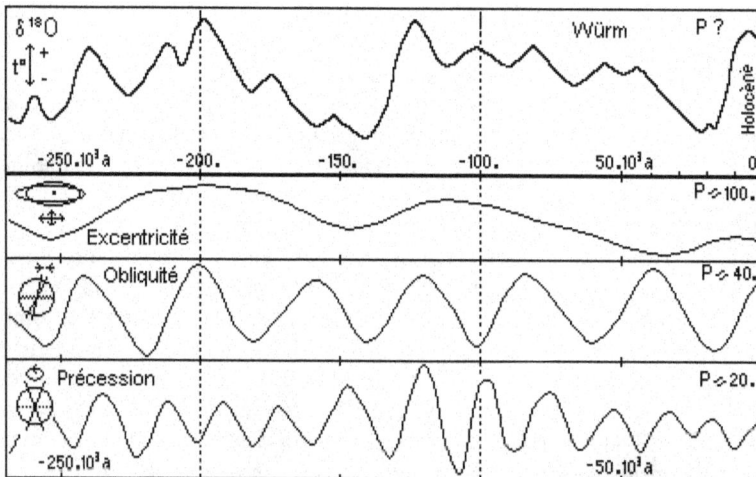

Figure 1.7.2.4.2.b – Les cycles climatiques

Dès le IIe siècle av. J.-C. Hipparque a découvert la précession des équinoxes et a émis l'idée qu'elle pouvait avoir une influence sur le climat. En 1842, Adhémar a été le fondateur de la théorie astronomique des glaciations ; à partir de la précession et de l'obliquité, il avait en effet proposé la demi-période de retour d'environ 10 000 ans qui nous sépare à peu près de la fin du Würm, ce qu'évidemment il ignorait ; profitant de la découverte de l'excentricité par Leverrier, Croll avait proposé en 1875 une demi-période de 10 000 à 15 000 ans, le début de la dernière glaciation vers 240 000 ans et sa fin vers 190 000 ans ; les résultats de l'un et de l'autre sont à peu près les mêmes que ceux que l'on considère maintenant comme prouvés. Ils ont été successivement admirés puis décriés : négligeant que les deux hémisphères sont très dissymétriques, Humboldt disait que les variations de durée des saisons étant inverses au nord et au sud, leurs effets se compensaient ; Lyell expliquait les alternances glaciaires par des mouvements verticaux de l'écorce terrestre... En fait, avant Adhémar, Delambre avait attiré l'attention de Cuvier sur les effets éventuels de la précession dont il fixait la demi-période à 12 960 ans par référence aux tables d'Hypparque ; mais Cuvier disait que la précession était trop lente pour expliquer les catastrophes qui ont troublé le Tertiaire et le Quaternaire.

Au cours d'une bonne partie de sa vie, Milankovitch a repris les calculs extrêmement longs et compliqués que ses prédécesseurs n'avaient pas pu mener à terme et en a publié les résultats en 1920 ; soutenu par Wegener et approuvé par le monde naissant de la géophysique qui y voyait un moyen de mathématiser la géologie, il s'appropria cette théorie dont il affirmait modestement que *personne n'a pu* (la) *prendre en défaut* ; comme il savait que suivant Poincaré (*cf. 4.4.8*), on ne peut pas combiner efficacement trois phénomènes périodiques, il n'utilisait que la précession et l'obliquité, comme Adhémar, abandonnant l'excentricité, sans doute pour se distinguer de Croll, mais surtout parce qu'elle parait être la moins influente. Mais au risque de passer pour un de ces *ignorants* dont Milankovitch disait *ne pas se sentir tenu de pourvoir à l'instruction élémentaire*, il me semble que, quoi qu'en disent les glaciologues, océanologues, climatologues, géologues du Quaternaire, préhistoriens... qui prétendent parfois avoir aussi utilisé l'excentricité, la confrontation des courbes péniblement obtenues d'abord avec du papier et un crayon puis à l'ordinateur, ne sont pas très probantes, pour de nombreuses raisons qui illustrent parfaitement les limites d'un modèle mathématique. La théorie repose sur de nombreuses hypothèses simplificatrices ; le nombre des composantes de Fourier du mouvement du globe, supérieur à trois, est en fait aussi grand que l'on veut puisque les séries sont infinies : on en est à près de 1 500 pour le mouvement de la Lune ; leurs variations sont plus ou moins chaotiques ; la précession à laquelle on donne souvent le rôle déterminant est particulièrement irrégulière... Le secours d'un ordinateur ne permet pas de donner de solution pratique à un problème à trois variables indépendantes : la méthode de Fourier est en fait inefficace au-delà de trois périodes superposées parce qu'à partir d'un terme plus ou moins éloigné de la série, le chaos est inévitable. La théorie ignore que les climats peuvent être aléatoirement modifiés de façon temporaire ou durable par de très nombreux phénomènes naturels non périodiques, certains lents, continus mais épisodiques, d'autres peu fréquents, plus ou moins violents et brefs et plus généralement dans des circonstances plus ou moins bien connues. Et finalement, les calculs compliqués ne semblent pas vraiment nécessaires puisque la demi-période de précession parait avoir une influence déterminante : le laps de temps qui nous sépare de la fin du Würm est à peu près égal à elle. Mais le cycle des glaciations n'en est pas vraiment un : le dernier maximum glaciaire, celui des grottes de Lascaux, Chauvet, Cosquer...date d'environ 20 000 ans, soit la durée d'une période ; pourtant, on ne pénètre maintenant dans la grotte Cosquer qu'en plongée sous-marine et nous ne sommes pas encore englacés ; peut-être nos descendants le seront dans 5 000 ans comme certains le prédisent sans risque d'être actuellement réfutés.

Même avec de puissants ordinateurs qui font mieux que Milankovitch en quelques heures, la théorie astronomique et le modèle cyclique qui en découle n'expliquent donc pas toutes les variations climatiques passées et ne permettent pas de prévoir les futures, en particulier à l'échelle humaine. Depuis la fin du Würm, la tendance est bien au réchauffement ; mais le Dryas III, le Boréal et le Petit âge glaciaire ont montré que cette tendance est loin d'être monotone ; en fait, si le temps caractéristique du système solaire est d'une dizaine de millions d'années, il est inutile d'essayer de rattacher à des cycles strictement périodiques les orogenèses, les extinctions, les glaciations... Depuis 4,4 Ga, la Terre n'a pas cessé de vieillir ; les cataclysmes écologiques de la fin de l'Ordovicien, du Dévonien, du Permien, du Trias, du Crétacé... ne se reproduiront plus : il n'y a plus de trilobites dans la mer, de mammouths en Sibérie, de dodos sur Maurice..., *de dinosaures dans les rues de Paris* ; l'Ecclésiaste avait tort de dire « *ce qui fut sera, ce qui s'est fait se refera[...] il n'y a rien de nouveau sous le soleil* ».

1.7.3 - LE TEMPS

N'importe où et n'importe quand, la troposphère n'est jamais stable ; le temps, état passager local de sa partie inférieure, peut être plus ou moins longtemps et tour à tour plus ou moins chaud ou froid, turbulent ou calme, sec ou humide, ensoleillé ou nébuleux... On le caractérise par la température de l'air et la pression atmosphérique pour expliquer la direction et la vitesse du vent, par son humidité pour expliquer la présence ou l'absence de précipitation ; les variations continuelles de ces paramètres sont régionales, locales, plus ou moins cycliques saisonnières ou journalières, aléatoires. Le temps du climat tempéré sous l'influence conjointe de l'air polaire et de l'air tropical est le plus rapidement et le plus fréquemment changeant.

1.7.3.1 - FACTEURS DU TEMPS

Le temps local à un moment donné dépend de l'état passager de la troposphère dans une très vaste zone environnante, position et importance éminemment variables d'anticyclones et de dépressions, et de particularités locales, situation, topographie, altitude, exposition... Ce sont des conditions naturelles que nous ne pouvons pas modifier.

1.7.3.2 - LES PHÉNOMÈNES LIÉS AU TEMPS

Les phénomènes liés au temps n'affectent jamais l'ensemble du globe et n'ont pas des effets aussi radicaux et durables que ceux liés au climat. Mais leur cours irrégulier à l'échelle humaine et leur évolution souvent surprenante à très court terme, produisant parfois un événement paroxystique imprévu, les rendent plus immédiatement dangereux et dommageables.

Ces phénomènes, moussons, trains de dépressions, périodes d'orages, enneigement puis fonte des neiges... ont des cours plus ou moins saisonniers, irréguliers sans être anarchiques ; ils évoluent de façon plus ou moins analogue d'année en année, et sont relativement stables sur d'assez longues périodes à l'échelle du temps humain. Leurs événements courants sont plus ou moins fréquemment paroxystiques de façon aléatoire, parfois hors saison ; leur relativement forte fréquence les a prédisposés aux prévisions probabilistes ; mais sauf à très court terme, les prévisions météorologiques ne sont pas des plus fiables : la trajectoire d'une tempête n'est jamais stable, l'orage éclate rarement dans le site prévu... Leurs effets parfois très dommageables sont difficilement prévisibles : le même orage n'aura pas les mêmes effets suivant qu'il se produit dans le même site dont le sol est sec ou saturé... Les prévisions de crues produites par de fortes et/ou durables précipitations saisonnières passent pour les plus fiables, car elles sont fondées sur de longues séries d'observations, sur les caractéristiques techniques d'ouvrages parfois antiques, ponts, digues... et sur d'innombrables chroniques de tout temps et de tous lieux ; c'est du reste à propos des crues que l'on a initialement défini les notions d'intensités annuelle, décennale, centennale... mais la crue dite décennale peut se produire plusieurs années de suite ou ne pas se produire avant quelques décennies ; néanmoins, on applique maintenant ces notions à tous les phénomènes naturels, souvent de façon peu justifiée, à partir de séries d'observations beaucoup trop courtes : pour que l'on puisse efficacement les utiliser en prospective, il faudrait pouvoir admettre que les distributions statistiques de ces observations sont stables au cours du temps ou varient de façon monotone et régulière : ce n'est sûrement pas le cas, quel que soit le phénomène concerné.

1.7.3.2.1 - Les perturbations atmosphériques

Les mouvements incessants de grandes masses d'air polaire et tropical dans la troposphère, entretiennent la circulation atmosphérique matérialisée par les vents ; elle est contrôlée par la rotation de la Terre, sens et force de Coriolis, les gradients de température et de pression entre les masses en contact sur le front polaire, et par les frottements sur le relief, la végétation et les constructions. Elle est plus ou moins laminaire dans la stratosphère au delà de la tropopause, surface à peu près isotherme et isobare vers dix à quinze kilomètres d'altitude selon la latitude et l'époque, à partir de laquelle l'ascension de l'air chaud est bloquée ; elle est plus ou moins turbulente en basse altitude où l'état de la troposphère est caractérisé par la force des vents, la nature et l'abondance des précipitations : la confrontation par superposition d'air chaud et humide et d'air froid et sec y entraîne la formation de tourbillons aspirants, plus ou moins vastes, puissants et durables selon l'état général de la tropophère dans les zones où ils se produisent ; ces perturbations atmosphériques sont des dépressions barométriques, tempêtes, cyclones, orages, tornades... associant généralement mais pas toujours vents violents et fortes précipitations.

La puissance d'une perturbation se caractérise par la force du vent selon l'échelle de Beaufort établie pour les marins ; on en a fait ainsi l'interprétation terrestre :

0 - Calme - 1 km/h - la fumée s'élève verticalement ;
1 - Très légère brise - 1-5 km/h - direction du vent révélé par l'entraînement de la fumée, girouettes immobiles ;
2 - Légère brise - 6-11 km/h - vent perçu au visage, feuilles frémissantes et girouettes en mouvement ;
3 - Petite brise - 12-19 km/h - feuilles et petites branches constamment agitées, légers drapeaux déployés ;
4 - Jolie brise - 20-28 km/h - le vent soulève la poussière, branches agitées ;
5 - Bonne brise - 29-38 km/h - les arbustes en feuilles commencent à se balancer ;
6 - Vent frais - 39-49 km/h - grosses branches agitées, sifflements dans les fils ;
7 - Grand frais - 50-61 km/h - arbres agités en entier, marche contre le vent difficile ;
8 - Coup de vent – 62-74 km/h – branches cassées, marche contre le vent très pénible ;
9 - Fort coup de vent – 75-88 km/h – bâtiments légèrement endommagés, tuiles arrachées ;
10 - Tempête – 89-102 km/h - bâtiments endommagés, arbres arrachés ;
11 - Violente tempête – 103-117 km/h – ravages étendus ;
12 - Ouragan - > 117 km/h – violence et destruction.

Un marin pris dans un ouragan ne se pose plus la question de son intensité ; un terrien oui : pour lui, la force 12 est maintenant détaillée par les échelles de Saffir-Simpson pour les cyclones et de Fujita pour les tornades : catégorie 1 – vents de 119 à 153 km/h ; 2 – 154 à 177 km/h ; 3 – 178 à 209 km/h ; 4 – 210 à 249 km/h ; 5 - > 249 km/h.

1.7.3.2.1.1 - Les perturbations frontales

Une perturbation frontale type est une zone de basse pression croissant du centre vers l'extérieur autour de laquelle les vents tournent dans le sens antihoraire ; elle n'est circulaire, occlue, cyclonique, qu'en fin d'activité, généralement encore très puissante ; formée à partir d'un méandre du front, elle a plus généralement la forme d'un coin d'air tropical enfoncé dans la masse d'air polaire, pointé vers le nord, de plus en plus aigu en se déplaçant vers l'est ; ses dimensions dépassent couramment le millier de kilomètres ; à son passage, on observe successivement en un à deux jours, une tête à nuages élevés surplombant quelques petits nuages bas inactifs, des nuages moyens très actifs au passage du front chaud, un corps d'éclaircies et de nuages bas peu actifs, des nuages très bas et très élevés, les cumulonimbus, extrêmement actifs qui produisent des orages souvent violents au passage du front froid et enfin une traîne de nuages bas peu actifs.

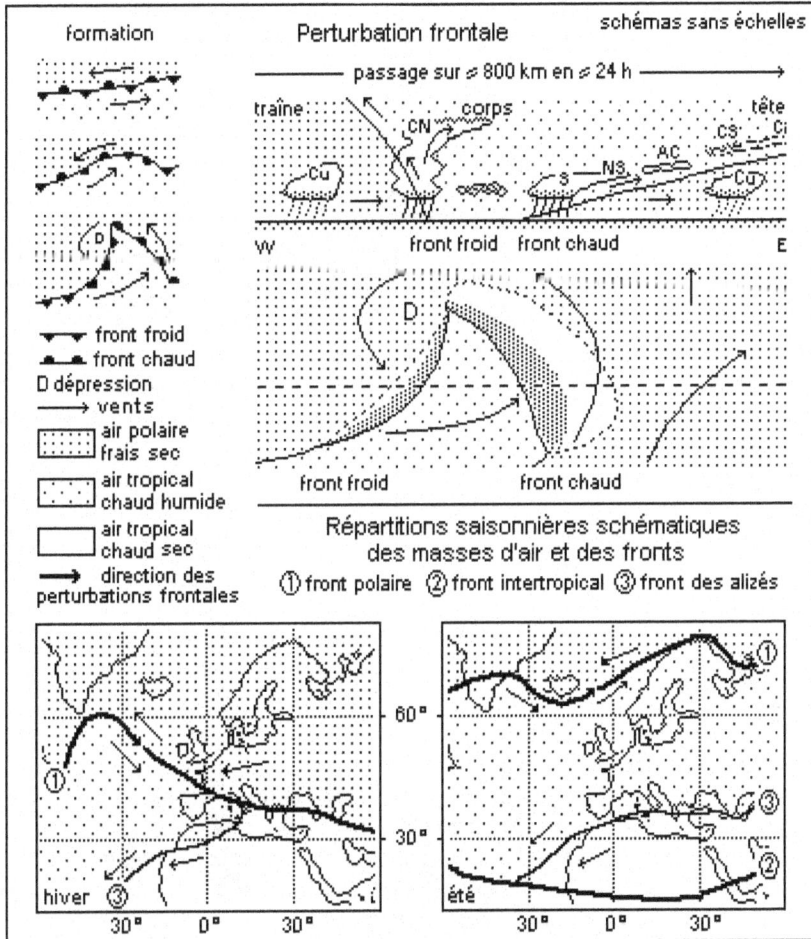

Figure 1.7.3.2.1.1 – Les perturbations frontales

La théorie des perturbations frontales a été proposée pour expliquer le comportement particulièrement instable de l'atmosphère sur la façade atlantique de l'Europe ; selon elle, vers la limite nord de la zone tempérée de l'hémisphère nord, de part et d'autre du front polaire, l'air polaire et l'air tropical circulent dans des directions et à des vitesses différentes, l'air polaire d'est étant le plus lourd et le plus rapide ; les variations incessantes des gradients et les frottements de contact provoqués par ces dérives ondulent le front ; ces ondes planétaires ou de Rossby dont le nombre, l'amplitude et la vitesse de déplacement varient très rapidement, canalisent alternativement l'air polaire descendant, froid et sec dans les « vallées » et l'air tropical montant chaud et humide dans les « crêtes », de part et d'autre de la position moyenne du front ; vers la tropopause, l'aérojet qui coiffe le front polaire et suit ses ondulations qui le ralentissent, bloque l'ascension de l'air tropical dans les crêtes ; cela produit une chaîne de tourbillons, les dépressions atmosphériques, plus ou moins espacés se déplaçant d'ouest en est, régulièrement déviés vers la droite par la force de Coriolis et plus ou moins détournés selon la position et la puissance d'anticyclones proches ; chaque dépression autour de laquelle les vents tournent dans le sens antihoraire, est une cellule de convection thermique : à l'extérieur l'air lourd, froid et sec descend, et à l'intérieur l'air léger, chaud et humide monte ; la vapeur d'eau de l'air chaud condense en montant, ce qui provoque une chute de température compensée par un dégagement de chaleur latente entretenant la convection. L'humidité et la chaleur de l'air marin sont donc nécessaires à la formation et à l'activité d'une dépression qui s'épuise plus ou moins vite en circulant sur la terre plus froide : ce n'est donc pas le gradient de pression qui caractérise le mieux la dépression, mais celui de température ; c'est pourtant le premier que dessinent les cartes météorologiques, car c'est le plus précis et le plus explicite.

Ce processus est évidemment schématique et aucune dépression thermique ne ressemble à une autre ; sa puissance, son trajet et sa durée de vie dépendent essentiellement des gradients de température et de pression à sa formation et de leur évolution conditionnée par la longueur et la topographie du chemin suivi. Vents et précipitations sont plus ou moins violents ; une tempête se produit là où les gradients de température et de pression deviennent très élevés de part et d'autre du front froid ; on ne sait jamais très bien pourquoi, mais on constate que plus l'aérojet est rapide, moins il est sinueux et plus la tempête qu'il contrôle est forte.

Il existe évidemment beaucoup d'autres types de perturbations. Les dépressions tropicales caraïbes produisent les tempêtes de l'Atlantique nord qui le traversent jusqu'à la côte européenne en à peu près deux jours ; déviées vers le nord par l'anticyclone des Açores, elles s'amplifient continuellement au-dessus du Gulf stream puis contre le front polaire ; comptant parmi les plus puissants phénomènes atmosphériques, elles peuvent ravager les côtes et même l'intérieur du nord de l'Europe après avoir semé la désolation sur l'océan. Des dépressions dynamiques quasi stationnaires se creusent sous le vent des reliefs : au pied de l'Apennin ligure, la dépression du golfe de Gênes renforce le mistral, vent de NW dévié par les Alpes dans le couloir rhodanien puis le long de la côte, vers l'est. Les reliefs de la façade nord méditerranéenne bloquent l'air anticyclonique saharien, très chaud et très sec qui s'hydrate fortement en traversant la Méditerranée ; ils reçoivent ainsi des pluies souvent diluviennes qui inondent gravement leurs versants sud et les plaines côtières…

1.7.3.2.1.2 - Les cyclones tropicaux

À l'origine, un cyclone tropical est une dépression thermique convective isolée produite par une surchauffe marine locale dans une zone d'alizés, vents d'est tropicaux quasi permanents, en été ou en automne mais parfois aussi en hiver ; dans l'Atlantique nord, elles naissent à l'ouest de l'Afrique, vers les îles du Cap Vert ; très mobiles, de force 7 à 9, elles se déplacent à 20-30 km/h d'est en ouest dans les alizés ; aux abords de l'arc caraïbe où l'eau peut être très chaude, la puissance de certaines d'entre elles augmente de tempête tropicale 10/11 à ouragan 12 ; ce sont alors des cyclones tropicaux de catégorie de plus ou moins élevée ; sans que l'on sache trop pourquoi, certains d'entre eux poursuivent leur route vers l'ouest, d'autres dévient vers le nord sur la Louisiane ou suivent la côte est des USA, parfois jusqu'au Canada en descendant l'échelle des catégories ; d'autres peuvent aller vers le NW, et traverser l'océan jusqu'aux côtes de l'Europe où redevenus des tempêtes, on les confond parfois avec les tempêtes frontales ;ils meurent s'ils ne sont plus alimentés en eau chaude, en général en arrivant sur terre ou bien s'ils sont cisaillés à la base par des vents contraires après avoir traversé le Gulf Stream qui ne les alimentent plus.

Ce sont des masses nuageuses tourbillonnantes qui aspirent à leur base de l'air chaud et humide et le dispersent en altitude ; leur diamètre va de 500 à près de 2 000 km, avec une zone centrale de calme, l'œil, de 20 à 50 km de diamètre. Dans leur périphérie, le vent moyen tourne dans le sens antihoraire à plus de 200 km/h soit très au-delà de la force 12, avec même des rafales à plus de 300 km/h durant une dizaine de minutes ; à leur passage, la tempête souffle d'abord vers le sud, se calme dans l'œil puis souffle à nouveau mais vers le nord. L'ascension rapide d'air chaud et humide cause une forte et brutale baisse de la pression atmosphérique et donc un fort refroidissement de l'air et une énorme condensation dans l'oeil qui provoque des pluies diluviennes à la périphérie, souvent plus de 300 mm en quelques heures ; ces précipitations d'autant plus abondantes que le déplacement du cyclone est lent, entraînent généralement des inondations catastrophiques. Dans l'œil, la dépression provoque un dôme barométrique marin qui peut atteindre 4 à 5 m, auquel s'ajoute l'effet des vents, ce qui peut porter la hauteur des ondes cycloniques à plus de 10 m ; aux abords des côtes, certaines ondes peuvent devenir des raz-de-marée de plus de 25 m, beaucoup plus destructeurs que les vents et les précipitations ; leurs effets sont analogues à ceux de puissants tsunamis.

La conjugaison de vents, précipitations et vagues démesurés, rend les cyclones beaucoup plus dangereux que les tempêtes frontales, plus puissantes mais très vastes et de relativement courte durée, et les tornades, plus violentes mais très petites et très brèves ; leurs effets ravageurs dans les îles puis sur les côtes continentales qu'ils parcourent en quelques heures sont inévitables. Restent donc la prévision et la prévention pour éviter les pertes humaines : on a les moyens de repérer de très loin et de suivre pas à pas le déplacement d'une dépression puis d'un cyclone, mais il est pratiquement impossible de prévoir la catégorie qu'il atteindra et la route qu'il suivra à quelques dizaines de kilomètres et quelques heures près, car sa trajectoire ondule chaotiquement de part et d'autre d'une trajectoire théorique, parabolique, zonale ou méridienne ; on tient donc en alertes toutes les zones sur lesquelles il est susceptible de passer jusqu'à ce qu'il s'en soit suffisamment éloigné. À titre préventif, on devrait construire paracyclonique comme on construit parasismique ; en dehors du Japon, on ne le fait pratiquement jamais.

Dans le monde, on compte huit zones de naissance de cyclones que l'on appelle aussi ouragans, hurricanes, typhons... et que selon l'endroit, on baptise ou on numérote : l'Atlantique NE, le Pacifique NE et NW, l'Australie, le Pacifique sud, l'océan Indien sud, NW et NE ; ils affectent essentiellement les côtes ouest de l'Atlantique, du Pacifique et de l'océan Indien. Par an, il s'y produit en moyenne dans le monde environ 100 violentes tempêtes (force Beaufort >11) dont 50 cyclones (ouragans force >12) qui dépassent rarement la 3e catégorie de l'échelle de Saffir-Simpson : au XXe siècle dans le golfe du Mexique, environ un tous les deux ans de 3e catégorie et un tous les dix ans de 4e ou 5e. On dit que ce nombre augmente actuellement en raison du réchauffement climatique, ce qui est loin d'être statistiquement prouvé pour l'ensemble de XXe siècle.

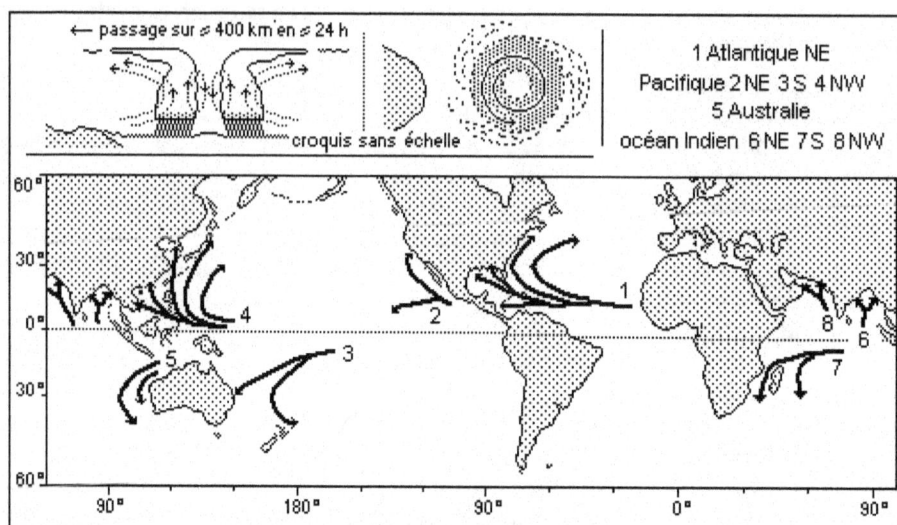

Figure 1.7.3.2.1.2 - Les cyclones tropicaux

On dit aussi que les plus destructeurs ravagent le Japon et les USA, mais cela tient sans doute au fait que ce sont les zones exposées les plus riches : avant d'atteindre les USA, les cyclones caraïbes ravagent quelques îles et souvent, s'en tiennent là... ; en Asie du SE et dans l'Est africain, on n'en parle que s'ils affolent ou frappent des touristes occidentaux. Il se produit une dizaine de violentes tempêtes par an dans l'Atlantique nord, dont 2 ou 3 deviennent des cyclones catastrophiques. En septembre 2004, Ivan a ravagé Cuba et d'autres îles avant de dévaster les côtes de Floride, Alabama, Mississippi et Louisiane ; sa trajectoire particulièrement erratique et son extrême puissance en font un des pires connus. Il était suivi de près par Jeanne qui a provoqué des pluies diluviennes et des inondations catastrophiques sur Haïti, mais a préféré épargner les USA en déviant vers les Bahamas. En septembre 2005, Katrina (*cf. 1.1.15*) puis Rita ont ravagé les côtes de l'Alabama, du Mississippi, de la Louisiane et du Texas.

Dans *Le chercheur d'or*, Le Clézio fait une description très détaillée des effets d'un de cyclone tropical sur Rodrigue.

1.7.3.2.1.3 - Les orages

Un orage se forme à la faveur d'une surchauffe estivale terrestre locale qui développe par convection une énorme masse nuageuse basse en forme d'enclume, un cumulonimbus très actif dont la base peut atteindre 80 km de diamètre et la tête, 16 000 m d'altitude ; durant rarement plus de deux heures, il s'en échappe des éclairs, de fortes pluies et parfois de la grêle. La pluie abondante peut provoquer des crues destructrices soudaines de torrents de montagne, la foudre peut provoquer des feux de bâtiments ou de forêts, la grêle peut détruire des cultures et même des bâtiments...

L'évolution d'un nuage d'orage peut être établie et suivie au radar, ce qui permet de comparer en temps réel son évolution à celle en trois phases d'un modèle type, développement, maturité, dissipation, et essayer de prévoir l'intensité de l'orage qui se prépare ; mais cette évolution plus ou moins chaotique ne le permet pas toujours avec une précision suffisant à la prévention locale.

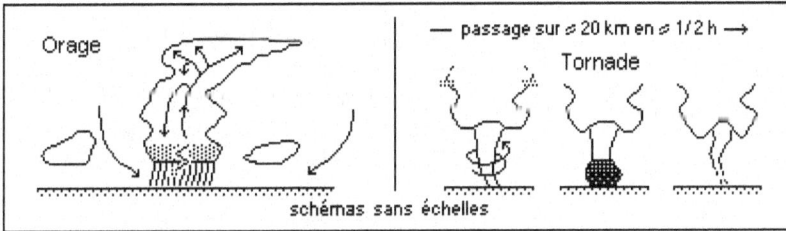

Figure 1.7.3.2.1.3 - Orages et tornades

1.7.3.2.1.4 - Les tornades

Une tornade se produit à l'intérieur des terres, en général de vastes plaines humides surchauffées, sous certains cumulonimbus orageux très instables ; elle a la forme d'un entonnoir sinueux qui s'étire de la base du nuage jusqu'au sol, souvent visible par la poussière qu'elle soulève ; sa durée excède rarement une heure ; large au plus de 500 m en pied, son trajet plus ou moins tortueux excède rarement 20 km, mais la vitesse de son vent tourbillonnant peut atteindre 450 km/h, de sorte qu'elle provoque généralement des dommages disproportionnés à sa faible taille : sa trace au sol est un sillon dénudé dans lequel elle a déplacé sur des dizaines voire des centaines de mètres des objets très volumineux et très lourds, rasé toute la végétation, détruit des immeubles... Leurs débris plus ou moins classés selon leurs dimensions et leur poids, s'accumulent à gauche du sillon. Dans une région prédisposée, en période convenable, plutôt l'été, il se produit souvent plus ou moins simultanément des essaims de tornades : en avril 1974, en une quinzaine d'heures, près de 150 tourbillons ont ravagé des sillons de plus de 4 000 km cumulés dans plus de dix états des USA et du Canada.

Les tornades sont extrêmement fréquentes et souvent dévastatrices dans les grandes plaines centrales d'Amérique du nord et d'Australie : la *tornado alley* est une bande d'environ 650 km de large qui va de la Louisiane à l'Alberta. Dans cet état canadien, à Edmonton, une des tornades les plus catastrophiques a sévi le 31/07/87 ; au cours d'une heure environ, elle a tracé un sillon de quelques dizaines de mètres à 1 km de large et 40 km de long à travers la ville et ses environ, faisant une vingtaine de victimes, plusieurs centaines de blessés et détruisant de nombreux édifices.

Le processus de formation et le comportement des tornades sont parfaitement connus ; on peut facilement les observer de près, à condition de n'être pas sur leur chemin, les photographier..., mais elles sont trop localisées, trop soudaines, trop rapides et trop capricieuses pour être prévues et prévenues ; et malheureusement, elles dévastent tout sur leur passage, sans possibilité d'intervention et de protection ; on ne peut même pas les fuir avec certitude, car on ne sait jamais où elles vont : à quelques mètres près, elles frappent ou non.

En mer, ces tourbillons élèvent des colonnes d'eau appelées trombes, tout aussi dangereuses pour les navires qui les rencontrent. Dans la relation de son deuxième voyage dans le Pacifique, J.Cook décrit la série de trombes qu'il essuya le 17 mai 1773 dans le canal de la Reine-Charlotte.

1.7.3.2.2 – Les tendances du temps

Durant des périodes plus ou moins longues, de quelques mois à des décennies, le type de temps d'une région plus ou moins vaste, voire d'une partie d'un continent ou même de l'ensemble du globe, peut être à peu près stable sans que cela annonce un changement climatique, car son évolution est plus ou moins erratique et la tendance générale finit toujours par se renverser à terme imprévisible ; ce sont les vagues de froid, de chaleur, la sécheresse, les excès de précipitations pluvieuses et/ou neigeuses... qu'illustrent les vaches grasses puis maigres du songe de Pharaon. À court terme, on peut généralement les expliquer et en suivre l'évolution ; à long terme, on ne sait pas.

1.7.3.2.2.1 – Sécheresse

La sécheresse est un phénomène au départ insidieux, sans manifestation spectaculaire, dont les effets sont lents à se montrer puis à s'estomper ; c'est sans doute le phénomène naturel le plus dommageable tant pour le milieu naturel que pour les activités humaines d'une région, d'un pays, voire de la quasi-totalité d'un continent durant des mois, des années, des décennies. Selon sa durée et l'étendue du territoire affecté, elle est due à une modification profonde de la circulation atmosphérique et/ou océanique à l'échelle du globe ou d'une zone climatique, ou à un puissant anticyclone stable qui dévie les dépressions ; elle provoque des étiages sévères, l'assèchement de cours d'eau et de nappes souterraines, le dépérissement de la végétation, la multiplication et l'aggravation des incendies de forêts... Il est impossible d'en prévoir l'intensité et la durée, et de s'en prévenir. Dans les pays riches, elle affecte profondément l'agriculture, la navigation intérieure, la production d'électricité hydraulique et d'eau potable, amplifie la pollution ; dans les pays pauvres elle ruine l'agriculture, décime les troupeaux et ainsi provoque des famines, des déplacements de populations, des hécatombes, des crises sociales et/ou politiques.

Sous climat tempéré, la sécheresse anticyclonique est souvent associée à des vagues de froid ou de chaleur durant quelques jours à quelques semaines ; les premières peuvent affecter gravement la circulation et les activités, et les secondes, les canicules, peuvent provoquer des pics de pollution atmosphériques ; les deux peuvent frapper rudement les personnes fragiles, enfants, vieillards, ou démunies.

1.7.3.2.2.2 - Neige et avalanches

Les chutes de neige se produisent en hiver dans les zones de latitudes moyennes et élevées, soit sur le front chaud des perturbations frontales, soit quand un fort vent froid pousse une masse d'air polaire dans la zone tempérée. Le premier cas correspond aux chutes les plus fréquentes de neige « chaude », lourde et abondante, le second aux chutes plus rares et moins abondantes de neige « froide » que le vent accumule souvent en congères. Une abondante chute de neige peut perturber et même paralyser la circulation, le réseau électrique... d'une vaste région durant plusieurs jours.

Les avalanches se produisent en montagne dans des zones prédisposées par la topographie et l'exposition, notamment lors d'un redoux suivant rapidement une chute abondante, par surcharge de chutes successives sur de fortes pentes, sous l'effet de vibrations dues au vent, à une chute de bloc de glace ou rocheux, au passage d'un animal ou d'un homme, lors de la fonte... Les avalanches de neige poudreuse sont des nuages denses, très froids qui dévalent très vite en s'étalant largement et produisent des ondes de choc parfois violentes ; les avalanches de neige dense sont des écoulements subhydrauliques plus ou moins canalisés dans certains thalwegs. Naguère, les zones et couloirs d'avalanches étaient connus des montagnards qui les évitaient sans toujours y parvenir ; les aménageurs malavisés et les citadins imprudents les ignorent ou les négligent, au détriment des routes et des constructions, mais surtout des vies humaines. On s'en protège en favorisant la végétation, en les déclenchant, en les déviant, en construisant des ouvrages paravalanches... mais la meilleure façon de le faire reste d'éviter les temps et les zones à risques comme on le faisait naguère.

1.7.3.2.2.3 – Phénomènes connexes

Les crues, les mouvements de terrain et quelques autres événements naturels dangereux sont les effets directs ou indirects de fortes perturbations atmosphériques, pluies persistantes, dégel et/ou vent violent pour la plupart.

C'est ainsi que les rivières et les lacs ont des crues plus ou moins intenses et durables, selon la durée et l'intensité de la perturbation atmosphérique qui les provoque. Un talus, un coteau, une paroi, un versant... peuvent demeurer très longtemps stables puis glisser ou s'écrouler à la suite de fortes précipitations, de redoux, du dégel, de crues, de tempêtes littorales... À l'exception de certains de ceux provoqués par les séismes ou les terrassements mal étudiés et/ou mal exécutés, qui peuvent n'avoir que des causes purement mécaniques, la plupart des mouvements de terrains sont donc des phénomènes liés au temps ; l'oublier, les étudier et les contrôler du seul point de vue mécanique ne peut conduire qu'à de graves déboires.

1.7.4 - LA MÉTÉOROLOGIE

La météorologie étudie les variations de la température, de la pression, de l'humidité atmosphériques à court terme en vue de la prévision du temps. Pour cela, elle utilise des modèles maintenant numériques et très compliqués qui manipulent les paramètres du temps dans le cadre de théories en partie thermodynamiques, mécaniques et empiriques. Globalement, on considère que les transferts de la chaleur tropicale et/ou de basse altitude vers le froid polaire et/ou des hautes altitudes produisent des mouvements convectifs et de dérive des masses d'air en contact. On repère la position des masses d'air, les déplacements des fronts et la trajectoire des aires cyclonales et on en tire des cartes météorologiques que les photographies de satellites permettent de faire évoluer en temps réel.

1.7.5 - LES PRÉVISIONS MÉTÉOROLOGIQUES

En raison de leur influence essentielle sur toutes les activités humaines, plus particulièrement l'agriculture et surtout la circulation aérienne, et donc de leurs innombrables implications économiques, les phénomènes atmosphériques sont de très loin ceux auxquels on consacre le plus de moyens techniques et financiers d'étude et de prévision organisées à l'échelle mondiale.

La prévision météorologique est fondée sur les statistiques historiques, les observations et photographies terrestres et par satellites, et sur un nombre impressionnant de mesures de paramètres rapidement variables prises en permanence partout dans le monde, par des stations terrestres, des bouées, des navires, des ballons, des radars, des avions, des satellites... météorologiques, et télétransmises en temps réel à des centres d'exploitation qui disposent d'ordinateurs parmi les plus puissants, sur lesquels tournent des modèles numériques particulièrement lourds et compliqués. Les paramètres de base sont la pression atmosphérique, la température, l'hygrométrie, la force et la direction du vent, les précipitations ; mesurables, on peut considérer qu'ils sont objectifs. Les autres ne peuvent être qu'estimés : rayonnement solaire, terrestre, échanges de chaleur, évaporation, état du sol, type de temps... En fait, on ne retient que ceux que l'on peut utiliser dans les modèles de prévision qui dépendent eux-mêmes des théories du moment, des données et des moyens de traitement disponibles. À ce niveau, la valeur de la prévision dépend donc de l'exactitude et de la précision des mesures et de la qualité des modèles ; elle ne peut être appréciée qu'*a posteriori* puisqu'il n'est pas possible de les valider expérimentalement mais seulement de les corriger par retour d'expérience.

Après traitement, on synthétise tout cela sur des cartes météorologiques à échéance donnée ; l'intervention d'un prévisioniste est alors nécessaire ; aidé par les photographies satellite et les ordinateurs, il les interprète pour anticiper l'évolution du temps en s'appuyant sur les théories relatives à la circulation atmosphérique, perturbations frontales pour l'Atlantique nord et l'Europe maritime, cycloniques pour les zones tropicales, orageuses pour la montagne..., en fixant plus ou moins arbitrairement les conditions initiales du phénomène attendu. En fin de compte, il ne peut qu'indiquer subjectivement des tendances jamais longtemps persistantes.

Les prévisions sont de moins en moins précises à mesure que l'échéance s'allonge ; sur la France, elles sont actuellement assez fiables jusqu'à 2-3 jours : 99% à un jour, 90% à 2 j ; elles n'indiquent que des tendances à 5-6 jours : 70% à 5 j ; au-delà, 50% à 7 j , pile ou face, ce n'est plus une prévision ! Pour une prévision à un jour il faut connaître la situation atmosphérique d'une très vaste zone, comme l'est de l'Atlantique nord, la Méditerranée et l'ouest de l'Europe occidentale ; entre 2/4 jours, il faut connaître celle de la moitié d'un hémisphère et au-delà, celle de la quasi-totalité du globe. Cela implique l'intervention en chaîne de centres d'exploitation et de prévision mondiaux, continentaux, nationaux, régionaux et éventuellement locaux, étroitement coordonnés de façon permanente.

Les études et prévisions météorologiques sont donc très compliquées, très difficiles et imposent de disposer de moyens très lourds et très onéreux ; leurs valeurs et leurs limites sont néanmoins très relatives et quels que soient les moyens que l'on y mettra, il est peu probable que l'on fera beaucoup mieux que gagner encore quelques pour-cent et quelques jours. À quelle échelle que ce soit, elles dépendent d'une part de ce que l'atmosphère, l'océan et les continents sont des systèmes couplés qui néanmoins réagissent différemment aux mêmes stimulations à des échelles de temps différentes, ainsi que de perturbations locales permanentes ou occasionnelles aux effets mal connus, et d'autre part de l'imperfection des modèles fondés sur des théories forcément schématiques, et qui ne manipulent qu'un nombre limité de paramètres, de celle de mesures très dispersées et peu nombreuses, lacunaires et entachées d'erreurs inévitables, ainsi que de dérives chaotiques de longues séances de calculs compliqués.

L'exemple météorologique montre ainsi qu'en matière de phénomènes naturels, même en disposant de moyens considérables, les limites pratiques de la science et de la technique sont vite atteintes. Cela est encore plus vrai pour tous les autres phénomènes naturels éventuellement dommageables qui sont très loin d'être aussi bien documentés et traités.

1.7.6 - LA POLLUTION ATMOSPHÉRIQUE

Si l'on entend par pollution atmosphérique le fait que l'on n'y trouve pas que de l'azote et de l'oxygène, l'air est et a toujours été pollué ; en effet, selon l'endroit et le moment, il contient aussi en plus ou moins grande quantité des gaz divers, des fumées, poussières, sel marin, pollens, bactéries... Depuis la nuit des temps, certaines éruptions volcaniques et les chutes de grosses météorites altèrent de temps en temps l'atmosphère globale et provoquent alors d'énormes catastrophes écologiques ; le vivant excepté nous la modifie incessamment, de façon moins désastreuse, voire même utile. Mais depuis que nous faisons du feu, et surtout depuis que nous utilisons les combustibles fossiles, charbon, pétrole et gaz pour nous chauffer, fabriquer et nous déplacer, depuis que nous provoquons des explosions nucléaires... nous sommes des pollueurs non négligeables.

Suivant leur nature et leur concentration locales, les substances qui polluent l'atmosphère sont plus ou moins nocives pour les êtres vivants, végétaux et animaux dont les hommes, les matériaux de construction...

Dans la troposphère, à l'exception du sable arraché aux grands déserts par les vents violents capables de leur faire traverser les mers et même les océans, les poussières se déposent rapidement par gravité et avec les précipitations ; les gaz et leurs combinés chimiques sont dissous dans la vapeur d'eau et reviennent en partie sur terre avec les précipitations ; ceux qui atteignent la stratosphère calme soit par convection soit par projections à très haute altitude lors d'éruptions volcaniques ou d'explosions nucléaires, y restent longtemps, altèrent plus ou moins la couche d'ozone et se dispersent sur toute la terre. Les pluies qui amènent sur terre les acides nitrique et sulfurique synthétisés en altitude à partir des oxydes d'azote et de soufre détruisent les forêts, polluent les lacs, attaquent les matériaux de construction...

Le smog est un brouillard extrêmement dense de poussières et d'oxydes gazeux dus au chauffage et à la circulation urbains, à l'industrie, qui dégrade les façades des immeubles, bloque la circulation, provoque des affections respiratoires et même la mort de gens fragiles ; il se produit lors d'une inversion thermique : à basse altitude, une couche d'air chaud bloque près du sol une couche d'air froid, ce qui concentre les polluants dans l'air froid immobile et empêche leur dispersion dans l'atmosphère.

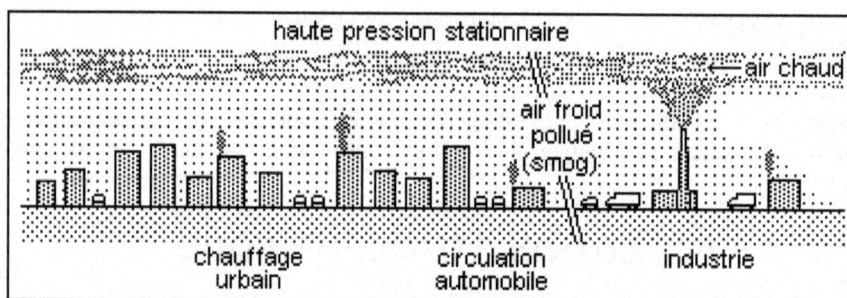

Figure 1.7.6 - Le smog

Le seul remède aux effets de la pollution atmosphérique est d'éviter d'en produire ; nous ne pouvons rien pour celles dont l'origine est un phénomène naturel, éruptions volcaniques pour l'essentiel ; il est indispensable de ne pas y ajouter les nôtres. Nous sommes loin d'en être tous convaincus, alors que l'indifférence d'un seul annihile les efforts de tous ; il n'y a pas de frontières pour la pollution atmosphérique.

1.8 - LES CRUES

Les crues sont les hausses du niveau local ou général d'un cours d'eau au-dessus de son niveau moyen. Selon la situation, l'étendue et la morphologie du bassin versant de ce cours, sa partie concernée... les crues peuvent être fréquentes ou rares, régulières ou non, se produire à des dates ou des époques habituelles ou non ; elles peuvent être rapides ou lentes, plus ou moins abondantes ; bénéfiques, elles répandent du limon fertile à la surface des zones inondées ; maléfiques, elles provoquent d'amples catastrophes à plus ou moins grandes distances des cours d'eau ; brutales ou lentes, elles sont des facteurs de risques « naturels » très dangereux, inondations, érosion, mouvements de terrain, dommages voire ruines d'ouvrages...

Les crues et leurs effets courants, les inondations, sont les événements naturels les plus fréquents à peu près partout dans le monde et sous la plupart des climats ; ce sont aussi les plus dangereux et les plus dommageables, car la plupart des inondations affectent les zones les plus peuplées du monde, les plaines alluviales occupées de façon permanente et aménagées depuis les origines de la civilisation. Les crues ravageuses qui s'y produisaient ont marqué à jamais notre inconscient : le Déluge, la crue destructrice et l'inondation qui en auraient résulté sont de toutes les mythologies ; une divinité provoquait ainsi la pire des catastrophes imaginables, généralement pour purifier le monde et punir les hommes d'être devenus trop arrogants. Les conditions climatiques et géologiques de la fin du Würm, fonte des glaciers, pluies torrentielles, invasion du plateau continental par les mers... qui paraissent avoir été relativement rapides et globales, ainsi que les changements de conditions de vie qui en ont résulté, sont sans doute à l'origine de cette croyance universelle.

La crue est ainsi le phénomène naturel le plus redouté, mais par là-même le mieux connu et le mieux prévenu : les levées de terre latérales comptent parmi nos plus anciens ouvrages de prévention d'un risque « naturel » ; il en existe de largement préhistoriques le long du Nil, de l'Indus, en Mésopotamie, dans les grandes plaines du nord et du centre de la Chine..., là où se sont installés les premiers agriculteurs.

L'archétype de la crue calme est celle de la basse vallée du Nil ; très anciennement caractérisée et décrite, elle a la réputation assez exagérée d'être extrêmement régulière et exclusivement bénéfique : cela est dû aux particularités exceptionnelles de ce fleuve et à son utilisation rationnelle dès la plus haute antiquité par une civilisation entièrement fondée sur sa crue annuelle, qui a pu nous transmettre son savoir d'aménageur. Au contraire, le Huanghe et le Yangtze ont des crues de sinistre réputation, semant la ruine et les morts, fréquemment par centaines de milliers : les antiques dynasties chinoises se sont succédées au rythme de ses débordements, sans que l'on sache bien si les catastrophes qui en résultaient étaient les causes ou les conséquences de désordres politiques contemporains.

Le plus souvent, une crue est une conséquence de fortes précipitations saisonnières ou non, de rapides fontes de neiges sur tout ou partie du bassin versant d'un cours d'eau et plus rarement due à une rupture de barrage naturel ou artificiel ; ces précipitations peuvent être produites par des orages, des cyclones, de fortes dépressions atmosphériques, la mousson... ; ces fontes peuvent être produites par des arrivées hors saison d'air chaud sur des régions enneigées, à la faveur d'un déplacement de front, d'un coup de fœhn... ; une rupture de barrage est le plus souvent produite par une violente crue d'amont à laquelle s'ajoute la vidange de la retenue pour ravager l'aval.

Les inondations que produisent certaines crues, affectent les terres basses, fonds de vallons, plaines alluviales ou côtières ; celles des plaines et deltas surpeuplés des grands fleuves de l'Est et du Sud-est asiatiques font parfois des centaines de milliers de victimes directes et indirectes ; partout, elles entraînent généralement des dommages économiques considérables. Mais elles sont aussi des sources de vie, car les terres inondables des plaines alluviales et côtières, limoneuses et humides, comptent parmi les plus fertiles.

Ainsi, depuis l'époque où ils sont devenus agriculteurs, les hommes ont été confrontés aux inondations de façon quasi systématique. Ils ont donc appris très tôt à les utiliser et à s'en défendre, au moyen d'ouvrages canaux, digues, barrages... qui dans des situations paroxystiques, peuvent se révéler plus dangereux et plus dommageables que les événements dont ils doivent, en principe, améliorer ou combattre les effets.

La géologie, la climatologie, la météorologie, l'hydraulique, la botanique, la géotechnique, l'ingénierie... ont permis d'améliorer ces actions, mais jusqu'à un certain point seulement, qu'il n'est toujours pas possible de connaître : les phénomènes climatiques saisonniers, moussons, trains de dépressions, périodes d'orages, enneigement puis fonte des neiges... ne sont réguliers ni dans le temps ni en intensité ; il s'en produit de paroxystiques hors saison ; les prévisions météorologiques ne sont pas des plus fiables ; le même orage n'aura pas les mêmes effets suivant qu'il se produit dans le même site dont le sol est sec ou saturé ; la crue dite décennale peut se produire plusieurs années de suite ou ne pas se produire avant quelques décennies ; il n'y a pas de digue réellement insubmersible ou indestructible ; quand la retenue est pleine, l'évacuateur de crues d'un barrage doit laisser passer les plus violentes, sous peine de ruine...

Sans atteindre la quasi-régularité des moussons asiatiques ou africaines, la plupart des phénomènes saisonniers facteurs de crues sont loin d'être anarchiques ; ils se répètent de façon plus ou moins analogue d'année en année, et sont relativement stables sur d'assez longues périodes à l'échelle du temps humain : les pluies diluviennes dans l'ouest de l'Europe sont rares en été ; quel que soit le cours d'eau, il n'a presque jamais de crue à ses époques habituelles de maigre. Les sites exposés sont connus de longue date et/ou faciles à identifier et à caractériser : le lit majeur d'un cours d'eau est inondable, les berges d'un torrent sont souvent érodées...

Les crues sont universelles, communes, relativement régulières, avec des paroxysmes très fréquents et faciles à observer ; ainsi, leurs prévisions probabilistes passent pour des plus fiables, car elles sont fondées sur de longues séries d'observations, sur les caractéristiques techniques d'ouvrages parfois antiques, ponts, digues... et sur d'innombrables chroniques de tout temps et de tous lieux. Mais pour que l'on puisse utiliser efficacement les notions d'intensités annuelle, décennale, centennale... en prospective, il faudrait pouvoir admettre que ces distributions statistiques sont stables au cours du temps ou varient de façon monotone et régulière : ce n'est sûrement pas le cas, quel que soit le phénomène concerné. On peut par contre les utiliser avec profit pour les actions de prudence, de protection et même de gestion de crise, de secours et d'assurance ; obnubilé par la prospective, on le fait rarement avec avantage : le calibrage insuffisant de nombreux ouvrages hydrauliques est un facteur très fréquent d'amplification des crues et/ou de ruine des ouvrages eux-mêmes.

1.8.1 - LE PHÉNOMÈNE

Une partie de l'eau de pluie, variable selon l'endroit et l'époque, s'écoule d'abord de façon diffuse, en pellicule à la surface du sol. Cet écoulement est favorisé par l'intensité de l'averse, la forte pente, l'imperméabilité et/ou la saturation préalable du sol, la basse température, le défaut de couvert végétal : il est maximum lors d'un gros orage de saison fraîche, sur sol nu argileux, *bad land*, labour, ou imperméabilisé par des aménagements et ouvrages, voirie, toitures... Il se rassemble ensuite en rigoles ou caniveaux, ruisseaux, sentiers, chemins, routes ou égouts, rivières, fleuves pour aboutir à la mer. Son évolution peut aller du torrent à forte pente et régime instable de montagne, au fleuve à faible pente et régime stable en plaine, mais des rivières torrentielles arrivent directement à la mer et il y a de calmes ruisseaux d'amont de bassin en plaine.

1.8.1.1 - LES CRUES D'AMONT

Les crues qui se produisent à l'amont des bassins versants, en particulier celles de torrents de montagne, sont peu durables, une demi-journée au plus, rapides, montée et descente du niveau de plusieurs dizaines de centimètres par heure, et peu fréquentes, une au plus par saison, rarement paroxistique ; ainsi, elles sont souvent inattendues et par là, très dangereuses.

Elles provoquent fréquemment des barrages d'embâcle temporaires, des changements de lit et de nombreux et amples mouvements de terrains riverains sur les versants fragiles des vallons et des vallées par érosion ici, affouillements, coulées de boue, laves torrentielles, écroulements et glissements, et sédimentation là, épandages de graves, embâcles/débâcles d'arbres et d'effluents solides... Au fil du temps par accumulation d'effets, il en résulte, en principe, les classiques morphologie et comportement torrentiels : à l'extrémité amont du torrent, la majeure partie du ruissellement diffus environnant se rassemble à la sortie du bassin de réception, niche d'érosion intense au sol nu, raviné, toujours instable, qui produit une partie des matériaux des coulées et laves torrentielles ; détruisant tout sur son passage, le torrent en crue dévale le versant de la vallée-émissaire par un canal d'écoulement quasi rectiligne et très pentu, le long duquel son effluent se charge de matières solides, terre, graviers, blocs rocheux, végétation, par affouillement des parties meubles des berges et du thalweg ; au fond de la vallée, au maximum de son énergie, il s'étale anarchiquement sur son cône de déjection que la sédimentation de ses effluents solides engraisse ; au pire, ils peuvent traverser le cône, obstruer son émissaire et amplifier les dégâts provoqués par la propre crue de ce dernier ; c'est là qu'il est le plus dangereux car c'est là que sont généralement installés les hommes ; on a n'a pas souvent le temps de réagir, car la météorologie ne peut diffuser que des annonces d'alertes qui ne seront pas systématiquement confirmées, et les annonces hydrologiques sont pratiquement impossibles en raison de la rapidité de l'onde de crue et de la proximité de la zone de précipitation.

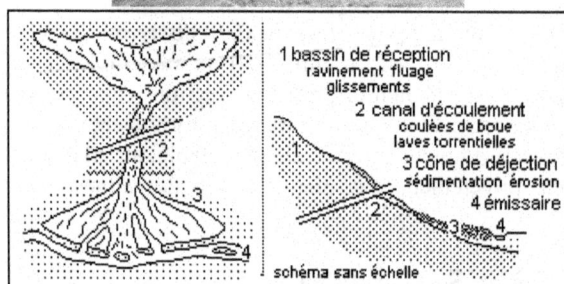

Photo et figure 1.8.1.1 – Morphologie d'un torrent de montagne

Les rivières torrentielles des grandes vallées de montagne, principaux émissaires des torrents, sont réduites à un long et large canal d'écoulement le plus souvent quasi sec, aux fréquentes ruptures de pentes, très instable dans les zones alluviales où les grandes crues qui passent généralement très vite, peuvent le déplacer et être très destructrices.

1.8.1.2 - LES CRUES D'AVAL

À l'opposé, les crues d'aval sont en principe lentes, durables, attendues, bénéfiques à l'agriculture, néfastes aux installations stupides et/ou mal protégées ; elles résultent du comportement spécifique de nombreux affluents aux régimes différents ; les pires sont celles qu'entraîne la coïncidence inhabituelle de crues de plusieurs affluents. Elles se produisent dans les plaines alluviales où elles provoquent des inondations qui noient une grande partie du fond de vallée sous un vaste plan d'eau quasi immobile ; en se retirant après avoir déposé une couche de limon, il arrive que le lit mineur se soit déplacé. Ce lit est en principe permanent, généralement sinueux, parfois à méandres ; il est limité latéralement par des berges hautes et assez stables ou par des digues naturelles et/ou artificielles. Le reste de la plaine alluviale, jusqu'au pied d'une terrasse ou d'un versant, constitue le lit majeur, en principe tout ou partie inondable selon l'importance de la crue et l'efficacité et/ou la solidité des digues.

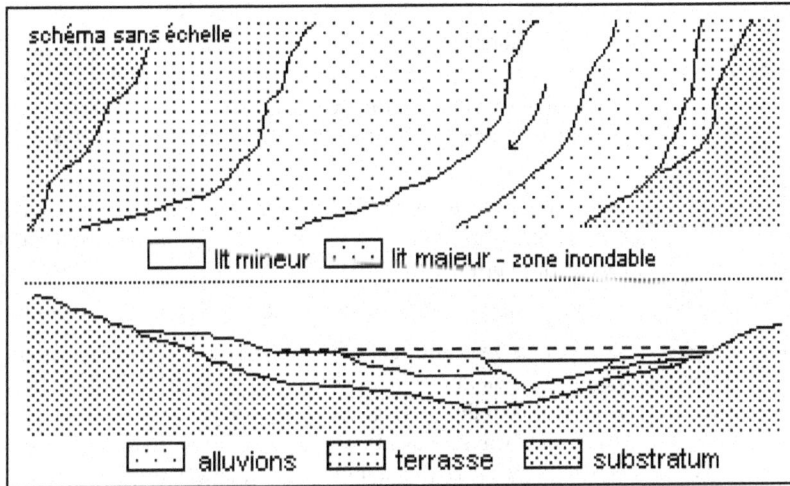

Figure1.8.1.2 – Inondation de plaine alluviale

Les crues ont ainsi des causes et des effets nombreux et variés.

1.8.2 - ÉTUDE DES CRUES

L'étude des crues est extrêmement complexe ; elle impose le recours à de nombreuses sciences et techniques dont il est difficile de faire la synthèse, car il est rare que leurs spécialistes respectifs confrontent directement leurs expériences ; ils n'ont le plus souvent de relations qu'à travers des idées générales livresques, mal comprises et/ou mal assimilées et privilégient systématiquement leurs propres points de vue.

Les résultats que l'on peut attendre d'une étude de crue, concernent d'abord la totalité du bassin, le cours d'eau lui-même et ses affluents, afin de préciser les caractères du régime général du cours d'eau ; il est nécessaire mais insuffisant de les connaître, car des crues successives n'ont pas les mêmes effets au même endroit, et la même crue n'a pas les mêmes effets en des endroits différents du cours ; chaque partie, chaque endroit doit donc être l'objet d'une étude spécifique.

1.8.2.1 – ORGANISATION

La géologie, la climatologie, l'hydraulique et la botanique appliquées à l'ensemble de son bassin versant, permettent d'analyser le comportement général d'un cours d'eau, son régime, de définir les types de crues qu'il produit, et de proposer des schémas généraux de surveillance et d'aménagement ; appliquées à un endroit particulier du bassin, elles permettent de caractériser les crues locales, de montrer leurs effets éventuels, inondations, mouvements de terrains..., de définir des actions de prudence et des ouvrages de protection.

La météorologie et l'hydrologie donnent des bases en principe sérieuses à des annonces à très court terme, des quasi-prédictions, plus ou moins réussies, à partir de modèles mathématiques fondés sur les caractères généraux du cours d'eau et de son bassin versant ainsi que sur son histoire ; ils sont maintenant informatisés, susceptibles d'être alimentés directement par des données locales télétransmises ; on a ainsi gagné en rapidité de résultat, mais pas forcément en précision et encore moins en pertinence et rapidité de décision qui dépendent d'hommes et non de machines : seul, un prévisionniste peut faire une annonce ; elle ne sera pas toujours suivie d'effet sur le terrain.

La géotechnique et l'hydrologie permettent de caractériser les zones à risques et fournissent les données techniques nécessaires aux études d'aménagements et d'ouvrages riverains et/ou de protection.

L'ingénierie étudie ces ouvrages de protection, assure leur réalisation et leur entretien.

L'extrême complexité des études hydrauliques de cours d'eau en général, et de leurs crues en particulier, conduisait naguère à réaliser et faire fonctionner dans des conditions données, des modèles réduits de biefs et/ou d'ouvrages ; on les remplace maintenant par des modèles informatiques de forme et de comportement du bassin versant ; des effets de schématisation et d'échelles mal maîtrisés, imposent une grande prudence dans les interprétations de résultats obtenus par ces deux moyens.

1.8.2.2 – CARACTÉRISATION HYDROLOGIQUE DE LA CRUE

À un endroit donné, une crue se caractérise par de nombreux paramètres hydrométriques dont il importe de connaître au moins les ordres de grandeurs quand elle est susceptible de se produire, et qu'il est nécessaire de mesurer quand elle se produit ; les archives ont en effet un rôle particulièrement important en matière d'études de crues, car ces études sont essentiellement probabilistes : elles imposent donc la disposition de longues bases de données et les modèles mathématiques des annonces doivent être constamment ajustés.

1.8.2.2.1 – Hauteur de crue

Les hauteurs de crues se repèrent sur le terrain au moyen d'indices très faciles à observer à la décrue ou même longtemps après, marques sur les parois rocheuses et les maçonneries, traces d'érosion ou de dépôts sur les rives temporaires ; presque partout, sur certains édifices des régions habitées, il y a des repères datés de très hauts niveaux atteints. Ces hauteurs se mesurent au moyen de marques, d'échelles ou de limnigraphes placés sur des ouvrages riverains comme les culées de ponts ; elles peuvent dépasser la quarantaine de mètres dans les cluses ou gorges de très grands fleuves comme dans Xilingxia, la troisième gorge du Yangtze où l'eau peut monter de près de 1 m/h en pointe et de 3 à 7 m/j en moyenne et descendre de 3 à 4 m/j ; un promontoire rocheux de Qutangxia, la première gorge, indique les niveaux des principaux étiages et crues du fleuve depuis plus de deux millénaires, ce qui en fait la plus vieille station hydrométrique connue. La plupart des fleuves d'Europe ont, assez souvent, des crues d'une dizaine de mètres et il s'en produit de quelques mètres, couramment, un peu partout.

1.8.2.2.2 – Vitesse du courant

Les vitesses instantanées de l'eau sur des profils en travers caractéristiques, se mesurent au moyen de moulinets, d'appareils à effet Doppler ou autres ; elles varient sensiblement sur une même section mouillée, de sorte qu'il faut y multiplier les mesures selon la largeur et la profondeur ; les 30 km/h sont rarement dépassés, car aux alentours de telles vitesses, ce n'est généralement plus de l'eau qui s'écoule, mais un brouet boueux à forte viscosité, assez proche d'une coulée de boue, auquel aucun instrument ne résiste.

1.8.2.2.3 – Vitesse de l'onde de crue

Les vitesses de propagation des crues le long des cours, toujours inférieures aux vitesses instantanées, se mesurent par les temps de passage des crêtes d'ondes entre deux sites comme des entrées ou sorties de biefs, des ponts ; elles varient largement le long des cours, de la quasi-stagnation à plus de 20 km/h, selon les profils en long et en travers des biefs, la présence de zones d'épandage, de gorges, confluents, ponts, quais... L'onde de crue du Nil ou plutôt ce qu'il en reste depuis la construction du barrage, met environ six semaines pour aller d'Assouan au Caire, à un peu moins de 1 km/h en moyenne ; celle du Rhône en aval de Lyon ne dépasse pas 5 km/h environ. L'onde de crue des rivières torrentielles croît avec le débit ; la vitesse de l'onde des rivières qui ont de grandes zones inondables croît avec le débit tant que la rivière ne déborde pas ; après qu'elle ait débordé, elle décroît alors que le débit croît encore.

1.8.2.2.4 – Débit de crue

Les débits sont obtenus au moyen de calculs hydrométriques plus ou moins compliqués, à partir des hauteurs et vitesses mesurées en des endroits où les lits ont des profils en travers stables topographiés, seuils rocheux, ponts... Après étalonnage, les mesures de hauteur suffisent à y déterminer ces trois paramètres dont les valeurs permettent d'apprécier des intensités relatives de crues. Les plages de débits ont des étendues considérables, selon le cours d'eau et sur un même cours, entre un étiage et une crue ; le débit de l'Amazone en crue peut dépasser les 200 000 m^3/s ; le rapport du débit d'étiage au débit de crue peut être supérieur à 150 pour un torrent de montagne ou un fleuve tropical, à moins de 10 pour le cours inférieur d'un fleuve régulier, 2 à 3 en année moyenne sans grande crue. À Orléans, le débit de la Loire est en moyenne de 300 m^3/s environ, de 25 m^3/s à l'étiage et de 8 000 m^3/s lors de grandes crues.

1.8.2.3 – CHRONOLOGIE ET STATISTIQUE

Les dates de début, de maximum et de fin de crue, plus ou moins marquées et régulières, doivent évidemment être répertoriées aux endroits caractéristiques des cours ; les durées de passages de crues torrentielles les plus rapides, peuvent ne pas dépasser une à deux heures ; certaines vastes zones très plates, riveraines de grands fleuves calmes, peuvent demeurer inondées durant plus d'un mois ; les plaines du bas Rhône peuvent l'être d'une à trois semaines environ.

L'ensemble des données hydrométriques et chronologiques, analysées statistiquement, permet d'établir des courbes annuelles de hauteurs et de débits ainsi que des probabilités plus ou moins fiables, en des endroits remarquables des cours : dans telle zone, une crue de telle intensité est susceptible de se produire au cours de telles périodes de l'année, avec telle fréquence annuelle ou pluriannuelle. À Tarascon, le module du Rhône est d'environ 1 500 m³/s, le débit d'étiage est d'environ 350 m³/s et celui de la crue maximum a longtemps été estimé à 12 000 m³/s ; il s'y produit environ quatre crues de 4 m-3 500 m³/s par an, une crue de 5 m-5 000 m³/s tous les dix-huit mois, une crue de 6 m-6 000 m³/s tous les deux ou trois ans..., mais en septembre 2002 et en décembre 2003, il s'est produit deux crues de près de 15 000 m³/h, plus que centennales !

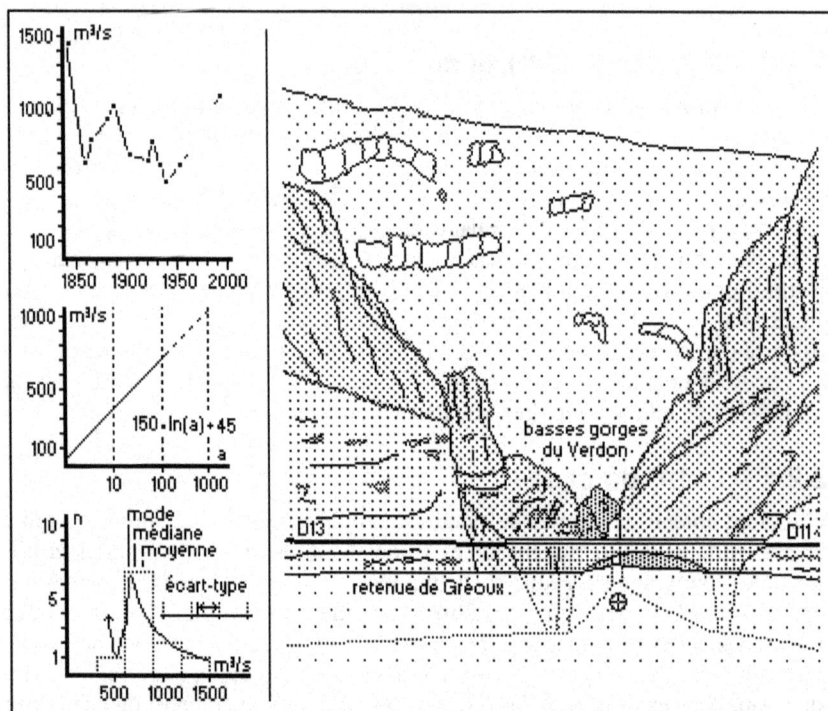

Figure 1.8.2.3 – Hydrographie du Verdon au pont de Quinson

Le pont de Quinson, sur le Verdon, à l'entrée de la deuxième partie des basses gorges est dans un site entièrement rocheux, de section quasi-rectangulaire, immuable et facile à calibrer de sorte que les débits de toutes les crues de hauteur connue peuvent y être correctement estimés : 11/1843, 1 450 m³/s - 09/1860, 650 m³/s - 10/1863, 800 m³/s - 10/1882, 930 m³/s - 10/1886, 1 020 m³/s - 06/1903, 700 m³/s - 10/1924, 670 m³/s - 11/1926, 780 m³/s - 11/1933, 630 m³/s - 11/1935, 510 m³/s - 11/1951, 650 m³/s ; en 110 ans, il y eut donc 11 crues de plus de 500 m³/s considérées comme exceptionnelles, et de 800 m³/s moyenne, pour un écart-type de 250, courte série et fort écart-type, statistique peu convainquante ; mais ce pont se trouve aussi au sein de l'important aménagement hydroélectrique de la rivière, de sorte qu'il a servi de débimètre de référence pour établir la loi logarithmique d'intensité des crues, prise en compte pour calculer les évacuateurs de crues des barrages - $150 \times \ln(a) + 45$ -, par laquelle on calcule par exemple la période de retour de $800 \ \text{m}^3/\text{s}$, ≈ 150 ans, la crue décennale, $\approx 400 \ \text{m}^3/\text{s}$, centennale, $\approx 700 \ \text{m}^3/\text{s}$, millennale, $\approx 1\ 100 \ \text{m}^3/\text{s}$; la crue de novembre 1994 y a été $\approx 1\ 000 \ \text{m}^3/\text{s}$, malgré la régulation résultant de l'aménagement : une crue centennale tous les dix ans, trois crues millenales en 150 ans !

1.8.2.4 - CARTOGRAPHIE ET GÉOTECHNIQUE

Les cartes topographiques précises des zones susceptibles d'être inondées sont indispensables pour délimiter les parties affectées par une crue de hauteur donnée ; elles peuvent maintenant être complétées et précisées par télédétection en cours d'inondation. Au pire, il faut admettre que l'ensemble du lit majeur d'un cours d'eau est susceptible d'être inondé un jour ou l'autre ; quand il est sec, il est facile d'en tracer les limites par levers de terrain et télédétection : à l'automne 1886, la basse vallée du Rhône a été entièrement inondée, localement sur une largeur d'une quarantaine de kilomètres ; il en existe de bonnes cartes contemporaines ; l'IGN (Institut Géographique National) établit des séries de photographies aériennes de toutes les crues importantes depuis 1945.

On doit aussi savoir que des mouvements de terrains se produiront à coup sûr, là où les berges et les versants sont constitués de matériaux meubles ; dans de telles zones, des études géotechniques spécifiques sont indispensables. Bien entendu, il faut aussi réaliser de telles études avant tout aménagement, ainsi qu'avant la construction de tout ouvrage riverain, hydraulique ou non : les Évangiles recommandent de construire ces ouvrages, sur le rocher plutôt que sur le sable.

1.8.2.5 - SYNTHÈSE

L'étude générale de l'ensemble du cours d'eau et de son bassin versant permet de définir son régime, de préciser le mécanisme et le scénario de ses crues, et de répertorier les endroits à risque. Il est ensuite nécessaire d'étudier spécifiquement chacun de ces endroits pour bâtir un scénario plausible du déroulement local d'une crue d'intensité donnée, et en tirer les conséquences sur les actions à entreprendre. Une coordination générale de toutes ces études est indispensable pour l'ensemble du bassin, car lors d'une crue, tous les événements qui s'y déroulent sont étroitement liés : on peut à peu près savoir ce qui va se passer à un endroit donné, sachant ce qui se passe en amont et parfois aussi en aval ; un ouvrage construit pour éviter un danger, pourrait avoir une influence néfaste un peu plus loin ; en cours de crue, une action entreprise pour protéger une zone pourrait en sinistrer une autre, pas forcément voisine... Toute intervention sur un cours d'eau, à froid et encore plus à chaud, doit être scrupuleusement préparée, à partir d'études sérieuses, et être mise en œuvre avec beaucoup de prudence ; son suivi doit ensuite être assuré, afin de vérifier son efficacité et/ou sa nuisance et la modifier à la demande.

1.8.3 - CAUSES DES CRUES

Selon leurs régions d'origines, les principales causes des crues sont les débâcles de barrages de glace ou de glissements de versants, les fontes de neiges, les précipitations anormalement intenses, étendues et durables : on qualifie alors le régime du cours d'eau de glaciaire, nival ou pluvial. En fait, en dehors de la haute montagne et des régions froides, les pluies sont à l'origine de la plupart des crues les plus fortes et les plus fréquentes : les régimes des cours d'eau sont étroitement liés aux régimes des pluies, et, plus généralement, aux climats des diverses parties des bassins versants, océaniques, continentaux, méditerranéens, tropicaux... ainsi qu'à la géomorphologie et à l'hydraulique des bassins. Crue d'été abondante, régulière et simple dans une zone désertique du bassin méditerranéen, la crue du Nil inférieur a longtemps intrigué :ses étranges caractères résultent, assez paradoxalement, de la variété morphologique de son immense bassin, de son extrême longueur et de la direction générale de son cours, S-N ; son bassin s'étend ainsi sur une zone équatoriale de hauts plateaux, une zone tropicale mi-basse, mi-montagneuse et une zone désertique, l'Égypte, étroite vallée encaissée extrêmement fertile, grâce au limon déposé par les crues et à des aménagements depuis que l'homme s'y est converti à l'agriculture ; de plus, son cours comporte plusieurs éléments régulateurs naturels, Grands lacs africains, marécages du Soudan, cataractes... et artificiels, digues, bassin, canaux.

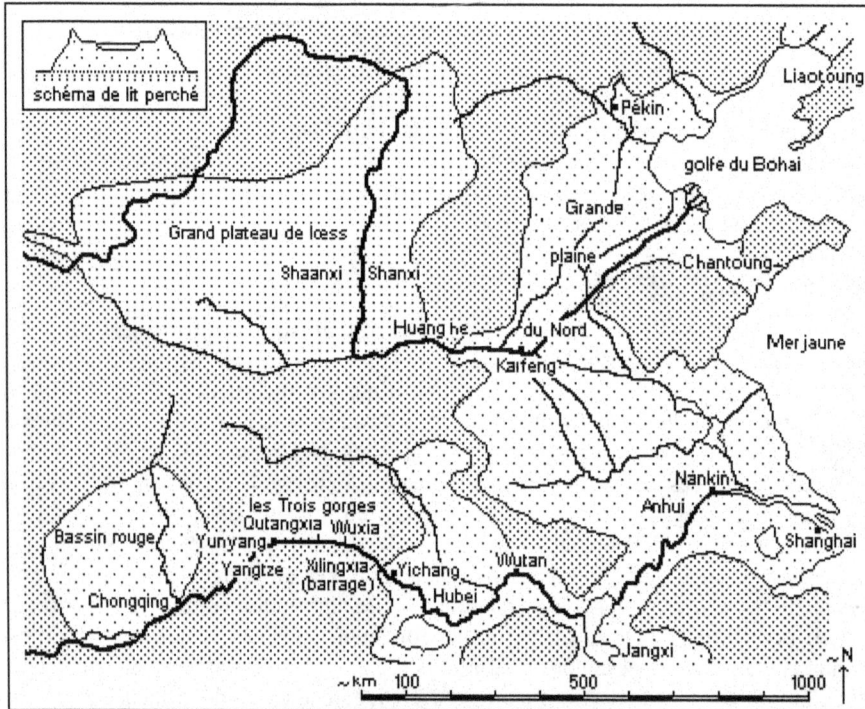

Figure 1.8.3 – Les grands fleuves de Chine

La furie destructrice et meurtrière du Huanghe résulte d'un régime désordonné et de l'érosion intense du plateau de lœss du Shanxi/Shaanxi qui donne à ses eaux une charge considérable, plus de 3kg/m^3, dont la moitié se dépose dans la Grande plaine du nord, son gigantesque ct fluctuant delta lardé d'innombrables bras anastomosés ; ce delta vagabond qui progresse de 20 km² par an dans le golfe du Bohai, a changé plus de vingt fois de cours en trois millénaires ; le fleuve et ses bras principaux édifient des lits perchés entre des digues constamment rehaussées, très fragiles et extrêmement dangereuses quand elles rompent car le fleuve envahit alors la majeure partie de la plaine transformée en un immense lac qui se résorbe très lentement faute de pente et dépose une couche de limon dont l'épaisseur dépasse souvent 2 m, immense delta lardé de lits plus ou moins abandonnés de ce fleuve

À peu près n'importe où, à l'aval de sites pentus dont les sols sont très peu perméables, *bad lands*, labours, voirie et toitures et sans qu'il y ait des réseaux organisés, il peut se produire des crues soudaines, très rapides et très abondantes, dues à de très gros orages locaux ; rares et inattendues, elles peuvent être très destructrices, dans des sites généralement très peu étendus.

Dans les régions où l'occupation du sol est dense et les aménagements nombreux, l'intensité des crues a généralement tendance à être amplifiée et ses effets dommageables peuvent s'aggraver considérablement, notamment après urbanisation de zones inondables, la pire des choses que l'on puisse faire ; il arrive ainsi que des crues auparavant maîtrisées, soient maintenant débridées. Les causes principales en sont entre autres la destruction de la végétation remplacée par des surfaces imperméables, voirie, toitures... qui accroît le ruissellement dans des proportions souvent considérables, la disparition par remblayage et/ou endigage de zones inondables parfois marécageuses qui fonctionnaient comme des réservoirs-tampons, écrêteurs de crues, le calibrage erroné d'ouvrages hydrauliques qui créent des remous voire des barrages en cas d'embâcles, les extractions de matériaux qui abaissent le thalweg et accélèrent l'érosion, le remembrement qui modifie l'ancien réseau de drainage et d'écoulement, généralement efficace..., et finalement, tous les aménagements dont les effets imprévus perturbent le ruissellement naturel des eaux de précipitation et le cours des émissaires.

1.8.4 - EFFETS DES CRUES

Dans un site naturel, selon la pente et la nature locales du lit mineur, de ses berges et ses abords, une crue peut plus ou moins éroder la berge concave et/ou alluvionner la berge convexe ; l'érosion des berges peut entraîner des divagations de lits, des recoupements de méandres, le déclenchement de mouvements de terrains sur certains versants minés en pied ; une couche plus ou moins épaisse de limon peut se déposer sur les zones longtemps inondées ; l'alluvionnement progressif des abords peut construire des levées latérales allant jusqu'à l'exhaussement du lit au-dessus de certaines plaines, puis provoquer de très graves inondations en cas de rupture lors d'une crue suivante... À la suite du passage d'une grande crue, le paysage de toute une région peut ainsi être totalement modifié. Ces phénomènes parfaitement naturels quelles que soient leurs intensités, ne sont évidemment redoutables que là où des hommes sont installés, à charge pour eux de s'en accommoder et de les parer dans la mesure du possible.

Photos 1.8.4 – *Après des passages de crues torrentielles*

Une rue de village transformée en torrent.   Une digue détruite et une villa imprudente sinistrée.

Les ouvrages riverains peuvent être emportés par le courant, entraînés par un écroulement de berge, ruinés par affouillement de leurs fondations ; les montées puis descentes d'eau lors de chaque crue, peuvent provoquer la fissuration de bâtiments fragiles... Les voies sur digues ou sur remblais, les ponts dont le tirant d'air est insuffisant ou dont les piles et culées sont affouillables sont particulièrement vulnérables. Les déplacements de lit pour remblayer des plates-formes sont des opérations très risquées sur les cours d'eau torrentiels dont la puissance de crue peut être très grande : en une ou deux heures du passage de l'onde de crue, les enrochements de défenses sont souvent déplacés ou contournés et le lit peut facilement reprendre sa place après avoir tout saccagé, non seulement sur la plate-forme, mais parfois aussi, loin à l'aval : selon l'Écclésiaste, les fleuves repassent toujours par où ils ont passé. Les ponts à tirant d'air insuffisant peuvent provoquer des remous, des sauts dépassant la dizaine de mètres, des embâcles, et donc des inondations à l'amont et des amplifications d'onde à l'aval ; ceux à travées multiples, augmentent ces risques.

1.8.5 - PARADES

Les crues sont trop localisées et trop différentes les unes des autres pour qu'il soit possible de concevoir et mettre en œuvre des parades systématiques efficaces ; on peut toutefois retenir que dans tous les cas, les zones inondables sont les sites naturels les plus efficaces pour tempérer sinon neutraliser un cours d'eau en crue : la meilleur des parades aux effets dommageables des crues est donc de laisser le cours d'eau se répandre aussi largement que nécessaire sur ses abords ; les anciens le savaient, qui ont occupé et aménagé de préférence les points hauts de vallées, laissant à l'agriculture la disposition des zones inondables où elle trouvait humidité et fertilité du sol, renouvelées à chaque crue. On l'a peu à peu oublié en aménageant et en construisant un peu n'importe où, et il faut maintenant apprendre à composer avec les crues, car s'il est à peine possible de neutraliser les moins violentes, il est pratiquement impossible de contenir la plupart des autres.

On pourrait intervenir de multiples façons pour sécuriser le comportement d'un cours d'eau et éviter l'amplification et la fréquence des crues ; l'action sur le climat et/ou le temps qui serait la plus efficace, n'est malheureusement pas possible. Selon le cas, on peut par contre, plus ou moins améliorer l'écoulement de l'eau dans le lit, écrêter les crues, limiter la surface des zones inondables, adapter les ouvrages menacés... On ne le fait pas toujours à bon escient ; les effets pervers de la parade la plus fréquemment utilisée, l'endigage, sont nombreux et presque toutes dommageables : en isolant le lit mineur du lit majeur, on provoque une forte érosion du lit mineur pouvant déstabiliser les ouvrages riverains, on altère le drainage des abords qui peuvent devenir marécageux, on supprime les apports de sédiments fertilisants, on réduit plus ou moins l'alimentation de la nappe phréatique... ; on assure aussi une sécurité douteuse, car les ruptures et submersions de digues sont fréquentes , on reporte la crue à l'aval en l'amplifiant...

Sur l'ensemble du bassin, la lutte contre les ruissellements désordonnés et intempestifs, ainsi que contre l'érosion est indispensable ; on y parvient en favorisant la végétation, en limitant les sols nus agricoles ou imperméabilisés des aménagements urbains ; le reboisement est très efficace en montagne, beaucoup moins en plaine. Les lacs, les marécages, les zones inondables, les larges lits mineurs presque vides à l'étiage sont des écrêteurs de crues particulièrement efficaces : il est bon d'éviter de les détruire ou de les altérer et si on l'a fait, il est opportun de les rétablir, au moins en partie ou de les améliorer. On peut les épauler par de multiples retenues collinaires dans les hauts du bassin, par des ouvrages de rétention d'orages et des chaussées perméables sur les autoroutes et dans les zones urbaines... ; les ouvrages de rétention sont destinés à stocker temporairement les eaux pluviales pour éviter la saturation voire le débordement des réseaux d'écoulement superficiels et d'assainissement ; ce sont si possible de vastes cuvettes peu profondes végétalisées, parfois aménagées en parcs, en stades... ; si l'on ne dispose pas de surfaces suffisantes, on les construit sous des carrefours ou même des rues...

Le cours d'eau lui-même peut faire l'objet d'aménagements, et c'est souvent à cela qu'on limite les remèdes, ce qui est indispensable mais notoirement insuffisant. Le nettoyage courant du lit mineur et son entretien contre la sédimentation par des dragages, la protection du thalweg contre l'érosion par des seuils transversaux, et la stabilisation des berges par la végétation et les ouvrages de rives, perrés, palplanches, digues longitudinales, épis, quais... permettent de stabiliser le cours. La section d'un lit aménagé doit évidemment être telle qu'une grande crue puisse passer sans déborder, mais il est impossible d'arriver à une section telle qu'une crue exceptionnelle puisse le faire ; en cas de canalisation latérale, et si cela est possible, on conserve l'ancien lit pour faire passer les très grandes crues. Les grands barrages peuvent, dans une certaine mesure, écrêter les crues, mais leur volume utile est sans proportion avec le volume d'une grande crue : quand il s'en présente une, on ne peut alors que la laisser passer entièrement, par ce que l'on appelle précisément un déversoir de crues dont tout barrage est évidemment pourvu ; et si par malheur, le barrage rompt... Les retenues se comblent peu à peu, sauf chasses de curage périodiques, souvent très nuisibles pour l'aval ; ce comblement se fait au détriment de l'alluvionnement des zones d'aval où il pouvait être utile à l'agriculture et/ou à la stabilité des côtes basses d'embouchures ou de deltas. Pour protéger les terres riveraines contre les inondations, on peut aménager des bassins de rétention, des prairies humides, des peupleraies, des marécages ; les ouvrages les plus courants sont les digues latérales que l'on souhaite évidemment insubmersibles ; la plupart ne le sont pas : lors de crues exceptionnelles, elles se révèlent extrêmement dangereuses ; de vrais torrents dévastateurs s'engouffrent dans les brèches qui s'y produisent par érosion ou en cas de rupture ; on peut essayer d'éviter cela en prévoyant des vannes de sécurité que l'on ouvre au besoin pour inonder des zones inoccupées, si possible réservées à cet effet. Dans des situations dramatiques, comme celle de La Nouvelle-Orléans qui risquait d'être ravagée par une énorme crue du Mississippi en 1927, car la levée qui la protégeait allait rompre, l'ouverture volontaire d'une brèche dans une levée, peut sauver une zone urbaine, bien entendu au détriment d'une zone de campagne qui a été immanquablement ravagée, après que l'on ait évidemment évacué les habitants qui n'ont pas vraiment apprécié ; de la même façon en août 1998, en attendant une hypothétique régulation du fleuve par le barrage des Trois gorges en construction sur Xilingxia, c'est pour protéger Wuhan qu'en amont, dans la Grande plaine de l'Hubei, les digues secondaires du Yangtze ont été dynamitées, mais avant, bien d'autres avaient rompu, faisant comme toujours, de très nombreuses victimes dans l'une des plaines agricoles surpeuplées du centre de la Chine, Hubei, Jiangxi, Anhui - plus de 3 000 victimes recensées, un nombre incalculable de disparus et plus de 15 millions de personnes déplacées... Cette crue a été beaucoup plus dommageable que celle de 1954, alors que les pluies de mousson ont été moins violentes et abondantes, car entre temps, pour accroître les surfaces agricoles, le bassin du fleuve a été largement déboisé, les lacs et les marécages ont été asséchés, et les zones urbaines et industrielles ont été considérablement agrandies. Les levées peuvent aussi fonctionner à l'envers, si elles ont été contournées : à la décrue, elles empêchent l'eau de retourner dans le lit et prolongent l'inondation.

Les berges riveraines de versants instables doivent être très sérieusement étudiées, stabilisées au moyen d'ouvrages de défense, digues, enrochements, épis régulièrement entretenus ; il peut être indiqué d'éloigner le lit d'une zone très fragile : l'obstruction d'un cours d'eau en crue par les alluvions d'un cône de déjection latéral, les produits d'un glissement ou d'un écroulement, peut créer un remous destructeur à l'amont et, après la rupture à peu près inévitable du barrage, une énorme amplification de la crue à l'aval. Les mouvements de terrains déclenchés par les crues sont généralement dus à des suppressions de butées de pied par affouillement ; on les étudie et on les traite comme on le fait ailleurs.

Les aménagements et les ouvrages riverains peuvent ainsi être plus ou moins bien protégés. L'idéal serait de ne pas avoir construit dans des zones inondables ou à proximité de berges instables et de déclarer inconstructibles celles qui sont encore inoccupées ; à l'exemple des fermes anciennes dans les plaines alluviales, il est au moins nécessaire d'y adapter les constructions aux inondations : implantation sur une éminence, pas de sous-sols, matériaux stables à l'immersion, rez-de-chaussée utilisés pour des activités non affectées par d'éventuelles immersions, matériaux et structures assez solides pour résister à de violents courants...

1.8.6 - LE RISQUE

Il y a toujours un risque aux abords d'un cours d'eau et même souvent loin de lui : les crues de torrents de montagne comme celles de fleuves de plaine sont susceptibles de menacer plus ou moins les cultures, les voies de communication, les ouvrages, la vie..., mais les sites inondables et/ou exposés aux autres effets des crues sont connus de longue date et/ou faciles à identifier et à caractériser.

En fait, sur l'ensemble ou une partie d'un cours d'eau, la plupart des crues sont de relativement faibles intensités et peuvent être regardées comme habituelles ; leurs effets sont alors connus par expérience et généralement bien pris en compte ; elles ne sont pratiquement jamais dommageables, soit parce que l'eau ne sort pas du lit mineur, naturellement ou grâce à des aménagements bien calibrés qui ne sont pas débordés et demeurent donc efficaces, soit parce que les berges du cours d'eau sont stables, stabilisées ou inoccupées, soit parce que ces crues inondent des zones connues où tous les ouvrages éventuels leur sont adaptés.

On considère que les crues sont d'autant plus exceptionnelles qu'elles causent le plus de dommages importants ; cela n'est pas toujours pertinent ; les effets des crues les plus courantes sont souvent amplifiés par le calibrage ou la solidité insuffisants de nombreux ouvrages hydrauliques : un pont au tirant d'air trop faible ou quelque temps obstrué par des arbres peut provoquer une inondation inattendue à l'amont, et sa rupture peut amplifier considérablement l'onde de crue vers l'aval ; la rupture d'une digue mal entretenue peut être une cause de ravages dans la plaine qu'elle était censée protéger, sans que la crue ait atteint une hauteur telle que la digue aurait été submergée. Les vrais crues naturellement exceptionnelles résultent toujours de concours de circonstances météorologiques et hydrologiques peu fréquents comme une longue succession de fortes perturbations sur l'ensemble du bassin versant, entraînant la simultanéité des crues d'affluents qui ont des régimes habituellement déphasés différents ; les catastrophes qu'elles entraînent sont souvent amplifiées par des défaillances des ouvrages de protection.

Les violents et déroutants torrents de montagne peuvent se montrer vraiment ravageurs, souvent en moins d'une heure et généralement sans prévenir : dans leurs bassins de réception et sur les versants de leurs vallées, ils accompagnent ou déclenchent fréquemment des mouvements de terrains plus ou moins destructeurs ; aux abords de leurs thalwegs, les coulées de boues et surtout les laves emportent tout sur leurs passages, ponts, maisons, terrains de camping et leurs malheureux occupants, comme au Grand-Bornand en juillet 1987 et à Biescas en août 1996 ; dans les biefs peu pentus et sur les cônes de déjection, la sédimentation peut embourber voire enterrer tout ce qui s'y trouve, y compris du bétail et même des gens.

En principe les inondations de plaines ne devraient pas être directement meurtrières, car il devrait toujours être possible d'avertir les gens menacés avant l'arrivée de l'onde ; elles le sont pourtant un peu partout et notamment dans les vastes plaines surpeuplées comme celles de l'Est et du Sud-est asiatiques où de plus, elles peuvent entraîner des épidémies voire des famines ; partout, elles causent toujours des dégâts matériels dont le coût peut être considérable, et d'importants préjudices aux sinistrés. Le principal danger y est la submersion et/ou la rupture de digue : en 1996, le Rhin et la Meuse ont ainsi causé de graves dommages en Hollande intérieure, où l'on a dû évacuer près de 100 000 personnes dans les zones les plus exposées ; en 1997, l'Oder et quelques autres cours d'eau voisins ont obligé à faire de même, sans pouvoir éviter des victimes, à la suite de pluies exceptionnelles en Europe centrale ; il s'est passé à peu près la même chose en août 2002 sur l'Elbe et le Danube. Le pire est quand cela se produit là où le lit du cours d'eau est plus élevé que la plaine alluviale qu'il traverse ; c'est le cas du cours inférieur du Pô où en novembre 1951, une telle catastrophe affecta près de 2 000 km² de la plaine qui fut noyée sous près de 3 m d'eau ; Adria et de nombreux villages durent être évacués, mais plusieurs milliers de têtes de bétail ainsi que plusieurs centaines de personnes y laissèrent la vie. C'est aussi le cas des digues du Huanghe, le « redoutable fléau des fils de Han » ; leurs fréquentes ruptures, volontaires ou non à l'occasion de grandes crues ou quand des belligérants y ouvrent une brèche comme en 1938 pour résister à l'invasion nippone, provoquent l'inondation générale d'une immense plaine sans relief et sans refuge, où vivent des millions de paysans qui y meurent alors par centaines de milliers directement ou indirectement, par famines, épidémies… ; le fleuve y change de lit jusqu'à faire promener son embouchure sur près d'un millier de kilomètres de côte, de part et d'autre de la presqu'île du Chantoung, rejoignant parfois l'embouchure du Yangze ; dans la Grande plaine du Hubei, parsemée d'innombrables lacs écrêteurs, que ses lits perchés dominent, ce dernier a provoqué un millier d'inondations depuis qu'on les a répertoriées, dès 246 av. J.C. ; la plaine a été ravagée en 1931 puis en 1954, où l'on a sauvé Wuhan en rehaussant les digues avec des paniers de terre et en 1998, en les dynamitant pour détourner les eaux dans des zones moins peuplées.

Les cônes de déjection et les deltas sont particulièrement instables et dangereux en raison des changements de lits dont ils sont les cadres habituels.

Contrairement à l'impression que l'on a maintenant, les crues ne sont pas plus nombreuses et violentes qu'avant ; cette impression est due à l'énorme augmentation de l'information médiatique et surtout au fait que l'on aménage et occupe de plus en plus de zones inondables non protégées ou que l'endigage rend illusoirement sûres.

On doit enfin souligner que dans les pays sous-développés, les victimes et les sinistrés des grandes crues se comptent par milliers ou même centaines de milliers mais les dommages matériels considérables sont rarement chiffrés, car ils portent sur des biens simples, de peu de prix mais essentiels pour ceux qui les ont perdus ; tandis que dans les pays développés, les victimes ne sont jamais très nombreuses mais on chiffre scrupuleusement des dommages matériels que l'on dit colossaux, car ils portent sur des biens complexes, très onéreux à remplacer.

1.8.7 - ACTIONS

La généralité et la fréquence des crues à travers le monde, en font les phénomènes naturels les mieux connus et par là, les mieux parés, ce qui malheureusement, n'exclut pas de fréquents déclenchements de catastrophes : une crue de rivière torrentielle, généralement très érosive, dévoile souvent des dispositions prises et des ouvrages construits par les anciens, puis oubliés, dans des zones où elle s'est de nouveau révélée dévastatrice.

1.8.7.1 - INFORMATION

La suppression apparemment anodine d'un repère de niveau de crue sur un vieil ouvrage que l'on démolit, pénalisera nos descendants confrontés à une crue analogue ; à l'occasion de la restructuration d'un très ancien édifice public, j'ai dû intervenir un jour, pour empêcher le déplacement de la belle plaque commémorative d'une très ancienne crue dont le niveau aurait été, sans elle, totalement inimaginable : quelles que soient ses réelles qualités artistiques, sa place n'était pas dans un musée, mais là où on l'avait mise ; un *fac simile* aurait eu peu de chance d'être pris au sérieux dans une ou deux générations. En matière de crues, l'information est particulièrement importante : sans obligation particulière comme l'exploitation agricole, les gens informés ne construiraient pas délibérément leurs habitations ou ne camperaient pas dans des zones inondables ; et pourtant, il s'en trouve partout et toujours pour le faire : on ne les informe pas clairement, bien que les zones inondables soient toutes parfaitement connues ou repérables, même dans les endroits les plus reculés des régions les plus sauvages.

Les autorités ne favorisent pas l'information publique systématique, car elles redoutent l'abandon des zones exposées par les gens et les entreprises.

1.8.7.2 - PROSPECTIVE

Dans un site exposé, si l'on s'en donne les moyens, on peut en principe estimer la hauteur de submersion et la vitesse de courant, pour une probabilité donnée. Dans la partie aval d'un grand bassin très habité, il est même possible d'annoncer, dans un délai fiable généralement d'au plus quelques heures, l'arrivée d'une crue dont on peut estimer les paramètres hydrométriques : des services spécialisés disposant d'un bon modèle numérique du bassin, de données hydrométriques et météorologiques automatiques et télétransmises, y parviennent sans grands risques d'informations erronées, pour une zone donnée, comme un quartier de ville ; cela permet de mettre en alerte la population et les services de protection civile qui ont généralement mis au point des scénarios d'intervention qu'ils pourront plus ou moins suivre, selon les circonstances.

En dehors de ces zones favorisées par la nature et les hommes, l'annonce est pratiquement impossible et la prévision est beaucoup plus aléatoire ; la météorologie spécialisée à court terme, notamment au moyen de radars météo, de modèles de prévision de hauteur de lame d'eau précipitée, de modèle de calcul précipitations/débits... peut se révéler efficace, mais pas toujours, car elle ne maîtrise pas les données de déplacement du front pluvieux, direction et surtout vitesse qui varient très rapidement en temps et en position : le nuage dont on pense qu'il va crever ici ne le fera peut-être que là ; une courte phase stationnaire sur un relief, peut entraîner d'excessifs orages très localisés et de violente crues comme à Nîmes en 1988 ou dans les petits bassins de montagne. Reste l'expérience des plus vieux du pays, mais les gens vivent de plus en plus vieux en étant de moins en mois expérimentés ; et qui croit ou connaît encore les vieux dictons locaux qui synthétisaient une très vieille expérience collective ?

1.8.7.3 - PRÉVENTION ET PROTECTION

Restent donc pour ces zones et même les précédentes, les actions de prévention et de protection, au moyen d'aménagements de cours d'eau et d'ouvrages adaptés. Cela implique que l'on dispose de statistiques fiables de hauteurs/fréquences de crues ; si on en a, on sous-calibre fréquemment les ouvrages hydrauliques par raison d'économie, d'excès de confiance et/ou d'ignorance : le débit de la crue dite décennale, même s'il n'est pas sous-estimé, ce qui est le cas général, est notoirement insuffisant pour calibrer les ouvrages importants ; et comme à Vaison, on constate souvent, à la suite d'une crue catastrophique, que le vieux pont dont le tirant d'air paraissait démesuré est toujours là, alors que le tablier du pont moderne voisin est parti à la dérive en amplifiant les dégâts d'aval. En fait, la plupart des aménagements et des ouvrages hydrauliques spécialisés procurent une protection souvent illusoire et peuvent se révéler dangereux, car ils sont généralement conçus pour résister tant bien que mal aux crues habituelles, assez mal aux crues importantes et sont presque toujours plus ou moins inadaptés aux crues exceptionnelles dont ils aggravent habituellement les effets.

En période de crise il n'y a pas de solution miracle ; avant, on a pu réduire le risque mais pas le supprimer ; s'il est bien connu, on a pu établir un système de surveillance et un réseau d'alerte, mettre en œuvre des ouvrages de protection, organiser les secours.

Confrontés aux intérêts immédiats de leurs administrés et de la collectivité, les décideurs maîtrisent rarement l'occupation des zones inondables qui ne devraient jamais être aménagées pour être occupées en permanence.

1.8.7.4 - LES SECOURS

Dans les pays développés, les services locaux de protection civile sont parfaitement équipés, entraînés et informés pour intervenir très rapidement et efficacement en cas de crues habituelles, afin de ravitailler les gens, de les aider dans leurs déplacements et la protection de leurs biens, de les évacuer au besoin... et à la décrue, afin de rétablir des conditions hygiéniques et sanitaires normales. Les besoins de secours augmentent très vite à la mesure de l'intensité de la crue, jusqu'à la coopération internationale à l'occasion de crues exceptionnelles comme en Europe centrale en 1997. Dans les autres pays, la désolation et la mort rôdent encore et sans doute pour longtemps, car les moyens de secours dont on devrait disposer sont considérables et ne sont jamais financés.

1.9 - LES MOUVEMENTS DE TERRAIN

Les mouvements gravitaires de terrain, naturels - reptation, fluages, coulées, glissements, affaissements, écroulements, effondrements - ou provoqués - ruptures de soutènements, tassements, poinçonnement de fondations... sont des événements qui peuvent être très lents ou extrêmement rapides, plus ou moins spectaculaires, souvent dommageables et parfois dangereux, généralement regardés comme exceptionnels et isolés ; presque tous ne sont en réalité que des épisodes normaux de la phase externe d'un cycle géologique ou d'un défaut de construction. Il s'en produit journellement d'innombrables, un peu partout dans le monde ; toujours uniques, leurs localisations, leurs types, leurs évolutions et leurs effets sont extrêmement variés.

Ils sont déterminés par certaines actions mécaniques, naturelles ou artificielles que subissent les sites dans lesquels ils se produisent ; on les caractérise par leurs formes, leurs évolutions et leurs produits ; on établit leurs causes et leurs probabilités de réalisation spécifiques en étudiant ce qui les détermine ; on peut ainsi définir les risques dont ils sont les facteurs et essayer de s'en prémunir, ce qui en principe, n'est jamais très difficile, même si c'est parfois très onéreux.

1.9.0.1 - LES MOUVEMENTS NATURELS

Les déplacements relatifs de plaques contiguës dont procèdent le volcanisme et la sismicité entraînent des créations de reliefs montagneux près de leurs marges ; c'est ainsi que le matériau terrestre acquiert de l'énergie potentielle que la gravité va immédiatement grignoter avec l'aide de l'air et de l'eau éventuellement glacée comme agents physico-chimiques et/ou mécaniques ; la surface d'un massif rocheux se désagrège, le matériau qui le constitue s'altère, ses débris s'en détachent et se déplacent sur les pentes jusqu'à atteindre un fond morphologique où ils sédimentent et se compactent. Ce jeu inéluctable se poursuit en principe jusqu'à la disparition quasi totale du massif et de l'ensemble montagneux auquel il appartient ; il est permanent à l'échelle du temps géologique, mais peut paraître intermittent aux hommes qui ne font que passer ici-bas et qui veulent ignorer l'histoire.

1.9.0.2 - LES MOUVEMENTS PROVOQUÉS

Nous établissons nos ouvrages en subsurface ; ces ouvrages et leurs assises sont évidemment soumis, eux aussi, à l'action de la gravité dont, en principe, les constructeurs tiennent compte ; mais il arrive que les talus de déblais ou de remblais glissent, que les remblais ou les immeubles tassent, que les immeubles ou les galeries se déforment ou même s'effondrent... Ce sont les effets de mouvements gravitaires provoqués, qui montrent que les constructeurs ne savent pas toujours bien adapter leurs ouvrages aux sites qu'ils aménagent ; ces faits résultent des réactions mécaniques des matériaux d'assise aux contraintes développées en leur sein par les ouvrages, mais les maladresses humaines déterminent évidemment leurs réalisations. Par des actions inconsidérées d'aménagement, les hommes sont aussi capables d'aggraver ou de déclencher des mouvements qui paraissent naturels.

1.9.0.3 - SCÉNARIO

Pour se produire, un mouvement gravitaire de terrain doit être préparé par une action extérieure initiale, naturelle ou artificielle, car il va affecter un massif rocheux et/ou meuble apparemment stable ; une partie, généralement superficielle du matériau dont est constitué le massif, doit d'abord se déconsolider et/ou subir des contraintes qui y induisent des déformations, jusqu'au moment où un déséquilibre mécanique entre les deux parties du massif déclenche le déplacement oblique ou vertical plus ou moins rapide de la partie superficielle, à partir d'une surface de rupture dont on ignore souvent la genèse, la forme et la position ; ce mouvement se poursuit jusqu'à ce qu'un nouvel équilibre général s'établisse : le massif, évidemment modifié, paraît alors être redevenu stable... jusqu'au prochain mouvement éventuel, si l'action initiale se poursuit ou se renouvelle ; c'est ainsi qu'évolue un tas de sable régulièrement alimenté (*Fig. 4.4.3.6*). Dans ce scénario itératif en trois actes, déstabilisation, mouvement, stabilisation temporaire dont on n'est jamais sûr du dénouement, on ne s'intéresse généralement qu'au second, comme si les deux autres étaient sans importance. Il n'en est évidemment rien ; l'équilibre initial et l'équilibre final du massif ne sont qu'apparents et répondent à des circonstances particulières qu'il importe de connaître ; le passage de l'un à l'autre n'est jamais simple et instantané : la magie intemporelle de la mécanique rationnelle n'opère pas dans la nature.

1.9.0.4 - CLASSIFICATION

Les mots qui désignent les principaux mouvements gravitaires naturels de terrain, reptation, fluages, coulées, glissements, affaissements, écroulements, effondrements, sont du langage courant ; ces événements sont si familiers qu'il semble suffisant de les nommer pour les caractériser, et inutile de les décrire. Ces mots sont néanmoins trop généraux pour les études de risque, car chaque événement est un cas d'espèce : pour le décrire, on peut en privilégier un aspect plutôt qu'un autre, morphologie et structure du site, matériau et éventuellement ouvrage affectés, cause initiale, agent physico-chimique et/ou mécanique, localisation, dimensions du massif, surface de rupture, vitesse et direction du mouvement, effets, risques... Le nombre de types de ces sortes d'événements très spécifiques mais souvent imbriqués varie ainsi de quelques unités à plus d'une quinzaine selon les clefs du système ; il existe presque autant de classements que d'auteurs, géologues, géomorphologues, géomécaniciens..., de lieux et de cas : trop subjective, la systématique des mouvements gravitaires de terrain est loin d'être fixée et ne le sera sans doute jamais.

En matière de risque « naturel », on peut toutefois distinguer trois grands types génériques de mouvements gravitaires de terrain, naturels et/ou induits. Le premier groupe les déplacements obliques vers des surfaces libres inclinées, à partir de ruptures sur des surfaces prédéterminées par les structures ou créées par les contraintes ; ils affectent les pentes naturelles ou terrassées, écroulements, glissements, coulées, ainsi que les fondations trop chargées ; le second groupe les déplacements verticaux confinés abaissant sans rupture des surfaces horizontales, qui correspondent à la consolidation de matériaux meubles, affaissements, éventuellement chargés par des ouvrages, tassements ; le troisième est constitué par les effondrements de toits de cavités naturelles ou creusées qui sont des écroulements subverticaux aboutissant en surface à des cuvettes ou des fontis.

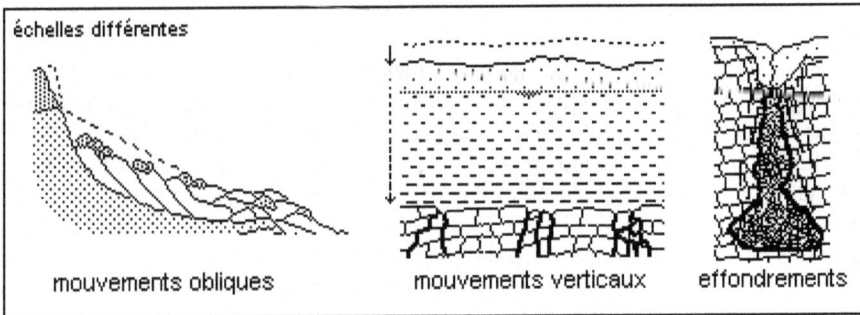

Figure 1.9.0.4 –Trois types de mouvements de terrain

1.9.0.5 - *ÉTUDES*

Un talus, un coteau, une paroi, un versant... peuvent demeurer très longtemps stables puis glisser ou s'écrouler à la suite de fortes précipitations, de redoux, du dégel, de crues, de tempêtes littorales... À l'exception de certains de ceux provoqués par les séismes ou les terrassements mal étudiés et/ou mal exécutés, qui peuvent n'avoir que des causes purement mécaniques, la plupart des mouvements de terrain sont donc des phénomènes liés au temps ; l'oublier, les étudier et les contrôler du seul point de vue mécanique ne peut conduire qu'à de graves déboires.

Qu'ils soient naturels ou induits, obliques ou verticaux, de matériaux meubles ou rocheux, les études de ces mouvements ne peuvent être que spécifiques de leurs types, des circonstances et des sites dans lesquels ils se produisent ; elles ressortissent néanmoins toutes à la méthode géotechnique classique, ensemble indissociable des moyens de la géodynamique externe, discipline géologique, et de la géomécanique, discipline physico-mathématique (*Fig. 4.6*) ; ces disciplines ne font pas souvent bon ménage bien qu'elles soient complémentaires. La géomécanique est, en l'occurrence, une discipline d'étude parmi d'autres, nécessaire mais insuffisante : elle ne manipule à peu près bien que des modèles schématiques de massifs homogènes de matériaux meubles ; elle aboutit à des résultats approximatifs qu'il faut replacer dans leur contexte réel et interpréter avec prudence, ce que permet la géodynamique.

En fait, que veulent dire les mots stabilité et équilibre, qui appartiennent à la statique, appliqués à des sites et/ou des ouvrages, sièges et/ou objets de déplacements évidemment dynamiques, suivant qu'ils désignent les résultats de calculs ou ceux d'observations ? La géomécanique, qui ne connaît que la rupture instantanée, montre que tel talus est stable, la géodynamique amène à en douter ; le talus demeure apparemment stable, parfois fort longtemps : le calcul avait raison ; un glissement se produit à la suite d'un violent orage : l'observation n'était pas trompeuse ; au moment du glissement, les valeurs des paramètres de Coulomb, c cohésion, φ angle de frottement, γ poids volumique (*Fig. 4.5.2.2.2*), n'étaient plus celles utilisées pour le calcul, et le modèle de comportement ne permettait pas d'intégrer la variabilité naturelle de ces constantes mathématiques ; les calculs en contrainte effective ou totale ne tournent pas vraiment cette difficulté, car les situations de court ou long terme qu'elles sont censées caractériser sont tout à fait arbitraires ; elles ne correspondent à rien de naturel.

Par une série de calculs itératifs dont les résultats sont des conjectures et non des certitudes, on peut sommairement estimer ces valeurs, qu'il n'est évidemment pas possible de mesurer *in situ* puisqu'il faudrait le faire à l'instant de la rupture. Sur échantillons, on le peut théoriquement, mais les conditions aux limites d'un échantillon n'ont rien à voir avec celles du point du massif d'où on l'a extrait, malgré le recours éventuel au triaxial et aux différents types d'essais qu'il permet. En 1964, à propos de l'argile de Londres dont la réputation d'instabilité n'est pas à faire, Skempton constatait, comme d'autres avant et après lui, ici et ailleurs, que les résultats des essais de laboratoire et donc des calculs et des études de pure géomécanique, n'étaient jamais confirmés par les mesures et les observations de terrain après un mouvement : il se demandait donc comment il fallait modifier les essais pour qu'ils fournissent des résultats utilisables ; à ce propos, les géomécaniciens ont en effet l'habitude d'évoquer ce qu'ils appellent l'imprécision des mesures des caractéristiques des sols. N'ignorant pas la difficulté insurmontable des différences de conditions aux limites, il savait que cette démarche serait pourtant vouée à l'échec ; sans en tirer d'application pratique, il proposait donc une explication géodynamique de sa désagréable constatation. C'était effectivement la bonne démarche, mais son hypothèse mécaniste de microfissuration de l'argile, qu'il ne pouvait concevoir qu'homogène et immuable, était insuffisante : comme toute formation quelle qu'elle soit et où qu'elle soit, l'argile de Londres n'est pas homogène et s'altère au contact de l'eau et/ou de l'atmosphère ; de façon apparemment désordonnée dans l'espace et dans le temps, elle perd ainsi progressivement ses caractéristiques mécaniques ; les glissements s'y produisent généralement là où existe une hétérogénéité quasi indécelable favorisant l'altération atmosphérique et/ou par l'eau, comme une fissure, un fin lit ou une petite poche de sable humide dans la zone de variations saisonnières de la teneur en eau du matériau. À peu près analogues du point de vue de leurs caractéristiques géotechniques d'identification, sensibilité, limites d'Atterberg..., les formations d'argile détritique plus ou moins sableuse du Tertiaire récent ont ainsi des aptitudes au glissement, radicalement différentes selon le climat de la région considérée. Souvent instables dès l'ouverture du chantier en Angleterre, des talus de déblais y sont à peu près constamment stables dans le bassin parisien avec 1/3 de pente, en Provence avec 1/2 et en Algérie avec plus de 1/1. On constate en effet que la cohésion d'un tel matériau peut par exemple passer de plus de 3 bars à moins de 1 bar quand sa teneur en eau varie de 15 % à 25 %.

Pour déterminer si un certain talus va s'ébouler, si un certain ouvrage va tasser, il est donc préférable de s'intéresser d'abord à la morpho-structure et à l'hydrogéologie du site plutôt qu'aux paramètres mécaniques des matériaux qui en constituent le sous-sol et qu'en fait on ne sait ni mesurer ni manipuler. On peut néanmoins utiliser les modèles schématiques, vaguement analogiques que propose la géomécanique : quand un talus présente une pente trop raide, il glisse ; quand on charge trop un sol, il tasse ; dans chaque cas, trop s'exprime par une inégalité de forces ou de moments qu'il est malheureusement difficile d'énoncer en termes simples et précis comme le voudrait toute démarche mathématique.

On peut étudier théoriquement les mouvements gravitaires de terrain comme des transitions de phases de 2e ordre : avant le mouvement, le massif est en équilibre instable ; après, il serait en équilibre stable ; le changement d'état s'est effectué par une diminution de l'énergie potentielle. À long terme, le deuxième équilibre deviendra sûrement instable ; on doit donc considérer que le mouvement se produit au seuil critique d'un système auto-organisé (*cf. 4.4.8*).

Les moyens d'études pratiques des mouvements de terrain sont ceux de la géotechnique, documentation, télédétection, levers de terrain, géophysique, sondages, essais *in situ* et de laboratoire ; on choisit, parmi eux, les procédés les mieux adaptés aux particularités du phénomène et du site dans lequel on redoute les effets d'une manifestation intempestive. On leur adjoint souvent des appareils d'observation et/ou de mesure spécifiques, inclinomètres, mires topographiques, stations GPS... Des séries temporelles de photographies terrestres et/ou aériennes et/ou d'images satellitaires permettent de retracer puis de suivre les évolutions de grands sites chroniquement instables, où certains mouvements sont fréquents voire quasi permanents.

Les études historiques de tels sites sont nécessaires ; elles peuvent être localement fondées sur les anciens cadastres, les cartes, tableaux, gravures et photographies, les annales, chroniques et archives, la tradition et la mémoire... Il est aussi indispensable d'y effectuer des études climatiques et un suivi météorologique, car certains mouvements sont déclenchés et/ou accélérés par les précipitations, la sécheresse, le gel, les crues, les tempêtes... On ne peut toutefois pas tirer de ces études des données statistiques utilisables pour estimer le temps de retour d'un certain type de mouvement dans un certain site : il ne s'en produit pas toujours un chaque fois que règnent les mêmes conditions météorologiques, théoriquement propices ; si l'eau est bien le facteur le plus fréquent de déclenchement d'un mouvement, d'autres facteurs, généralement mécaniques, ont dû le préparer ; mais quand des conditions météorologiques défavorables sont prévues dans un site fragile, il est sage d'être vigilant. Bien entendu, l'étude géotechnique préalable à la construction de n'importe quel ouvrage est toujours et partout nécessaire, même dans des sites apparemment stables, car, forcément, la construction de l'ouvrage le déstabilisera plus ou moins.

On considère généralement que le glissement dit rotationnel est le mouvement gravitaire oblique type des matériaux meubles, car aussi bien naturel sur un versant que provoqué sur un talus de déblai ou de remblai, il est le plus facile à modéliser ; très caractéristique et relativement simple, il est à peu près le seul dont, à la suite de Coulomb, on a pu mathématiser l'étude avec quelque profit : elle est en effet à l'origine de la mécanique des sols. La consolidation, mouvement gravitaire vertical type des matériaux meubles, a pu aussi être mathématisée de façon assez efficace par Terzaghi (*Fig. 1.9.2.2.2*) ; elle est naturelle quand, sous l'effet de leur propre poids, elle affecte des matériaux récemment déposés, ou induite quand elle produit des tassements de matériaux meubles, les sols, sous les ouvrages qu'ils supportent ou par drainage. Il n'en demeure pas moins que la géomécanique ne peut, à elle seule, permettre l'étude complète de ces mouvements gravitaires pourtant les plus simples, mais en réalité beaucoup plus complexes qu'il ne paraît dès que l'on considère qu'ils ont une histoire ; la géodynamique est nécessaire dans tous les cas, ne serait-ce que pour obtenir des modèles de formes réalistes et adopter ainsi des conditions aux limites acceptables du mouvement spécifique que l'on étudie ou pour décrire le déroulement complet d'un long et obscur scénario qui ne peut être réduit à son événement paroxystique, courte séquence d'un long métrage.

Les grandes lignes des mécanismes des autres mouvements qui affectent plutôt les massifs rocheux sont connues et spécifiquement analysables, mais ces mouvements ne peuvent pas être modélisés de façon efficace, car on ne dispose pas de base théorique à leur propos et celles de la mécanique des sols ne leur sont pas adaptées ; néanmoins, on peut toujours recourir à la mécanique élémentaire de l'équilibre du point gêné pour dégrossir le problème, à condition de ne pas adopter des conditions aux limites trop irréelles, ce qui est néanmoins très courant, car on ne sait pratiquement jamais les déterminer ; on adopte donc celles qui facilitent les calculs, ce qui n'est pas très constructif.

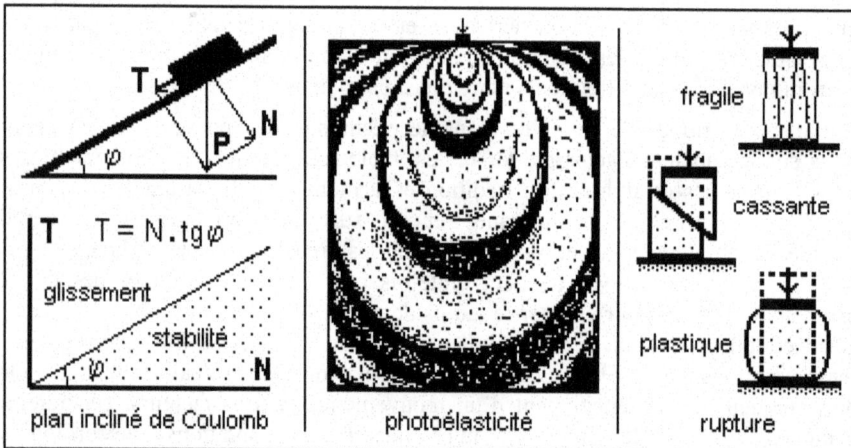

Figure 1.9.0.5 – Expériences de géomécanique

Selon cette mécanique, pour les mouvements obliques et les effondrements, la partie désolidarisée du massif est en équilibre si la force ou le moment gravitaire est égal à la résistance au cisaillement de leurs matériaux sur la surface qui les sépare ; au lycée, l'expérience du plan incliné de Coulomb est probante ; sur le versant d'une colline argileuse, c'est moins clair. Pour les affaissements, cela est plus compliqué, même en théorie ; un champ de contraintes induit des déplacements dans une partie du massif supposé élastique qui ne l'est évidemment pas ; cela marche à peu près bien avec un bloc de plastique sous une presse ; on voit même les lignes de forces en lumière polarisée ! Avec une couche de limon dans une plaine alluviale, c'est moins évident.

Les risques dont ces mouvements sont les facteurs éventuels sont extrêmement variés ; leurs réalisations sont les aboutissements de processus très divers ; dans certaines circonstances le plus souvent climatiques, d'extension régionale et/ou localement itératives, ces mouvements affectent beaucoup plus souvent et gravement les ouvrages que les personnes et causent plus de dommages que de ruines, mais parfois aussi des catastrophes, notamment en montagne où les masses et les vitesses mises en jeu peuvent être considérables ; dans certains sites où elles sont immanentes, elles constituent souvent de lourdes charges économiques, notamment pour l'entretien de voies de communication.

Cependant, il est généralement facile de caractériser ces mouvements, de les localiser, d'en comprendre les mécanismes et de se prémunir de leurs effets ; on pourrait ensuite agir en connaissance de cause sur les sites dans lesquels ils se produisent et/ou sur les ouvrages qu'ils affectent ou menacent ; mais on attend d'ordinaire qu'ils produisent des dommages pour intervenir, souvent de façon sommaire, afin de parer au plus pressé ; ainsi, la plupart des sites sensibles sont habituellement affectés par un même type d'événements, dans des circonstances parfaitement connues mais chaque fois redécouvertes, puis sommairement remis en état... en attendant la prochaine réalisation ; une étude spécifique suivie d'une intervention sérieuse permettraient pourtant, sinon de supprimer le risque, du moins de réduire très sensiblement sa probabilité de réalisation et la virulence de ses effets.

1.9.0.6 - ACTIONS

Il est rare que des mouvements de terrain se produisent dans des sites que de semblables n'ont jamais affectés ; ainsi, naguère, en dehors des grandes villes, il était rare que les occupants d'un site sensible ignorassent à quoi eux et leurs ouvrages étaient exposés : on ne construisait pas sous une falaise ébouleuse, sur un versant instable, dans un marécage récemment remblayé... Cela allait de soi : l'information organisée n'était pas nécessaire ; elle l'est devenue, car on prétend maintenant construire n'importe où. La meilleure information qui soit, qu'elle s'adresse à un particulier, un architecte, un ingénieur, un administrateur... est le résultat de l'étude géotechnique spécifique d'un ouvrage à construire ou de la zone instable d'un site déjà occupé ; dans ce cas, le document d'information de base est la carte géomorphologique, géodynamique, géotechnique, morpho-structurale, d'instabilité, de risque... choisissez le terme qui vous convient !

1.9.0.6.1 - Prospective

Les actions de prospective sont presque toujours décevantes : par la géotechnique, il est très facile de caractériser un site ou un ouvrage instable, mais il est rare que l'on puisse prévoir un événement dangereux à terme raisonnable, même si le site est surveillé ; par contre, on peut prévoir le type de mouvement susceptible de s'y produire et les effets de sa réalisation éventuelle. Là encore, répondre à « où ? » et à « comment ? » est presque toujours possible ; répondre à « quand ? » ne l'est pratiquement jamais.

La surveillance des sites et des ouvrages susceptibles d'être affectés par des mouvements de terrain impose que l'on dispose de beaucoup de temps et que l'on mette en place des appareils d'observation et/ou de mesures, très rudimentaires ou très complexes ; ces derniers ne sont pas toujours les plus efficaces. Après son achèvement, un sondage est tubé de façon définitive au moyen d'un tube plus ou moins spécifique d'un appareil ; on peut aussi placer certains d'entre eux directement sur le sol et/ou sur l'ouvrage. Les mesures sont prises soit à la main au coup par coup, soit enregistrées de façon continue sous forme analogique ou numérique, maintenant souvent télétransmises à un laboratoire spécialisé. Leur exploitation manuelle ou automatique, souvent embarrassante et peu fiable, est généralement négligée ; elles peuvent conduire à de fausses alertes ; les appareils de surveillance et d'alarme ne se manifestent parfois que parce qu'ils ont été arrachés par le mouvement qu'ils devaient aider à prévenir ; bien souvent, on ne regarde les enregistrements qu'après que l'événement se soit produit, pour s'apercevoir qu'on aurait pu l'éviter si l'on avait été plus attentif et/ou plus compétent.

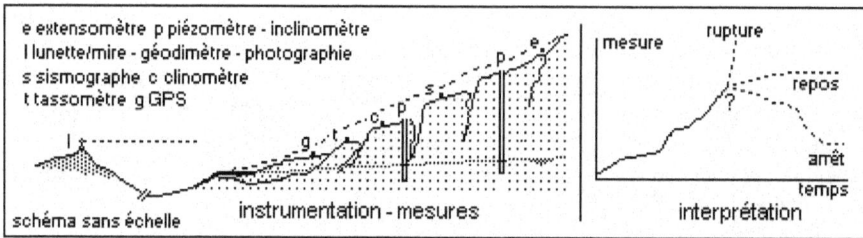

Figure 1.9.0.6.1 –Moyens de surveillance des talus instables

Dans un site instable, le contrôle des variations de niveaux d'eau souterraine, naturelles ou provoquées par un drainage est primordial pour en comprendre le mécanisme spécifique. Simples tubes crépinés, posés en fin de sondages, équipés ou non de limnigraphes, les piézomètres le permettent aisément dans la plupart des matériaux ; dans les massifs argileux, il faut aussi utiliser des cellules piézomètriques plus complexes pour mesurer les variations de pression interstitielle. Le contrôle des déplacements et des contraintes se fait au moyen de géodimètres à laser, extensomètres, fissuromètres, tassomètres, déflectomètres, inclinomètres, dynamomètres... de divers types et modèles, enregistreurs ou non ; ils permettent de surveiller les talus, versants et falaises instables naturellement ou à la suite de travaux, ainsi que les ouvrages menacés ou subissant des dommages liés aux mouvements de terrain.

Les séries plus ou moins continues de mesures ainsi obtenues ne permettent évidemment pas la prédiction de phases paroxystiques et sont difficiles à interpréter pour leur prévision : la distance entre un point mobile de la zone instable et un point fixe à l'extérieur d'elle peut croître, la vitesse d'un point mobile s'accélérer... jusqu'à la rupture ou jusqu'à l'arrêt rapide ou progressif ; dans un même site, les mêmes conditions météorologiques déclenchent ou non un mouvement analogue ou différent du précédent ; deux immeubles voisins tassent plus ou moins, plus ou moins vite, l'un se fissure moins que l'autre ou pas...

1.9.0.6.2 - Précaution

La précaution la plus élémentaire et la plus efficace pour éviter les effets des mouvements de terrain est de ne pas construire ou séjourner dans un site à risque sérieux ; si on le veut bien, cela est facile pour un ouvrage quasi ponctuel, immeuble, pont, terrain de camping... Cela ne l'est pas pour les ouvrages linéaires, routes, chemins de fer, canaux... En étudiant leur tracé, on peut éviter que l'ouvrage traverse quelques sites dangereux, mais il est rare que l'on puisse faire en sorte qu'il les contourne tous, surtout dans une région au relief accidenté ; dans le *désert d'Exopotamie*, on finit même par raser l'hôtel que le tracé devrait éviter, puisque les constructeurs y résident. Cette sorte de précaution ne concerne évidemment pas les ouvrages existants, qui ne peuvent qu'être adaptés, protégés ou supprimés.

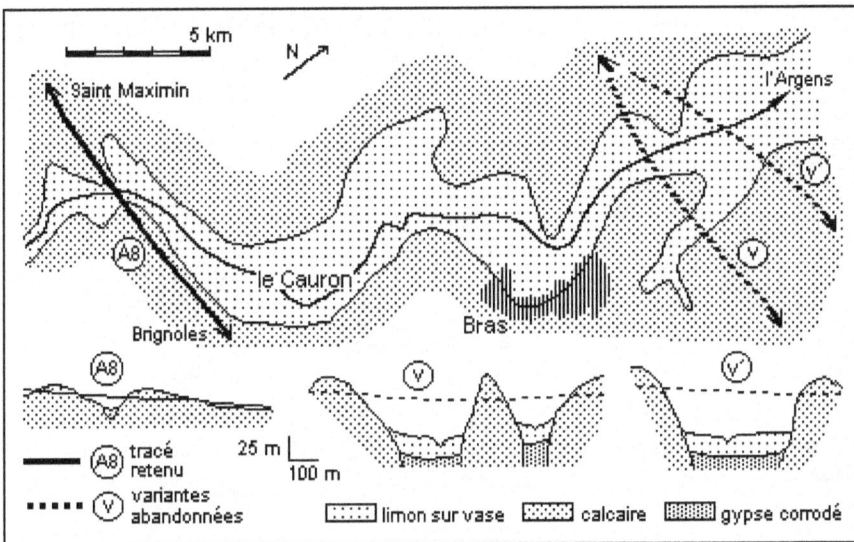

Figure 1.9.0.6.2 – Étude de tracé autoroutier

Quant aux ouvrages à construire dans des sites non dangereux, ce qui est heureusement le cas général, la moindre des précautions est d'effectuer les études géotechniques d'au moins leurs emprises ; on pourra ainsi déterminer les types, les profondeurs d'encastrement et les contraintes admissibles de leurs fondations, et adapter leurs structures aux éventuels tassements qu'ils pourraient subir ; si les études sont sérieuses et si leurs résultats sont suivis d'effets lors des études techniques des projets puis des constructions, les risques de dommages aux ouvrages seront à peu près nuls ; un entretien courant sera ensuite largement suffisant pour assurer leur pérennité.

1.9.0.6.3 - Prévention

Si l'on ne peut pas éviter d'implanter un ouvrage dans un site instable, il est évidemment indispensable de l'adapter au danger auquel on l'expose, au moyen de dispositions constructives spécifiques, renforcement de structure, de façade exposée, fondations spéciales... que l'indispensable étude géotechnique préalable permet de définir. Cela pose parfois des problèmes techniques quasi insolubles et se révèle d'un coût exorbitant, seulement acceptable en connaissance de cause, pour un ouvrage indispensable qui ne pourrait pas être implanté ailleurs ; malheureusement, par incompétence, imprévoyance, excès de confiance... le danger se manifeste souvent en cours de travaux, quand il est trop tard pour modifier le projet ou renoncer à la construction ; alors, on ne parle plus de coût et de délai.

1.9.0.6.4 - Protection

La protection des personnes n'est le plus souvent nécessaire qu'en cours de travaux de terrassement, pour ceux qui les exécutent ; elle impose des procédés et des ouvrages provisoires, drainage, pente faible, risbermes, protection superficielle, blindage... que l'on considère parfois comme engendrant des surcoûts inutiles ; quand on en fait l'impasse ou quand on les sous-estime, il en résulte de nombreux accidents de travail souvent mortels, et des dommages aux ouvrages voisins, s'il en existe.

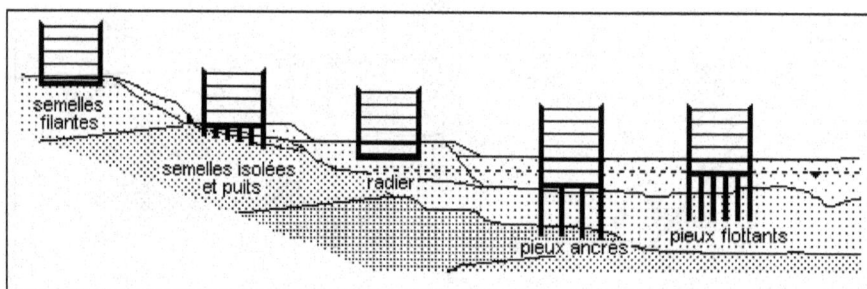

Figure 1.9.0.6.4 – Adaptation des fondations de l'ouvrage au site

La protection des aménagements et des ouvrages implantés dans des sites instables impose des mesures actives - drainage, végétalisation, fascines, masques, soutènements... - pour que le mouvement redouté ne se déclenche pas, et/ou après qu'il se soit déclenché, des mesures passives - merlons, fosses, risbermes, grillages, purges... - pour l'arrêter ou du moins le limiter et atténuer ses effets ; on peut aussi intervenir sur les ouvrages pour les rendre aptes à en supporter les effets jusqu'à un certain point, notamment en renforçant leurs structures et/ou leurs façades directement exposées. Les unes et les autres sont évidemment très spécifiques du mouvement et de l'ouvrage, mais elles concernent toujours l'eau par le drainage et/ou l'équilibre par le soutènement ; elles ne peuvent être décidées et prises qu'à la suite d'une étude géotechnique particulière ; la plupart ne sont efficaces que temporairement : la vigilance est toujours de rigueur dans les sites dangereux.

1.9.1 - MOUVEMENTS DE PENTE

Les mouvements de pente sont des déplacements obliques plus ou moins étendus et rapides, de matériaux généralement meubles, plastiques ou fragmentés constituant un versant, une falaise, une pente, un escarpement, un talus... Le site est stable, en équilibre mécanique, si le matériau qui le constitue, sollicité par l'action de la gravité, lui oppose une réaction résultant de sa cohésion et de sa rugosité. Cet équilibre peut être altéré, voire rompu, de multiples façons, naturelles ou non.

En fait, partout où il existe des pentes naturelles si faibles soient-elles, sur les bords de rivières, de mer, sur les versants de vallées, de collines, de montagnes... selon la nature du matériau, l'angle de la pente, le climat, et généralement un événement extérieur naturel ou non... il peut se produire des coulées, des fluages, des glissements, des écroulements... petits ou grands. Ainsi, en raison de leurs particularités naturelles, certains sites sont plus ou moins instables, affectés de loin en loin par des mouvements de plus ou moins grande ampleur. Ces sites sont en général connus des occupants qui n'ont pas perdu tout contact avec la nature ; ils sont assez facilement repérables par les géotechniciens, sur le terrain et/ou par télédétection. Ils sont toujours plus ou moins dangereux à plus ou moins long terme, et ce d'autant plus qu'après une période de stabilité apparente plus ou moins longue, leur caractère d'instabilité latente a été oublié de la plupart.

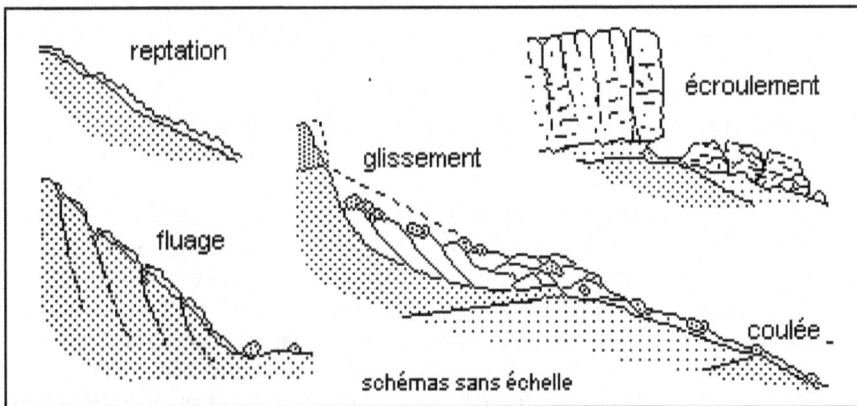

Figure 1.9.1 – *Mouvements de pente*

À peu près dans les mêmes conditions que se produisent les mouvements naturels, il se produit avec généralement moins d'ampleur, des mouvements de parois ou de talus de fouilles, à la suite de terrassements intempestifs et/ou désinvoltes ; ils sont tout aussi faciles à repérer et même à prévoir par les spécialistes.

Certains de ces mouvements peuvent se superposer et/ou s'enchaîner. Certains sont très lents, de peu d'ampleur, mais concernent parfois de vastes zones ; ils sont quasi ignorés, mais peuvent avoir une influence notable à long terme sur le comportement d'un site ou être les précurseurs d'un mouvement plus rapide et plus ample. D'autres sont très rapides et de grande ampleur ; ils sont spectaculaires et généralement très dangereux dans des sites occupés. Les plus importants affectent des sites de plusieurs centaines d'hectares et des millions de mètres cubes de matériaux ; ils peuvent alors provoquer des catastrophes heureusement rares comme au Granier, Savoie (*cf. 2.4.1*), en novembre 1248 ou au Rossberg, canton de Schwytz, le 2 septembre 1806, au cours d'une année extraordinairement pluvieuse. Certains rejouent de temps en temps, d'autres ne cessent jamais tout à fait. Les moyens ne manquent pas de les repérer - observations, documents, télédétection, prospection, instrumentation... Bien localisés et attentivement observés, ils peuvent être généralement supputés, sinon prévus, et plus ou moins neutralisés, sinon définitivement arrêtés ; ils surprennent souvent, parce qu'on les ignore ou qu'on les néglige : l'instabilité du Rossberg était connue depuis le XIVe siècle, au cours duquel un éboulement avait ruiné le village d'Uroten ; durant le XVIIIe, on a observé et suivi des mouvements lents et continus du versant SE ; des petits éboulements se sont produits en 1712 et 1799 ; ils affectaient une série de poudingue, marne et lits d'argile saturée de la molasse subalpine, épaisse d'une centaine de mètres, monoclinale aval-pendage, environ 20° ; vers le sommet, on avait repéré des crevasses dans lesquelles l'eau s'infiltrait et des anomalies d'écoulement des sources de pied de versant, indices caractéristiques de ce type de mouvement ; quelque temps avant la catastrophe, les habitants de Goldau avaient pris conscience du danger et redoutaient l'écroulement ; quelques uns sont alors partis, la plupart sont restés ; une quarantaine de millions de mètres-cubes de matériaux dont d'énormes blocs de poudingue encore visibles, glissèrent sur un plan incliné de stratification lui aussi encore visible, ensevelirent près de cinq cents victimes, et beaucoup d'autres dans les villages voisins, jusqu'au pied du Rigi, l'autre versant de la vallée ; une partie des éboulis se déversa dans le lac de Lauerz, y provoquant une seiche (*cf. 1.7*).

Les écroulements de versants montagneux peuvent aussi avoir des effets considérables sur la morphologie et l'hydrologie de la vallée en la barrant. Si le barrage tient, il se crée, en arrière, un lac qui se comble progressivement par alluvionnement, créant une plaine plus ou moins marécageuse, pratiquement horizontale, assez insolite dans un site montagneux ; si le barrage cède, il peut s'ensuivre une crue destructrice à l'aval : les hautes falaises du versant SE des Alpes de Glaris et la vallée du Rhin antérieur entre Ilanz et Tamins, montrent ce qui a dû être le plus grand écroulement alpin, vraisemblablement de la fin du Würms, près de 10 km^3 sur 50 km^2, en amont duquel s'était créé un lac que le Rhin a vidé en creusant dans le barrage une gorge de près de 12 km de longueur et 600 m de dénivelée, le Rheinschlucht, que la route n°19 contourne par le nord à Flims, mais que la voie ferrée longe en en donnant quelques belles vues. Dans le Pamir, au SE du Tadjikistan, un séisme a provoqué en février 1911, un énorme écroulement qui a barré la vallée d'un affluent de l'Amou-Daria ; derrière le barrage de près de 600 m de haut, s'est formé un lac dont la superficie est proche de 10 km^2 et le volume, de 20 Gm^3 ; si le barrage venait à rompre, par érosion, séisme, et/ou seiche due à un autre écroulement aboutissant directement dans le lac, il s'ensuivrait une inondation catastrophique, susceptible d'affecter plusieurs millions de personnes, dans l'une des régions les plus instables du globe, qui subit le plus de catastrophes telluriques, en nombre, variété et puissance. À une moindre échelle et beaucoup plus près de nous en 1974, l'écroulement de Mayunmarca au Pérou a été déclenché par un séisme dont l'épicentre se trouvait sur la côte du Pacifique ; 1 Gm^3 de matériaux rocheux ont dévalé en quelques minutes, une dizaine de kilomètres du versant montagneux sur une dénivelée de près de 2 000 m et ont barré le rio Mantaro sur une hauteur d'environ 150 m ; une quarantaine de jours après, le barrage a rompu par érosion, suite au débordement des eaux accumulées en arrière, provoquant une crue catastrophique.

1.9.1.1 - CAUSES

Ces mouvements ont des causes nombreuses, multiples et généralement liées, d'une part hydrogéologiques, altération de matériau, accumulation d'eau souterraine, dont les effets peuvent être statiques, niveau piezométrique, pression interstitielle, ou dynamique, pression de courant, renards... d'autre part mécaniques, vibrations suppression de butée, affouillement en pied de pente et/ou accroissement de poussée, surcharge en tête... Elles peuvent être activées par un séisme, des précipitations excessives, une crue, une tempête, des ruptures de canalisations d'eau ou d'assainissement, un défaut de drainage, un dégel rapide, un terrassement mal étudié ou intempestif, une construction mal implantée ou mal conçue, un soutènement inadapté...

L'eau tant superficielle que souterraine a toujours un rôle déterminant dans la plupart des mouvements de pentes ; elle agit par sa pression interstitielle, sa pression de courant, en altérant les matériaux qu'elle baigne, en facilitant le déblayage des débris, en lubrifiant les surfaces de rupture...

Il est rare que la modification d'un seul facteur d'équilibre d'un massif provoque un mouvement de pente ; la plupart se produisent à la suite de changements hydrologiques, précédés de changements mécaniques. Ainsi, sauf imprudence caractérisée en cours de terrassement, qui reçoit presque à coup sûr une sanction quasi immédiate, la majeure partie des mouvements de pentes se produisent sur des versants peu stables ou des talus mal protégés, au cours d'afflux d'eau inhabituels, naturels ou provoqués. On a alors tendance à considérer l'eau comme seule cause du mouvement, alors qu'en fait, elle n'est souvent que le révélateur de l'instabilité latente du massif. Mais quoi qu'il en soit par ailleurs, le volet hydrogéologique de l'étude géotechnique et le volet drainage des travaux de prévention/protection sont donc essentiels.

1.9.1.2 - ÉCROULEMENTS ROCHEUX

Le versant à forte pente ou la falaise qui limite un massif de roche subaffleurante fissurée peut s'écrouler suivant divers processus généralement rapides et intermittents, enchaînés ou non, chutes de pierres et blocs, basculements de pans en surplomb, éboulements bancs sur bancs aval-pendage... Au départ, dans tous les cas, la relaxation en surface des contraintes naturelles auxquelles a été soumis le matériau terrestre en profondeur ouvre la fissuration potentielle d'un réseau de diaclases et éventuellement de stratification ou de schistosité ; en montagne, les alternances de gel/dégel fragilisent davantage la roche, et l'eau infiltrée dans les fissures agit comme des coins en gelant, faisant se détacher des pierres et blocs plus ou moins volumineux, des chandelles ou des pans qui vont alimenter l'éboulis ou le chaos s'accumulant en pied ; à moyenne ou basse altitude, les chutes de pierres et blocs sont moins systématiques ; si la falaise, une cuesta, y domine un coteau marneux, des écroulements de chandelles et de pans se produisent après que le coteau ait subi des glissements successifs jusqu'à mettre le pied de la cuesta en porte-à-faux, et des blocs éboulés, parfois très volumineux, se mêlent aux produits des glissements ; si un mouvement lent et quasi continu affecte le coteau, la cuesta est entraînée peu à peu vers l'aval, fragmentée en blocs étagés souvent très volumineux, au point qu'ils passent souvent pour des objets tectoniques ; ils produisent eux-mêmes des écroulements secondaires ; au bord de la mer ou sur les rives concaves des rivières encaissées, c'est l'eau chargée de sable et/ou de galets qui sape directement le pied de la falaise ou de la rive ; au bord d'un désert de sable, ce peut être le vent.

La géomécanique ne permet pas d'étudier correctement ce genre de comportements, car les valeurs des paramètres de Coulomb du matériau de la falaise au moment où elle s'écroule ne sont pas déterminables ; on ne sait même pas si la référence à la loi de Coulomb et à ces paramètres a un sens dans ce cas ; et de toute façon, la géomécanique ignore les processus qui amènent ces paramètres à ces valeurs critiques ; or, ce sont eux qui, en fait, déterminent l'écroulement.

Un jour, quelqu'un a posé la question saugrenue de savoir quelle pouvait être la cohésion du granite des Grandes Jorasses, impressionné par la stabilité qui n'est qu'apparente, de ces immenses parois subverticales, ≈ 1 200 m ; il n'avait jamais dû s'y promener quand en pleuvent pierres et blocs qui alimentent la moraine de cirque du glacier de Leschaux ; il est vrai que peu de gens s'avisent de le faire et parmi ceux qui le font, certains sont parfois victimes de ces écroulements. Sa question était une façon, sans doute inconsciente, de constater que la géomécanique ne sait pas étudier la stabilité d'une paroi rocheuse. Pas mal de géomécaniciens ont essayé d'y parvenir, sans grand succès, même avec un ordinateur et un programme fondé sur la manipulation des éléments finis.

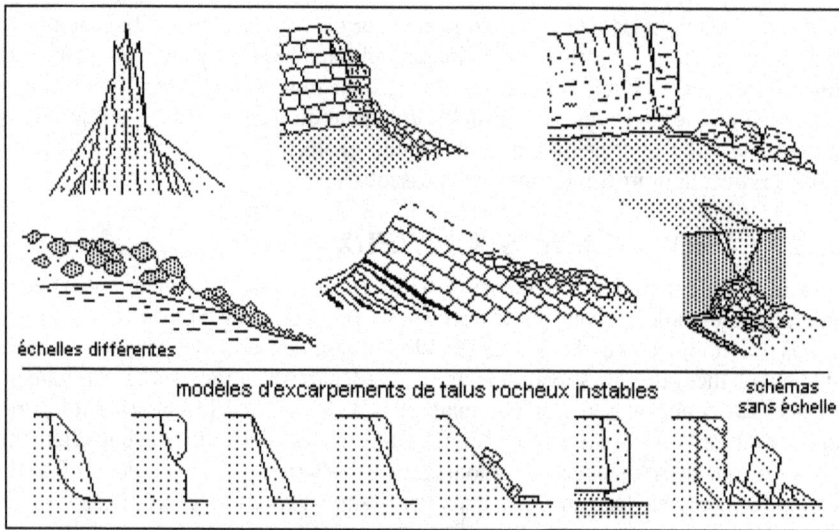

Figure 1.9.1.2 – Écroulements rocheux

1.9.1.3 - MOUVEMENTS LENTS ET CONTINUS

Les mouvements lents et continus affectent soit la couverture meuble de talus, coteaux, petits versants... soit l'altérite et/ou le substratum plus ou moins décomprimé de versants montagneux. Au fil des années voire des siècles, ils peuvent demeurer lents et continus, accélérer puis ralentir, s'arrêter puis repartir, le volume instable peut augmenter ou diminuer ; par une lente accélération ou brusquement, ils peuvent passer, tout ou partie, généralement en surface, à des mouvements rapides, écroulements, glissements, coulées...

1.9.1.3.1 - Reptation

Dans ce premier cas, le mouvement affecte la couche superficielle peu épaisse de débris rocheux, dans une matrice argileuse plus ou moins humide mais non saturée, principalement dans des zones plus ou moins dénudées ou de prairies ; la surface du sol ondule en rides subperpendiculaires à la pente ; d'étroits replats, les terrassettes ou pieds-de-vaches, la segmentent ; en cas de saturation temporaire pour des raisons climatiques ou d'irrigation, il peut se produire localement des coulées de boue. Quand il y a des ouvrages dans de telles zones, ils ne subissent des dommages, généralement mineurs, que s'ils sont fragiles et/ou mal fondés ; il est donc facile de les conforter par des renforcements de structure et/ou des reprises en sous-œuvre qui ne sont jamais très difficiles.

1.9.1.3.2 - Fluage

Dans ce deuxième cas, le mouvement affecte profondément une masse de matériaux divers, généralement aquifères, dont le volume peut atteindre des millions de mètres cubes ; il s'agit souvent de versants de vallées profondes dont l'équilibre a été rompu à la fin du Würm par la fonte d'un glacier ou par une érosion particulièrement intense ; le site dans lequel il se produit peut s'étendre sur plusieurs centaines d'hectares, le plus souvent de la crête au pied du versant, et à une largeur parfois à l'échelle de l'ensemble de la vallée. Sa morphologie moutonnée, plus ou moins chaotique est presque toujours en dysharmonie avec sa structure géologique ; vers la crête, on observe souvent des gradins séparés par des escarpements ; à mi-pente, sa partie centrale est souvent boursouflée et quand le substratum est stratifié ou feuilleté, les bancs et lits y sont fauchés ; en pied s'étalent des matériaux éboulés, à moins qu'ils soient déblayés par le ruissellement. On repère assez facilement cette sorte de site, généralement facile à distinguer de ses abords stables, notamment sur photographies aériennes ; il s'y produit souvent des éboulements, écroulements et glissements élémentaires, provoqués par des séismes, de dures conditions météorologiques, des aménagements inopportuns, mal étudiés, mal réalisés. Cela n'entraîne pas toujours des accidents et rarement des catastrophes, mais l'occupation et l'utilisation de tels sites entraînent des charges économiques lourdes et permanentes pour la prévention et la protection d'ouvrages dont la construction est elle-même toujours très difficile, voire hasardeuse, et en tous cas, très onéreuse.

Dans de tels sites, selon ses caractéristiques et autant que de besoin, selon les circonstances, on peut être amené à prendre toutes sortes de mesures actives ou passives, drainages souterrains et superficiels, modelages de surface et/ou de cours d'eau, constructions d'ouvrages de soutènement, de défense, de contournement... à réaliser tous types de renforcements d'ouvrages, à mettre en œuvre tous procédés spéciaux de construction ; cela implique que l'on dispose d'études géotechniques particulièrement détaillées, très difficiles, très longues, très onéreuses, et qu'il est souhaitable d'actualiser sans cesse. Il est rare que, quoi que l'on ait fait pour tenir compte des dangers qui les menacent, on puisse éviter la surveillance et l'entretien quasi permanents des ouvrages qui y sont construits.

L'érosion du lit d'un cours d'eau ou d'un rivage marin est le résultat d'ablations discontinues, de l'échelle d'une particule de sable du thalweg ou de la plage à celle d'un pan de haute berge, de falaise ou même d'une vaste zone riveraine ; elle ne paraît globalement lente que parce que les crues et tempêtes qui activent chaque événement sont peu fréquentes et les événements eux-mêmes, de peu d'ampleur à l'échelle du site. Les travaux de prévention/protection, épis, digues, barrages..., la freinent plus ou moins sans l'arrêter et parfois, aggravent là ce qu'ils amoindrissent ici ; à plus ou moins long terme, les ouvrages riverains stupidement implantés ou mal défendus risquent d'être emportés avec la parcelle qui les porte.

1.9.1.4 - GLISSEMENTS

Les glissements sont des phénomènes complexes, mouvements obliques qui affectent des pentes limitant des massifs plus ou moins structurés, constitués de matériaux meubles, plus ou moins argileux et sensibles à l'eau, dont la stabilité n'est qu'apparente ; péripéties spectaculaires d'histoires qui peuvent être longues et tortueuses, ils sont généralement qualifiés de rapides ; effectivement, ils peuvent se produire brusquement, sans prévenir, pour qui n'y regarde pas de très près. Dans les régions au sous-sol argileux et à la surface accidentée, de nombreux coteaux glissent à peu près en même temps, après une longue période de stabilité apparente ; l'époque de ces glissements quasi simultanés, correspond toujours à une pluviosité, sinon exceptionnelle, du moins très forte et continue.

Leur manifestation implique de nombreuses grandeurs physiques caractérisant le massif et le matériau, ainsi que le temps, toujours négligé bien qu'il soit des plus influents : les constantes de la géomécanique - il faudrait dire de la géostatique - sont en fait des variables de la géodynamique. En effet, dans la plupart des cas qu'elle étudie, la géomécanique n'envisage que le comportement statique, l'équilibre d'un milieu invariable ; paradoxalement, la rupture elle-même est modélisée comme le passage instantané d'un état stationnaire à un autre, sans que l'inertie intervienne dans les calculs ; et pourtant, la forme, le déroulement et les effets d'un glissement dépendent aussi de sa masse et de sa vitesse.

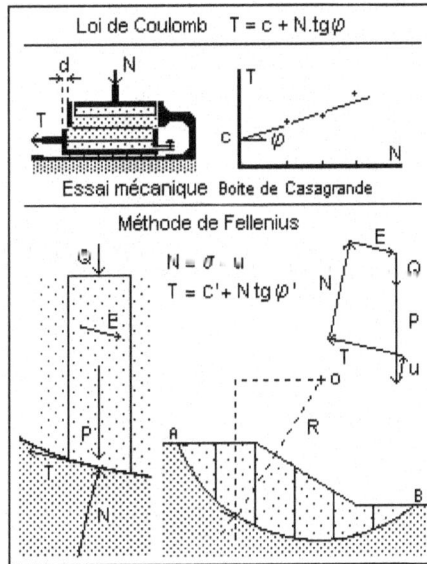

Loi de Coulomb $T = c + N.tg\varphi$

Essai mécanique Boite de Casagrande

Méthode de Fellenius

$N = \sigma \cdot u$

$T = c' + N\,tg\,\varphi'$

Figure 1.9.1.4.a – Méthode de Fellenius

Selon la loi de Coulomb, au moyen de la méthode de Fellenius ou d'autres, car on ne s'est pas privé d'en imaginer, et de leurs paraphrases informatiques, on devrait pouvoir étudier tous les cas possibles de stabilité des pentes dans les matériaux que la géotechnique appelle sols, c'est-à-dire dans tous ceux dont on peut mesurer les paramètres de Coulomb au moyen d'essais mécaniques, boite de Casagrande, triaxial… Mais on manipule très difficilement ces paramètres, ainsi que la pression de courant, grandeurs dont dépend essentiellement la stabilité d'une pente. Or, les versants et les talus glissent, les murs, les parois, les rideaux se renversent,. les revêtements, les cuvelages implosent quand la cohésion disparaît et/ou quand l'eau souterraine afflue, les deux phénomènes étant souvent liés.

La géomécanique ne permet pas d'étudier la stabilité d'une pente dont les paramètres de Coulomb du matériau argileux qui le compose se modifient dans le temps, ce qui est le cas général ; les divers essais que l'on peut réaliser au triaxial en faisant varier la vitesse et/ou la consolidation du matériau, fournissent bien des valeurs différentes de ces paramètres, mais on ne sait pas très bien ce qu'en fait elles représentent. On ne peut donc qu'apprécier la stabilité de la pente à un instant donné et pour des valeurs de paramètres données ; et à un moment imprévu, il arrive que des pentes, stables selon les critères de la géomécanique, glissent sans prévenir parce que, sous une action extérieure hydraulique et/ou mécanique, les caractéristiques mécaniques du matériau au moment de l'accident sont devenues très différentes de ce qu'elles étaient au moment de l'étude par simulation, issue d'essais au triaxial, effectués sur échantillons. On peut certes effectuer des calculs itératifs en faisant varier leurs valeurs dans des limites réalistes éventuellement issues de tous les essais possibles, pour estimer celles qui sont critiques ; on ignorera néanmoins toujours si elles seront atteintes, pourquoi, comment, et dans quel délai. Si la manipulation de ces paramètres, et notamment de la cohésion, a gêné et gêne encore les géomécaniciens au point de les avoir rendus irréalistes, c'est qu'ils sont des constantes des plus variables ; comme l'avait dit Collin, la cohésion varie entre autres selon la teneur en eau ; elle est seulement mesurable dans un matériau donné, dans un état donné et à un instant donné, celui de la rupture, c'est-à-dire quand elle disparaît.

Les valeurs des paramètres de Coulomb et d'un angle de talus, combinées selon la méthode de Fellénius dans le cadre de la loi de Coulomb, ne suffisent pas à dire pourquoi un glissement s'est produit à un certain endroit, à un certain moment ; *a fortiori*, elles ne permettent pas d'en prévoir un. On ne peut donc pas réaliser complètement une étude de glissement par la seule géomécanique ; elle est néanmoins l'outil qu'il importe d'utiliser en tous cas, mais avec circonspection. Pour tourner cette difficulté sans remettre en cause la démarche et préserver la crédibilité de la méthode, les mécaniciens adoptent de confortables coefficients de sécurité, dénués de toute implication probabiliste. Si le modèle mécanique utilisé est éloigné de la réalité, le résultat ainsi obtenu n'est guère plus fiable ; un modèle géodynamique permet en général, d'en obtenir un bien meilleur.

La stabilisation des pentes de matériaux meubles, objets typiques des glissements, va du simple drainage superficiel et/ou souterrain à des ouvrages de soutènement multiples et variés ; le drainage est toujours essentiel. D'innombrables programmes informatiques permettent de traiter tous les cas d'école possibles ; les réalisations qui en découlent ne sont pas toujours efficaces : le terrain prime et on ne peut pas le mettre dans un ordinateur.

Parmi une multitude d'événements d'une extrême diversité, on a l'habitude de distinguer des glissements rotationnels dans des formations homogènes et isotropes, des glissements superficiels ou de couverture, des glissements plans selon des surfaces de failles, de bancs, de contacts de formations différentes, des glissements complexes qui ne sont rien de tout cela et qui se produisent partout où la structure de la zone instable n'est pas simple ; ce sont ceux-là qu'il faudrait modéliser, mais on ne sait évidemment pas le faire. J'y ajoute les ruptures de fondations que la géomécanique traite de façon assez analogue à celle des glissements rotationnels.

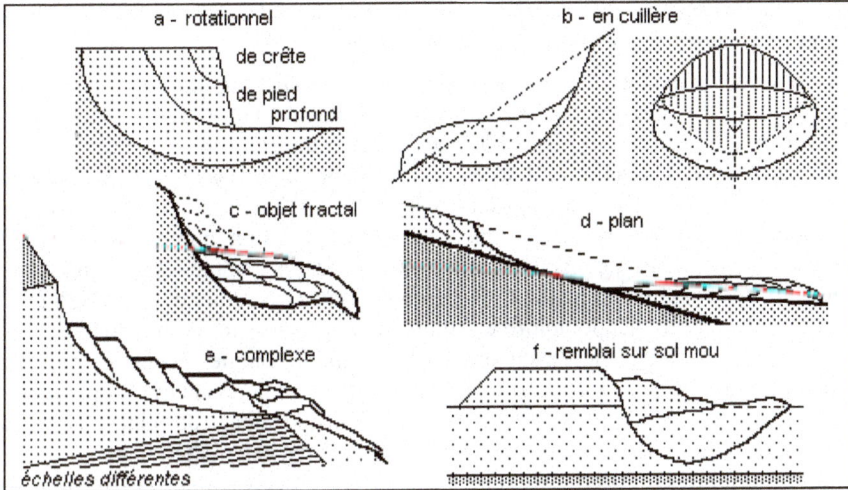

Figure 1.9.1.4.b – Glissements de terrain

1.9.1.4.1 – Le glissement rotationnel

Le glissement rotationnel est le cas d'école classique simple ou plutôt simplifié, sur lequel on a pu bâtir de nombreux modèles mathématiques ; ils sont décrits et étudiés partout, dans les livres et les cours, même non spécialisés ; ils sont à la base de la plupart des problèmes d'examens de l'enseignement de la mécanique des sols. Ainsi, les ingénieurs de génie civil, géotechniciens ou non, les manipulent communément, naguère avec du papier et un crayon, maintenant, au moyen d'un ordinateur et de l'un des innombrables programmes qui encombrent l'informatique géotechnique. On le considère comme l'archétype des glissements : il n'en est qu'un modèle commode.

Selon ce modèle déterministe, le massif dont la pente est la face libre directement soumise à la gravité doit être constitué d'un matériau homogène, isotrope et invariant, ou au moins, présenter une structure très simple dans laquelle ne se trouvent que de tels matériaux ; il faut aussi postuler que le problème est à deux dimensions, c'est-à-dire que la surface de glissement est une surface réglée dont aucune méthode n'indique la position, que la trace plane de cette surface est géométriquement simple, segment de droite, arc de cercle, de spirale logarithmique, de cycloïde..., selon la méthode retenue, et que la dimension du glissement perpendiculaire au plan, sa largeur, est infinie ; il faut enfin admettre que le massif dans lequel se produit ce glissement était primitivement en équilibre, que l'inertie n'intervient pas dans le processus, que la rupture est générale, instantanée et que les matériaux glissés disparaissent comme par enchantement, sans participer au nouvel équilibre du massif, maintenant limité à la surface de glissement. Mais un glissement réel n'acquiert presque jamais instantanément sa forme définitive qui n'est jamais aussi simple : en admettant même que le matériau glissé soit homogène, isotrope, que le glissement ait été unique et instantané et sa surface axiale soit un arc de cycloïde, il est en fait limité latéralement par des bords cisaillés subverticaux ou bien il présente la forme approximative d'une cuiller ; de plus, ce que l'on considère comme un grand glissement résulte en général de la superposition à diverses échelles de l'espace et du temps, de glissements élémentaires : c'est un objet fractal. Les conditions aux limites de ces manipulations ne sont donc pas très naturelles.

Pour un talus de hauteur et de pente données, taillé dans un matériau que l'on définit par ses paramètres de Coulomb, on ne fait que positionner le centre de l'arc de cercle de glissement le plus critique et donner la valeur correspondante d'un coefficient dit de sécurité par rapport à la rupture, d'après une des méthodes classiques de la mécanique des sols, Fellenius-Bishop en général. Ces arcs de cercles et ces coefficients représentent uniquement la phase finale du traitement d'un nombre très limité de paramètres géotechniques, conventionnellement considérés comme les plus influents du phénomène de glissement, hauteur et pente du talus, paramètres de Coulomb du matériau, niveau de la nappe aquifère... dans le cadre étroit d'une méthode de calcul plus ou moins abstraite, impliquant que l'on considère comme réelles les conditions schématiques que j'ai énumérées, imposées au milieu et à la géométrie du phénomène. On peut être assuré qu'il n'en est rien : on risque donc de constater ensuite l'inexactitude pratique du résultat rigoureux d'un excellent calcul théorique.

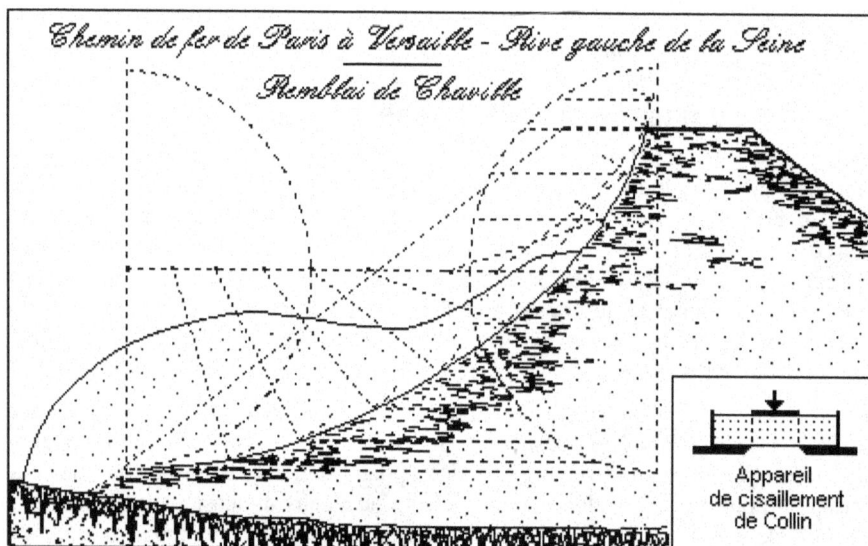

Figure 1.9.1.4.1 – Le glissement rotationnel de remblai selon Collin

Les massifs constitués de matériaux homogènes, isotropes et invariants, ne sont pas très courants dans la nature ; c'est la raison pour laquelle le glissement d'un massif de remblai, qui peut l'être plus ou moins est l'exemple-type des glissements rotationnels. En 1773, Coulomb, ingénieur militaire préoccupé de stabilité de remblais de fortifications, avait défini clairement la cohésion et l'angle de frottement d'un matériau meuble et établi la loi de leurs relations qui est à la base de la mécanique des sols. Il savait que, quand il ne concerne pas du sable homométrique sec, un éboulement qui est alors un glissement se fait selon une surface compliquée ; il savait enfin qu'au moment où on le met en place, avant qu'on le compacte, le comportement d'un remblai n'est pas très éloigné de celui d'un tas de ce sable. Dans un but délibéré de simplification tant théorique que pratique, il recommandait donc de calculer à partir d'une surface de glissement plane et avec un matériau sans cohésion, en faisant remarquer qu'ainsi, on agissait dans le sens de la sécurité ; dès l'abord il avait donc pressenti l'utilité de ce que l'on appellera plus tard le coefficient de sécurité qui permet d'obtenir un résultat mathématique utilisable quoi que l'on ait fait, pourvu qu'il soit suffisamment petit. Il a ainsi ouvert la voie aux hypothèses simplificatrices souvent abusives de l'actuelle mécanique des sols ; elles proviennent du fait que, pour réaliser les constructions géométriques ou intégrer les équations qui modélisent le mieux les cas réels, on doit schématiser à l'extrême le matériau et les conditions aux limites du phénomène ; l'ordinateur et les éléments finis ont multiplié les cas abordables par cette méthode, mais pas les principes. Dès 1848, Collin avait montré que la courbe de glissement rotationnel d'un remblai était proche d'un arc de cycloïde, mais l'utilisation mathématique de cette courbe analytiquement complexe, conduit rapidement à des calculs inextricables ; on lui préfère donc le cercle, selon la méthode de Fellenius-Bishop ; elle a entrepris une nouvelle carrière, car elle est bien adaptée au calcul automatique.

1.9.1.4.2 - Glissements plans

Les glissements plans se produisent généralement sur une surface structurale préexistante, plus ou moins plane, aval-pendage, banc, faille, toit du substratum... séparant une formation supérieure meuble, prédisposée à être instable, généralement plus ou moins aquifère, d'une formation inférieure compacte, stable, le plus souvent imperméable.

Photo 1.9.1.4.2 – Le Claps du Luc

Une énorme masse de rochers a glissé sur une surface stratigraphique plane ; elle a barré la Drome et créé un lac qui s'est colmaté par sédimentation (cf. 2.4.1).

En montagne, ceux qui se produisent sur des miroirs de grandes failles ou sur d'importantes surfaces stratigraphiques, peuvent avoir des dimensions considérables et être éventuellement très destructeurs ; l'exemple-type est celui du Rossberg ou en France, celui du Claps sur la Drôme. Quand l'eau est peu abondante et la formation supérieure assez perméable pour favoriser un drainage naturel, ces glissements peuvent passer pour des reptations un peu rapides ; ils peuvent être éventuellement accélérés par des événements extérieurs tels que des terrassements sur la pente, tant en déblais qu'en remblais ; quand l'eau devient abondante, soit en circulant sur la surface, soit en s'accumulant dans une poche souterraine de matériau perméable, la pression hydrostatique et/ou hydrodynamique peut rompre la couche superficielle et provoquer une coulée de boue, souvent très dangereuse.

On étudie théoriquement les glissements plans comme des limites de glissements rotationnels ; les surfaces de glissements sont alors définies, mais leurs vraies positions sont rarement connues ; ce n'est, en tous cas, pas par le calcul qu'on les détermine, mais en allant sur le terrain ; avant qu'un glissement se produise, on les repère rarement.

1.9.1.4.3 - Les glissements complexes

Sous cette appellation qui n'engage à rien, on groupe tous les glissements autres que les précédents, c'est-à-dire presque tous ceux qui se produisent dans la nature. Les sites paraissant globalement instables ne sont pratiquement jamais les sièges de grands glissements rotationnels ; il s'y produit plutôt de loin en loin et à des endroits chaque fois différents mais souvent contigus, des glissements élémentaires qui eux, peuvent éventuellement être regardés comme tels ; leur enveloppe prend fréquemment l'aspect de glissements plans. En fait même, il est rare qu'un vaste site paraissant instable, présente une aptitude uniforme au glissement ; des matériaux meubles plus ou moins épais, plus ou moins argileux de certaines zones plus ou moins aquifères, glissent plus facilement que d'autres ; ils sont souvent rassemblés dans des gouttières et vallons fossiles, surcreusements locaux du substratum des versants, parallèles à la pente générale. Les sources de pied de versants correspondent souvent à de tels vallons ; elles révèlent des cheminements préférentiels d'eau souterraine, susceptibles de favoriser les glissements et même les coulées de boues ; leurs abords sont donc généralement assez dangereux.

Pour étudier les glissements complexes qui résultent de la superposition d'écroulements, de fluages et de glissements simples, on pourrait considérer en théorie qu'ils sont des objets fractals et que leur comportement est celui de systèmes critiques auto-organisés, instables, très sensibles aux perturbations, mais qui se réarrangent eux-mêmes ; cela ne mènerait pas à grand-chose d'efficace ; préalablement à toute intervention, on préfère donc de solides études géomorphologiques et géodynamiques : intervenir mal à propos peut aggraver à terme l'instabilité de l'ensemble, pour améliorer quelque temps celle de l'endroit traité ; il est donc nécessaire d'agir en toute connaissance de causes.

1.9.1.5 - RUPTURES DE FONDATIONS

Les ruptures de fondations ne sont évidemment pas des mouvements de pentes ; je les place néanmoins ici, parce que, si la charge d'une fondation d'ouvrage dépasse une valeur ultime qui dépend des caractéristiques mécaniques du sol d'assise, de la forme, de la surface et de la profondeur de la fondation, la géomécanique considère que le sol peut rompre selon un processus qui s'apparente à un glissement rotationnel, même si la charge est strictement verticale, car la résultante est oblique : selon la théorie de Rankine, la courbe de glissement, limite d'un coin de cisaillement, est un arc de spirale logarithmique et les paramètres en cause sont ceux de Coulomb. À partir de cela,

Terzaghi a simplifié le calcul de la charge ultime, au moyen d'une formule dans laquelle les paramètres de Coulomb sont transformés au moyen d'un abaque, en trois facteurs de portance ; d'autres auteurs ont cru devoir améliorer cette formule et ces facteurs qu'ils jugeaient trop empiriques ; c'était se donner beaucoup de mal pour pas grand-chose, car là encore, un très confortable coefficient de sécurité doit nécessairement minorer le résultat de l'un comme des autres, si l'on veut ne pas avoir de désagréable surprise à la construction. Théoriquement, si la charge ultime est dépassée, la fondation poinçonne, et, sans changer de volume, le matériau du coin est refoulé vers la surface en produisant un bourrelet ; ce type de mouvement, évidemment dommageable à l'ouvrage, est en fait très peu fréquent : les critères de tassement sont plus contraignants que ceux de rupture ; la charge de service de la fondation, que l'on est obligé d'adopter pour amoindrir les tassements de consolidation sous l'ouvrage, doit donc être très inférieure à sa charge ultime de rupture, même largement minorée par le coefficient de sécurité.

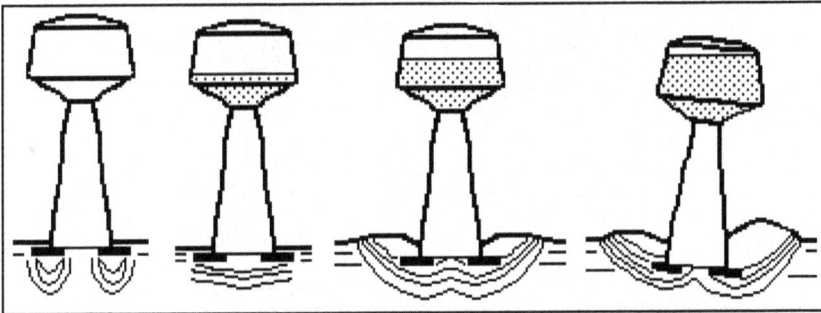

Figure 1.9.1.5 – Processus théorique de rupture de fondation

Cela n'est parfois pas possible pour un haut remblai sur sol mou qui risque ainsi de poinçonner son assise et de glisser avec elle, s'il est construit rapidement ; même sur une assise stable, un corps de remblai hâtivement mis en place et mal compacté risque de glisser ; cela peut être généralement évité, si la construction est suffisamment lente pour que la compacité du sol et/ou du corps de remblai s'accroisse assez par consolidation ; par le calcul, on peut estimer cette compacité, mais pas la durée du remblayage pour que la stabilité soit assurée ; c'est la raison pour laquelle, par précipitation, de nombreux remblais glissent en cour de réalisation.

1.9.1.6 - COULÉES, LAVES ET LAHARS

Plus ou moins longtemps après qu'ils se sont produits, les glissements passent souvent, vers l'aval, à des coulées plus rapides, plus linéaires et plus distantes, généralement en cours ou à la suite de précipitations exceptionnelles ; la pente peut alors être relativement faible, le mouvement sera néanmoins rapide, généralement surprenant et en partie pour cela, très dangereux ; les coulées de boue se produisent sur les versants, en dehors des lits de cours d'eau, mais elles sont souvent canalisées par des thalwegs habituellement secs. Il s'en produit aussi sur des versants argileux en stabilité limite, après des opérations de déboisement et/ou d'urbanisme inconsidéré, à la suite de violents orages, comme en mai 1998 en Campanie où il y eut plus de 100 victimes et des dégâts considérables en quelques heures. Dans les pays tropicaux exposés aux cyclones, les coulées de boue sont particulièrement destructrices, tant par leur volume et leur rapidité que par la fragilité des sites et la médiocrité des constructions qu'elles submergent : en 2003-4, années durant lesquelles les cyclones ont été particulièrement violents et nombreux en Asie comme en Amérique, il y a eu des catastrophes à Manille, Cuba, Haïti, au Venezuela…

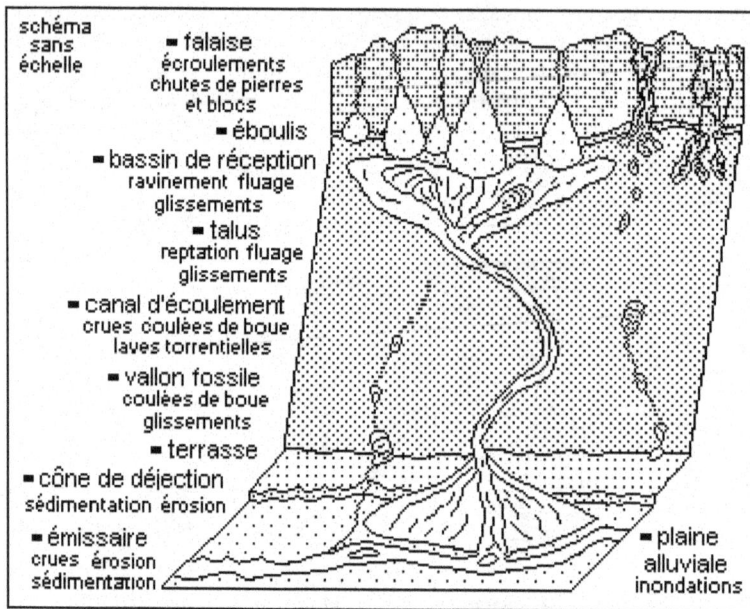

Figure 1.9.1.6 – Mouvements de terrain en montagne

Par contre, les laves torrentielles, brouets plus ou moins consistants de débris de tous calibres, partent généralement du bassin de réception et dévalent les lits de certains torrents à plus ou moins grande vitesse ; très abrasifs et doués d'une grande énergie cinétique, elles les modifient radicalement par ravinement puis sédimentation, aussi dangereux l'un que l'autre ; en fin de course, elles s'étalent en alimentant parfois de vastes et épais cônes de déjections. On les étudie par la géomorphologie et l'hydrologie fluviale ; généralement bien localisés, on ne peut intervenir que par reboisement du bassin versant et par aménagement des lits, recalibrage, rectification, épis, digues, barrages, canalisation… Il s'agit bien entendu d'opérations très spécifiques qui ne peuvent être entreprises qu'en connaissance de cause et avec prudence ; il arrive en effet qu'en améliorant ici, on détériore là.

Les lahars volcaniques sont des cas particuliers de laves torrentielles ; ils se produisent sur des cônes de débris plutôt fins, souvent pendant l'éruption, parce que l'accumulation en cours de pyroclastites est instable, parce que le volcan produit beaucoup de vapeur d'eau qui, jointe à l'eau atmosphérique, se condense en précipitations particulièrement abondantes ; ils peuvent aussi résulter de la fonte d'un glacier de cratère, quand il y en a un… Les lahars sont extrêmement dangereux : celui du Nevado del Ruiz a fait 25 000 victimes en 1985 (*cf. 1.4.2.1.10*).

1.9.2 - MOUVEMENTS VERTICAUX

Les mouvements verticaux de terrain ont aussi des formes, des causes et des effets variés. Ceux qui dépriment plus ou moins la surface du sol sont des affaissements ; ceux qui la trouent sont des effondrements.

1.9.2.1 - ISOSTASIE ET BRADYSISME

Photo 1.9.2.1 – Le temple de Sérapis

Le haut des marques noires sur les trois colonnes indique son enfoncement maximum ; l'eau atteint actuellement le haut du socle (pompage archéologique en cours).

L'isostasie et le bradysisme sont des mouvements verticaux de l'écorce terrestre qui résultent, pour l'un, ascendant, de la fonte des calottes glaciaires au Würm, plus de 120 m comme au Canada, au Groenland et en Scandinavie où la profondeur et la surface de la Baltique ne cessent de se réduire, et pour l'autre, dans les deux sens, des effets de déplacements profonds de magmas volcaniques : sur la presqu'île de Pouzzoles (*cf. 1.4.1.1.5*), le cercle des colonnes du temple de Sérapis est descendu de 7 m entre sa construction au IIe siècle BC et notre Xe siècle, puis est remonté d'autant, pour n'avoir actuellement que les pieds dans l'eau. Ces mouvements liés à l'activité volcanique des Champs Phlégréens, affectent évidemment le sol de toute la presqu'île : entre 1970 et 1990, le sol est ainsi monté puis descendu plusieurs fois de près de 2 m, provoquant de graves dommages à de nombreux ouvrages (*cf. 1.4.1.1.5*).

En dehors des problèmes que posent les déplacements de rivages marins, notamment dans les ports, ces lents mouvements ne provoquent généralement pas de graves dégâts et jamais de catastrophe.

1.9.2.2 – AFFAISSEMENTS

Les affaissements sont des mouvements verticaux de terrain qui abaissent lentement et sans rupture, la surface du sol ; la plupart résultent d'un processus naturel, la consolidation ; ils produisent des cuvettes et dépressions parfois très vastes et des tassements d'ouvrages. Les effondrements de cavités profondes comme les mines peuvent produire de vastes zones d'affaissements en surface. Les mouvements provoqués par le dégel ou la sécheresse sont des cas particuliers plus limités mais néanmoins souvent dommageables.

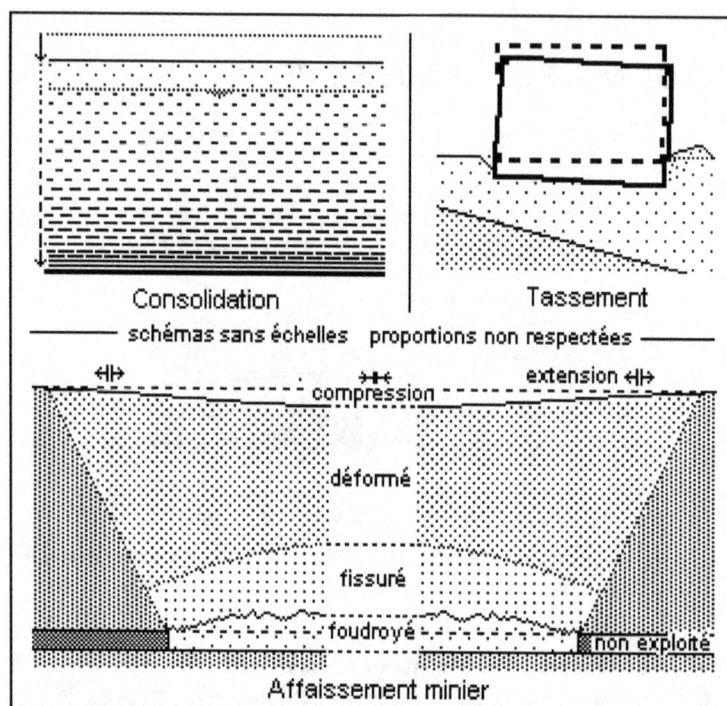

Figure 1.9.2.2 – Affaissements

Ces mouvements sont généralement inévitables et irrésistibles mais bien localisés, faciles à caractériser et à étudier, rarement dangereux : d'après les résultats d'une étude géotechnique spécifique, il est toujours possible de leur adapter un ouvrage existant ou futur, par des dispositions constructives simples et classiques, comme assurer la continuité et la rigidité de sa structure ou, si l'épaisseur des matériaux affectés n'est pas très grande, par des fondations profondes, puits, pieux... ancrées dans les matériaux stables qu'ils couvrent, et qui constituent généralement le substratum du site. Les ouvrages anciens demeurent parfois plus ou moins distordus et/ou inclinés, mais la Tour de Pise, les palais de Venise, les immeubles étayés et butonnés d'Amsterdam... montrent que cela peut leur donner du charme sans altérer leur solidité à long terme pour peu qu'on les entretienne régulièrement. Il importe aussi d'adapter les réseaux enterrés à subir ces mouvements sans dommage.

Photo 1.9.2.2 – Immeubles des vieux quartiers d'Amsterdam

Toujours habités, nombre d'entre eux sont plus ou moins inclinés, gondolés, fissurés, en raison de l'instabilité de leurs fondations ; ils sont sécurisés par des poutres en bois et des tirants en fer.

1.9.2.2.1 - Consolidation

La consolidation affecte des matériaux meubles récemment déposés, sédiments subactuels, remblais... Elle est le résultat de l'écrasement des interstices d'un matériau granuleux, sous l'effet de son propre poids ; si le matériau est aquifère, cet écrasement s'accompagne d'un essorage qui en régit la durée, en fonction de la perméabilité du matériau et de l'efficacité du drainage aux limites. Au total, le matériau dont le volume et la teneur en eau diminuent plus ou moins vite, devient plus dense, plus résistant et moins perméable, et la surface du sol s'affaisse.

Les affaissements récents de vastes zones de matériaux alluviaux meubles, souvent plus ou moins organiques, comme ceux de marécages, sont généralement dus à la consolidation accélérée de ces matériaux ; au lieu de perdre peu à peu leur eau interstitielle de façon naturelle, ils se la voient enlever beaucoup plus rapidement, le plus souvent par pompage d'exploitation industrielle ou urbaine, drainage agricole...L'affaissement quasi général de Mexico dépasse localement 6 m et certains ouvrages anciens, pourtant toujours fonctionnels, y sont plus ou moins inclinés et gondolés, de façon très désordonnée ; en aval de Londres, un barrage a été établi sur la Tamise, pour éviter les inondations d'une vaste zone affaissée, lors de grandes marées et de tempêtes. Dans des circonstances analogues, lors d'*acque alte*, on se contente de passerelles démontables pour circuler dans Venise (*cf. 1.15*) ; ces eaux vives se seraient multipliées en raison des pompages industriels profonds de Marghera qui accéléraient l'affaissement général naturel de la lagune ; on les a strictement limités. Osaka a dû diversifier les actions de défense contre l'affaissement général du delta du Tosabori qui amplifie les effets des typhons, des crues et des tsunamis, en limitant les pompages dans la nappe phréatique et en construisant des digues, des barrages, des stations de pompage...Un modèle réduit de ces mouvements est l'affaissement des abords d'une fouille dont on épuise de façon continue l'eau qui y afflue ; il peut être aggravé par des renards, entraînements de fines par l'eau pompée ; quand il y en a, les riverains n'apprécient pas. Leur modèle géotechnique est le tassement selon la théorie de Terzaghi (*Fig. 1.9.2.2.2*).

La diagenèse est le processus naturel complexe de consolidation qui conduit des sédiments meubles aux roches sédimentaires, au cours d'une longue période du temps profond ; son effet d'affaissement peut être amplifié par la subsidence, enfoncement progressif du fond de certains bassins sédimentaires ; c'est ce qui se passe sous Venise, en plus de l'eustatisme, des tassements gravitaires et de la consolidation par pompage : par rapport au niveau de la mer; le sol y est descendu de 4 à 6 m depuis la préhistoire, de 3 m depuis l'époque romaine, de près de 1 m depuis le XVIIIe siècle, 5 mm/an en moyenne au XXe.

1.9.2.2.2 - Tassements d'ouvrages

Un ouvrage construit dans un site dont le sous-sol est rocheux ou meuble, induit un champ de contraintes qui provoque sous lui des déformations progressives et permanentes. Sous une assise rocheuse, elles sont le plus souvent rapides et insignifiantes, pseudo-élastiques, sans effet pratique ; dans des matériaux meubles dont la consolidation est entraînée par les contraintes, les déformations se traduisent par un tassement au niveau de la fondation ; l'ouvrage s'enfonce plus ou moins dans le sol et peut subir des distorsions qui entraînent sa fissuration, voire son inclinaison.

Les tassements sont généralement différentiels, plus ou moins lents et importants ; ils peuvent causer des dommages à l'ouvrage longtemps après l'achèvement de sa construction. La répartition, l'amplitude, la durée et les effets de ces tassements dépendent des dimensions, de la forme et de la masse de l'ouvrage, de sa position dans le site, de la rigidité de sa structure, des caractéristiques de ses fondations, ainsi, bien entendu, que des caractéristiques mécaniques du matériau d'assise. Une étude géotechnique spécifique est nécessaire pour les estimer.

La méthode de calcul de tassement la plus efficace est due à Terzaghi ; elle est fondée sur les résultats d'essais œdométriques consistant à observer le tassement puis le gonflement d'échantillons de matériaux meubles confinés et drainés sous l'effet de charges variables ; on en tire les valeurs de plusieurs paramètres, dont le module œdométrique, qui permettent d'estimer le tassement total qu'un ouvrage pourrait subir dans l'espace et dans le temps : cela marche plutôt bien, ce qui mérite d'être souligné en géotechnique ; d'autres méthodes assimilant le fluage plastique à ce tassement sont moins fiables. L'estimation des tassements différentiels que la construction provoquera inévitablement, et qui dépendent à la fois de la structure de l'ouvrage et de celle du sous-sol du site est beaucoup plus difficile : la géomécanique a besoin d'un modèle géomorphologique pour que cette estimation ne soit pas trop fantaisiste.

Les alternances naturelles répétées de gels/dégels ou d'humidité/sécheresse produisent des mouvements verticaux ascendants puis descendants dans des matériaux plutôt argileux ; ils peuvent causer de graves dommages à un ouvrage léger fondé superficiellement et dont la structure manque de continuité et de rigidité. Il peut en aller de même pour des ouvrages implantés dans des contrées au climat rigoureux, gel, sécheresse... ou abritant des installations techniques particulières, frigorifiques, thermiques... (*cf. 1.1.10*).

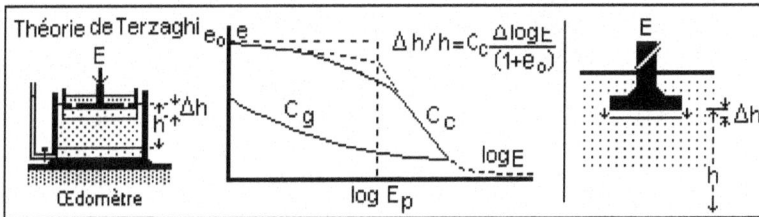

Figure 1.9.2.2.2 - Théorie de Terzaghi

Le compactage est un moyen rapide d'accroître la résistance et de réduire l'importance et la durée de tassement d'un sol ou d'un remblai, en le surchargeant statiquement ou dynamiquement au moyen de dames, pilons, cylindres lisses, à pieds, vibrants... Il n'est efficace que si l'on respecte très exactement des conditions de réalisation dépendant du matériau à traiter et du matériel dont on dispose ; on y parvient avec des essais de laboratoire et de chantier.

1.9.2.2.3 - Affaissements miniers

Le sol des régions de mines s'affaisse généralement de façon irrégulière et sur de grandes surfaces. Certaines techniques d'exploitation des mines, naguère boisages ou piliers voués à la rupture plus ou moins rapide dans les quartiers abandonnés après dépilage ou, dans les dernières décennies, rabots, haveuses, soutènement automatique, foudroyage immédiat et dépilage de plus en plus complet, créent des vides souterrains importants qui se comblent par effondrement du toit ; cela entraîne la décompression et la fragmentation des matériaux stériles coiffant le gisement, même dans le cas de grandes profondeurs d'exploitation, en raison des grandes surfaces des gisements et de la superposition des tailles ; elles finissent toujours par atteindre la surface qui descend plus ou moins et généralement, de façon désordonnée. Ces mouvements peuvent être très importants, irréguliers dans l'espace et dans le temps, et se prolonger après l'arrêt de l'exploitation d'un quartier ou de la mine ; leur durée est de quelques années dans le cas de foudroyage, inconnue dans le cas de piliers : les piliers de charbon se consument peu à peu et peuvent même brûler ; ceux de gypse fluent et s'altèrent rapidement... Dans les dépressions ainsi constituées, des ouvrages s'inclinent, se distordent, se fissurent, les eaux de ruissellement ne savent plus où aller ; certaines rivières de bassins miniers, au cours parfois hésitant ont dû peu à peu être transformées en canaux remblayés au-dessus de leurs plaines alluviales. Ces zones ont des réactions plus surprenantes que dangereuses ; les fontis y sont rares, mais certains ouvrages peuvent y devenir dangereux et doivent être démolis ; on peut toutefois continuer à y construire en prenant les précautions que recommandent les services spécialisés des exploitations, en fonction de la forme et de l'amplitude des mouvements locaux. L'effet de la remontée des eaux souterraines, par suite de l'arrêt de l'exhaure lors de la fermeture d'une mine, est un risque mal connu et difficile à étudier pour la stabilité générale d'un site et l'évolution de son réseau d'eau souterraine.

1.9.2.3 - EFFONDREMENTS

Les effondrements sont des écroulements subverticaux entraînés par des ruptures brusques de toits de cavités naturelles résultant de dissolutions de roches, calcaire ou gypse, ou creusées, tunnels, carrières souterraines ou mines ; souvent limités par des fractures coniques, ils aboutissent en surface à des dépressions, des cuvettes, des avens, des gouffres ou des fontis, après s'être propagés à travers toutes sortes de matériaux, entre la cavité et le sol, en les fracturant et en les faisant foisonner.

Ils peuvent être dangereux dans les zones urbaines denses, et c'est malheureusement là que le risque qu'il s'en produise est le plus grand ; la raison en est que, de tout temps et presque partout, on a exploité à faible profondeur, puis abandonné sans repérage, des carrières souterraines de matériaux de construction dans le sous-sol des environs des agglomérations qui s'y sont peu à peu étendues. Les méthodes d'exploitation très variées étaient adaptées aux particularités du site, du matériau et des moyens disponibles ; la plus répandue est celle des chambres et piliers abandonnés, qui était la plus facile à mettre en œuvre et la plus économique pour des matériaux de peu de valeur ; à l'abandon, les piliers et les toits s'écaillent jusqu'à céder et il se produit un fontis, en général sans prévenir. Si l'ensemble des piliers est en limite de solidité, un fontis initial peut se propager à l'ensemble de la carrière ; dans certaines régions, les zones à risques sont très nombreuses ; oubliées, elles ne se rappellent souvent à notre attention qu'à l'occasion d'un accident. Quand elles sont localisées et situées dans une zone sensible, on peut, dans certains cas, consolider et/ou remblayer les cavités, sinon, renforcer les structures des ouvrages sus-jacents et/ou les fonder sous les planchers des cavités ; ces types d'interventions sont généralement très onéreux sans être toujours très efficaces.

Certains effondrements de rase campagne se produisent à la surface des plateaux de calcaire karstique, souvent à l'intérieur d'une doline dont l'aven-exutoire obstrué débourre à la suite d'un violent orage qui l'avait transformée en étang ; les réseaux karstiques sont en effet souvent fossiles et n'évoluent pratiquement plus ou alors très lentement, car le calcaire est très peu soluble. La morphologie des plateaux karstiques est très facile à cartographier par télédétection et sur le terrain ; les risques d'accidents y sont d'autant plus restreints que ces plateaux sont généralement occupés de façon diffuse.

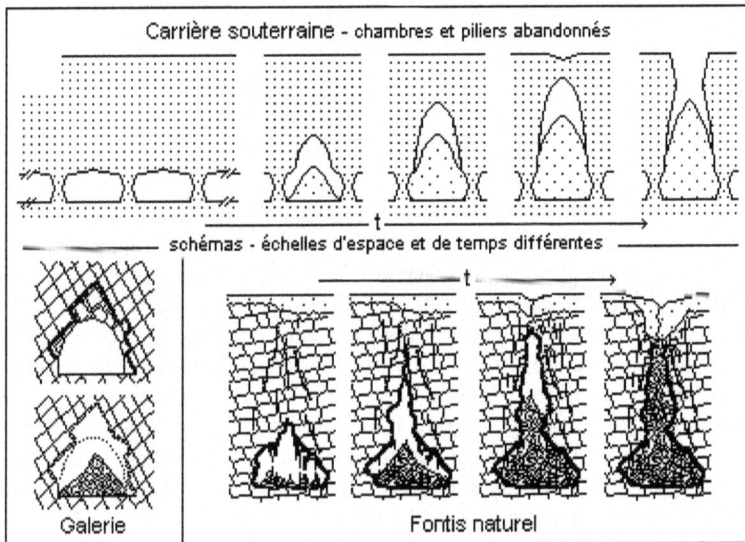

Figure 1.9.2.3 – Effondrements

Il en va autrement des cavités des formations gypseuses qui évoluent de façon permanente et rapide, car le gypse est très soluble et se déforme à court terme, en fluant par décompression. Les fontis s'y produisent souvent du jour au lendemain, sans signe précurseur en surface ; ils sont très dangereux en zones habitées où il arrive parfois que des bâtiments soient détruits. La pire des situations est engendrée par la carrière souterraine abandonnée et oubliée. L'étude détaillée des zones à risque pour y repérer les fontis potentiels est quasi impossible ; la microgravimétrie qui avait été présentée comme la seule méthode efficace, s'est finalement montrée très décevante, et il n'en existe pas d'autre. Les formations gypseuses sont presque partout connues ; par télédétection, on peut bien circonscrire les zones où elles affleurent, et en déterminer la structure ; cela permet de les déclarer *non aedificandi* ou d'y construire des ouvrages adaptés.

1.9.3 - DOMMAGES ET ACCIDENTS DE CHANTIERS ET AUX OUVRAGES

Les mouvements de terrain sont à l'origine de nombreux accidents de chantiers ; ils sont aussi, de loin, les principaux facteurs de dommages géotechniques aux ouvrages eux-mêmes ou à des ouvrages voisins. Or, la plupart de ces sinistres résultent d'absence d'étude géotechnique, d'études erronées, de mauvaises interprétations, d'erreurs et défauts de conception technique et/ou d'exécution, défauts d'entretien... Ils pourraient donc être évités si l'on prenait la peine de procéder aux études géotechniques des sites de constructions, et de tenir compte de leurs résultats pour adapter spécifiquement les travaux et les ouvrages aux particularités locales ainsi révélées. Et ce d'autant plus que, quand un sinistre s'est produit, il est presque toujours très difficile, et en tous cas très onéreux, à réparer - j'allais écrire à rafistoler - ; il est rare que l'on puisse revenir à l'état d'origine et l'on doit se contenter d'un à-peu-près ; parfois même, la réparation est pratiquement impossible et l'on est obligé de repartir à zéro ou d'abandonner.

À l'expert, de nombreux sinistres de ce genre donnent, du reste, l'impression de résulter de fautes inadmissibles. Ce point de vue doit être nuancé, car *on ne saurait penser à tout* ni tout prévoir, et parce qu'il est plus facile de définir les causes d'un accident qui vient de se produire, que d'imaginer *a priori*, les conditions de sa réalisation éventuelle. Il reste néanmoins que, pour plus de la moitié de ces sinistres, le sol et le sous-sol n'ont fait l'objet d'aucune étude, l'étude a été insuffisante, ses résultats mal interprétés par un non-spécialiste. L'exemple le plus typique de telles études est la traditionnelle campagne de sondages implantés presque au hasard, sans tenir compte des particularités naturelles du site ; les échantillons recueillis un peu n'importe comment, ne font ensuite l'objet que d'un rapide coup d'œil lors d'une visite de chantier et de quelques essais classiques de laboratoire ; les résultats de ces essais arbitrairement décidés, ne seront même pas sérieusement analysés ou seront interprétés sans trop se soucier du contexte. Ceci est loin de vouloir dire que les géotechniciens soient directement responsables des autres accidents, car, et c'est très fréquent, les résultats d'une bonne étude peuvent être très mal utilisés par le projeteur puis par l'entrepreneur.

En France comme aux États-Unis, mais sans doute aussi ailleurs, les causes de dommages aux ouvrages sont donc essentiellement l'absence ou l'insuffisance d'étude géotechnique, le défaut de prise en compte des conclusions de l'étude, le défaut de contrôle géotechnique des études techniques et des chantiers... Les déficiences proprement géotechniques sont souvent inattendues ou surprenantes de la part d'un géotechnicien, comme la tricherie sur la profondeur des sondages ou même leur non-exécution, les erreurs de repérage de sondages ou d'échantillons, la description des carottes par le seul ouvrier-sondeur, le défaut de connaissance géologique, l'erreur d'interprétation d'observations, de sondages ou d'essais, le défaut d'appréciation ou de compréhension du comportement du matériau terrestre...

La liste de ces déficiences particulièrement regrettables et même choquantes, ne peut pas être exhaustive ; celles répertoriées sont abondantes et il s'en constate régulièrement de nouvelles, toujours aussi inattendues. Il n'en demeure pas moins que la réalisation d'une bonne étude géotechnique, dont les résultats sont bien utilisés, est la meilleure garantie contre les dommages et accidents de chantiers et aux ouvrages et d'une façon plus générale, contre les effets des mouvements gravitaires de terrain.

1.9.3.1 - REMBLAIS

Empiler de la terre sur un terrain ne semble généralement pas une opération très compliquée ni très risquée. Les dommages que subissent les remblais, glissements d'assises et/ou de talus, et ceux qu'ils peuvent faire subir à d'éventuels ouvrages qu'ils supportent ou voisins, prouvent largement le contraire. Si l'assise d'un remblai à été bien préparée, si le matériau a été bien choisi et correctement mis en place, il y a très peu de risque de le voir se ruiner ou endommager des ouvrages voisins.

Les remblais de mauvaise qualité, matériaux non adaptés, mal compactés, mal fondés... sont choses courantes ; il en résulte des plates-formes au comportement curieux qui impose un entretien permanent, souvent onéreux. Les accidents de remblais sont peu fréquents et généralement sans gravité à moins que le remblai ne supporte directement un ouvrage ou que, très élevé, il en domine un. On peut citer les glissements ou tassements excessifs à la suite d'un mauvais choix de matériau ou à une mise en œuvre vicieuse, ou bien en raison de la faible résistance ou de la forte compressibilité du sous-sol d'assise, les défauts d'ancrages et/ou de drainage à flancs de coteaux. La surcharge de hauts remblais peut provoquer l'affaissement ou le soulèvement d'ouvrages mitoyens, l'inclinaison, la rupture par cisaillement ou le poinçonnement de pieux, la déformation ou la rupture d'ouvrages de soutènement... Les plates-formes mixtes ou sur remblais d'épaisseur variable sont les sources de nombreux dommages ; on les établit souvent sur des flancs de coteaux dont la stabilité naturelle est douteuse, et quand elles sont mal conçues ou mal drainées, elles ne l'améliorent évidemment pas. Quand la plate-forme est routière, la partie en remblai qui glisse, oblige au pire à fermer la route et au mieux à établir une circulation alternée, le temps de la réparation ; quand elle supporte un bâtiment, la défaillance du remblai peut provoquer d'une simple fissure à l'écroulement de sa partie aval.

La stabilité d'un remblai est presque toujours délicate à assurer, car ce type d'ouvrage est généralement implanté dans un site ingrat, fond de vallée au sous-sol peu résistant et compressible, flanc de coteau à peine stable, bord de plan d'eau... Les moyens d'y parvenir sont très nombreux et très spécifiques. Tant en cours de construction qu'en service, un remblai peut être dangereux pour son voisinage ; les vibrations d'un compactage trop intense peuvent causer de graves dommages à de fragiles constructions voisines ; la consolidation des matériaux d'assise peut créer ce que l'on appelle des frottements négatifs et/ou des contraintes obliques susceptibles d'affecter des fondations profondes proches, comme celles des culées d'un pont auquel le remblai sert d'accès ; un remblai mal drainé peut entraîner la ruine du mur qui devrait le soutenir ; en glissant, un remblai peut endommager un ouvrage qui se trouve à son pied...

1.9.3.2 - EXCAVATIONS ET SOUTÈNEMENTS

Une mine, une carrière souterraines ou à ciel ouvert, un tunnel, un parking souterrain, une tranchée... sont des ouvrages tout à fait différents ; ils sont pourtant les objets et/ou les facteurs de risques analogues, essentiellement instabilité de parois provisoires et/ou définitives, effets de tirs aux explosifs, de l'eau souterraine...

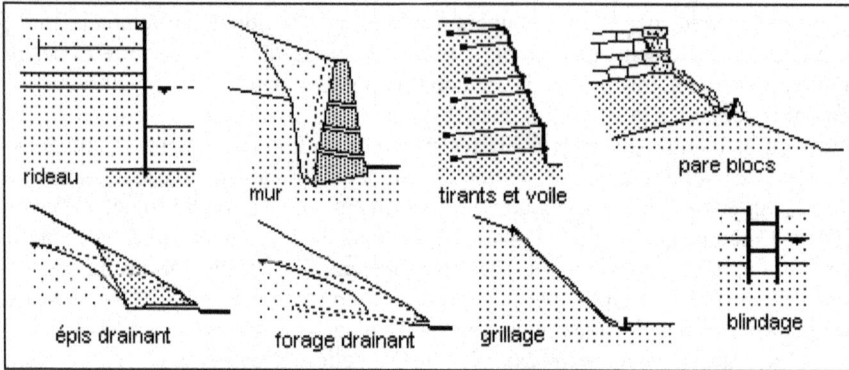

Figure 1.9.3.2 – Soutènements - drainages

Dans les matériaux meubles, objets typiques des glissements, les façons de stabiliser ou de soutenir les pentes naturelles ou artificielles, ainsi que les parois de fouilles sont nombreuses et variées, de l'apparemment simple drainage superficiel et/ou souterrain qui sont souvent très compliqués à étudier et à mettre en œuvre, aux ouvrages de soutènement, murs, gabions, enrochements, parois moulées, berlinoises, voussoirs, écrans épinglés... qui ne sont efficaces que s'ils sont bien drainés et bien fondés. Aucun n'est universel et le choix de l'un d'entre eux dépend du site, des matériaux, de la surface et de la pente du versant ou du talus, du type d'excavation et de l'encombrement de ses abords. Leurs études sont très spécifiques et difficiles ; ainsi, sur des bases souvent trop théoriques, il faut ensuite projeter les ouvrages et surtout bien les construire, puis les entretenir régulièrement, car leur efficacité à terme n'est jamais acquise ; un défaut de construction ou d'entretien pardonne rarement : les barbacanes inexistantes ou bouchées, les fondations insuffisantes ou déstabilisées sont les causes les plus fréquentes des ruines d'ouvrages de soutènement.

En considérant la structure d'un massif rocheux, et notamment la nature et la forme de sa fissuration, on peut pronostiquer assez correctement quel type d'instabilité est susceptible d'affecter une paroi rocheuse naturelle ou artificielle, et quels pourraient être les effets d'un écroulement ; il est beaucoup plus difficile de prévoir le volume du prochain, et encore plus de prédire sa réalisation. Aucune méthode sérieuse ne permet d'y parvenir, même dans un cas parfaitement déterminé et répétitif comme celui du front de taille d'une carrière, dont la stabilité, pourtant à court terme seulement, est un sujet de préoccupation permanent pour l'exploitant ; *a fortiori*, on ne sait pas calculer un ouvrage de confortement ou de stabilisation de paroi rocheuse instable, de contrôle de chute de blocs. Les épingles, tirants, masques, contreforts, murs, écrans, grillages... prévus et mis à sa place, souvent par routine, sans véritable étude géotechnique préalable sont presque toujours esquivés ou emportés lors des écroulements qu'ils devaient éviter et qu'au mieux, ils ont retardé et/ou amoindris ; il est vrai que cela survient souvent longtemps après leur mise en œuvre, par manque d'entretien et/ou de surveillance. Quand ils sont bien étudiés, correctement faits et régulièrement entretenus, les réductions de pentes, les banquettes, risbermes, merlons, tournes, étraves, galeries... moins fragiles et donc plus durables sont, par contre, généralement efficaces pour protéger des ouvrages en pieds ; pourtant, on n'en réalise qu'en dernier ressort, contraint et forcé, quand toutes les autres méthodes ont échoué, car ils paraissent plus onéreux et prennent beaucoup de place. Les purges et les abattages préventifs de pans et chandelles sont des armes à double tranchant : ils peuvent aussi bien stabiliser la paroi au moins pour un temps, que déclencher à plus ou moins long terme, un écroulement pire que celui que l'on voulait éviter ; on ne sait jamais très bien pourquoi, souvent sans doute parce qu'en purgeant ou en tirant, on ne fait qu'accélérer la déconsolidation naturelle des matériaux en arrière de la paroi : cela prépare le prochain événement. En fait, conforter une paroi rocheuse naturelle ou artificielle est toujours une action très spécifique et hasardeuse ; il n'y a pas de règle établie pour la projeter, ni de méthode-miracle pour la réaliser ; ce que l'on fait n'est pas toujours efficace, et il faut souvent y revenir.

L'usage des explosifs pour réaliser des terrassements rocheux est une source importante de dommages aux ouvrages environnants, de sorte qu'on l'évite autant que possible dans les sites urbains. En fait, les phénomènes dangereux qu'il provoque, onde de choc aérienne, vibrations du sol, projections de blocs et pierres ont toujours pour cause une mise en œuvre défectueuse et peuvent être évités.

En terrassant sous le niveau d'une nappe aquifère, on perturbe plus ou moins et parfois très loin, son régime naturel. Les troubles qui en résultent sont fréquents dans les sites urbains. En cas d'épuisement d'eau souterraine, on risque d'assécher des puits, endommager des immeubles par tassement, des réseaux enterrés par création de fontis... En cas d'écran-barrage, on risque d'assécher des puits à l'aval, inonder des caves à l'amont ; les produits d'injections peuvent colmater des égouts, envahir des caves, endommager des bâtiments en faisant gonfler les matériaux de leurs assises...

Photos 1.9.3.2 – À la suite d'éboulements sur le réseau routier
Route abandonnée
Déviation, enrochements et murs

Les accidents consécutifs aux terrassements en déblais sont relativement assez nombreux, plus ou moins graves selon qu'ils se produisent en sites urbains ou en rase campagne ; certains sont spectaculaires. Il s'agit d'éboulements ou de glissements de talus provisoires ou définitifs, d'éboulements de parois provisoires blindées ou non, d'écroulements, déplacements ou fissurations de murs de soutènement, de dommages occasionnés aux mitoyens par la création de renards ou par la consolidation de matériaux compressibles à la suite de pompages d'épuisement ou de rabattement de nappe, la décompression ou le gonflement du sous-sol, les vibrations produites par les compactages, les tirs de mines... Les reprises en sous-œuvre de bâtiments mitoyens de fouilles profondes, peuvent leur entraîner de sérieux dommages, quand elles ont été mal étudiées ou mal exécutées.

Les soutènements de remblais, de déblais ou de parois naturelles, quel qu'en soit le type, mur, paroi, écran épinglé, ancré... subissent fréquemment des dommages qui peuvent aller jusqu'à la ruine et qui s'étendent souvent aux ouvrages qu'ils étaient censés protéger. Ils peuvent subir des renversements partiels ou totaux, des rotations, des translations, des fissures... Quand des dommages partiels ne sont pas réparés rapidement et correctement, la ruine n'est pas loin.

Ces dommages peuvent être dus à l'absence de réelle étude de stabilité tant mécanique que géotechnique, à une sous-estimation de la poussée hydrostatique, de la poussée des terres, de la surcharge en crête, à une surestimation de la butée en pied, de la contrainte admissible de fondation, de la traction d'ancrage, à un défaut de drainage d'origine, à des travaux non coordonnés, à un remblayage hâtif, à un changement des conditions initiales, hausse du niveau hydrostatique, altération des matériaux d'assise ou d'ancrage, drainage colmaté, déblais ou affouillement en pied, surélévation ou surcharge en tête, au vieillissement des matériaux de construction...

1.9.3.3 - FONDATIONS

Toute construction permanente ou provisoire doit être conçue et fondée de façon qu'elle demeure stable et à l'abri d'éventuels dommages. La nature géomécanique des matériaux d'assise et l'exposition éventuelle du site à certains phénomènes naturels doivent orienter l'implantation de l'ouvrage et son mode de fondation, mais le type de sa structure est tout aussi déterminant. Les défauts de structure et/ou les défauts de mise en œuvre sont des causes de défaillance de fondation plus courantes et plus graves que des indications imprécises, voire erronées de la contrainte admissible et/ou de la profondeur d'ancrage. En cas de dommage, on doit poser en principe que le sol n'est pas vicieux, mais que l'ouvrage a été mal étudié, mal construit et/ou mal entretenu. Les bateaux ont des structures adaptées au matériau qui les supporte, l'eau ; c'est le pire de tous, densité voisine de 1, pas de frottement, pas de cohésion, pas de module, en mouvements quasi permanents, souvent violents et durables ; quand l'un d'eux est endommagé, on accuse sa construction ou sa manœuvre, pas l'eau.

Les dommages et accidents de fondations sont les plus nombreux, de l'ordre de 5 % de l'ensemble des sinistres du bâtiment et du génie civil. Le coût des fondations d'un ouvrage varie de moins de 1 % de son coût total dans le cas de fondations superficielles d'ouvrages simples, à 5 % au plus dans le cas de fondations profondes d'ouvrages très complexes ; le coût de l'ensemble de l'adaptation au sol de parkings souterrains peut atteindre 25 % ; le coût d'une étude géotechnique est infime par rapport à lui ; le coût de réparation d'un accident de fondations dont les effets se répercutent plus ou moins à l'ensemble de l'ouvrage, peut atteindre 50 % du coût total initial de ce dernier et parfois même dépasser ce coût lui-même, ce qui peut poser le problème de l'opportunité de sa réparation ; on reste ainsi confondu du peu d'attention que les maîtres d'ouvrages et les maîtres d'œuvres attachent à la prévention de tels accidents, puisque environ 70 % des bâtiments construits ne font actuellement l'objet d'aucune étude géotechnique sérieuse. Les sinistres les plus fréquents résultent ainsi de la méconnaissance quasi totale de la géotechnique et plus simplement même, du fait que le sol d'assise d'un ouvrage est l'élément déterminant de sa stabilité ; viennent ensuite les erreurs de conception technique des fondations et des structures, les exécutions défectueuses, les actions de voisinage...

C'est souvent une insuffisance d'encastrement, mais plus fréquemment, une altération du fond de fouille longtemps exposé aux intempéries entre son ouverture et le coulage du béton, qui entraînent la plupart des dommages affectant les fondations superficielles. Parmi eux, on peut citer ceux résultant d'assises sur remblais de mauvaise qualité ou d'épaisseur variable, sur plates-formes mixtes, de l'altération des caractéristiques mécaniques du sous-sol par modification de la teneur en eau des argiles entraînant des retraits/gonflements, gel/dégel, de constructions homogènes sur sols très hétérogènes, plus ou moins consistants selon l'endroit, ou bien de constructions hétérogènes mais continues sur sols homogènes peu consistants, de la pression hydrostatique sur les sous-sols cuvelés, de la décompression du sous-sol autour ou en fond de fouille, de niveaux d'encastrements insuffisamment profonds ou trop chargés, de structures inadaptées à supporter les effets de tassements différentiels inévitables... Or, la sécurité et la pérennité des ouvrages fondés superficiellement résultent en premier lieu de l'aptitude de leurs structures à supporter les effets de ces mouvements ou à s'adapter à eux ; pour que les ouvrages qui y sont exposés ne subissent aucun dommage, il suffit généralement que leurs structures soient continues et rigides ou souples et tolérantes ; ce n'est pas très difficile à concevoir et à réaliser, mais il est fréquent que l'on ne le fasse pas, par inconscience, négligence ou par économie, de bouts de chandelles évidemment.

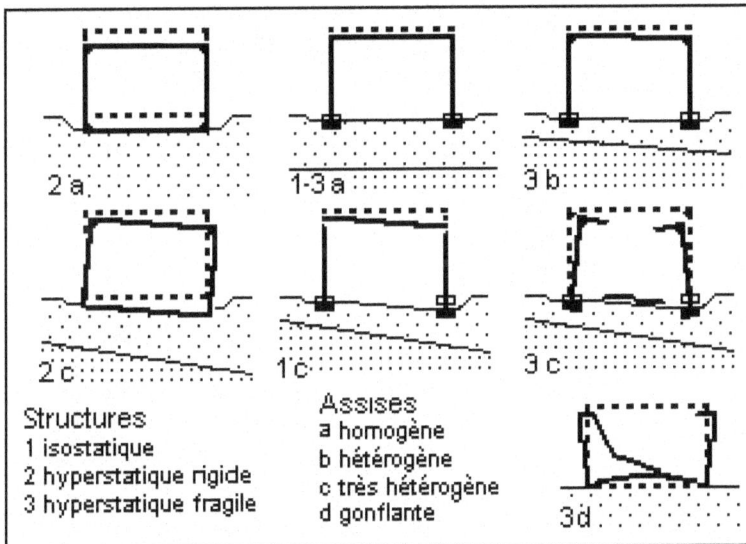

Figure 1.9.3.3 – Comportement des ouvrages mal fondées superficiellement

Les sinistres les plus fréquents sont les fissures dont l'importance dépend de l'amplitude du mouvement, de la rigidité de la structure, de la qualité et de la mise en œuvre des matériaux. Quand elles affectent la structure ou les œuvres vives, elles peuvent compromettre l'étanchéité ou la solidité, parfois jusqu'à la ruine.

Parmi les accidents affectant les fondations profondes, il s'agit principalement de conséquences de défauts d'exécution, faux refus de battages trop rapides ou dus à l'autofrettage provisoire de pieux rapprochés dans des matériaux peu perméables, pieux trop courts n'atteignant pas le niveau résistant ou plus rarement, trop longs dans une couche résistante peu épaisse surmontant une couche peu résistante, défauts d'encastrement, défauts de bétonnage de pieux coulés en place comme des discontinuités de bétonnage au détubage, des bulles de boue de forage dans le béton, des pertes de béton dans des matériaux très mous... On peut ensuite citer les altérations du béton et parfois des aciers des pieux implantés dans un sous-sol contenant de l'eau agressive et plus rarement des minéraux instables. Enfin, on connaît des accidents de pieux par surcharge, flexion ou même cisaillement, résultant de modifications de l'état des contraintes du sous-sol environnant, poussées obliques en liaison avec des travaux mitoyens, remblais, radiers, fouilles... D'autre part, la mise en œuvre de pieux, battus principalement, peut induire dans le sous-sol des vibrations susceptibles de provoquer des dommages aux ouvrages voisins.

1.9.3.4 – BARRAGES

La construction et l'exploitation des barrages hydrauliques sont des opérations plus ou moins dommageables pour l'environnement : ce sont des ouvrages fragiles qui perturbent sérieusement leurs sites, ceux de leurs retenues qui s'envasent et dont les berges deviennent plus ou moins instables et tout l'aval des bassins versants qui reçoivent beaucoup moins d'alluvions ; il arrive aussi qu'ils rompent soit parce qu'ils ont été mal construits, soit à la suite d'un événement naturel, crue imprévue, séisme, mouvement de berge...

Le cas du barrage des Trois gorges sur le Yangze (*Fig. 1.8.3*) est particulièrement typique. La plupart des formations qui constitueront les rives de la retenue sont plus ou moins instables : sur des épaisseurs pouvant dépasser la cinquantaine de mètres, les roches-mères tant granitiques que marno-calcaires, sont très altérées et la couverture est essentiellement argileuse ; en 1981, un glissement de près de 10M m^3 a quasiment barré le fleuve près de Yunyang ; en 1985, un autre glissement très rapide en phase finale, ≈ 30 m/s, a détruit Xintan... Les études ont localisé plus de 500 glissements actifs sur une quarantaine de versants instables et plus de la moitié des glissements recensés seront plus ou moins immergés : la sécurité de la retenue sera donc très difficile à assurer ; les risques de seiches de type Vaiont ne seront pas négligeables (*cf. 1.6*).

Cette énumération de dommages et accidents de chantiers et aux ouvrages n'est évidemment pas exhaustive. L'étude géotechnique est le moyen nécessaire et presque toujours suffisant de les prévoir, de les prévenir, de s'en protéger, d'en réparer les effets et même, de les éviter. Il faut ensuite entretenir les ouvrages leur vie durant.

1.10 - SUR LE LITTORAL

Les rivages marins sont des sites ambigus, sans limites fixes, des fins de terre ou même des bouts du monde pour les terriens, des dangers ou des havres pour les marins. À quelques exceptions près de côtes rocheuses accores, comme celles des fjords et des calanques, les côtés terrestres du littoral sont des endroits très fragiles et très instables, parce qu'ils sont soumis en permanence aux actions irrépressibles et violentes de la mer.

1.10.1 – VARIATIONS DU NIVEAU DE LA MER

Depuis qu'il y a des mers sur la Terre, leur niveau général et/ou local a incessamment varié plus ou moins rapidement dans les deux sens, de façon parfois considérable. Les géologues appellent transgressions ses montées et régressions ses descentes ; les plus amples de ces variations, particulièrement sensibles sur le plateau continental, permettent de définir et de caler les divisions géochronologiques, ères, périodes, époques… qui, pour la plupart, débutent par une transgression et finissent par une régression.

1.10.1.1 – L'EUSTATISME

On appelle eustatisme les variations absolues du niveau général des mers ; les variations de volume du récipient océanique dus à la dérive des plaques continentales, à l'orogenèses, à l'accrétion océanique, à la subsidence, à la sédimentation…, provoquent un eustatisme géodynamique permanent, très lent et d'ordre métrique à l'échelle du temps géologique, pratiquement insensible à notre échelle de temps ; les variations de volume de l'eau océanique dus aux variations de volume des inlandsis et à celles de la température de l'eau, provoquent un eustatisme climatique temporaire, d'ordre hectométrique, variant rapidement à l'échelle du temps géologique, marqué à l'échelle du temps de l'homme, sensible à l'échelle historique et même actuelle.

L'eustatisme climatique actuel prolonge la transgression flandrienne qui correspond à la fin du Würm et à la fonte générale des inlandsis ; la montée du niveau général des mers aurait ainsi passé les cent vingt mètres en dix mille ans ; au départ, elle a dû excéder le mètre par siècle ; elle est peut-être encore en cours, un à deux décimètres depuis le milieu du XIXe siècle, actuellement de l'ordre de 1 mm /an, sans qu'il soit besoin de faire appel à un hypothétique « effet de serre » pour l'expliquer (*cf. 1.1.1*). Quoi qu'il en soit, c'est la raison pour laquelle il semble que l'indéniable submersion progressive actuelle des côtes basses et des grands deltas lui soit en partie due, avec la consolidation naturelle ou artificielle des matériaux meubles de couverture, et localement, à la subsidence du substratum. L'embouchure de la Tamise, la lagune de Venise et bien d'autres endroits en sont affectés. La découverte récente, sur la côte des calanques marseillaises, de la grotte ornée de Cosquer dont l'entrée est située par 37 m de fond, au pied d'une falaise en partie submergée de calcaire karstique, montre clairement, si vous pouviez en douter car ce n'est pas une blague, qu'au Gravettien il y a moins de 25 000 ans, vivaient à pied sec là où passent maintenant de grands bateaux, des chevaux, des bisons, des aurochs, des bouquetins, des chamois, des pingouin, des phoques... que des hommes comme vous et moi chassaient et peignaient. En se référant à la ligne des sondes de 50 m entre la Loire et la Gironde où elle est bien marquée, la côte atlantique aurait reculé de plusieurs kilomètres, et toutes les îles étaient rattachées à la terre ; l'Angleterre aussi jusque vers 8 300 B.P. En suivant la montée du niveau de l'eau due en grande partie à l'eustatisme, les coraux ont progressivement construit la plupart des barrières, îles et atolls des mers tropicales, car ils ne peuvent vivre qu'à proximité de la surface.

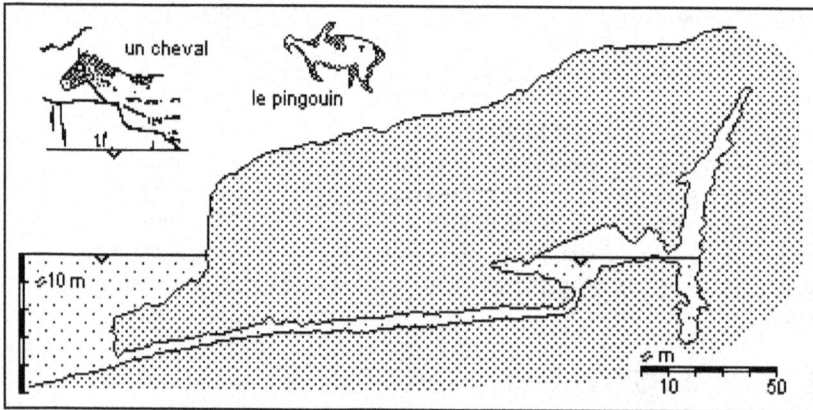

Figure 1.10.1.1 – La grotte Cosquer des calanques marseillaises

Si cette transgression continue comme cela semble être le cas - peut-être 0,3 m d'ici à 2050 -, elle posera de sérieux problèmes aux générations futures sur certains bords de mers, des îles au ras de l'eau du Pacifique et de l'océan Indien, Cook, Marshall, Micronésie, Tuvalu, Maldives..., côtes basses de l'est des USA, deltas de la Chine et de l'Inde... et un peu partout dans les grands ports d'estuaires et de deltas. Elle a dû sûrement en poser à nos ancêtres, mais ils étaient beaucoup moins nombreux que nous : la place ne leur était, sans doute, pas trop comptée, et leurs migrations ne devaient pas être trop contestées par ceux qui avaient la chance de vivre loin du rivage ; par contre, actuellement, environ 60 % de la population mondiale vivrait au bord de mer... Mais, pour être sensibles, ces changements prennent tout de même pas mal de temps : à Marseille, pour le moment et sans blaguer, le Vieux-Port ne déborde qu'à la suite de violents orages, lors d'une pleine mer d'équinoxe, alors que sévit une tempête au large.

1.10.1.2 – L'ÉPIROGENÈSE

On appelle épirogenèse les mouvements ascendants ou descendants du côté continental des littoraux subactuels qui se traduisent par des variations relatives locales du niveau de la mer ; selon l'endroit et l'époque, elle amplifie ou contrarie l'eustatisme. Certaines parties plus ou moins vastes des continents subissent des réajustement de niveau dus à des variations locales de leur masse qui troublent l'équilibre « hydrostatique » lithosphère/asthénosphère : les fonds des mers épicontinentales de l'hémisphère nord et en particulier de la Baltique, profondément déprimés lors de la dernière glaciation, remontent toujours depuis la fonte des inlandsis ; ce mouvement, plus rapide que l'eustatisme, provoque une régression qui entre autre, éloigne peu à peu les ports de la mer libre jusqu'à rendre certains inutilisables sans déplacement. Les rivages montagneux et insulaires de l'orogenèse alpine montent ou descendent plus ou moins rapidement en suivant les mouvements tectoniques subactuels à l'origine de grands séismes comme en Méditerranée où l'on trouve localement des dépôts littoraux perchés jusqu'à plus de cent mètres d'altitude ; sur les versants du mont Boron à Nice, on observe de tels dépôts étagés depuis le Plaisancien à la cote 127 jusqu'au subactuel à la cote 0 ; certains d'entre eux ont livré des fossiles humains ; cette régression a très largement dépassé la transgression eustatique contemporaine : la terre a monté beaucoup plus vite que la mer.

1.10.2 – LES PHÉNOMÈNES LITTORAUX

Ainsi, les côtes actuelles sont l'héritage de la transgression flandrienne ; elle a profondément modifié les rivages de tous les continents, en noyant les terres émergées qui sont devenues les plateaux continentaux, les fonds de golfes, les avancées des deltas..., en créant des estuaires, des fjords et calanques, des côtes rocheuses plus ou moins découpées et élevées, en taillant des falaises dans les collines bordières... Cette étroite frange, interface de la mer avec la terre est très fragile, exposée aux puissantes actions d'eaux agressives, continûment et souvent violemment agitées, alors douées d'une énorme énergie cinétique ; il en résulte ici de l'érosion, là de la sédimentation, l'une comme l'autre facteurs de risques : la quasi-totalité des côtes sont plus ou moins instables ; elles le montrent essentiellement lors de tempêtes littorales, plus rarement lors de tsunamis, qui sont les moteurs principaux de leur instabilité.

Sous l'action directe du milieu marin, les rivages évoluent donc sans qu'interviennent les variations du niveau de la mer ; cette évolution permanente, beaucoup plus rapide et importante, se produit à notre échelle de temps ; ses effets sont les plus dangereux à court terme.

L'action destructrice de la mer sur ses rivages est redoutée depuis la nuit des temps : des légendes de toutes les civilisations maritimes font état de cités englouties lors d'irrésistibles tempêtes. De fait, voir une falaise, une dune, une digue, un phare battus par d'énormes vagues est toujours très impressionnant, même si l'on est habitué à de tels spectacles ; celui d'une promenade de front de mer couverte de galets après une tempête, l'est tout autant. Et pourtant, cette action destructrice bien réelle est loin d'être globalement comparable à celle des autres agents d'érosion : elle est évidemment limitée aux rivages, mais peut avoir un extraordinaire effet quasi instantané : en 1287, une nuit de tempête a suffi à la mer du Nord pour créer le Zuiderzee à partir d'une lagune alors protégée par un cordon littoral dont il reste les îles frisonnes ; les grands tsunamis provoquent d'amples catastrophes loin à l'intérieur des terres...

La mer modifie sans cesse les fonds littoraux et les rivages, et détruit souvent les ouvrages qui y sont construits ; elle le fait mécaniquement selon la nature lithologique et la pente de l'estran par les chocs directs des vagues, l'abrasion sableuse, les bombardements de galets, par la houle et les courants qui triturent et déplacent les sédiments ; l'altération et la désagrégation physico-chimiques par les embruns et l'eau ont des effets moins spectaculaires mais aussi efficaces, car elles préparent et amplifient les actions mécaniques ; les récifs coralliens et la mangrove protègent les côtes tropicales fragiles.

Toutes les côtes ne sont évidemment pas affectées de la même façon ; les effets de ces actions dépendent de la lithologie du rivage, de l'altération des roches et plus généralement, de la morphologie de la côte sur laquelle elles s'exercent, ainsi que de son exposition aux vents dominants ou autres phénomènes atmosphériques comme les passages fréquents de puissantes dépressions tropicales : les falaises rocheuses sont évidemment moins vulnérables que les dunes ; les côtes sous le vent sont généralement plutôt basses et relativement stables quand elles ne s'affaissent pas trop, tandis que celles au vent sont dans l'ensemble élevées et assez instables ou plus rarement basses et très instables.

Les côtes les plus stables à relativement long terme sont les côtes rocheuses abruptes, sans talus continental, comme celles de certaines îles volcaniques protégées par des récifs coralliens, celles de certaines marges actives de plaques en bordure de fosses, ou sans plate-forme d'abrasion en pied, comme celles des calanques et des fjords résultant de la transgression flandrienne qui a noyé les pieds de falaises préexistantes de roches dures et peu altérables, calcaires récifaux, granites non altérés... On ne risque pratiquement rien sur de telles côtes accores où il est toutefois difficile de créer des installations durables, sauf à demeurer au-delà de la crête, hors d'atteinte des plus hautes vagues.

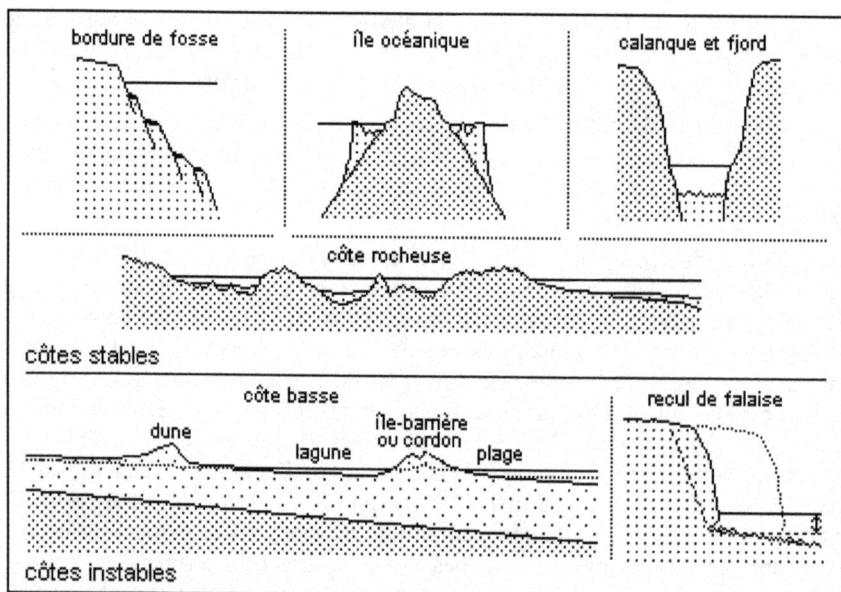

Figure 1.10.2 – Types de côtes

Les côtes rocheuses basses, extrêmement découpées, à écueils et hauts-fonds sont à peu près stables à l'échelle humaine bien qu'il s'en puisse détacher çà et là des rocher plus ou moins volumineux ; leurs débris, restés sur le platier, sont les projectiles qui préparent les prochains écroulements. Les installations et ouvrages n'y risquent à peu près rien s'ils sont fondés sur des parties rocheuses stables et bien construits comme la plupart des phares et/ou balises dont sont parsemés ces côtes. La médiocrité n'y pardonne pas : les ouvrages inadaptés ne résistent pas très longtemps et sont parfois même ruinés en cours de construction.

Les falaises marines instables reculent constamment par glissements et/ou éboulements ; elles dominent généralement des platiers encombrés de blocs éboulés et/ou de gros galets plus ou moins rapidement déblayés par la mer que l'eustatisme maintient au niveau du pied érodé ; projetés par les vagues, les galets minent leur pied jusqu'à créer des surplombs qui s'écroulent quand le porte-à-faux devient trop grand, compte tenu de la nature et de la structure de la roche dont est faite la falaise. Ces falaises sont généralement constituées de roches hétérogènes, en partie dures produisant les projectiles, et en partie tendres et/ou altérées, faciles à éroder ; c'est le cas de la craie à silex, des alternances marnes/calcaires, pyroclastites/laves... Assez paradoxalement, l'instabilité des cuestas marines, généralement gréseuses ou calcaires qui couronnent de hauts talus argilo-gréseux ou marno-calcaires, ne doit souvent pas grand-chose à l'action directe de la mer, mais plutôt à celle de l'eau de ruissellement continentale : les produits d'écroulement de la cuesta roulent sur le talus jusqu'au rivage où ils forment d'excellents enrochements de défense ; si la formation inférieure est franchement argileuse, il peut néanmoins se produire des glissements d'autant plus grands que l'atmosphère constamment humide et corrosive accélère l'altération et que la mer déblaye constamment le pied ; ce type de côte est très instable lors de fortes tempêtes associées à de fortes précipitations, ce qui est assez fréquent. Il faut être réellement fou pour construire n'importe quoi sur de telles côtes ; ceux qui s'y sont essayé pour bénéficier d'une vue imprenable sur la mer, peuvent être sûrs qu'ils perdront leur villa de rêve à plus ou moins long terme ; les phares et les sémaphores y sont implantés très loin de la crête de la falaise, ou sont engloutis à plus ou moins long terme, et remplacés par des ouvrages construits plus en retrait.

Les côtes basses sont empâtées par la sédimentation des apports terrigènes des cours d'eau et des produits de l'érosion de côtes rocheuses plus ou moins proches, remaniés et déplacés par les courants côtiers ; ainsi, dépassant l'effet de l'eustatisme, les deltas avancent, les cordons littoraux isolent les lagunes de la mer ouverte, les îles épicontinentales se rattachent au continent par des tombolos... L'érosion ronge les côtes basses très fragiles quand la sédimentation ne compense pas l'effet de l'eustatisme ; les plages sont soumises à des dégraissages et/ou engraissages saisonniers ou continus ; actuellement, il semble que le dégraissage domine à peu près partout dans le monde, peut-être en raison de l'eustatisme positif, apparemment plurimillénaire. Généralement sableuses et marécageuses, elles sont de loin les plus instables de l'ensemble du littoral.

Ces côtes sont d'autant plus dangereuses qu'assainies, elles sont maintenant très prisées des vacanciers, pour lesquels on a construit des ouvrages et des habitations particulièrement vulnérables, souvent en rabotant les dunes ou en détruisant la végétation bordière, comme celle de la mangrove sous les tropiques. Auparavant, elles étaient quasi désertes : les navigateurs risquaient l'échouage en les longeant et les terriens, la malaria des lagunes et marécages dont elles étaient parsemées ; le cordon de dunes ou les îles-barrières qui les bordent, pouvaient bien être détruits à chaque tempête et se reconstituer en période calme, personne n'y trouvait à redire ; la mangrove résistait à presque tout ou se reconstituait très rapidement. La plupart des ouvrages de défense que l'on construit maintenant pour stabiliser ces côtes, digues, épis, écueils artificiels et autres nouveaux procédés plus géniaux les uns que les autres ont des durées de vie très courtes, car il est impossible d'y consacrer les énormes crédits de construction et d'entretien qui seraient nécessaires pour les rendre à peu près invulnérables, si toutefois cette prétention a un sens ; de plus ils s'avèrent généralement plus dangereux qu'utiles, car s'ils favorisent la sédimentation ici, ils accroissent l'érosion un peu plus loin ou même provoquent leur propre affouillement. Au Viet-Nam, on a doublé les digues inopérantes pour protéger les fermes d'aquaculture en réimplantant la mangrove que l'on avait détruite pour les installer ; après avoir essuyé tous les échecs possibles à la suite de la mise en œuvre pendant plus d'un demi-siècle, de tous les moyens imaginables, les Américains ont finalement renoncé à stabiliser les parties du cordon littoral couvertes de stations balnéaires, qui s'étendent le long de la côte est des États-Unis entre Long Island et la Floride, fréquemment soumise à des tempêtes cycloniques dévastatrices : ils essaient maintenant de comprendre comment ce cordon fragile et ses aménagements fonctionnent localement et en fonction des circonstances, afin de pouvoir intervenir spécifiquement au coup par coup, ou bien comme tous les riverains de cotes instables, ils déplacent les ouvrages importants : le phare du cap Hatteras était à 450 m du rivage lors de sa construction en 1870 ; dans les années 1980, il n'était plus qu'à une cinquantaine de mètres du rivage ; on l'a donc déplacé pour éviter sa ruine. Les Vénitiens ont de gros problèmes de stabilité côtière avec le Lido, mais si les tempêtes y sont très dangereuses, elles sont aussi moins fréquentes : ils peuvent souffler entre temps.

Le problème des Pays-Bas est d'un tout autre ordre : il s'agit là de protéger en permanence, à peu près le tiers d'un territoire où vivent plusieurs millions de gens, et qui se trouve sous le niveau de la mer dans le complexe delta du Rhin-Meuse-Escaut, contre les inondations de la mer, contre celles de ces fleuves, et contre l'affaissement général du sous-sol du delta par consolidation naturelle et/ou par exploitation de fluides souterrains, sans doute aussi par eustatisme et subsidence. À l'origine, les Frisons construisaient des tertres de déchets des coquillages qu'ils consommaient, afin de se maintenir hors d'eau autant que faire se pouvaient ; cela ne devait pas être très sûr et très confortable, et on ignorera toujours le nombre de ceux qui disparaissaient à chaque tempête. Ils ont peu à peu appris à mieux se protéger, en construisant des digues à la manière de dunes côtières naturelles dont ils avaient constaté l'efficacité ; l'entretien de ces digues était tellement vital pour la communauté, que les négligences de ceux qui en étaient chargés, étaient punies de mort. Après la catastrophe frisonne de 1287, ce fut la Zélande, le delta proprement dit, qui en une journée de 1421, subit un désastre au cours duquel plus d'une cinquantaine de villages disparurent avec leurs habitants. Le système de défense, dunes stabilisées, digues fluviales et marines, stations de pompage... long de plus de 2 000 km, incessamment complété et renforcé depuis lors dans tous les Pays-Bas, paraissait achevé après la construction de l'extraordinaire Afluitdijk qui isole de la mer du Nord, le Zuiderzee devenu ainsi l'Ijsselmeer, puis la fermeture du Lauwerszee. La dernière en date des catastrophes de ce type, celle de janvier 1953, releva le niveau de la mer de près de 3 m, affecta plus de 2500 km² de Zélande, fit environ un demi-million de sinistrés et près de 2 000 victimes ; elle rappela aux Néerlandais que leur combat était incessant : ils entreprirent donc la protection de l'ensemble du delta en surélevant et renforçant les digues, et en construisant de colossaux barrages anti-tempêtes équipés de vannes que l'on ferme quand la mer monte trop ; mais si un jour, elle monte vraiment trop, il faudra peut-être alors ouvrir certaines d'entre elles : ouvrir ou non, inonder quoi ? Il faut vraiment être très courageux pour vivre dans ce dangereux et magnifique pays, sachant ce qui peut résulter d'une pleine mer d'équinoxe coïncidant avec une violente tempête frontale de la mer du Nord et avec des hautes eaux barométriques, ce qui est dans l'ordre normal, sinon habituel, des choses. Et quand pourraient s'y ajouter de sinistres fantaisies spécifiquement fluviales du Rhin et de la Meuse, comme les crues de 1996...

À une moindre échelle, le même problème se pose pour les marécages d'estuaires et de fonds de baies, les marais salants, remblayés et parfois endigués pour recevoir des aménagements, très exposés aux attaques de la mer.

L'annuaire des marées et la météorologie à court terme permettent l'annonce de situations dangereuses à peu près certaines sur la plupart des côtes basses. On peut ainsi mettre les habitants, les décideurs et les services de secours en alerte, puis espérer que tout se passera comme prévu dans le scénario d'intervention, sachant qu'un mètre de plus ou de moins d'eau changera radicalement le cours des choses, et même le destin des gens.

1.10.3 – PHÉNOMÈNES AFFECTANT LES FONDS MARINS

Au-delà du plateau continental, les fonds marins sont affectés par divers phénomènes qui ont souvent des effets catastrophiques sur les rivages.

En pleine mer, les chutes de météorites, les éruptions volcaniques, les séismes peuvent provoquer des tsunamis que l'on est loin de savoir prévoir et prévenir. À la tombée du talus continental, dans les prolongements sous-marins des deltas fluviaux et sur les prismes d'accrétion, les fonds marins peuvent être affectés, de loin en loin et de temps en temps, par des courants de turbidité, coulées de boues néritiques très fines, peu dense et très rapides, dont certaines dépassent la centaine de kilomètres de long, la dizaine de kilomètres de large et le millier de mètres de dénivelée ; elles sont déclenchées par des séismes, des éruptions volcaniques, des fortes crues terrestres, des écroulements de rivages. On en avait observé les formes et les effets dans certains sédiments anciens mais on a pu le faire dans des sédiments actuels, en temps réel, depuis que l'on a installé des câbles téléphoniques sous-marins, très souvent coupés à leur passage, et que l'on dispose de levers de fonds très précis et continus par sondeurs soniques. Le delta sous-marin du Saint-Laurent, croisé entre Terre-Neuve et le continent américain par la plupart des câbles transatlantiques, est le site historique de mise en évidence de ce phénomène pratiquement imprévisible qui interrompt souvent les communications filaires internationales voire locales (*cf. 1.1.7.2* et *2.5.2*).

1.11 – LES EAUX SOUTERRAINES

Les phénomène naturels concernant les eaux souterraines ne sont pas des facteurs de risques importants mais plutôt de multiples petits risques ; leur coïncidence assez fréquente est toutefois susceptible d'entraîner d'importants dommages à leurs utilisateurs, au milieu naturel et aux ouvrages environnants. On doit aussi se souvenir que la plupart des épidémies de choléra que les pays développés ont subies jusqu'au début du siècle dernier, étaient dues en grande partie à la consommation d'eau polluée de puits ou de captages ; il en va encore ainsi dans la plupart des pays sous-développés.

L'exploitation d'eau souterraine pour l'agriculture, l'alimentation domestique et l'industrie a longtemps été en grande partie assurée par des puits peu profonds et des captages au fil de l'eau de source ou de résurgences ; elle a crû dans des proportions énormes quand on a su forer des puits de tous diamètres et toutes profondeurs et que l'on a disposé de pompes capables d'en extraire l'eau qu'ils produisent, quels que soient leur débit et leur profondeur. Dans un premier temps, on a pu ainsi s'affranchir des problèmes que posaient les variations naturelles de débits des captages, essentiellement dues aux conditions atmosphériques saisonnières, mais on s'est ensuite aperçu que les ressources en eaux souterraines n'étaient pas inépuisables et qu'il arrivait que l'on manquât d'eau, en raison de variations saisonnières naturelles, de surexploitation, d'accidents affectant les moyens de puisage… On s'est plus ou moins bien adapté à ce risque en partie « naturel » en améliorant ces moyens, en rationalisant les exploitations et la consommation… Maintenant, on est confronté à un problème beaucoup plus difficile à résoudre car nous en sommes à la fois les facteurs et les victimes ; la pollution des eaux souterraines dans les pays développés et bientôt partout ailleurs, n'est en rien un risque « naturel », mais nous sommes obligés de la traiter comme tel car ceux qui la produisent ne s'en préoccupent pas vraiment et ceux qui en sont victimes doivent agir comme si elle était inéluctable, en quelque sorte « naturelle ».

1.11.1 - UN PEU D'HYDROGÉOLOGIE

Dans le cycle de l'eau (*cf. 1.3.2.4.1*), une partie plus ou moins grande des précipitations et des ruissellements qui s'infiltrent dans le sol, alimente les nappes d'eau souterraine ou des circulations karstiques que contiennent et véhiculent les terrains aquifères. Des alluvions de ruisseaux aux couches de bassins sédimentaires, les formes, les surfaces, les épaisseurs, les profondeurs des nappes sont extraordinairement diverses et variées, toutes uniques ; néanmoins presque toutes comportent une zone superficielle d'alimentation où se font les infiltrations et pénètrent les pollutions, une zone profonde d'écoulement et une zone d'affleurement où l'on trouve les sources, les marais, les résurgences….

La part d'infiltration dépend de la localisation de la zone, de sa topographie, de la nature et de la structure de son sous-sol, de sa végétation, de ses aménagements, du climat, des saisons, du temps… La vitesse d'écoulement est très faible, quelques mètres à un ou deux kilomètres par an dans les sols et roches perméables en petit, grès, sables, graves… ; elle est plus ou moins comparable à celle des cours d'eau de surface dans les réseaux karstiques des roches perméables en grand, calcaires pour l'essentiel. Le débit des points d'affleurement dépend de la puissance de la nappe ou du réseau ; il varie dans des proportions plus ou moins larges selon la pluviométrie saisonnière de la zone d'alimentation, avec un retard qui dépend de son éloignement, de la perméabilité de l'aquifère et du gradient de l'écoulement. Certaines nappes d'aquifères alluviaux sont drainées ou alimentées de façon permanente ou alternative par un cours d'eau, un lac, la mer.

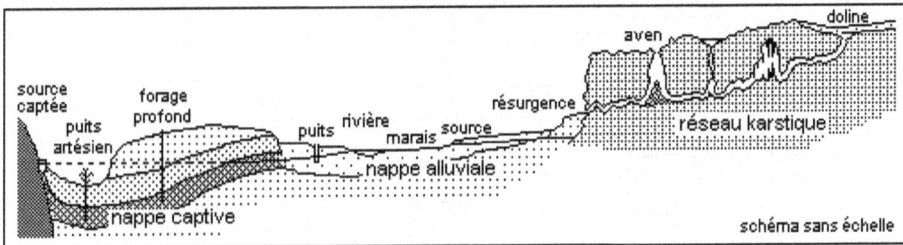

Figure 1.11.1 – Nappes et circulations karstique

1.11.1.1 - NAPPES D'EAU SOUTERRAINES

Toutes les nappes s'écoulent sur leur mur constitué de roche imperméable, argile, marne, granite…, dans un matériau perméable en petit dont les pores sont très fins. On dit que la nappe est libre ou phréatique si son toit est constitué du même matériau perméable que l'aquifère ; son niveau est alors une surface libre ; c'est le niveau statique des puits qui peut sensiblement varier selon le régime de la nappe, généralement saisonnier ; la plupart des nappes alluviales établies dans le sous-sol des vallées drainées par un cours d'eau sont de ce type. On dit que la nappe est captive si son toit est constitué d'une couche imperméable ; la pression de l'eau peut alors y être élevée comme dans une conduite forcée ; elle est plus ou moins déterminée par la profondeur du toit et donc pratiquement fixe ; le niveau statique de l'eau dans les forages qui l'atteignent est stable, plus ou moins supérieur à celui du toit ; dans certains cas, l'eau du forage peut jaillir ; on le dit alors artésien. La plupart des nappes profondes de bassins sédimentaires sont de ce type. On dit que la nappe est semi-captive si son toit et/ou son mur ne sont pas tout à fait imperméables ; de telles nappes contenues dans des aquifères voisins peuvent échanger une partie de leurs eaux ; ce type est fréquent car les roches totalement imperméables sont très rares.

Le modèle de comportement hydraulique des nappes est la loi de Darcy *(Fig. 4.5.2.2.2)* ; elle stipule que la vitesse d'écoulement et la perte de charge de l'eau dans la nappe sont linéairement liées par une constante empirique, la perméabilité du matériau aquifère. Darcy avait établi sa loi pour calibrer des filtres à sable et l'avait généralisée pour évaluer le débit des points d'eau gravitaires. Mais l'étendue des valeurs des perméabilités naturelles est particulièrement grande, en gros de 1 à plus de 10 000, alors qu'en fait, on ne connaît la perméabilité d'un matériau donné qu'à une puissance de 10 près. Il en résulte qu'il est beaucoup plus facile d'attribuer une perméabilité à un matériau au cours d'un essai de pompage que de prévoir le débit d'un forage ou d'une fouille quand on connaît la perméabilité du matériau qui l'entoure ; des « erreurs » de 1 à 100 voire 1 000 sont courantes, ce qui peut se révéler très dommageable par défaut pour un forage d'exploitation ou par excès pour une fouille de chantier.

Le matériau aquifère des nappes est filtrant ; ainsi, en dehors de la zone d'alimentation, l'eau de nappe est généralement exempte de pollution bactériologique, mais évidemment pas de pollution chimique.

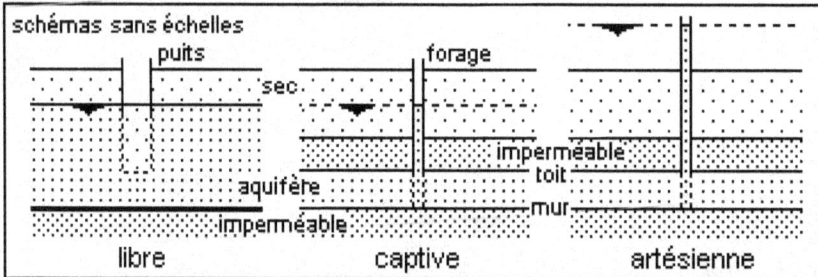

Figure 1.11.2 – Principaux types de nappes

1.11.1.2 - CIRCULATIONS KARSTIQUES

Un réseau karstique est un ensemble de fissures et de cavités souterraines naturelles, galeries, grottes, cavernes…, creusées par l'eau dans un massif de roches plus ou moins solubles ; elles sont stables dans les calcaires très peu solubles, instables dans le gypse ou le sel très solubles ; le matériau qui recèle ces cavités dont le volume est souvent très grand, est dit perméable en grand ; dans tout le réseau ou certaines de ses parties, l'eau peut circuler à surface libre de façon permanente ou temporaire selon la saison, comme un cours d'eau de surface ; le réseau ou la partie est dit dénoyé ; dans d'autres parties, des cavités peuvent être en charge voire siphonantes, comme des conduites forcées ; la partie inférieure de certains réseaux peut être aquifère de façon permanente ; on dit alors qu'elle est noyée ; l'eau s'y comporte comme dans une nappe.

Un réseau est alimenté soit par les pertes d'un ou plusieurs cours d'eau de surface, soit par les infiltrations sur un lapiaz, surface calcaire très corrodée, une doline, cuvette plus ou moins grande et profonde creusée à la surface du massif… ; après un parcours souterrain plus ou moins long, l'eau refait surface à une résurgence, source au débit généralement fort mais très variable.

La description d'un réseau, l'étude et la modélisation des écoulements sont très difficiles, car on ne peut repérer les cavités aquifères qu'en y pénétrant ; en particulier, on ne sait pas aborder et résoudre correctement les problèmes d'écoulements dans les matériaux non saturés tels qu'il s'en produit dans les réseaux karstiques dénoyés.

Les réseaux kartiques proprement dits, ceux des calcaires très peu solubles, n'évoluent pratiquement pas à notre échelle de temps ; comme la morphologie de surface des massifs karstiques, leur morphologie souterraine s'est lentement modelée lors des périodes glacières et depuis la fin du Würm ; les effondrements de fontis sont assez rares et les embuts qui s'ouvrent parfois au fond des dolines sont dus à l'érosion des eaux de surface qui s'engouffrent dans un aven masqué par la couverture argileuse ; connus ou faciles à repérer, ils ne sont généralement pas dangereux. Les réseaux du sel ou du gypse évoluent à notre échelle de temps, parce que ces roches sont très solubles ; les cavités qui s'y développent sont très difficiles à repérer depuis la surface ; elles s'effondrent rapidement, la plupart du temps sans prévenir, ce qui rend l'occupation des zones sous lesquelles il en existe, très dangereuses, pratiquement inconstructibles sauf à prendre des précautions spécifiques de la zone et de l'ouvrages, dont le coût est toujours très élevé, sans garantie d'efficacité totale à terme humain ; heureusement, ces zones criblées d'entonnoirs souvent pleins d'eau sont très faciles à repérer et à circonscrire.

Les eaux des réseaux calcaires sont généralement polluées tant bactériologiquement que chimiquement ; les eaux trop chargées des réseaux de gypse et de sel ne sont pas utilisables.

1.11.1.3 – LES NAPPES LITTORALES

Sur le littoral, les nappes sont en communications d'échanges avec la mer, comme les nappes alluviales le sont avec les cours d'eau. L'eau terrestre qui s'écoule vers la mer est généralement bloquée près du rivage qui est une zone d'émergence ; en profondeur, l'eau marine pénètre sous elle, souvent jusqu'à plusieurs kilomètres du rivage si l'aquifère est épais ; la zone de contact entre l'eau continentale plus légère que l'eau marine salée est modélisée comme un biseau en équilibre hydrodynamique instable car les deux aquifères le sont eux-mêmes ; ce fragile équilibre peut être définitivement détruit en faveur de l'eau marine si on extrait en arrière du littoral plus d'eau que n'en véhicule la nappe ; petit à petit, l'eau marine envahit l'aquifère terrestre jusqu'à rendre son eau saumâtre et donc impropre à l'usage pour lequel on exploitait la nappe ; dans la plupart des cas, il est pratiquement impossible de renverser efficacement la tendance en limitant la production ou en établissant des ouvrages de défense ; l'aquifère terrestre est irrémédiablement pollué.

1.11.1.4 – SOLS GELÉS

En climat périglaciaire et en haute montagne, le sous-sol est entièrement gelé et donc rigoureusement imperméable ; seule une mince couche superficielle dégèle en été ; il n'y a pas d'eau souterraine car l'eau de fonte gèle dès qu'elle atteint la profondeur de gel permanent qui dépasse rarement 2 ou 3 m. Les aménagements maintenant fréquents de telles régions souvent riches en ressources minières, pétrolières ou touristiques, posent de nombreux problèmes quasi insolubles par les méthodes classiques de construction permanentes, d'alimentation en eau potable ou industrielle et d'élimination des eaux usées.

1.11.2 – PERTURBATIONS DES NAPPES

L'écoulement naturel des nappes est plus ou moins perturbé par toutes les actions que l'on entreprend pour les exploiter, abaisser leur niveau… et/ou pour terrasser, étancher… leurs aquifères. Ces perturbations que l'on peut qualifier d'hydrauliques sont temporaires si elles sont assez faibles pour que, dans un laps de temps plus ou moins long, l'écoulement normal se rétablisse naturellement, ou permanentes si elles sont trop fortes pour que le rétablissement soit possible ; les caractéristiques hydrauliques de la nappe sont alors définitivement altérées, ce qui peut avoir des conséquences naturelles et pratiques considérablement dommageables sur une zone, un ouvrage, tarissements, assèchements, inondations…

L'exploitation permanente d'une nappe dont le toit est constitué de matériaux très compressibles comme les tourbes, certains limons plus ou moins organiques, peut induire des tassements généraux de vastes zones de plusieurs mètres de haut.

1.11.2.1 – OUVRAGES D'EXPLOITATION DES EAUX SOUTERRAINES

Les captages, puits, forages…, sont construits pour alimenter des réseaux de distribution en toute sécurité et à moindre coût. Cette évidence implique qu'ils produisent de façon permanente, de l'eau pure, exempte de turbidité, aux débits minimums correspondant aux besoins maximums des utilisateurs, en consommant le moins d'énergie possible.

Les techniques d'études et d'exploitation des eaux souterraines sont en principe très évoluées et bien au point. On constate à l'usage qu'en fait, beaucoup d'ouvrages et même de grands champs de captages, sont mal implantés, mal conçus, mal construits ou mal exploités et souvent, un peu tout cela à la fois. C'est que, même pour certains professionnels, les problèmes d'eau souterraine ont gardé un côté vaguement ésotérique, entretenu par le fait qu'ils sont très difficiles à résoudre ; une imprécision de 1 à 100 dans l'estimation d'un coefficient de perméabilité et donc d'un débit de forage, est chose courante et les conditions aux limites d'un écoulement souterrain sont d'autant plus difficiles à préciser qu'elles varient sans cesse ; entre une prévision imparfaite d'hydrogéologue et une indication fantaisiste de sourcier, la différence n'est souvent pas évidente pour un gestionnaire de réseau.

La conception, la construction et l'exploitation d'un captage comptent sans doute parmi les opérations les plus laborieuses de la géotechnique. Celles d'un réseau karstique sont pleines d'imprévus car on manque de base théorique, et généralement, de points d'observation ; chaque réseau est un cas d'espèce ; sa structure est très complexe et son régime, particulièrement instable ; quand il n'est pas noyé en permanence, le repérage de ses conduits aquifères y est comparable à la recherche d'une aiguille dans une botte de foin. S'il est pénétrable, il existe des méthodes géophysiques de pilotage de forages, qui donnent des résultats appréciables ; certains réseaux de plateaux karstiques secs en surface ont pu être ainsi exploités. L'amélioration d'un captage karstique doit faire l'objet d'études très longues et extrêmement onéreuses pour assurer la continuité de l'exploitation à l'étiage, toujours très sévère dans ce type de réseau. Celles d'un captage de nappe alluviale sont plus faciles parce que l'on peut s'appuyer sur des bases théoriques classiques et que l'on dispose de nombreux points d'observation, puits, piezomètres… Certes, le calcul traditionnel ou informatique, ne permet pas de résoudre n'importe quel problème d'hydraulique souterraine ; mais dans la plupart des cas, les calculs classiques conduisent à des résultats satisfaisants pour peu que l'on ait correctement construit le modèle de l'aquifère que l'on veut exploiter ou que l'on exploite. Les modèles électriques naguère très efficacement utilisés, ont fait leur temps ; les modèles informatiques, bases de simulations numériques, sont maintenant classiques et bien au point ; encore faut-il qu'ils reposent sur des données sérieuses et qu'ils soient correctement mis en œuvre. Il arrive en effet que l'on rencontre des modèles de vastes nappes, fondés sur une carte piezométrique résultant de l'observation de quelques points d'eau existants et de quelques piezomètres mis en place à l'occasion de sondages plus ou moins coordonnés ; tout le reste, structure de l'aquifère, variations d'épaisseur, de perméabilité, limites physiques de la nappe, conditions hydrauliques aux limites, marnage... est estimé plus ou moins arbitrairement. Ce modèle dont la réalisation est présentée comme un investissement profitable, est censé faciliter la solution de n'importe quel problème qui se pose dans la nappe concernée, implantation d'un captage, augmentation d'un débit, gestion rationnelle des ressources, prévention d'une pollution... ; à l'endroit où se pose le problème, il suffirait de moduler la maille du modèle et d'interroger le programme de manipulation pour obtenir la solution ; cela marche rarement comme l'espérait celui qui a financé un lourd investissement qui promettait plus qu'il ne donne.

Les ouvrages de captages eux-mêmes ne fonctionnent pas toujours très bien, soit qu'ils aient été mal conçus à l'origine, soit qu'ils se soient dégradés faute d'entretien, qu'ils surexploitent la formation aquifère, que cette formation est irrégulièrement alimentée... Il en résulte alors des coûts de productions anormaux qui ne le semblent pas, car le rendement d'un ouvrage est une notion quasi inconnue des exploitants, et cela provoque parfois, des tarissements ou même des ruines de puits et forages ; obtenir le même débit avec un ouvrage mieux conçu ou le même ouvrage mieux exploité ou décolmaté, passe toujours pour une opération magique à qui la constate pour la première fois. Ce grand champ de captage alimente un très vaste district en partie urbain et en expansion ; il est sous la menace permanente de pollutions urbaines, industrielles ou agricoles ; progressivement étendu depuis des lustres, on y trouve toutes sortes d'ouvrages plus ou moins profonds, puits en béton à barbacanes, puits à drains rayonnants, forages d'essais de petit diamètre... ; seuls ces derniers atteignent le mur de la nappe, ils ont les meilleurs rendements, se colmatent le moins, sont les plus faciles à protéger de la pollution et sont de loin les moins onéreux à construire et à exploiter ; à l'origine, aucun ne l'était car ils n'avaient été forés que pour servir d'ouvrages d'essais préalablement à la construction des autres ; le contrôle systématique du rendement de tous les ouvrages du champ a permis d'intégrer les forages d'essais à l'exploitation et d'augmenter largement la production totale tout en abandonnant certains ouvrages anciens particulièrement peu productifs et pour certains, très sensibles à la pollution agricole car relativement peu profonds.

On ne peut pas être exhaustif à propos de défauts de captages d'eau souterraine ; chaque cas est spécifique et on en constate toujours de nouveaux et d'inattendus. En la matière, un monde sépare les principes des pratiques ; ce qui devrait être connu de tous est ignoré de chacun. Le ratage d'un captage ou le dysfonctionnement d'un champ, est toujours le fruit véreux d'une étude nébuleuse, d'un marché mal conçu et de la négligence de prosaïques règles techniques depuis longtemps éprouvées.

Les remises en état sont généralement difficiles, onéreuses et finalement inefficaces, de sorte que de très nombreux champs de captage comportent autant ou même davantage d'ouvrages abandonnés qu'en exploitation ; presque tous fonctionnent de façon très souvent surprenante, voire aléatoire, presque toujours sans considération économique et parfois à la limite de la sécurité de production.

1.11.2.2 – PERTURBATIONS DES NAPPES DUES AUX TRAVAUX DE GÉNIE CIVIL

On oublie souvent que les avantages que l'on retire pour un chantier et pour un ouvrage d'opérations modifiant l'écoulement naturel d'une nappe, puissent le perturber jusqu'à entraîner des dysfonctionnements ou des dommages à des ouvrages proches ou même lointains ; c'est la raison pour laquelle il est toujours nécessaire de procéder à l'étude géotechnique préalable de l'ensemble de la zone susceptible d'être affectée par une telle opération, et que l'on ne peut pas définir *a priori*. Les cas sont innombrables et dépendent à la fois des particularités de la zone et des conditions locales, ainsi que du type et de la façon de conduire l'opération ; chacun doit donc être étudié spécifiquement.

Néanmoins, quoi que l'on fasse, on perturbe plus ou moins le régime naturel de la nappe, parfois très loin de l'ouvrage ; les troubles et dommages qui en résultent, sont fréquents dans les sites urbains. Les épuisements et les rabattements provoquent parfois des tassements de consolidation susceptibles d'endommager des ouvrages et immeubles voisins ; plus généralement, ils assèchent aussi leurs environs et même une vaste zone, voire toute la région sous laquelle se trouve la nappe : un rabattement d'une dizaine de mètres dans une nappe puissante peut, au bout de quelques mois, provoquer un abaissement général du niveau de la nappe de l'ordre de 5 m. à plusieurs kilomètres de distance ; c'est avec les raisons économique et de sécurité technique, celle qui fait maintenant préférer les enceintes de parois moulées et les injections aux rabattements pour terrasser sous le niveau de la nappe ; mais les ouvrages souterrains et les zones injectées constituent des obstacles qui élèvent le niveau de la nappe en amont, inondant parfois des dépressions, des caves, des sous-sols, d'autres ouvrages souterrains, et le dépriment à l'aval, asséchant parfois des puits, des captages… ; les injections peuvent colmater des égouts, envahir des caves, endommager des bâtiments en faisant gonfler les matériaux de leurs assises…

1.11.2.3 – POMPAGES PERMANENTS SOUS LES RADIERS DE SOUS-SOLS ÉTANCHES OU NON

On soustrait à la pression hydrostatique et on assèche éventuellement les planchers traités ou non en radiers de fondation, de certains sous-sols d'immeubles ou de parkings enterrés dont le niveau est plus bas que celui de la nappe, au moyen de drains de divers types reliés à un dispositif de collecte et d'exhaure. Ces dispositifs sont souvent risqués car on ne sait évidemment pas calculer avec une bonne précision le débit à extraire qui, à l'usage, peut être ou devenir très supérieur à ce que l'on attendait, ce qui grève sérieusement et pour longtemps l'économie de l'ouvrage ; il arrive aussi parfois que par chance, le débit soit ou devienne plus faible que prévu.

Bien entendu, de tels pompages permanents peuvent altérer gravement la nappe en abaissant son niveau voire en la tarissant, et provoquer d'importants dommages aux ouvrages voisins ou même plus ou moins lointains, assèchement, tassement…

1.11.3 - POLLUTION DES EAUX SOUTERRAINES

La potabilité naturelle de l'eau de la plupart des nappes souterraines est passée du rang de qualité primordiale qu'elle était naguère, à celui de propriété curieuse et inattendue ; la plupart des nappes des pays développés et bientôt de tous les autres, sont polluées ; dans les premiers, le traitement bactériologique et chimique des eaux distribuées est maintenant quasi systématique ; celui des nitrates issus de pollutions agricoles, néfastes aux nouveau-nés notamment, et celui du manganèse naturel sont difficiles et onéreux. La nécessaire protection organisée des eaux potables a été progressivement mise en place dans tous les pays, à partir de la lutte contre la pollution bactériologique qui a fait des ravages, ici jusqu'il y a moins d'un siècle, et qui en fait encore ailleurs. Pour l'eau de consommation, des directives européennes très contraignantes fixent maintenant des valeurs maximales de grandeurs organoleptiques, physico-chimiques, microbiologiques et de quantités de substances toxiques ou indésirables.

Les moyens de les respecter sont d'abord la protection des captages par des périmètres de protection plus ou moins rapprochés mais jamais très éloignés, et ensuite les traitements bactériologiques et physico-chimiques des eaux brutes. La protection des captages demeure nécessaire, mais devient de plus en plus inefficace, voire illusoire, car elle ne peut être pratiquée que dans les environs du champ, alors que la pollution peut avoir une origine lointaine ou endémique et, compte tenu de la très faible vitesse de l'eau dans les nappes, arriver à un captage très longtemps après la pollution d'origine que l'on ne peut même plus localiser : il vaut mieux capter les eaux potables souterraines en montagne, ou au moins dans la partie amont des bassins versants, que dans les plaines alluviales des grands fleuves qui traversent des régions agricoles et industrielles ; les Suisses sont à cet égard beaucoup plus avantagés que les Hollandais ; les publicités d'eau en bouteille sont presque toutes fondées sur l'origine montagnarde de leur produit qui, en dehors de toute considération thérapeutique, n'est souvent ni meilleur ni pire que l'eau du robinet, préalablement lavée dans des usines très complexes et très efficaces.

L'eau qui tombe du ciel est le meilleur des solvants naturels ; rien ne lui résiste et elle va partout, ce n'est qu'une question de temps : en quelques milliards d'années, elle est parvenue à saler la mer ! Avec le ruissellement et l'évaporation, l'infiltration est le devenir certain d'une grande partie de l'eau de précipitation. Dans des régions karstiques, où l'on trouve encore des gouffres-dépotoirs, l'eau souterraine peut être chargée de tout et de n'importe quoi : en temps de crue, elle y est parfois pire que l'eau superficielle ; son utilisation sans contrôle géologique et protection des captages est dangereuse. Les nappes à surface libre des plaines alluviales sont particulièrement sensibles aux pollutions diffuses directes, notamment agricoles, phosphates, nitrates, pesticides... de circulation automobile, d'accidents de transport, d'accidents ou de déversements d'usines, de fuites de réservoirs ou de canalisations et notamment d'oléoducs, de désherbage des voies routières ou ferrées... et aux pollutions des cours d'eau avec lesquels elles sont en relations constantes d'échanges ; les nappes captives sont moins vulnérables, à condition que la zone d'infiltration, souvent très vaste, soit saine et que les ouvrages de captages que l'on y installe, n'altèrent pas l'imperméabilité de son toit ; la très grande lenteur et la non moins grande longueur des déplacements de l'eau de ce type de nappe, fait qu'une pollution peut n'apparaître au captage que très longtemps après qu'elle s'est produite, alors que l'état de la nappe est devenu tout à fait irréversible.

La protection contre la pollution d'un captage karstique est particulièrement difficile, car l'eau ne filtre pas dans les fissures du réseau, alors que pratiquement tous les trous naturels du plateau qui l'alimente ont plus ou moins servi de dépotoirs. Celle d'un champ de captage de nappe alluviale a été longtemps plus facile car les sables et les graviers arrêtent bien les micro-organismes ; ce n'est plus le cas, car les rivières qui les alimentent sont pratiquement toutes chimiquement polluées. La prévention ou la résorption d'une pollution chimique d'eau souterraine est extrêmement difficile ; on s'aide maintenant de modèles informatiques, lourds investissements qui promettent généralement plus qu'ils ne donnent, car ils reposent rarement sur de bonnes observations de terrain. Pour les eaux de consommation irrémédiablement gâtées ou plus généralement vulnérables, le traitement des pollutions bactériologiques est réalisé par divers procédés classiques, très au point, parfaitement efficaces, même s'ils ne satisfont pas le goût de tous les consommateurs ; les éléments chimiques indésirables en sont extraits dans des usines spécialisées, par réactions chimiques, précipitation puis filtration ; le manganèse généralement naturel, les nitrates et les pesticides agricoles le sont avec pas mal de difficultés et pour des coûts souvent élevés ; l'arrivée impromptue d'éléments rares et coriaces, peut troubler le fonctionnement d'une usine, voire entraîner son arrêt jusqu'à l'identification de ces éléments et la mise au point d'un traitement spécifique ; c'est dire l'importance de la prévention des pollutions, d'abord au champ de captage et au-delà, dans tout le bassin versant.

1.12 - L'ACTIVITÉ HUMAINE

D'une façon générale, confrontée à n'importe quel phénomène naturel dommageable pour elle, n'importe quelle espèce vivante s'adapte ou disparaît pour être remplacée par une espèce mieux adaptée : la paléontologie dit qu'ainsi va le monde depuis plus de trois milliards d'années. Depuis moins de trois millions d'années, l'espèce humaine a adopté une autre stratégie : elle-même s'adapte à peine, mais elle essaie, autant que possible, de modifier le milieu naturel pour l'adapter à ses besoins. À la fin du Würm, cette stratégie a conduit l'homme à aménager les plaines alluviales inondables pour devenir agriculteur ; son efficacité s'est largement accrue par la technique depuis quelques centaines d'années et, durant le siècle précédent, par l'appoint de la science. Mais manipuler la nature pour modifier ainsi, en fait altérer, le milieu naturel n'est pas une action aux conséquences seulement bénéfiques pour l'homme ; elle présente aussi des inconvénients parfois insupportables, tant pour le milieu que pour lui. L'homme est donc un facteur de risque pour lui-même et pour son milieu ; il ne s'en rend souvent compte qu'après coup, quand l'inconvénient qui peut être insidieux ou catastrophique, dépasse le bénéfice. L'écologie militante adopte la position extrême selon laquelle l'homme dégraderait systématiquement une nature idéale, qui n'existe que dans les contes.

La pollution et le stockage des déchets sont ses sujets favoris. Ils ne devraient être abordés et traités qu'à partir de considérations scientifiques, techniques, économiques et sociales sérieuses, susceptibles de justifier des décisions raisonnables, conduisant à des effets probants ; on leur préfère, presque toujours, des considérations psychosociologiques qui sont loin d'être négligeables, mais qui sont facilement manipulées ; les privilégier conduit souvent à d'interminables palabres pseudo-scientifiques, enrobés d'une fumeuse irrationalité politico-culturelle très médiatique. Il n'en demeure pas moins que la pollution et le stockage des déchets sont les principaux facteurs de risques pour la qualité des eaux terrestres et en particulier des eaux souterraines, à juste titre très prisées pour la consommation. Essayer de leur garder les qualités qui justifient cela est donc essentiel pour l'homme et peut-être aussi pour toute la nature.

On oublie généralement que la nature est une spécialiste extrêmement efficace du recyclage de tout ce qui existe sur Terre, minéral ou organique, solide, liquide ou gazeux, à toutes les échelles de lieu, de temps et selon des processus spécifiques nombreux et variés que l'on essaie d'imiter avec plus ou moins de bonheur ; la minéralisation naturelle de la matière organique morte, que l'on appelle putréfaction et qui est en fait une oxydation lente, fournit à la matière organique vivante les matériaux de sa croissance : quelques uns de vos atomes, molécules ou même séquences d'acides aminés ont peut-être passé quelque temps de leur incessante pérégrination, dans une fougère, une orchidée, un dinosaure, un singe, Attila ou monsieur Vincent, sans que vous en descendiez directement ; continuellement, le manteau terrestre brasse la matière minérale superficielle que lui apporte la subduction et qu'il restitue par le volcanisme... Laisser faire la nature serait donc une attitude parfaitement réaliste et efficace, si l'homme était moins excessif et moins pressé ; mais la vie est si courte ! L'homme a donc créé des processus beaucoup plus rapides de recyclage, plus ou moins complets selon ses moyens techniques et financiers et selon le niveau de nuisance qu'il estime pouvoir supporter.

Les effets pervers des aménagements sont rarement évoqués, aussi bien lors des études qu'en service, tant que tout se passe à peu près bien ; et alors, pour les édulcorer, on les appelle plus volontiers effets secondaires ou conséquences indirectes ; à la suite d'un éventuel accident, on escamote plus ou moins le problème, pour s'en tenir aux causes immédiates ou bien on établit à chaud, une réglementation qui se montrera plus ou moins inadaptée au prochain accident analogue.

Confronté à un danger imminent dont il se cache ou minimise les effets attendus, l'homme peut aussi avoir des comportements aberrants qui provoqueront des catastrophes ou amplifieront celles qui seront les effets de phénomènes naturels. Il camouflera alors l'effet de ce comportement en chargeant la nature, à travers la fatalité qui en droit, supprime la responsabilité.

1.12.1 - POLLUTION ET DÉCHETS

La pollution des sols et des eaux, les déchets que produisent toutes les activités humaines, posent des problèmes de résorption dont on ne se préoccupe que depuis peu car jusqu'au début de l'aire industrielle, il n'y en avait pratiquement pas, bien que la

Seine parût déjà polluée aux Parisiens du Moyen Âge ; ils sont évidemment liés. Comme ils concernent essentiellement des eaux souterraines qui en sont les véhicules essentiels et dont ils altèrent la qualité, leur étude et les solutions qu'on leur donne, relèvent en grande partie de l'hydrogéologie et de l'hydraulique souterraine dont la pratique n'est pas des plus simples.

La meilleure façon de traiter une pollution est de l'éviter à la source ; cela paraît aller sans dire et pourtant, on le fait rarement, même pour des pollutions potentielles concentrées et connues. Dans l'état actuel des choses, les pollutions, notamment agricoles et pétrolières, sont quasi inévitables et très difficiles à résorber.

Quels qu'ils soient, car il y en a peu d'inertes, l'élimination totale des déchets n'est pas possible ; après traitement éventuel, leur stockage impose des ouvrages étanches ; il est difficile, voire impossible, d'en construire de tels à plus ou moins long terme, car les matériaux comme le béton, certains plastiques et même l'acier inoxydable ou les verres, se dégradent et perdent peu à peu leurs qualités.

1.12.1.1 - POLLUTION

Selon tous les dictionnaires, la pollution est ce qui rend malsain par la souillure ; selon la définition qu'en a donné l'ONU en 1982, on en étend maintenant le sens à toute dégradation supposée du milieu naturel par l'homme, mais bien des effets de telles pollutions ne diffèrent pas tellement de ceux de phénomènes tout à fait naturels ; ce n'est souvent qu'une question de proportion ou de circonstances : une éruption volcanique plinienne pollue plus efficacement l'atmosphère globale que tous les rejets gazeux industriels de la planète. D'année en année, on devient capable de détecter de plus en plus de matériaux considérés comme polluants, avec des concentrations de plus en plus faibles : la pollution est ainsi une notion qualitative, paradoxalement chiffrée, très subjective et fluctuante, qu'il est difficile d'exprimer techniquement, mais que les lois et règlements définissent strictement, par des valeurs maximales de concentration de certains produits considérés comme dangereux, en particulier dans l'air et dans l'eau ; ces valeurs évoluent constamment, en fonction de situations préoccupantes, des possibilités techniques du moment et de l'opinion publique.

On a vu que dans les pays développés, l'eau souterraine naturellement potable, c'est-à-dire exempte d'éléments considérés comme polluants à partir de certaines valeurs de concentration, est devenue tellement rare qu'on la met en bouteille pour la vendre à un prix faramineux ; or, on dispose au robinet à bien moindre prix, d'eau de qualité au moins équivalente après traitements bactériologique et chimique d'eau polluée puisée dans un cours d'eau, une nappe, un réseau karstique : le traitement de l'eau de consommation ne supprime évidemment pas la pollution, mais il permet de s'en accommoder.

Certaines pollutions pétrolières résultant d'accidents médiatisés sont célèbres ; plus insidieuses sont celles qui se produisent dans tous les sites où l'on traite, stocke, transporte des hydrocarbures et dans lesquels roulent des automobiles ; dans les régions habitées, il s'en disperse donc de façon diffuse et incontrôlable, pratiquement partout. Les hydrocarbures comptent parmi les agents de pollution du sous-sol, et en particulier des nappes libres, les plus fréquents et les plus difficiles à résorber, en raison de leur présence quasi générale mais souvent diffuse sous de nombreuses formes, et de leur comportement tout à fait déconcertant. Infiltrés dans le sous-sol, ces fluides complexes, instables et vagabonds y sont extrêmement mobiles et y ont une tendance à la concentration, analogue à celle dont résultent la plupart de leurs gisements naturels. Ainsi, on en voit quelquefois réapparaître, brusquement, en quantité importante et à un endroit souvent éloigné d'une source potentielle de pollution, soit pour une cause naturelle, émergence d'eau souterraine, fortes précipitations... soit à la suite de travaux souterrains comme une simple excavation, soit dans une cave, un égout... La façon dont l'eau circule dans le sous-sol d'un site n'est jamais très facile à établir et à contrôler ; alors, quand des hydrocarbures sont mêlés à l'eau ! Le comportement des hydrocarbures est heureusement favorable à leur résorption naturelle ; on le constate aisément dans les régions où des hydrocarbures, gaz, bitumes, asphaltes... s'épanchaient naturellement et qui sont les plus anciennement exploitées sur indices ; les spectaculaires effets des marées noires côtières disparaissent en moins d'une dizaine d'années. Les pollutions pétrolières, même importantes, finissent donc toujours par se diluer puis disparaître ; il s'évapore d'abord une quantité importante de produits volatils, et les composants non solubles ou miscibles à l'eau, les huiles, se séparent assez rapidement de ceux qui le sont, phénols et sulfates pour l'essentiel. Les huiles demeurent en grande partie à la surface de la nappe ; avec l'aide plus ou moins efficace de certains micro-organismes, elles se fractionnent et s'oxydent petit à petit, jusqu'à disparaître ou plus rarement, à se rassembler en poches protégées par un toit imperméable comme dans les gisements naturels ; les phénols se concentrent dans la frange capillaire de la nappe et sont souvent fixés par les limons de surface ; les sulfates et autres sels minéraux s'ajoutent à ceux que la nappe contient naturellement, et en proportions si faibles qu'ils sont très rapidement imperceptibles. Attendre que toutes ces choses se passent naturellement est toutefois rarement possible ; au moment d'une découverte ou d'un accident, personne ne veut se fier à l'auto-épuration, sûrement avec raison, car sa durée serait vraiment inacceptable dans une région habitée : même en très faible quantité, une pollution par les hydrocarbures se repère facilement, sous l'aspect de taches grasses, d'irisations de flaques d'eau et/ou par son odeur ; il se trouve donc toujours quelqu'un pour la remarquer et s'en plaindre. Aux abords des points de concentration, raffineries, parcs de stockage... les ouvrages de protection des nappes sont l'imperméabilisation et le drainage des surfaces, les barrages souterrains par rideaux injectés ou forés qui ne sont jamais tout à fait imperméables ni incontournables, et les pompages à l'efficacité tout aussi incertaine et parfois même à effet inverse de celui espéré, car le rabattement concomitant de la nappe peut entraîner l'approfondissement de la pollution ; des études hydrogéologiques permettent de concevoir et de faire pour le mieux ce qui convient, selon les lieux et les circonstances, et une surveillance attentive permanente évite les mauvaises surprises que réservent souvent les mouvements souterrains déroutants des hydrocarbures. En ville ou en rase campagne, les sources, principalement la circulation automobile, sont diffuses et donc, quasi impossibles à traiter.

1.12.1.2 - RÉHABILITATION DES SITES POLLUÉS

Les travaux de décontamination des friches industrielles, des sols et des nappes polluées après un accident sont longs, onéreux et d'efficacité douteuse ; on ne doit donc entreprendre que ceux qui sont réellement nécessaires, selon la nocivité des produits en cause et l'utilisation de la zone décontaminée que l'on se propose de faire ensuite. Les sites et les produits étant nombreux et variés, les fins souhaitées pouvant l'être tout autant, de tels travaux ne peuvent être que très spécifiques ; ils imposent des études préalables indéfinies, afin de caractériser le risque éventuel, généralement achevées par des analyses d'eaux souterraines, mais surtout de sols dont les résultats sont incertains ; et quand on a obtenu ces résultats, on ne sait souvent pas très bien que conclure, par manque de références et souvent même, de but précis.

Une opération de dépollution de sol et encore plus de nappe est ainsi particulièrement complexe ; elle doit donc être conduite selon une méthode rationnelle, par étapes et phases bien préparées et rigoureusement contrôlées. L'étude détaillée géotechnique et technique du site et de ses abords est avant tout indispensable à la formulation d'un diagnostic permettant d'évaluer les risques éventuels, et si l'intervention se révèle alors nécessaire, à sa mise au point puis à la mise en œuvre et au contrôle de moyens spécifiques. Cela devrait conduire à agir après mûre réflexion et sans précipitation, en contrôlant continûment les résultats intermédiaires obtenus et en modifiant les moyens à la demande ; ce n'est pas ainsi que prétend fonctionner notre société qui se veut bien réglée, dans laquelle tout doit être programmé, financé au centime près et conduire à un résultat certain ; il en résulte que nombres d'opérations de réhabilitation de sites pollués, parfois entreprises sans qu'ils soient des facteurs de risques avérés, dans des buts plus médiatiques et/ou politiques que techniques, avortent avant que le résultat escompté ait été vraiment atteint, mais après que les crédits engagés aient été consommés ; il est rare qu'on l'avoue.

1.12.1.3 - DÉCHETS

Assez curieusement, la qualité de déchet est plutôt subjective que technique : un déchet, c'est tout ce dont on ne sait que faire à un moment donné et dans des circonstances données, un objet, un matériau, une substance que l'on abandonne pour quelle raison que ce soit ; on le faisait naguère à peu près où on voulait et comme on voulait ; maintenant, on ne le fait que dans des lieux prévus et aménagés à cet effet, et de plus en plus réglementés. En pratique, ce qui est un déchet dans tel procédé de fabrication ou tel mode de vie, peut être une matière première ou utilisable dans tel autre, et si ce n'est pas le cas actuellement pour tel déchet, ce le sera peut-être plus tard : de nombreux terrils de mines, abandonnés depuis des lustres, ont été ensuite exploités pour divers usages et même pour y récupérer du minerai que la technique ancienne ne permettait pas de traiter ; les préhistoriens et les archéologues fondent une bonne partie de leur activité, sur la recherche, l'étude et l'interprétation des déchets, heureusement non traités, de nos ancêtres...

Il existe maintenant de très nombreuses techniques spécifiques, pour traiter la majeure partie des déchets de toutes natures, ordures ménagères et déchets urbains, déchets industriels, agricoles, hospitaliers, toxiques, radioactifs... Elles aboutissent toutes à un résidu, en principe solide et inerte, le déchet ultime ; vitrifié, enrobé, incorporé dans un béton..., c'est lui qui doit être stocké sans contact possible avec l'eau, pour une durée indéterminée, peut-être *per omnia saecula saeculorum* voire *per aeternum*. C'est évidemment le seul qui concerne la géotechnique.

À très long terme, l'eau pénètre partout et dissout tous les éléments chimiques, même les plus stables comme l'or que l'on trouve en quantité non négligeable dans l'eau des océans ; il est donc hardi de prétendre que le traitement de déchets ultimes par des moyens apparemment très efficaces comme la vitrification et/ou leur stockage dans des ouvrages ou des sites étanches, sera sempiternellement sans risque de pollution. Pour le moment, on ne dispose malheureusement pas d'autres solutions.

Pour le stockage des déchets constitués de produits très dangereux et/ou de très longue durée de vie, la réglementation devient de plus en plus contraignante et un énorme marché s'est récemment ouvert pour satisfaire son application, malheureusement très fluctuante tant pour des raisons techniques que sociologiques, politiques et commerciales. Mais la technique ne permet pas toujours de satisfaire pleinement les souhaits impératifs et souvent sans fondement sérieux, que les gens demandent aux politiques d'exaucer, ce que l'industrie et le commerce promettent sans en avoir les moyens ; ainsi, les solutions adoptées un jour sont parfois décriées un autre, quitte à y revenir un peu plus tard. En fait, les gens savent plus ou moins ce qu'ils veulent ou ce qu'on leur dit de vouloir, sans se rendre compte que c'est souvent utopique ; la technique ne sait pas très bien comment y arriver, ou plutôt, sait bien que ce à quoi on prétend arriver est inaccessible ; le commerce préfère ne pas le dire et la politique fait comme si cela était possible. Quoi qu'il en soit, les impératifs géotechniques du stockage des déchets sont liés d'une part à l'eau en contact éventuel avec les produits et qui ne doit sortir du site qu'après traitement, et d'autre part, à l'eau souterraine qui ne doit pas pénétrer dans les ouvrages souterrains et/ou être contaminée par des fuites éventuelles.

Le stockage superficiel impose une enceinte, radier et merlons périphériques, étanche et drainée ; les techniques de construction sont nombreuses, par terrassements ou bétonnage ; elles présentent toutes des défauts, sous-estimation de la perméabilité des matériaux naturels et/ou améliorés, fissuration du béton... qui imposent une surveillance et des contrôles quasi permanents de l'ouvrage lui-même et de ses abords, notamment de son sous-sol, en particulier s'il est aquifère. Les implantations de tels dépôts sont évidement préférables dans des régions au sous-sol imperméable et à l'atmosphère sèche, plutôt que dans des régions au sous-sol alluvial aquifère, à l'atmosphère humide et éventuellement corrosive, le Sahara plutôt que le Congo.

Le stockage souterrain qui pourrait passer pour un camouflage, doit nécessairement être effectué dans une cavité rigoureusement étanche, implantée dans une vaste formation imperméable, sel, argilite, schiste, granite... dans une région assysmique. Ce peut être un réservoir enterré, métallique, enrobé de béton, lié au sous-sol par des injections de collage et d'étanchéité, une ancienne mine demeurée sèche après son abandon et réaménagée à cet effet, une galerie au rocher, une poche de dissolution... Les cavités naturelles, en particulier karstiques, et les pièges géologiques poreux comme les gisements pétroliers épuisés, ne devraient jamais être utilisés pour le stockage souterrain de déchets, car l'eau peut y circuler de façon tout à fait incontrôlable ; on le fait parfois inconsidérément pour stocker des gaz ou des liquides, à la manière des pétroliers, mais eux stockent ainsi des substances utiles de grande valeur, gaz naturel ou pétrole, dont ils n'entendent pas perdre une parcelle, et qui ne font que de courts séjours étroitement contrôlés dans de tels réservoirs. La pérennité de l'étanchéité de tous les ouvrages de stockage souterrain est préoccupante : à très long terme, une formation rocheuse, et notamment sa perméabilité, peut évoluer de façon imprévisible, jouet de phénomènes telluriques aux effets irrésistibles ; on ne sait pas trop ce qui se passerait en cas de séisme violent, ou plus généralement à la suite d'éventuelles déformations tectoniques.

Ainsi, on donne actuellement aux problèmes de stockage de déchets, des solutions politiques émotionnelles dont on n'est pas capable d'estimer l'efficacité ; ces ouvrages ne sont pas des cadeaux aux générations futures qui, au mieux, devront les entretenir indéfiniment et au pire n'en soupçonneront même plus l'existence et les redécouvriront à l'occasion d'un accident ou d'une catastrophe.

Pour les produits très dangereux et de très longue vie, comme certains déchets radioactifs et/ou chimiques que l'on ne sait pas décomposer, les caractéristiques naturelles des sites de stockage et la façon de les aménager sont loin d'être clairement définies et évoluent à mesure qu'on les étudie et qu'on accumule les expériences, souvent à la suite d'accidents ; à long terme, le granite est-il plus étanche que le sel ou l'argile, et que deviendra l'ouvrage dans plusieurs siècles ou millénaires ? Saura-t-on même encore où il se trouve ? Techniquement, on ne sait pas répondre à ces questions. Pour le moment, on n'utilise que le stockage en surface car les autres méthodes possibles, séparation-transmutation et stockage souterrain sont loin d'être opérationnels dans la plupart des cas ; en fait, les trois méthodes ne sont pas concurrentes mais complémentaires. Ainsi, le stockage en surface est indispensable, car il laisse le temps d'étudier les autres solutions ; mais il ne peut être que provisoire, car on ne dispose pas de techniques susceptibles de dépasser le siècle sans risque. La séparation préalable des différentes espèces de radionucléides d'un déchet radioactif, puis la transmutation de chacun selon ses caractéristiques en éléments moins nocifs, et/ou le recyclage dans des combustibles composés ou stockage spécifique pose des problèmes théoriques et techniques que l'on n'a pas encore résolus. Le stockage en profondeur vers lequel on s'oriente dans la plupart des cas et qui est déjà utilisé localement, pose des problèmes d'étanchéité à très long terme et de comportement de certains éléments très irradiants, catégorie C, et/ou à très longue durée de vie, catégorie B, des problèmes de confinement et de réversibilité, car si on le confine trop, il ne sera pas réversible.

S'ils ne résolvent pas différemment le problème de leurs déchets et de ce qui restera des nôtres, nos descendants pourraient être confrontés à des accumulations de plus en plus grandes de déchets ultimes de plus en plus nocifs. Ils feront peut-être alors ce qui, si on le proposait maintenant, ferait hurler nos actuels défenseurs d'une nature qui ne leur en demande pas tant, déposer ces déchets dans une fosse de subduction océan-océan, rapide et courte, avec un prisme d'accrétion peu développé ; après tout, les déchets ultimes sont constitués d'éléments terrestres tout à fait naturels qu'avec beaucoup d'autres, le manteau recycle en permanence depuis des milliards d'années ; il aurait ainsi quelques centaines de millions d'années pour recycler d'infimes quantités de déchets avec d'immenses morceaux de plaques, et d'ici là...

1.12.2 - EFFETS PERVERS DES AMÉNAGEMENTS

En fait, quel qu'il soit, quels que soient son usage et ses dimensions, même s'il est conçu et réalisé le mieux possible, s'il est bien conforme à sa destination, un aménagement n'est jamais totalement bénéfique ni inoffensif ; on ne s'en aperçoit souvent que de façon indirecte et parfois longtemps après sa mise en service, à la faveur de la recherche des causes d'une anomalie constatée ailleurs. Les exemples d'effets pervers des aménagements sont innombrables et leurs types principaux sont connus pour la plupart.

Les effets de l'exploitation incontrôlée et/ou excessive d'eau de surface ou souterraine peuvent aller de la désertification d'une contrée par des pompages d'irrigation dans ses cours d'eau, à l'assèchement d'un puits par un rabattement de nappe ou un drainage, en passant par la salinisation des nappes côtières, la dégradation de l'alimentation d'une ville à l'étiage, l'affaissement d'ouvrages ou même de régions entières par drainage et consolidation de matériaux très peu denses, vases, tourbes... La déforestation, lo remembrement, les labours dans le sens de la pente, les amendements excessifs... sont des causes avérées d'accroissement d'érosions, d'amplification de crues, de pollutions... Les exploitations souterraines de solides, de liquides et de gaz sont souvent des causes de séismes, d'affaissements, d'effondrements, d'assèchements, de tarissements... Sur les cours d'eau et les littoraux, les aménagements mal conçus, les ouvrages hydrauliques mal calibrés et souvent même les ouvrages de défense trop spécifiques et localisés, peuvent bouleverser de façon inattendue et souvent surprenante, des sites proches ou même éloignés, aggraver des dangers que l'on voulait éviter, créer des risques là où il n'y en avait pas...

Les dommages aux ouvrages voisins de chantiers en cours, ainsi que les dommages aux ouvrages eux-mêmes sont d'ordinaire les effets d'études et/ou de travaux défectueux, même s'ils ne provoquent pas d'effondrement. Les travaux souterrains ont presque toujours des effets nocifs, notamment sur les eaux souterraines dont le cours peut être perturbé ou qui peuvent être polluées, parfois gravement, par les produits d'injections qui sont maintenant des mixtures n'ayant que de lointains rapports avec les coulis de ciment de naguère. Les extractions de graves et de sables dans les lits des cours d'eau, sur les plages et même au large, peuvent déstabiliser des ouvrages parfois lointains et notamment les ponts anciens à travées multiples, généralement fondés à profondeur relativement faible ou d'imprudentes villas sur les dunes.

Les grands barrages sont construits pour produire de l'électricité, accroître le débit d'étiage afin d'améliorer la navigation fluviale et/ou permettre le refroidissement des centrales électronucléaires ou thermiques, constituer des réserves agricoles... Lors des enquêtes préalables, on met néanmoins toujours en avant leurs rôles de régulateurs de régime et d'écrêteurs de crues, auxquels les riverains d'aval sont toujours particulièrement sensibles ; ils constatent, parfois durant de longues années, que ce rôle est bien rempli... jusqu'à ce que l'on soit obligé de laisser passer une crue qui met le barrage lui-même en danger, provoquant des ravages d'autant plus grands, qu'un lâcher rapide amplifie l'onde de crue, et que la confiance et l'inconscience avaient conduit à aménager l'aval comme s'il ne pouvait plus s'y produire d'inondations. D'autre part, les retenues sont des pièges à sédiments qui manquent ensuite aux plaines de l'aval, aux marécages d'estuaires et de deltas, ainsi qu'aux plaines littorales ; cela accentue la tendance au recul de ces sites fragiles ; le delta du Nil aurait localement reculé du plus de 30 m depuis la mise en service du barrage d'Assouan. En fait, un barrage perturbe fortement le régime hydraulique du cours d'eau et par là, le fonctionnement de l'écosystème de tout son bassin versant.

À plus ou moins long terme, les installations imprudentes et inadaptées dans les zones à risque, entraînent toujours des accidents. À court terme, une intervention irréfléchie à chaud sur un site ou un ouvrage en danger potentiel, peut aggraver ce danger jusqu'à le rendre imminent ou même entraîner sa réalisation.

Il est heureusement possible de largement réduire les effets pervers des aménagements en les étudiant et en les réalisant correctement. Pour les grands aménagements, les études d'impact sont maintenant la règle, parallèlement aux études techniques dont on se contentait naguère ; en général, elles privilégient les effets biologiques, sociologiques, administratifs, esthétiques... immédiats, au détriment d'effets techniques peu apparents, souvent néfastes sinon dangereux à plus ou moins long terme, que l'on passe volontairement sous silence pour faciliter l'adoption d'un projet contesté. Les effets pervers des ouvrages isolés peuvent être évités en réalisant de bonnes études géotechniques des sites d'implantations, en adaptant correctement ces ouvrages à ces sites et aux existants voisins, en les construisant selon les règles de l'art ; on le fait rarement avec scrupule et efficacité.

1.12.3 - COMPORTEMENTS ABERRANTS

Par inconscience, intérêt, présomption, insouciance, bêtise... devant une bonne affaire, une difficulté, un danger... il arrive que les décideurs adoptent des comportements dont les suites, parfois catastrophiques, montreront qu'ils étaient aberrants.

Le cas le plus fréquent est l'installation, parfois anarchique, dans un site dangereux, sans aménagement spécifique, comme un bord de torrent dévastateur, une plaine inondable, un coteau instable, un pied de falaise ébouleuse, un volcan... Les exemples de telles aberrations sont innombrables, de tous lieux et de tout temps ; je rappelle entre autres les catastrophes de Longarone (Vaiont), du Nevado del Ruiz, du Grand-Bornand, de Biescas, de Campanie... qui résultent bien d'aberrations, comme la pire que je connaisse, celle de Saint-Pierre de la Martinique.

Les accidents de chantiers de terrassements sont très fréquents ; la plupart résultent de ce que l'on n'a pas pris d'élémentaires précautions de blindage, notamment en période pluvieuse, parce que l'on est pressé, que cela coûte cher, que la phase critique doit être courte, que ceux qui attirent l'attention sur le danger passent pour timorés et/ou pessimistes...

En fait, presque tous les dommages, accidents et catastrophes géotechniques, sont plus ou moins issus de comportements aberrants.

1.12.4 - N'IMPORTE QUI, N'IMPORTE QUOI, N'IMPORTE COMMENT, N'IMPORTE OÙ

L'analyse des causes de la plupart des accidents géotechniques pose ainsi la question de savoir s'il est bien normal de laisser n'importe qui, construire ou faire n'importe quoi, n'importe comment et n'importe où. Dans la mesure où, en cas de catastrophe, ou plus généralement d'accident géotechnique même mineur, on attend des pouvoirs publics, des secours ou une aide sous une forme quelconque, il serait anormal qu'ils n'interviennent pas, au mieux des intérêts de la communauté, dans le choix d'un site et dans la façon dont il serait aménagé. Il est bien évident qu'une zone industrielle ou un lotissement de pavillons implantés dans le lit majeur d'un cours d'eau subiront tôt ou tard une crue, à la suite de laquelle, après avoir réparé et indemnisé les dommages, on devra construire des ouvrages de protection qui ne seront pratiquement jamais à la charge des promoteurs de l'aménagement, comme il est tout aussi évident que la surveillance et l'entretien d'une route d'accès à une nouvelle station de ski, établie à travers une zone d'éboulements ou d'avalanches, imposeront aux services qui devront les assurer, des dépenses et des responsabilités à l'origine desquelles ils n'auront pris aucune part ; mais on dit que cela contribue a soutenir l'économie locale ! En fait, cela revient à privatiser les profits et à socialiser les pertes.

La prise en compte des risques « naturels » dans l'aménagement du territoire n'est pas pour demain ; en effet, un maître d'ouvrage peut éventuellement être convaincu qu'une étude géotechnique contribuera à assurer la rentabilité et la sécurité immédiate de son ouvrage, mais il est à peu près insensible à l'intérêt d'une telle étude, du point de vue général du coût des investissements publics annexes et de la sécurité à long terme de son ouvrage : il n'en entreprendra une que si son propre intérêt le lui commande. Et si survient une crue, un séisme, un éboulement ou n'importe quel autre événement destructeur, qualifié de catastrophique parce qu'il dégrade ou ruine une agglomération ou un ouvrage, mettant en danger ou affectant des vies humaines, on dira que cet événement était imprévisible pour la seule raison que, par ignorance ou négligence, personne ne l'avait explicitement prévu, ou bien que les pouvoirs publics n'ont pas assuré la protection du site.

On peut aussi poser la question de savoir s'il l'on doit laisser aux constructeurs, l'entière responsabilité de la définition et de la conduite des travaux en sites urbains ; les nuisances et accidents de chantiers, les dommages aux tiers y sont particulièrement nombreux : les fouilles y provoquent souvent des accidents qui affectent les voies, réseaux et constructions périphériques, et parfois même, des accidents de travail qui peuvent aller jusqu'au décès. Mais les décisions de l'administration pour éviter ces accidents ont souvent des résultats pires, car les constructeurs s'en prévalent pour faire ce qui les arrangent dans un cadre théoriquement imposé mais jamais contrôlé ; en cas d'accident, cela leur permet de dégager au moins une partie de leur responsabilité.

1.12.5 - L'INTÉRÊT GÉNÉRAL

Une forme de l'étude géotechnique, considérée sous l'aspect de l'intérêt général, devrait donc permettre d'assurer la sécurité des aménagements publics ou privés quels qu'ils soient, d'éviter le gaspillage d'investissements publics et de réduire au mieux le coût des travaux d'entretien nécessaires à leur maintenance. La géotechnique se définirait alors comme la science appliquée de la Terre qui étudie un site en vue d'assurer la sécurité et la rentabilité de son aménagement, de prévenir les effets destructeurs des phénomènes telluriques actuels sur les installations humaines existantes ou à créer, et en vue de prévenir les accidents susceptibles de les affecter à la suite de tous travaux de mise en œuvre du sous-sol pour son aménagement ou son exploitation. Ses buts seraient donc de préjuger l'aptitude d'un site et de ses environs à recevoir l'aménagement projeté et ses indispensables ouvrages annexes comme les voies d'accès que l'on oublie généralement, de proposer les moyens techniques permettant d'adapter le site à l'aménagement, de définir les dispositions susceptibles d'assurer la pérennité de l'aménagement et de mettre son exploitation à l'abri des accidents géotechniques, et éventuellement d'assurer la sécurité et la survie d'un aménagement menacé.

Les administrations pourraient donc disposer de moyens géotechniques de contrôle et éventuellement de pression ou même de veto, sur tous les aménageurs et constructeurs publics et privés, en tous lieux et pas seulement dans les zones à risques. Selon les pays et les circonstances, elles y parviendront de mieux en mieux, sous réserve d'incompétence, de laxisme, de corruption..., mais en suivant des chemins généralement longs et tortueux, car elles ne les parcourent que par toutes petites étapes, sous la pression d'événements catastrophiques, heureusement assez rares. Malgré une position contraire affichée dans les textes, la France a privilégié l'indemnisation plutôt que la prévention ; mais la législation peut avoir des effets pervers : pourquoi prévenir ce qui n'arrivera sans doute pas, puisqu'on sera indemnisé si cela arrive, ou même si l'on parvient à faire décréter que cela est arrivé ?

2

QUE RISQUE-T-ON EN FRANCE ?

2.1 - LA FRANCE DES RISQUES « NATURELS »

Le territoire français métropolitain présente la particularité de réunir dans un espace relativement restreint et très bien connu, la plupart des types géostructuraux, géomorphologiques et géodynamiques ; si l'on ajoute l'Outre-mer, ils y sont à peu près tous. On y observe des marges océaniques passives vers le golfe de Gascogne et entre le continent et la Corse, active aux Antilles, épicontinentales vers la mer du Nord, la Manche et la mer d'Iroise. La Corse est une île-continent séparée de la Provence et de la Ligurie par un océan avorté ; la Nouvelle-Calédonie est la partie émergée d'une obduction inactive ; Kerguelen, Crozet et les Tuamotu sont celles de plateaux basaltiques stables, des trapps océaniques ; Amsterdam et Saint-Paul sont des volcans de ride médio-océanique ; les îles océaniques de points chauds sont représentées par la Réunion et par les volcans et les culots volcaniques, entourés et/ou couronnés de récifs et d'atolls coralliens de la Polynésie ; la Guadeloupe et la Martinique sont des îles volcaniques d'un arc de subduction actif ; Belle-Île, Porquerolles, Saint-Pierre-et-Miquelon... sont des îles épicontinentales. Les parties nord et centrale de la métropole forment une plate-forme ancienne constituée d'ensembles structuraux très variés : le Massif armoricain est une chaîne arasée, plissée, fracturée et plus ou moins granitisée, avec du métamorphisme régional et de contact ; l'Ardenne est un massif sédimentaire plissé ; le Massif central est un bombement granitique avec du métamorphisme régional de racines de chaîne, fracturé en hortz, grabens et écailles, du volcanisme effusif et explosif de point chaud intracontinental ; le bassin parisien est un bassin épicontinental à sédimentation marine et lagunaire. L'Aquitaine est une bordure de bassin sédimentaire marin au nord et un fossé molassique de pied de chaîne au centre et au sud ; le sillon rhodanien est un autre fossé de pied de chaîne. Le Jura est une chaîne intracontinentale de couverture marine, simplement plissée et fracturée ; les Pyrénées sont une chaîne intercontinentale de coulissage ; les Alpes sont une chaîne de collision, océan écrasé entre deux plaques...

Il y a en France l'astroblème d'une énorme météorite, des volcans de tous types, actifs, assoupis et éteints, des montagnes vieilles et jeunes, des plateaux granitiques, basaltiques, karstiques, de lœss, des collines argileuses, molassiques, des cluses, des combes, des gorges, des plaines alluviales, des glaciers, des fleuves, rivières et torrents aux profils et aux régimes très variés, des lacs morainiques et volcaniques, des estuaires plus ou moins envasés, un delta, des polders, des côtes sableuses à dunes, tombolos et lagunes, des côtes rocheuses à criques, caps et écueils, des côtes à falaises stables ou ébouleuses, des calanques, des récifs coralliens, des lagons...

Ainsi, il est normal que la plupart des phénomènes naturels, facteurs de risques connus, s'y manifestent ; ils le font assez modérément dans l'ensemble : *Geniessen wie Gott in Frankreich* dit-on à l'Est. Certes, les catastrophes n'épargnent pas les Français : ils ont promulgué des lois pour s'en prémunir, ils aimeraient bien pouvoir en faire pour les interdire et écoutent complaisamment les prophètes qui leur prédisent de prochains cataclysmes, à condition toutefois qu'ils demeurent assez évasifs pour ne pas ruiner le tourisme local. Mais au risque d'indigner les proches de victimes et ceux qui ont subi des dommages, je rappelle que les catastrophes « naturelles » françaises ne sont pas comparables à celles, de même nature, qui affectent le reste du monde et même nos proches voisins : on ne peut raisonnablement pas comparer les éruptions du piton de la Fournaise à celles de l'Etna, le séisme de Rognes à celui de Skopje, l'écroulement du Clap au Luc-en-Diois à celui du Rossberg, le tsunami du Var au plus faible de ceux du Pacifique, les inondations de la Garonne à celles du Pô. La seule catastrophe « naturelle » française figurant au palmarès mondial est celle de la montagne Pelée de La Martinique, en 1902 ; l'éruption volcanique la plus meurtrière du siècle dernier est effectivement bien française, et pas seulement par sa localisation, mais elle n'a certainement pas été « naturelle » (*cf. 1.1.7*) . Néanmoins, on estime que près de la moitié des communes françaises peuvent subir les effets, plus ou moins préjudiciables, de phénomènes naturels dangereux ; il s'agit, le plus souvent, de dommages assez limités affectant plutôt les biens que les personnes, et que la loi appelle « catastrophes naturelles » par abus de langage technocratique.

En France, les phénomènes atmosphériques, perturbations frontales, cyclones, sécheresse..., sont de très loin les plus fréquents, les plus répandus et les plus dommageables des phénomènes naturels dangereux ; viennent ensuite les crues et les inondations qui en sont issues et qui représentent un peu moins de 90 % des phénomènes telluriques, contre 10 % environ pour les mouvements de terrains et un peu plus de 1 % pour les séismes. Environ 30 % des communes françaises seraient exposées aux crues ; environ 10 % le seraient aux mouvements de terrains et environ 5 % aux séismes ; les statistiques d'indemnisations de « catastrophes naturelles » sont quelque peu différentes, inondations 60%, sécheresse 25%, autres 15%, car les effets de la sécheresse sur les bâtiments fragiles, considérés comme des mouvements de terrain, sont largement surdéclarés : durant la période 1982/95, plus de 15 000 communes ont déclaré près de 50 000 « catastrophes », certaines plus d'une fois par an ! 70 % des dossiers ont été acceptés, dont 70 % pour les inondations, 30 % pour les mouvements de terrains, 0,5 % pour les séismes ; en fait, bon nombre des communes de la plupart des départements du Sud-est sont exposées à ces trois risques, souvent plus ou moins concomitants ; tant en nombre qu'en intensité, celles des Alpes-Maritimes paraissent l'être particulièrement, surtout à l'est du Var. Les départements des Antilles sont très exposés à ces trois risques, auxquels s'ajoutent les cyclones et les éruptions volcaniques ; la Réunion les a aussi, mais les éruptions volcaniques n'y sont que très rarement dangereuses, et elle n'est pratiquement pas sismique.

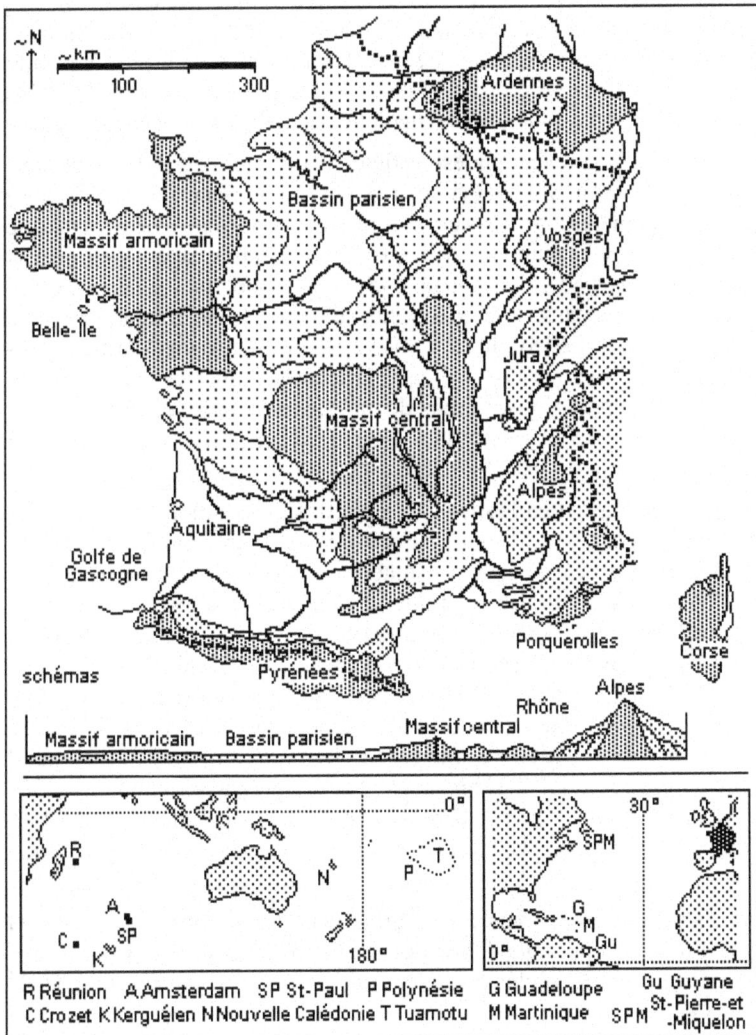

Figure 2.1 - La France des risques « naturels »

Le coût annuel moyen des indemnisations des « catastrophes naturelles » est d'environ 500 M€ pour les seuls dommages matériels assurés ; il faut y ajouter presque autant pour les infrastructures et les pertes économiques directes et indirectes. Le coût matériel d'un seul événement peut aller d'un à six millions d'euros, plus ou moins indemnisé par notre système d'assurance obligatoire. L'estimation des dommages consécutifs à la catastrophe majeure la plus probable en France à relativement court terme, une crue de la Seine de type 1910, centennale (?), serait de l'ordre du milliard d'euros ; s'il peut être évoqué à propos de ce qui serait une vraie tragédie humaine, le coût d'une catastrophe majeure comme un grand séisme sur la Côte-d'Azur, dépasserait les 40 milliards d'euros, soit environ 3 % de notre PNB ; l'économie nationale en serait donc sensiblement affectée ; il est tout de même très peu probable que cela arrive un jour. En fait, on ne sait pas ce qui se passerait et ce que coûterait en vies humaines et en dommages matériels et induits, une vraie catastrophe dans des zones très peuplées, crue de la Seine et de ses affluents en Île-de-France, rupture des levées dans le Val-de-Loire, séisme sur la Côte-d'Azur, éruption magmatique de la Soufrière, à Basse-Terre...

Le coût annuel de la prévention est estimé à environ 250 M€, dont 0,5 % pour l'information, 1,5 % pour les études de risques, 15 % pour la surveillance de sites exposés et 80 % pour les travaux sur sites ; la disproportion études/travaux explique peut-être le fait que la plupart des ouvrages de prévention soient peu efficaces ; ces travaux sont consacrés à 85 % aux inondations, à 10 % aux mouvements de terrains et à 5 % aux séismes et volcans. Pour l'entretien de son réseau routier, particulièrement exposé aux mouvements de terrains, le Conseil général des Alpes-Maritimes dépenserait quelques millions d'euros par an... Le coût de la surveillance est assez surprenant ; en fait, il est en grande partie, justifié par des dépenses pour lesquelles les risques font plutôt figures de prétextes : veille militaire, centrales nucléaires, recherche scientifique et technique...

Il se produit un peu partout en France, des accidents de chantiers et des dommages aux ouvrages d'origine « naturelle », pour un coût annuel global qui dépasserait le million d'euros. Les pollutions de nappes d'eau souterraine affectent essentiellement les régions agricoles et industrielles ; en dehors d'interventions spécifiques, leur coût est, pour sa plus grande part, celui du traitement généralisé des eaux distribuées et des eaux usées ; on ne le comptabilise pas à ce titre. Le stockage des déchets ultimes, notamment radioactifs, fait l'objet d'études et de décisions qui fluctuent au gré des modes et de considérations socio-politiques ; son coût ne doit donc pas être très facile à établir. Je ne reviendrai pas sur les aberrations françaises dont j'ai présenté plus haut quelques exemples de portée générale, mais on va voir que les événements que j'évoque plus bas n'en sont pas totalement exempts. Il ne faut surtout pas en conclure que l'aberration géotechnique soit une spécialité française : il y en a toujours, partout, de tout temps et pour tout.

Le nombre, la variété, l'importance et la dispersion des risques « naturels » en France sont tels qu'il n'est pas possible d'être exhaustif ; dans ce qui suit, je ne présente donc que les grandes lignes de quelques cas typiques et connus, en m'efforçant de ne pas négliger leurs aspects humains.

L'ordre des chapitres suivants est celui de l'importance décroissante des risques encourus en France.

2.2 – LES CAPRICES DE L'ATMOSPHERE

En bordure sud-ouest de l'Europe, la France métropolitaine est située vers la limite hivernale sud des fluctuations saisonnières du front polaire et vers la limite estivale nord des fluctuations saisonnières du front des alizés, sous l'influence plus ou moins forte et persistante de quatre aires barométriques ; sur l'Atlantique au SW, l'anticyclone des Açores apporte de l'air tropical tiède et humide, et au NW l'aire cyclonique d'Islande apporte de l'air polaire froid et humide ; plus ou moins étendus, ils ont une influence quasi permanente sur la majeure partie du territoire, notamment par la circulation des perturbations frontales le long du front polaire qui les séparent ; sur le continent à l'est, l'anticyclone russo-sibérien apporte de l'air polaire froid et sec, et sur la Méditerranée au sud l'anticyclone saharien apporte de l'air tropical chaud, sec ou humide ; ils n'ont d'influence, essentiellement sur l'Est pour le premier et sur le Sud pour le second, que lors de leurs extensions saisonnières maximales. Le relief accidenté, Vosges, Massif central, Pyrénées, Jura, Alpes sépare leurs zones d'influence ; il en résulte quatre types de climats : au nord de la Loire océanique à l'ouest, continental à l'est, au sud de la Loire, océanique à l'ouest, méditerranéen à l'est ; des sous-climats montagnards et une foule de microclimats locaux procède des uns ou des autres. Ainsi, le temps y est particulièrement instable, régi soit par des conditions anticycloniques calmes et sèches qui provoquent souvent des vagues de froid et/ou de sécheresse, soit par des successions de perturbations frontales venteuses et pluvieuses qui évoluent souvent en tempêtes, voire parfois en ouragans.

Les îles tropicales des Antilles, de l'Océan indien et du Pacifique sont dans la zone des alizés où circulent les cyclones. La Guyane est en bordure de la zone des calmes équatoriaux, chauds et humides. Les îles du sud de l'Océan indien sont dans la zone des grands frais d'ouest qui les rendent à peu près inhabitables. Saint-Pierre-et-Miquelon est dans la zone nord-atlantique symétrique des forts vents d'ouest plus variables.

La plupart des phénomènes atmosphériques connus, leurs événements directement dangereux, vagues de chaleur, de sécheresse, de froid, tempêtes, cyclones, tornades, pluies diluviennes, neige…, leurs effets indirects, crues, inondations, mouvements de terrain, incendies de forêts… affectent ainsi plus ou moins, ici ou là, la quasi-totalité du territoire français.

2.2.1 - TENDANCES DU TEMPS

Les tendances du temps sont à peu près stables outre-mer, très instables en métropole.

2.2.1.1 - OUTRE-MER

Les îles australes et Saint-Pierre-et-Miquelon sont soumises en quasi-permanence à des temps froids et secs, et à des vents d'ouest tempétueux ; ces conditions particulièrement sévères sur les îles australes, les rendent à peu près invivables, sauf pour quelques techniciens spécialement équipés et souvent relayés ; elles sont très dures pour les habitants de Saint-Pierre-et-Miquelon. Elles seraient regardées comme catastrophiques en métropole.

Les conditions quasi permanentes de temps chaud et humide en Guyane, seraient à peine mieux supportées en métropole, ; les conditions de vie dans la zone de Kourou ont dû être spécialement aménagée pour héberger les techniciens du centre spatial.

Les îles tropicales ont en principe deux saisons, des étés chauds et pluvieux et des hivers tièdes et secs ; la plupart des cyclones qui les ravagent se produisent en été.

2.2.1.2 - MÉTROPOLE

Quand l'un des anticyclones, mais surtout celui des Açores, couvre tout ou partie du territoire français, le temps y est plutôt stable, froid, tiède ou chaud, toujours sec ; si cette situation persiste, il se produit des vagues de froid ou de chaleur, des sécheresses. Plus généralement, selon la position du front polaire, le territoire est balayé plus ou moins rapidement d'ouest en est par des perturbations frontales plus ou moins creuses, isolées ou en chaînes sur lesquelles elles sont espacées de 24 à 36 heures ; ces passages produisent des temps plus ou moins instables, généralement venteux et pluvieux, voire des tempêtes dans le SW, l'Ouest et le Nord. Les queux de certaines de ces dépressions ou des dépressions locales moins creuses circulent parfois d'ouest en est le long du littoral méditerranéen ; quand la situation est anticyclonique au nord du Massif central et des Alpes et qu'une dépression se fixe sur le golfe de Gênes, il s'établit durant quelques heures à plusieurs jours un violent courant froid et sec de secteur nord dans le goulet de la vallée du Rhône, le Mistral dont la force peut largement dépasser 10, parfois en quelques minutes ; il s'étale ensuite sur tout le littoral et jusqu'en Corse. Quand au contraire, la Méditerranée est anticyclonique et le nord des reliefs dépressionnaire, il s'établit un violent courant de secteur sud, tiède par sa provenance africaine et humide après sa traversée de la mer ; en se heurtant aux reliefs côtiers, il provoque des pluies diluviennes, les orages méditerranéens, qui sont à l'origine de la plupart des crues catastrophiques du Languedoc et de Provence.

Malgré cette grande diversité, des situations caractéristiques générales peuvent être schématisées à l'échelle de la saison ou de la journée.

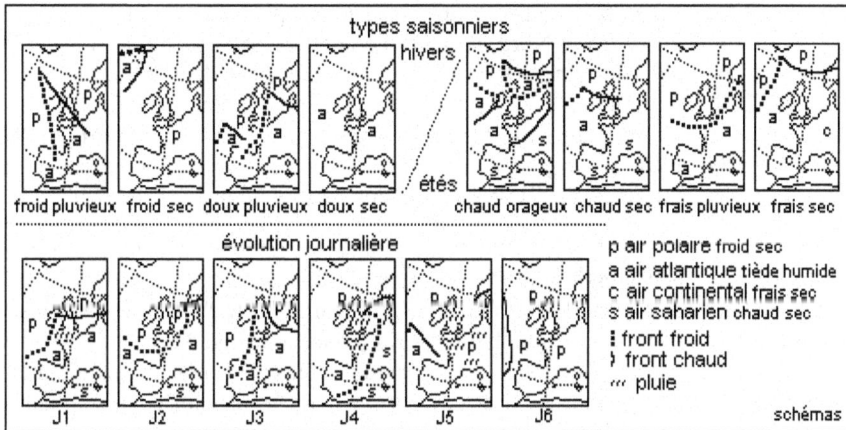

Figure 2.2.1.2 –Tendances du temps

2.2.1.2.1 - Types saisonniers

En métropole, les hivers sont normalement froids ; ils peuvent être pluvieux si le front froid des chaînes de dépressions de l'Atlantique qui ont un trajet très au nord balaye tout ou partie du territoire ; ils peuvent être secs si l'anticyclone sibérien s'étend largement à l'ouest et refoule les dépressions encore plus au nord. Les hivers peuvent aussi être doux ; ils sont pluvieux si c'est le front chaud des dépressions dont le trajet est nettement au sud qui balaye tout ou partie du territoire ; ils sont secs si l'anticyclone saharien s'étend jusqu'en Méditerranée.

Les étés sont normalement chauds ; ils peuvent être orageux, voire tempétueux si des chaînes de petites dépressions de SW traversent le territoire entre les anticyclones des Açores et saharien, en position nord ; ils peuvent être secs si ce passage leur est coupé par la proximité des deux anticyclones. Les étés peuvent aussi être frais ; ils sont pluvieux dans le NW et le NE si le front polaire prend une position sud et refoule les dépressions vers le sud, mais l'Aquitaine et le Midi méditerranéen demeurent secs ; ils sont secs si les anticyclones des Açores et saharien s'étendent largement vers le nord.

2.2.1.2.2 - Évolution journalière

Quand une perturbation frontale traverse tout ou partie du territoire, le temps est très instable ; selon sa pression, la position de son trajet moyen et sa vitesse de déplacement, elle provoque des précipitations pluvieuses et/ou neigeuses, parfois diluviennes mais jamais très durables, des tempêtes souvent violentes dans l'Ouest et dans le Nord, des orages parfois violents dans le Sud et en montagne : en moins d'une semaine vers la fin de l'automne, la traversée du Nord de l'Europe par une chaîne de dépressions, peut faire passer le territoire d'un temps tiède et humide d'été à un temps froid et sec d'hiver : une première dépression dont le trajet est plutôt nord y amène d'abord de l'air tropical tiède et humide, d'où un temps perturbé dans le NW et le NE et un temps sec anticyclonique dans le Midi (J1) ; son front froid balaye ensuite le nord du territoire, de la Vendée aux Ardennes, d'où un temps froid et pluvieux au Nord, toujours tiède et sec au Sud (J2) ;

une deuxième dépression, plus creuse et dont le trajet est plus au sud, ramène un temps moins froid et pluvieux dans le Nord, toujours tiède et sec dans le Sud (J3) ; son front froid balaye l'ensemble du territoire, provoquant une tempête dans le Nord (J4) puis partout, de fortes précipitations (J5) ; après le passage de son front froid, tout le territoire est occupé par de l'air froid et sec anticyclonique, il gèle à peu près partout la nuit (J6). Vers la fin du printemps, il peut se passer à peu près la même chose mais inversée, d'un temps froid et sec d'hiver à un temps tiède et humide d'été.

On voit ainsi qu'à peu près n'importe quel type de temps peut régner plus ou moins longtemps, à peu près n'importe quand, sur tout ou partie du territoire : *il n'y a plus de saisons* est une fausse remarque populaire de tous temps et de tous lieux, et il est inexact que les catastrophes atmosphériques soient plus nombreuses et plus graves maintenant qu'avant, que l'on évoque ou non l'effet de serre et/ou le réchauffement climatique. Selon les lieux et les périodes, il peut se dégager des tendances de plus ou moins longues durées saisonnières, annuelles voire pluriannuelles, mais elles sont rarement persistantes ; ce que l'on considère maintenant comme des excès que les média transforment même en catastrophes « du siècle » ou « quasi historiques » successives, sécheresses, canicules, vagues de froid, fortes pluies et fort enneigement…, sont parfaitement normaux ; aucune statistique ne montre un accroissement de fréquence de ces situations dommageables : ce ne sont pas les aléas qui ont changé, mais nos informations et notre vulnérabilité.

Ces situations sont tellement nombreuses, variées et particulières que l'on ne peut pas en donner ici des listes d'exemples. La sécheresse est de loin la plus fréquente et la plus dommageable pour la plupart de nos activités ; selon d'innombrables et abusifs arrêtés de « catastrophes naturelles », elle serait devenue quasi permanente par ses effets sur les bâtiments mal construits (*cf. 1.1.10*) . Les vagues de chaleur et de froid sont préjudiciables aux personnes fragiles, enfants et vieillards, à l'agriculture…, mais quoi que l'on en ait dit, la canicule de l'été 2003 n'était pas exceptionnelle : avant, il s'en était produit de plus graves, mais sans battage médiatique ; il s'en produira d'autres, pas forcément plus fortes et plus fréquentes comme certains le prédisent sans autre fondement que l'hypothétique réchauffement climatique. Les périodes de fortes précipitations entraînent les inondations, les crues et les mouvements de terrains ; celles de fortes chutes de neiges bloquent la circulation, détruisent les réseaux aériens…

2.2.2 - LES PERTURBATIONS DANGEREUSES

Cyclones, tempêtes, tornades, orages n'épargnent ni la France métropolitaine, ni celle d'outre-mer.

Les cyclones sont spécifiques des îles tropicales où l'on sait s'en prémunir grâce à des systèmes d'alerte fiables et bien rodés : la trajectoire du cyclone qui menace une île est suivie en temps réel ; à mesure qu'il s'approche puis qu'il s'éloigne, durant les deux ou trois jours pendant lesquels il peut être dangereux, des bulletins successifs de vigilance puis d'alerte orange et rouge sont largement diffusés ; la population bien prévenue, sait prendre les dispositions d'usage qui s'imposent et qu'on lui rappelle, ne pas circuler, sécuriser les bâtiments, conserver un contact radio… Ainsi, les victimes sont rares mais les dommages matériels peuvent être considérables sur les bâtiments, la voirie, les réseaux aériens, l'alimentation en eau, l'agriculture… C'est à peu près ce qu'ont fait essentiellement par la pluie Dorothy sur la Martinique en août 1970, essentiellement par le vent Hugo en frôlant la Grande-Terre de la Guadeloupe en septembre 1989 et Dina en frôlant la Réunion en janvier 2002, par la pluie et le vent Alan sur les îles de la Société en avril 1998.

Un peu partout mais plus rarement dans le Finistère et les départements plats de l'Ouest et du Nord que dans les Alpes-de-Haute-Provence et les départements montagneux de l'Est, la métropole subit des orages parfois violents, ponctuels et localisés ou suivant des trajets plus ou moins longs, étroits et sinueux comme les tornades, que l'on appelle lignes de grains sur les côtes ; par l'excès de précipitations, la grêle, la foudre, ils affectent l'agriculture, le tourisme, les réseaux et installations électriques… et peuvent produire des crues ravageuses comme celles du Borne en 1987, de Nîmes en 1988, du Verdon et du Var en 1994… Les tempêtes sont fréquentes sur les côtes et à l'intérieur proche de l'Atlantique et de la Manche ; les installations y sont jusqu'à un certain point bien adaptées et les personnes y sont habituées ; vers l'intérieur, les tempêtes s'épuisent en principe rapidement, mais les ouragans Lothar et Martin de 1999 (*cf. 1.1.12*) qui comptent parmi les plus ravageurs à l'échelle mondiale en termes de dommages indemnisés, ont montré que cela n'était pas la règle et que de telles « exceptions » se sont produites au XIXe siècle, notamment en 1882, année durant laquelle la France a été affectée par le plus grand nombre connu de tempêtes. Les tornades que l'on peut ici considérer comme des orages secs, sont rares mais pas absentes du territoire : la plus récente et la mieux documentée a ravagé une coulée d'environ 10 km de long et 100 m de large au sud de la Sarthe le 13/10/1982.

2.2.3 - LA PRÉVISION MÉTÉOROLOGIQUE

L'essentiel de la prévision météorologique est assuré par un service national, Météo-France qui dispose des modèles Aladin à maille de 10 km, limité au territoire pour les prévisions locales à courte échéance et Arpège à maille de 100 km, étendu à l'Atlantique nord pour celles générales à plus long terme ; il publie par l'intermédiaire des média ou vend à certains utilisateurs, des bulletins de prévisions et/ou d'alerte à diverses échéances ; en cas de prévision d'événements dangereux à terme de 24 heures pour l'ensemble de la population à l'échelle d'un département, il publie et diffuse une *carte de vigilance météorologique* actualisée à 6 h et 16 h de *vent violent, forte précipitation, orage, neige-verglas, avalanche*, indiquant le niveau de risque par quatre couleurs, vert, jaune, orangé, rouge, du moindre au pire ; s'il est orange ou rouge, le service diffuse des bulletins de suivi constamment mis à jour, indiquant l'évolution, la trajectoire et l'intensité de l'événement puis la fin de le l'alerte.

Pour les orages, un réseau de radars à portée de 100 km couvre l'ensemble du territoire. Il est théoriquement fiable à 24 h dans un rayon de 150 km et à 2 h localement ; en fait, il ne l'est qu'en plaine, pas en montagne et dans le Midi méditerranéen où la maille du découpage topographique naturel est trop petite eu égard à celle du réseau. Dans des sites exposés et très vulnérables comme les agglomérations, des réseaux locaux ont été installés sans grande efficacité ponctuelle.

Le schéma de base des modèles, la circulation des dépressions atlantiques le long du front polaire, est assez stable pour permettre des prévisions fiables dans le SW, l'Ouest et le Nord. Par contre, les prévisions dans le Midi méditerranéen sont beaucoup plus aléatoires, car l'influence des circulations atlantiques, y est très estompée ; la Méditerranée et les terres de son pourtour ont des échanges thermiques spécifiques, très instables et très rapides, difficiles à modéliser et à renseigner ; des événements analogues, Mistral, pluies méditerranéennes… peuvent être violents ou non, durables ou non, localisés ou généraux, ce qui est très difficile à prévoir quand on travaille sur les modèles atlantiques ; les Occitans et les Provençaux le savent et s'en accommodent en plaisantant sur la fiabilité plus que relative des prévisions nationales ; les vacanciers sont toujours surpris de subir un violent orage à la fin d'une journée ensoleillée ou de constater qu'un brusque coup de Mistral refroidit à la fois la terre et la mer tièdes de la veille, au point de ne pas pouvoir bronzer sur la plage et se baigner.

La prévision immédiate, à 12 h au plus, mais en fait à pas plus de deux ou trois heures, s'appuie sur des données de radar et de satellites en temps réel, d'heure en heure voire de minute en minute ; l'outil informatique est particulièrement puissant, le modèle sur lequel il travaille est très fiable et le prévisionniste doit avoir des réactions très rapides ; la diffusion de la prévision aux personnes concernées est maintenant immédiate, mais ces personnes doivent savoir que la prévision n'évoluera pas forcément comme attendue tant dans l'espace que dans le temps : l'orage prévu pour la partie finale de Roland-Garros passera peut-être à coté ou celui qui devait passer à coté arrosera peut-être alors le court…

La prévision à courte échéance, 12 à 72 heures est celle que l'on pratiquait déjà avant que l'on dispose d'outils informatiques ; elle est maintenant fondée sur des modèles fiables comme Arpège pour les tendances stables et les événements courants ; ces modèles sont plutôt des outils de recherche expérimentale pour les événements exceptionnels comme les deux ouragans Lothar et Martin de 1999.

La prévision à moyenne échéance, 4 à 10 jours sort du cadre strictement national ; elle n'a été rendue possible que par le développement dans le monde entier de systèmes d'acquisitions automatiques de données innombrables en temps réel et d'outils informatiques parmi les plus puissants ; seuls des organismes internationaux comme le Centre Européen de Prévisions Météorologiques à Moyen Terme peuvent produire de telles prévisions, moyens d'alerte et de planification n'indiquant que des tendances. Comme toutes les prévisions météorologiques, elles doivent être constamment mises à jour en fonction de l'évolution réelle du phénomène suivi.

La prévision à échéance étendue, au delà de 10 jours, n'est actuellement qu'un sujet de recherche ou d'essais expérimentaux pour quelques organismes qui en tirent des tendances très générales, pour le moment et sans doute pour longtemps rarement confirmées car leurs modèles déterministes produisent forcement en fin de compte, des résultats chaotiques.

Aucune prévision annuelle sérieuse n'est évidemment possible sur le type saisonnier du temps qu'il fera pour vos vacances ; vous ne saurez si celles d'hiver seront ou non enneigées et/ou si celles d'été seront ou non pluvieuses que quelques jours avant de partir, et ce ne sera vraiment pas sûr.

Quant aux prévisions à terme pluriannuel, décennal voire centennal à propos du réchauffement climatique qui quintuplerait à terme cinquantenaire les risques de canicule du type 2003 et d'autres événements climatiques dangereux, ou qui rendrait le climat du Sud de la France comparable à celui actuel du Maghreb, elles reposent peut-être sur les convictions de ceux qui les font, mais sûrement pas sur des critères scientifiques validés et sur des données statistiques significatives.

2.2.4 - ACTIONS

Comme il n'est évidemment pas possible d'intervenir sur le déroulement des phénomènes atmosphériques, on ne peut qu'essayer de les annoncer le plus précisément possible aux personnes concernées afin qu'elles puissent s'en protéger. Mais pour que cela soit efficace, il faut aussi que ces personnes comprennent clairement ce qu'elles risquent, comme celles des îles tropicales à l'arrivée d'un cyclone ; un marin sait ce qui l'attend si on lui annonce un vent de force 10 ; un terrien de l'intérieur ne saura pas qu'un tel vent peut arracher des arbres, enlever sa toiture et abattre des lignes électriques et téléphoniques aériennes. À l'usage, les cartes de vigilance de Météo-France seront sans doute de mieux en mieux utilisées par le public qui évitera peut-être alors de prendre la route quand on lui annoncera d'abondantes chutes de neige…

Les actions de précaution doivent avoir des effets permanents comme la sécurisation des lignes aériennes et de certains bâtiments, l'amélioration des écoulements superficiels…, ou temporaires comme le sablage, le salage des routes en cas de gel dont il ne faut pas abuser car il est très polluant, les annonces et mises en garde diffusées par les média…

2.3 - CRUES ET INONDATIONS

Après les phénomènes atmosphériques, les inondations et les crues torrentielles sont les événements dommageables les plus fréquents et les plus coûteux en France : il ne se passe pas d'année sans qu'une rivière ne déborde, sans qu'un torrent n'enlève un pont..., sur les terres des communes qui y sont plus ou moins exposées ; la surface totale des zones menacées représenterait près de 10 % du territoire national, pratiquement tous les alentours de cours d'eau, environ 1/3 des communes françaises sur lesquels vivraient environ 10 % de la population. Les dommages matériels qui en résultent, coûteraient en moyenne 5 M€ par an aux assureurs, soit à peu près 80 % des indemnisations de « catastrophes naturelles », mais le coût des vraies catastrophes comme celles de l'automne et de l'hiver 2003 dans le Midi méditerranéen peut dépasser la cinquantaine de millions d'euros.

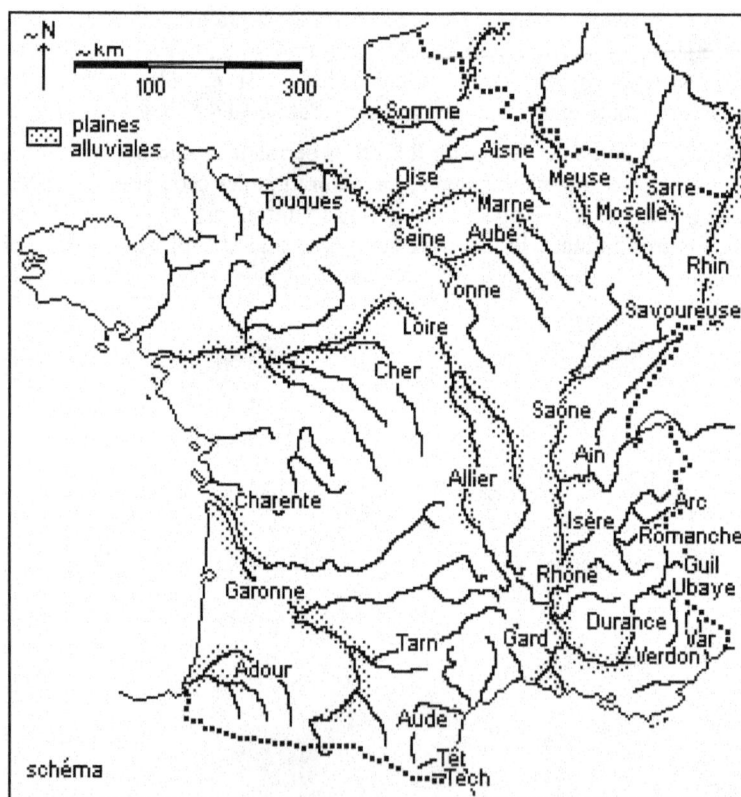

Figure 2.3 – Hydrographie sommaire de la France

Il faut y ajouter les coûts des dommages de ce qui n'est pas assuré à ce titre, infrastructures, pertes économiques, traumatismes de santé et psychologiques des personnes... Certains événements sont plus ou moins catastrophiques, avec des victimes dont le nombre dépasse parfois quelques dizaines, et des destructions, souvent impressionnantes ; d'autres ne créent que des dommages matériels ; ils sont d'autant plus considérables que l'on a aménagé sans les adapter, des sites suburbains souvent exposés à des événements quasi annuels. On consacre aux travaux de défense près de 300 M€/an.

Quand on habite très près de l'un de nos cours d'eau, ce qu'il vaut mieux éviter en général, il faut s'attendre à quelques désagréments, être bien assuré et se préparer à partir quand il devient dangereux ; mais on en a rarement le sentiment puis le temps et de toute façon, on refuse toujours de le faire, sauf à la dernière extrémité. Au bord de la Marne ou de la Saône, on risque souvent de se mouiller les pieds, de noyer sa voiture et sa machine à laver imprudemment installée dans le garage en rez-de-chaussée ; au bord de l'Arc, du Tech... on risque parfois de perdre sa maison et même la vie.

La France possède un réseau hydrographique très dense et très varié : au Nord et à l'Ouest, le relief est modéré et le climat est de type océanique ; les rivières y ont de faibles pentes, leurs débits sont relativement petits et leurs régimes sont assez réguliers : les crues sont en principe de périodes froides et les étiages de périodes chaudes ; le rapport hautes eaux/étiages va de 5 à 10. La France du Sud-Est est plutôt montagneuse ; les rivières y ont des régimes torrentiels, avec des hautes eaux de périodes chaudes et des étiages de périodes froides ; le rapport hautes eaux/étiages va de 50 à plus de 150. En région méditerranéenne les pentes sont fortes et les régimes très irréguliers ; les étés sont secs et les débits très faibles, tandis que les automnes généralement très pluvieux et souvent orageux, entraînent des crues rapides, parfois énormes ; le rapport hautes eaux/étiage peut atteindre 600. Ainsi, on observe un peu tout en France, de la calme rivière de plaine soumise à un régime de pluies océaniques assez régulières, qui déborde de temps en temps, mais le plus souvent en hiver, assez lentement et sans trop d'autres dommages que la submersion et la boue, au furieux torrent de montagne, rapidement grossi par un violent orage d'altitude, océanique ou méditerranéen, détruisant tout sur son passage au printemps ou en automne. En fait, quels que soient sa morphologie et son régime, chaque cours d'eau a ses propres habitudes, mais il arrive à n'importe lequel d'entre eux de se montrer fantaisiste, et c'est souvent alors qu'il est le plus dangereux, car on ne s'en méfie pas. Pour ne pas être pris au dépourvu, il est donc nécessaire de bien connaître ses périodes à risques, sans oublier les autres.

Les risques d'inondations se sont très largement accrus en raison de l'urbanisation, voirie, toitures..., de l'aménagement mal protégé des zones humides normalement inondables, de l'agriculture, remembrement, labourage... du défaut d'entretien des petits cours d'eau par les riverains et des grands non navigables par les services techniques de l'État et des collectivités locales, du vieillissement des ouvrages hydrauliques, de l'inadaptation de ceux qui sont récents...

2.3.1 - INONDATIONS

De nombreuses parties de bassins des grands fleuves français subissent presque annuellement des inondations plus ou moins dommageables, véritablement catastrophiques pour certaines. Depuis près d'une vingtaine d'années, le Midi méditerranéen est particulièrement affecté : ainsi, de 1988 (Nîmes) à 2003 (Arles), l'état de « catastrophe naturelle » y a été décrété presque annuellement dans de nombreuses communes et pour certaines, parfois plusieurs fois la même année. Mais là comme ailleurs, pour ce risque comme pour les autres, ce qui a changé, ce n'est pas l'aléa, c'est la vulnérabilité des aménagements et leur multiplication dans les zones exposées parce qu'inconsidérément occupées par laxisme politique et/ou administratif.

2.3.1.1 - *LE RHIN*

Dans la plaine d'Alsace, le Rhin longeait une très large forêt-galerie dans laquelle il pouvait s'étaler à chaque crue. Maintenant, il est entièrement canalisé ; ses forêts et ses marécages bordiers sont plus rarement inondés que naguère, au grand dam des cigognes qui, manquant de grenouilles, sont allées poser pour les touristes sur d'autres cheminées ; la crue de février 1999 a tout de même eu des effets dommageables pour ceux qui pensaient que ses abords étaient devenus sans risque. Ses affluents vosgiens sont relativement calmes car le versant est abrité des perturbations venues de l'Ouest. Mais quand il pleut à l'ouest des Vosges, les cours d'eau qui descendent du versant lorrain, inondent souvent leurs abords : sur le site industriel de Sochaux, une crue à peine plus qu'annuelle de la Savoureuse, petit affluent du Doubs, a ainsi occasionné environ 3 M€ de dommages en 1990 ; une crue analogue en 1999 a montré que les ouvrages de protections réalisés entre-temps n'étaient pas très efficaces.

2.3.1.2 - *LA SEINE*

La Seine est un long fleuve tranquille qui ne serait pas très nuisible si la région la plus peuplée et la plus riche de France ne s'étendait pas sur la partie centrale de son bassin. Sauf au sud dans la partie drainée par l'Yonne, son bassin est homogène, tant du point de vue climatique que géomorphologique. Son régime pluvial océanique de plaines vallonnées est simple et régulier, avec en général, des hautes eaux d'hiver et des basses eaux d'été. Son débit moyen à Paris est d'environ 250 m^3/s ; lors des crues maximales, il peut atteindre 2 500 m^3/s pour une hauteur pouvant dépasser 8 m. Mais ses crues d'hiver sont pour la plupart modérées, lentes à monter et descendre, à courant faible sauf à Paris en raison du rétrécissement entre les quais ; on sait à peu près quand elles se produisent et on a le temps de les voir arriver, car leur onde se déplace lentement ; elles sont très fréquentes mais rarement catastrophiques, ni même dangereuses ; on les annonce à Paris depuis 1854.

Pour ce que l'on peut déduire des archives, la crue de 1619 aurait approché les 9 m, celle de 1658 les 8,63 m, celle de 1740 à peu près autant. Mais c'est la crue de fin janvier 1910, 8,62 m le 28, qui est restée dans les mémoires comme la plus récente de ce niveau et grâce aux innombrables cartes postales que l'on trouve encore partout, car il s'en est diffusé dans le monde entier pour lui montrer les spectaculaires effets d'une crue sur une grande capitale : les Parisiens se sont déplacés en barques dans les bas-quartiers de la ville, pendant une dizaine de jours. La Seine et ses affluents calmes étaient en crue normale, consécutive à un automne anormalement pluvieux, quand est arrivée une grosse crue de l'Yonne, après un véritable déluge et un froid rigoureux dans le Morvan durant presque tout le mois de janvier. À Paris qui est en partie établi dans le lit majeur du fleuve, le débit a atteint 2 500 m^3/s, la vitesse de montée 8 cm/h, et la hauteur moyenne 8,5 m : le zouave du pont de l'Alma (*cf. 4.4*) avait de l'eau jusqu'à la barbe et le pont n'avait plus de tirant d'air, de sorte que l'on a envisagé de le faire sauter. Un immense lac s'est étendu jusqu'à la mi-mars sur Paris et sa banlieue, en fait plus touchée que la ville, surtout en amont, à Joinville, Maison-Alfort... Dans Paris, plus d'un millier d'immeubles ont été atteints, parfois jusqu'au deuxième étage ; évacués, ils ont souvent été les proies de pillards qui se confondaient avec les sauveteurs ; il n'y eut qu'une victime, le caporal Tripier, un sauveteur. Les ponts embâclés ou au tirant d'air insuffisant, risquaient d'être emportés : ils ont dû être interdits à la circulation ; certains musées, hôpitaux... ont dû être évacués. Après que l'eau se soit retirée, il a fallu au moins deux mois pour nettoyer la boue qui s'était insinuée partout. Les dommages ont été évalués à 400 millions de Francs-or soit 1,5 milliards d'euros 2005. L'estimation de ceux d'une crue analogue qui se produirait actuellement serait d'une dizaine de milliards d'euros.

Cette crue avait entre autres montré que le bief parisien constituait un étranglement accentuant le niveau des grandes crues ; pour éviter qu'un tel désastre se reproduise, on a amélioré le passage en relevant certains ponts et en débarrassant le coursier de nombreux obstacles. On a aussi organisé l'isolement du métro et des égouts qui, par refoulement, avaient amplifié la surface inondée. Après la crue de 1924, 2 000 m^3/s, qui avait montré que cela ne suffisait pas, on a décidé la construction de barrages écrêteurs de crues sur les bassins amont, dans le Morvan pour l'Yonne et ses affluents, dans la Champagne humide pour la Seine, la Marne, l'Aube et leurs affluents ; leur effet est d'abaisser le niveau à Paris théoriquement d'environ 2,5 m, en fait de 1 m au plus, ce qui est très efficace pour les crues modérées ; mais il faut savoir qu'une crue de 2 500 m^3/s représente un volume total d'environ 4 milliards de m^3 alors que la plus grande de ces retenues a un volume d'environ 350 millions de m^3, que leur volume total est de 850 millions de m^3 et qu'une partie seulement de ce volume est utilisable en cas de nécessité, car les lacs ne sont jamais totalement vides, pour des raisons touristiques et parce qu'en fait, ces retenues sont plutôt destinées à soutenir l'étiage de la Seine pour la navigation et l'alimentation en eau de la région parisienne. Il se produira donc encore des inondations catastrophiques en région parisienne, où l'on a construit un peu partout dans des zones inondables que l'on essaie maintenant de protéger au coup par coup, avec une efficacité souvent douteuse. La dernière crue importante a été celle de 1982 à plus de 6 m ; elle a montré l'énorme extension des aménagements en zones inondables, ce qui n'augure rien de bon lorsque se produira une crue supérieure. On parle donc de temps en temps d'améliorer le système de prévention en créant une vaste zone inondable en amont de Montereau, en court-circuitant une ou deux boucles de la Seine en aval de Paris par des ouvrages souterrains, en multiplication les lacs et les barrages dans la Champagne humide, mais l'État et les collectivités concernées ne veulent pas en payer la réalisation ; on en reparlera donc sans doute après la prochaine catastrophe, en regrettant hypocritement de ne pas être intervenu auparavant.

Les mêmes types d'inondations et parfois de catastrophes se produisent sur pratiquement tous les cours d'eau du nord de la Loire, soumis au régime pluvial océanique et baignant des zones urbaines et industrielles. C'est souvent le cas en Lorraine où les crues des bassins de la Moselle, de la Meuse, de la Sarre... occasionnèrent des dommages matériels considérables en décembre 1947, à la suite de quoi, l'administration fit une très belle enquête aux effets plus que discrets ; avec l'Oise et l'Aisne ses nouvelles partenaires, la Meuse a récidivé en décembre 1994 dans les

Ardennes et en particulier à Charleville-Mézières où son cours tortueux et encombré, ne favorise pas le passage des crues ; les gens menacés ont longtemps refusé de partir, par crainte de pillage. Dans le même temps, l'Oise a débordé dans son canal latéral après avoir submergé la digue réputée insubmersible de La Fère et la Somme, coincée à l'amont de l'étroit siphon vite saturé et embâclé par lequel elle franchit le canal du Nord, a fait déborder les étangs écrêteurs, puis a inondé les bas quartiers de Péronne, comme elle en a l'habitude. À peu près en même temps qu'en Île de France et dans les Ardennes, de nombreux sites de Bretagne, de Basse Normandie, des Pays de Loire… ont subi des inondations inhabituelles.

Lors de l'hiver 2000/2001, l'Aisne et surtout la Somme ont refait parler d'elles. Cette crue de la basse vallée de la Somme est remarquable par son fort débit et parce que l'inondation a duré longtemps et s'est résorbée très lentement, 0,1 m/j vers la fin avril malgré la mise en œuvre de puissants moyens de pompage : pendant plusieurs jours d'avril, plus de trois mois après le début de la crue, le débit du fleuve dépassait encore 100 m^3/s en Abbeville, alors que son débit n'y oscille normalement qu'entre 20 et 60 m^3/s. La longue durée de l'inondation et la décrue très lente étaient dues d'une part à des facteurs hydrogéologiques et humains permanents qui font que la basse vallée de la Somme est un système hydraulique compliqué très vulnérable, et d'autre part à des conditions météorologiques particulièrement sévères : la vallée sinueuse, large d'environ 500 m, est creusée dans le plateau picard ; la puissante nappe de la craie, drainée par la vallée, était à son plus haut niveau, maintenu par les pluies persistantes ; il en allait de même pour les multiples lits anastomosés du fleuve, les marais, les étangs, les canaux, les fossés, les hortillonnages… du fond de la vallée essentiellement tourbeux ; le niveau de la nappe phréatique était presque partout légèrement artésien de sorte que des zones éloignées des ruissellements étaient aussi inondées. Certains quartiers d'Abbeville, d'Amiens et de leurs banlieues sont fréquemment inondés, mais en dehors de ces villes, pratiquement tous les vieux quartiers des bourgs et villages sont situés sur les bords du plateau ; le fond de la vallée entièrement inondable était consacré à l'agriculture, mais de nombreuses zones inondables y avaient été imprudemment aménagées et construites de façon plus ou moins concertée, habitations individuelles et collectives, entreprises, bâtiments publics… ; le lit de la Somme, les canaux et fossés des marais et hortillonnages, le canal latéral… n'étaient pratiquement plus entretenus. Un enchaînement ininterrompu de perturbations avait produit de très fortes pluies persistantes sur le plateau et dans la vallée, et de fortes tempêtes sur le littoral qui, jointe à de fortes marées, empêchaient l'écoulement de l'eau vers la mer. La situation à peine redevenue normale, de nouvelles inondations se produisirent en juillet 2001 puis en février 2002 ; elles furent heureusement moins graves.

De nombreux sites de Bretagne ont été à nouveau inondés au cours de cet hiver 2000-01.

2.3.1.3 - LA LOIRE

Selon J. Renard, *la Loire est un grand fleuve de sable, quelquefois mouillé* ; c'est en effet le plus irrégulier des fleuves français, car son cours est particulièrement hétérogène, torrent montagnard plutôt méditerranéen dans le Massif central, océanique peu pentu dans le bassin parisien où, à partir de Gien, son lit de divagation endigué, large de 500 à 1 000 m est quasi sec en été ; dans le Massif armoricain, en aval d'Angers, son lit à plus forte pente, redevient plus étroit et plus rapide et son régime est franchement océanique ; dans le Val où elles sont les plus dangereuses, les crues ont des origines multiples : au printemps, pluies océaniques et fonte des neiges, en été, très violents orages de montagne, en automne, pluies océaniques et méditerranéennes des Cévennes et du Vivarais.

La Loire est endiguée depuis le haut Moyen Âge entre Nevers et Angers, mais ses digues, les levées qui, pour la plupart, supportent des routes et des chemins sont fragiles, souvent en mauvais état et en grande partie submersibles, plus dangereuses qu'efficaces par grosses crues ; son régime est quasi torrentiel : à Orléans, ses minima d'été peuvent ne pas dépasser 25 m³/s et ses crues, généralement de printemps, peuvent atteindre 8 000 m³/s ; elle a poussé la fantaisie jusqu'à produire trois crues plus que centennales en 1848, 1856 et 1866, à partir desquelles on a établi de bonnes cartes de risques et continué à faire des prévisions statistiques ; en décembre 2003, la Loire a eu une crue de plus de 5 m à Gien et 3,6 m à Orléans soit à peu près 2 m au-dessus du seuil d'alerte, sans grands dommages sauf pour les riverains immédiats. De temps en temps, elle ne dédaigne pas de submerger et/ou de détruire une digue, ou éventuellement avec l'aide d'exploitations de graves, d'emporter un pont comme à Tours en avril 1978.

En aval du bec d'Allier, l'endigage a considérablement réduit le lit majeur qui est passé de quelques kilomètres à quelques centaines de mètres de large, et ainsi, dangereusement accru la hauteur des grandes crues et la vitesse du courant ; les levées ont alors été souvent rehaussées pour les rendre insubmersibles, ce qu'elles n'ont jamais pu être : les redoutables fantaisies de la Loire ne peuvent donc pas être contenues par des digues, trop dangereuses ; pour diminuer la hauteur de crue, on a aussi essayé d'établir des dispositifs de décharges et donc de créer les zones inondables à la demande ; on les a supprimés peu à peu lors de périodes relativement calmes, puis rétablis après quelques sinistres, et de nouveau supprimés, car les riverains concernés leur étaient évidemment opposés ; reste donc pour le moment l'annonce des crues qui est faite dans le Val depuis 1854.

Un organisme d'aménagement a la charge de l'ensemble du bassin de la Loire ; il a pour mission de construire des ouvrages propres à soutenir son débit d'étiage, insuffisant à assurer le refroidissement de centrales électriques, de renforcer les digues et de protéger des zones notoirement dangereuses comme Tours : immédiatement en amont du confluent du Cher dont le cours est parallèle à celui de la Loire sur une cinquantaine de kilomètres, la ville construite entre les deux rivières sur une terrasse naturelle rehaussée par remblayage au cours des temps est particulièrement exposée : la Loire est vers 49 m d'altitude, le Cher vers 48 m, la majeure partie de la ville vers 50 m ; elle a d'abord été défendue par les fortifications de son centre historique sur les bords de la Loire autour de la cathédrale vers 56 m, puis par une levée circulaire vers 52 m, insuffisante pour protéger les nouveaux quartiers et les faubourgs qui ont fini par atteindre les rives du Cher. L'organisme devait ainsi réaliser plusieurs barrages plus ou moins contestés, dont les projets fluctuent selon les humeurs politico-écologiques du moment ; en amont de Roanne, celui de Villerest, à la sortie des gorges, peut écrêter au plus 1 000 m³/s, ce qui ne changerait pas grand-chose aux effets d'une crue maximale, mais il améliore le fonctionnement des centrales nucléaires à l'étiage, ce pourquoi en fait, il a été construit.

Déjà au XVIIIᵉ siècle, après avoir effectué des déroctages dans les gorges, pour y faciliter la navigation à l'étiage, ce qui avait aussi augmenté les crues à l'aval, on avait construit un petit barrage à Pinay, à l'entrée des gorges ; plusieurs fois emporté, il n'avait eu pour effet que d'abaisser les crues moyennes de 0,5 à 1 m à Roanne.

L'estimation du coût actuel des dommages que causerait une crue analogue à celle de 1856 dans le Val de Loire est de plus de trois milliards d'euros.

2.3.1.4 - LA GARONNE

Jusqu'à Toulouse où l'annonce des crues se fait depuis 1857, la Garonne est un torrent de montagne avec des hautes eaux de fin de printemps et des étiages d'hiver ; ses crues les plus dangereuses résultent de coups de fœhn à la fonte des neiges sur les Pyrénées, alliés à des pluies atlantiques. Au-delà, son régime est plutôt atlantique montagnard car tous ses principaux affluents, Tarn, Aveyron, Lot, descendent du versant ouest du Massif central.

Photo 2.3.1.4 – *Le Tarn à Montauban*

Niveau approximatif de la crue de 1930. Sur la terrasse de la rive droite, la vieille ville n'a pas été atteinte ; les immeubles plus récents de la rive gauche ont été submergés jusqu'au 1ᵉʳ étage.

Malgré le canal latéral de navigation, son cours n'est pas vraiment aménagé et ses crues, les plus violentes, les plus fantasques et les plus dévastatrices qui soient en France en dehors du Midi méditerranéen, provoquent des inondations très étalées et durables, heureusement en grande partie dans des zones agricoles écrêteuses ; les bas-quartiers de ses villes riveraines en souffrent néanmoins souvent : Agen passe pour la ville la plus souvent inondée de France ; Toulouse, maintenant mieux protégée, a subi en juin 1875 une crue catastrophique de 7 500 m³/s et 9,6 m de hauteur, environ 500 victimes, ponts emportés, bas-quartiers, Saint-Cyprien et villages de la rive gauche ravagés, car les constructions en briques crues s'y sont littéralement liquéfiées ; cette crue n'a évidemment pas épargné le reste de la vallée : à Agen sa hauteur a atteint 11,70 m et 13,4 m à Castets. Le 3 mars 1930, une crue aux effets analogues pour l'aval, a épargné Toulouse, car elle était essentiellement due au Tarn ; ce sont donc Montauban et Moissac qui en on fait les frais, très lourds en vies humaines et dégâts matériels, ponts détruits, routes et voies ferrées emportées, digues rompues, environ 700 victimes ; à Montauban, l'eau est montée de près de 12 m en 24 h ; il y avait plus de 6 m d'eau dans les bas-quartiers. L'effet de barrage vers la Garonne par les remblais de la voie ferrée et du canal latéral, la rupture des digues autour de Moissac ont entraîné l'inondation de zones jamais atteintes, où les constructions traditionnelles en briques crues, derniers refuges des gens, se sont là aussi, pratiquement liquéfiées. Cette crue n'avait rien de très exceptionnel puisque de 1766 à 1826, il y eut 6 crues de plus de 8 m à Montauban. La plus récente crue, en novembre 1996, n'y a côté que 1,8 m ; elle a néanmoins entraîné d'importants dommages dans la zone industrielle de Montauban, récemment implantée en zone inondable ! Que se passerait-il maintenant si une crue de type 1930 se produisait ? Malgré cette menace, il a été difficile d'y faire approuver un PPR. Comme tous ceux de la côte atlantique entre Loire et Garonne, la Charente n'est pas un fleuve très dangereux ; néanmoins Saintes a récemment subi deux inondations dommageables en septembre 1993 et janvier 1994.

En dehors d'inondations locales, de routine si l'on peut dire, L'Adour est gros torrent de montagne dont les crues ont essentiellement des effets sur le littoral où son embouchure n'est fixée que par des travaux incessants.

2.3.1.5 - LA SAÔNE

La Saône est un fleuve de plaine en partie alimenté par des montagnes ; ses hautes eaux de printemps viennent des Vosges et du Jura, et celles d'automne résultent de fortes pluies océaniques dans sa vallée et aux pieds du Jura ; son débit varie de 200 à 4 000 m³/s ; son comportement n'est pas très surprenant, car ses crues sont lentes et sa vallée demeurée en grande partie agricole, comporte de vastes zones inondables et donc écrêteuses ; mais les bas-quartiers de Chalon et de Mâcon, protégés jusqu'à un certain point par de très anciennes levées de rives sont assez souvent inondés. Les grands champs de captage de sa nappe phréatique à Mâcon et Villefranche, qui alimentent en fait toute la région, ainsi que les autres d'usage plus local, sont inondables, ce qui pose des problèmes d'exploitation et de pollution presque à chaque crue.

2.3.1.6 - LE RHÔNE

Le Rhône est un fleuve montagnard qui parcourt rapidement une vallée structurale étroite, pentue et quasi rectiligne, sauf en amont de Lyon et dans le delta.

Son régime est de plus en plus complexe vers la mer, car son bassin versant s'étend sur de nombreuses zones morphologiques et climatiques ; jusqu'à Lyon, il a des crues montagnardes de printemps et d'été ; la Saône et les pluies océaniques le soutiennent ensuite en hiver jusqu'au confluent de l'Isère où il retrouve une alimentation montagnarde ; au-delà, c'est extrêmement compliqué, car il reçoit des affluents torrentiels alpins, cévenols, méditerranéens. Les grandes crues du bas Rhône sont de printemps ou d'automne, plus rarement d'hiver ; celle de mai 1856, la plus grande observée, quatre ponts emportés, la plaine inondée sur toute sa largeur, a atteint 13 000 m³/s et 8,5 m à Tarascon ; on en a tiré une excellente carte de risque qui sert toujours de référence pour établir les PPR des communes de la vallée ; les crues de novembre 1935, de l'hiver 1993/94, de septembre 2002 et de décembre 2003 ont été à peine plus faibles sinon équivalentes ; elles étaient toutes théoriquement plus que centennales !

Au sortir des Alpes suisses, le fleuve est provisoirement assagi par le Léman, régularisé à partir de Génissiat, canalisé entre l'Ain et Tarascon, mais cet aménagement a été réalisé au coup par coup, sans réelle vue d'ensemble, de sorte que les biefs ne sont pas également sûrs et que l'on n'a pas trop tenu compte de ce qui pouvait se passer à l'aval. La crue de l'hiver 1993/94, 12 000 m³/s à Tarascon, a été presque égale à celle de 1856 ; elle a montré que les quelques 2 000 km² inondables de sa vallée entre Bellegarde et l'aménagement de Valabrègues sont maintenant à peu près protégés, car dans plusieurs biefs, il y a deux coursiers, le canal et l'ancien lit et dans les autres les digues ont été entièrement reconstruites. Mais en aval du barrage dc Valabrègues, le fleuve est pratiquement libre de faire ce qu'il veut ; il ne s'en est pas privé durant cet hiver-là, au cours duquel la quasi-totalité du territoire de la commune de Valabrègues a été inondée, ainsi qu'une partie de la Camargue, car les digues du petit Rhône, vétustes et mal entretenues, avaient localement cédé : en octobre 1993, quatre brèches ont provoqué l'inondation de 13 000 ha de terres agricoles et d'habitat dispersé ; en janvier 1994, deux brèches ont provoqué l'inondation de 2 000 ha de plus. Depuis, après réparation de ce qui était indispensable, l'État, les collectivités locales, les associations d'irriguants, les riverains... ont longtemps discuté pour programmer et financer la réfection et l'entretien des digues ; à la suite de la crue catastrophique de 2003, il semble qu'ils soient arrivés à s'entendre... pour organiser un établissement public, unique maître d'ouvrage des digues, et pour discuter à nouveau, en attendant peut-être la prochaine crue.

Le rocher d'Arles sur lequel la vieille ville est construite, est une île au milieu de marécages inondables parcouru par d'innombrables canaux, lit majeur du Rhône au nord, vallée des Baux à l'est, Camargue au sud et à l'ouest : le Rhône y est mal contenu dans ses lits au moyen de digues souvent déficientes lors de fortes crues ; plus de 80% du territoire communal d'Arles est ainsi dangereusement inondable ; la commune a été l'objet de « catastrophes naturelles » par inondation en 1988, 90, 93, 94 (deux fois), 95, 97, 98, 99 (deux fois), 2002 (trois fois), 03 ! Faisant moi-même des allers-retours hebdomadaires Marseille/Montpellier au cours de l'hiver 1954/55, j'ai vu la plaine du Rhône entre Arles et Tarascon entièrement inondée durant plus d'un mois du pied des Alpilles jusqu'au fleuve et au-delà sur l'autre rive ; seule la voie ferrée sur laquelle les trains circulaient à vitesse réduite était à peine émergée : ses constructeurs avaient bien tenu compte de la crue de 1856 pour fixer leur hauteur mais ils n'en avaient pas fait des digues qui sont des ouvrages dont les conditions de stabilité sont totalement différentes ; à l'époque, une telle inondation n'était pas considérée comme une catastrophe car la quasi-totalité de la zone inondée, le lit majeur du Rhône, était agricole et pratiquement inhabitée de façon permanente ; c'était même considéré comme une bonne chose par les agriculteurs qui bénéficiaient ainsi d'un apport de limon fertile. Actuellement, les digues et les remblais ferroviaires ne constituent pas des protections suffisantes comme on l'a longtemps cru, car ces remblais plus ou moins perméables et percés de nombreux passages routiers et autres, ne sont pas des digues ; et affirmer qu'une digue est insubmersible et indestructible, un an après la catastrophe d'Aramon sur l'autre rive du Rhône en 2003 frisait l'inconscience. La crue de cette année là a été particulièrement dommageable puisque entre Tarascon et Arles, clle a produit une inondation analogue à celle oubliée de l'hiver 1954/55 ; une étude commandée par l'État à la suite de la crue de 1993-94 décrivait à peu près ce qui s'est passé, rupture de parties de digues, contournement du remblai SNCF et infiltrations à travers lui ; bâtiments évacués dans toute la plaine, 2 m d'eau dans les quartiers nord d'Arles qui ont dû être évacués, habitations, prison, entreprises dont quelques-unes unes ont été définitivement fermées ; entre-temps, les communes menacées continuaient à accorder des permis de construire et à contester les avis défavorables des services techniques et administratifs de l'État.

En cas d'annonce de crue en Avignon, pour éviter que la vieille ville soit inondée, on ferme les égouts, les canaux d'irrigation et éventuellement les portes des remparts davantage destinés à protéger la ville des débordements du Rhône qu'à la défendre d'hypothétiques ennemis ; hors les murs, dans les banlieues non protégées où il aurait mieux valu ne pas construire sans précaution, on attend la fin de l'alerte ou la décrue. La ville est très exposée, car il y arrive de l'eau de toutes parts, par le fleuve, les rivières et les canaux d'irrigation.

Au cours de l'hiver 1993-94, plus d'un millier de communes riveraines des affluents des deux côtés du fleuve ont été plus ou moins sinistrées ; dans la Maurienne, la voie ferrée et la RN 6 ont, comme toujours en pareil cas, été coupées par de nombreuses coulées latérales et par l'érosion directe des lits de l'Arc et/ou de ses affluents...

2.3.1.7 - LE MIDI MÉDITERRANÉEN

La Durance est le plus gros, le plus fantasque et le plus dangereux des affluents méditerranéens du Rhône ; en novembre 1843, elle a eu la crue la plus destructrice connue : 6,5 m, 5 500 m^3/s au pont de Mirabeau, presque tous ses ponts emportés entre Les Mées et Cavaillon ; en novembre 1886, elle a noyé sa basse plaine durant un mois, coupé routes, voies ferrées, détruit ponts, bâtiments... en aval du pont de Mirabeau. Elle est en principe assagie par sa canalisation entre le barrage de Serre-Ponçon et le confluent ; une partie de ses eaux est même détournée vers l'étang de Berre ; depuis que l'aménagement est terminé, quelques crues, 1963, 76, 77, 78... ont montré à ceux qui s'étaient trop approché de son lit mineur pourtant démesuré, qu'elle était néanmoins toujours aussi redoutable : son débit de crue peut en effet atteindre 6 000 m^3/s au pont de Mirabeau, et ne peut évidemment pas passer par le canal latéral.

À l'automne, vers leurs confluents, le débit de la Durance peut passer très rapidement de 50 à 10 000 m^3/s et celui de l'Ardèche, de10 à 7 500 m^3/s ; le niveau de crue peut atteindre +20 m dans les gorges de l'Ardèche.

Dans le Languedoc et en Provence, les orages méditerranéens produisent très fréquemment des crues soudaines, rapides, souvent dangereuses pour les riverains : en dehors des zones d'inondations du Rhône et de la Durance, de nombreuses communes du département des Bouches-du-Rhône ont subi des crues localement dommageables aux abords de petits oueds secs la plupart du temps, comme en 1972, 73, **76**, **77**, 86, **93**, 94, 98, 2000, 02 ; en novembre 1999, l'Aude a inondé de nombreuses agglomérations riveraines, provoquant d'importants dommages. La crue du Gard de septembre 2002 a rompu des digues à Aramon au confluent du Rhône, faisant une vingtaine de victimes ; son débit était tel qu'un remous d'abaissement de plus de dix mètres de dénivellation s'était établi entre l'amont et l'aval des arches du célèbre pont romain fonctionnant comme un Venturi ; quoi qu'on en ait dit ensuite, sa solidité n'est plus à démontrer, car il a dû subir beaucoup d'autres crues peut-être plus violentes que celle-là. En même temps, la crue du Vidourle, frère intempestif du Gard, a atteint 8 m à Sommières et il a recommencé en décembre ; la ville est connue pour sa vulnérabilité : la crue de 1958 avait été particulièrement destructrice ; ensuite, d'autres paraissaient avoir été plus ou moins contenues par quelques travaux de protection, en fait d'aménagement de zones inondables ; on y a donc construit des lotissements, un supermarché, et même une caserne de pompiers et une gendarmerie qui ont évidemment été inondées. En 1557, Henri IV avait accordé une foire franche à Sommières, après une crue dévastatrice de *la* Vidourle !

2.3.1.8 - *LES CANAUX*

Suralimentés par de forts orages, certains canaux de navigation et/ou d'irrigation, peuvent aussi déborder et même ouvrir des brèches dans leurs parties en remblais, inondant leurs abords comme dans la Somme en 2000-01 et/ou étendant les surfaces inondées loin des cours d'eau naturels comme au bord de la Garonne en 1930 ; cela arrive assez fréquemment, dans le nord du bassin parisien, dans le Roussillon, le comtat Venaissin...

2.3.2 - CRUES TORRENTIELLES

Les torrents de montagne et/ou de régime méditerranéen sont partout et en tous temps, extrêmement dangereux ; ils ont des maigres excessifs et des crues brutales : habiter trop près de l'un d'entre eux frise la folie ; on y risque des noyades, des effondrements et des disparitions de maisons... Ils emportent des routes, des ponts, des réseaux et quand ils sont redevenus calmes, ils révèlent des paysages inconnus. Ils ont un peu partout des noms significatifs : Merdarel, Bramafan, Rabioux, Bourdoux, Infernet, Grave...

En aval de Barcelonnette, sur le versant nord de la vallée de l'Ubaye, le riou Bourdoux est un torrent alpin typique, avec un bassin de réception de plus de 2 000 ha dans le flysch, les terres Noires et des placages morainiques, un canal d'écoulement rectiligne à très forte pente, et un cône de déjection de plus de 200 ha qui a poussé l'Ubaye au pied du versant opposé. À l'aval du cône traversé par la RD 900, il y a un aérodrome et une zone d'activités. Ce torrent était très dévastateur au siècle dernier ; il reste quelques ruines du hameau de Cervières, implanté vers le centre de son bassin de réception... Aussi, à partir de 1860, l'ensemble du bassin a fait l'objet d'une restructuration domaniale puis de travaux de restauration demeurés exemplaires, plus de cent barrages et seuils dans les thalwegs, digues latérales, captages de multiples sources qui alimentent en partie Barcelonnette, reboisement, détournement du lit sur la bordure ouest du cône... Depuis, entretenu comme un monument historique, il est à peu près sage, mais demeure sous surveillance : de temps en temps, il change de lit ou même emporte un pont.

Les effets des crues catastrophiques sont généralement vite oubliés ; en moins d'une génération, on reconstruit là où tout avait été détruit, souvent en faisant pire, et on aménage même là où d'évidence, il y a de sérieux risques. Ce n'est qu'après une catastrophe que l'on cherche dans les archives s'il ne s'en était pas produit de semblables auparavant ; en général, la réponse est affirmative. On commence à chercher systématiquement, mais si l'on met alors un risque en évidence, il est très difficile de faire passer un message de prudence et surtout de prévention ; la transformation des Per en PPR sur laquelle je reviendrai est la preuve la plus claire de ce constat pessimiste.

Le Tech et la Têt, les deux fleuves torrentiels roussillonnais ont des crues ravageuses, généralement accentuées et étendues par les canaux d'irrigations, mais ils sont très surveillés : les crues de la Têt à Perpignan sont relevées depuis 1542 ; plus de 60% se produisent en octobre/novembre, mais il en arrive parfois en juin/juillet, alors que leurs lits démesurés sont quasi secs ; le débit de l'un ou de l'autre peut varier de moins de 5 à plus de 4 000 m³/s.

En octobre 1940, des pluies diluviennes sur les deux versants du Canigou ont déclenché les crues des nombreux torrents qui en descendent ; il y eut plus de 400 victimes et des dégâts considérables dans les deux vallées où les lits plus ou moins endigués du Tech et de la Têt, reprirent leurs tracés d'origine, en particulier aux confluents des torrents latéraux et en recoupant leurs méandres, ainsi que dans leurs plaines côtières. Dans les hauts du versant nord, la largeur du lit du Cady, affluent de la Têt, est alors passée de 10 à 60 m à Vernet-les-Bains, emportant quelques maisons riveraines, comme en 1710 ; il longe maintenant le village dans un coursier de largeur surprenante, avec des bajoyers et des seuils en maçonnerie, presque toujours quasiment sec. Sur le versant sud, le Tech a été barré sur 40 m de haut par un écroulement de près de 10 millions de mètres-cubes, au pied du versant du puy Cabrès, en amont du défilé de Baillanouse ; ce mouvement toujours actif pourrait encore barrer le torrent. Au confluent du Riuferrer, Arles-sur-Tech a vu disparaître un de ses quartiers et beaucoup de ses terres agricoles, comme la plupart des villages riverains... En contrepartie, la Têt a déposé un demi-mètre d'épaisseur de limon dans quelques zones de la plaine agricole de la Salanque, ce qui, bien entendu, n'a pas été sans mal pour les installations non agricoles.

Le Guil, affluent de la Durance, a ravagé son étroite basse vallée en juin 1957, emportant une quinzaine de kilomètres de la RD 902 et quelques hameaux, à cause d'embâcles de ponts rapidement détruits, et d'énormes coulées de boues sur les cônes de déjection latéraux. Ce même mois de juin, en plusieurs endroits, les laves des torrents latéraux de l'Arc ont coupé la RN 6, la voie ferrée, et la rivière a repris son ancien lit après avoir rompu ses digues ; depuis, elle a récidivé deux fois.

Photo 2.3.2 a – Le Cady à Vernet

À l'aval de cet aménagement exemplaire, peu entretenu, on a implanté des constructions qu'il protège à peine (?).

Les coulées de boue ou les laves peuvent barrer les vallées et créer des lacs en amont ; ces lacs sont généralement temporaires, car les barrages sont constitués de matériaux meubles saturés, non compactés, et leurs exutoires les érodent. Leur durée de vie est très variable, de quelques jours à plusieurs dizaines ou même centaines d'années ; au cœur du Chablais, le lac de Vallon sur le Brévon, en amont de Bellevaux, s'est constitué en 1943, derrière un barrage de coulée dévastatrice qui n'a pas encore cédé. Quand ces barrages rompent, ils provoquent une énorme crue destructrice à l'aval ; de telles catastrophes se sont souvent produites dans les Alpes, sur l'Isère en aval de Bourg-Saint-Maurice, sur la Romanche, en aval du Bourg-d'Oisans...

Toutes ces catastrophes d'avant l'urbanisation seraient maintenant de vrais désastres. Ainsi, la catastrophe du 14/07/87 au Grand-Bornand n'en aurait pas été une s'il n'y avait pas eu de camping au bord du torrent (*cf. 1.1.8*) . À Vaison aussi, il y avait un camping dans le lit majeur de l'Ouvèze, quand la rivière s'est démesurément enflée en septembre 1992 ; il y avait également un parking et même un lotissement. Tout cela a été emporté, 32 personnes y ont laissé la vie. Le tablier du pont moderne est, lui aussi, parti à la dérive ; le pont romain a bien été submergé, mais il est resté en place, comme il le fait depuis fort longtemps en pareil cas, grâce à un énorme tirant d'air qui ne lui a sans doute pas été donné par hasard ; on n'aurait pas dû oublier non plus que le goulet rocheux qu'il enjambe se met entièrement en charge lors de crues exceptionnelles car les ouvertures basses des vieilles maisons construites en amont rive droite, sont calées à un niveau supérieur à celui du tablier du pont. Ce jour là, la météorologie était extrêmement pessimiste, mais on n'en a pas tenu compte : une pluie d'orage de plus de 300 mm en 3 h sur le bassin très argileux de la rivière a entraîné un débit de plus de 1000 m^3/s là où il ne dépasse que rarement 50. L'Ouvèze est en principe surveillée, mais la première station d'annonce est précisément à Vaison ; il était d'autant plus difficile de s'autoavertir que le central téléphonique était dans la zone sinistrée, ce qui n'a pas facilité l'organisation des secours. Enfin, à la suite de la catastrophe de Nîmes, un rapport administratif précisait, depuis 1989, que Vaison était très exposée à ce genre de risque ; vous avez dit « catastrophe naturelle » ? Durant la même période, une centaine de communes de la Drôme et du Vaucluse ont été plus ou moins sinistrées. Bédarides et Aubignan plus en aval sur l'Ouvèze ont subi beaucoup plus de dommages matériels que Vaison mais il n'y eut pas de victimes.

Le moindre torrent méditerranéen, souvent sec en été et dont le débit de hautes eaux normales atteint au plus 20 m^3/s, peut avoir des crues exceptionnelles frisant les 700 m^3/s. D'août 1993 à février 1994, la plupart des cours d'eau de la région Paca ont eu des crues destructrices, digues rompues, routes coupées, ponts emportés, constructions noyées ou ruinées ; les décisions imprudentes ou aberrantes des aménageurs publics ont alors été clairement dévoilées par les dégâts causés à de nombreux stations d'épurations, zones d'activités, lotissements, HLM, écoles, campings..., récemment implantés dans des zones notoirement à risques.

Le 05/11/94, les hautes vallées du Var, du Verdon et de l'Asse ont subi une violente crue, à peine plus que centennale ; à Colmars-les-Alpes, le débit du Verdon a atteint 250 m^3/s ; des crues analogues s'étaient produites en 1634, 1787 et deux fois en 1868 ;

elles avaient été oubliées et les descriptions de leurs effets analogues ont été retrouvées après coup dans les archives.

Photos 2.3.2 – Crues du Verdon et du Var le 05/11/94

b - Verdon : gendarmerie de Colmars   *c - Var : R N 202 et voie ferrée Digne/Nice*

Des campings heureusement inoccupés, des bâtiments, des parties de routes et de voie ferrée ont été emportées sur une cinquantaine de kilomètres du cours de chaque rivière. La plupart des ouvrages détruits avaient été construits par remblayage en bordure des lits de divagation : le risque qu'ils couraient était donc évident ; à l'emplacement de certains d'entre eux, on a même retrouvé d'anciens ouvrages de protection qui avaient été couverts pour élargir une voie, implanter un bâtiment... et des enrochements de défense de routes sur digues avaient été enlevés, car ils gênaient la circulation. En amont de Castellane, le barrage de Castillon dont la retenue était à son plus haut niveau, a dû laisser passer toute la crue qui a continué ses ravages jusqu'à l'entrée des gorges, une vingtaine de kilomètres plus bas. Dans la basse vallée du Var, où le fleuve est endigué et son lit mineur entrecoupé de seuils, son débit aurait atteint 3 000 m^3/s ; on avait oublié les crues des automnes de 1979 et 81 ; les dégâts ont été importants, notamment à Nice où le nouveau quartier de l'Arénas a été inondé ; les sous-sols et rez-de-chaussée de la préfecture, de l'hôtel du département et autres services départementaux, du Min (Marché d'Intérêt National), le nœud autoroutier, l'aéroport... ont été plus ou moins noyés et couverts de boue, en partie parce que le fleuve avait ébréché, renversé ou contourné ses digues, alors que d'autres demeurées stables empêchaient qu'il rejoignît son lit ; ses transmissions coupées la préfecture ne put plus communiquer avec les services extérieurs, comme cela s'était déjà passé à Nîmes en 1988. Certains quartiers du NE de Nice sont aussi menacés par le Paillon dont la couverture en centre-ville n'est pas des plus rassurantes ; en amont de la ville, on a établi un dispositif de surveillance comportant plusieurs stations de mesures hydrométriques et météorologiques et on réaménage le lit du fleuve et de ses affluents ; une crue d'un millier de mètres-cubes par seconde serait catastrophique. Le régime d'un torrent de montagne peut être largement perturbé par l'aménagement imprudent de son bassin versant : la Ravoire, petit affluent rive gauche de l'Isère, descend vers Bourg-Saint-Maurice ; l'aménagement de la station des Arcs dans son bassin versant et l'ouverture de la route d'accès qui collectait toutes les eaux du bassin et une partie de celles de son voisin ont considérablement accru sa surface de drainage, en partie imperméabilisée ; le 31/03/81, une lave torrentielle large d'environ 300 m et épaisse d'environ 5 m a couvert son cône de déjection, coupé la voie ferrée et le CD 220, emporté un pont, et endommagé des constructions ; une partie de ses eaux est maintenant détournée dans la conduite forcée de l'aménagement hydroélectrique de Malgovert, son lit a été amélioré et la voie ferrée est protégée par une tranchée couverte.

En haute montagne, la rupture d'une poche d'eau de glacier peut entraîner une crue destructrice à l'aval : le 12/07/1892, une vague de 200 000 m^3 issue d'une poche du glacier de la Tête Rousse a déferlé sur Saint-Gervais, faisant de gros dégâts et 175 victimes. La rupture éventuelle au cours de l'été 2004, d'une rive de glace du petit lac du glacier de Roche Melon dans le massif du Mont-Cenis menaçait Bessans et la Maurienne ; elle ne s'est heureusement pas produite, peut-être en raison d'une vidange partielle par pompage ; comme le lac sera réalimenté à chaque été, il faudra sans doute le vider entièrement en faisant fondre le barrage assez lentement pour éviter une grande crue, mais la situation frontalière de ce lac complique les possibilités d'intervention.

Aux Antilles et surtout à la Réunion où les lits des rivières ont des largeurs démesurées, les crues torrentielles sont courantes en raison d'une pluviométrie énorme et de la morphologie montagneuse des îles ; la préfecture de la Réunion diffuse des informations préventives décrivant simplement les risques, leurs conséquences prévisibles et d'indispensables actions individuelles de prévention ; en cas de réalisation, elle peut mettre en œuvre des plans de secours collectifs.

2.3.3 - CRUES ÉCLAIRS EN MILIEU URBAIN

Selon l'endroit, l'urbanisation a créé ou aggravé un risque, la transformation de rues en torrents, généralement parce qu'elles occupent les places de thalwegs peu apparents qui fonctionnent très rarement, ou celles de ruisseaux et même de rivières que l'on a couverts sans calibrer correctement les ouvrages. Ainsi, un peu partout, certains bas quartiers de villes et de villages peuvent être saccagés de façon inattendue, très rapide et peu durable par des ruissellements de voirie mal drainés.

Le 25/04/52, les crues simultanées du Careï et de deux petits torrents qui traversent Menton ravagèrent en quelques heures une partie de la ville, glissements de versants, villas et immeubles effondrés, 11 victimes.

En septembre 1965, de crues analogues occasionnèrent des dégâts matériels considérables et près d'une dizaine de victimes, dans de nombreuses agglomérations de Saône-et-Loire et de Côte-d'Or, notamment à Montceau-les-Mines et à Dijon, qui sont des villes sans véritable cours d'eau. On a déjà vu que Nîmes (*cf. 1.1.11*) est à peu près dans ce cas ; la crue des cadereaux le 03/10/88 est restée sinon dans la mémoire collective, du moins dans les statistiques.

En mai 2000, le centre de la Seine-Maritime a subi des inondations urbaines inconnues jusqu'alors : Barentin, entre Rouen et Le Havre a été particulièrement affecté ; on les a attribuées au remembrement, à l'urbanisation… qui ont totalement détruit le réseau hydrographique du plateau et concentré les eaux ce ruissellement dans les fonds de vallées où sont établies les agglomérations.

Le 01/06/03, une série d'orages très violents a frappé le Nord du Calvados ; la basse vallée de la Touques a alors subi une brusque crue qui a provoqué d'importants dommages aux bâtiments inondés comme le centre de conférences et les caves des hôtels de luxe de Deauville, et de nombreuses coupures de courant électrique ; de l'autre côté de l'estuaire de la Seine, la gare du Havre et de nombreux bâtiments ont été inondés.

Une des artères principales d'Antibes suit le tracé d'un ruisseau, entre des coteaux naguère consacrés à l'agriculture et maintenant urbanisés, et la mer, en traversant plusieurs quartiers ; il a été aménagé au coup par coup, à mesure que l'urbanisation s'étendait, généralement à la suite d'une crue dommageable ; les aménagements anciens ne sont plus adaptés aux débits résultant de l'imperméabilisation quasi totale du bassin versant ; chaque nouvelle crue est donc plus dommageable que la précédente, ce qui entraîne quelques travaux urgents et réactive... l'étude de prévention.

De nombreux sites de l'agglomération marseillaise sont traversés par plusieurs torrents et ruisseaux, pour la plupart tout ou partie couverts, canalisé et/ou détournés ; une bonne carte de risques d'inondation a été tracée. On a établi que le coût d'une prévention efficace pour une crue générale de probabilité décennale dépasserait le milliard d'euros, soit le double du coût du sinistre de Nîmes ; donc *a priori* cette dépense ne serait pas extravagante ; mais c'est aussi à peu près le montant du budget annuel de la ville qui ne pouvait donc pas l'assumer et devait se contenter d'améliorer au cas par cas, les sites les plus préoccupants. Deux graves inondations en septembre 2000, trois victimes, 1m d'eau dans certaines rues, et décembre 2003 ont été décrétées « catastrophes naturelles » ; cela a obligé la municipalité à prendre des dispositions techniques, urbanistiques et préventives dans la semi-urgence : on a multiplié la construction de nombreux bassins de rétention, on a recalibré au débit estimé cinquantennal les sections les plus dangereuses des trois cours d'eau principaux qui traversent la ville, Huveaune, Jarret et Aygalades ; on a modifié le Plu (plan local d'urbanisme) de façon à prendre enfin en compte les risques de probabilité centennale dans les zones exposées déclarées *non aedificandi* ou soumises à des prescriptions particulières, marges de recul, niveau de rez, stockage provisoire des eaux de pluies... ; on a établi un réseau d'alerte météorologique et hydrologique couvrant le territoire communal et fonctionnant en temps réel. L'ensemble de ces mesures très complètes devrait améliorer la vulnérabilité des aménagements des zones exposées et se révéler efficaces lors d'un prochain événement au moins décennal analogue aux précédents ; il doit être repris dans le PPRI départemental en cours d'élaboration. Cette démarche générale cohérente et assez complète pourrait servir de modèles aux très nombreuses villes qui sont menacées de crues urbaines.

Ces situations qui ne sont pas spécifiques de ce risque et de ces lieux, rappellent la difficulté économique de la prévention institutionnelle.

2.4 – MOUVEMENTS DE TERRAIN ACTIVITÉ HUMAINE

Il s'est produit et se produit, un peu partout en France, des mouvements de terrain naturels ou provoqués, de tous types et de toutes ampleurs ; on en observe là où se trouvent des aménagements et des constructions, tant en zones urbaines qu'en rase campagne ; ils affectent les ouvrages et leurs abords plutôt que les personnes et quand cela arrive, ce sont généralement des effondrements en zones urbaines ou des accidents de travail, sur des chantiers de terrassement. Il est rare d'en observer dans des sites où il ne s'en est jamais produit de semblables, mais ils surprennent presque toujours, car les gens ont la mémoire courte. Certains sites et/ou certaines activités en relation avec le sol et le sous-sol, y prédisposent : ce sont les versants à pentes raides, les falaises ou les bords de torrents, les sols argileux ou marneux, les régions pluvieuses, les grands terrassements, les ouvrages souterrains et plus généralement, où que ce soit, tous les aménagements, ouvrages et travaux mal conçus, mal implantés et/ou mal construits.

Ainsi quand elle est défectueuse, l'activité humaine contribue largement a amplifier sinon a créer la plupart des mouvements de terrain : ce versant n'était peut-être pas très stable, mais il n'aurait jamais trop bougé, si l'on n'avait pas imprudemment rectifié ce talus routier, pour élargir la plate-forme ; cet effondrement ne se serait pas produit, si l'on avait renforcé les piliers de la carrière abandonnée sous-jacente ; ce pavillon ne se serait pas fissuré, s'il avait été mieux construit ; l'immeuble ne se serait pas incliné si ce terrassement voisin avait été correctement blindé…

Parfois, on s'oblige inconsidérément à aménager un site fragile, alors qu'il serait sans doute meilleur de repenser l'ensemble du projet : le sous-sol du versant gauche de la vallée de l'Arc au-dessus de Modane est constitué d'éboulis schisteux épais d'une cinquantaine de mètres, qui glissent lentement à environ 1,5 cm/an mais avec des variations plus ou moins importantes selon l'endroit et les conditions climatiques à l'époque considérée ; l'instabilité connue mais sous-estimée de ce versant n'a pas empêché que l'on y accroche la voie d'accès au tunnel routier du Fréjus ; on a pu le faire au moyen de coûteux ouvrages d'art et travaux d'aménagement, de réparation et d'entretien qui en font l'une des sections autoroutières de rase campagne les plus chères de France ; ils sont présentés comme des exploits techniques, ce qui est vrai, mais il aurait été préférable d'implanter la tête du tunnel à un endroit plus accessible ou d'accéder à la tête retenue par un tracé plus sûr, ce qui n'était effectivement pas très facile dans ce site étroit et encombré. Le principal ouvrage d'art du tracé est le viaduc de Charmaix, long de 345 m ; il enjambe le vallon le plus instable du versant : de 1977 à 2001, les piles se seraient déplacées de 6 à 35 cm selon leur position si l'on n'y avait pas remédié par des recalages périodiques de leurs pieds et des culées, ce qu'à court terme le tablier ne peut pas supporter ; le dispositif actuel donne à l'ouvrage une durée de vie fonctionnelle d'une quarantaine d'années. D'autres ouvrages subissent des déplacements analogues et doivent aussi être recalés.

Pour la plupart des mouvements de terrain, il est donc difficile de faire la part du naturel et du provoqué : les deux concourent à l'aléa puis éventuellement à l'accident ; la vulnérabilité de l'aménagement ou de l'ouvrage n'a qu'un effet secondaire dans les dommages qu'ils subissent.

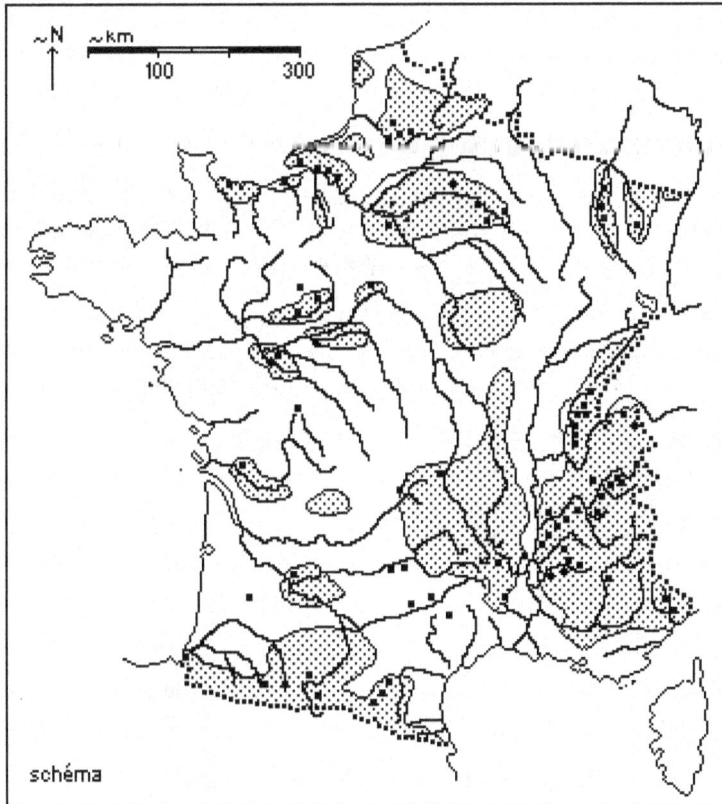

Figure 2.4 – Les mouvements de terrain en France

Le coût total des accidents consécutifs aux mouvements de terrain « naturels » ne peut pas être précisément connu ; il concerne en effet un très grand nombre de cas extrêmement variés et, en grande partie, des ouvrages publics comme le réseau routier, dont la charge incombe à des administrations et organismes différents, état, départements, communes... qui ont des budgets indépendants ; en 1978, le Conseil général de la Drôme a dépensé plus de 300 M€ actualisés 2004, pour réparer son réseau routier affecté durant l'hiver 1977/78, par une centaine de mouvements petits ou grands, pour des coûts unitaires de 10 000 à 400 000 €. Si l'on s'en tient aux coûts des dommages qui relèvent du régime des « catastrophes naturelles », il serait de l'ordre de 80 à 150 M€/an soit un peu moins de 25 % de l'ensemble des coûts de toutes celles annuellement indemnisées. Mais cela ne veut pas dire grand-chose, car les principaux mouvements de terrains dont les effets ont jusqu'ici été indemnisés au titre de la loi sont plutôt inattendus et n'ont rien à voir avec les glissements et autres effondrements que l'on désigne habituellement par cette expression ; davantage politiques que naturels, ils se produiraient lors de périodes de sécheresse, et entraîneraient la fissuration de toutes sortes de bâtiments ; ces mouvements de sol dus à la sécheresse sont des catastrophes assez étonnantes ; avant la loi, on ne connaissait que les mouvements de sol dus aux excès de précipitations ; par le nombre des arrêtés de déclaration de l'état de « catastrophe naturelle », ce serait désormais la deuxième catastrophe-type en France, derrière les inondations qui sont, elles, considérées comme telles depuis longtemps et peuvent l'être réellement (*cf. 1.1.10*).

2.4.1 - MOUVEMENTS DE PENTES

Un rapide tour de France des mouvements de pentes, nous conduirait du Boulonnais aux Alpes maritimes en passant par le pays d'Auge, la vallée de la Moselle entre Nancy et Metz, le Jura, les Limagnes, le versant ouest du Cantal, le bassin de Brive, la basse vallée de la Dordogne, les collines de l'Agenais, de l'Armagnac, les Pyrénées centrales, le bassin de Lodève, le plateau du Bas-Dauphiné entre Rhône et Isère, le Vercors, le haut Var..., généralement le long de voies de communications, car elles comportent de très nombreux et hauts déblais et remblais dans les zones de collines et de montagnes, où les risques de mouvements provoqués sont les plus grands ; en fait, il s'en produit à peu près partout et les trois îles tropicales ne sont évidemment pas épargnées : à la Réunion, il se produit parfois des mouvements de très grande ampleur, notamment dans les trois cirques du piton des Neiges, et surtout dans celui de Salazie où de nombreux îlets ont été détruits au XIXe siècle ; il y tombe en effet d'énormes quantités d'eau, sur des versants à très fortes pentes, taillés dans des pyroclastites très érodables ; le piton de la Fournaise est affecté de grands mouvements gravitaires sur son versant est, vers la mer. Les Alpes, vallées savoyardes et dauphinoises, cuvettes des terres Noires, arrière-pays niçois... sont les régions où se produisent la plupart et les plus grands de nos mouvements de pentes de toutes sortes, écroulements, glissements, laves torrentielles, coulées de boues... et de toutes dimensions. Toute une région peut être touchée en même temps, généralement à la suite de précipitations exceptionnellement abondantes : au cours de l'hiver 1977-78, une centaine de mouvements ont affecté le réseau routier du département de la Drôme, depuis la chute de quelques blocs rocheux sur une plate-forme jusqu'au grand glissement qui a barré le Roubion, petit affluent du Rhône, et emporté une belle longueur de la RD 70 au SE de Bourdeaux, en passant par toutes sortes de mouvements dont l'ensemble des descriptions aurait constitué une vraie encyclopédie du genre. Certains sites sont souvent affectés du même type d'événement : dans la basse vallée de l'Arc, le village de Pontamafrey, la RN 6 et la voie ferrée ont été de nombreuses fois ravagés par des coulées de boue qui dévalent sur près d'une dizaine de kilomètres, d'un ravin latéral, creusé en amont dans une épaisse moraine argileuse.

Les barres de calcaire tithonique, urgonien... qui reposent sur des formations marno-calcaires sont généralement très ébouleuses tant dans le Jura que dans le Vercors et les Alpes. Le versant est du massif de la Grande-Chartreuse est, à peu près partout, instable, particulièrement vers la dent de Crolles et le bec du Margain où l'on peut observer des effondrements sur le plateau karstique des Petites roches, des chutes de blocs, de chandelles et de pans sur les falaises calcaires, des glissements, des coulées de boue, du ravinement sur les marnes et éboulis du talus de pied, localement urbanisé.

À l'extrémité nord de la barre de calcaire urgonien de ce massif, la partie nord du mont Granier, environ 800×700×600 m, s'est écroulée en novembre 1248 ; ce désastre est le plus grand et le plus meurtrier mouvement de terrain connu en France, peut-être 5 000 victimes, de l'ordre de 500 millions de m³ d'éboulis et de chaos de blocs, sur plus de 6 km de flèche et 3 km de large, au pied desquels le vignoble de l'aspremont est maintenant installé. L'impressionnante paroi actuelle demeure instable ; des blocs s'écroulent et roulent parfois jusqu'à plus d'un kilomètre de son pied ; le dernier grand écroulement s'est produit en 1953. Presque en face, à l'extrémité SE des Bauges, le rocher du Guet menace plus ou moins Arbin/Montmélian ; sur l'autre versant des Bauges vers Allèves, à la sortie de la cluse du Chéran, la barre calcaire du Semnoz produit des chutes de blocs et des écroulements ; les tours Saint-Jacques, étonnante masse rocheuse ruiniforme elle-même ébouleuse qui s'en sont détachées peut-être à la fin du Würm, émergent d'un éboulis ou d'un glacier rocheux de blocs énormes, sans doute contemporain. Les Rochers-du-Fiz qui dominent le versant nord de la vallée de l'Arve, étaient connus pour leur instabilité ; dès le XVIIIe siècle, H.B. de Saussure en a fait état dans ses *Voyages dans les Alpes* ; de nombreux écroulements s'étaient produits au nord de Servoz et du plateau d'Assy ; le 17 avril 1970, un écroulement suivi d'une coulée de débris dans un couloir d'avalanches, s'est produit à la limite nord du plateau, à Praz-Coutant, emportant la moitié du sanatorium du Roc-des-Fiz, faisant 72 victimes ; la partie restante du bâtiment, toujours occupée, est maintenant protégée par un grand merlon ; entre Servoz et Passy, une longue section très instable du CD 13 traverse le pied d'un gros éboulement drainé par un torrent à très forte pente qui déplace et charrie des blocs volumineux ; malgré de gros ouvrages de protection et de défense, il emporte souvent le pont qui le franchit.

Photo 2.4.1 a – Le Granier

Le pied marneux de cette dalle calcaire est miné par l'altération ; les écroulements sont encore fréquents, mais, moins volumineux et mieux contenus, ils ne sont plus aussi inquiétants que celui de 1248.

L'étymologie de « Dévoluy » serait soit *mons devolutus*, la montagne qui dégringole, soit *dévoul*, fragile en vieux français, ce qui revient à peu près au même ; cela caractérise bien ce massif entaillé de hautes falaises très instables de calcaire très diaclasé qui alimentent d'énormes éboulis de pied et les cônes de déjections de courts et dangereux torrents.

Dans les Pyrénées, à quelques exceptions près comme celui du défilé de Bouillanouse (*cf. 2.3.2*) les éboulements rocheux sont moins fréquents et volumineux que dans les Alpes ; ils affectent surtout la zone axiale où l'on trouve des roches fragiles très tectonisées, comme autour du pic du Midi, dans les vallées d'Aspe, d'Ausso, du Valentin où un gros éboulement s'est produit en 1982 aux Eaux-Bonnes…

Dans les zones sensibles, on essaie évidemment de prévenir de tels accidents, généralement en dynamitant les rochers instables, plus rarement, en les confortant ; cela peut être efficace pour de petits volumes de roche instable ; pour les grands, on ne sait pas trop que faire, sinon surveiller. Le lac et la ville de Nantua sont dominés par une falaise analogue à celle dont l'écroulement a barré la cluse à Sylans et qui est tout aussi instable : son pied est encombré d'énormes pans écroulés ou glissés ; pittoresque élément du paysage, la colonne de Nantua, environ 35 m de haut, 10 m de large, 5 000 m^3, s'en était détachée et reposait sur d'autres pans de la falaise, à peine plus stables qu'elle ; son écroulement était redouté bien avant le milieu du XIXe siècle, car elle dominait la ville depuis très longtemps. En 1973, on a décidé de l'abattre ; l'opération très médiatisée de minage direct, était particulièrement osée ; elle ne s'est pas déroulée comme prévu, car la colonne est tombée d'elle-même, alors que l'on venait de charger le tir ; par chance, le choc au sol a déclenché l'explosion ; il reste qu'au-dessus de la ville, le pan de falaise des Flèques, environ 50×500 m, et beaucoup d'autres, sont largement détachés du plateau et pas très stables ; on les surveille par photogrammétrie ; en 1924 sur le versant opposé, l'écroulement des Neyrolles avait imposé la déviation de la voie ferrée Bourg/Bellegarde. Pour améliorer l'accès à Villard-de-Lans durant les jeux olympiques de Grenoble en 1968, l'élargissement d'un tunnel dans les gorges de la Bourne a ébranlé une écaille qu'il a fallu dynamiter, mais la corniche demeure instable ; en janvier 2002, un bloc de 200 t est tombé sur une voiture et a tué ses deux occupants. Au pied de la falaise d'Èze, sur la corniche inférieure de la Côte-d'Azur, la route et la voie ferrée sont les cibles de fréquents écroulements ; pour les protéger, on a bloqué une écaille instable de 300 m^3 environ, par des contreforts et des murs en béton, prolongé le tunnel de la voie ferrée dont l'entrée est protégée par un réseau de capteurs d'alerte et le tunnel routier du cap d'Ail a été construit.

Photo 2.4.1 b – Au pied de la falaise d'Èze

La route déviée en tunnel et la voie ferrée protégée par des capteurs d'alerte.

La partie amont du village de La-Roche-sur-le-Buis, dans la du sud, est en ruine ; les gens du pays ne s'avisaient pas de reconstruire, car elle est sous la menace permanente de chutes de blocs et chandelles ; en fait, les deux versants de toute la vallée du Menon, affluent de l'Ouvèze, sont très instables ; le site est magnifique et a tenté de nombreux amateurs de résidences secondaires, mais pas d'émotions fortes ; dans un premier temps, on a donc appareillé les écailles apparemment les plus dangereuses et installé un dispositif d'alerte permanent qui a été emporté par un écroulement, évidemment sans prévenir ; à la suite de cela, on a réalisé un piège à blocs et un merlon en pied de falaise ; bien qu'efficaces, ils n'étaient pas très médiatiques ; on leur a donc adjoint un bel emballage de filets métalliques et de câbles digne de Cristo, mais l'endroit est toujours aussi dangereux, car c'est l'ensemble du site qui est instable.

La plupart des routes de Alpes-Maritimes sont menacées de mouvements de terrains et certaines commandent l'accès aux hautes vallées ; c'est le cas de celle de la Roya où il faudrait réaliser plusieurs tunnels et viaducs pour assurer en permanence le franchissement des gorges de Saorge ; au-delà, le tunnel frontalier du col de Tende est un ouvrage dont la stabilité depuis longtemps préoccupante, impose des dispositifs de confortement de la voûte qui en limitent l'ouverture et donc, la circulation...

Les terres Noires du Diois, du Trièves, du Beaumont, du Gapensais et de l'Embrunais/Ubaye sont affectées de glissements quasi généralisés ; vers Embrun, les deux versants de la vallée de la Durance sont particulièrement instables, au NW mont Guillaume, au SE commune de Saint-Sauveur à plus de 50 % *non aedificandi*, route d'accès à la station des Orres... C'est pire si des matériaux glaciaires, toujours très aquifères, leur sont superposés comme dans la vallée du Drac, particulièrement mouvante dans le Beaumont et le Trièves, de sorte que l'on hésite toujours à y faire passer l'autoroute de Sisteron à Grenoble. Le 08/01/94 à La-Salle-en-Beaumont, en dehors de la zone couverte par le Per récemment arrêté, un glissement d'environ 1 Mm^3 et 100 m de dénivelée a été provoqué par de violents ruissellements dus à de fortes pluies et un redoux accélérant la fonte des neiges ; les matériaux glissés reposant sur la barre de calcaire domérien, étaient des terres noires couvertes d'alluvions fluvio-glaciaires ; en tête de glissement, le canal de Beaumont déborda et en pied, le ruisseau de La-Salle fut obstrué, ce qui aggrava l'événement.

Photo 2.4.1 c – *Le glissement de la Valette*

Un énorme glissement affecte le bassin de réception du torrent de la Valette ; la lave torrentielle qui pourrait s'en échapper, menace son cône de déjection, en partie récemment construit. Sur l'autre rive de l'Ubaye, la partie droite du cône de déjection du Bachelard a aussi été construite ; une digue et des épis la protègent (?).

Dans la fenêtre tectonique de l'Ubaye, à l'est de son infernal voisin le riou Bourdoux (*(cf.)* 2.3.2), le petit torrent de la Valette, un bassin versant d'environ 200 ha, un étroit débouché dans la vallée, un cône à peine marqué, semblait plus calme ; on a donc aménagé son cône qui paraissait sûr, en un nouveau quartier de Barcelonnette, logements et bâtiments publics ; mais comme partout ailleurs sur cette partie du versant nord de la vallée, sous le contact de la nappe du flysch, le bassin de réception du torrent est affecté par un vaste glissement de terres noires et de moraine, bien connu depuis fort longtemps puisqu'un un hameau s'appelle Malpasset, mais apparemment oublié, niche d'arrachement 500 × 500 m dans le flysch, langue de glissement 1 000 × 400 m dans les terres noires et la moraine, dénivelée 700 m, surface 30 % du bassin versant, source abondante en amont Vers 1982, il s'est réactivé ; on y a observé une zone instable d'environ 25 ha, ce qui est pour le moins arbitraire dans ce cirque où tout est instable, route coupée, constructions détruites... En 1987, la surface de la zone serait passée à 65 ha, et cela représenterait 3 à 6 Mm^3 de matériaux, marne foisonnée, blocs de flysch, troncs d'arbres... près à se transformer en une gigantesque lave torrentielle, à la suite de fonte des neiges rapide ou de violents orages ; on a drainé le site, ce qui a ralenti le mouvement, établi un merlon transversal dans le canal du torrent au débouché dans la vallée et on surveille le site. Le merlon qui pourrait arrêter environ 200 000 m^3 de matériaux, aurait sans doute un effet retardateur qui laisserait peut-être le temps de partir, si le mouvement redouté se déclenchait, mais il n'arrêterait sûrement pas la coulée maximum.

À l'est de Digne, la falaise tithonique de Coupe domine le glacis d'érosion quasi désert des Dourbes, au substratum marneux encombré d'éboulis plus ou moins remaniés par le ruissellement, affecté de nombreux et vastes glissements et coulées ; l'un d'entre eux, sans doute l'un des plus grands actuellement actif en France, affecte le bassin de réception du torrent qui draine le site, entaillé dans des éboulis argileux couvrant des marnes très altérées ; il s'est réactivé en amont vers mai 2002 ; en décembre-janvier 2002-03, il s'étendit vers l'aval à près de 5 m/j et devient une langue d'environ 20 Mm^3, 2 km de long sur 500 m de large, qui longea le hameau de Villard-des-Dourbes construit sur un pointement rocheux stable ; en quelques jours, il emporta une portion de sa route d'accès et détruisit en la déplaçant d'une trentaine de mètres une villa isolée imprudemment construite en bordure du torrent ; en 2005 ce dernier roulait toujours des eaux très boueuses, ce qui montre que le glissement n'est pas encore stabilisé mais, la route ayant été déviée, il ne menace plus rien, sauf à imaginer qu'il puisse se transformer en une énorme coulée de boue qui dévalerait jusqu'au quartier des Eaux-Chaudes à Digne ; c'est très peu probable mais mérite d'être surveillé.

À Roquebillière, dans l'arrière pays niçois, l'état de la colline du Belvédère, en partie marno-gypseuse, au pied de laquelle est construit le village, paraissait préoccupant au début de l'automne 1926 ; une première alerte avait fort prudemment conduit à l'évacuation de la zone menacée ; mais l'événement annoncé tardant à se produire, les gens étaient rentrés chez eux. Le 23 novembre, un glissement sommital suivi d'une énorme coulée, 600 × 200 m, a rasé une vingtaine de maisons et fait une vingtaine de victimes ; le vieux village a été entièrement évacué et un village nouveau a été construit sur la rive opposée de la Vésubie, mais les gens sont petit à petit revenus dans les vieux bâtiments que l'on n'avait pas démolis. Le site n'est toujours pas très stable et, avec juste raison, l'administration voudrait faire évacuer une partie du vieux village, mais là encore, les occupants ne veulent pas partir et ont fait réaliser une étude qui contredit les conclusions officielles...

Fin avril 1952, à la suite de crues dévastatrices des trois torrents qui traversent Menton (*cf. 2.3.3*), l'éboulement d'un pan de versant instable du val du Careï a fait 11 victimes sans prévenir, dans de vieux immeubles fragiles et mal fondés, adossés à son pied.

Il a fallu que de tels effondrements se produisent à trois reprises à Lyon pour que l'on essaie de faire en sorte que cela ne se renouvelle plus. Les deux collines du centre-ville, Fourvière et la Croix-Rousse sont lardées par des réseaux de galeries de captage d'eau, les Balmes, établis dès l'époque romaine, étendus et utilisés jusqu'au début du siècle ; ils ont été abandonnés et plus ou moins oubliés après la distribution publique d'eau, et ont fragilisé les versants. La plupart des immeubles à flanc de coteau, souvent très anciens, sont adossés au versant, et certains ont plus ou moins un rôle de soutènement. L'effondrement des immeubles de Saint-Jean/la Sarra sur le coteau de Fourvière en novembre 1930, s'est produit en deux temps, le deuxième durant le sauvetage ; il y eut près de quarante victimes dont une vingtaine de sauveteurs ; sur le cours d'Herbouville, au pied de la Croix-Rousse, un effondrement fit une trentaine de victimes en mai 1932 ; en juillet 1977, un autre en fit 3, après qu'une quinzaine d'occupants de l'immeuble qui allait s'effondrer, aient pu être évacués, car un début de glissement avait averti du danger imminent. En 1981, il y eut encore un accident semblable, à la suite duquel, le site a enfin été sérieusement étudié puis drainé et conforté.

On trouve de ces vieux immeubles adossés à des pieds de versants un peu partout, dans les agglomérations dont la topographie est accidentée. Il y a aussi beaucoup d'autres immeubles plus récents, construits sur des anciens carreaux de carrières, dont les fronts ont été laissés en l'état, sans avoir été débarrassés de chandelles ni même simplement purgés ; il s'en détache parfois des blocs... En pied de versant, même peu élevé, un glissement de couverture, même peu épaisse, peut entraîner un grave accident, si un immeuble fragile y est construit sans précaution : à Vallouise, au pied du Pelvoux, le rez-de-chaussée d'un immeuble de quatre étages à planchers-dalles sans contreventement a ainsi été fauché et les dalles se sont empilées ; il y eut peu de victimes, car l'accident s'est produit hors saison, de sorte que l'immeuble était pratiquement inoccupé.

En 1442, la Drôme a été barrée en amont du Luc-en-Diois par l'écroulement du Claps ; le Grand lac qui en était résulté, s'est comblé et n'est maintenant plus qu'une surprenante et pittoresque plaine alluviale. En amont de Nantua, un énorme écroulement sans doute würmien dont le franchissement a donné beaucoup de peine aux constructeurs de l'autoroute A 40, avait barré la cluse et créé le lac de Sylans. La plaine de Bessans, en Maurienne, encore plus surprenante et pittoresque dans son décor de haute montagne, a la même origine, sans doute préhistorique elle aussi ; dans ces trois cas, la route tortueuse qui franchit l'abrupt chaos constituant l'ancien barrage, permet d'en apprécier les dimensions et la structure. Au XIIᵉ siècle, dans une zone de fracture de Belledonne, un empilement de coulées de boue issues de chaque versant a fini par barrer la Romanche au verrou du pont de la Vena ; avant de rompre, le barrage avait retenu un lac dont l'alluvionnement a construit la plaine d'Oisans. En aval, sur le versant nord de la Romanche aux Ruines de Séchilienne, un grand écroulement pourrait se produire à l'emplacement d'une coulée quasi permanente de boue, de débris et de blocs ; il barrerait la vallée, la retenue du torrent submergerait le village et la rupture du barrage provoquerait une inondation particulièrement catastrophique à l'aval jusqu'au-delà de Grenoble (*cf. 1.1.4*). Sur plus de 100 ha et 650 m de dénivelée, le versant est de la Tinée, en aval de Saint-Étienne, est affecté par un mouvement de peut-être 50 M m³ de gneiss très altéré, qui bombarde de blocs le pied de versant et menace de barrer la vallée ; comme il est impossible de le stabiliser, la RD 2205 qui en longeait le pied a été détournée sur le versant opposé ; une galerie de dérivation du torrent, longue de plus de 2 km, y a été creusée pour éventuellement éviter la formation d'un lac qui noierait le village et dont la rupture provoquerait ensuite une inondation catastrophique à l'aval (*cf. 1.1.5*). Au cœur du Chablais en avril 1943, une coulée dévastatrice issue d'un grand glissement du versant nord du vallon de la Chèvrerie, a emporté plusieurs granges et fermes, a coupé la route et barré le Brévon ; le pittoresque lac de Vallon s'est ainsi constitué en amont de ce barrage.

2.4.2 - EFFONDREMENTS

Des effondrements naturels se produisent parfois à la surface de plateaux karstiques, Périgord, Causses, Jura, Vercors... ou dans des zones gypsifères, région parisienne, Provence... On y raconte volontiers des histoires de charretiers mécréants, disparus avec leurs équipages dans des trous sans fond, infernaux, qui s'étaient brusquement ouverts sous leurs pieds, mais les vrais accidents sont très rares. Les zones karstiques traversées par les grands ouvrages linéaires, autoroutes, voies ferrées…, sont l'objet d'études, de travaux puis de surveillance spécifiques destinés à assurer leur stabilité, la sécurité des usagers et la préservation de l'état des réseaux naturels en surface et en profondeur, en évitant leur colmatage ou leur décolmatage, leur assèchement ou leur suralimentation, leur pollution… Dans la Drôme, lors de la construction de la voie TGV-SE, un fontis s'est ouvert dans une zone de déblais à la suite d'un violent orage ; sous une couche superficielle de graves d'environ 6 m d'épaisseur, on a pu ainsi repérer puis étudier un réseau karstique localement ouvert qui a dû être enjambé par un long ouvrage en béton, un quasi-viaduc ; ce réseau très dangereux n'avait pas été repéré lors des études du tracé.

Les carrières souterraines sont souvent à l'origine d'effondrements pendant et surtout après leur exploitation. Le sous-sol de nombreuses villes françaises et de leurs alentours, recèle d'anciennes carrières de matériaux de construction, moellons, sable, argile, gypse…, le plus souvent exploitées à l'avancement, sans organisation ni repérage précis, en chambres et piliers ou en petites galeries tortueuses (*Fig. 1.9.2.3*) ; elles ont été abandonnées sans précaution et sont souvent inaccessibles ou oubliées, alors pratiquement impossibles à localiser et très dangereuses en raison des désordres que leurs effondrements partiels ou totaux produisent en surface ; leur profondeur va de 5 à 60 m mais dépasse rarement la quarantaine de mètres. Celles très nombreuses et de tous matériaux et tous types de la région parisienne, réparties sur près de 3000 ha ne sont heureusement pas toutes ainsi ; la plupart sont même cartographiées et surveillées, parfois confortées localement si nécessaire ; celles de près de 800 ha sous Paris le sont depuis 1777 par l'Inspection générale des carrières. Cela n'a pas empêché que le 01/06/64 à Issy-les-Moulineaux, prés de 10 ha de zone habitée se soient affaissés, entraînant la ruine de nombreux bâtiments ; il y eut 21 victimes ; à Chanteloup-les-Vignes, c'est un fontis de 30 m de diamètre qui s'est ouvert le 11/03/91, faisant une victime ; à Pontoise le 21/01/99 un effondrement a affecté le centre-ville. De telles carrières ont été exploitées à peu près partout, notamment en Flandre, Picardie, Normandie, Gironde… ; en Champagne et dans le Val de Loire où il demeure quelques habitations troglodytes, certaines ont été converties en caves à vin. En Provence, l'exploitation souterraine de gypse à faible profondeur maintenant abandonnée de Saint-Pierre-lès-Martigues, a provoqué un énorme fontis et déglingué quelques maisons voisines, car ses piliers étaient vraiment trop minces et s'altéraient rapidement ; les chambres ont été ensuite en grande partie remblayées, ce qui a sécurisé le site sans éviter les mouvements superficiels qui déglinguent toujours plus ou moins les bâtiments existants et le rendent totalement inconstructible ; à Roquevaire, à l'est de Marseille, une action juridique administrative et civile relative à la stabilité de vastes carrières souterraines de gypse, abandonnées depuis le début des années 60 et en partie transformées en champignonnières, au-dessus desquelles on a imprudemment construit, est devenue un *imbroglio* juridique, administratif et politique consternant, dans lequel la technique n'a pas grand-chose à voir ; à la suite de l'ouverture d'un fontis en 1995, on a évacué par précaution quelques habitations, comblé une vaste cavité sous une route très fréquentée et fermé une autre, moins passante ; mais alors considéré comme sécurisé, le site n'est toujours pas sûr : fin octobre 2005, un fontis profond d'une vingtaine de mètres s'est ouvert dans un terrain heureusement libre et… a ranimé l'*imbroglio* : évacuation puis retour, expropriation mais indemnité insuffisante… Même en rase campagne, cela se passe parfois très mal : à Champagnole, en juillet 1964, le toit de la carrière souterraine du mont Rivel, exploitant du calcaire marneux pour une cimenterie, s'est effondré sur une quinzaine d'hectares ; cinq travailleurs y laissèrent la vie ; le sauvetage de sept autres, emmurés, fut réalisé au moyen d'un forage.

L'exploitation souterraine du sel date de plus de deux siècles en Alsace, Lorraine, Jura, Bresse, Drome, Provence... ; selon les régions et les types de gisements, les profondeurs d'exploitations varient d'une centaine de mètres à plus de 2 000 m et on procède soit à sec dans des carrières à chambres et piliers abandonnés, soit par dissolution en pompant de l'eau souterraine ou en injectant de l'eau superficielle. Les cavités ainsi créées sont instables, soit parce que la dissolution n'est pas strictement contrôlable, soit parce que les parois des excavations et des piliers fluent ; à plus ou moins long terme, il se produit donc des affaissements et des effondrements en surface et les eaux souterraines peuvent être gravement polluées. Dans les vallées de la Meurthe et du Sânon en amont de Nancy, les exploitations par dissolution, pour alimenter des usines de soude ont provoqué de grands fontis dans des zones réservées, mais aussi des affaissements en périphérie, qui ont ruiné des bâtiments. Dans la banlieue marseillaise, le groupe de grands silos d'une minoterie est implanté dans une zone gypseuse où des fontis se produisent presque annuellement ; fondé en conséquence, il est parfaitement stable ; la fondation de la plate-forme d'une route à grande circulation qui la traverse a été renforcée de façon à éviter l'ouverture inopinée d'un fontis.

Dans le bassin lorrain d'environ 115 000 ha de superficie dont environ 2 000 ha de zones urbanisées sous minées, les couches ferrifères exploitées vers des profondeurs n'excédant pas 250 m, étaient épaisses d'une soixantaine de mètres au plus et elles étaient aquifères. En fin d'exploitation, l'abandon assez désordonné des mines généralement à chambres et piliers (*Fig. 1.9.2.3*), s'est traduit quelques années après, par des affaissements qui ont provoqué la ruine de nombreux bâtiments comme rue de Metz et cité Coinville à Auboué en 1996, et dans d'autres communes de l'arrondissement du Briay, Moutiers-Haut (1997), stade de Moutiers (1997), Roncourt (1999)...

2.4.2 – *Rue de Metz à Auboué*

Bâtiment ruiné par un affaissement minier ;
l'ancien occupant a écrit sur la façade :
ici, toute une vie brisée.

Dans le bassin lorrain d'environ 115 000 ha de superficie dont environ 2 000 ha de zones urbanisées sous minées, les couches ferrifères exploitées vers des profondeurs n'excédant pas 250 m, étaient épaisses d'une soixantaine de mètres au plus et elles étaient aquifères. En fin d'exploitation, l'abandon assez désordonné des mines généralement à chambres et piliers (*Fig. 1.9.2.3*), s'est traduit quelques années après, par des affaissements qui ont provoqué la ruine de nombreux bâtiments comme rue de Metz et cité Coinville à Auboué en 1996, et dans d'autres communes de l'arrondissement du Briay, Moutiers-Haut (1997), stade de Moutiers (1997), Roncourt (1999)... Actuellement, on envisage l'arrêt progressif de l'exhaure et donc l'ennoyage des mines abandonnées ; on ignore si cela accroîtra ou non l'instabilité générale de la région, mais on pense que certains désordres ont été consécutifs à de tels arrêts ; les habitants y sont évidemment opposés.

Dans la craie de Picardie et d'Artois, il y a quelques ouvrages souterrains assez vastes et relativement profonds, mais surtout de très nombreuses sapes de guerre de petite taille et peu profondes, notamment dans le site de la bataille de la Somme de 1916 ; elles évoluent un peu partout de façon inopinée en fontis plus ou moins vastes et profonds ; en décembre 1993, l'un d'entre eux a provoqué le déraillement d'une rame du TGV Nord sans causer des victimes, près de la gare d'Ablaincourt ; depuis lors, les abords de la voie sont étroitement surveillés ; on y a ainsi observé des dizaines de petits fontis ; ils se produisent principalement en périodes humides d'hiver et pluvieuses d'automne ; cela impose aux trains des ralentissements et même des arrêts.

Dans les pays miniers, Nord/Pas-de-Calais, Lorraine, Aveyron, Gard, Saint-Étienne, Gardanne, les catastrophes de fond ont été très nombreuses et ont fait des milliers de victimes ; elles n'entrent pas dans le cadre de cet ouvrage. À la surface de ces pays, les affaissements sont la règle avec de nombreux dommages aux bâtiments jusqu'à leur ruine et de sensibles perturbations aux écoulements des cours d'eau, des réseaux d'irrigation et d'assainissement... Dans le bassin charbonnier du Nord, la Scarpe, au cours parfois hésitant, a dû peu à peu être transformée en canal remblayé dominant sa plaine alluviale ; au-dessus du bassin charbonnier de Gardanne, des canaux d'irrigation qui avaient acquis de nombreuses contre-pentes ont dû être abandonnés et remplacés par des conduites en charge... Les grands terrils de stériles contenant un peu de charbon et de pyrite, parsèment les paysages miniers ; laissés longtemps à l'abandon, certains sont devenus dangereux car leurs pentes initiales de talus étaient limites ; plus ou moins ravinés par les ruissellements, il leur arrive de glisser et de produire des coulées de boues lors de fortes précipitations ; dangereux pour leurs environs, la plupart sont actuellement surveillés et aplanis si nécessaire. Ils peuvent aussi se consumer ou même brûler, de sorte qu'ils atteignent des températures extérieures de près de 100° et même localement de plus de 200° et qu'ils émettent des fumerolles nauséabondes voire toxiques ; on doit alors les disperser et les couvrir de remblais inertes et étanches. Enfin, en fonction des variations de la pression at0mosphérique et/ou du niveau de l'eau souterraine, de leur production naturelle continue, les gaz de mine comme le grisou, méthane, monoxyde et dioxyde de carbone, sulfure d'hydrogène, peuvent monter en surface de façon diffuse et incontrôlée et envahir les parties basses et confinées des bâtiments, sous-sols, caves... créant des risques d'intoxication ou d'asphyxie, d'inflammation ou d'explosion. Pour s'en prémunir, on peut les capter et les utiliser comme combustible ou après traitement préalable, les disperser de façon contrôlée dans l'atmosphère.

2.4.3 - TERRASSEMENTS

Mal étudiés ou intempestifs, les terrassements sont des causes extrêmement fréquentes de mouvements de terrains en ville où ils peuvent entraîner de graves accidents, tant aux gens qu'aux ouvrages, ainsi qu'en rase campagne, généralement sur les réseaux routier et ferroviaire.

2.4.3.1 - TRANCHÉES ET FOUILLES URBAINES

Il se produit de très fréquents accidents de travail qui peuvent aller jusqu'à la mort par ensevelissement sur les chantiers de fouilles urbaines ; en tranchée, la cause est généralement un blindage sommaire ou même absent : les parois verticales tiennent ainsi un temps qui paraît suffisant pour réaliser un travail rapide ; une pluie, un débordement de caniveau, une rupture de conduite, un passage de lourd véhicule... provoque l'éboulement qu'il aurait été très facile d'éviter en étant moins pressé, plus attentif et respectueux de la très stricte réglementation du travail, en fait avec du simple bon sens.

Les grandes fouilles sont généralement blindées, mais le blindage n'est pas toujours bien conçu, réalisé ni surveillé ; il en résulte parfois des écroulements catastrophiques pour le chantier et ses abords, plus généralement des dommages aux mitoyens pour des mouvements plus limités. Toutes les villes françaises connaissent ces types d'accidents, notamment pour la construction de parkings enterrés.

Photo 2.4.3.1
Accident de chantier urbain

Le pignon du bâtiment est descendu dans la fouille voisine dont le bord trop proche n'était ni étayé, ni même taluté !

À Lyon, dans la plaine alluviale du Rhône, le substratum granitique ou molassique profond de plus d'une vingtaine de mètres, est couvert de graves aquifères très perméables. Les pompages d'exhaure lors des travaux de terrassement à l'intérieur d'enceintes de parois moulées de plusieurs profonds parkings enterrés ont fait craindre ou entraîné différents désordres aux voies et/ou bâtiments voisins, renards à l'intérieur et affaissements à l'extérieur de l'enceinte, inondations des fouilles, débits énormes imprévus de pompage et rabattements de nappe importants entraînant des affaissements de sol assez lointains ; et maintenant, débits de pompage d'exploitation tout aussi énormes...

Le sous-sol de Marseille n'est pas pire qu'ailleurs ; il y est même plutôt de bonne qualité, marne gréseuse peu profonde à peu près partout ; pourtant, quelques cas d'instabilité de talus de déblais et de parois moulées pourraient faire penser le contraire : à quelques années d'intervalle, sans tenir compte des expériences précédentes, on y a successivement endommagé le Palais de Justice, la Préfecture et l'Hôtel de ville lors de terrassements de parking. Dans une ancienne carrière d'argile, connue pour l'instabilité de ses fronts dont certains dépassaient la centaine de mètres de haut, un grand terrassement a déclenché le 06/11/95 un glissement qui d'une part, a arrêté le chantier durant quelques semaines, mais surtout, a provoqué la quasi-destruction et l'évacuation de bâtiments implantés en crête. Les bâtiments ensuite construits sur le site à grand renfort de fondations spéciales, bougeaient toujours plus ou moins et furent l'objet de travaux de confortement extrêmement onéreux aux frais de pauvres assureurs, mais les services de l'État, ceux de la commune et les experts s'accordèrent... pour polémiquer sur la constructibilité de la zone ; prudemment, le préfet a longtemps refusé de nouveaux permis de construire, au grand dam des aménageurs qui ont fini par en obtenir, après des compléments d'étude, débouchant sur des projets de fondation très onéreux qui se sont en partie révélés vains de sorte que certains ouvrages ont dû être abandonnés après reprises en sous-œuvre aussi inefficaces qu'onéreuses. Quelques années avant, le site avait été pressenti pour la construction d'immeubles d'habitations ; le projet avait été abandonné, en raison des risques encourus qui étaient apparus dès l'étude géotechnique préliminaire ; elle n'était peut-être pas connue de ceux qui ont réalisé l'étude du deuxième projet. Dans une autre carrière d'argile remblayée en partie, on avait construit de nombreuses villas alignées en haut du front et à son pied au niveau du remblayage ; les occupants des villas du haut avaient installé sur la partie sommitale du front des jardins en remblais sommairement soutenus par des murs en parpaings non drainés et ils arrosaient leurs jardins ; le 25/02/99 à la suite de fortes pluies, les jardins sont tombés sur les villas du dessous ; une vingtaine ont été plus ou moins écrasées et quelques autres en position dangereuse ont été évacuées.

La traversée routière rapide de Toulon posait un problème technique très difficile à résoudre, en raison de l'encombrement du site, enserré entre la montagne et la mer ; durant plus de vingt ans, divers tracés et types d'ouvrages avaient été étudiés, viaducs, tranchées couvertes, tunnels terrestres ou sous-marins ; le tunnel terrestre finalement adopté devait être établi à une trentaine de mètres de profondeur dans des matériaux à peu près partout secs, maniables et stables, grès, pélites, schistes, mais il devait traverser une courte zone où ils ne l'étaient pas, un étroit vallon fossile comblé de grave aquifère ; il en résultait un risque «naturel» important mais très localisé, très bien situé et caractérisé dès l'étude de faisabilité ; il paraît avoir été négligé par les constructeurs qui ont présenté un bon projet au maître d'ouvrage, un peu hésitant pour des raisons financières ; il fut ensuite totalement oublié jusqu'à ce que se produise ce qui devait arriver : le 16 mars 1996, un effondrement par bonheur nocturne, qui n'a causé que des dommages matériels sur le chantier et, à quelques dizaines de mètres près, plus de peur que de mal en surface ; sa longue et difficile réparation a coûté plus cher que l'estimation initiale totale de l'ouvrage qui n'a pu être ouvert qu'une dizaine d'année après le délai initial. Les experts discuteront longtemps des causes techniques de cet accident, pour vraisemblablement s'entendre sur la « fatalité » de l'événement : rencontre « imprévue » d'un aléa géologique très dangereux, bien connu depuis l'origine des études et surcharge d'un soutènement provisoire insuffisant ! En disant que, si on avait conçu le projet et organisé le chantier de façon à éviter ce type d'effondrement, on aurait dû prévoir un coût comparable ou même supérieur à celui auquel on est finalement arrivé, on rassurera ceux qui devront payer, les contribuables bien sûr !

2.4.3.2 - GRANDS TERRASSEMENTS ROUTIERS

Le réseau routier est particulièrement affecté par les mouvements de terrains, tant en cours de terrassements qu'en exploitation. La traversée du plateau molassique de Chambaran, où les mouvements de terrains ne se comptent pas, notamment sur le réseau routier courant, a longtemps retardé l'ouverture de l'autoroute A 7 à l'est de Saint-Vallier, en raison de glissements de talus répétés, lors des terrassements de la tranchée d'une trentaine de mètres de profondeur que l'on appelle maintenant le col du Grand-Bœuf ; à la sortie sud de la tranchée, on passait dans la combe Tourmentée, au nom évocateur : on a donc eu de grandes difficultés à y faire tenir des remblais. Le franchissement de cette accumulation d'obstacles que l'on n'avait pas su éviter est depuis lors présenté comme un exploit technique dont on n'évoque évidemment pas le coût en temps et en argent ; la leçon a tout de même été retenue pour la voie parallèle du TGV qui franchit l'obstacle en tunnel. Un très grand glissement bancs sur bancs d'une dalle calcaire aval-pendage au-dessus de Châteauneuf-lès-Martigues, a retardé l'ouverture de l'autoroute A 55 et enchéri le coût de l'ouvrage ; son risque avait été mis en évidence lors des études d'avant-projet et négligé ensuite. Les difficultés de franchissement du col d'Évire par l'A 41 avaient été négligées dans les même conditions ; les glissements de talus tant de remblais que de déblais et les problèmes de fondations des ouvrages s'y sont multipliés lors de la construction puis au début de l'exploitation. Sur l'A 46, vers Communay au SE de Lyon, c'est peu après l'ouverture de la section, qu'un grand glissement a condamné provisoirement l'une des voies.

La section de la RN 1 joignant Saint-Denis de la Réunion à la Possession est une autoroute longue d'une douzaine de kilomètres, dont l'emprise a été en partie gagnée sur la mer et en partie obtenue par réaménagement des anciennes route et voie ferrée, au pied des très hautes falaises subverticales du massif de la Montagne ; ces falaises sont constituées par des empilements très hétérogènes de coulées de laves séparées par des couches de pyroclastites ; l'ensemble aval-pendage dont le pied était naguère miné par les tempêtes est demeuré extrêmement ébouleux. La sécurité de la circulation est difficile à assurer : le 24/03/06, un éboulement de 20 000 m^3 a fait deux victimes et coupé la route pour plus d'une semaine ; pourtant, depuis de rustiques gabions jusqu'à de très spectaculaires structures en béton ou métalliques, en passant par des câbles, des grillages, des murs, des merlons, des banquettes... tout ce qui est imaginable a été mis en place dans ce site qui est ainsi un vrai parc d'exposition en matière de parades ; il est pourtant fréquent qu'au moins, la chaussée intérieure soit fermée et serve de piège à blocs et au pire, que les deux chassées soient fermées, de sorte que le principal trafic de l'île doit emprunter la très tortueuse route de la Montagne ; il est peu probable que l'on puisse améliorer cette situation ; on envisagerait donc d'éviter les passages les plus scabreux par des viaducs sur l'océan : la faisabilité, puis le coût et enfin la fiabilité de tels ouvrages seraient pour le moins incertains.

Photo 2.4.3.2 – La RN 1 à Saint-Denis de la Réunion

La circulation sur cette route entre la falaise et la mer, est fréquemment perturbée voire interrompue par des écroulements très dangereux.

Les travaux de recalibrage ou de déviation de routes anciennes ne sont pas épargnés : mal étudiés et/ou intempestifs, ceux sur la RN 85 à l'est de Castellane, dans un site très fragile ont provoqué un énorme glissement qui a obligé de dévier durant de nombreux mois dans la montagne, cet itinéraire particulièrement fréquenté. À l'entrée de Bellefontaine, entre Fort-de-France et Saint-Pierre de la Martinique, une autre très haute falaise de bord de mer domine la RN 2 sur près de 1 km de long ; elle est constituée par un ensemble très hétérogène de pyroclastites et de lahars plus ou moins cimentés en brèches aquifères aval-pendage, affecté par des failles d'effondrement subparallèles à la côte ; en octobre 1991, un grand écroulement a coupé la route ; les travaux de rétablissement ont consisté à la dévier en remblais vers la mer, à établir un haut merlon et un large piège à blocs en pied de falaise ; comme cela ne paraissait pas suffisant, on a décidé le reprofilage de l'ensemble de la falaise, cyclopéen travail acrobatique qui n'est pas près de finir et dont l'efficacité finale est plus que douteuse à terme.

2.4.4 - LES OUVRAGES

Mal conçus et/ou mal construits, les ouvrages sont des facteurs de risques pour leurs environs et pour eux-mêmes.

2.4.4.1 - OUVRAGES DE DÉFENSE HYDRAULIQUES

Assez paradoxalement ici, les ouvrages de défense hydrauliques méritent une mention spéciale, car, généralement construits hâtivement, sous la pression des événements, après un sinistre, pour obtenir une efficacité immédiate et locale, ils perturbent souvent plus qu'ils ne protègent, en troublant la sédimentation et/ou en favorisant l'ablation. Les cours d'eau, les littoraux et les versants montagneux français en sont truffés, avérés ou non, perrés, murs, épis, seuils, digues, jetées, brise-lames...

2.4.4.2 - DOMMAGES AUX OUVRAGES

À peu près la moitié des dommages aux ouvrages, parmi les plus graves, se produiraient durant la construction ; ils seraient presque toujours les conséquences de défauts d'exécution imputables à l'entrepreneur, parce qu'il est mal encadré par le maître d'œuvre, insuffisamment rémunéré, imprudent, incompétent... L'autre moitié se produirait durant la décennie qui suit la construction et près de la moitié d'entre ceux-là, aurait des causes non géotechniques ; pourtant à leur propos, des experts qui ignorent à peu près tout de la géotechnique, évoquent souvent le vice du sol, bouc-émissaire commode des dommages difficiles à expliquer. Pour la raison juridique qu'après dix ans la plupart des plaintes ne sont plus recevables, on manque évidemment de renseignements relatifs aux dommages survenus plus de dix ans après la construction. Pour prolonger la prescription de dix ans en cas de dommages, on évoque souvent un vice caché de l'ouvrage ; mais avec le temps, l'endommagement ou la ruine d'un ouvrage est presque uniquement due à une cause extérieure ou à un défaut d'entretien.

Naguère, la moitié des dommages géotechniques connus concernaient des immeubles collectifs, un quart environ des habitations individuelles et un quart des bâtiments industriels et des ouvrages de génie civil. Pour les deux premiers cas, ces proportions étaient sans doute éloignées de la réalité ; la plupart des réclamations connues émanaient de syndics professionnels d'immeubles collectifs, plus au courant des lois et des procédures que la majorité des propriétaires d'habitations individuelles, qui s'accommodaient assez facilement de défauts de construction mineurs et qui hésitaient à engager un procès trop technique dont ils entrevoyaient mal l'issue. En France, l'application de la loi de 1978 sur l'assurance-construction a montré que les accidents géotechniques affectant les habitations individuelles sont particulièrement nombreux, bien que l'assurance obligatoire les ait manifestement multipliés ; cela justifierait la réalisation, préalablement à leur construction, d'études géotechniques, évidemment assez succinctes. Quant aux ouvrages de génie civil et aux bâtiments industriels, on peut s'étonner qu'ils soient affectés d'accidents géotechniques en proportion aussi élevée, alors que ceux qui les projettent et les construisent sont à coup sûr des spécialistes parmi les plus avertis, qui devraient consacrer à leur sécurité le maximum de soins. Il paraît donc que l'on peut être un bon ingénieur de génie civil sans pour autant être un bon géotechnicien.

Environ un quart des dommages géotechniques, pour la plupart affectant les fondations d'ouvrages, seraient dus à des erreurs de conception, commises par des maîtres d'œuvre ou des ingénieurs. Il semble que près des 2/3 d'entre eux seraient imputables à des maîtres d'œuvre et près du tiers restant, à des ingénieurs n'ayant aucune qualification géotechnique. Quelques autres cas seraient imputables à des bureaux d'études polyvalents, théoriquement capables d'assumer la fonction de géotechnicien, mais dont la réelle qualification géotechnique est très souvent douteuse.

Moins de 5 % de la totalité des dommages géotechniques seraient donc survenus alors qu'un géotechnicien dûment qualifié était effectivement intervenu dans l'étude de l'ouvrage accidenté. Mais dans de nombreux cas, leurs causes étaient alors extérieures à l'ouvrage, et donc à l'activité du géotechnicien. Les assureurs savent depuis longtemps que cette activité, apparemment dangereuse pour eux, est en fait bénéfique à l'ouvrage et à sa sécurité. Les risques de voir se produire un accident après l'intervention d'un géotechnicien paraissent donc assez limités, à condition toutefois, que l'on tienne compte de ses indications.

2.4.4.3 - RUPTURES D'OUVRAGES

Après un effondrement partiel en 1573 au cours de sa construction, la cathédrale de Beauvais n'a jamais été stable et doit être incessamment entretenue… La France a aussi une tour penchée, le clocher de l'église Saint-Martin à Étampes.

Photo 2.4.4.3 – La tour penchée d'Étampes

Elle inquiète beaucoup moins que sa célèbre sœur de Pise, car elle ne bouge pas ; redressée comme elle en cours de travaux, elle penche moins en haut qu'en bas.

La France a aussi eu le triste privilège de deux ruptures catastrophiques de barrages et d'un effondrement de voûte de tunnel au passage d'un train. Plus courants, et généralement moins graves mais plus nombreux et dispersés, les ruptures de réseaux enterrés y entraînent un peu partout de multiples dommages dans leur voisinage et parfois des accidents spectaculaires et graves. En avril 1895, celle du barrage-poids de Bouzey à l'ouest d'Épinal, dont la retenue soutenait le canal de l'Est, fit près d'une centaine de victimes ; en 1890, cet ouvrage en maçonnerie haut de 21,5 m avait commencé à bouger !

Quoi que l'on en ait pu dire et juger par la suite, beaucoup d'incohérence dans l'étude, la construction puis la gestion de l'ouvrage sont à l'origine de la catastrophe du barrage de Malpasset le 02/12/59 ; cet ouvrage construit sur le Reyran, au NW de l'agglomération de Fréjus/Saint-Raphaël, avait été achevé en février 1957. Alors que le premier géologue consulté avait conseillé la construction d'un barrage-poids, on fit une voûte mince, théoriquement bien adaptée à ce site étroit aux versants raides, sans autre étude géotechnique qu'une carte de terrain montrant des gneiss et des micaschistes apparemment sains, et l'exécution de quelques sondages mécaniques tout aussi rassurants : ce type d'ouvrage coûtait moins cher et le maître d'ouvrage n'avait pas les moyens de ses ambitions. En fait, en partie haute de la rive droite, les roches de l'assise étaient inadaptées à supporter un ouvrage-voûte car elles étaient fissurées, plus ou moins altérés et perméables comme toutes les parties superficielles des roches analogues de la région ; de plus, la retenue ne s'était jamais complètement remplie avant la catastrophe, à cause de la sécheresse des années précédentes et de problèmes d'expropriations de parcelles riveraines ; le barrage n'était pas surveillé comme il aurait dû l'être lors de sa mise en eau incomplète et alors que des mesures périodiques de déformations de l'ouvrage qui n'étaient pas dépouillées montraient des mouvements alarmants de la fondation rive droite qui a cédé. Lors d'une crue très violente comme il s'en produit souvent en Provence, la retenue atteignit puis dépassa de 4 m en 24 heures et sans contrôle, sa hauteur maximale de service ; alors, des suintements puis des sources se produisirent vers le haut de cette rive, puis le barrage explosa littéralement ; à l'aval, il s'ensuivit une crue gigantesque jusqu'à la mer, 50 M m^3 en quelques heures ; une vague de 50 m de haut déferla à 70 km/h dans la plaine côtière de l'Argens et sur Fréjus qu'elle atteignit en moins de vingt minutes, ne laissant aucune possibilité de fuite aux occupants de la zone balayée par l'eau ; elle fit plus de 400 victimes et des dégâts matériels considérables. Aucune faute professionnelle n'a été reprochée aux constructeurs, bien qu'un défaut de fondations déstabilisées par la pression de courant due aux infiltrations, ait été manifestement à l'origine de la catastrophe ; pour cela, on a jugé qu'il échappait à l'investigation directe. La charge financière des dommages a été mise au compte du département du Var, maître d'ouvrage, mais, pour les particuliers, c'est surtout la générosité publique qui l'a assumée.

Immédiatement avant les passages de deux autorails, une partie de la voûte du tunnel de Vierzy au sud de Soisson, s'effondra en juin 1972, dans une zone connue pour être instable ; il y eut une centaine de victimes ; trois collèges d'experts ne purent s'entendre sur le mécanisme de l'effondrement, mise en tension progressive de la voûte par les terrains encaissants jusqu'à la rupture, ou chute brutale d'une cloche de matériaux fracturés sur la voûte. À la suite de cette catastrophe, la SNCF fit contrôler tous ses tunnels et embaucha quelques géologues qui se fondirent rapidement dans son corps des techniciens polyvalents.

Extrêmement nombreux et très dispersés, beaucoup moins graves au coup par coup mais parfois dangereux voire destructeurs, les désordres par fissurations ou ruptures de réseaux enterrés de fluides, eau potable, assainissement, gaz…, résultent de tassements différentiels longitudinaux et/ou transversaux du lit de pose ou des remblais, ou de chocs lors de terrassements intempestifs à proximité. Les fuites d'eau peuvent accroître les désordres de surface en désorganisant davantage les matériaux environnants, naturels et/ou remblayés et provoquer des accidents de circulation voire des dommages à des ouvrages voisins ; les fuites de gaz et/ou de produits pétroliers peuvent entraîner de graves accidents par explosions ou incendies ; les fuites de produits pétroliers ou chimiques peuvent gravement polluer le sous-sol et/ou les eaux superficielles et/ou souterraines… Il se produit presque continûment un peu partout en France de tels accidents ; certains entraînent de nombreuses victimes directes et/ou par ensevelissement dans des bâtiments effondrés.

2.4.5 - POLLUTION ET DÉCHETS

La plupart de nos activités entraînent des pollutions du sol, du sous-sol, des eaux de surface et souterraines par d'innombrables produits plus ou moins difficiles à éliminer selon leur nature, leur quantité et les particularités locales du milieu naturel. Nos déchets classés selon leur nature, doivent, après traitement éventuel, être en grande partie stockés dans des sites spécialement choisis et aménagés selon leur classe.

2.4.5.1 - POLLUTION DU SOUS-SOL
ET DES EAUX SOUTERRAINES

En France, les pollutions les plus préoccupantes des eaux souterraines sont celles qui résultent de l'agriculture et de la circulation automobile, parce que, contrairement aux pollutions industrielles ou accidentelles, elles sont pratiquement inévitables, chroniques, diffuses, très dispersées et incontrôlables, quasiment impossibles à prévenir, très difficiles à combattre. Les lisiers, les engrais, les pesticides, les hydrocarbures et dans une moindre mesure, le sel et le plomb sont ainsi les substances dont on trouve les composants en plus ou moins grande quantité dans les eaux souterraines brutes, notamment celles extraites des nappes peu profondes. Des quantités de plus en plus grandes de boues de stations d'épuration et de lisier produit par l'élevage industriel sont épandues dans les champs de zones plus ou moins réglementées, généralement sans traitement préalable ; ainsi, les eaux souterraines des zones concernées sont quasiment saturées en nitrates, notamment en Bretagne centrale où les nappes sont très peu puissantes, peu alimentées et donc très vulnérables ; malgré les directives européennes, des raisons politico-économiques rendent très difficiles la maîtrise de ce type de pollution.

Le désherbage des bas-côtés routiers et ferroviaires est aussi un facteur important de pollution ; il est en principe réglementé. Le salage des routes en hiver, lui aussi très polluant, ne l'est pas.

Bien que très puissante et bien alimentée, la nappe alluviale de la Saône est particulièrement vulnérable : sa principale source de pollution est la rivière elle-même qui l'alimente directement, car son vaste bassin versant est à la fois agricole, industriel et urbain, et il est couvert par un réseau dense et à fort trafic, de voies de communication routières, ferroviaires, fluviales et d'oléoducs ; les risques de pollution de la nappe sont donc multiples et varient selon la saison, les lieux et les circonstances ; or, elle est activement exploitée dans plusieurs vastes champs de captage établis dans les zones inondables, généralement en bordure de la rivière ; ces champs sont constitués de batteries de puits et forages qui fonctionnent sans arrêt pour alimenter les villes riveraines, ainsi que de vastes zones plus ou moins éloignées de la vallée, où l'eau utilisable n'est pas suffisamment abondante ; ces champs dont il est impossible d'arrêter la production, car il n'y a pas d'alimentation de substitution, sont étroitement surveillés et sont tous équipés d'usines de traitement, presque analogues à celles qui traitent les eaux de surface. Les zones de captages longées ou traversées par des autoroutes ou des voies ferrées sont particulièrement vulnérables et ont fait l'objet de dispositions spécifiques ; c'est le cas à Mâcon pour la nappe de la Saône, avec A 6 et A 40 ; à Niort pour la résurgence du Vivier, avec A 10 ; à Saint-Omer pour la nappe de la craie, avec A 26 ; à Nice pour la nappe du Var, avec A 8 ; à Avignon pour la nappe du confluent Rhône-Durance avec le TGV Méditerranée...

Quelques expériences aberrantes d'injections d'eaux polluées dans des aquifères profonds ont été tentées ; malgré de belles études théoriques qui montraient toujours l'innocuité de tels procédés, ils ont fini par être abandonnés, car à terme, ils auraient pu se révéler aussi dangereux que les avens des régions karstiques dont certains sont encore utilisés comme décharges publiques.

2.4.5.2 - *DÉPOLLUTION DU SOUS-SOL*

La dépollution du sous-sol des friches industrielles et notamment des plus nombreuses dans et à proximité des agglomérations, anciens parcs de stockage d'hydrocarbures, usines à gaz, chimiques... - il y en aurait une soixantaine répartis dans une vingtaine de villes -, est un problème qui a reçu des solutions administratives claires et nettes sur le papier, pas toujours faciles à appliquer ; en effet, les travaux de décontamination sont souvent difficiles à définir, longs et onéreux à mettre en œuvre, et leurs résultats sont parfois incertains : ceux du site de l'ancienne usine à gaz puis dépôt pétrolier de Saint-Denis, à l'emplacement du stade de France, n'ont pas été suffisants pour éviter de prendre énormément de précautions et néanmoins quelques risques, lors des terrassements, notamment de ceux en taupe. L'inventaire des sites et sols pollués de 1997 répertorie un peu partout, près de 900 sites extrêmement pollués à divers titres, dont 100 au plus ont été traités ; environ 150 seraient en cours de traitement et 300 en cours d'étude ; 200 environ seraient orphelins et posent des problèmes de responsabilité mal résolus : si les propriétaires fonciers ne sont pas les pollueurs, il est difficile de leur faire supporter la charge du traitement qui peut très largement dépasser leurs moyens. Pour éviter cela à l'avenir, les exploitants de certains sites en activité doivent maintenant produire des garanties financières et on surveille les autres sites à risque ; on y impose parfois des mesures de précaution, clôtures pour empêcher les intrusions, contrôle de qualité des eaux souterraines, possibilité de reprise ultérieure des déchets, et plus généralement, des taxes que les pollueurs-payeurs ont souvent tendance à considérer comme des autorisations de polluer. Ils le pourront sans doute de moins en moins.

Le nombre de sites plus ou moins pollués est beaucoup plus élevé que celui retenu par l'inventaire ; heureusement, la plupart ne sont pas vraiment dangereux, mais il importerait de s'en assurer dans les cas douteux. Il faudrait pour cela, disposer de bons critères d'appréciation ; on en est encore loin et... cela arrange bien des choses.

2.4.5.3 - *LES DÉCHETS*

Le catalogue européen qui s'impose maintenant à nous, classe et code environ 700 sortes de déchets en vue de réglementer leur transport, leur élimination et/ou leur stockage.

2.4.5.3.1 - Déchets non radioactifs

Les déchets ménagers et industriels banals de classe 2 et les déchets industriels spéciaux de classe 1 peuvent être stockés en surface dans des sites aménagés à cet effet ; ils doivent entre autre comporter des barrières de confinement étanches et drainées les entourant dessus, dessous et latéralement pour les isoler au mieux du milieu naturel, sol, sous-sol, eaux de surface et souterraines... afin d'éviter leur pollution Ces barrières, généralement des couches de remblais argileux plus ou moins renforcés de géotextiles sont très fragiles ; elles peuvent fissurer, glisser et/ou se déformer sous l'effet des tassements incontrôlables des déchets qu'elles sont sensées protéger ; elles doivent donc être correctement étudiées, réalisées et entretenues ; on ne sait toutefois pas comment elles évolueront à plus ou moins long terme.

Les très nombreuses anciennes décharges non contrôlées que l'on trouve à peu près partout, devraient être aménagées de manière analogue, ce qui est très difficile voire à peu près impossible ; de plus, elles polluent leurs environs depuis longtemps de façon souvent irréversible ; elles doivent donc être surveillées avec beaucoup d'attention.

2.4.5.3.2 - Déchets radioactifs

Depuis la loi du 30/12/91, le stockage des déchets nucléaires ultimes n'est résolu que pour ceux de la classe A dont la vie est relativement courte, les moins actifs et les plus abondants, environ 20 000 m^3/an : au cœur de la forêt de Soulaines, en Champagne humide, après vitrification et bétonnage dans une usine locale, ils sont déposés sur des radiers fondés sur du sable reposant sur de l'argile, l'ensemble du site étant soigneusement drainé en surface et en profondeur. Pour ceux de classe B, faible à moyenne activité, environ 4 000 m^3/an, le stockage direct en profondeur paraît acquis, mais les modalités n'en sont pas définies. Pour ceux très actifs et de très longue durée de vie, de classe C, le refroidissement préalable à l'enfouissement est indispensable durant quelques dizaines d'années. Profitant de ce délai, une étude de faisabilité au moyen d'au moins deux laboratoires souterrains, avait été décidée ; selon la loi, elle devait être achevée en 2006 ; ces laboratoires devaient permettre de contrôler la réversibilité de l'usage, possibilité de pouvoir ou non accéder aux matériaux stockés pour les surveiller, entretenir le site et assurer sa pérennité, récupérer les déchets qui pourraient être réutilisés selon les moyens techniques futurs. On devait ensuite décider quel type de formation géologique serait la plus apte à recevoir le type de parc souterrain ainsi défini ; plusieurs sites avaient été envisagés, granitiques ou schisteux dans le seuil du Poitou, argileux dans l'est du bassin parisien ou dans la basse vallée du Rhône, salins sous la Bresse ; certains présentent une sismicité non négligeable. Marcoule, où se trouve déjà le surgénérateur Phénix dont une fonction est le retraitement des déchets nucléaires de longue durée de vie et de forte activité, pouvait être choisi, mais les viticulteurs des côtes-du-rhône ne voyaient pas cela d'un bon œil ; on peut donc imaginer qu'à la suite de longues discussions techniques et de vaines considérations philosophiques, le choix sera finalement fondé sur de triviales positions politico-économiques tenant plus ou moins compte de la mode écologique du moment. Le comité interministériel du 09/12/98 a décidé la construction des deux laboratoires d'étude, l'un à Bure (Meuse), dans de l'argile jurassique et l'autre en un lieu non arrêté du seuil du Poitou, entre le Massif armoricain et le Massif central, dans du granite ; la réversibilité serait toujours à l'étude. En complément, comme mesure transitoire, un stockage en subsurface serait ouvert à Marcoule.

Les écologistes et les gens de Bure n'étaient évidemment pas d'accord, mais le décret du 03/08/99 a décidé de construire le laboratoire et de l'exploiter jusqu'en 2006 pour étayer et justifier la décision définitive ; elle pourrait ne pas l'être car le laboratoire et les expériences que l'on y réalise ne seront pas achevés et l'on n'a pas construit l'autre laboratoire, de sorte que l'on ne pourra pas comparer les qualités et les défauts des roches encaissantes et les qualités et les défauts des ouvrages eux-mêmes. Ce laboratoire est implanté vers 490 m de profondeur, dans une couche d'argilite callovo-oxfordienne épaisse de plus de 100 m ; le site est assismique, sans aquifère au mur et au toit de la couche ; le matériau très peu perméable, composé en partie de smectite, est plus ou moins susceptible de fixer les ions radioactifs susceptibles de s'échapper de l'enceinte de confinement ; il parait suffisamment compact et solide pour ne pas être trop endommagé lors de la construction, et assurer la stabilité des ouvrages souterrains ; tout cela montre que le site est assez favorable. Le deuxième laboratoire dont on dit maintenant qu'il serait utile mais n'est pas nécessaire, pourrait être implanté sur l'un des quinze sites proposés par la Mission de concertation collégiale granite *(sic)* en Bretagne et dans le Massif central, du Finistère à l'Aveyron en passant par la Mayenne, la Creuse...

2.5. - DE DUNKERQUE À... MENTON

Le recul de la plupart des côtes est un phénomène mondial, particulièrement sensible sur les nôtres que baignent des mers très différentes et qui présentent des géomorphologies et des expositions très variées. Les vitesses annuelles que j'indique sont évidemment des moyennes : elles lissent les effets locaux et temporaires de séries anarchiques d'événements ponctuels, tempêtes, écroulements, ablations... auxquels on assiste rarement, mais dont on constate toujours les effets ; la ligne de côte est l'enveloppe de reculs d'importance variable, qui se produisent de loin en loin et de temps en temps, selon divers processus, propres à la géomorphologie et à l'exposition locales. Il est souvent difficile de mesurer ce recul et surtout sa vitesse ; les archives antérieures au XVIIIe siècle sont imprécises, les repères ont disparu en mer ou sont incertains, mais en juin et juillet 1846, Victor Hugo fit deux discours devant la Chambre des pairs pour proposer des mesures urgentes de consolidation et de défense du littoral, en décrivant les effets de l'érosion des falaises du pays de Caux. Les blockhaus construits sur la plus grande partie des côtes françaises durant la dernière guerre constituent une série homogène d'ouvrages bien datés et en principe construits pour durer : leur état actuel montre la puissance et la variété des attaques de la mer sur une soixantaine d'années, dans presque tous les sites marins ; certains sont à peu près intacts, d'autres sont renversés, déplacés, démantelés, enlisés, plus ou moins éloignés du rivage actuel...

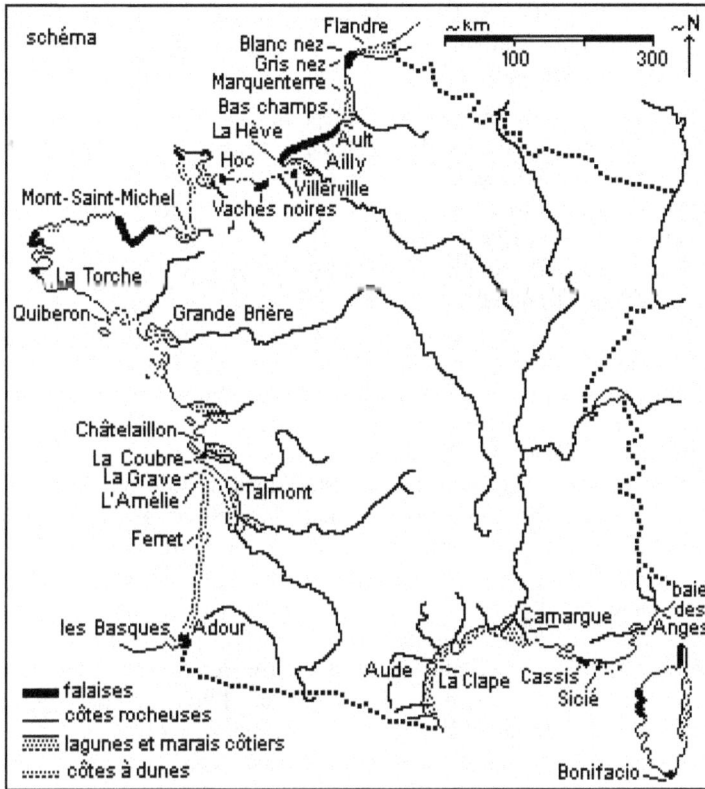

Figure 2.5 a – Le littoral français

La cause directe et indirecte de ce recul est l'eustatisme, mais on ne sait pas déterminer dans quelles proportions on peut aussi l'attribuer aux déficits de sédimentation naturels et éventuellement anthropiques, et aux tempêtes.

2.5.1 - EUSTATISME ET TEMPÊTES LITTORALES

Les côtes rocheuses sont les plus stables ; elles représentent environ 20 % du total, autant que les falaises qui sont en majorité ébouleuses ; les lagunes et marais de fond de baies et d'estuaires, environ 25 % ont été en partie transformés aux siècles précédents, en polders ou marais salants, plus ou moins bien protégés par des dunes et/ou par des digues, et maintenant aménagés en zones industrielles remblayées à proximité des grands centres économiques ; les côtes basses, environ 35 %, naguère quasi désertes mais maintenant très prisées par le tourisme ont récemment fait l'objet d'innombrables aménagements, pas toujours très judicieux ni très sûrs. Les tempêtes littorales attaquent donc ces côtes de diverses façons, selon leur géomorphologie et leur exposition ; elles y ont des effets variés, souvent spectaculaires, mais dans l'ensemble beaucoup moins néfastes que ceux des inondations et des crues, car naguère, les côtes fragiles étaient généralement laissées à leur triste sort, celui d'être rongées ou engraissées plus ou moins vite ; il n'en va plus de même sur les côtes à la mode où foisonnent les constructions de villégiature et de tourisme, dont certaines sont dangereusement implantées ; dans les zones d'urbanisation dense, on les a plus ou moins protégées, mais ici ou là, il en disparaît de temps en temps.

Si l'on excepte la fabuleuse submersion de la légendaire ville d'Ys, quelque part vers la pointe du Raz ou celle de Penmarch, la seule catastrophe littorale française serait l'engloutissement vers 1720, de la paroisse ou canton de Saint-Denis-Chef-de-Caux et/ou de l'église de Sainte-Adresse, à l'emplacement de l'actuel banc de l'Éclat dans la Petite rade, vers 1 500 m du rivage actuel : avant d'être aménagé à notre époque, le cap de La Hève était la partie de côte du pays de Caux, son groin, la plus fragile et la plus exposée aux tempêtes frontales. À l'ouest d'Arromanches où les falaises du cap Manvieux qui alimentent le Chaos sont particulièrement fragiles, Zola a situé Bonneville, peut-être le Bouffay-de-Commes, pauvre village de pêcheurs détruit par une violente tempête à laquelle n'avaient pas résisté les sommaires ouvrages de défense qu'ils avaient construits ; il n'a sans doute pas totalement imaginé ce type d'accident qui a dû être fréquent aux siècles passés ; en effet, on a gardé sur presque toutes nos côtes, le souvenir plus ou moins confus d'autres disparitions de tout ou partie de villes ou villages côtiers, apparemment nombreuses, mais très progressives, d'une tempête à l'autre. Comme toutes les côtes sableuses de la mer du Nord, celle de Flandre a subi plusieurs submersions et reconquêtes qui ont marqué les sédiments subactuels, couches successives de sable marin et de tourbe terrestre datées au fil des siècles par des objets archéologiques. Mais un peu partout, nos côtes régressent plus ou moins, à long terme en raison de l'eustatisme, un peu plus de 1 mm/an lors de ce siècle à Brest, qui affecte particulièrement les côtes basses, et à court terme par l'effet des tempêtes qui est de faire écrouler certaines falaises et de dégraisser les côtes sableuses. Toutefois, certaines côtes sableuses ou vaseuses engraissent jusqu'à rattacher à la terre des îles comme Quiberon, Le Croisic, (Noirmoutier, Oléron), Sète, Giens..., encombrer des estuaires qu'il faut canaliser et continûment draguer, colmater des ports comme Saint-Omer, Abbeville, Brouage, Narbonne, Aigues-Mortes, Fréjus...

2.5.1.1 - LES FALAISES

Sur les côtes de la Manche, les falaises du Pas-de-Calais, du Boulonnais et du pays de Caux, dont la hauteur dépasse localement la centaine de mètres sont très ébouleuses, mais de façon assez irrégulière. Globalement, entre Sangatte et Boulogne, la côte recule d'environ 2,5 m/an ; au large, des bancs et des écueils marquent sa position antérieure : le monticule crayeux au pied argilo-marneux du cap Blanc-Nez subit des écroulements qui sont plutôt des événements terrestres : celui du cran d'Escalles en 1998 a dangereusement fissuré le sommet et induit d'autres mouvements ; à son pied et autour de lui, la falaise de craie de la côte d'Opale se comporte comme celles du pays de Caux, mais le platier de sable au lieu de galets de silex est plus mouvant ; le Gris-Nez, étrave de marne coiffée de bancs de grès et calcaire, bouge beaucoup moins, car les blocs éboulés protègent le pied de la falaise, mais les Épaulards, alignements de bancs en place à fort pendage aval, rappelle que, là aussi, la côte recule ; les dunes de l'estuaire de la Slack sont attaquées et défendues ; de la pointe aux Oies jusqu'au cap d'Alprech, les dalles de grès glissent sur l'argile, plus à cause de suintements et de ruissellements de terre que d'affouillements marins, car le pied des falaises est encombré de blocs et/ou ensablé. D'Ault à Sainte-Adresse, la régression moyenne des falaises crayeuses du pays de Caux atteint 0,5 à 2,5 m/an selon l'endroit et l'époque, soit une trentaine de mètres par siècle, mais près de 60 m vers Saint-Valéry, presque rien aux environs d'Étretat après de nombreux écroulements au XIXe siècle, 2 m/an au cap de la Hève ; le volume de certains écroulements atteint parfois le million de mètres-cubes ; ces falaises débutent à Ault-Onival où, très fracturées, elles sont particulièrement fragiles : dans son premier discours devant la Chambre des pairs, Victor Hugo rappelait la disparition de la partie côtière d'Ault au XVIIIe siècle ; fréquemment affectée par les tempêtes, la falaise d'Onival doit être surveillée et souvent réaménagée car des voies et parfois même des maisons s'écroulent avec un pan de sa crête comme au cours des tempêtes de 1979 et 81 ; on a dû bloquer à grands frais le pied de la falaise au moyen de gros enrochements bétonnés, sans être assuré d'un résultat sûr et pérenne ; la succession des écroulements et des travaux de défense n'est pas prête de s'achever. Entre Ault et Antifer, la falaise de craie, affouillée en pied, s'écroule directement ; au cap d'Ailly, c'est la partie haute argilo-gréseuse de la falaise qui s'éboule le plus rapidement, en première analyse par glissements d'origine terrestre, mais en fait par le recul de la falaise de craie elle-même ; l'ancien phare a été détruit durant la guerre de 40, alors qu'il n'était plus qu'à quelques mètres de la crête ; ses ruines sont tombées à la mer en 1965 : il avait été construit à la fin du XVIIIe siècle, à environ 150 m de la crête ; au SW du cap, au bout de la plage de Sainte-Marguerite, un énorme blockhaus a dégringolé de la crête de la falaise 1944 et s'est planté verticalement dans le platier crayeux à quelques dizaines de mètres de son pied actuel, preuve spectaculaire du recul ; loin vers le large, les rochers naufrageurs d'Ailly, raison d'être du phare, en sont une autre. À l'ouest du cap d'Antifer et jusqu'à celui de La Hève, la craie glisse sur l'argile sous-jacente ; c'est peut-être là, la raison de la possible disparition soudaine de Saint-Denis. Tout le long de la côte de Caux, les matériaux éboulés sont déblayés par la forte dérive littorale d'ouest ; cela avive constamment les pieds de falaises et alimente le colmatage de la côte de la baie de la Somme.

Photos 2.5.1.1 –Falaises crayeuses du pays de Caux

a - Défenses du front de mer à Onival   *b - Le blockhaus renversé de Sainte-Marguerite*

Sur la côte de Normandie, notamment en pays d'Auge, entre Honfleur et Caubourg, les falaises marno-argileuses localement coiffée de petites cuestas calcaires ou gréseuses sont affectées de glissements dont le volume a pu dépasser le million de mètres cubes comme à l'ouest de Villerville en janvier 1982 et à l'est en février 1987 ; ils font reculer certaines zones de plus de 2 m/an, en encombrant le platier de blocs comme aux Vaches Noires à l'ouest de Villiers et en détruisant parfois d'imprudentes villas. Il en va à peu près de même sur la côte du Bessin, entre le cap Manvieux et la pointe du Hoc, notamment vers le Bouffay-de-Comme, Vierville... Au bien nommé Chaos, la falaise lardée de bancs de marnes, s'écroule en pans énormes et là aussi, encombre le platier de blocs rocheux. En fait, toutes les agglomérations des côtes à falaises de la Manche sont exposées à des risques d'éboulement ; elles sont maintenant plus ou moins bien défendues en pied par des gros enrochements bétonnés qui ont remplacé les épis détruits de la période précédente et qui subiront le même sort à plus ou moins long terme ; ils doivent être constamment surveillés et régulièrement entretenus.

Au Flandrien, la mer a pénétré loin dans les vallées bretonnes ; la côte rocheuse du nord, aux multiples îles, écueils, caps, baies et rias est extrêmement découpée, à peu près partout stable pour les terriens, très dangereuse pour les marins ; les îles de Saint-Malo, ensablées, étaient reliées à la terre ; des digues à la mer et ses remparts doivent encore protéger quelquefois la ville. Les hauts d'alluvions fluviatiles des côtes rocheuses de la baie de Saint-Brieuc et ceux de loess du Trégorrois sont très fragiles.

Sur l'Atlantique, les pieds des falaises de Cornouaille, au sud de Concarneau, sont encombrés de blocs éboulés énormes. De la Loire à la Gironde, on trouve un peu partout des falaises à régression assez rapide quand elles sont exposées au SW et composées de roches tendres, schistes et grès, marnes et calcaire, craie plus ou moins argileuse ; il en va ainsi des côtes au large des îles, de la côte de Vendée vers les Sables, de la côte de Jade, au nord de la baie de Bourgneuf ; avant d'être réduite à la fragile plage touristique actuelle, Châtelaillon a été jusqu'au XVIIIe siècle, une ville fortifiée peu à peu engloutie par la mer. Les petites falaises de craie argileuse de Royan et du rivage nord de la Gironde glissent de temps en temps, en emportant peu à peu les champs qui les surmontent, mais si Gériost a disparu, Talmont et Sainte-Radegonde, sa belle église romane à pic sur la mer, doivent être protégés. Enfin, la côte basque est, elle aussi, un peu partout fragile : le recul peut atteindre 5 m/an au nord de Biarritz, moins d'un mètre au sud ; des constructions ont dû être détruite et d'importants travaux de consolidation entrepris au sud de la ville, sur la falaise marno-calcaire haute d'une quarantaine de mètres qui domine la plage des Basques ; elle reculait continûment en glissant à la suite de fortes pluies et ne se stabilisait pas car les produits des glissements étaient déblayés par les tempêtes ; tous les aménagements du versant, drainage, reprofilage... et les ouvrages de défenses en pied sont en partie détruits presque à chaque tempête et le site doit être constamment surveillé et entretenu.

Photos 2.5.1.1 – Falaises de Gironde et de Méditerranée

c – Sainte-Radegonde à Talmont   *d - La pointe des Lombards et le cap Canaille à Cassis*

En Méditerranée, il se produit fréquemment des écroulements à Cassis où la pointe des Lombards, agréable promenade touristique, a dû être interdite, et au cap Canaille, dans des marnes surmontées de cuestas de grès et poudingue, au cap Sicié et vers le large à Porquerolles, dans des schistes et grès, sur les rives nord de la rade de Toulon et du golfe de Giens, dans des calcaires et marnes, sur les bouches de Bonifacio et notamment au pied de la ville, encombré de blocs de molasse calcaréo-sableuse...

Photo 2.5.1.1 e –Bonifacio
Les immeubles de la vieille ville sont au bord de la falaise.

Les falaises des îles tropicales, généralement de roches dures, en partie protégées par des récifs coralliens, ne sont pas très instables, même dans leurs parties au vent. Les falaises hautes de près de 100 m, de calcaire très karstique de la pointe de la Grande Vigie, à l'extrémité NE de la Guadeloupe, exposées aux violentes tempêtes océanes, s'écroulent en grands blocs, sans gêner personne dans cette zone désertique ; les pieds des falaises plus hautes de la Montagne à la Réunion sont maintenant bloqués par l'autoroute littorale, mais c'est sur elle qu'elles s'éboulent encore. Le versant marin du piton de la Fournaise, de son sommet jusque loin en mer est affecté de grands glissements.

Le petit et fragile archipel de Saint-Pierre-et-Miquelon est exposé en quasi-permanence aux violentes tempêtes de l'Atlantique nord ; elles rognent ses falaises de moraine et son tombolo qui constituent près de la moitié de ses côtes ; le recul atteint 1 à 3 m/an selon l'endroit.

2.5.1.2 - *LES CÔTES BASSES*

La mer peut engraisser ou dégraisser les côtes basses extrêmement mobiles, soit toujours dans le même sens, soit alternativement, selon la saison.

La Flandre maritime, éponyme du Flandrien est un ensemble de fragiles polders, les moëres, plus bas que les eaux vives ou même que le 0 pour la Grande moëre, défendus par des dunes, des digues et des écluses de canaux ; progressivement créés du Moyen Âge au XVIIe siècle, ils ont été plusieurs fois plus ou moins envahis par la mer durant plusieurs années, 1645, 1746... souvent par destruction des digues pour des raisons militaires, 1793 lors de la retraite de l'Armée du nord, 1940 ; actuellement, la côte recule localement de près de 1 m/an, peut-être en raison des aménagements du port de Dunkerque qui arrêtent les apports de matériaux d'engraissage de l'ouest ; néanmoins, certaines dunes littorales ensablent peu à peu des blockhaus littoraux ; d'autres s'enlisent quand la mer les atteint.

Dans la Manche, en baie de Somme, la dérive littorale du SW, véritable fleuve côtier, engraisse le cordon littoral et les dunes, ensable et dévie les estuaires vers le Nord ; de part et d'autre de l'estuaire, la falaise morte, coteau herbeux qui n'a plus rien de marin, est isolée de la mer par le Marquenterre et les Bas-Champs, polders à l'abri de dunes et de digues à la mer localement fragiles.

Certaines dunes et plages de la côte ouest du Cotentin reculent de 1 à 5 m par an ; celles de Coutainville et de Montmartin, de part et d'autre de l'embouchure de la Sienne sont les plus affectées. On sait que la baie du Mont-Saint-Michel s'envase : au sud, le trait de côte a progressé de plus de 5 km depuis le Xe siècle et la vasière découverte à marée basse occupe presque toute la baie ; elle s'épaissit d'environ 2 cm par an ; on s'emploie sans grand succès à maintenir l'isolement naturel du monument, car la levée de son accès routier empêche que le courant de marée contourne l'île et érode la vasière ; on sait moins qu'elle ne s'est formée que vers le Ve siècle et que son rivage artificiel est défendu par un réseau de digues qui protègent le marais de Dol et 3 000 ha de polders, entre Pontaubault et Cancale ; en cas de rupture, il arrive encore de temps en temps que les prés salés et les villages riverains soient inondés. Depuis le Moyen Âge, la baie de Saint-Brieuc s'est désensablée de 3 à 400 km^2 à la cadence de 2m/an ; à marée basse, on allait à pied sec à Jersey par sa chaussée alors ensablée ; au large des rivages sud du golfe de Saint-Malo, on a longtemps exploité à marée basse, les bois des forêts côtières englouties.

Le cordon de sable et galets de la baie d'Audierne entre Penhors et la pointe de la Torche est exposé aux violentes tempêtes de SW ; il a largement reculé depuis une cinquantaine d'années au détriment des étangs, marais, et bancs de sable qu'il avait créé en empêchant les eaux littorales de rejoindre la mer ; mais cela est dû en grande partie à son exploitation comme carrière de matériaux de construction, arrêtée depuis une vingtaine d'années ; la plage demeure totalement désolée, dangereuse. Le tombolo de Quiberon est plutôt fragile ; les mégalithes aux pieds dans l'eau de Cornouaille et du Morbihan, attestent le recul des côtes basses de Bretagne du sud, essentiellement à cause de l'eustatisme. Là comme ailleurs, quelques villas imprudemment construites trop près du rivage, en ont été victimes.

De la Loire à la Gironde, l'étroite guirlande de plages est plus ou moins fragile, hérissée d'épis, et doit être entretenue, souvent à grands frais, pour permettre aux touristes d'en disposer à la belle saison : les alluvions de la Gironde et de la Loire ne suffisent plus à les engraisser ; dans le pertuis d'Antioche, la plage de Châtelaillon n'a jamais été très stable ; on a dû construire une digue pour protéger les aménagements touristiques et des épis pour essayer de stabiliser la plage ; mais rien n'arrête l'érosion : la plage disparaît presque à chaque tempête ; on la reconstitue avant la saison, en draguant le sable du large ; elle repart avec les vacanciers.

De la Gironde à l'Adour, le fragile littoral sableux d'Aquitaine régresse sans cesse ; il est soumis à de violentes tempêtes frontales dont on estime que les vagues annuelles atteignent 10 m, décennales 15 m, centennales 20 m ; la passe de la Gironde est très instable sur les deux rives dont la défense permanente est nécessaire : la pointe de la Coubre a perdu 3 km en 100 ans et son phare a dû être reconstruit ; jusqu'à la fin du XVIe siècle, l'îlot de Cordouan était suffisamment vaste pour que les constructeurs du phare aient pu y loger en permanence ; à marée basse, il était relié à la pointe de la Grave qui s'est constamment éloignée de lui en se dégraissant vers l'est, 5 km en 1630, 7 km en 1870, près de 10 km actuellement ; cette pointe est en effet très mobile : Soulac, sur la Gironde au Moyen Âge est actuellement sur l'océan ; la pointe s'est déplacée de près de 1 km vers le SE de 1818 à 1846 ; elle est maintenant artificiellement fixée. Un peu plus au sud, le cadastre de L'Amélie-les-Bains montre que le rivage a reculé d'environ 200 m en une centaine d'années ; le rivage recule aussi de 2 m/an à Hourtin... ; par contre, le cap Ferret a avancé vers le sud d'environ 4 km en 200 ans. Mais tout le long de la côte et notamment au pied de la dune du Pilat, les blockhaus baladeurs du mur de l'Atlantique attestent cette régression que des épis et autres ouvrages plus ou moins efficaces essaient de réduire aux abords des stations balnéaires.

L'embouchure de l'Adour a été tout aussi baladeuse que la pointe de la Grave, jusqu'à ce que, vers 1575, on la fixe à grand mal et grâce à une crue de la Nive, où elle est actuellement, en la maintenant par de fortes digues sur la rive nord, pour éviter qu'elle reparte, et en la draguant sans cesse pour qu'elle demeure navigable jusqu'au port de Bayonne. Auparavant, elle se promenait entre Vieux-Boucau (Port-d'Albret) et Bayonne, derrière le cordon de dunes qui lui barrait le passage jusqu'à ce qu'une tempête lui ouvre un accès provisoire à la mer ; elle s'arrêtait parfois à Capbreton, en regard du Gouf où structuralement, elle devrait demeurer.

En Méditerranée, des Pyrénées au delta du Rhône, la côte sableuse est plus stable dans l'ensemble et aurait actuellement plutôt tendance à engraisser, grâce aux apports des fleuves du Rousillon, du Languedoc et du Rhône, véhiculés par les dérives côtières d'est ou d'ouest, selon les vents ; la plupart des plages touristiques doivent néanmoins être protégées par des épis. L'embouchure de l'Aude, en fait un delta aménagé, hésitait entre le nord et le sud de la montagne de la Clape jusqu'au Moyen Âge ; le fleuve traversait alors Narbonne, à l'emplacement du canal de la Roubine ; ce site est ainsi une sorte de modèle réduit morphologique et comportemental du delta du Huanghe (*cf. 1.8.3*). Lors de la tempête de 1982, là où il en restait, le cordon littoral du Languedoc a été détruit en de nombreux endroits et s'est reconstitué plus à l'intérieur des terres…

En Camargue, delta extrêmement mouvant tant à l'intérieur que sur la côte, l'eau est montée d'environ 0,2 m durant le XXe siècle, à cause des effets conjugués de l'eustatisme et de la subsidence ; par contre, le déficit d'alluvionnement dû à la canalisation du Rhône et de la Durance serait négligeable ; pour le moment, il n'affecte que l'embouchure du petit Rhône ; seul à être vif en dehors des fortes crues, le grand Rhône avance encore vers le SE, mais plus lentement : Arles était à une dizaine de kilomètre de la mer à l'époque romaine ; elle en est maintenant éloignée d'une vingtaine ; la tour Saint-Louis était sur le rivage quand elle a été construite vers 1750 ; elle est maintenant à une dizaine de kilomètres de l'embouchure du grand Rhône ; à l'est de cette embouchure, la flèche de la Gracieuse, constituée à partir de l'épave du navire éponyme échoué en 1892, couvre le port de Fos ; très instable, en partie détruite par la tempête de 1982, elle a été plus ou moins fixée en y échouant des vieilles barges. Par contre, la côte régresse rapidement entre l'embouchure et le golfe de Bauduc : le phare de Faraman a été construit en 1840, vers 700 m du rivage ; il a été englouti en 1917, puis reconstruit toujours vers 700 m du rivage. La digue à la mer très fragile protège plus ou moins bien la côte nord du golfe, car elle est de plus en plus fréquemment attaquée et doit être sans cesse réparée ; cela commence à poser des problèmes aux Saintes-Maries-de-la-Mer qui se trouvaient à quelques kilomètres de la côte au Moyen Âge et encore vers 500 m à la fin du XVIIIe siècle ; préférant se fier à la mode écologique plutôt qu'à l'histoire, on a récemment prétendu stabiliser la côte avec des rubans en plastique fixés sur le fond, pour remplacer les posidonies dont on disait qu'elles retenaient le sable avant de disparaître sous l'effet de la pollution ; elles sont revenues sans que la pollution et la régression cessent. Les tempêtes de l'hiver 1997 ont montré que le village lui-même devenait très exposé ; pour protéger le front de mer en cours d'aménagement, on a d'abord immergé des blocs rocheux et de béton devant la plage et comme on sait qu'en fait, cela ne sert pas à grand-chose, car ils s'ensablent et s'enlisent peu à peu comme les épaves, on a placé de lourdes plaques métalliques sur le fond ; elles s'ensablent et s'enlisent elles aussi ; le front de mer maintenant aménagé pour le tourisme, port, promenade sur digue, plages entre épis, parait stabilisé, mais il est peu probable que ce soit à long terme. La batterie d'Orgon était près du rivage, sur la rive gauche du petit Rhône en 1680 ; en 1880, c'était un écueil à 100 m de la côte ; il a maintenant disparu, comme disparaissent peu à peu toutes les épaves qui jalonnent la côte hostile et mouvante du golfe

Le cordon de galets du Var a disparu sous les aménagements du rivage de la baie des Anges entre Nice et Antibes, mais il se manifeste parfois lors de violentes tempêtes de largade : la promenade des Anglais à Nice est alors couverte de galets ; il en va de même de la route littorale entre les deux villes ; la voie ferrée prudemment implantée plus à l'intérieur est rarement affectée ; les aménagements récents entre elle et le rivage ne sont pas à l'abri de ces bombardements de galets.

2.5.2 - TSUNAMIS

Évoquer le risque de tsunamis en France, pourrait passer pour une plaisanterie méridionale, s'il ne s'en était pas produit un très dommageable, à l'embouchure du Var en 1979. On a rappelé à son propos, des travaux de remblayage marin en cours pour le prolongement de l'aéroport de Nice et la création d'un port de commerce ; ces projets ont été abandonnés à la suite de l'accident. Quoi qu'il en soit, c'est le glissement d'un pan du versant Est du départ du canyon sous-marin du Var creusé dans ses alluvions peu consolidés qui l'a provoqué ; il supportait quelques millions de m³ des matériaux de la plate-forme en construction, compactés d'une façon pour le moins brutale ; une onde dont la hauteur atteignait environ 2,5 m à Antibes, a balayé une partie de la côte ouest de la rade de Nice, entraînant des dégâts matériels et faisant six victimes ; au large, quelques heures après, le courant de turbidité déclenché par le glissement a dévalé le canyon creusé dans l'abrupte tombée de l'étroit plateau et coupé des dizaines de kilomètres de longueurs de câbles téléphoniques, sur les fonds moins pentus du delta vaseux à une centaine de kilomètres du rivage et à plus de 2 000 m de profondeur.

Les rades de Nice et de Cannes, en particulier vers le cap d'Antibes, ainsi que la rade de Marseille et le golfe de Fos ont subi d'autres petits tsunamis qui n'ont fait que des dégâts matériels localisés. Certains seraient directement dus à des séismes comme à celui de Vence en août 1818 et à celui de Ligurie le 23 février 1887, 2 m à Antibes... D'autres seraient dus à de grands glissements qui affecteraient les versants et les thalwegs des canyons sous-marins en pentes très raides comme ceux de la Roya, du Var, de la Siagne... ; ils échancrent les fonds provençaux dépourvus de plate-forme continentale, et sont tapissés de matériaux meubles très instables ; ces glissements seraient déclenchés par des séismes ou les crues des fleuves et torrents côtiers et ils engendreraient de violents courants de turbidité.

Des seiches du type de celle du Vaiont, dues à des mouvements de terrains sur des rives de lacs de barrages, seraient possibles dans le Plan d'amont de l'aménagement de Grand-Maison dont certaines rives sont encombrées d'éboulis, dans les retenues de Monteynard, de Génissiat, de la Truyère... Des réseaux de surveillances sont installés sur leurs rives instables : en principe, EDF veille.

2.6 - LES SÉISMES

La France continentale est beaucoup moins sismique que l'Italie, les Balkans, la Grèce, la Turquie, l'Algérie et bien entendu, que la Chine, le Japon, la Californie, les Andes... disons vingt fois moins que l'Italie et cent fois moins que le Japon. Depuis qu'on la mesure, la magnitude n'y aurait jamais dépassé 5,6 ; à travers le monde, il se produirait plus de 100 séismes par an de cette magnitude, et la magnitude moyenne des séismes destructeurs est 6,5, ce qui correspond à une énergie dissipée de l'ordre de 30 fois supérieure. Pourtant, il s'y est produit des secousses sérieuses : le degré historique maximal de l'échelle MSK d'intensité d'un séisme français, aurait été de X à Bâle-Mulhouse en 1356 et dans la vallée de la Vésubie en 1564 ; depuis lors, le degré d'intensité n'a atteint IX qu'à Rognes le 11/06/1909. On ressent les séismes à partir des degrés d'intensité III à IV ; il s'en produirait moins d'une vingtaine par an sur l'ensemble du territoire. Le seuil de frayeur est atteint pour des séismes de degrés V à VI ; il s'en produirait près d'un par an pour l'ensemble des régions considérées comme sismiques : alors, les Français fantasment quand, de temps en temps, les médias les informent que quelques cheminées instables sont tombées ici ou là, et leur montrent, à terre, tel débris de balcon qui aurait pu tuer quelqu'un qui se serait trouvé là lors de sa chute. Par un heureux manque d'expérience, ils ne savent pas trop ce qu'est, en réalité, un séisme destructeur dont ils ne voient que des images télévisées, provenant parfois de la proche Italie : en septembre 1997, le séisme d'Assise a fait une dizaine de victimes, près de 40 000 sans-abri, a gravement endommagé des hôpitaux, des écoles, des monuments... Cela explique que les Français soient très sensibles aux propos catastrophistes qu'on leur tient, quand on n'a pas grand-chose à leur dire. Dans certaines zones des Alpes, de Provence, des Pyrénées et d'Alsace, les risques de séismes destructeurs ne sont toutefois pas négligeables, et plusieurs de ces zones sont très peuplées et très industrialisées ; il est donc sage d'en tenir compte pour l'aménagement du territoire et la construction, comme on le fait plus ou moins rigoureusement depuis trois décennies, en fait depuis que l'on construit des centrales électronucléaires. Assez curieusement pourtant, l'une des premières installations nucléaires françaises, l'usine de Pierrelatte, est située pratiquement au centre d'une zone notablement sismique, I_B, où l'on a répertorié une dizaine de séismes dont le plus violent a atteint le degré VIII ; ce site ferait aussi partie de ceux qui pourraient être choisis pour le stockage souterrain de déchets nucléaires de classes B et C ; un autre site de stockage pourrait être celui de Marcoule, en zone I_A. Quant au centre de Cadarache, il est en zone II, voisin de la faille considérée comme active de la Durance, à proximité de laquelle se sont produits les séismes de Manosque (14/08/1708, M_l 5, MSK VIII) et de Rognes !

2.6.1 - OÙ ?

En près de mille ans, il n'y aurait eu qu'une trentaine de séismes métropolitains d'intensité MSK supérieure au degré VII, dommageables, dont deux ou trois de degré X, catastrophiques ; depuis peu, il en existe un inventaire dont découlent en partie, une carte sismotectonique et une carte du zonage sismique de la France. Nos zones sismiques sont donc assez bien délimitées et caractérisées : la sismicité des Alpes et notamment du Sud-Est, la plus préoccupante, est due à la collision de la plaque européenne et de la petite plaque apulienne, étroite digitation de la plaque africaine ; celle des Pyrénées et de Provence est due au coulissage Espagne/France ; celle d'Alsace et de Limagne, à des distensions de rifts ; celle des massifs hercyniens, à des rejeux de leurs grandes fractures ; celle des Antilles, à la subduction Caraïbe/Atlantique et au volcanisme associé de même origine...

En fait, notre cartographie sismique établie à partir des archives, de la géologie structurale et des observations sismologiques, n'est pas fixée. Selon le zonage sismique de la France 1969, la région d'Aix-en-Provence présentait une sismicité non négligeable de zone II, alors que la région marseillaise était réputée parfaitement calme, de zone 0. Or, à l'échelle du sud-est de la France, il y a peu de différences structurales entre ces deux régions limitrophes, situées sur la zone de coulissage pyrénéo-provençale et à proximité de la faille de la Durance, considérées à juste titre comme des zones de sismicité non négligeable (1509, 1708, 1812) : celui qui pourrait les distinguer sur les cartes géologique et sismotectonique de la France à 1/1 000 000, serait très subtil ; à Notre-Dame-Limite, banlieue de Marseille appartenant en partie à Septèmes, commune du canton de Gardanne, un côté de plusieurs rues est en zone 0 et l'autre en zone I. En fait, parmi les plus anciens monuments aixois ou marseillais, aucun ne semble avoir souffert d'un séisme ; les archives font état de cheminées abattues, degré VII, tant à Aix en 1756 qu'à Marseille en 1803. En 1227, un séisme plus ou moins hypothétique de degré X, qui aurait ravagé une bonne partie de la Provence est attribué à Aix, parce que cette ville et non Marseille en était alors la capitale ; en fait, les deux villes paraîtraient en avoir souffert autant l'une que l'autre. Sans qu'il soit besoin de réunir tous les centenaires de la ville, on trouve de nombreux Marseillais qui, sans blaguer, affirment avoir ressenti plusieurs fois dans leur vie, des secousses sismiques, certes de faible intensité puisqu'ils sont là pour le dire ; il n'y a pas lieu de faire davantage confiance aux Aixois qui affirment que la terre tremble parfois sous leurs pieds puisque, à vingt kilomètres près, ils sont aussi méridionaux que les marseillais. Pour être plus sérieux, je rappelle que plusieurs observatoires sismiques permanents sont installés en divers endroits de la région d'Aix-Marseille et en particulier à Cadarache, zone d'expérimentation nucléaire ; on y constaterait des bruits de fond sismiques de forme et d'intensité analogues.

Photo 2.6.1 – Rognes après le séisme du 11/06/1909

Les vieux immeubles sur la colline ont été presque tous détruits ; ceux plus récents, dont l'église, le transformateur..., ont mieux résisté

Cette différence de sismicité officielle entre deux régions aussi peu dissemblables par ailleurs, tient à ce que le 11/06/1909 à 21h15, un séisme catastrophique de degré IX, a ruiné plusieurs villages de l'ouest de l'arrondissement d'Aix et en particulier, celui de Rognes, situé à 15 km d'Aix et à 40 km de Marseille ; ses effets ont donc été ressentis plus intensément à Aix, degré VI/VII, qu'à Marseille, degré V, parce que plus proche de l'épicentre et aussi parce que les zones isosismiques étaient orientées selon la structure générale de la Provence, sensiblement E-W. Or, à cent ans et une cinquantaine de kilomètres près, ce qui est sismiquement négligeable, compte tenu de la structure provençale, ce séisme pourrait ne pas s'être encore produit ou s'être produit ailleurs : toute la région d'Aix-Marseille serait actuellement réputée non sismique ; je rappelle à ce propos qu'en 1906, c'est-à-dire trois ans avant le séisme de Rognes, F. de Montessus de Ballore dans *Les tremblements de terre, géographie sismologique, 1906,* puis dans *La science sismologique, 1907,* estimait que la Provence pouvait être considérée comme une région à l'abri de tout séisme ; il ignorait ou sous-estimait sans doute le séisme de 1277, et plus sûrement, que la région est fragile, car elle se trouve sur un nœud tectonique important, au croisement de la faille de Durance et de certains chevauchements provençaux, proche du volcan miocène de Beaulieu ; dans cette région où les isoséistes sont elliptiques ≈ E/W comme les chevauchements et non NW/SE, comme la faille, il se produit du reste encore de temps en temps, des séismes dont heureusement, l'intensité n'a plus dépassé V. Et si l'épicentre du séisme avait été sur la bordure opposée du bassin d'Aix, c'est la région de Marseille et non celle d'Aix qui serait maintenant réputée sismique. De l'observation d'un phénomène unique, on avait donc conclu que d'une part, la région d'Aix était sismique, ce que l'on admet évidemment bien volontiers, de sorte qu'il fallait y prendre certaines précautions de construction, et que d'autre part, la région de Marseille n'était pas sismique, ce qui est beaucoup moins évident, de sorte qu'il était inutile d'y prendre quelle précaution que ce soit. On pouvait espérer que la nature se plierait de bonne grâce à ce zonage sismique, mais on dit qu'elle est capricieuse : comme pour le prouver, le 19/02/84 le dernier séisme régional sensible, M_L 4,5, MSK V à VI, avait pour épicentre le village de Gréasque, arrondissement de Marseille et donc administrativement non sismique, mais situé sur la bordure sud du bassin d'Aix et donc structuralement et effectivement sismique. Le zonage 1985 a fait une zone I_A de la commune de Gréasque et partant, de tout le canton auquel elle appartient, bien que cette commune soit la seule structuralement exposée du canton : il vaut mieux être plus prudent que moins. Mais le reste de l'arrondissement de Marseille y est toujours réputé non sismique ; pourtant, à l'occasion du séisme de Gréasque, les Marseillais habitants des immeubles élevés, n'ont pas rêvé que leurs lits avaient été transportés dans un parc d'attraction, mais ont plutôt cru que leur dernière heure était arrivée ; comme à leur habitude, ils exagéraient évidemment ; pendant ce temps, les Aixois dormaient un peu plus tranquillement. Si le site de Marseille s'avisait de ne plus respecter le zonage sismique, ce qui est toutefois peu probable, il y aurait lieu de s'inquiéter du comportement éventuel de multiples immeubles anciens et de certains immeubles modernes, construits à flancs de coteaux de l'une de ses nombreuses collines ; leurs structures sont des superpositions sans contreventement, de planchers-dalles portés par de minces poteaux en béton ; on connaît leur dangereuse fragilité sismique, car elles sont particulièrement sensibles aux effets de la composante horizontale de l'accélération.

Quoi qu'il en soit, il est tout de même possible de caractériser assez précisément la sismicité française, à partir de données sismotectoniques et historiques. Le bassin parisien, le bassin d'Aquitaine et l'île de la Réunion sont à peu près assismiques, bien que l'on y ressente parfois, ici ou là, des séismes degré III/IV. Les massifs hercyniens, Bretagne, Massif central, Vosges, ainsi que leurs régions limitrophes, basse Normandie, seuil du Poitou et ses deux versants, SW des Vosges, sont nettement plus sismiques ; les dégâts matériels y sont rares et généralement limités, mais le séisme d'Oléron a atteint le degré VII en 1972, celui de Vendée/Charente a atteint la magnitude 4,5 en mai 2001, celui de Remiremont a atteint le degré VIII en 1682, celui de Saint-Dié le 22/02/03 a atteint la magnitude 5,4... Dans les rifts de Limagne d'Allier et surtout d'Alsace, les séismes de degré VI sont relativement fréquents, avec au-delà, VIII à Clermont-Ferrand en 1490 et X à Bâle/Moulhouse en 1356. Les Pyrénées centrales, et dans une moindre mesure orientales, sont autant sismiques, avec le degré VIII à Arette/Montory en 1967 ; la sismicité de la Provence, d'origine analogue, est moindre malgré le séisme de Rognes. La sismicité des Alpes est répartie en deux arcs structuraux ; sur l'arc externe, de Genève à Montélimar par les Savoies et le Vercors, le degré VI n'est pas rare et le degré VII a été atteint deux ou trois fois : en juillet 1996 un séisme M_L 5,2 a fait quelques dégâts autour d'Annecy ; l'arc interne franco-italien, sur la suture Apulie/Europe, est considéré avec juste raison, comme la région la plus sismique de France, avec deux ou trois séismes de degré supérieur à VIII, dont celui de la Vésubie, mais aussi une dizaine de séisme VI/VII en un millénaire ; le coude de la Vésubie avec les villages de Roquebillière, Belvédère, La Bollène, Lantosque parait être la zone la plus dangereuse de France car ces vieux villages aux constructions fragiles, très vulnérables, sont implantés dans des sites où les séismes déclenchent de nombreux et grands mouvements de terrains ; la côte entre Nice et la frontière est une autre zone sensible, la plus proche des nombreux séismes ligures, très destructeurs en Italie, car leurs foyers profonds d'une quinzaine à une trentaine de kilomètres, se trouvent généralement au large de la Riviera ; en février 2001, un séisme M_L 4,6 à été ressenti sur la côte, mais n'a pas produit de dégâts. Les deux îles antillaises et en particulier la Guadeloupe sont plutôt agitées tant par des séismes volcaniques que structuraux qui atteignent couramment le degré VIII : en 1843, lors d'une éruption bénigne de la Soufrière, un séisme de degré IX a ravagé Basse-Terre et une bonne partie de l'île ; le 21/11/04 un séisme M_L 6,3 qui a fait de gros dégâts au sud de la Basse-Terre et aux Saintes, s'est produit sur une faille active sous-marine entre la Basse-Terre et la Dominique.

Les zones très sismiques sont maintenant équipées de réseaux d'instruments de veille permanente, sismographes qui se saturent assez facilement et accéléromètres qui donnent accès aux calculs de magnitudes. On obtient à peu près la même géographie sismique à partir de ces observations.

2.6.2 - COMMENT ?

Actuellement, les régions les plus agitées sont celles d'Oléron, d'Arette, de Remiremont, du Vercors, des Savoies, de l'est des Alpes-Maritimes, où des pics de M_L 4 sont fréquents et peuvent atteindre 5,5 ; la moyenne française métropolitaine est d'environ M_L 3. L'aléa sismique français n'est donc pas bien grand : il n'en va pas de même de la vulnérabilité des constructions dont seule une infime partie est parasismique, même dans les zones les plus exposées : le parc immobilier français est vieux et se renouvelle très lentement, moins de 1 % par an ; les constructions sont en majeure partie de type traditionnel, maçonnerie de moellons mal liés, charpentes de bois mal ancrées, appendices extérieurs fragiles... Ainsi, lors des séismes français dont parlent les médias, des cheminées branlantes tombent assez fréquemment comme à Annecy/Épagny, M_L 5,3 et MSK VII , en juillet 1996 ; administrativement, ce séisme d'Annecy est une « catastrophe naturelle » ; je me demande alors comment sera qualifié le séisme centennal de degré VIII/IX que certains prédisent, avec gourmandise, dans la région niçoise, lors duquel des immeubles vétustes s'effondreraient sans doute en partie, comme cela est advenu à Menton lors du séisme de 1887 qui a ravagé la Ligurie, en particulier sur la rive gauche du Caréi endigué, où des villas construites sur les alluvions ou des remblais ont beaucoup souffert par effet de site.

2.6.3 - QUAND ?

Je me garderai bien d'imiter Montessus de Ballore à propos de la Provence, en estimant que la France est à l'abri de tout séisme catastrophique. Je ne suivrai pas non plus ceux qui proposent des simulations médiatiques en prévision du prochain qui ne saurait être qu'imminent puisque sa période de retour est presque écoulée : une probabilité statistique n'est en rien une certitude à terme fixé ; l'opinion selon laquelle, plus un événement probable est éloigné dans le temps, plus il serait grave, n'est pas convaincante ; la théorie des lacunes ne concerne que les zones de très forte activité sur les failles de coulissage comme celles de Californie, Algérie, Anatolie... ; en Provence, autre zone de coulissage, la très faible fréquence des séismes ne permet pas d'appliquer convenablement cette théorie.

Il est à peine utile de rappeler que la prédiction, annonce claire et précise de la magnitude, de la position et du moment d'un séisme est impossible ; du reste, si elle l'était, que ferait-on en attendant qu'une annonce se réalise ?

La prévision statistique n'est pas très satisfaisante, car la base de données historiques dont on dispose pour l'établir est beaucoup trop petite. Elle n'est pas homogène : à mesure que l'on remonte le temps, les données sont de moins en moins nombreuses et précises, et seuls les plus grands événements apparaissent. Elle est fondée sur les caractéristiques des épicentres et non des foyers, et groupe des événements issus de zones sismotectoniques différentes : les séismes provençaux ne sont en rien comparables à ceux de l'arrière pays niçois ou d'Alsace... Ainsi, la série statistique nationale n'a pas de sens, et les séries régionales sont trop courtes ; pour la région niçoise, la mieux documentée et où il s'est produit le plus de séismes historiques, on a recensé une série d'événements pas toujours certains, d'intensité très variable et concernant deux zones pas forcement liées, Vésubie et Ligurie, 625, (1227), 1348, 1494, 1556, 1564, 1612, 1618, 1644, 1818, 1831, 1854, 1887 : elle n'est visiblement pas exploitable statistiquement. Il n'est donc pas étonnant que la prévision statistique soit toujours prise en défaut : avant Rognes, la Provence n'était pas considérée comme sismique ; selon le zonage sismique 1969 révisé en 1982, la sismicité d'Oléron et de Gréasque était nulle. L'évaluation probabiliste de l'aléa sismique est donc un exercice d'école qui mobilise beaucoup de temps d'ordinateur pour aboutir à des cartes d'isosismicité assez surréalistes, sur lesquelles on trouve des dixièmes voire des centièmes de degrés d'intensité, et qui attribuent par interpolation et lissage, de la sismicité à des zones structuralement calmes, parce qu'elles sont situées entre des zones sismiques structuralement différentes.

D'une façon générale, on sait qu'il n'y a pas grand-chose à attendre d'éventuels phénomènes précurseurs de séismes pour fonder des annonces à peu près fiables. Faute d'un nombre suffisant d'événements attendus dans une région aussi peu sismique que la France, et compte tenu de différences sismotectoniques certaines, il serait même impossible d'étalonner et donc d'utiliser, un précurseur qui se serait montré éventuellement utilisable dans une région très sismique : une expérimentation hasardeuse de la méthode Van dans les Alpes, politiquement imposée au CEA (Commissariat à l'énergie atomique) sur fonds publics, s'est terminée par lassitude en 1994, sans avoir montré quoi que ce soit d'utile.

Il existe plusieurs réseaux de veille sismique, militaires ou civils, nationaux ou locaux, plus ou moins coordonnés. Celui du CEA fonctionne depuis 1962 ; destiné à assurer la détection des explosions nucléaires dans le monde, il doit aussi donner l'alerte à la Sécurité civile locale, dans certaines conditions de magnitude et de nombre de stations impliquées ; cela arrive une trentaine de fois par an. La moyenne vallée de la Durance est très étudiée, sous tous les aspects de la sismologie structurale et instrumentale, et sert un peu de champ d'expérience à la sismologie française dont Cadarache est un centre très actif, pour des raisons nucléaires évidentes.

2.6.4 - QUE FAIRE ?

Ainsi, il ne faut rien attendre de la prédiction ou même de la prévision ; les alertes quand la magnitude locale atteint M_L 4 n'ont eu jusqu'à présent aucun effet pratique. Ce n'est donc pas ce qu'il faut demander à la sismologie et à la statistique. Les données sismotectonique et instrumentales permettent par contre de compléter et de préciser les données historiques et les résultats de leur exploitation statistique ; sur ces bases, la carte du zonage sismique de la France est donc un bon instrument de prévision spatiale : par elle, on sait à peu près où il y a des risques sismiques. On sait aussi que ce ne sont pas les séismes eux-mêmes qui sont dangereux, mais les bâtiments qui s'effondrent : pour se prémunir d'un risque sismique, plutôt que chercher vainement à essayer d'en prévoir la réalisation, il serait donc préférable de le prévenir, c'est-à-dire de construire parasismique dans la zone qu'il menace. Cela est plus vite écrit que fait ; même si on le faisait rigoureusement, l'existant non parasismique serait toujours là pour limiter la portée pratique de cette action. Ainsi, on estime que s'il se produisait maintenant, le séisme du 23/02/1887 en Ligurie, M_L 6,3, provoquerait 600 morts, 1500 blessés, plus de 20000 sans-abri, que le séisme de Rogne provoquerait plus de 500 morts et plus de 2 000 blessés et qu'un séisme M_L 6,3 sur la faille de la mer de Ligurie, vers 30 km de la côte provoquerait 200 morts, 2 000 blessés et 100 000 sans-abri dans la région niçoise. Le surcoût de la construction parasismique souvent évoqué pour l'éviter, dépend de ce à quoi on le compare ; si c'est au coût d'un empilement approximatif de parpaings construit au rabais, qui n'a de bâtiment que le nom, et se fissure ordinairement sans avoir été soumis à un quelconque séisme, il est proche de 10 % ; si c'est à celui d'une construction de qualité, il est proche de 0 % : n'importe quel édifice bien fondé, ayant une structure simple, continue, bien contreventée, en béton correctement armé, c'est-à-dire convenablement construit, est apte à supporter les effets de forts séismes, même s'il n'est pas labélisé parasismique.

Depuis leur première édition en 1969, les règles parasismiques françaises qui ne s'appliquent qu'aux constructions nouvelles sont successivement passées de la simple recommandation par des organismes de contrôle de la construction, à l'obligation administrative pour les immeubles de grande hauteur, les édifices publics, puis pour tous les immeubles collectifs et enfin pour toutes les constructions. Reste donc à les imposer à la réhabilitation ; il sera difficile, voire impossible, d'aller plus loin, car rendre un immeuble ancien parasismique impose d'intervenir sur sa structure, c'est-à-dire de le vider le temps des travaux. Cela n'est envisageable que pour des constructions publiques, nécessaires à la sécurité et aux secours ; il faudrait évidemment en donner les moyens à l'administration qui sait, au besoin, adapter ces constructions à l'évolution d'autres normes de sécurité.

À l'exception de ces constructions dont il est évidemment nécessaire de préserver l'intégrité en cas de séisme destructeur, le parasismique n'est destiné qu'à assurer la sécurité immédiate des gens ; cela n'éviterait pas les situations critiques, voire dramatiques et même les mouvements de panique. Il serait ridicule et vain de prétendre entraîner les gens à assumer une situation qu'ils ont les plus grandes chances de ne jamais connaître ; la sismicité de la France n'est pas celle du Japon. Avant, on doit donc seulement informer les gens exposés, et éventuellement après, il faudra les secourir ; ce sont des obligations légales qui incombent en premier lieu au maire de la commune menacée, assisté par les structures administratives de protection civile sous l'autorité du préfet. Des études de PPR sismiques ont été réalisées à Nice, Lourdes…

2.6.5 - ZONAGE SISMIQUE DE LA FRANCE

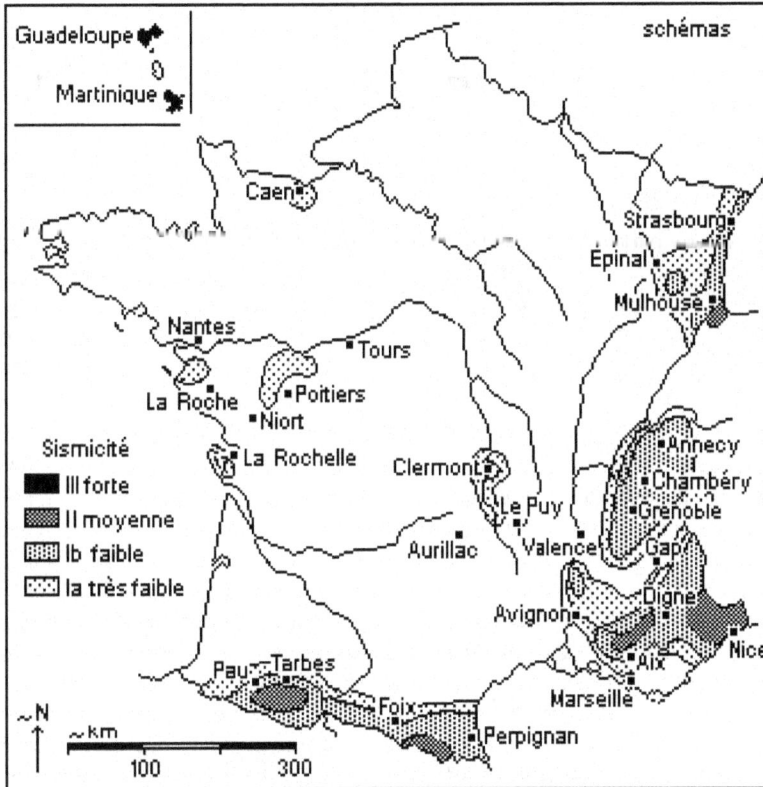

Figure 2.6.5 – Zonage sismique de la France (schéma)

Les règles parasismiques, PS 69 et suivantes, sont un document technique unifié, DTU, établi à l'origine pour servir de base à l'application des règles parasismiques de construction, puis à la mise en œuvre des PPR, à l'information du public et à la préparation des plans de secours. Il attribue aux régions réputées sismiques, un indice de 0 à III qui intègre les données disponibles, historiques, sismotectoniques, instrumentales... par référence à l'échelle MSK d'intensité sismique. C'est le seul paramètre homogène dont on dispose actuellement ; le zonage est donc en grande partie fondé sur les intensités maximales historiques, le nombre et les intensités des séismes répertoriés. Ce n'est pas très satisfaisant, car l'intensité n'est pas une grandeur physique strictement mesurable : pour les séismes actuels, elle résulte de l'interprétation de réactions, témoignages et descriptions par ceux qui ont assisté à l'événement, puis d'observations par des spécialistes qui sont venu par la suite sur les lieux ; les intensités attribuées aux séismes anciens dépendent des interprétations par des archivistes, des historiens et des sismologues, de descriptions plus ou moins fidèles et détaillées, souvent biaisées par le niveau de connaissance et les croyances du chroniqueur qui n'a pas forcément assisté à l'événement. Le découpage des zones est au niveau administratif du canton, ce qui n'est pas très satisfaisant comme on l'a vu à propos de Gréasque ; un découpage fondé sur la notion de bassin de risque serait préférable, mais beaucoup plus difficile à établir et à appliquer.

La zone III où la sismicité est dite forte, est limitée aux deux îles des Antilles. La zone II, sismicité moyenne, couvre les régions où l'on a constaté des séismes d'intensité supérieure à VIII et où l'on estime le temps de retour d'un tel séisme à moins de 250 ans ; c'est le cas du sud de l'Alsace, des Pyrénées centrales et orientales, d'une partie de la Provence et de la Côte-d'Azur. La zone I_B, sismicité faible, couvre les régions où l'on n'a pas constaté de séisme d'intensité supérieure à VIII et où l'on estime le temps de retour d'un tel séisme supérieur à 250 ans ; c'est le cas du reste de l'Alsace, de la plus grande partie des Pyrénées et des Alpes, de l'ouest des Vosges, des environs de Clermont-Ferrand et de Montélimar. La zone I_A, sismicité très faible, couvre les régions qui n'ont subi que les effets de séismes d'intensité supérieure à VIII, survenus hors zone, et sert de transition avec la zone 0 ; c'est le cas de secteurs isolés en Normandie, à l'estuaire de la Loire, sur le seuil du Poitou, sur la côte des Charentes, à l'est du Jura et autour des zones I_B. La zone 0, sismicité nulle ou négligeable, couvre les autres parties des 37 départements métropolitains qui ont au moins une zone sismique.

Le zonage général en préparation devrait faire référence à des valeurs estimées d'accélération de vibration, appliquées à des classes de bâtiments. Il serait aussi nécessaire de lui adjoindre des microzonages géotechniques dans les zones très exposées, pour tenir compte d'éventuels effets de site : dans les Alpes-Maritimes et peut-être ailleurs, de nombreux séismes de relativement faible magnitude ont eu des effets destructeurs, soit parce que des ouvrages étaient fondés sur des matériaux peu consistants, soit parce qu'ils ont déclenché des mouvements de terrains ou de petits tsunamis. D'autres microzonages seraient souhaitables pour tenir compte de la vulnérabilité relative des ouvrages, notamment dans les agglomérations où, au cours d'un même séisme, deux immeubles voisins pourraient avoir des comportements et subir des dommages, totalement différents...

2.6.6 - SÉISMES ARTIFICIELS

La mise en eau de quelques barrages de montagne, notamment celui de Monteynard sur le Drac (1963, M_L 4,5), a provoqué des séismes locaux sans gravité, seulement observés par des spécialistes. Par contre, dans les années 70, la région de Lacq a subi une sismicité quasi continue, non négligeable, due à des mouvements de terrains profonds par décompression, dans les formations productrices, où la pression du gaz est passée de plus de 600 bars à moins de 100 b en une trentaine d'années ; quelques secousses ont dépassé M_L 4, mais si cette sismicité a troublé les habitants de la zone concernée, elle n'a pas causé de dégât.

2.7 - VOLCANS ET MÉTÉORITES

Le volcanisme actuel de la France est, lui aussi, d'origine très variée, avec un arc de subduction aux Antilles, un point chaud continental sous la chaîne des Puys, un point chaud océanique sous l'île de la Réunion, deux autres points chauds océaniques sous Mehetia, volcan sous-marin au SE de Tahiti et aux Marquises, une dorsale médio-océanique sous Saint-Paul et sous Amsterdam. Les manifestations et les risques sont ainsi très différents : les trois volcans des îles tropicales sont actifs, instrumentés et surveillés ; le plus jeune volcan de métropole ne fonctionne plus depuis au moins 3 500 ans ; la chaîne est actuellement assoupie, endormie, mais il serait imprudent de la considérer comme éteinte ; Saint-Paul émet des fumerolles ; Amsterdam a eu une éruption il y a environ 200 ans.

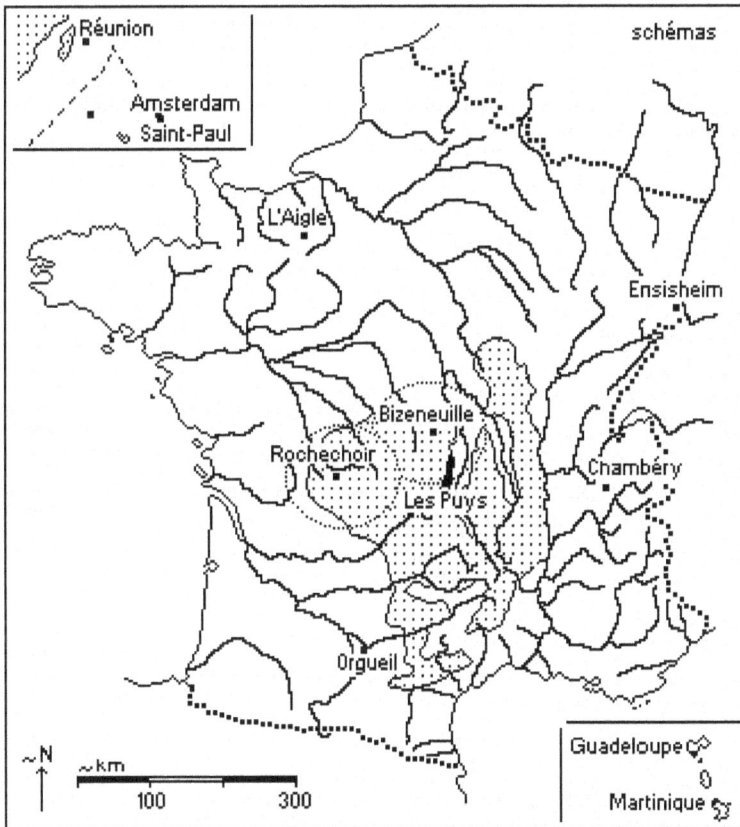

Figure 2.7 – Volcans et météorites de France

2.7.1 - INSTRUMENTATION ET SURVEILLANCE

Tous les volcans actifs ne fonctionnent pas de façon continue, mais néanmoins, le piton de la Fournaise entre très fréquemment en éruption. L'information du public et des autorités, la préparation des plans de crise, la prévision des éruptions sont donc nécessaires ; elles passent par des observations simples qui alertent toujours les gens habituellement exposés, et par des observations technico-scientifiques effectuées à partir d'observatoires permanents, établis à proximité, au moyen d'instruments, sismographes, magnétomètres, inclinomètres, géodimètres à laser, photogrammétrie, balises GPS, analyses de fumerolles et de gaz. La tomographie sismique en temps réel serait aussi indispensable, car elle permettrait de suivre la montée du magma avant une éruption, mais cela est tellement rare aux Antilles... Les observatoires permanents des trois volcans tropicaux sont équipés et fonctionnent à peu près de la même façon ; celui de la Réunion est efficace, sur un volcan très actif assez régulier et peu dangereux, qui de plus, ne menace pas grand monde ni grand-chose, car la zone la plus exposée est quasi déserte ; ceux des Antilles pourraient être moins efficaces, sur des volcans plutôt surprenants, le plus souvent assoupis, qui se réveillent rarement mais jamais brusquement, alors qu'ils sont beaucoup plus dangereux et menaçants : Basse-Terre, préfecture de la Guadeloupe est construite au pied du versant SW de la Soufrière et ses hauts quartiers atteignent la zone dangereuse, même lors d'une simple éruption phréatique ; et si Saint-Pierre n'est plus ce qu'il était, beaucoup de monde réside encore autour de la montagne Pelée.

2.7.2 - LE PITON DE LA FOURNAISE

Situé dans la partie SE de la Réunion, sur environ 1/5 de la superficie de l'île, le piton de la Fournaise est un volcan-bouclier hawaiien. Il est constitué d'un empilement inextricable de coulées de toutes dimensions. Sa forme très irrégulière, révèle une structure complexe : d'ouest en est, on observe trois demi-calderas emboîtées, ouvertes vers la mer et aux parois d'effondrement subverticales, les remparts, vers l'île ; comme on l'a maintenant admis pour Saint-Paul, cette morphologie résulte peut-être plus de mouvements gravitaires de terrain que d'effondrements de chambres magmatiques ; en effet, la plus récente paroi, à l'est, est une demi-ellipse E-W, 15 × 8 km, l'enclos Fouqué affecté vers la mer de grands glissements dont les escarpements couverts par des coulées, déterminent des pentes anormalement fortes pour ce type de volcan, les Grandes pentes ; les autres flancs du volcan sont bloqués par son arrière pays, le piton des Neiges qui constitue le reste de l'île ; vers le foyer ouest de l'ellipse, le sommet du cône actuel est creusé de deux cratères sécants dont le rempart ouest culmine à 2 631 m. L'enclos et les fonds des cratères, subhorizontaux, le cône à environ 10° de pente sont des champs de coulées figées de laves cordées ou scoriacées, et parsemés de fissures, de pustules crevées, de petits cratères d'extrusions et de petits cônes de débris, par où se sont échappés les produits d'éruptions successives. En éruption, il émet essentiellement des laves très fluides qui coulent en fontaines sur quelques centaines de mètres à quelques kilomètres, parfois jusqu'à la mer, ou qui fusent en gerbes de feu retombant en bombes et cheveux de Pélé. Les explosions sont rares et, en périodes de calme, des fumerolles s'échappent parfois de quelques fissures proches des cratères. Volcan rouge très actif, il a une éruption, plus ou moins forte, durant quelques jours à un ou deux mois, tous les deux ans en moyenne, en fait très fréquemment mais très irrégulièrement ; il est ainsi demeuré inactif de 1992 à 1998. Jusqu'à présent, il s'est montré plutôt sage et prévient avant de s'exciter ; ses colères sont douces et il ne s'écarte pas trop de ses habitudes ; la plupart de ses émissions se font dans l'enclos, issues de fissures et d'évents éparpillés du haut en bas, dont les vulcanologues savent maintenant à peu près prévoir les emplacements, à court terme par tomographie ; hors enclos, les éruptions sont beaucoup plus rares. ; il s'en est produit une dizaine durant la période historique, la plupart dans la zone fragilisée par les glissements qui s'étend au delà des remparts, selon une demi-ellipse allant de Sainte-Rose à Saint-Philippe par le pied du cône sommital, d'autres vers l'ouest, dans les anciennes caldeiras. Deux éruptions avec de grandes coulées jusqu'à la mer, se sont produites récemment, l'une en avril 1977, au nord de l'enclos vers Piton-Sainte-Rose , l'autre en mars 1986, au sud vers Saint-Philippe, en produisant des dommages matériels importants, routes et bâtiments détruits, exploitations agricoles ravagées...

Comme en mars 1998, quand elles se produisent dans l'enclos, évidemment *non aedificandi*, les éruptions sont d'extraordinaires spectacles pour les Réunionnais et les touristes, avec de très photogéniques gerbes de feux et des coulées rouges qui finissent parfois à la mer, dans des nuages de vapeur, après avoir coupé la RN 2 qui traverse l'enclos par le bord de mer. Hors enclos, les coulées toujours aussi spectaculaires, coupent non seulement les routes, mais détruisent aussi bâtiments, cultures et forêts ; toutefois, malgré des vitesses qui peuvent dépasser la quarantaine de kilomètres/heure, les gens ont toujours le temps de quitter les lieux menacés, car l'information et la prévention sont bien organisées ; à leur retour, ils remercient la Vierge au Parasol qui, elle, quitte rarement l'enclos ; elle l'a fait lors de l'éruption de 2002, mais elle est vite revenue. Une carte de risque a été dressée ; un PSS (Plan de Secours Spécialisé) peut être mis en œuvre par le préfet ; il comporte quatre niveaux : pré-alerte, éruption imminente, éruption dans l'enclos, éruption hors enclos. Bien qu'une des coulées de 1986 soit sortie d'une fissure proche du rivage, le risque d'éruption en mer n'est pas envisagé ; que se passerait-il en pareil cas ? Vraisemblablement rien ou une énorme émission de vapeur comme on en observe ailleurs. Dans l'état actuel du volcan, un effondrement de caldeira et/ou un grand glissement, générateurs de tsunamis, ne sont pas redoutés.

Photos 2.7.2 – *Éruption d'avril 1977*

Église de Piton-Sainte-Rose ; escalier d'accès taillée dans la lave   Vierge au Parasol

La surveillance permanente du volcan se fait à partir d'un observatoire installé depuis 1979 au Vingt-Septième, une dizaine de kilomètres à l'ouest, dans la plaine des Cafres, une zone en principe non exposée ; il dispose d'une panoplie très complète d'instruments ; très efficace, il a jusqu'à présent prévu quelques jours à quelques heures avant et localisé la plupart des éruptions qui se sont produites depuis son installation. Il a donc aussi un rôle scientifique et didactique important, car il est un des rares de son espèce à permettre l'étude de fréquentes éruptions, en toute sécurité ; mais les volcans de ce type sont loin d'être les plus nombreux et les plus dangereux.

2.7.3 - LES ANTILLES

Chaque île a son volcan gris à laves visqueuses, de type péléen bien sûr ; ils présentent donc de très nombreux caractères communs. Volcans explosifs, ce sont des montagnes de pyroclastites et d'éboulis, empilements de blocs plus ou moins liés par des cendres cimentées, aux parois raides et chaotiques, enrobant un dôme de lave qui en émerge plus ou moins. Leurs éruptions, dômes et aiguilles qui s'écroulent à mesure qu'ils montent, nuées ardentes, émissions de cendres, lahars... sont rares et plus ou moins durables, avec des crises et des calmes successifs, avant un nouvel assoupissement qui peut durer des années ou des siècles.

Durant la période historique, la Soufrière de la Guadeloupe a produit une seule éruption magmatique et quatre éruptions phréatiques, tandis que la montagne Pelée de la Martinique a produit deux éruptions phréatiques et, en moins de trente ans, deux éruptions magmatiques au début du XXe siècle. Plus au sud, la Soufrière de Saint-Vincent, la plus active de l'arc, a produit cinq éruptions magmatiques, dont trois au cours du XXe siècle ; plus au nord, la Soufrière de Montserrat a produit sa première éruption historique, particulièrement dévastatrice, en 1997. Les volcans antillais peuvent ainsi réserver de grandes surprises et doivent donc être les objets d'une attention permanente.

2.7.3.1 - LA SOUFRIÈRE DE LA GUADELOUPE

La Soufrière est un volcan très peu actif, avec quelques éruptions phréatiques peu dangereuses en près de quatre siècles ; mais son activité ne peut faire aucun doute, car d'abondantes fumerolles sulfurées s'échappent avec un bruit d'enfer, de larges et profondes fractures béantes qui s'ouvrent sur l'abrupt versant SW et sur le chaotique plateau sommital de son dôme ; il y a aussi de nombreuses sources chaudes sur la Basse-Terre, le long de la côte caraïbe au NW du volcan ; son activité est aussi associée à un bruit sismique continu et à des séismes parfois violents et destructeurs.

Une violente éruption phréatique qui n'a pas fait beaucoup de dégâts directs, a agité la « vieille dame » durant l'été 1976 : sismicité anormale sur la Basse-Terre, avec des chocs de plus en plus nombreux et violents, jusqu'à atteindre M_L 4,6 en août 1976, tandis que les foyers sismiques montaient de 5 à 3 km de profondeur sous le dôme ; ouvertures de fissures dans le dôme, jets de vapeur et de gaz, projections de blocs et de cendres, lahars... ; fine couche de cendres couvrant Basse-Terre ; banlieue résidentielle de Saint-Claude sous la menace de blocs rocheux effectuant des vols de près de 2 km de portée.... L'évacuation prudente de 72 000 personnes a été décidée le 15 août. Le volcan s'est ensuite peu à peu calmé et les gens ont pu revenir chez eux dès la fin de cette même année 1976. Des manifestations extérieures se sont poursuivies jusqu'en mars 1977 ; le calme sismique initial est revenu depuis 1978 (*cf. 1.1.6*).

Depuis, un observatoire permanent a été installé à Saint-Claude. On considère comme plus ou moins exposé, un tiers de la Basse-Terre, au sud d'une ligne allant de Marigot sur la côte caraïbe, à Sainte-Marie sur la côte atlantique, en passant par le morne Moustique.

2.7.3.2 - LA MONTAGNE PELÉE

Photo 2.7.3.2 - La montagne Pelée

Le plus souvent endormie, elle se réveille de temps en temps.

Actuellement, la montagne Pelée n'émet même pas quelques fumerolles qui montreraient qu'elle n'est qu'assoupie. Ses éruptions de 1902 et 1929 sont célèbres (*cf. 1.1.7*) ; la seconde dont on parle rarement, a été presque pire que la première d'un point de vue strictement volcanologique, mais elle n'a fait aucune victime, car on avait pris la précaution de faire partir les gens. Matériellement, les deux éruptions ont été pareillement catastrophiques et s'il s'en produisait une autre, elle le serait autant. Une bonne carte de risque avec les trajets possibles des nuées ardentes, a permis à Perret d'observer de près l'éruption de 1929, en toute sécurité.

La zone dangereuse couvre à peu près le quart nord de l'île, du Carbet sur la côte caraïbe à Marigot sur la côte atlantique, en passant par Font-Saint-Denis et le morne Jacob. Saint-Pierre est toujours aussi exposé, comme le sont aussi tous les villages alentour. L'observatoire du morne des Cadets, à une dizaine de kilomètres au sud du volcan, avait été établi dès 1903, en pleine éruption qui n'a cessé qu'en 1905 ; ensuite le volcan redevenu calme, l'observatoire avait été abandonné par lassitude en 1927, après quoi le volcan s'est de nouveau manifesté en 1929 !

2.7.4 - LA CHAÎNE DES PUYS

Le Massif central est un vrai musée de vulcanologie dont la chaîne des Puys est à juste raison, la salle la plus récente et la plus célèbre. C'est une longue file, environ N-S, 40×7 km, de petits cônes stromboliens, dômes péléens et maars, qui domine les failles bordières ouest de la Limagne d'Allier, atteinte par les extrémités de quelques coulées de lave, notamment vers ce qui est maintenant la banlieue de Clermont-Ferrant ; individuellement ou par petits groupes, chaque volcan s'est sans doute formé au cours d'une seule éruption généralement explosive, n'ayant duré que quelques jours à quelques mois. On dit la chaîne éteinte ; la structure profonde de son soubassement est caractérisée par une croûte mince, l'absence du Moho et la présence d'une bulle de magma vers 30 km de profondeur, susceptible d'être encore active ; le thermalisme toujours très actif de la région, ne serait pas directement associé à la chaîne, mais a vraisemblablement la même origine (?) ; la dernière période d'activité d'un de ses volcans, le maar Pavin, se serait produite vers 5 850 ou 3 500 B.P. selon la méthode de datation (*cf. 4.4.7*) ; on évoque même des éruptions vers les débuts du Moyen Âge... Plusieurs puys exploités pour la pouzzolane montrent des coupes complètes jusqu'au substratum ; on y distingue parfois plusieurs éruptions : Stours, col des Goules, puy de Lemptéguy au nord du puy de Dôme, datées de 30 000, 35 000 et 8 500 BP. Sachant que l'activité de la chaîne a dû débuter il y a plus de 75 à 100 000 ans et qu'elle a eu des périodes de repos de plusieurs milliers d'années, rien ne dit qu'elle est définitivement éteinte. Il est tout de même très peu probable qu'elle reprenne de l'activité à terme imaginable ; si un nouveau volcan s'y construisait demain, ce serait inattendu mais pas imprévu ; l'agitation sismique et d'autres phénomènes précurseurs bien réels d'une crise volcanique, qui précéderaient une éventuelle éruption permettraient sûrement de la prélocaliser et d'en protéger les Auvergnats menacés, mais pas leurs biens auxquels on dit qu'ils tiennent tant.

2.7.5 - LES MÉTÉORITES

Depuis que l'on s'y intéresse, on a dénombré environ 70 météorites tombées, en un demi-millénaire, un peu partout en France, dont une en Corse et une à la Réunion, de toutes natures et de toutes masses jusqu'à près de 150 kg ; aucune n'a causé de gros dégâts. La plus récente est celle qui est tombée dans une rue de Chambéry en 1997 ; la plus spectaculaire paraît avoir été celle d'Orgueil, près de Montauban en mai 1864, car sa course dans le ciel a été visible d'une grande partie de notre territoire ; la plus célèbre parmi les spécialistes est celle de L'Aigle (*cf. 1.3.1.2*) et parmi les touristes, celle d'Ensisheim. Là où beaucoup plus tard, il y aura Rochechoir, une météorite bien plus grosse, a imprimé sur un sol qui deviendra limousin, un astroblème de quelques 20 km de diamètre et des traces de son onde de choc jusqu'à une centaine de kilomètres ; elle a dû dévaster un territoire plus grand que celui de la France actuelle, mais c'était il y a plus de 150 millions d'années, vers le Callovien ; les dinosaures n'étaient pas près de s'éteindre et les Français n'étaient même pas programmés. On lui a trouvé une sœur qui aurait pu être plus puissante vers Bizeneuille, au nord de Montluçon, mais avec une aussi courte base de données, on peut seulement dire que nous sommes susceptibles de recevoir 1/1 000 de tous les petits ou gros objets extraterrestres qui parviennent à traverser l'atmosphère, puisque la surface du territoire métropolitain représente environ 1/1 000 de celle du globe ; ainsi, une météorite de la classe Toungouska pierreuse (*cf. 1.1.14*) pourrait ravager un territoire de la superficie de l'un de nos départements avec un temps de retour de l'ordre de quelques dizaines de milliers d'années, si la statistique de temps avait un sens ; en fait, on n'en sait strictement rien.

La France est bordée de vastes mers dans lesquelles la chute d'une très grosse météorite pourrait déclencher un énorme tsunami qui ravagerait les côtes exposées et même l'arrière-pays, mais rien ne permet de prévoir un tel événement, à quel terme que ce soit.

2.8 - LOIS ET RÈGLEMENTS

Selon la Loi, la définition, l'organisation et la mise en œuvre de la plupart des moyens d'actions de sécurité géotechnique imposés par l'exposition des personnes et des biens aux risques, information, prévention, protection, secours, sanctions, incombent aux pouvoirs publics ; l'indemnisation incombe en majeure partie à l'assurance privée, plus ou moins réglementée.

2.8.1 - ÉLABORATION ET ÉVOLUTION

Après une catastrophe qui frappe la conscience collective, les pouvoirs publics profitent généralement des réactions à chaud de l'opinion, suffisamment sensibilisée pour accepter une réglementation contraignante ; ils prennent alors des dispositions destinées à prévenir les effets de catastrophes analogues. Ils pratiquent ainsi une sorte de prévention *a posteriori*, souvent trop spécifique pour être ultérieurement efficace et/ou dans d'autres circonstances ; d'autre part, il est rare qu'à plus ou moins long terme, ces dispositions opportunistes et prises à la hâte, n'aient pas d'effets pervers, en particulier pour les indemnisations. Il en résulte ainsi une législation et une réglementation difficiles à comprendre et à appliquer, parfois incohérentes, souvent modifiées, sources d'innombrables contentieux administratifs et judiciaires.

Les géologues officiels ont été institués en 1900 pour éviter les dangers éventuels des distributions publiques d'eau qui commençaient à se répandre ; en 1924, à la suite de l'intoxication alimentaire de la garnison de Langres par des eaux karstiques polluées, leur rôle a été précisé et étendu. En 1973, les géologues habilités en matière d'hygiène publique les ont remplacés ; ils sont compétents pour faire interdire ou autoriser sous conditions, les captages d'eau pour l'alimentation publique, les cimetières, les décharges publiques ou privées...

Les Plans des Surfaces Submersibles (PSS) ont été institués par le décret-loi du 30/10/35, à la suite des inondations catastrophiques du Tarn et de la Garonne en mars 1930 (*cf. 2.3.1.4*).

En 1966, à la suite de la catastrophe de Malpasset (*cf. 2.4.4.3*) , le comité technique permanent des barrages a été créé. Cet organisme qui est constitué de divers spécialistes de la construction de ce type d'ouvrage et en particulier de géotechniciens est le seul qui en France assume une responsabilité technique réelle en matière de risque «naturel». Sa compétence est évidemment limitée aux barrages, à condition que ceux-ci dépassent une hauteur de 21 m, ce qui conduit parfois à construire des ouvrages de hauteur inférieure pour échapper à son contrôle. Or un barrage de plaine, très long et peu élevé peut créer une retenue dont le volume est comparable à celui d'une retenue de haut barrage de montagne, et être donc aussi dangereux que lui en cas de rupture.

Les règles parasismiques ont aussi été établies et modifiées après des séismes catastrophiques, PS 69 après Agadir en 1960, PS 69/82 après El-Asnam en 1980 (*cf. 1.5.4.3*) ; les publications des règles PS 92, PS-MI 89/92 et suivantes sont des mises à jour techniques fondées sur d'autres retours d'expériences et quelques avancées théoriques judicieusement exploitées par les partisans de la construction parasismique ; celle-ci est évidemment indispensable dans les sites où le risque sismique est patent, mais en France, ce risque est beaucoup plus faible que les risques de tempête, d'inondation et de mouvements de terrain, à la réglementation et à la prévention desquels on accorde beaucoup moins d'attention ; il est vrai aussi que l'éventuel *big one* niçois serait la pire des catastrophes que pourrait subir la métropole ; alors...

La création des commissions Zermos et des listes départementales de géotechniciens agréés en matière de mouvements du sol et du sous-sol, font explicitement référence à la catastrophe du Roc-des-Fiz sur le plateau d'Assy, écroulement puis coulée de boue et blocs destructrice, survenue en 1970 (*cf. 2.4.1*).

La loi 82-600 du 13/07/82 a institué l'indemnisation des victimes de « catastrophes naturelles » ; elle a été votée à la suite de la série d'inondations de l'hiver 1981/82 dans les vallées de la Garonne, de la Saône et du Rhône, dont les effets catastrophiques étaient les faits d'un urbanisme débridé plutôt que d'une nature malveillante. Le législateur avait aussi prévu la prévention car il craignait que l'indemnisation systématique soit onéreuse ; il a donc institué le Per afin de réduire la vulnérabilité des biens par des actions spécifiques mais non précisées. Cette loi circonstancielle a dû être modifiée les 25/06/90 (90/509) et 16/07/92 (92/665) ; son application embarrassante a été précisée par de nombreux décrets, à mesure que de nouveaux problèmes généralement financiers se posaient ; elle est maintenant intégrée au code des assurances, articles 125-1 et suivants, ce qui clarifie mieux son objet et ses limites que sa pratique.

Selon la règle de l'*a posteriori*, la loi 87-565 du 22/07/87 relative à l'organisation de la sécurité civile, à la protection de la forêt contre l'incendie et à la prévention des risques majeurs a suivi, peut-être par hasard, la catastrophe du Grand-Bornand du 14/07/87 (*cf. 1.1.8*) ; quoi qu'il en soit, elle a remplacé le Per, vraie catastrophe administrative aux yeux de certains élus locaux et des propriétaires de terrains inconstructibles, par le PPR nettement moins contraignant. La loi 95-101 du 02/02/95 relative au renforcement de la protection de l'environnement et son décret d'application 9-1089 du 05/10/95 ont suivi une série d'inondations catastrophiques un peu partout en France dont 1988 (Nîmes – *cf. 1.1.11*), 1992 (Vaison)... ; la loi 2000-1208 du 13/12/00 relative à la solidarité et au renouvellement urbain, a suivi les inondations du Languedoc-Rousillon de novembre 1999 ; elle est quasi contemporaine peut-être encore par hasard, des inondations de la Somme (*cf. 2.3.1.2*) et en Bretagne (hiver 2000/2001) ; on en a profité pour un peu améliorer la réglementation française du risque «naturel», notamment en abrogeant certaines dispositions antérieures, ce qui en général, se fait rarement et mérité donc d'être salué, mais elle y est noyée dans une multitude de dispositions d'ordres différents, ce qui ne facilite pas son abord, sa compréhension et son utilisation. La loi 2003-699 du 30/07/2003, de nouveau relative à la prévention des risques et à la réparation des dommages, a suivi les crues du Gard de septembre 2002... Donc une catastrophe, une loi !

2.8.2 - COMPLEXITÉ ET COMPLICATIONS

Il résulte de cette façon habituelle de procéder, une législation et une réglementation compliquées et complexes et si l'on continue ainsi, ce n'est pas demain qu'elles seront simples et cohérentes. Voici une liste des textes législatifs et des documents administratifs concernant, de près ou de loin, le risque «naturel» ; arrêtée à l'année 2003, elle est sûrement incomplète et de toute façon provisoire, car la source des lois et règlements nouveaux est d'autant plus intarissable que maintenant, chaque nouveau ministre de l'environnement semble vouloir être l'éponyme de l'un d'entre eux.

2.8.2.1 - URBANISME GÉNÉRAL

* Schéma de cohérence territoriale, schéma de secteur, plan local d'urbanisme, carte communale... (loi 2000-1208 du 13/12/00) ;
* (Sdau, Schéma Départemental d'Aménagement et d'Urbanisme) ;(Pos, Plan d'Occupation des Sols) ;
* Paz, Plan d'Aménagement de Zone, pour la Zac, Zone d'Aménagement concerté.

Ces textes et documents doivent respecter les dispositions du *Projet d'intérêt Général* (Pig). D'ordre général, ils ne concernent qu'incidemment la sécurité géotechnique (articles 121-1-3° et 121-2 du Code de l'urbanisme) : les zones ND des Pos pouvaient être des zones à risques spécifiques, mais un Pos était souvent remis en cause et modifié, parfois à la suite d'élections qui changeaient la couleur du conseil municipal ou pour faciliter un projet d'aménagement souhaité par les édiles.

2.8.2.2 - PRÉVENIR

La prévention est de loin l'action de sécurité géotechnique la plus efficace si elle a été correctement définie et effectivement mise en œuvre.

2.8.2.2.1 - Plan d'Exposition aux Risques naturels prévisibles (Per)

Le Per constituait le volet prévention de la loi 82-600 ; sur l'ensemble d'un territoire communal, il devait délimiter clairement à l'échelle du cadastre, c'est-à-dire de la parcelle, des zones rouges dans lesquelles il était formellement interdit de construire, des zones bleues dans lesquelles il était très contraignant de le faire et des zones blanches libres de toutes contraintes. L'élaboration et la publication de la plupart des Per ont suscité d'innombrables difficultés techniques, administratives et financières, parce que l'on disposait de très peu de vrais spécialistes pour les établir, que leur mise en œuvre ne s'appuyait sur aucun modèle et méthode élaborés, qu'ils étaient compliqués, lourds et lents à réaliser et qu'ils coûtaient cher. Ils subissaient surtout l'opposition quasi systématique des élus locaux réticents à faire de la prévention, de leurs électeurs et des aménageurs, d'accord pour recevoir des indemnités en cas d'éventuelles catastrophes, opposés aux contraintes de construction des zones bleues et hostiles au *non œdificandi* des zones rouges qui dévalorisaient les terrains à risques. Il ne s'en est donc pas publié un bien grand nombre : en une quinzaine d'années, un peu plus de 400 sur bien plus du double prescrits ; et beaucoup d'études sont demeurées sans suite.

2.8.2.2.2 - Plan de Prévention des Risques naturels prévisibles (PPR)

Institué par la loi 87-565, le PPR, volet prévention de la loi 95-101, est beaucoup moins traumatisant que le Per pour les malheureuses victimes de la réglementation. Par réaction aux difficultés de tous ordres suscitées par l'élaboration et la publication des Per, le législateur est demeuré assez vague, et l'exécutif a enchéri dans le même sens, sous les prétextes à la mode de simplification, transparence, dialogue, concertation, consensus... Les effets pervers de ces nouvelles dispositions apparaissent ainsi immédiatement, quand il s'agit de ménager les intérêts locaux ; à l'exclusion des zones à risques patents, où personne n'a jamais imaginé implanter quoi que ce soit, ou de zones régulièrement inondables de plaines, bien connues de ceux qui y résident et en souffrent, les discussions entre les services de l'État chargés de l'élaboration de la carte des aléas puis du plan, DDE, DDA, Protection civile... et les défenseurs de ces intérêts, édiles qui veulent maîtriser leurs projets d'aménagement et propriétaires de terrains qui risquent de devenir inconstructibles et donc sans valeur, tournent rapidement à l'affrontement puis à la négociation sous l'égide d'un commissaire-enquêteur, au cours de laquelle la part de la technique peut s'amenuiser dangereusement au profit du développement communal et de la propriété individuelle, pour aboutir à ne retenir que des *risques acceptables*, sans que leur définition soit très claire : on évite ainsi de circonscrire des zones rouges héritées du Per, dans lesquelles tout était pratiquement interdit, dès que cela peut nuire à l'approbation du PPR ; la carte très consensuelle du PPR peut ainsi être plus ou moins différente de la carte en principe objective des aléas.

J'exagère ? À Arles, à la suite de la grande crue de l'hiver 1993/94, on a établi un nouvel atlas des zones inondables, sur la base duquel le Préfet a proposé en 1996 un Pig prévoyant sagement une interdiction totale de construire dans ces zones ; mais la commune préférerait n'interdire qu'au-dessous de la côte 2 et le long des digues en s'en tenant au plan de 1856 ; l'inondation de décembre 2003 aurait pu l'amener à un peu plus de prudence, mais pour rester sur sa position, elle soutient maintenant en justice que la rupture du remblai de la voie ferrée est la cause de l'inondation alors qu'elle en a été l'effet. Au nord de la zone, sous prétexte qu'au cours de cette crue, le quartier endigué de Cure-Bourse dans lequel la commune de Tarascon avait accordé des permis de construire conformément à son plan local d'urbanisme intégrant le Pig de 1996 n'avait pas été inondé, le Tribunal administratif puis la Cour d'appel ont débouté en référé le préfet qui contestait ces permis, au motif qu'il ne démontrait pas que les digues et les remblais ferroviaires ne sont pas des protections suffisantes ; c'était oublier que ces remblais ne sont pas des digues, car ils sont constitués de matériaux plus ou moins perméables et percés de nombreux passages routiers et autres ; et un an après la catastrophe d'Aramon sur l'autre rive du Rhône, affirmer qu'une digue est insubmersible et indestructible frise l'inconscience ; plus sagement au fond, les juges administratifs ont fini par donner en grande partie raison au préfet. Plus de dix ans après la crue catastrophique de Vaison, le PPR dont l'élaboration technique a été particulièrement onéreuse, n'était toujours pas publié partout dans le bassin de l'Ouvèze en fait affecté en totalité ; or presque chaque année, il subit ici ou là une crue sinon catastrophique, du moins plus ou moins dommageable. Voici aussi ce que l'on a pu lire dans le bulletin municipal d'une commune exposée : « ... *Le PPR a déjà bien évolué dans le bon sens depuis le premier projet qui nous a été présenté par l'administration. Bien aidé par M. X, ingénieur géologue mandaté par le Conseil* (municipal)*, nous avons pu faire passer certaines zones de rouge à bleu et d'autres de bleu à blanc... ».* Et si un accident se produisait un jour dans l'une de ces zones déclassées, qu'en penseraient d'éventuelles victimes ?

En principe, le PPR délimite à l'échelle du 1/25 000, des zones d'aléas, pas de vulnérabilité : l'existant n'est pris en compte que pour des « *risques majeurs menaçant gravement des vies humaines* » ; ce sont des zones incolores, soit directement exposées, soit qui ne le sont pas directement, mais dans lesquelles les aménagements pourraient créer ou aggraver un risque : on n'est plus à la parcelle près ! Dans les deux cas, le PPR interdit le moins possible et/ou fixe les conditions d'installation d'un ouvrage, aménagement ou activité existants ou projetés, et définit les mesures à prendre par les collectivités et/ou les particuliers, en ce qui les concerne respectivement, pour la prévention, la protection et la sauvegarde, l'aménagement, l'utilisation ou l'exploitation de l'existant : plutôt vague et rien de bien contraignant dans tout cela ; certains maires de communes sur lesquelles un Per était en cours d'instruction ont pu rassurer leurs administrés qui possédaient des terrains situés dans des zones rouges en puissance, ainsi que d'éventuels aménageurs dont eux-mêmes faisaient parfois partie.

Afin de ne pas trop empiéter sur les compétences des communes et gêner leurs actions, les conseils municipaux doivent être consultés et les préfets ne peuvent approuver les PPR que s'ils ont effectivement tenu compte des avis recueillis lors des enquêtes ; le consensus sur la réalité du risque en cause et sur les mesures à prendre doit être obtenu. Pour y parvenir, parce que cela est généralement très difficile, le préfet peut prolonger la durée de l'enquête ; mais alors, quand on sait la façon dont se passent souvent les séances de la plupart des conseils municipaux, durant lesquelles on débat de questions épineuses touchant les intérêts personnels des administrés et/ou les positions politiques des élus notamment à proximité d'une élection, on se dit que, peut-être, le dirigisme des promoteurs du Per avait du bon ; il est vrai qu'en cas d'urgence, le préfet peut imposer l'application immédiate de dispositions spécifiques, quitte à les supprimer dans le plan définitif. Trois arrêtés de septembre 2000 augmentant les franchises d'indemnités dues aux victimes en l'absence de PPR ont vivement incité la plupart des communes récalcitrantes à se doter enfin d'un PPR. Ménager la chèvre et le chou, le libéralisme et la réglementation est un art difficile !

L'objectif initial du gouvernement qui a fait promulguer la loi, était d'avoir fait approuver 2 000 plans pour l'an 2000 ; cet objectif en forme de fin jeu de mots technocratique, techniquement et économiquement peu réaliste, a été officiellement atteint au prix d'études qualitatives, rapides et donc succinctes ; pourtant en 2003, sur plus de 20 000 communes où un PPR a été prescrit, à près de 90% pour le risque inondation/crues torrentielles, il n'en a été publié que pour seulement 4 000 d'entre elles. De plus, les fonds de plans des cartes géotechniques, d'aléas et de zonage sont le plus souvent limités à des 1/25 000 IGN agrandis à 1/10 000, ce qui n'améliore en rien leur précision ; et comme, selon la loi, ces documents doivent être transcrits dans les Pos qui sont à l'échelle du cadastre, il en résulte d'autres négociations : cette parcelle est-elle bien du bon côté de la ligne ? Aussi, le contenu d'un PPR n'est défini qu'« *autant que de besoin* » par le préfet qui « *peut* » rendre certaines mesures obligatoires : les niveaux d'études et de prescriptions ne sont donc pas normalisés ; de plus, l'objet d'un PPR est l'adaptation et le contrôle de projets mais pas de l'existant, généralement mal acceptés par les intéressés, et surtout pas le risque en cause en tant que tel. Enfin, si dans des cas indéfinis, certains projets nécessitent des études assimilables à des règles de construction, à la charge et sous la responsabilité des constructeurs, leur production ne peut pas être exigée et aucune autorisation ne peut leur être subordonnée.

L'interdiction de construire ou l'expropriation pour cause d'utilité publique ne peut être imposée que pour les risques majeurs menaçant gravement des vies humaines, en fait si la sécurité des personnes est en jeu à très court terme et ne peut pas être assurée pour des raisons techniques et/ou économiques par des mesures de protection et/ou de sauvegarde, ou bien si le montant estimé des indemnités éventuelles de « catastrophe naturelle » est jugé prohibitif (loi 95-101 dite « loi Barnier », décrets 9-1089, 95-1115 du 17/10/95 et 2000-1143 du 21/11/00). Sauf dans des cas évidents de réalisation de risque imminent, l'expropriation est presque toujours contestée et même refusée par ceux à qui on la propose, comme cela est arrivé à Chanteloup-les-Vignes, Roquebilière... ; pour le lotissement de L'Île-Falcon à Saint-Barthélemy-de-Séchilienne (*cf. 1.1.4*) , les expropriations ont débuté en décembre 1995, dès la promulgation de la loi ; en 2003, une dizaine d'habitations étaient encore occupées, avis contradictoires d'experts, sous-estimation du risque, indemnités trop faibles...

La loi 2003-699, en grande partie consacrée aux crues et inondations, remplace les Services d'annonce des crues par les Services de prévision des crues, prévoir l'atténuation des effets par des aménagements et ouvrages hydrauliques...

2.8.2.2.3 - Autres textes de prévention

* PR, Périmètre de Risque (article R 111-3 du Code de l'urbanisme) ;
* Dispositions relatives aux périmètres submersibles (art. R421-38-14à16 du Code de l'urbanisme) ;
* Servitudes consécutives aux plans de prévention des risques miniers (décret 2000-547 du 16/06/00) ;
* Zonage sismique de la France (décret 91-461 du 14/05/91 modifié par le décret 2000-892 du 13/09/00)
* Règles parasismiques PS 92 et PS-MI 89/92 - arrêtés des 10/05/93 et 29/05/97.

Selon la loi 95-101, ces documents sont annexés aux Pos correspondants, éventuellement successifs. Leurs dispositions locales sont des servitudes d'utilité publique et sont opposables aux constructeurs publics et privés ; la loi 95-101 a abrogé les réglementations relatives aux PSS, PR et Per, mais les plans qui ont été approuvés antérieurement au décret 95-1089 demeurent en vigueur et valent PPR. Ainsi, le PPR est maintenant le seul document réglementaire qui permette de délimiter les zones à risques «naturel»s et d'y prescrire des actes de prévention.

Néanmoins, quelques circulaires ministérielles viennent de temps en temps, en fonction des circonstances mais toujours après coup, compléter, voire embrouiller tout cela : circulaires 88-67 du 20/06/88 « *Risques naturels et droit des sols* » - 24/01/94 « *Prévention des inondations et gestion des zones inondables* »...

> ∗ art. L 2212-285 du Code des collectivités territoriales et art. 121-10 du Code d'urbanisme :

Le maire doit « *prévenir par des précautions convenables les accidents et les fléaux calamiteux* », faire cesser le risque, contrôler l'application des règles d'urbanisme et donc du PPR, s'assurer du bon état des bâtiments de classe C et D...

Un problème de prévention de risque «naturel» n'a pas reçu de réponse administrative spécifique, celui d'assurer la sécurité générale des chantiers urbains de terrassement ; seul, l'arrêté municipal permet d'agir au coup par coup, sans règle établie, selon l'humeur d'une administration locale, souvent timorée, qui interdit plutôt que de demander des études et des mesures de prévention sérieuses.

Dans le prolongement de la loi du 30/10/46 relative à la prévention et à la réparation des accidents du travail, le Code du travail est nettement plus explicite et même très directif pour la prévention des accidents professionnels de terrassement ; c'est le seul document officiel dont l'objet est de prévenir les accidents géotechniques corporels :

> ∗ décret 65-48 du 08/01/1965, art. 64 à 82 relatif aux mesures de protection...du personnel d'exécution... de travaux de terrassement à ciel ouvert et en souterrain (appendice du Code du travail) ;
> ∗ loi 93-1418 du 31/12/1993 art. L 230.2 et L 235-1 du Code du travail, relative aux opérations de bâtiment et de génie civil.

L'article L.230.2 impose formellement d'éviter les risques, d'évaluer ceux qui ne peuvent être évité, de combattre les risques à la source, d'adapter le travail, de tenir compte des innovations et de l'évolution des techniques, de planifier la prévention... Les prescriptions techniques du décret sont très précises, judicieuses ; elles seraient aussi efficaces pour assurer la sécurité des travailleurs que celles des autres personnes et des biens, si elles étaient toujours appliquées scrupuleusement : les multiples lois PPR auraient dû s'en inspirer.

> ∗ décret 94-1159 du 26/12/94, relatif à la coordination pour certaines opérations de bâtiment ou de génie civil.

Des lois et règlements généraux ou spécifiques imposent aux particuliers propriétaires de fonds à risques, de prendre des dispositions de prévention et d'entretien, notamment en matière de cavités souterraines (552 CC (Code Civil)), de mouvements de terrains (1384 CC), de rivages marins, de lits et de rives de cours d'eau (loi du 16/09/1807) ; elles sont rarement appliquées.

Des dispositions particulières, applicables au cas par cas sont dispersées dans le Code d'urbanisme, le Code minier, le Code forestier, la loi de 1976 sur les installations classées, la loi de 1985 sur la protection et le développement de la montagne...

2.8.3 - INFORMER

« *Les citoyens ont droit à l'information sur les risques majeurs...* » (art. 21 de la loi 87-565)

* cartes Zermos, Zones Exposées à des Risques liés aux MOuvements du Sol et du sous-sol ;
* cartes des carrières.

Ces informations sont généralement utilisées pour l'élaboration des documents précédents.

* décret 90-918 du 18/10/1990 :

Le dossier départemental des risques majeurs(DDRM), le dossier communal synthétique (DCS), le dossier d'information communal sur les risques majeurs (DICRIM), le PPR... doivent pouvoir être consultés en mairie par le public, mais l'affichage d'informations sur quel risque que ce soit est presque toujours omis pour ne pas nuire à l'image de la commune ; de toute façon, beaucoup moins de DICRIM que de PPR ont été publiés ; vous avez donc le temps d'en voir affichés dans les préfectures et les mairies. Le maire doit informer et inciter les gens à la prévention ; en cas de « catastrophe naturelle », il doit les informer de la procédure en cours très contraignante...

Pour les risques d'inondations et crues, la loi 2003-699 impose la mention du risque dans les actes de ventes et de locations d'immeubles, la pose de repères des niveaux atteints sur les édifices publics, le rappel des dispositions du PPR tous les deux ans...

2.8.4 - SECOURIR

* Plan de secours communal (art. L. 131-1 à 13 du Code de collectivités territoriales).

L'organisation des secours incombe au maire qui prépare les secours et les conduit, alerte les gens, mais le préfet peut se substituer au maire s'il le demande, si le maire ne fait rien après mise en demeure, si plusieurs communes sont concernées, si un PSS ou le plan Orsec est déclenché.

* PSS, Plan de Secours Spécialisé (loi 87-565) ;
* plan ORSEC, ORganisation des SECours (1952 - loi 87-565).

Ces plans sont élaborés, organisés, déclenchés et dirigés par le préfet à la suite d'un événement grave à catastrophique.

2.8.5 - SANCTIONNER

Sanctionner ressortit à l'exécutif et au judiciaire, et consiste à assurer d'abord le respect des lois et règlements puis, en cas d'infraction ou d'accident, à établir les responsabilités, arrêter les sanctions et fixer les indemnités. Cela est difficile, en raison de l'imprécision et de la non-spécificité des textes utilisables pour sanctionner les accidents géotechniques : la justice civile est compétente pour ceux qui affectent les ouvrages privés et la justice administrative, pour les ouvrages publics. Ces actions s'appuient sur des textes forcément généraux ; elles sont menées selon des scénarios qui leur sont propres, lourds, onéreux et techniquement peu fiables. Les textes sont ceux du droit commun ; en matière civile, c'est-à-dire quand l'accident n'a occasionné que des dommages matériels, ce sont les articles du Code civil (CC) qui traitent de la responsabilité générale, contractuelle ou décennale, et en matière pénale, quand il y a eu atteinte à la personne humaine, les articles du Code pénal qui sanctionnent les coups, blessures et homicides involontaires... Ces textes de bases tiennent en quelques pages, voire en quelques lignes, et s'appliquent à tous les cas de responsabilité, quels qu'ils soient. La jurisprudence permet de les préciser, selon le cas envisagé, en arrêtant une doctrine de mise en œuvre. Bien que la jurisprudence évolue lentement et, à une époque donnée, règle assez étroitement la décision d'un tribunal, elle n'a pas force de loi, et rien n'empêche deux tribunaux de juger différemment des cas analogues, pourvu que leurs jugements demeurent en accord avec les articles de référence du droit commun. La jurisprudence géotechnique spécifique est quasi inexistante.

* loi du 4 janvier 1978 relative à la responsabilité et à l'assurance dans le domaine de la construction (Code civil et Code des assurances).

Techniciens souvent mal formés au risque «naturel» et ignorant pratiquement les sages dispositions du Code du travail, ce n'est qu'après une éventuelle mise en cause en raison d'un dommage subi par un ouvrage à la construction duquel ils ont participé, que de nombreux constructeurs, maîtres d'œuvre, ingénieurs, entrepreneurs... se soucient de sécurité, mais surtout de responsabilité. Selon les articles 1382 à 1386 CC, quiconque est reconnu responsable d'un dommage accidentel résultant d'un acte de bonne foi, est tenu de le réparer, c'est-à-dire généralement, d'indemniser celui qui le subit ; la prescription de cette responsabilité est trentenaire ; mais en cas de dommage à l'ouvrage, l'article 2270 CC déroge au droit commun en limitant à dix ans après la réception de l'ouvrage, la responsabilité des constructeurs vis-à-vis du maître. La jurisprudence interprète ce délai décennal non comme un délai de prescription, mais comme un délai préfix de garantie, en le limitant strictement, même en cas de défaut caractérisé et ultérieurement révélé ; selon l'article 1792-5, ce délai ne peut plus être contractuellement écourté. L'article 1792 a été profondément modifié par la loi, en ce que la responsabilité du constructeur est de plein droit dès que le dommage affectant l'ouvrage est constitué ; le constructeur ne peut se dégager de cette présomption de responsabilité qu'en prouvant que le dommage est dû à une cause étrangère, cas fortuit, force majeure, à un fait de la victime ou d'un tiers qui peut être un autre constructeur.

La responsabilité peut être quasi délictuelle et éventuellement pénale quand des dommages graves affectent les propriétés des tiers ou en cas d'erreurs dues à des insuffisances manifestes engageant la vie humaine, même si aucun accident grave ne survient. L'appréciation très délicate de ce niveau de responsabilité, appartient au juge d'instruction qui connaît de la plainte et peut, à l'issue de sa mission, soit engager des poursuites, soit conclure à un non-lieu ou au renvoi éventuel de l'affaire devant une juridiction civile. Elle est enfin délictuelle et pénale quand l'accident cause des dommages corporels, blessures et/ou homicides involontaires, ou bien s'il résulte de manquements aux lois et règlements.

Donc, si le dommage n'affecte que l'ouvrage et moins de dix ans après sa réception définitive, la responsabilité civile des constructeurs peut être engagée de plein droit vis-à-vis du maître d'ouvrage ou ultérieurement d'un autre propriétaire. Si par contre, l'accident résulte de vices cachés souvent évoqués abusivement, de fautes lourdes, de manœuvres frauduleuses ou bien lèse un tiers dans ses biens ou dans son corps, leur responsabilité civile ou pénale, peut aussi être engagée durant trente ans, éventuellement à travers celle du maître d'ouvrage ou du propriétaire au moment de l'accident. Passés trente ans, seul le propriétaire de l'ouvrage demeure responsable vis-à-vis des tiers, mais on pourrait imaginer que la responsabilité de certains constructeurs puisse être évoquée si l'accident prenait une allure de catastrophe dont, avec raison, la justice voudrait établir les causes.

Dans ce cas, elle pourrait en effet se demander si, en un lieu où un phénomène naturel comme un séisme, une crue, ou un accident comme un éboulement, une rupture de voûte de galerie... était possible sinon prévisible, le fait d'avoir construit un ouvrage inadapté à en subir les effets sans dommage, n'engagerait pas la responsabilité humaine et si un accident éventuel survenant n'importe quand à cet ouvrage, ne devrait pas être ainsi considéré comme un accident géotechnique qui ne serait pas le fait de la fatalité.

Cela n'a jamais été l'avis d'un tribunal. On peut donc admettre que, pour le moment, il ne se produit théoriquement plus d'accident géotechnique imputable à des personnes, dix ans après la construction d'un ouvrage. Aux alentours d'un ouvrage et dix ans après sa construction, le déluge, pourrait être la lourde paraphrase géotechnique d'un mot célèbre.

2.8.6 - INDEMNISER

L'indemnisation des victimes est généralement subordonnée à la souscription préalable d'une assurance-dommages de droit privé, obligatoire ou comportant des clauses obligatoires relatives à des risques spécifiques.

Passé un délai plus ou moins long selon la gravité des dommages, l'indemnisation est la principale préoccupation des victimes ; elles sont rarement satisfaites, car elles mêlent presque toujours le matériel et l'affectif en surestimant ce dernier ; tenant compte de l'opinion publique, la justice tend actuellement à les satisfaire au moins en partie.

2.8.6.1 - INDEMNISATION DES DOMMAGES AUX OUVRAGES

La loi de 1978 impose que, sauf dérogations spécifiques, le maître soit assuré pour d'éventuels dommages à son ouvrage moins de dix années après sa réception et que la responsabilité professionnelle de chaque constructeur soit elle-même assurée pour le même risque ; l'indemnisation devrait donc être facile ; il en va rarement ainsi lorsque le dommage est important. À l'origine, ce système de responsabilités en cascades entraînant la multiplication des primes, a satisfait les assureurs ; à l'usage, il s'est montré très pernicieux, car si tous voulaient bien encaisser les primes, aucun n'a voulu payer les indemnités : tous se sont donc retrouvés devant des tribunaux, ce que la loi voulait précisément éviter ; ceux-ci imposent des solutions rarement équitables pour les constructeurs légalement assurés et donc solvables par l'intermédiaire de leurs assureurs. Pour les dommages hors du champ de la loi, les professionnels sont pratiquement tous assurés et la plupart des particuliers ont une assurance de défense-recours. Ainsi, les contentieux amiables sont pratiquement tous pris en main par des assureurs.

En cas de dommage relevant de l'article 1792, le régleur de sinistre de l'assureur du maître propose une indemnisation ; puis, en cas de désaccord, l'expert de cet assureur et ceux des assureurs des constructeurs arrêtent plus ou moins arbitrairement les causes du sinistre, attribuent à chaque constructeur une part de responsabilité, définissent et évaluent les travaux de réparation et fixent le montant de l'indemnité due au maître d'ouvrage ; l'assureur du maître la paie puis chaque assureur de constructeur l'indemnise au prorata de responsabilité de son client ; tout cela est imposé par la loi et organisé par une convention inter-assurances qui codifie le règlement de tout risque répertorié ; quand tout se passe bien, c'est-à-dire quand le dommage est modique, le maître est rapidement indemnisé. Si le sinistre ne relève pas de l'article 1792, c'est l'assureur en défense-recours du demandeur qui intervient ; l'expertise est analogue, mais le financement des travaux n'est pas automatique. En fait, le régleur puis les experts cherchent à minimiser, voire à contester, les obligations des assureurs plutôt qu'à réparer concrètement les dommages. Dans les deux cas, le maître d'ouvrage ou le demandeur peuvent ne pas être satisfaits des propositions des assureurs ; ils portent alors l'affaire devant la justice ; c'est presque automatique quand le dommage est important, ce qui est toujours le cas quand il est ou parait être géotechnique, qualification commode en cas de cause contestable. La réparation des dommages dépend alors de l'expertise judiciaire, ce qui en aggrave considérablement le délai et le coût ; c'est le tribunal qui fixe l'indemnité due au maître et la répartition des responsabilités, rarement au bénéfice des assureurs. Ces derniers se plaignent de dérives judiciaires à propos des experts et de dérive jurisprudentielle à propos des magistrats ; ce sont leurs vaines querelles qui les provoquent. De plus en plus d'assureurs abandonnent les assurances dommages-ouvrage et décennale-constructeurs qui sont devenues chroniquement déficitaires car très souvent abusivement évoquées, notamment vers la fin de la période décennale : un « sinistre » quasi systématique ne résulte évidemment pas d'un aléa et ne peut donc pas être assuré.

Recevoir une indemnité n'oblige pas à effectuer les travaux correspondants, ce qui a deux effets pervers au moins : on touche l'indemnité surévaluée par des travaux inutiles comme certaines reprises en sous-œuvre et on ne bouche que quelques fissures ; on touche l'indemnité qui permettrait de réparer et de prévenir, on répare sommairement et on attend le prochain dommage pour toucher une nouvelle indemnité.

2.8.6.2 - INDEMNISATION DES « CATASTROPHES NATURELLES »

Issu des lois 82-600 et suivantes, l'article L 125-1 du code des assurances dit que *«... Sont considérés comme les effets des catastrophes naturelles,..., les dommages matériels directs « non assurables » ayant eu pour cause déterminante l'intensité anormale d'un agent naturel, lorsque les mesures habituelles à prendre pour prévenir ces dommages n'ont pu empêcher leur survenance ou n'ont pu être prises... ».*

Les événements naturels relevant de la loi sont définis et décrits par la circulaire ministérielle du 19/05/1998 :

* *Inondations et coulées de boue* : inondations de plaine - inondations par crues torrentielles - inondations par ruissellement en secteur urbain, coulées de boue ;
* *Inondations consécutives aux remontées de nappe phréatique* ;

* *Phénomènes liés à l'action de la mer* : submersions marines - recul du trait de côte par érosion marine ;
* *Mouvements de terrain* : effondrements et affaissements - chutes de pierres et de blocs - éboulements en masse - glissements et coulées boueuses associées - laves torrentielles - mouvements de terrain différentiels consécutifs à la sécheresse et à la rehydratation des sols ;
* *Avalanches* ;
* *Séismes*.

Ne figurent pas dans ce catalogue les phénomènes atmosphériques, tempête, neige, grêle… et l'activité humaine car les « *dommages matériels directs* » dont ils seraient les « *causes déterminantes* » ne sont pas « *non assurables* », les éruptions volcaniques propres aux Antilles et à la Réunion qui ont des réglementations spécifiques et les chutes de météorites très peu probables.

Les victimes d'un événement naturel d'*intensité anormale* causant des *dommages matériels directs* « *non assurables* » peuvent donc être indemnisées sur la base d'une garantie accessoire, obligatoirement ajoutée aux contrats d'assurance de dommages aux biens (bâtiments, véhicules...) ; elle n'est pas due en l'absence d'un tel contrat et s'il en existe un, son montant ne peut pas dépasser celui de la garantie principale ; ces dispositions sont difficilement comprises et acceptées par les victimes bien, mal ou pas assurées qui pensent que l'indemnité devrait couvrir la totalité de leur préjudice, non seulement matériel au sens strict d'immeubles et objets, mais aussi immatériel et d'atteinte physique aux personnes.

Le but de la loi est la prévention et l'indemnisation ; le volet prévention est totalement ignoré et le refus d'indemniser en cas de non-respect du PPR n'est jamais appliqué, mais sous réserve de ce que je viens d'évoquer, le volet indemnisation satisfait plus ou moins tout le monde : même si elle est presque toujours jugée insuffisante, l'indemnisation est en effet toujours accordée.

Le type d'événement visé par la loi constitue une « *catastrophe naturelle* », totalement indéfinie : paroxysme tellurique, destruction massive...? ; l'*état de catastrophe naturelle* est constaté par arrêté ministériel sur proposition du préfet saisi par le maire qui doit préalablement recenser les dégâts et faire établir un procès verbal par la gendarmerie ou le commissariat de police local ; le maire doit ensuite inciter les gens à déclarer leurs dommages dans le délai de 10 jours qui leur est imparti après publication de l'arrêté. Ainsi, l'indemnisation n'est possible que si un arrêté de « catastrophe naturelle » a été pris ; cela constitue une contrainte morale et politique pour les autorités concernées, dont il résulte une perversion de la loi : l'indemnisation assurée fait négliger la prévention et même rend irresponsable ; or selon la loi, l'indemnisation n'est éventuellement due que si des mesures habituelles et/ou prescrites de prévention ont été prises et se sont révélées insuffisantes, ce que l'on ne vérifie pratiquement jamais ; les interventions politiques au niveau national ne concernent presque toujours que l'indemnisation, presque jamais la prévention, sauf pour obtenir des crédits de travaux, en fait destinés à soutenir l'économie locale. Le séisme de Saint-Paul-du-Fenouillet, le 18/02/96, a effrayé sans causer de dommage ; il n'était donc pas une catastrophe naturelle au sens de la loi ; il a néanmoins suscité quelques interventions afin qu'il en devienne une !

L'indemnisation étant ainsi considérée comme le seul objet de la loi, des interventions à connotation nettement politique ont multiplié les cas de « catastrophes naturelles », alors qu'avant, on ne voyait dans la plupart des événements ainsi désignés, pour la plupart fréquents, localisés et mineurs, que des inconvénients que l'on devait subir de temps en temps, et/ou des risques que l'on connaissait et dont on était préparé à affronter la réalisation : naguère, les rez-de-chaussée des bâtiments dans les zones inondables n'étaient ni habités ni occupés par des commerces... Pour justifier des indemnisations « politiques », de multiples et parfois surprenants « états de catastrophes naturelles » ont été décrétés à la suite d'événements comme les mouvements de terrains dus à la sécheresse.

Un événement qualifié de « catastrophe naturelle » est, en principe, un cas de force majeure : selon le droit civil, on ne peut donc en imputer la responsabilité à quiconque. Mais selon le droit public, l'état et/ou la commune peuvent être reconnus partiellement responsables et donc contribuer à l'indemnisation ; comme l'indemnisation de droit ne concerne que les dommages matériels directs et souffre de pas mal d'exclusions, les victimes saisissent alors le juge administratif et/ou judiciaire pour obtenir un complément d'indemnisation ; j'ai évoqué plus haut, la décision en ce sens de la Cour administrative d'appel de Lyon, à propos de la catastrophe du Grand-Bornand et celle du tribunal correctionnel de Bonneville à propos du maire de Chamonix : en France, l'État qui réglemente tout est ainsi tenu pour responsable de tout. Cela illustre bien l'éternelle querelle qui oppose les pouvoirs publics et les particuliers ; tant qu'ils peuvent en tirer un profit, les seconds reprochent aux premiers de soumettre à une réglementation de plus en plus pesante, ce qu'ils considèrent comme leurs propres affaires ; quand rien ne va plus, ils sont toujours prêts à fuir leurs responsabilités pour en charger les premiers, en exigeant leur aide.

2.8.7 - LA SIMPLICITÉ DE LA RÉGLEMENTATION FRANÇAISE EST ADMIRÉE DU MONDE ENTIER !

Tous ces lois et règlements sont d'origines ministérielles et de natures juridiques différentes ; ils n'ont pas les mêmes critères de mises en œuvre ; les actions qui en découlent ne sont pas élaborées et appliquées par les mêmes autorités administratives. Ils ont entre eux des rapports plus ou moins clairs ; ils concernent des occupations et utilisations de sites aussi variées que les bâtiments, les ouvrages publics, le stationnement des caravanes, les terrains de camping, le défrichement, les plantations... Le comité interministériel de prévention des risques naturels majeurs créé par le décret 2001-116 du 05/02/01 devrait entre autres clarifier et coordonner tout cela ; espérons qu'il y parviendra.

Pour un même site, certains de ces documents étaient complémentaires comme le PSS qui concerne la protection du cours d'eau et le R 111-3 qui concerne celle des riverains ; d'autres faisaient mauvais ménage comme le Per et le R 111-3. D'autre part, on ne s'étonnait pas de constater que parfois, un même site qui était en zone verte Zermos, c'est-à-dire à l'abri de tout, soit passé en zone rouge, menacé de tout, sur le Per correspondant ; cela résultait généralement de la prise en compte dans le Per, d'un fait passé inaperçu ou négligé sur la carte Zermos ; les zones Zermos étaient rouges, orangées et vertes comme les feux de carrefour, sans doute parce qu'elles n'étaient qu'indicatives tandis que les zones Per étaient bleues, blanches et rouges comme le drapeau français, sans doute pour marquer leur caractère officiel. Le PPR est beaucoup plus simple : il est incolore. En abrogeant la réglementation antérieure, la loi 95-101 a en partie remédié à cela et a donc théoriquement amélioré la prévention du risque «naturel».

Toutefois, à l'exception du Code du travail, tous ces documents conseillent ou imposent des dispositions non précisées, à définir au coup par coup, en prévention d'accidents géotechniques dans des zones à risque, mais rien n'oblige les constructeurs privés à se soucier *a priori* de la sécurité des ouvrages qu'ils sont chargés de réaliser ailleurs ; ils ne peuvent qu'être sanctionnés en cas de manquement entraînant au moins un dommage à l'ouvrage, c'est-à-dire trop tard. Les annexes du Code des marchés publics indiquent bien qu'une étude géotechnique est indispensable avant la construction d'un ouvrage public, pour éviter les dérives financières à la suite d'aléas réels ou non ; des textes apparentés en précisent même la mise en œuvre ; elle n'est jamais explicitement imposée. Les fascicules à caractère géotechnique expliquent clairement ce qu'il faut faire et ne pas faire pour qu'un chantier de terrassement ou de fondation fonctionne correctement et aboutisse effectivement à l'ouvrage prévu sans inflation de son coût. En fait, tous ces textes s'attachent à définir dans les moindres détails la bonne façon de construire l'ouvrage, quand la décision a été prise de le faire à un certain endroit et d'une certaine façon ; aucun d'entre eux n'aborde le problème de l'opportunité de le construire à cet endroit et de cette façon. C'est pourtant ainsi que l'on pourrait obtenir au juste coût, des ouvrages convenables, sûrs et d'entretien aisé.

Le CEA et EDF se sont sérieusement préoccupés du risque sismique lors de la construction des centrales nucléaires : on le comprend aisément, compte tenu de la gravité d'un accident qui en affecterait une. Cela a incidemment permis de financer une recherche scientifique très fructueuse, qui a montré que le risque sismique en France n'était pas aussi redoutable que certains voulaient le faire croire, mais qu'il n'était pas partout négligeable. Cette exception ne fait que confirmer la règle selon laquelle l'action préventive dédiée à la sécurité d'un site de construction est laissée à l'initiative généralement très discrète voire avaricieuse du propriétaire et/ou du maître d'ouvrage. Ainsi, seul le Code du travail impose pratiquement que l'on procède à l'étude géotechnique d'un site avant d'y entreprendre des travaux de terrassement, dans un but de sécurité. Ce serait pourtant là ce qu'il y aurait de mieux à faire dans tous les cas : la réglementation générale serait ainsi simplifiée et elle serait efficace.

En désespoir de cause, et pour les cas non prévus s'il en reste, il y a les arrêtés de péril que peuvent prendre les maires et/ou les préfets, généralement sous la pression des événements ; cela est rarement bien accueilli et l'arrêté est généralement contesté, si la réalisation du risque ne parait pas imminente : à Chanteloup-les-Vignes, un effondrement de carrière de gypse menaçait des villas ; l'arrêté de péril a été contesté et un recours a été introduit devant le tribunal administratif, parce que la commune avait délivré les permis de construire.

2.8.8 - UTOPIE ADMINISTRATIVE

C'est donc hélas, toujours après une catastrophe «naturelle» ou administrative, que l'opinion publique est suffisamment sensibilisée pour accepter une réglementation ;

dans tous les cas, c'est bien la recherche d'un aspect particulier de la sécurité qui a conduit les pouvoirs publics à la géotechnique. Mais puisque gouverner c'est prévoir, il serait évidemment souhaitable de ne pas attendre que surviennent d'autres catastrophes spécifiques pour accroître, au coup par coup, la panoplie préventive réglementaire.

Or, assortie de clauses judicieuses de mise en œuvre, la réglementation ne conduit pas nécessairement au dirigisme et peut faire bon ménage avec un certain libéralisme. Il serait donc souhaitable que l'assez souple réglementation actuelle d'aménagement du territoire et de permis de construire tienne compte du fait pourtant évident que la nature d'un site est un élément fondamental de la sécurité et de la rentabilité de son aménagement ou des ouvrages que l'on va y construire : il est aussi important que le Cos (Coefficient d'Occupation du Sol) d'un ensemble immobilier ne soit pas excessif et que cet ensemble soit construit dans un site dont l'occupation ne se révélera pas désastreuse.

Le permis de construire est une formalité administrative dont l'attribution n'est subordonnée à la prise en considération de l'état du site que dans les zones notoirement connues pour les risques que l'on y court, et qui ont été officiellement définies comme telles sur un PS, PSS, Per, PPR... L'aménagement en général et la construction en particulier, y est placé sous le contrôle du maire, secondé par un service spécialisé de l'État qui, selon des critères propres et sous certaines conditions variant d'un site à l'autre, accorde ou refuse sans appel le droit de construire ou le soumet à des prescriptions contraignantes. Ailleurs, y compris dans les zones limitrophes des précédentes, rien n'oblige légalement quiconque construit à s'assurer de l'aptitude du site à supporter la construction qu'il projette et à prouver que la sécurité générale de l'ouvrage qu'il a construit et de ses annexes est assurée. Ceux qui le font agissent de leur propre chef, généralement parce que des expériences malheureuses antérieures, les ont convaincus qu'il fallait faire quelque chose. Les bureaux de contrôle qui les y obligent parfois sont des organismes privés, initialement liés aux assureurs dont ils préservent les intérêts dans le cadre de la garantie décennale, pour l'exercice de laquelle les assureurs se substituent aux constructeurs. Les bureaux de contrôle n'ont pas de responsabilité de service public et ne se soucient pas de sécurité publique. Nul n'est en principe obligé de respecter les DTU (Documents Techniques Unifiés), mais en cas d'accident, leur non-respect pourrait être considéré comme une faute professionnelle. Pour le reste, la plupart des plans d'urbanisme sont établis sans qu'un spécialiste du sol et du sous-sol intervienne ; on voit ainsi pousser des zones d'urbanisation sociale ou industrielle dans des marécages désertiques, car le sol y est évidemment très bon marché, et des rocades sur des flancs de coteaux instables et mal exposés, car personne ne se risquerait à proposer d'y implanter une construction rentable.

La recherche de la sécurité géotechnique générale est évidemment essentielle et celle de l'économie publique, ne viendra sans doute que beaucoup plus tard. Mais, puisque c'est seulement pour assurer la sécurité des aménagements et par là-même des personnes, que l'on pourrait s'intéresser à l'aspect intérêt général de la géotechnique, il suffirait que l'on impose au maître d'ouvrage, de produire au service chargé du contrôle administratif de son projet, un document attestant que le site a été l'objet d'une étude géotechnique, que l'ouvrage a été adapté au site et que sa sécurité et celle de ses annexes sont assurées. Dans le cas d'ouvrage dont la réalisation est subordonnée à l'obtention d'un permis de construire, ce serait une note jointe au dossier, décrivant le site et attirant éventuellement l'attention sur ses particularités susceptibles d'être considérées pour la conception de l'ouvrage afin d'en assurer la sécurité ; ensuite, pour l'obtention du certificat de conformité, une note indiquerait que toutes les précautions nécessaires à l'adaptation du site au projet ont été prises et que l'ouvrage ne risque pas de se ruiner prématurément ou de mettre en danger des vies humaines par l'effet d'un phénomène naturel ou induit. Dans le cas de grands projets, réalisés par des maîtres d'ouvrages publics ou semi-publics, de telles notes pourraient faire partie du dossier de prise en considération ou de déclarations d'utilité publique d'une part, et du dossier de réception de l'ouvrage d'autre part. Ces notes devraient se référer, dans les deux cas, à l'étude géotechnique effectuée au cours de l'étude technique de l'ouvrage ; elle serait une sorte d'étude d'impact spécialisée ou un volet sécurité clairement spécifié et obligatoire de l'étude d'impact.

Dans l'immédiat, ce type d'interventions paraît être le plus facile et le plus économique à mettre en œuvre de façon réaliste et efficace, sans trop bouleverser la réglementation existante, en s'y adaptant au mieux. Plus tard, utilisant l'expérience ainsi acquise, on pourrait établir une réglementation suffisamment simple et cohérente pour être facilement mise en œuvre sans ambiguïté, qui ne compliquerait pas inutilement l'acte de bâtir, afin qu'elle ait les meilleures chances d'être respectée de façon non contraignante, et qui préciserait clairement le rôle et la part de responsabilité de chaque participant, administration, maître d'ouvrage et constructeurs.

Sachant que toute réglementation présente des failles qu'exploiteront les juristes pour la neutraliser, il serait souhaitable que le domaine d'une telle intervention géotechnique soit aussi large que possible et concerne tout ouvrage, quel que soit son type, ses dimensions et son site de construction, pourvu que l'autorisation de sa réalisation soit subordonnée à la délivrance d'un permis de construire, à une déclaration d'utilité publique ou à toute autre formalité administrative. Comme on ne saurait tout prévoir, il serait tout aussi difficile et dangereux d'établir une réglementation géotechnique par rapport au site que par rapport à l'ouvrage. Il ne paraît donc pas souhaitable de dresser une liste de cas d'interventions, car il n'est pas possible de les imaginer tous et il n'y a pas lieu de fixer des limites ou des normes d'interventions, car d'une façon ou d'une autre, tout aménagement de site peut *a priori* comporter un risque «naturel» qui devrait être apprécié par un spécialiste. De plus, fixer des limites ou des normes conduirait les projeteurs à tricher ou à s'en approcher le plus possible pour éviter cette intervention. Et qui peut dire qu'un barrage ou un immeuble haut de 19 m est moins dangereux qu'un autre de 21 m, qu'un système de fondation ancré à 11 m est plus aléatoire qu'un autre ancré à 9 m ; qui pourrait soutenir qu'un édifice public important ou non doit être plus sûr qu'un immeuble collectif privé ou même qu'un pavillon et qui pourrait affirmer qu'un site donné est certainement à l'abri de tout danger, séisme, crue, glissement, effondrement, tassement... ?

Parallèlement à l'action réglementaire, destinée à obliger les maîtres privés ou publics à se préoccuper de la sécurité à long terme de leurs ouvrages, il serait souhaitable que les pouvoirs publics se préoccupent eux-mêmes du risque «naturel» pour l'aménagement du territoire ; les organismes chargés de mettre au point les Pos, les schémas d'aménagement, les plans d'urbanisme, les Zac, les grands ouvrages... devraient obligatoirement recueillir l'avis d'un géotechnicien sur l'ensemble du projet, au niveau de la définition des principes généraux ; ils devraient ensuite faire effectuer des études géotechniques plus ou moins détaillées, pour préciser en des points particuliers les caractères naturels du site ; ceux qui seraient chargés de réaliser l'aménagement disposeraient ainsi de renseignements leur permettant d'orienter leur choix ; ensuite, ceux qui construiraient dans ces zones, pourraient estimer ce qu'ils devraient faire pour y adapter les aménagements et les ouvrages, afin d'éviter les réalisations de risques «naturel»s. Actuellement, cela n'est même pas possible dans les communes disposant d'un PPR et il est plus que probable que ce ne le sera jamais, où que ce soit.

Il suffirait d'exiger, d'abord lors de l'étude technique de tout projet d'aménagement et/ou de construction, une étude géotechnique, prenant en compte d'éventuels risques telluriques, à la charge du maître d'ouvrage et sous la responsabilité des constructeurs, à condition que le maître d'ouvrage leur ait donné les moyens financiers de l'assumer, enfin à la réception de l'ouvrage, une note géotechnique jointe au certificat de conformité et confirmant que les dispositions de sécurité ont bien été prises.

Très souple à appliquer, facile à contrôler, cela ne coûterait rien à l'État ; mais l'administration n'y a pas intérêt : peut-être pour lui éviter des responsabilités, la loi interdit même une telle démarche ; il s'agit donc bien d'une utopie administrative. Mais, comme le pensait Lamartine, une utopie d'aujourd'hui est peut-être une vérité de demain ; on peut toujours rêver !

3

LA NATURE DES RISQUES

3.1 - LE RISQUE « NATUREL »

Un risque « naturel » est la menace d'un événement intempestif, aléatoire, incertain mais plus ou moins probable, prévisible, peut-être imminent, du cours normal d'un phénomène naturel, susceptible de se produire dans un site prédisposé, un bassin de risque, en occasionnant aux aménagements et aux ouvrages qui y sont construits, des dommages plus ou moins graves qui seront parfois catastrophiques pour leurs occupants. Le risque « naturel » est donc un concept social : son volet naturel est cet événement, l'aléa ; son volet humain est la vulnérabilité des aménagements du site, estimation de leur inaptitude relative à en supporter les effets dommageables, rapport en % du coût des dommages redoutés au coût de leur réparation.

L'effet imprévu ou mal prévu d'un aléa spontané, tempête, inondation, séisme... ou provoqué, glissement, tassement..., fait courir un tel risque à la plupart des aménagements et des ouvrages ; la vulnérabilité de ces derniers résulte d'implantations défectueuses, d'inadaptations aux particularités naturelles des sites, de vices de conception et/ou de construction, et se concrétise en dérives économiques, dysfonctionnements, dommages, accidents, ruines, catastrophes : le budget de l'opération s'envole, le pavillon fissure sous l'effet de la sécheresse, l'immeuble voisin d'une fouille s'affaisse, les caves sont périodiquement inondées, la chaussée se gondole, le mur de soutènement s'écroule, la paroi moulée s'abat, le remblai flue, le talus de la tranchée routière s'éboule à chaque orage, le réservoir s'incline, le barrage cède ou ne se remplit pas, la tempête détruit la digue, la crue emporte le pont, inonde le lotissement, le séisme abat l'immeuble... J'en passe et de pires ; un livre entier ne suffirait pas à énumérer les effets passés, actuels ou futurs des réalisations de risques « naturels » majeurs ou mineurs.

En fait, la vulnérabilité d'un aménagement qui détermine la gravité de l'accident, résulte toujours de notre légèreté, de notre inconscience, de nos attitudes et/ou décisions aberrantes... : on ne peut pas réduire le risque en agissant sur l'aléa, empêcher qu'un tel événement se produise, diminuer la probabilité d'une intensité dangereuse, mais on peut plus ou moins atténuer la nuisance et la gravité de ses effets en agissant sur la vulnérabilité.

Les causes de réalisation d'un risque « naturel » sont souvent nombreuses, mais l'une d'entre elles est généralement déterminante ; - études techniques absentes, insuffisantes, erronées, mal interprétées - vices ou modifications inadéquates d'usage : implantations irréfléchies, conceptions inadaptées, mises en œuvre défectueuse, malfaçons... - actions extérieures : phénomènes naturels, travaux voisins... Beaucoup plus que techniques, les causes effectives sont en fait comportementales : décisions irréfléchies, économies abusives, ignorance, incompétence, négligence, laxisme... Afin d'être indemnisés par les maîtres d'ouvrages, les entrepreneurs de génie civil prétendent que la plupart de leurs dépassements de budgets et/ou de leurs accidents de chantiers sont dus à des aléas géologiques alors qu'ils sont dus aux risques qu'ils ont pris, consciemment ou non, à la vulnérabilité de leurs chantiers.

Humainement, le risque « naturel » peut s'apprécier selon la gravité estimée des effets de sa réalisation, liée à la vulnérabilité des aménagements du site ; statistiquement, on l'assimile souvent à la probabilité de l'événement redouté au cours d'une période donnée. Mais la probabilité d'un événement naturel est différente de celle de la réalisation du risque dont il pourrait être le facteur : certains événements dangereux ici et/ou aujourd'hui, ne le seront pas là et/ou demain, bien qu'ils puissent se dérouler de façon analogue, car leurs effets dépendent aussi des particularités des aménagements et de l'occupation du site menacé.

Le risque « naturel » est ainsi le fruit véreux du *hasard et de la nécessité :* sa part hasardeuse, l'aléa, résulte de l'éventualité incertaine, aléatoire mais plus ou moins probable, plus ou moins prévisible et plus ou moins imminente dans un certain site, d'un événement intempestif voire paroxystique lors d'une phase néanmoins normale du cours d'un phénomène naturel ; sa part nécessaire, la vulnérabilité, résulte de la présence dans le site exposé d'aménagements et d'ouvrages humains auxquels l'événement peut causer des dommages plus ou moins graves ; le risque « naturel » est donc toujours lié à la présence humaine dans un site exposé, et une présence entraîne toujours l'existence d'un tel risque, car aucun site n'est inerte ; il est toujours le théâtre de phénomènes naturels innombrables dont certains produisent des événements dangereux. Si le risque est clairement identifié et correctement analysé, on peut le réduire, s'en prémunir, en gérer la réalisation qui est un sinistre susceptible d'être assuré par le maître d'ouvrage, les constructeurs, le propriétaire... ; si les effets de l'événement sont désastreux, les victimes sont indemnisées sur fonds publics alimentés par une taxe spécifique de certains contrats d'assurance, au titre de « catastrophe naturelle », à condition que son ampleur ne soit pas cataclysmique comme serait celle d'un violent séisme à Tokyo ou à Los Angeles.

3.1.1 - PHÉNOMÈNES DANGEREUX
RISQUES HUMAINS

Dans certains lieux, en certaines circonstances, certains événements de phénomènes naturels ou induits sont donc plus ou moins dangereux : nous devons nous en accommoder ou éviter d'être où et quand un événement intempestif est susceptible de se produire ; nous devons nous comporter, aménager et construire nos ouvrages en tenant compte de l'éventualité de tels événements et de ce que les juristes appellent le risque du sol. Car la nature n'est pas capricieuse, le sol n'est pas vicieux ; ils sont neutres. Les phénomènes sont naturels et les catastrophes sont humaines ; néanmoins, les textes législatifs et réglementaires qualifient les catastrophes de naturelles et le sol de vicieux.

Les phénomènes susceptibles de produire des événements dangereux sont maintenant assez bien connus ; leurs cours sont compliqués mais intelligibles ; leurs manifestations intempestives sont plus ou moins fréquentes, irrépressibles mais normales ; dans une certaine mesure, elles peuvent être prévues, leurs effets peuvent être prévenus, les dommages aux ouvrages peuvent être limités voire évités, les personnes peuvent être protégées.

3.1.2 - ÉTUDE DES
PHÉNOMÈNES NATURELS DANGEREUX

À partir d'événements et de circonstances passés et présents, on a toujours essayé de prévoir voire de prédire la production d'événements semblables dans des circonstances analogues, ou au moins d'esquisser la tendance du cours d'un phénomène, l'évolution d'une situation, le comportement d'un ouvrage. Les anciens, confrontés à une nature qui leur semblait capricieuse et même malveillante sans qu'ils sussent pourquoi, avaient sacralisé la plupart des phénomènes naturels ; certains attribuaient les effets catastrophiques de leurs événements intempestifs à la colère d'un dieu qu'il fallait apaiser par des sacrifices ; d'autres y voyaient les châtiments de lourds péchés collectifs par un Dieu vindicatif, susceptible et irascible.

Nous avons peu à peu sacralisé la science parce qu'elle nous a permis de mieux comprendre la nature et entre autres, d'étudier rationnellement ces phénomènes. Dans sa lettre à Voltaire à propos des causes du séisme de Lisbonne (*cf. 1.1.2*), Rousseau paraît être le premier moderne à avoir exprimé cela, mais pour montrer que l'homme avait été puni de préférer la vie dans les villes plutôt que dans la nature. Pourtant, dix-huit siècles avant, Lucrèce disait déjà, à la suite d'Épicure, que les hommes imputaient une *si cruelle fureur* aux dieux parce qu'ils ignoraient que ce qu'il appelait *météores* et que nous appelons phénomènes naturels, ont des causes physiques.

La connaissance de ces phénomènes a successivement été le but de la mythologie, de la théologie, de la philosophie, de la science, des sciences physiques, des sciences de la Terre et maintenant de l'Univers. La manière de les interpréter puis de les étudier a successivement été indirecte par l'observation de leurs effets, empirique par extrapolation et conjecture, pratique par l'observation directe, théorique par l'analyse et la synthèse ; on est ainsi passé des effets aux causes.

Pour l'incompréhension primitive, les événements intempestifs étaient hasardeux ; pour les mythes et les religions, ils étaient fatals. Les média exploitent maintenant notre fascination de l'irrationnel en ne s'intéressant momentanément et très superficiellement, qu'à des événements particulièrement spectaculaires et/ou funestes, qu'ils ne présentent jamais positivement ; malheureusement, pour ceux mal informés auxquels la nature et le cours des phénomènes naturels paraissent toujours incompréhensibles voire mystérieux, ces événements demeurent les objets inquiétants de superstitions ou de croyances, de fatalité ou de hasard qu'ils sont depuis la nuit des temps ; ils sont souvent redoutés par ceux qui n'y sont pas exposés et négligés par ceux qui pourraient l'être : à peu près partout en France et même ailleurs, les séismes dont on parle abondamment, sont beaucoup moins fréquents et redoutables que les cyclones ou les crues qui causent partout beaucoup plus de dommages.

Par la discussion rationnelle de la relation cause/effet, la philosophie puis la science ont rendu les phénomènes naturels compréhensibles : on ne saurait évoquer le hasard qu'à propos de phénomènes inconnus dont on ne peut rien dire sauf à faire de la science-fiction. Dans l'état de notre connaissance du système terrestre, il n'y en a pratiquement plus ; les phénomènes connus peuvent l'être de façon plus ou moins précise ; cela dépend de l'intérêt qu'on leur porte et de leurs caractères propres, c'est-à-dire de la nocivité et de la fréquence de leurs événements intempestifs. L'étude scientifique des phénomènes naturels permet de juguler ce hasard.

La science leur a d'abord attribué la certitude intemporelle du déterminisme rigoureux, une cause/un effet, puis la certitude relative à plus ou moins long terme des probabilités, quelques causes/quelques effets, pour arriver à la certitude relative à court terme et à l'incertitude à long terme du chaos, des causes/des effets ; ces trois méthodes sont des outils rationnels de connaissance des phénomènes naturels et en particulier de prévision de leur cours dont ces événements sont des éléments ; elles sont compatibles et même complémentaires, nécessaires mais malheureusement insuffisantes (*cf. 4.4*). Car, de l'observation et de l'expérience à la théorie, la démarche scientifique ne parvient à projeter dans le futur que des événements du passé qui se sont produits dans d'étroites limites : une théorie scientifique, ensemble de règles humaines et non de « lois naturelles » combinant des données d'observations et d'expériences pour bâtir le modèle de forme et de comportement d'un phénomène naturel, est le cadre d'une connaissance du moment, qui n'est plus celle d'hier et ne sera pas celle de demain ; essentiellement expérimentale, elle est probabiliste : elle permet temporairement de décrire plus ou moins bien, l'état apparent d'une réalité complexe et changeante ; à plus ou moins long terme, à mesure que les observations et les expériences se préciseront, elle n'en rendra plus compte de façon satisfaisante ; elle devra donc être modifiée ou même remplacée par une théorie plus efficace.

Ainsi, notre connaissance et notre compréhension des phénomènes naturels évoluent sans cesse ; malheureusement, elles ne le font le plus souvent qu'à l'occasion d'événements inattendus, voire inconnus qui nous obligent à les réviser.

3.1.3 - DOMMAGES, ACCIDENTS, CATASTROPHES

Un accident résulte toujours d'un concours de circonstances qui entraînent qu'en un lieu donné, à un moment donné, un événement naturel a des effets qui nous affectent à travers nos aménagements et nos ouvrages, et dont la gravité est davantage déterminée par notre présence, nos actions, nos comportements que par l'intensité de l'événement, quel qu'il soit ; il n'est l'effet ni de la fatalité ni du hasard. En fait, les phénomènes naturels ne sont pas dangereux en eux-mêmes ; le danger ne vient pas de l'événement intempestif mais de son effet éventuel sur ceux qui se trouvent là où il ne faudrait pas être sans être préparés et protégés ; un très violent séisme dans le désert de Gobi n'affecte personne alors qu'un séisme de même magnitude dans le NE de la Chine peut produire plusieurs centaines de milliers de victimes ; les effets de la météorite de la Toungouska sur l'Europe du nord auraient été épouvantables...

Il n'y a pas forcément de relation directe entre l'intensité de l'événement et la gravité de ses effets ; les immeubles d'un même secteur d'une ville moderne qui vient de subir un séisme catastrophique présentent des dommages qui sont loin d'être identiques ou même analogues : certains sont plus ou moins inclinés, partiellement ou totalement effondrés..., d'autres paraissent intacts. Anciens ou récents, ceux qui ont le mieux résisté ont été bien conçus et bien construits, parasismiques ou non, car les règles parasismiques locales se montrent souvent inefficaces à la suite d'un séisme pas forcement plus violent que celui attendu comme à L.A., à Kobé et ailleurs ; de plus, dans le cas d'immeubles récents effondrés qu'occupaient la plupart des victimes, on s'aperçoit souvent que les élémentaires règles de l'art elles-mêmes n'ont pas été respectées, voire même négligées ou ignorées plus ou moins frauduleusement comme à Izmit, à Boumerdès et ailleurs.

La chute d'une pierre en montagne est un événement naturel banal, à peine complexe ; la pierre tombe d'un talus rocheux de tranchée ou d'une falaise naturelle plus ou moins fissurée, à la suite d'un orage, au moment du dégel... Théoriquement, le phénomène est entièrement déterminé et prédictible ; si l'on disposait du modèle géométrique du site, si l'on connaissait les conditions initiales de la chute, on pourrait calculer la trajectoire de la pierre, directe ou faite de bonds successifs, le point de son impact, l'instant où elle y arrive et son énergie en fin de chute, au moyen des lois de Galilée et de Newton qui décrivent mathématiquement cette action de la gravité ; on peut en effet modéliser schématiquement cette chute par une fonction $f(x, y, z, t, m)$. Quelle que soit son énergie, la pierre ne provoque aucun dommage si elle tombe en pleine nature et alimente un éboulis ; si elle tombe sur une route, elle peut faire un trou dans la chaussée et ne pas causer d'accident, s'il n'est pas très grand ou s'il est rapidement rebouché. Si un promeneur passe par-là, son déplacement n'obéit pas à une loi rigoureuse, mais il est à peu près déterminé s'il se fait en bordure de la route, à vitesse à peu près constante : on peut le représenter approximativement par une fonction $g(x, y, z, t)$. Les trajectoires se coupent s'il existe un point tel que $f_x = g_x$, $f_y = g_y$ et $f_z = g_z$; l'accident se produit si de plus $f_t = g_t$; il est très peu probable pour une seule chute et un seul passage ; sa probabilité augmente si la chute se produit au passage d'un groupe ; elle augmente de plus en plus avec le nombre de chutes, le nombre de passages et la grandeur du groupe ; l'accident devient pratiquement inévitable si les chutes et les passages sont continus. Sa gravité dépend de l'énergie des pierres, fonction de leurs masses et des hauteurs de chutes, du nombre de personnes atteintes et des parties de leur corps sur lesquelles elles le sont. S'il s'agit d'un seul passant, il peut à peine sentir l'impact, être plus ou moins grièvement blessé, ou mourir, mais ce n'est qu'un accident individuel ; s'il s'agit d'un conducteur d'autocar dont le pare-brise est cassé et s'il perd le contrôle de son véhicule, ce dernier peut percuter un parapet et quelques passagers peuvent être blessés ; s'il n'y a pas de parapet, l'autocar peut tomber dans un ravin et tous les occupants, mourir ; c'est une catastrophe et elle n'a rien de naturel.

Les facteurs d'un accident sont multiples, mais appartiennent donc à deux groupes nécessairement associés. Ceux du premier groupe sont naturels, aléatoires, comme la chute de la pierre ou la survenance d'une crue dans le lit majeur d'une rivière ; ils déterminent les circonstances de l'accident. Ceux du deuxième groupe sont humains comme le passage d'un autocar ou la présence d'un lotissement, d'un terrain de camping forcément vulnérables dans ce lit ; ils en déterminent la gravité.

Les accidents qui nous affectent dans certains sites et en certaines circonstances sont toujours les effets d'événements intempestifs mais normaux de certains de phénomènes naturels dont le cours est plus ou moins troublé par la mise en œuvre et/ou la présence de nos aménagements et de nos ouvrages ; quelle que soit la façon dont ces derniers ont été projetés et construits, que des erreurs, des négligences aient alors été éventuellement commises, c'est bien le séisme qui détruit l'immeuble fragile, la rivière en crue qui emporte le pont mal calibré ou inonde le lotissement situé dans son lit majeur, la gravité qui fait que le talus de déblai trop haut et/ou trop pentu glisse, que le bâtiment mal fondé tasse, que le mur de soutènement mal drainé s'écroule... On en conclut hâtivement que, quelle que soit son intensité, l'événement naturel est la cause déterminante, voire la seule, de l'accident ; or dans presque tous les cas, ses effets néfastes sont directement liés à la vulnérabilité des aménagements et des ouvrages résultant de malfaçons, implantations dangereuses, études absentes, insuffisantes, erronées, mal interprétées, conceptions inadaptées, mises en œuvre défectueuses, dysfonctionnements, modifications inadéquates d'usage..., mais aussi et peut-être surtout à nos comportements fautifs qui sont les vrais causes de la plupart des accidents : une catastrophe exprime toujours notre inconscience, notre ignorance, notre légèreté, nos attitudes et/ou nos décisions aberrantes... : il était aberrant de s'entêter à maintenir au 11 mai 1902 le second tour de l'élection législative de Saint-Pierre de la Martinique en pleine éruption de la montagne Pelée ; il était aberrant d'aménager des lotissements et des campings dans les lits majeurs des rivières comme on l'avait fait au Grand-Bornant, à Vaison, à Aramon et ailleurs ; il était aberrant de considérer qu'un remblai de voie ferrée est une digue de protection comme l'inondation du Rhône en 2003 l'a clairement montré au nord d'Arles...

Le nombre des victimes d'une catastrophe dépend évidemment de l'intensité de l'événement qui la provoque, du niveau de connaissance que l'on en a, mais surtout de la vulnérabilité des aménagements, de la densité de population dans le bassin de risque et des mesures de prévention que l'on y a prises. On dispose de techniques propres à prévenir les effets de la plupart des événements naturels dangereux ; il s'agit pour l'essentiel de mesures constructives permettant d'éviter au moins partiellement la ruine des ouvrages pour protéger leurs occupants et assurer l'efficacité des secours : digues, constructions parasismiques, murs de soutènement... Pour des raisons scientifiques, techniques, mais surtout économiques, elles ne sont que partiellement efficaces.

Dans le cas de la construction d'un ouvrage, le dommage ou l'accident peut parfois résulter d'une étude géotechnique défectueuse ou d'une façon incorrecte de l'exploiter, si toutefois on en a effectué une. Plus généralement, il résulte de l'inadaptation de l'ouvrage au site et/ou d'un vice de construction.

N'importe quel ouvrage, même normalisé comme un pont courant d'autoroute, est original, car son site est unique ; c'est donc un prototype, un objet à risque. Sa construction induit des phénomènes qui modifient l'état naturel du site, ce qui peut altérer la stabilité de l'ouvrage, éventuellement jusqu'à la réalisation du risque qui peut être la ruine. À un moment donné, on construit un ouvrage donné, répondant à un besoin donné, d'une façon que l'on essaie de rendre aussi sûre et économique que possible. Aucun ouvrage ne peut être raisonnablement construit pour l'éternité. La vanité humaine voudrait pour les monuments pouvoir infirmer cette règle qui exprime le 2ᵉ principe de Carnot. En fait, très peu parmi les plus antiques d'entre eux, demeurent ; la disparition de ceux qui restent n'est sans doute qu'une question de temps malgré l'entretien et les restaurations dont certains sont l'objet. Tout ouvrage s'use et se ruine ou est détruit ; au temps de la splendeur qui est aussi celui de l'utilisation, succède le temps du souvenir qui est celui des belles ruines, puis le temps de l'oubli qui est celui des indices que seul un archéologue averti peut reconnaître. Le paysage lui-même évolue de façon naturelle par l'érosion ; il tend vers sa destruction qui est seulement trop lente à l'échelle humaine, pour être communément perçue : le relief de la Bretagne a été jadis aussi tourmenté que celui des Alpes actuelles.

La bonne conception, l'exécution correcte et l'entretien soigneux d'un ouvrage sont donc des précautions qui retardent sa ruine, mais ne l'évitent pas. On entretient plus ou moins soigneusement un ouvrage dont l'usage se perd ou change ; il se dégrade plus ou moins rapidement selon la façon dont il a été construit, les matériaux utilisés pour sa construction et l'usage secondaire que l'on en fait. Il serait absurde de prétendre construire un ouvrage qu'il ne serait pas nécessaire d'entretenir et ce, quelles que soient les précautions prises au cours de son exécution et la dépense initiale que l'on y ait consacrée ; l'entretien diminue le risque et éloigne la ruine.

3.1.3.1 - EFFETS DES ÉVÉNEMENTS NATURELS INTEMPESTIFS

Les événements naturels intempestifs sont innombrables et, si l'on peut dire, leurs effets le sont davantage, puisque le même événement peut avoir des effets différents sur des ouvrages différents, ou bien des intensités différentes selon l'endroit et l'époque. Ces événements sont bien connus du public, car ils sont très souvent à l'origine de catastrophes régionale ou nationale - séismes, crues, tsunamis... - dont sont friands les média. Ces catastrophes résultent généralement de l'occupation traditionnelle de sites dangereux comme les *alluvione* de la basse plaine du Pô, les séismes japonais ou californiens, les éruptions de l'Etna... Quand un accident se produit dans un site récemment aménagé, il implique souvent un événement localisé, peu évident, ignoré des non-spécialistes, écroulement de falaise, glissement de coteau, coulée de boue, écroulement ou affaissement de toit de cavité naturelle ou artificielle, avalanche... L'accident résulte en fait d'une méconnaissance profonde du milieu naturel, conséquence d'un mode de vie de plus en plus artificiel et de la prise en main des projets par des hommes de bureaux d'études qui n'ont pratiquement aucune connaissance ni préoccupation écologique. Les aménagements touristiques de montagne ont souvent été étudiés et réalisés trop hâtivement, loin du site et sans tenir compte de l'avis des plus vieux du pays ou, plus rationnellement, du contenu des archives locales ; des crues quasi annuelles inondent les lotissements construits dans les lits majeurs de rivières, même très calmes comme celles du bassin parisien...

Ainsi, le catalogue des événements naturels dangereux ne peut pas être exhaustif, tant ceux-ci sont nombreux et variés. Parmi les phénomènes d'origine interne, il s'agit essentiellement des séismes et des éruptions volcaniques, ainsi que de leurs effets secondaires. La plupart des phénomènes d'origine externe sont liés à la gravité - instabilité des versants, des talus et des cavités, tassements - ou à l'eau - érosion, alluvionnement, crucs, tempêtes...

3.1.3.2 - EFFETS DE L'ACTIVITÉ HUMAINE

Les activités agricoles, minières, industrielles, les endigages de fleuves, les assèchements de marais... peuvent entraîner des mouvements de terrains, de petits séismes, l'érosion des sols, la désertification, la pollution... La mer d'Aral a été en partie asséchée par les prélèvements d'irrigation de coton subis par ses tributaires, l'Amou-Daria et le Syr-Daria ; le Middle West a été en partie désertifié par la destruction de la steppe à bisons au profit de l'agriculture intensive ; c'est aussi la disparition de la prairie au profit de la culture qui prive plus ou moins le pays de Caux d'eau potable souterraine et c'est le remembrement favorisant le ruissellement au détriment de l'infiltration, conjugué à l'épandage de lisier qui provoquent un phénomène analogue en Bretagne ; le sous-sol de très nombreuses friches industrielles et minières est pollué de façon quasi irrémédiable... Les accidents directement induits par les ouvrages sont plus ou moins graves, mais les véritables catastrophes, comme les écroulements de barrages, sont heureusement rares. Ils affectent l'ouvrage lui-même ou les mitoyens et plutôt les biens que les personnes ; ils sont généralement connus des seuls initiés et en particulier, des assureurs, des tribunaux et des experts. Il s'agit essentiellement de fissurations, d'inondations, d'éboulements, de tassements, d'inclinaisons, de menaces d'effondrement... Heureusement, la plupart d'entre eux se produisent durant les travaux, ce qui n'entraîne généralement pas une altération de la solidité de l'ouvrage achevé ou bien ce sont des fissures affectant davantage l'esthétique de la construction que sa solidité. Leur prévention implique que, durant les travaux, on demeure attentif à contrôler et éventuellement à perfectionner l'adaptation de l'ouvrage au site, en particulier ses fondations, et à éviter les incidents et accidents de chantier.

3.1.3.3 - SELON LES DOMMAGES

On a l'habitude de classer les accidents selon l'importance des dommages qu'ils causent ; un accident est d'autant plus grave que plus de personnes sont blessées ou y laissent la vie et/ou que les dégâts matériels sont plus coûteux ; les média accentuent souvent cette tendance en ne présentant que des événements spectaculaires, si possibles agrémentés de nombreuses victimes photogéniques : les inondations sont universelles, infiniment plus nombreuses, plus dangereuses et plus meurtrières que les séismes, les cyclones et les éruptions volcaniques, beaucoup plus localisés ; mais peu spectaculaires, les média en parlent et les montrent rarement ; à moins que... souvenez-vous des images particulièrement indécentes, mondialement diffusées, d'Omayra Sanchez, la pauvre fillette de 12 ans, victime parmi 25 000 autres de la catastrophe du Nevado del Ruiz en 1985 (*cf. 1.4.2.1.10*) ; elles suggéraient qu'elle allait périr enlisée à la fin d'une longue agonie complaisamment télévisée, alors qu'en fait, elle est décédée d'épuisement à l'hôpital après qu'on l'ait extraite de la boue, trop tardivement et peut-être même sans trop d'empressement : que ne ferait-on pas pour un *scoop* ! On en est ainsi arrivé à mesurer la gravité des catastrophes à l'aune des morts qu'elles provoquent et dont on tient exclusivement compte ; mais vous savez maintenant que la nuée ardente qui a détruit Saint-Pierre aurait pu ne faire que très peu de victimes si les pouvoirs publics avaient correctement assumé leurs responsabilités éthiques plutôt que politiques ; elle n'en aurait pas moins été à l'origine d'une ample catastrophe, car la ville a de toute façon, été entièrement détruite et ses environs, ravagés.

Ce classement selon les dommages n'est pas tout à fait pertinent en matière de risque « naturel ». À petites causes grands effets et à mêmes causes effets différents, ce sont souvent des événements naturels mineurs qui sont ici à l'origine de grandes catastrophes et sont là à peine remarqués. Le séisme d'Agadir en 1960 (M_L 5,8) a fait plus de 15 000 victimes sur une population totale qui ne dépassait pas la trentaine de mille ; des séismes de cette magnitude sont à l'origine de la plupart des ravages périodiques qui affectent certaines régions des Andes, de l'Amérique centrale ou du Moyen-Orient ; ce sont presque des accidents banals en Californie ou au Japon : en 1995, le séisme bien plus violent (M_L 7) de Kobe, ville de plus d'un million d'habitants, ne fit, si l'on peut dire, qu'environ 5 000 victimes. Le pont d'une petite route secondaire, emporté la nuit par une crue, devra seulement être reconstruit et ses usagers habituels seront condamnés pendant quelque temps à un petit détour ; le tunnel de chemin de fer dont une petite partie de la voûte s'effondre immédiatement avant le passage d'un train de voyageurs, est à l'origine d'une ample catastrophe et le trafic sera longtemps perturbé ; de deux immeubles dans un même site dont le sous-sol est compressible, l'un se fissurera gravement et l'autre, mieux étudié et mieux construit, ne subira pas le moindre dommage. Le 3 octobre 1988, l'inondation de Nîmes a fait des dégâts considérables, mais relativement peu de victimes ; il est résulté de ce fait, considéré comme étonnant car il ne permettait pas de classer catégoriquement la catastrophe selon les dommages, une rumeur persistante, très médiatique, évidemment non fondée, affirmant que le nombre des victimes était nettement supérieur aux déclarations officielles (*cf. 1.1.11*).

Ce classement éminemment humain est, avec juste raison, celui de l'assurance et de la protection civile, mais il ne peut pas être entièrement celui de cet ouvrage.

3.1.3.4 - SELON LA CAUSE

On classe aussi ces accidents en accidents naturels quand la cause est extérieure à l'ouvrage - séisme, mouvement de terrain, crue... - ou en accidents par vice du sol, selon la formule du Code civil, quand c'est l'ouvrage lui-même qui paraît induire le phénomène cause de l'accident, glissement de talus de déblais, et/ou qui subit le dommage, défaillance de fondations. Là encore, l'opinion commune ne peut être totalement admise ; nous savons en effet qu'en dernier ressort, nous sommes objectivement toujours responsables d'un accident. Les sites ne sont intrinsèquement ni favorables, ni hostiles, les sols ne sont ni bons ni mauvais et sûrement pas vicieux. Ce sont là des qualités humaines et non minérales et l'on ne saurait être à ce point animiste à propos de matériaux et de phénomènes aussi spécifiquement neutres, qui sont ce qu'ils sont : à nous de nous en accommoder ou d'éviter leur fréquentation. Évidemment, ce sont les phénomènes telluriques actuels qui sont naturels, et non les accidents que nous subissons en occupant les sites exposés à des risques « naturels » ; les effets de ces phénomènes ne sont catastrophiques qu'autant que nous occupons ces sites sans prendre de précaution. C'est jouer sur les mots que de présenter ce que l'on appelle communément les « catastrophes naturelles » comme imprévisibles. Il faut dire qu'en fait, elles sont les conséquences d'événements naturels normaux, aléatoires dans la mesure où, dans un site donné, on ne peut effectivement pas déterminer la date de leur avènement ni leur intensité, mais parfaitement possibles sinon probables et logiquement prévisibles dans ce site. Par exemple, quelle que soit son intensité, une crue en pleine nature est, comme n'importe quel autre phénomène naturel, parfaitement normale. Elle devient catastrophique dans le seul cas où elle affecte un site habité non protégé, sans que, généralement, il soit alors besoin qu'elle atteigne une intensité exceptionnelle. Or, on sait maintenant assez bien déterminer l'intensité et la fréquence des crues, et quand on ne dispose pas d'éléments d'archives pour y parvenir, l'examen attentif de la morphologie d'un site permet toujours de définir correctement l'étendue du lit majeur d'une rivière qui est, à coup sûr, plus ou moins fréquemment inondé. On pourrait ainsi, dans la majorité des cas, se prémunir des effets désastreux des crues et de la plupart des autres événements naturels qui, pour le moins, sont toujours relativement faciles à localiser ; en faisant évacuer à temps, ce qui était parfaitement possible, tous les habitants de Saint-Pierre, les vies d'un nombre considérable de gens auraient été épargnées.

Ce ne sont donc pas les caprices de la nature ou la perversité du sol qui causent les accidents, mais notre imprudence et/ou notre inconscience quand nous négligeons d'adapter nos comportements et nos ouvrages aux particularités naturelles des sites que nous aménageons. Un accident n'est alors inévitable que dans la mesure où des hommes ont créé certaines circonstances dont le concours entraîne l'enchaînement d'événements que l'on appelle catastrophe ; et bien évidemment, il n'atteint l'homme qu'à travers ses propres ouvrages. Il ne saurait donc être naturel.

3.1.4 - ÉVALUER LE RISQUE

Pourtant, on a aménagé de tout temps des sites inhospitaliers, souvent par légèreté mais rarement par erreur. Le goût du risque parfois évoqué à ce propos n'a pas à l'être : on ne construit pas un pont sur une rivière pour voir si c'est une crue décennale ou centennale qui l'emportera et engager des paris à ce sujet, mais pour la traverser en espérant que la crue millennale, si cette notion a un sens, ne le détruira pas. Et si certains agriculteurs habitent des plaines alluviales périodiquement inondées, ce n'est pas pour avoir le plaisir de se voir de temps en temps sur un écran de télévision alors qu'ils sortent de chez eux en barque, après avoir enjambé l'appui d'une fenêtre du premier étage de leur ferme, mais parce que ce type de plaine est particulièrement fertile. Leurs ancêtres n'ont pourtant pas poussé le vice jusqu'à construire leurs fermes dans des cuvettes régulièrement inondées, mais plutôt sur des buttes que l'eau atteint le moins souvent possible.

En fait, on peut toujours s'accommoder d'un site difficile, si les avantages que l'on tire de son utilisation compensent largement les inconvénients qui résultent de son occupation. Il est parfaitement normal d'accepter en toute connaissance de causes qu'un ouvrage puisse éventuellement subir des dommages mineurs respectant son intégrité ; il serait tout à fait aberrant d'en envisager la ruine en toute sérénité. Utiliser un site inhospitalier se traduit donc toujours par une charge économique, soit *a priori*, pour définir le risque et prendre des dispositions pour éviter l'accident possible, soit *a posteriori* si l'accident se produit. Le problème du risque « naturel » est ainsi essentiellement économique, c'est-à-dire, encore une fois, humain et non naturel.

On pourrait donc classer le risque « naturel » à la fois selon la nature et l'intensité de l'événement qui en est la cause et selon la charge économique qui en résulte pour le prévenir ou pour le supporter. L'accident résultant soit d'un phénomène ignoré, soit d'un phénomène imprévisible dans l'état actuel de notre connaissance, comme la chute d'une météorite, soit encore de l'intensité maximum concevable mais jamais observée d'un phénomène connu, tels un séisme de magnitude 10 ou une crue de temps de retour théorique plus que millennal, conduit généralement à la ruine totale de l'ouvrage frappé. Il ne peut être prévenu que par une attitude négative : ne rien faire dans le site concerné et/ou fuir si on en a le temps, car la mise en œuvre d'une protection efficace est hors de portée, sinon de notre technique, du moins de notre économie. L'accident qui résulterait d'un phénomène connu dont la manifestation pourrait être considérée comme fortuite dans le site concerné ou bien de l'intensité maximum prévisible d'un phénomène déjà observé, seulement envisageable avec une probabilité quasi nulle, ne peut être économiquement prévenu. On doit néanmoins en retenir l'éventualité, mais on est alors conduit à renoncer à assurer l'intégrité de l'ouvrage et à accepter de lui voir subir des dommages graves, tout en préservant les vies humaines, en s'arrangeant pour éviter sa ruine totale et en conservant la possibilité de pouvoir le réparer. Pour l'accident consécutif à la manifestation d'un phénomène connu, avec une intensité déjà observée mais rarement dans le site concerné, on peut encore considérer que le risque est assez exceptionnel et accepter que l'ouvrage supporte des dommages dont l'importance dépend de leur coût prévisible par rapport à la charge qu'entraînerait leur prévention. Enfin, l'accident qui résulterait de l'intensité normale d'un phénomène bien connu ne pourrait être envisagé que comme la conséquence d'une sorte de pari, pour un ouvrage provisoire et peu onéreux comme un batardeau de fouille temporaire. Autrement, il doit être considéré comme inadmissible ; un ouvrage permanent doit être construit ou modifié pour que le risque de le voir affecté soit pratiquement nul.

3.1.5 - ASSURER LA SÉCURITÉ

Quand l'aménagement est ancien, le danger qui le menace doit être identifié, apprécié, et des dispositions opportunes de protection, de prévention, d'intervention et de réparation doivent être prises ; c'est la responsabilité du propriétaire ou de la puissance publique.

Quand l'aménagement n'est qu'un projet, le maître d'ouvrage doit non seulement apprécier l'opportunité et la rentabilité de son investissement, mais aussi dégager les moyens d'en assurer la sécurité. C'est son intérêt et sa responsabilité, et souvent même ceux de la société, mais il n'en a pas toujours conscience ou l'ignore délibérément ; il est difficile de croire que les constructeurs et la puissance publique ignoraient que tel terrain de bord de rivière fût inondable avant que la première crue un peu inhabituelle ait envahi le lotissement qu'ils y ont implanté ou autorisé.

Pour s'assurer de la sécurité de son futur ouvrage, le maître doit se tourner vers le géotechnicien, et éventuellement vers d'autres spécialistes, afin que l'adaptation de l'ouvrage au site soit efficace. En effet, dans l'état actuel de son développement, la géotechnique permet l'étude à peu près rationnelle de la plupart des comportements site/ouvrage ; ce serait une véritable faute de ne pas faire entreprendre une telle étude ou de ne pas dégager les moyens suffisants d'en réaliser une correctement.

Que peut-on faire pour évaluer le risque, c'est-à-dire pour imaginer l'accident et ses causes, définir la probabilité de le voir se produire et participer à la mise au point des solutions techniques propres à l'éviter ou du moins, à en amoindrir les effets ? On ne peut qu'interroger la théorie et mettre en œuvre la technique, en essayant de ne rien oublier et de ne pas se tromper, sans être trop timoré. C'est difficile car, à un moment donné et dans un cas donné, la théorie est limitée par la connaissance, et la technique par les moyens matériels et économiques.

Mais graduer rigoureusement le risque est presque toujours fondamentalement impossible. Pour y parvenir, il faudrait en effet, soit, selon la théorie des probabilités, disposer d'une longue série d'observations, soit, selon la méthode préscientifique toujours utilisée par la technique industrielle, renouveler un certain nombre de fois la même expérience dans des conditions analogues jusqu'à l'accident sur des prototypes, ce que le simple bon sens interdit mais aussi le contingent puisqu'il n'existe pas de sites ou d'ouvrages rigoureusement semblables et que l'on est loin de savoir définir toutes les conditions de manifestation d'un événement naturel éventuellement destructeur. Il n'en demeure pas moins que l'on sait par expérience, dans un très grand nombre de cas, jusqu'où il ne faut pas aller trop loin.

La plupart du temps, c'est l'histoire locale qui permet le mieux d'apprécier la probabilité de réalisation d'un risque ; la sismicité de la France, qui, à quelques exceptions locales près, n'est pas très dangereuse, a ainsi fait l'objet d'études historiques portant sur plusieurs milliers d'événements macrosismiques de la part du CEA et d'EDF, afin d'apprécier le risque sismique des centrales nucléaires et des grands barrages hydroélectriques. C'est aussi elle qui permet d'apprécier la hauteur d'une crue sous un pont à construire, mais, à constater les défauts de tirant d'air qui affectent certains ouvrages récents, il est vraisemblable que l'on n'y recourt pas souvent.

Pour les ouvrages en projet, le géotechnicien aide à définir la limite au-delà de laquelle le risque n'est plus acceptable et s'assure qu'elle ne sera pas transgressée. Il doit se montrer d'autant plus prudent qu'il se sait plus ignorant ; son appréciation du risque dans un cas donné est donc en partie subjective. Il n'est pas toujours écouté ni même entendu.

3.1.6 - LE RISQUE ÉCONOMIQUE

Et il arrive souvent, en cours de travaux ou plus ou moins longtemps après leur achèvement, que l'influence néfaste de particularités naturelles d'un site, négligées ou sous-estimées, soit telle qu'elle détermine d'importants dommages et impose des travaux imprévus parfois longs et toujours onéreux tant en eux-mêmes qu'à cause des retards qu'ils entraînent sur le programme général d'exécution de l'ouvrage, et souvent à tel point que l'économie du projet et ce programme s'en trouvent bouleversés. Il peut alors apparaître, mais trop tard, qu'il aurait été plus rentable de modifier le projet dès l'abord ou même d'abandonner le site choisi pour un autre plus favorable. Beaucoup plus rarement, cette influence peut avoir des effets catastrophiques qui ne sont pas les conséquences de la fatalité.

En fait toute construction et toute maintenance d'ouvrage est plus ou moins risquée financièrement et/ou matériellement. Si le risque est seulement économique, le maître d'ouvrage peut envisager de le prendre à condition que l'événement en cause soit parfaitement connu et que la gravité de ses conséquences possibles soit clairement établie ; avant d'en décider, il a dû l'évaluer et le confronter aux avantages qu'il pouvait attendre à le prendre. C'est une analyse difficile et subjective qui peut avoir été biaisée, volontairement ou non, en minimisant le risque et en exagérant les avantages. S'il s'agit d'un phénomène naturel, c'est sa probabilité statistique qui permet de décider ; s'il s'agit d'un effet provoqué, il faut en faire l'étude détaillée ; on peut aussi faire une évaluation arbitraire et pas toujours honnête pour forcer une décision : c'est très dangereux mais de pratique courante en matière de grands ouvrages publics. On constate parfois que le coût et les délais d'exécution d'un grand terrassement, d'un ouvrage souterrain... peuvent s'envoler à la suite d'un grave accident de chantier ; presque toujours, cela résulte d'abord de l'optimisme affiché par les constructeurs pour convaincre des décideurs réservés, puis de leur suffisance et/ou de leur incompétence. Et pourtant dans certains cas, l'étude géotechnique montrait clairement que le risque était patent ; mais les rapports de telles études... disparaissent opportunément quand le risque se réalise.

Si le risque n'est que financier, on finit toujours par construire l'ouvrage en modifiant le projet initial ; ce fut le cas du canal de Panama et de ses gigantesques terrassements, irréalisables comme ils avaient été prévus ; il fonctionne toujours et comme les innombrables victimes de ce chantier, le scandale financier est oublié depuis longtemps.

Prendre le risque de voir se produire quelques désordres n'affectant ni la solidité ni le bon fonctionnement de l'ensemble d'un ouvrage peut être parfaitement admis par le maître qui en attend quelque avantage financier ; pour un parking enterré, un radier drainant peut s'avérer moins onéreux qu'un cuvelage, à condition que le coût du débit permanent soit faible ; en décidant d'en faire un, on prend le risque de voir le bilan financier de l'opération gravement affecté si ce débit a été mal évalué à l'étude, ce qui est très souvent le cas.

Prendre le risque de voir la solidité ou le fonctionnement d'un ouvrage compromis au point de le rendre dangereux ou inutilisable ne peut évidemment être admis en aucun cas ; à moins d'être fou ou foncièrement malhonnête, personne ne prend ce genre de risque qui, en cas d'accident, devrait conduire droit en prison.

3.2 - CARACTÉRISER LE RISQUE

Afin de s'en prémunir, on n'étudie bien évidemment, que des risques effectivement courus en des endroits et dans des circonstances données, et dont les réalisations présentent de réels dangers d'accidents ou de pertes économiques. Ainsi, quel que soit le risque en cause, la méthode de son étude particulière repose sur un schéma général en trois étapes, spécification du risque, estimation du danger, définition des actions propres à le supprimer ou à réduire les effets de sa réalisation éventuelle.

3.2.1 - SPÉCIFICATION DU RISQUE

Certains médias ont l'habitude de ne présenter que des *scoops,* événements spectaculaires, vite oubliés, de façon généralement sommaire, voire ésotérique et parfois biaisée ; ainsi, il en reste que l'on néglige souvent les risques patents, pour ne s'inquiéter que de ceux que l'on ne court pas.

Il importe donc de s'assurer d'abord de la réalité du risque que l'on appréhende. Certains risques, là fréquents et redoutables, peuvent être considérés ici comme inexistants sans qu'il soit besoin d'entreprendre une lourde étude pour s'en assurer : si l'on ne fréquente pas les casinos, on ne risque pas de se ruiner au jeu ; les habitants des plaines alluviales du bassin parisien ne sont pratiquement pas exposés à un séisme destructeur, mais certains le sont sûrement à des inondations quasi annuelles ; un remblai bien étudié, correctement fondé, constitué de matériaux de bonne qualité et soigneusement compactés, ne risque pas de glisser ou de se déformer ; un bâtiment mal construit subira sûrement des désordres, quel que soit le sol sur lequel il est construit...

La morphologie, le comportement, l'histoire... d'un lieu à risque éventuel sont déterminants : tel carrefour est connu pour les accidents qui s'y produisent, tel boulodrome pour les pertes que les naïfs y subissent, tel versant pour son instabilité, telle région pour sa sismicité, telle zone parce qu'elle est inondable... Chaque cas est particulier ; son étude est affaire de spécialistes qui peuvent toujours s'appuyer sur quelques principes généraux, Code de la route, règles du jeu, géomorphologie, géodynamique, recherche historique... L'expérience et la rigueur sont nécessaires pour recueillir, critiquer et exploiter des renseignements ; mais en particulier ceux qui concernent le passé, peuvent être irréductiblement erronés, contestables, incomplets, difficilement interprétables... Un nivellement imprécis peut rendre incompréhensible l'observation d'une inondation ; une date incertaine, une orthographe de nom de lieu douteuse, une description confuse... peuvent faire prendre un événement passé pour un autre ou le localiser là où il ne s'en est jamais produit de tel ; un mauvais diagnostic peut faire redouter une maladie que l'on n'a pas ou même ignorer celle que l'on a... Il est bon de multiplier les recoupements comme les renseignements d'archives, la position structurale du site, l'observation de failles récentes dans le cas de l'étude de séisme, d'utiliser concurremment des méthodes parallèles mais différentes, permettant d'obtenir le même ordre de renseignements par des voies distinctes : géodynamique, géophysique, géomécanique pour l'étude d'un site instable, essai pressiométrique, essai triaxial... pour une étude de fondation d'immeuble...

Dans le cas d'un ouvrage nouveau, c'est l'expérience des constructeurs et l'application de règles techniques éprouvées qui permettent d'imaginer d'éventuels accidents de chantier et dommages à l'ouvrage. La difficulté est alors de faire prendre au sérieux par tous les participants, l'éventualité de risques potentiels dont la prévention entraîne des contraintes et des dépenses qui paraissent toujours superflues, sachant que, si le risque ne se réalise pas, plutôt que d'en attribuer le mérite celui qui les a imposées, il n'est pas rare qu'on les lui reproche ensuite ; la majeure partie des dommages et accidents de bâtiment et de génie civil, résulte de l'imprudence et de la légèreté avec lesquelles on néglige les risques nombreux et variés, encourus durant la construction et la vie d'un ouvrage. Plus généralement, il n'entre même pas dans les préoccupations de la plupart des constructeurs que l'acte de construire présente des risques, persuadés qu'ils sont de la qualité des règles qu'ils appliquent et du travail qu'ils produisent ; et les assureurs n'établissent des statistiques d'accidents que pour justifier leurs primes.

On peut considérer que la spécification du risque en cause est achevée quand on dispose de modèles analytiques et synthétiques de forme et de comportement fiables, qui caractérisent précisément ce risque. On n'est jamais sûr d'y être bien parvenu.

3.2.2 - ESTIMATION DU DANGER

Cette situation idéale n'est en effet jamais atteinte ; on manque généralement de données ou d'expérience, de sorte que pour y suppléer dans l'estimation du danger, il est presque toujours nécessaire de recourir à l'imagination qui peut parfois s'emballer ou même devenir rapidement délirante, comme quand il s'agit de certains phénomènes naturels aux effets redoutables en d'autres lieux et circonstances. La manipulation des modèles pour estimer le danger en cause, doit donc être très prudente et chaque résultat doit être sérieusement critiqué avant d'être utilisé.

3.2.2.1 - DÉFINITION DE LA PROBABILITÉ

La définition de la probabilité de réalisation du risque dépend en grande partie du phénomène concerné.

Quand il est simple, qu'il s'exprime par une relation directe de cause à effet, que son modèle est une loi physique dont l'expression mathématique est une formule linéaire biunivoque rigoureuse, il est strictement déterminé : la certitude est absolue ; avec une tension de tant de volts, l'intensité d'un courant électrique sera de tant d'ampères à travers une résistance de tant d'ohms... Il en va à peu près de même pour des phénomènes plus complexes, modélisés par quelques lois déterministes dont l'expression mathématique est un système d'équations relativement simple et dont les résultats sont confirmés par une très longue série d'observations ; demain, à telle heure, la marée aura telle hauteur dans tel port ; à tel instant, tel astre sera à tel endroit dans le ciel... Certaines lois n'expriment qu'un déterminisme apparent, car si les formules qui en découlent ont des formes simples, les paramètres qu'elles combinent sont mal définis, difficilement mesurables, leurs valeurs sont imprécises ou même variables dans le laps de temps d'une mesure ou de l'utilisation du résultat. C'est le cas de pratiquement toutes les formules de la géomécanique : la loi linéaire de Coulomb, T = c + N∗tgφ (*cf. 1.9.8 et 4.5.3*), est claire et nette, mais les valeurs de φ et c qu'elle utilise dans un cas donné, le sont beaucoup moins ; leur précision métrologique n'est même pas chiffrable et elles peuvent rapidement varier dans le temps de façon incontrôlable ; de plus, les mesures sont effectuées sur un très petit nombre d'échantillons choisis selon des critères arbitrairement définis : elles n'ont donc même pas de valeur statistique.

Si le phénomène est complexe, le recours au calcul des probabilités est nécessaire, mais les résultats obtenus ne sont utilisables que s'ils sont effectués sur les observations d'une longue série d'événements analogues, dans des conditions semblables et éventuellement dans un même site, ou bien s'ils sont aisément calculables au moyen d'une formule issue d'une théorie éprouvée ; la probabilité d'un résultat de jeu de pile ou face est de 0,5 ; celle d'un événement régi par un système complexe, modélisé comme un enchaînement d'événements simples dont on a pu chiffrer les probabilités respectives est égale à leur produit... Mais s'il s'agit de phénomènes naturels, on dispose rarement de très longues séries et encore moins de formules réellement simples ; on est donc généralement amené à ne pouvoir faire davantage qu'estimer la probabilité de la plupart des phénomènes complexes et en particulier, celle des manifestations désastreuses de phénomènes naturels peu fréquents même à l'échelle mondiale, comme les éruptions volcaniques. C'est mieux que rien et quoi qu'il en soit, nécessaire ; présenter les résultats de telles estimations sous une forme mathématique d'apparence rigoureuse comme des temps de retour décennaux, centennaux... n'est admissible que si l'on prend la peine de préciser la démarche qui a permis de les obtenir ; on le fait rarement pour les risques médiatiques spectaculaires et quand on le fait, il apparaît souvent que les méthodes utilisées ne sont pas adéquates ou bien que l'on affecte la probabilité présentée d'une précision qu'elle ne saurait avoir ; ainsi, il existe des documents publiés dans lesquels on lit avec surprise ou consternation que des grandeurs discrètes comme les degrés MSK ont été rendues continues et décimalisées, pour exprimer des temps de retours de séismes ou des « intensités nominales », paramètres de calculs parasismiques : à tel endroit, un séisme centennal aurait ainsi une intensité de 6,06 (*sic*), en fait entre VI et VII ; le pire est qu'alors, la confusion avec la magnitude de Richter est assurée, avec les conséquences que l'on peut imaginer ; il est vrai qu'à propos de cette dernière qui est effectivement continue, on entend toujours les commentateurs dire que tel séisme a atteint tel degré sur l'échelle de Richter, ce qui est à proprement parler, du charabia. On sait enfin que, même si l'on dispose de très longues séries de mesures fiables de paramètres indiscutables, la théorie du chaos limite au temps caractéristique du système, la divergence compatible avec une probabilité utilisable ; c'est entre autres, le cas de la météorologie.

Si le phénomène est très complexe et que ses réalisations sont rares et catastrophiques, on peut essayer de pallier le manque de longues séries d'observations en considérant qu'une réalisation est le dernier événement d'un enchaînement d'événements élémentaires, en construisant ce que l'on appelle un arbre de défaillance et en estimant sa probabilité comme le produit des probabilités de chacun ; c'est généralement beaucoup plus facile à dire qu'à faire, car on n'est jamais exhaustif ; lors de la réalisation éventuelle du risque correspondant, l'événement oublié ou négligé paraîtra déterminant. Les règles de reconstruction d'Orléansville tenaient compte des effets de cisaillement sur les structures, qui avaient paru avoir déterminé les principaux écroulements d'immeubles, lors du séisme de 1954 ; elles n'ont pas limité la catastrophe d'El-Asnam en 1980, car les effets de poinçonnement auparavant négligés, s'y sont révélés aussi néfastes.

Si le phénomène est extrêmement complexe, rarement observé sur de très longs laps de temps et que sa réalisation implique le concours d'un très grand nombre de circonstances mal définies et aux relations mal connues comme la chute d'une météorite, la probabilité n'est pas calculable ni même estimable et donc l'incertitude, à peu près totale.

3.2.2.2 - *APPRÉCIATION DES CONSÉQUENCES*

Les conséquences de la réalisation d'un risque peuvent être économiques et/ou humaines.

Le risque purement économique est acceptable pour l'opinion publique, en principe assurable quand il ne s'agit pas de jeu. Il n'est pas très difficile de calculer le budget rationnel de sa prévention, une proportion du coût estimé de sa réalisation rapportée à sa probabilité ; il l'est beaucoup plus d'obtenir les crédits correspondants. Sauf quand ils imposent contractuellement des dispositifs censés amoindrir un risque parfaitement connu, la plupart des assureurs ne tiennent même pas compte dans leurs primes, des précautions généralement plus efficaces prises par les gens prudents.

Le risque humain est moralement considéré comme inacceptable avant l'accident ; après, cela dépend du niveau d'indemnisation proposé aux ayants droit ; plus tard, l'oubli... Le risque humain peut être individuel comme celui qu'encourt un joueur, un ouvrier sur un front de taille de carrière... ou social comme celui d'un séisme, d'une inondation affectant une ville... À froid, la notion de risque humain acceptable est généralement déclarée éthiquement inadmissible, ce qui justifie l'absence de règles dans sa prise en compte, *wait and see* ; naguère, on a toujours fait passer pour une rumeur, le fait qu'un décompte du coût des accidents qui survenaient à un point noir routier, fixait le budget et le délai d'intervention destinés à en améliorer la sécurité. On dit que la vie humaine n'a pas de prix ; en fait, elle en a un qui varie dans des proportions considérables selon la personne, l'endroit, les circonstances, les usages, le droit..., de rien à plus de 2 M€. Dans nos pays, 1 M€ constitueraient un coût acceptable d'investissement, s'il permettait d'épargner une vie humaine et le risque humain serait acceptable s'il est au plus égal à 1/10 000 000.

En réalité, il existe bien une approche économique de la prévention des risques : on attribue une valeur financière à un tué, un blessé, un accident matériel... dans le site concerné ; on évalue le coût annuel des accidents, selon leur nature et leur probabilité ; un calcul économique plus ou moins élaboré conduit alors au coût envisageable d'un investissement destiné à prévenir le risque : sur une période donnée, on estime ainsi que l'on peut réduire de moitié le coût total des réalisations d'un risque, en consacrant

1/10 de ce coût à l'investissement de prévention. Il faut ensuite accorder puis engager les crédits nécessaires, ce qui, politico-administrativement, peut être plus compliqué et plus aléatoire que de chiffrer l'investissement....

Il semble qu'un seul pays au monde, les Pays-Bas, ait eu le courage ou la nécessité de quantifier le risque humain et de limiter les actions de prudence, car si une grande partie des Hollandais vit dangereusement, dans des zones urbaines denses, sous le niveau de la mer, l'économie du pays ne peut pas supporter n'importe quel coût de prévention ; le risque individuel de mourir par accident y est statistiquement estimé à 10^{-4} ; il est considéré comme relevant de la prévention courante pour une probabilité supérieure à 10^{-6}, acceptable pour une probabilité inférieure à 10^{-8} et, entre ces deux limites, on doit chercher à réduire le risque autant que faire se peut ; pour le risque collectif, les limites équivalentes sont de 10^{-3} pour 1 000 victimes et de 10^{-6} pour 100. On peut se demander comment atteindre de telles précisions pour la plupart des risques relatifs à des phénomènes naturels.

3.2.3 - DÉFINITION DES ACTIONS

L'approche probabiliste est la seule possible quand on doit définir les actions susceptibles de supprimer ou d'atténuer les effets de la réalisation d'un risque. Mais cela fait fi de notre conception manichéenne des affaires du monde et du déterminisme scientifique qui s'impose à des démarches réputées rigoureuses ; elle est difficile à faire accepter et l'on regarde généralement celui qui la propose comme incapable, incompétent, voire roué ou même malhonnête, préférant les réponses sans appel par oui ou non, qui permettent de prendre sans état d'âme, des décisions claires et nettes, même si elles sont injustifiées et se révéleront inefficaces voire malencontreuses ou désastreuses : on a vu qu'en 1902, les malheureux habitants de Saint-Pierre de la Martinique n'ont pas été victimes de la montagne Pelée, mais d'une telle situation.

3.2.3.1 - RÉALISATION DU RISQUE

Éviter la réalisation du risque ou au moins essayer de le faire en agissant pour en diminuer la probabilité et éventuellement la gravité, est la meilleure action envisageable.

Elle n'est pas toujours possible, d'abord pour les événements strictement déterminés comme ceux de la physique élémentaire qui par contre, peuvent être prédits et donc évités, ensuite pour certains de ceux qui sont les manifestations de phénomènes naturels, enfin pour les ouvrages existants dans un site à risque : on peut plus ou moins contrôler localement un niveau donné de crue ; on ne peut pas contrôler la magnitude donnée d'un séisme.

Par contre, il est tout à fait possible et même recommandé de diminuer la vulnérabilité des aménagements : on essaie de réduire jusqu'à ce qu'elle soit quasi nulle la probabilité très faible de dommages, d'accidents, de catastrophes en améliorant les ouvrages existants et en concevant les ouvrages nouveaux pour qu'ils soient le moins possible affectés par la réalisation d'un risque d'intensité donnée ; les pédants disent que l'on mitige le risque, comme en stabilisant un talus dangereux ou en appliquant des règles parasismiques ou plus généralement, de saine construction.

Un ouvrage adapté à son site d'implantation diminue significativement le risque d'accident. Un ouvrage qui ne l'est pas, peut au contraire l'augmenter jusqu'à rendre catastrophique un événement qui n'aurait pas dû l'être ; on ne compte pas les ponts mal calibrés qui ont amplifié des crues normales jusqu'à les rendre localement destructrices.

3.2.3.2 - CONSÉQUENCES DE LA RÉALISATION DU RISQUE

Les conséquences de la réalisation du risque peuvent être limitées si l'on a été prévoyant et activement efficace en enrayant l'enchaînement classique dommage, accident, catastrophe ; si on ne l'a pas été, il reste à les assumer, car aucun risque ne saurait être nul et aucune réalisation, bénigne. On verra plus loin que les actions de prospective sont loin de répondre aux espoirs dans la majeure partie des cas ; les actions de prudence sont plus efficaces, à condition que le risque soit clairement spécifié et l'information persuasive ; la protection implique des budgets importants qui ne sont pas toujours accordés et des moyens qui ne sont pas toujours mis en place ou qui se révèlent insuffisants à la suite de la réalisation d'un risque. Il importe donc de pouvoir en assumer les conséquences.

Pour les risques matériels répertoriés, relativement limités et pour les risques humains individuels, l'assurance est souvent la seule façon de le faire ; en France, presque tout le monde souscrit des assurances pour les risques de son habitation et de son automobile ; l'assurance dite de « catastrophes naturelles » qui leur est obligatoirement attachée, ne concerne en fait que des dommages moyens ; les dommages matériels entraînant une vrai catastrophe, ne peuvent qu'être mutualisés au niveau de l'État ; l'assurance dommages-ouvrage prévue par la loi, garantit les propriétaires de constructions neuves.

La seule façon d'assumer les conséquences humaines des vraies catastrophes est l'organisation de secours que l'on confie d'abord à des organismes de protection civile. Pour les cas limites, seule l'Armée dispose de moyens efficaces, nombreux, organisés et susceptibles d'être rapidement mis en œuvre, ouvrages de franchissement, hôpitaux de campagne, véhicules d'évacuation, matériel d'hébergement, nourriture...

3.2.4 - ÉTUDE DU RISQUE « NATUREL »

On réalise un aménagement, on construit un ouvrage et on les entretient de façon qu'ils soient fonctionnels, sûrs et économiques. Chacun est un prototype, car il est réalisé dans un site qui lui est propre ; c'est donc un objet à risques qui modifie spécifiquement l'état naturel du site, éventuellement jusqu'à altérer sa stabilité ; le site peut aussi être le siège de phénomènes naturels dangereux : tout cela est susceptible d'affecter plus ou moins gravement l'aménagement et/ou l'ouvrage. Mais le risque dont la réalisation les menace est généralement spécifique : la géotechnique permet de faire l'inventaire de dangers potentiels auxquels ils pourraient être exposés ; on pourra ainsi les adapter au site ou éviter de les implanter là ; et s'ils existent, on pourra y limiter les dégâts en cas de réalisation du risque. Il n'y a pas lieu de distinguer la nature des causes de réalisation que font courir aux aménagements et aux ouvrages les effets intempestifs de phénomènes naturels ou leurs propres défauts, car les dangers qui les menacent sont toujours les manifestations de phénomènes naturels, plus ou moins modifiés par leur mise en œuvre et/ou leur présence ; quelle que soit la façon dont ils ont été projetés et construits, que des erreurs aient alors été éventuellement commises, c'est en dernier lieu le séisme qui détruit l'immeuble non parasismique, la crue qui emporte le pont mal calibré, la gravité et les caractéristiques locales du géomatériau qui font que le talus de déblai trop haut et/ou trop pentu glisse, que le bâtiment mal fondé tasse, que le mur de soutènement mal drainé s'écroule, que la rivière en crue inonde le lotissement proche...

Ainsi, le but de la géotechnique est de concevoir et mettre en œuvre les moyens et actions pour éviter les dommages, accidents et catastrophes susceptibles d'affecter les aménagements, et parfois à travers elles, d'affecter des personnes ; leur sécurité est donc le principal sujet de la géotechnique.

L'étude rationnelle d'un risque « naturel » consiste à l'identifier, l'analyser, établir sa probabilité de réalisation, en prévoir les conséquences pour s'en prémunir, le réduire et gérer sa réalisation éventuelle, car il ne se maîtrise pas. Mais contrairement aux expériences scientifiques, les observations d'événements dommageables sont uniques et ne peuvent pas être strictement renouvelées ; on ne peut donc les étudier que par analogie et en les reconstituant, un peu comme lors d'une enquête policière, recueil de données, vérifications, modélisation, validation. Néanmoins scientifiques, les modèles d'événements dommageables sont des éléments importants des modèles de risques, mais ce ne sont pas les seuls : les conséquences que l'on doit prévoir et les décisions que l'on doit prendre sont fondées sur d'autres éléments tout aussi importants comme la vulnérabilité des aménagements et des personnes dans le site concerné, le bassin de risque qui en aucun cas, ne peut être assimilé à une zone administrative existante, les moyens de prévention et d'intervention dont on dispose...

3.2.4.1 - BANNIR L'IRRATIONNEL

L'étude du risque doit impérativement être exclusivement rationnelle. En l'état de nos connaissances, la fatalité est inacceptable et le strict déterminisme n'est plus approprié ; la voie scientifique des probabilités et du chaos est actuellement la seule qui soit effectivement rationnelle.

C'est elle que j'ai suivie dans cet ouvrage. Je n'y ai évoqué l'irrationnel que s'il était susceptible d'aggraver un danger spécifique, pour combattre une crainte injustifiée, pour dénoncer une prise de position irresponsable, un comportement aberrant...

3.2.4.2 - ÉCONOMIE, SÉCURITÉ

Un risque peut se caractériser par la relation de sa probabilité de réalisation à sa gravité ; en principe, cette relation serait à peu près hyperbolique : la très forte gravité passe pour exceptionnelle et la faible gravité passe pour très fréquente ; c'est loin d'être toujours le cas.

L'étude rationnelle du risque pourrait ainsi prendre deux directions apparemment convergentes, en fait pratiquement opposées : l'une privilégie l'économie, pour un risque bien connu, de forte probabilité et en principe de faible conséquence ; l'autre privilégie la sécurité, pour un risque qui pourrait être de faible probabilité mais toujours de grave conséquence. Dans le premier cas, l'étude doit permettre à l'assureur de caractériser statistiquement et financièrement un risque pour asseoir la prime, contrepartie de sa garantie ; quand le tableau du risque montre que le nombre des sinistres correspondants s'accroît, l'assureur cartésien français se contente généralement d'augmenter la prime ou se retire du marché spécifique ; l'anglo-saxon pragmatique conseille plutôt des actions pour le réduire et impose souvent un *risk management*, en général beaucoup plus financier que technique, et ce dernier, essentiellement industriel et commercial. Mais tout cela n'est pas possible pour les risques dont la réalisation peut être catastrophique, puisqu'ils sont heureusement rares et ne ressortissent donc pas à la statistique de l'assurance. Dans le second cas, pour l'individu ou le groupe qui pense être menacé et qui n'a pas une confiance aveugle en son assureur, l'étude doit conduire à bien connaître le risque pour l'éviter ou le combattre ; c'est évidemment l'attitude qui s'impose.

3.2.4.3 - CONNAISSANCE, DÉCISION, ACTION

Une telle étude pourrait être réalisée selon un schéma de principe général en trois étapes. La première, normalement objective, consisterait à identifier le risque, à le localiser, le caractériser et l'analyser ; elle conduirait à l'arrêt de l'étude s'il s'avérait qu'en fait, la probabilité de réalisation du risque est très faible ou que sa réalisation ne provoquerait aucun dommage ou accident. Dans le cas contraire, plus ou moins fortes probabilité et gravité, à partir des résultats de la première, la seconde étape, en partie subjective, consisterait à établir des modèles de forme et de comportement, à imaginer des scénarios de réalisation et à en estimer la probabilité. Le résultat de cette deuxième étape serait l'aide à la décision, base de la troisième qui devrait aboutir à des résolutions dûment motivées, débouchant sur des actions d'information, de prospective, de prudence, et sur la préparation d'actions de gestion de crise, de secours, d'indemnisation...

Cet ouvrage a été essentiellement consacré aux deux premières de ces étapes, à ce que l'on peut appeler l'étude géotechnique du risque.

3.2.4.4 - *UNE ÉQUIPE ET UN PATRON*

Quand la réalisation d'un risque important est susceptible d'avoir de graves conséquences humaines, matérielles et/ou économiques, l'étude peut être particulièrement complexe ; on ne peut ainsi la mener à bien qu'en lui consacrant beaucoup de temps, de moyens et donc d'argent, en la conduisant avec beaucoup de compétence, de rigueur et de prudence. Des spécialistes de chacun des aspects techniques et sociaux du risque doivent y participer, ce qui, dans certains cas, fait beaucoup de monde. Et comme la logique propre du risque ne s'accommode pas forcement d'un découpage arbitraire, il importe que l'équipe ait à sa tête un chef de projet fédérateur et compétent, capable d'arranger un puzzle, car la juxtaposition d'études spécifiques disparates peut avoir un résultat plus dangereux que le risque lui-même. À propos de théâtre, Jean Vilar disait que l'on ne pouvait rien faire sans une équipe et un patron ; il semble que ce soit aussi la règle sur la scène du risque.

3.2.3.5 - *UN SYSTÈME DYNAMIQUE ET COMPLEXE*

Un risque est une abstraction qu'il faut modéliser comme un système dynamique et complexe ; cela semble plutôt paradoxal : le système est susceptible d'évoluer d'un état de calme à un état de crise par un processus que l'on considère comme plus ou moins déterminé, probable ou aléatoire, selon son éducation, son état d'esprit, la façon dont on l'appréhende et la connaissance que l'on en a. En fait, dans un cadre strictement scientifique, la connaissance de l'évolution d'un système impose que l'on dispose soit d'une dynamique relativement simple comme pour la chute d'une pierre, soit d'équations cinématiques simples comme celles de Kepler pour les déplacements des astres du système solaire, soit de très longues séries d'observations comme pour la météorologie. Le niveau de complexité du système n'est pas intrinsèque ; il traduit seulement la quantité d'informations dont on a besoin pour le décrire et les difficultés que l'on rencontre à les obtenir, à les traiter et à les comprendre.

3.3 - LE BASSIN DE RISQUE

On ne risque pas n'importe quoi, n'importe où. Le bassin de risque «naturel» est un site que l'on occupe après l'avoir aménagé en le modifiant plus ou moins et où il affronte les phénomènes naturels qui s'y manifestent. Dès le début de l'aménagement, le site qui lui est plus ou moins favorable, évolue de façon naturelle et spécifique, parfois à son détriment, vers un état proche de son état initial comme lors d'un glissement de talus de déblais, d'un coup de toit de galerie, d'un tassement d'immeuble ou de haut remblai... ; ensuite, l'aménagement subit éventuellement des crues, des séismes, des mouvements de terrains... Ainsi, la période d'utilisation pour laquelle il a été conçu et réalisé, et que l'on souhaite généralement aussi longue que possible, peut être plus ou moins écourtée.

Le caractère fondamental d'un bassin de risque est donc son instabilité. Il est loin de réagir instantanément et de façon biunivoque aux sollicitations extérieures tel que le voudrait le déterministe ; le temps ou plutôt la durée qu'il néglige plus ou moins délibérément est la quatrième dimension d'un site, essentielle puisque c'est la dimension de l'instable. On verra que le temps du risque présente plusieurs aspects qu'il faut éviter de confondre : le glissement redouté n'est pas là comme un cheveu dans la soupe, ne se produira pas n'importe comment, sans s'être préparé, n'importe quand, sans préavis et ne se stabilisera pas instantanément ; il a donc bien une histoire.

3.3.1 - LE BASSIN DE RISQUE «NATUREL»

Un bassin de risque «naturel» est l'arène dans laquelle un aménagement et/ou un ouvrage affronte le système terrestre auquel il est indissolublement lié. En effet, si on néglige l'ouvrage, ce n'est pas un bassin de risque «naturel», mais un site géologique, objet de science fondamentale et non de science appliquée et de technique ; si inversement, on néglige le système terrestre, ce n'est pas un risque «naturel» mais un risque technique et on verse dans l'abstraction.

3.3.1.1 - DIMENSIONS

À l'échelle de la Terre, tout ouvrage est minuscule et le volume de matériau terrestre qu'il influence est limité à l'infime partie du sol et du sous-sol qui le supporte et l'entoure. Pour pouvoir caractériser les risques qu'il encourt, il faut passer à une échelle beaucoup plus grande, adaptée aux dimensions de l'ouvrage et des phénomènes. Cette échelle est celle du site, objet principal de la connaissance du risque «naturel».

Dans un site dont sa construction et sa présence modifient plus ou moins la stabilité, un aménagement et/ou un ouvrage est exposé à des phénomènes naturels qui, dans certaines circonstances, sont susceptibles d'altérer sa propre stabilité, éventuellement jusqu'à la ruine. Les dimensions géométriques d'un bassin de risque sont donc relatives puisqu'elles sont fonction de la nature des phénomènes dangereux, de celle de l'ouvrage, de la façon spécifique dont réagira le matériau sous son influence et de l'intensité à partir de laquelle on pourra considérer que les réactions de l'ouvrage ne seront plus dommageables ; en fait, on se limite aux phénomènes et à l'intensité de leurs effets, susceptibles d'influencer directement le fonctionnement ou la sécurité de l'ouvrage. Pour un barrage, ce peut être les risques de fuites inévitables et incontrôlables, suffisamment importantes pour altérer le bon fonctionnement de la retenue, étant entendu que l'absence totale de fuite ne saurait être obtenue quoi que l'on fasse ; pour un site inondable, ce peut être tout le bassin amont du cours d'eau ; pour une ville risquant un séisme, ce peut être une vaste unité structurale à l'échelle régionale.

Les dimensions des bassins de risque sont ainsi extrêmement variées.

3.3.1.1.1 - Par rapport à l'ouvrage

Où que ce soit, tous les ouvrages, grand ou petits, anciens ou nouveaux, qui parsèment la subsurface de la Terre, pour l'exploiter, mines, carrières, forages, pour s'y appuyer, fondations, en s'y insinuant, tranchées, galeries sont exposés au risque «naturel». La conception, la forme, les dimensions, les modalités de construction et d'utilisation de ces ouvrages sont donc extrêmement nombreuses et diverses. Certains sont quasi ponctuels comme un pont sur une rivière à crues ; d'autres sont étendus comme une ville, vastes comme une région menacée par un séisme ; certains sont quasi inébranlables comme un blockhaus, d'autres fragiles comme une masure en pisé. Ceux qui durent le plus longtemps sont ceux dont l'emplacement a été bien choisi, qui ont été bien construits et sont bien entretenus ; après une catastrophe, on constate toujours que certains ouvrages se sont mieux comportés que d'autres sans qu'à l'analyse, la chance y soit pour quelque chose.

Les dimensions des bassins de risque dépendent évidemment des dimensions de l'ouvrage ; celles du site d'une ville sont très supérieures à celles du site d'un immeuble. Elles dépendent également du type de l'ouvrage ; le site des digues de protection d'une vaste plaine inondable, les deux berges du cours d'eau qui la traverse, est beaucoup plus grand que celui d'un barrage écrêteur de crues construit en amont dans une partie étroite de la vallée.

3.3.1.1.2 - Par rapport à la structure géologique

Les dimensions d'un site dépendent aussi des particularités structurales de la région dans laquelle l'ouvrage est implanté. Un site couvre en général des formations structurées à l'échelle d'une unité géologique, et la région lui sert alors de cadre. Mais il y a des sites à l'échelle d'une formation dont le cadre est alors l'unité structurale, et des sites à l'échelle d'une région, dont le cadre est une ou plusieurs provinces géologiques. Cela n'implique pas qu'il y ait forcément une relation entre cette échelle structurale et l'échelle de dimensions de l'ouvrage.

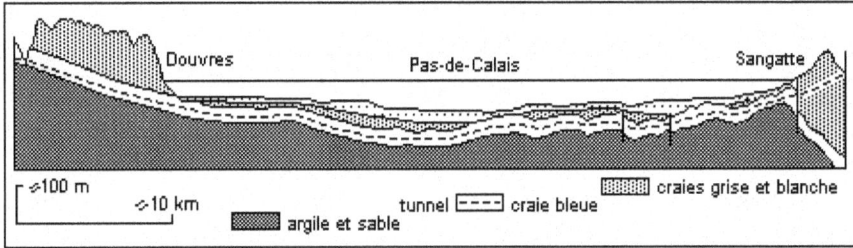

Figure 3.3.1.1.2 – Le tunnel sous la Manche

Dans une région de structure complexe comme une chaîne de montagne, le site d'un petit ouvrage peut couvrir plusieurs unités ou formations dont on ne pourra établir les corrélations qu'en s'intéressant à la structure d'ensemble de la région. C'est le cas d'une galerie hydraulique alpine, courte et de faible section, implantée sur un contact structural majeur ; en quelques centaines ou même quelques dizaines de mètres, elle peut successivement traverser au prix de grandes difficultés techniques, sources d'importants dommages économiques et parfois même d'accidents, du granite, du grès, du gypse, de la marne, du calcaire et autres roches plus ou moins broyées.

Par contre, dans une région structurale simple comme un bassin sédimentaire, le site d'un grand ouvrage peut n'être qu'une seule formation quasi homogène à laquelle on s'intéresse presque exclusivement. Bien étudié, le profil en long sinueux du tunnel sous la Manche épouse au mieux les variations de pendage de la formation particulièrement propice de la craie bleue de l'Albien du bassin anglo-parisien ; il a été presque entièrement foré sans réelle difficulté et sans grand risque «naturel».

Ces différences structurales sont évidentes quand on cherche à apprécier les risques de fuites d'une retenue de barrage. Dans une région granitique homogène, peu favorable aux infiltrations et aux circulations profondes et lointaines d'eaux souterraines, il suffit d'étudier les abords de l'ouvrage et de la retenue, alors que dans une région sédimentaire fracturée, où l'on trouve des formations de calcaires karstiques propices aux infiltrations abondantes et aux circulations lointaines, les études peuvent imposer des observations en des points très éloignés de l'ouvrage. Pour l'étude hydrogéologique de la retenue de Sainte-Croix, implantée sur le Verdon, à la sortie de ses célèbres gorges, au nord des grands plateaux de calcaires karstiques du haut Var, on a dû effectuer des observations dans le bassin de l'Argens qui, de ce point de vue, appartient donc en partie au site d'étude de l'ouvrage, à plus de 50 km de lui, sur la bordure sud de ces plateaux.

3.3.1.1.3 - Par rapport aux phénomènes

Les dimensions d'un site à risque dépendent encore de la nature des phénomènes naturels envisagés, de l'intensité à partir de laquelle on considère que les effets de certains de leurs événements ne sont plus dommageables. La décompression des roches autour d'une galerie a des effets sensibles dans l'ouvrage lui-même, comme les coups de toit, les foisonnements de planchers ou les déformations de pieds-droits. En surface, ces effets peuvent aussi être sensibles comme les affaissements parfois importants qui affectent le sol des bassins miniers et peuvent altérer la stabilité de nombreux édifices sus-jacents. Ils y sont plus généralement insensibles mais mesurables au moyen d'un réseau de repères de tassements tels qu'on en établit dans les villes, pour l'étude des tracés d'égouts ou de métropolitains, afin d'éviter que les bâtiments sus-jacents subissent des dommages importants. Une région exposée à des séismes est compartimentée en zones d'égales intensités, pour un temps de retour donné (*Fig. 2.6.5*).

Ainsi, les dimensions géométriques d'un bassin de risque «naturel» ne peuvent pas être définies *a priori* et peuvent évoluer en cours d'étude et même au-delà.

3.3.2 - MODÉLISATION DU SITE

La modélisation du site est l'opération fondamentale dont dépend la qualité d'une étude de risque «naturel» ; si elle est ratée, l'étude le sera sûrement. Elle n'est possible que si l'on considère le site comme un ensemble structuré et organisé ayant un comportement et des réactions connus, plus ou moins déterminés ou probables. La modélisation géométrique repose presque entièrement sur les techniques de la géologie ; selon le phénomène en cause, la modélisation du comportement laisse une part plus ou moins grande à la physique, mais pour l'essentiel, son cadre général ressortit encore à la géologie : la physique, et en particulier la géomécanique, ne manipule que des modèles simples et la réalité ne l'est pas vraiment.

3.3.2.1 - MATÉRIAUX ET MILIEUX

Le matériau terrestre a une histoire ; cela va de soi du point de vue de la géodynamique qui étudie précisément les phénomènes qui contribuent à son évolution incessante. Au contraire, la géomécanique considère le temps comme une dimension plutôt que comme un paramètre. Elle définit les états successifs du matériau sans trop se préoccuper de la façon dont il passe de l'un à l'autre et en particulier de la raison et de la durée du passage ; l'état d'un ensemble ne peut changer que de façon discrète, par action extérieure, alors qu'en réalité, la modification plus ou moins continue dans le temps, de tout ou partie du matériau de l'ensemble est la raison déterminante du changement d'état de l'ensemble. Un remblai sur sol mou qui glisse immanquablement s'il est construit rapidement, demeure stable si sa construction est suffisamment lente pour que la compacité du sol s'accroisse assez par consolidation. La géomécanique ne sait pas résoudre directement le problème de la durée prévisible de la construction pour que la stabilité soit assurée.

Pour passer du matériau terrestre particulièrement complexe au milieu physico-mathématique, particulièrement simple, il faut donc modéliser ses formes et ses comportements ; la modélisation consiste en fait à réduire le plus possible le nombre de paramètres pris en compte dans la manipulation ; mais prétendre décrire numériquement un matériau au moyen de deux ou trois paramètres que l'on déclare représentatifs est très réducteur.

Les modèles géotechniques sont donc extrêmement schématiques et doivent être manipulés avec de grandes précautions, en particulier, ceux dont la forme est mathématique ; ils n'en demeurent pas moins indispensables au géotechnicien du risque qui, pour éviter l'inefficacité voire l'erreur, doit évidemment s'assurer de la pertinence de ses modèles en les confrontant à ses observations, à ses connaissances et aux analyses qu'elles permettent, car on ne modélise correctement que ce que l'on a observé et compris.

3.3.2.2 - MODÉLISATION DES FORMES

La géologie s'applique entre autres à la description formelle des matériaux terrestres incluant les effets des phénomènes passés qui les ont affectés. Le plus souvent, elle considère des identités ou des différences appliquées à des éléments et à des ensembles, des données chronologiques, géométriques et physiques... Des roches, des structures observées dans des sites très éloignés sont désignées par le même nom ; des roches différentes qui appartiennent à la même formation ont la même position structurale dans un ensemble régional ; des roches analogues qui appartiennent à des formations différentes y ont des positions différentes ; tel groupe de formations appartient à telle unité structurale... On analyse des roches, on mesure des épaisseurs ou des pendages de couches, d'axes de plissements, de réseaux de fracturation, des durées, des paramètres physiques...

L'extrême diversité des matériaux terrestres ne se retrouve pas dans leur paramétrie. Cela est dû au fait qu'à propos de morphologie, on est obligé d'être objectif en constatant et en décrivant tout ce qui existe, alors qu'en établissant un modèle et en lui adjoignant une paramétrie, on peut être subjectif en ne retenant que ce à quoi on s'intéresse : aux niveaux supérieurs à celui de l'échantillon ou de l'essai *in situ*, les paramètres sont ceux de la géophysique, gravitaires, sismiques, électriques, magnétiques... Au niveau de l'échantillon, ce sont ceux de la géomécanique, identifications, hydrauliques, mécaniques... Aucun de ces paramètres ne représente quel matériau que ce soit ; une valeur de n'importe lequel d'entre eux ne caractérise qu'un aspect fugitif de l'objet dans lequel on la mesure ; il n'est pas possible de corréler strictement deux paramètres, mais une vitesse sismique élevée correspond sûrement à une forte densité, à un fort module, à une roche compacte...

Les cartes et les coupes (*Fig. 1.1.7, 1.9.0.6.2...*) sont les documents géométriques de base de la géologie. Elles décrivent schématiquement des morphologies et des structures locales, selon les conceptions de leurs auteurs qui respectent plus ou moins certaines règles ; elles ne sont donc pas tout à fait objectives. Le seraient-elles qu'elles n'en demeureraient pas moins éloignées de la réalité par la plus ou moins grande légitimité des règles appliquées à leur élaboration. En fait, les roches analogues ne sont pas identiques, une formation peut être composée de roches différentes selon l'endroit, la chronologie est plus ou moins relative, les pendages varient autour de valeurs moyennes, les réseaux de fracturation ne sont pas strictement réguliers, les paramètres physiques ne sont que de grossières estimations locales... D'autre part, les observations et mesures sur le terrain sont toujours plus ou moins fragmentaires en surface et très peu abondantes voire inexistantes en profondeur. La part de l'interprétation par inter ou extrapolation dans la mise au point de ces documents est donc toujours prépondérante.

Les cartes et les coupes sont des modèles de formes qui figurent la nature, la géométrie et la paramétrie des matériaux d'un site. Il est bon que l'on y repère aussi les ouvrages concernés par des risques. Ils sont établis à des échelles qui conviennent le mieux à leur utilisation, généralement petites pour les séismes, très grandes pour les glissements de remblais...

Les modèles de formes de la géomécanique sont des figures géométriques rarement réalistes, couches horizontales de matériaux homogènes et isotropes, cercles de glissements, lignes de courant... Ils ne servent qu'à faciliter les calculs.

Le modèle géométrique du site est le plus difficile à établir ; il doit être conforme aux modèles de la géomorphologie et de la géologie structurale qui sont très nombreux et variés. Le massif homogène et semi-infini n'existe que dans l'imaginaire de géomécaniciens dont le principal souci est la facilité de calcul, même au moyen d'un ordinateur ; les couches homogènes, horizontales et d'épaisseurs constantes, le versant à pente constante, le glissement rotationnel... sont les images simplistes d'une réalité plus complexe.

À toutes échelles, les photographies zénithales, les cartes et les plans représentent bien la surface d'un site. Aux petites échelles, la représentation du sous-sol du site peut être établie par référence aux modèles-types de la géomorphologie et de la géologie structurale, complétée par des observations de surface ; une plaine alluviale, un versant de colline, une formation sédimentaire, un massif granitique, un rift, un volcan... présentent des structures et des organisations très caractéristiques et suffisamment différentiées pour qu'on ne les représente pas par des modèles aberrants. Aux grandes échelles, cela est moins évident ; on doit en effet intégrer au modèle-type, les renseignements recueillis spécifiquement lors de l'étude détaillée du sous-sol du site, de façon que le modèle correspondant soit compatible avec le type. Si un renseignement spécifique paraît ne pas pouvoir s'inscrire dans ce modèle, c'est le plus souvent qu'il est erroné ; il faut alors chercher et corriger l'erreur et non bâtir un modèle intégrant le renseignement douteux et s'écartant du modèle-type. Toutefois, la démarche la plus fréquente des géomécaniciens est d'ignorer qu'il existe un modèle-type et d'en construire un, tout à fait irréaliste, qui facilite sa manipulation mathématique.

Concrètement, le modèle géométrique du site est figuré par une carte et des coupes de synthèse dont l'échelle est adaptée au risque concerné, grande pour les risques locaux comme les glissements, petite pour les risques régionaux comme les séismes.

3.3.2.3 - MODÉLISATION DU COMPORTEMENT

Les matériaux qu'observe la géologie, multiples, hétérogènes et variables, paraissent totalement différents des milieux que manipule la physique, si possible uniques, homogènes et constants. Ils ne le sont évidemment pas tant que cela.

Avant d'établir le système d'équations, modèle mathématique de ce comportement, il est utile de l'identifier et d'en inventorier les modèles géodynamiques ; ils sont eux aussi, nombreux et variés ; les modèles mathématiques qu'on peut leur faire correspondre sont au contraire très peu nombreux et relativement analogues puisque la plupart ont été fondés à l'origine sur une intégration particulière de l'équation de Laplace, et sont maintenant concrétisés par les formules classiques de la géophysique, de la géomécanique et de l'hydraulique souterraine. La modélisation comportementale d'un site doit donc être en premier lieu et principalement géodynamique. C'est rarement le cas et les modèles physico-mathématiques de comportement qu'on utilise exclusivement ne représentent finalement qu'eux-mêmes. Un glissement de terrain est un phénomène complexe qui affecte un site dont la stabilité n'est qu'apparente ; sa production implique de nombreux paramètres parmi lesquels le temps est l'un des plus influents bien que toujours négligé ; pour que le glissement se produise, il doit se préparer, ou plutôt le matériau dont est constitué le site doit évoluer jusqu'à atteindre le moment où les trois paramètres qu'utilise le modèle géomécanique de Fellenius-Bishop, aient atteint des valeurs telles que le glissement se produise ; et ce ne sont pas forcement celles du calcul. Ensuite, le matériau va continuer à évoluer jusqu'à ce qu'un nouvel équilibre s'établisse, c'est-à-dire que les paramètres aient retrouvé des valeurs telles que le site redevienne apparemment stable... jusqu'au prochain glissement. Les paramètres constants de la géomécanique, il faudrait dire de la géostatique, sont en fait des variables de la géodynamique.

Il importe donc d'utiliser successivement et dans cet ordre, les modèles de comportement d'un site. Ce sont d'abord les modèles géodynamiques, figures, schémas, descriptions littérales... qui seuls permettent de rendre compte des phénomènes réels, évidemment complexes, en les précisant par des séries de mesures de paramètres variables dans le temps, éventuellement exploitées statistiquement : pour modéliser l'évolution d'un glissement de terrain dans sa phase de déformation plastique avant la rupture, on peut ainsi utiliser une série de cartes et de coupes du site établies à des dates successives et/ou des courbes de déplacement en fonction du temps, de points de repères disséminés dans le site. Ce sont ensuite des séquences de calculs et/ou des formules, appliquées aux phénomènes connexes simples ou simplifiés, permettant de définir des états finals à partir d'états initiaux et traduisant des relations de causes à effets, forcement schématiques : pour modéliser le même glissement à la rupture, c'est une des méthodes basées sur la loi de Coulomb, dans des conditions aux limites aussi proches que possible de la réalité, mais qui ne peuvent être que géométriquement simples ; le glissement rotationnel n'est qu'un modèle d'étude efficace, il n'y en a pas dans la nature. Il reste enfin à établir le modèle de synthèse du glissement en train de se préparer, se réalisant et se stabilisant.

3.4 - JUGULER LE RISQUE

Une étude de risque est entreprise pour décider de la façon dont on pourrait intervenir afin atténuer les effets d'une réalisation. La connaissance d'un risque «naturel», résultat d'une étude rationnelle (*cf. 4.6*), doit permettre de prendre en toute rigueur, des décisions raisonnées, autant que possible indiscutables, de mise en œuvre d'actions et de moyens pour éviter l'accident. Qu'elles soient individuelles ou sociales, certaines de ces décisions sont faciles à prendre, d'autres moins ; certaines s'imposent, d'autres se discutent ; certaines sont rapides, d'autres différées, souvent *sine die* ; certaines se prennent à chaud, d'autres trop tard... Quelle que soit la façon de prendre une décision, la gravité objective du risque n'est généralement pas la raison déterminante qui amène à le faire ; l'appréciation personnelle ou collective plus ou moins pessimiste du risque, la persuasion d'un conseiller ou d'un décideur trop optimiste, timoré voire incompétent, les moyens matériels ou économiques limités, des circonstances qui évoluent de façon apparemment favorable... peuvent facilement faire remettre en cause le résultat incontestable, voire négliger le résultat inquiétant d'une étude sérieuse ; au bord de la faillite, le joueur tente un dernier coup qui le ruine alors que l'on sait bien que l'on ne gagne jamais contre la banque. Ensuite, on passe ou non au travers du danger et l'on évoque alors la chance ou le malheur ; s'il ne se passe rien de très grave ou si tout va bien pendant quelque temps, on oublie le danger, on baisse la garde et on se retrouve KO. Pour prétendre éviter ou maîtriser le risque, il faut non seulement bien le connaître, mais aussi écarter l'irrationnel ; c'est souvent le plus difficile à faire.

Quel que soit le risque en cause, les actions et les moyens d'intervention dont on peut disposer, ne sont efficaces que s'ils sont spécifiques et clairement définis pour un risque bien caractérisé. Ensuite, en cas de crise puis éventuellement d'accident, seules la population et la puissance publique peuvent intervenir. Il est absolument nécessaire que ces interventions aient été préparées : si la réalisation du risque n'est pas imminente, on doit préparer des actions susceptibles d'en amoindrir les effets et d'organiser la crise ; si elle l'est, on fait ce que l'on peut avec ce que l'on a ; agir avant, longtemps avant, sur l'aléa ce qui n'est pas toujours possible, mais surtout sur la vulnérabilité, est donc toujours indispensable : réglementer et contrôler l'occupation des sites exposés, préparer ceux qui y vivent par l'information, la formation matérielle et psychologique, diminuer la vulnérabilité des ouvrages, protéger les personnes et les biens, si possible surveiller pour déclencher l'alerte, secourir...

Un risque peut être regardé comme bien connu par ceux qui en sont menacés et par ceux qui doivent prendre des décisions, s'il est formellement identifié, localisé, caractérisé, analysé, si sa probabilité est établie avec une précision correcte et réelle, si les moyens et actions propres à éviter sa réalisation sont parfaitement définis, si le scénario le plus probable de sa réalisation est vraisemblable et si tout cela leur est présenté clairement et objectivement. C'est le rôle et la responsabilité des experts : ils ne sont pas toujours bien assumés et l'on ne s'en aperçoit souvent qu'à l'usage ; les querelles d'experts ne sont amusantes que lors de congrès ou dans les revues spécialisées, lieux privilégiés de débats académiques sans grandes conséquences directement pratiques ; sur le terrain, en période de crise, elles peuvent être au mieux choquantes et au pire, proprement dramatiques. Une certaine médiatisation en temps réel comme à la Guadeloupe en 1976, les envenime souvent au lieu de les calmer (*cf. 1.1.6*) ; le plaisir parfois malsain de se faire entendre ou de se montrer, supplante alors la retenue, la rigueur scientifique ou même une expertise par ailleurs indéniable.

Ne soyons tout de même pas trop pessimistes et admettons que tout puisse bien se passer comme dans un cas d'école. Le passage de la connaissance privilégiée par notre culture, à l'action plutôt considérée comme subalterne, est d'autant plus difficile à effectuer que toutes les actions envisageables ne sont pas réalisables, tant avant que pendant et après une crise ; selon le risque, on ne peut pas faire et mettre en œuvre n'importe quoi ; il faut s'adapter au risque et adapter les actions aux moyens dont on dispose et aux circonstances auxquelles on est confronté.

3.4.1 - QUE SAIT-ON FAIRE ?

Pour la plupart des phénomènes naturels éventuellement dangereux, on sait à peu près répondre aux questions essentielles, où ?, comment ?, avec quelle intensité ?, dont les réponses obtenues par l'observation et l'étude dans un cadre scientifique cohérent, conduisent à la prévision qui permet la prévention et la protection pour en amoindrir plus ou moins les effets ; par contre, on ne sait pas répondre à la question fondamentale, quand ?, qui autoriserait la prédiction et donc permettrait d'éviter les accidents et les catastrophes ; les phénomènes naturels ne sont jamais strictement déterminés et l'histoire ne fournit pas les séries homogènes et nombreuses d'événements survenus dans le passé nécessaires aux études statistiques ; elle montre plutôt que l'évolution de n'importe quel phénomène dépend de très nombreux facteurs, plus ou moins bien identifiés et approximativement mesurés : discontinue, elle comporte des phases de stase, de variations lentes ou accélérées dans les deux sens, de ralentissements ou paroxysmes ; le phénomène est en stase quand aucun paramètre ne varie ou quand tous varient peu en étant déphasés ; son évolution est lente quand les paramètres varient plus ou moins, en étant plus ou moins déphasés ; il est paroxystique quand la plupart des paramètres sont en phase, maxima en même temps, ou s'il se produit un phénomène secondaire de résonance. Ainsi, à plus ou moins long terme, on sait à peu près caractériser les évolutions continues, très mal les changements de tendance (*Fig. 1.1.5* et *4.5.6*) et pas du tout les événements singuliers.

Du point de vue strictement scientifique, en y mettant les moyens, on sait à peu près correctement localiser, étudier et caractériser n'importe quel phénomène naturel, facteur éventuel d'un risque ; on sait assez bien en estimer la probabilité de leurs événements dangereux à terme imprécis ; beaucoup plus subjectivement, on sait plus ou moins évaluer la vulnérabilité d'un site occupé, proposer et parfois prendre des mesures générales de prévention, information, adaptation des ouvrages au risque... indemniser. Le plus souvent pour des raisons financières, politiques et/ou administratives, plus rarement techniques, on ne sait pas très bien prendre des mesures spécifiques de prévention et en particulier, juguler efficacement le risque et responsabiliser les gens pour les risques mineurs. On ne sait pas du tout prédire, intervenir directement sur le phénomène lors d'une phase paroxystique, gérer efficacement les crises majeures, secourir les victimes des grandes catastrophes... En fait, on n'intervient généralement que sous la pression des événements, après un accident ; l'efficacité immédiate et à court terme des actions est alors plus ou moins bonne, mais il est à peu près certain qu'oubliés, leurs effets seront pratiquement nuls à long terme ; car la collecte, les commentaires et l'archivage corrects des observations et expériences, retour d'expérience ou *debriefing*, ne se fait pas toujours quand la crise est passée, et la plupart de ceux qui ont assisté à un grave événement, en oublient les détails en quelques années.

Bien que l'on essaie toujours de le faire et que l'on prétende parfois y arriver, on ne sait ni prévoir ni protéger totalement. Il est par contre presque toujours possible de prévenir, mais quels que soient les moyens dont disposent les experts, leurs indications satisfont rarement les attentes des décideurs et des gens exposés. En dernier recours, il reste les secours aux victimes qu'ensuite l'assurance indemnise.

3.4.1.1 - L'ACTION DIRECTE

La tricherie n'est pas un moyen respectable de changer le cours d'une partie ; tous les mythes, toutes les théologies affirment que les inconscients ou les orgueilleux qui défient les dieux en essayant de changer celui des choses sont toujours sévèrement punis. Naguère, la science et la technique promettaient la maîtrise prochaine des phénomènes naturels ; on sait maintenant qu'on ne l'obtiendra sans doute jamais : l'énergie dont nous disposons est sans commune mesure avec celle mise en jeu par n'importe lequel d'entre eux, même en phase calme ; aucun de nos ouvrages ne peut résister longtemps à un événement paroxystique. Nous n'aurons vraisemblablement jamais les moyens économiques et donc techniques et peut-être même conceptuels, qui nous permettraient d'imaginer, de bâtir et de mettre en œuvre des actions directes durablement efficaces ; celles que l'on entreprend parfois et qui peuvent paraître un temps efficientes, se révèlent plus ou moins vite inefficaces et sont finalement vouées à l'échec ; au pire, elles peuvent même accroître le danger.

3.4.1.2 - L'INFORMATION

Selon l'article 21 de la loi 87-565 « *Les citoyens ont droit à l'information sur les risques majeurs...* ». L'information du public exposé à un danger fréquent est effectivement de très loin l'action la plus efficace et la moins onéreuse pour lui permettre de s'en garantir ; elle est donc nécessaire.

Le public est toujours très sensible aux informations que les autorités lui donnent et qui sont pratiquement les seules dont il dispose pour avoir l'impression de comprendre ce qu'il risque de se passer. Malheureusement, l'information peut être aussi la pire de toutes les actions quand elle est manipulée tant pour des raisons politiques comme à Saint-Pierre en 1902, que par certains média qui privilégient quasi systématiquement le spectaculaire au détriment de l'objectif. Elle peut être aussi plus ou moins biaisée quand délibérément, les décideurs insistent sur les risques mineurs qui sont faciles à expliquer et peu onéreux à combattre, et escamotent les grands risques dont ils ne savent que faire. On réalise presque toujours une enquête à la suite d'un accident et même d'une catastrophe ; le but poursuivi est plutôt d'accumuler des charges pour confondre, punir et faire payer d'éventuels responsables alors qu'il serait au moins aussi important d'étudier la genèse de l'événement pour en établir les causes matérielles et diffuser les informations ainsi recueillies, afin qu'elles soient disponibles dans des circonstances analogues.

Une information sérieuse doit reposer sur le résultat d'une étude spécifique du risque en cause ; elle doit être adaptée au niveau culturel, aux formes de vie, aux habitudes de ceux auxquels elle s'adresse ; elle doit être diffusée par des moyens différents selon la proximité de la réalisation éventuelle. Une crue dans une haute vallée alpine n'a ni la même forme ni les mêmes effets que dans le centre du bassin parisien ; les montagnards connaissent leur milieu naturel et sont adaptés à ses sautes d'humeur, la plupart des citadins ne connaissent du leur que ce que leur montrent les médias et sont habitués à vivre dans un monde parfaitement réglé ; annoncer qu'il faut quitter les lieux d'urgence devant un flot qui enfle, ne peut pas être fait de la même façon que conseiller de vider le rez-de-chaussée de son pavillon pendant quelques jours en prévision d'une inondation qui ne se produira peut-être pas... Dans les cas extrêmement dangereux mais très localisés et de très faible probabilité comme les éruptions volcaniques, les grands séismes... le plus difficile est d'assurer une diffusion permanente et durable d'informations nécessaires et suffisantes, sans lasser ni affoler ; la meilleure façon de le faire à très long terme est la plaque commémorative comme à Portici en 1631 (*Fig. 0.2*), après une éruption catastrophique du Vésuve, ou par un trait gravé sur un mur de village, comme le faisaient nos anciens pour indiquer une hauteur de crue ; ces marques demeuraient rarement longtemps en place, mais on peut espérer qu'il n'en sera plus ainsi, car la loi 2003-699 impose maintenant la pose de repères des niveaux atteints sur les édifices publics.

3.4.1.3 - *LES ACTIONS DE PROSPECTIVE*

sont les premières auxquelles tout le monde pense et qui sont réputées faciles, même si elles doivent être accomplies par des spécialistes aux moyens plus ou moins mystérieux ; elles se révèlent presque toujours décevantes, car leur efficacité est limitée à la valeur très relative des données dont on dispose et des modèles que l'on utilise pour les définir. L'approche déterministe est limitée aux événements très simples ; l'approche probabiliste est possible mais compliquée et ses résultats sont évidemment incertains. Savoir précisément ce qui va arriver et ce qui nous attend est l'un des fantasmes individuel et collectif parmi les plus courants de l'humanité entière ; des chamans, des mages, des devins, des voyants, des prêtres, des savants... s'y emploient depuis la nuit des temps, sans qu'ils aient obtenu des résultats attestés spectaculaires. Or, c'est ce que l'on attend en premier lieu d'une étude de risque.

3.4.1.3.1 - La prédiction

La prédiction est une déclaration irrévocable fondée sur le déterminisme le plus rigoureux : dans telle circonstance, tel événement doit nécessairement arriver à un endroit donné et à un moment précis, telle cause a tel effet strictement défini et pas un autre, même semblable. Elle ne relève donc de la science que pour des événements simples, étudiés par la macrophysique ; dans les cas complexes, elle ne saurait ainsi résulter d'une étude rationnelle ; comme les phénomènes naturels ne sont jamais simples, la plupart de ceux qui prédisent ne s'appuient pas sur les résultats d'une étude rationnelle, mais sur des impressions, des connaissances nouvelles ou de prétendus pouvoirs irrationnels dont le moins que l'on puisse dire, est qu'ils n'ont jamais prouvé leur efficacité : à quel terme que ce soit, la prédiction d'événements complexes est scientifiquement impossible.

Et du reste quoi qu'il en soit, si l'étude d'un risque montrait que sa réalisation strictement déterminée pouvait être prédite, ce ne serait pas un risque mais un danger patent ; le négliger serait alors de l'inconscience pure ; il faudrait s'en prémunir impérativement sous peine d'en subir certainement les effets. On ne se met pas consciemment dans une situation dont il ne peut résulter qu'un malheur ; les actions les plus folles des hommes s'accomplissent toujours en espérant qu'elles auront des effets bénéfiques pour eux-mêmes sinon pour les autres.

3.4.1.3.2 - L'annonce

L'annonce de la réalisation imminente d'un phénomène relativement simple, bien connu et fréquent est possible si l'on s'en est donné les moyens. Ce n'est pas une prédiction, mais une prévision à très court terme, fondée sur des renseignements certains, obtenus systématiquement et que l'on sait interpréter correctement, au moyen d'un système généralement très complexe d'acquisition de données, d'un modèle mathématique tout aussi complexe et d'un ordinateur très puissant ; elle impose qu'un prévisionniste interprète les résultats des calculs car lui seul est capable d'analyse et de réflexion ; il en va ainsi en météorologie, la plus avancée des techniques d'annonces, qui en fait, n'émet que des bulletins d'alerte instables et limités dans l'espace et le temps. On a vu qu'il est possible de faire des annonces de crues à peu près fiables si l'on dispose d'un bon réseau d'observation en amont du site exposé et d'un bon prévisionniste recevant très rapidement les informations caractéristiques ; les mesures automatiques, leur télétransmission et leur exploitation informatique en temps réel, facilitent maintenant sa tâche. L'annonce est pratiquement impossible pour les autres risques, même si l'on dispose de précurseurs avérés, ce qui n'est le cas que pour certains mouvements de terrains dans des sites instrumentés ; on a vu en effet que la montée en intensité de n'importe quel phénomène peut se révéler éphémère, suivie d'un palier ou même d'une descente ; elle ne conduit donc pas nécessairement à la réalisation du risque. C'est ce qui s'est passé à la Guadeloupe en 1976 et à partir de 1986 à Saint-Étienne-de-Tinée.

3.4.1.3.3 - La prévision

Estimation de ce qui n'est que susceptible d'arriver en un lieu et dans des circonstances données, la prévision à court terme est envisageable sinon possible pour la plupart des événements complexes bien connus ; à long terme on peut à peu près prévoir des évolutions continues et calmes, mais pas des changements et encore moins des ruptures ; nettement moins stricte que la prédiction, elle laisse une part plus ou moins grande à l'indétermination. Scientifiquement, elle exprime en principe le résultat d'une enquête statistique puis d'un calcul de probabilité pour estimer celle d'un tel événement ; dans le jeu de pile ou face, la probabilité est de 0,5, mais elle n'est que la limite asymptotique vers laquelle elle tend quand la série d'observations augmente ; en cours de partie, une suite de coups identiques est toujours possible, sa probabilité se calcule et il s'en produit généralement. En dehors d'opérations simples, aisément reproductibles un très grand nombre de fois, ce résultat n'est jamais très facile à obtenir et se trouve presque toujours être imprécis, voire douteux. Les strictes conditions d'une enquête statistique et de l'utilisation du calcul des probabilités sont rarement remplies quand on étudie un phénomène naturel ; en particulier, les événements analogues ne sont jamais identiques et la série d'événements observés n'est jamais très longue et nombreuse : pour vous en convaincre, essayez de tirer quelque chose d'exploitable des séries parmi les plus longues et les moins douteuses dont on dispose, éruptions du Vésuve, trapps, crues du Verdon au pont de Quinson, séismes des Alpes-Maritimes ! Le plus souvent, on doit donc estimer plutôt que calculer la probabilité d'un événement dangereux de phénomène complexe, ce qui n'empêche pas de lui attribuer bien souvent, une valeur qui n'est précise que sur le papier ; en fait, personne ne sait ce qu'est la crue décennale sous tel pont, traduction dans le langage courant du fait que la probabilité qu'y soit atteint un certain niveau rarement précisé, serait de 0,1, sans que l'on sache bien pourquoi. Plus généralement, on doit se contenter de dire qu'en telle circonstance, tel événement est susceptible de se produire, sans autre précision : au cours d'une période de pluies persistantes, ce talus d'argile est susceptible de glisser... Certains événements naturels, si paroxystiques qu'ils soient, ne paraissent en fait exceptionnels, anormaux, qu'à travers un traitement probabiliste plus ou moins justifié de données peu nombreuses n'ayant pas de valeur statistique, qui leur attribue un temps de retour plus ou moins conventionnel.

3.4.1.4 - LES ACTIONS DE PRUDENCE

Quel que soit le risque dont la réalité est attestée, même de faible probabilité et s'il n'est pas imminent, quelle que soit la qualité du résultat de son étude éventuelle, en toutes circonstances, il est prudent d'agir de sorte que le danger possible soit évité ou au moins minimisé et que le dommage envisageable soit limité et réparable. Des actions simples, de bon sens, généralement peu onéreuses, permettent d'y parvenir dans la majorité des cas : une bonne précaution pour prévenir de se ruiner est de ne jouer qu'une faible partie de son avoir, ou même mieux, de ne pas jouer du tout.

3.4.1.4.1 - La précaution

Pour éviter un danger ou en atténuer les effets, la précaution est la première action à entreprendre, souvent la plus efficace ; elle est généralement du ressort de ceux qui sont menacés, à condition qu'ils soient bien informés et qu'ils acceptent de se conformer aux conseils qu'on leur donne. À l'annonce d'une crue dans une plaine inondable, il est préférable de vider la cave et le rez-de-chaussée de sa maison et, puisqu'on dit que deux précautions valent mieux qu'une, de se faire héberger par un voisin non menacé, plutôt que d'attendre les secours, sur le toit lors de l'inondation, puis l'indemnité d'assurance de « catastrophe naturelle ». On dit aussi qu'il vaut mieux prévenir que guérir ; il aurait donc mieux valu construire la maison dans un site moins exposé.

3.4.1.4.2 - La prévention

La prévention permet de réduire la probabilité de réalisation d'un risque et si possible, d'empêcher qu'il se produise ou d'en réduire les effets ; quand elle est prise très tôt et à bon escient, la décision de prévenir est de loin la meilleure, la plus efficace et la plus économique des mesures collectives dont on dispose pour cela. C'est plutôt l'affaire des autorités : la zone connue pour être inondable aurait dû être déclarée *non aedificandi* ou la construction y être soumise à des règles spécifiques ; c'est loin d'être partout le cas, même quand le risque est quasi permanent comme en bordures de rivières à crues, dans des sites inondables dûment répertoriés, où l'on a longtemps implanté des zones d'habitations et d'activités parce qu'on les savait impraticables, sans grande valeur agricole et donc peu onéreux à acquérir ; au départ, la charge foncière était quasi nulle ; après...

Quand il s'agit de petits risques bien connus, qu'elle est peu onéreuse et individuelle, la décision de prévenir est facile à prendre et les gens menacés la respectent volontiers ; un panneau de stationnement interdit sur une portion de route longeant un pied de falaise dont se détachent parfois des pierres, est généralement efficace, si le site n'est pas très pittoresque. Quand il s'agit d'un grand risque collectif, elle est toujours très onéreuse à appliquer et les avis des décideurs comme des intéressés, sont toujours partagés tant que le danger n'est pas pressant ; dévier ou renforcer la portion de route importante traversant une zone très instable, impose généralement d'interminables palabres technico-administratifs qui souvent, ne sont pas terminés quand l'accident se produit, ce qui conduit à détourner le trafic longtemps et à grands frais ; et si après que d'onéreux travaux aient été enfin réalisés il ne se passe rien, le décideur final se les fera amèrement reprocher ; quant à obliger les occupants d'un lieu menacé à le quitter, fût-ce provisoirement...

3.4.1.4.3 - La préservation

La préservation a essentiellement pour objet de conserver en aussi bon état que possible les établissements et les ouvrages existants, menacés par les effets quasi permanents d'un phénomène naturel ou par leur simple vieillissement ; pour être efficace, elle doit être raisonnée, organisée et constante. L'entretien courant est la principale des actions à mener ; le défaut d'entretien est sans doute la première des causes de dommages, voire de ruine des ouvrages quels qu'ils soient ; il peut avoir des conséquences dramatiques si l'ouvrage affecté assure une protection collective comme une digue latérale à un cours d'eau à crues, souvent simples talus de limon peu à peu minés par les ruissellements, la végétation et les animaux fouisseurs, qui rompent lors d'une crue plus grosse que celles qui se sont produites dans un passé plus ou moins éloigné. L'inspection et la réparation éventuelle des digues, des canaux et des bassins étaient strictement programmées et rigoureusement effectuées par les anciens Égyptiens avant l'arrivée de la crue annuelle du Nil, une des seules au monde qui soit à peu près prévisible, attestée année après année depuis près de 5 000 ans vers la mi-juillet.

3.4.1.4.4 - La vigilance

Il est indispensable d'être prudent pendant une période de crise annoncée ; il est nécessaire de le demeurer constamment quand on est exposé à un risque permanent, ce qui est le cas général en matière de risque «naturel». La vigilance est donc une action de prudence qui, si elle est négligée, annihile à plus ou moins long terme, les effets de toutes les autres. Elle est très difficile à assumer pour les risques de faible probabilité : le temps d'oubli d'un groupe humain traumatisé par un événement nuisible dépasse rarement la quinzaine d'années ; surveiller *le désert des Tartares* est extrêmement éprouvant et peut paraître vain ; mais baisser la garde, oublier d'être vigilant, pardonne rarement.

3.4.1.4.5 - L'assurance

Peut-être depuis l'Antiquité, sûrement depuis le XIIIe siècle, on sait que l'assurance est nécessaire dès que l'on est amené à prendre un risque, car aucune action ne peut garantir l'immunité lors de la réalisation d'un risque ; il faut donc en supporter matériellement les effets ; l'assurance permet de le faire pour les risques répertoriés et relativement limités. Mais le marché ne peut pas assurer les risques inconnus et ceux dont la réalisation s'avère réellement catastrophique ; la puissance publique doit alors prendre le relais ; elle l'a longtemps fait plus ou moins bien, au coup par coup et en appelant presque systématiquement à la solidarité nationale ; elle a maintenant tendance à se décharger sur des systèmes d'assurances obligatoires qui ont rapidement montré leurs limites ; si les dommages sont considérables elle demeure obligée d'intervenir ; s'ils sont cataclysmiques, elle n'y suffit pas et l'appel à la solidarité internationale est pratiquement inévitable.

Presque tout le parc immobilier français est assuré : l'assurance dommages-ouvrage garantit les propriétaires de constructions neuves contre les vices de construction et tous les contrats d'assurance dommages garantissent ceux qui en ont souscrit contre les effets matériels des « catastrophes naturelles » ; cela a pour effet de dénaturer la notion même de risque en rassurant inconsidérément ceux qui y sont exposés : la certitude de l'indemnité entraîne souvent le laxisme et la négligence au détriment de la prudence et en particulier de la prévention.

Là où l'on ne bénéficie pas d'un tel système, les assureurs structurent leur approche du risque «naturel» par des études statistiques sur les zones exposées puis des expertises préalables au cas par cas : le *risk assessment* déterministe leur permet de proposer à chaque assuré un contrat spécifique fixant leur prime et leur franchise ; par des clauses restrictives, ils lui imposent aussi d'entretenir ses biens et de se protéger ; le *risk management* probabiliste leur permet d'estimer leurs engagements en fonction de scénarios possibles de réalisation des risques qu'ils assurent.

3.4.1.5 - LA PROTECTION

La protection permet d'atténuer les effets d'un événement dangereux et/ou la gravité d'un accident ; elle s'impose si l'on n'a pas pu ou su éviter un danger répétitif. C'est une action lourde qui nécessite des dispositions et/ou des ouvrages spécifiques de longues préparations, des moyens et des budgets importants ; mais par imprévoyance ou négligence, ceux mis en place se révèlent souvent insuffisants à la suite de la réalisation suivante. Les actions de protection ne sont communément décidées qu'après que des accidents analogues, si possible spectaculaires, se soient souvent produits à l'endroit considéré et que l'on craigne qu'il s'en reproduise fréquemment. Les barrages écrêteurs de crues ou les digues ne sont construits que quand la moindre inondation annuelle se révèle catastrophique en raison du nombre de constructions autorisées dans des sites qui auraient dû demeurer vierges. Il arrive qu'une fois construit, le barrage soit déjà plein quand une nouvelle crue arrive inopinément ; l'évacuateur de crue qui est là pour cela, la laisse passer, au grand dam des riverains de l'aval qui pensaient être protégés par le barrage et donc, n'avoir plus rien à craindre.

3.4.1.5.1 - Protection des ouvrages

Pour la plupart des risques, la protection des ouvrages ne peut pas être totalement assurée ; on est souvent contraint de faire « la part du feu » : quoi que l'on dise et fasse, une coulée de lave ne se détourne pas longtemps ; les habitants des versants de l'Etna en sont convaincus depuis des siècles ; ils ont érigé en règle de ne pas essayer de le faire, quels que soient les dommages évidents que certains d'entre eux vont subir. Des experts renommés aux prétentions d'enseigneurs, ont parfois essayé de démontrer que les occupants de zones à risques divers, avaient tort de ne pas intervenir par des actions directes dans le déroulement d'une crise ; les résultats peu convainquants des actions entreprises, ont le plus souvent montré clairement que les occupants avaient raison.

La protection d'un ouvrage impose de concevoir, construire et gérer des ouvrages annexes spéciaux, proches et/ou éloignés ; leur efficacité théorique n'est généralement assurée que pour un certain seuil d'intensité car leur coût est presque toujours dans un rapport à peu près exponentiel avec elle. Leur efficacité pratique n'est souvent pas celle que l'on attendait, généralement parce que le seuil retenu est trop bas pour l'intensité réelle la plus courante. Les sections de routes de montagne exposées aux éboulements sont protégées par des grillages, des gabions, des murs de soutènement... qui, tout ou partie, ne leur résistent pas toujours très longtemps ; les ruptures de barrages hydrauliques, généralement catastrophiques, surviennent souvent quand arrive une crue importante et inattendue alors que le plan d'eau de la retenue est déjà à sa côte maximum et que l'évacuateur de crue se révèle insuffisant...

3.4.1.5.2 - Protection des personnes

La protection des personnes ne souffre en principe aucune réserve ni restriction ; mais si elle est toujours possible à condition d'y mettre les moyens, elle n'est pas toujours assurée car on n'en a pas mis autant qu'il aurait fallu, parce qu'ils étaient mal adaptés au risque ou même parce que l'on n'en a pas mis du tout.

Quand on l'a bien organisée, on l'assure soit en évacuant le site ou l'ouvrage menacé, si on peut le faire à temps et que les gens sont disciplinés, soit au moyen d'ouvrages aptes à résister à une certaine intensité du phénomène dangereux, en étant plus ou moins endommagés mais en demeurant fonctionnels pour l'essentiel et sans qu'ils deviennent eux-mêmes dangereux, au moins le temps de mise en œuvre des secours : c'est ce que l'on essaie de faire en imposant des règles parasismiques de construction dans les zones réputées sismiques et c'est ce que l'on fait dans le delta du Gange en construisant des tours en béton près des villages exposés aux inondations et aux cyclones ; en cas de danger, leurs habitants perdront leurs biens mais y auront la vie sauve. On n'y parvient jamais bien soit que l'on ait mal apprécié le risque, soit que le comportement de l'ouvrage n'ait pas répondu à l'objectif que l'on s'était fixé ; cela peut résulter d'une information insuffisante, d'un défaut de conception et/ou de construction. D'énormes incendies incontrôlables sont, en fait, les principaux agents destructeurs des séismes urbains, comme à San Francisco en 1906 et à Kobe en 1995.

3.4.1.6 - *GESTION DE CRISE*

La gestion de crise appartient aux autorités selon des scénarios éventuellement réglementés, établis par des spécialistes ; elle est plus ou moins efficace selon la qualité du scénario retenu qui ne préfigure que très imparfaitement le déroulement de la crise.

Quelle attitude prendre, quelle action entreprendre quand on se trouve dans la situation d'attendre la réalisation d'un risque que l'on prévoit imminente ? La position de celui qui est directement concerné n'est pas très agréable quand il s'agit d'un risque individuel ; elle est particulièrement inconfortable quand le risque est collectif. Il est en effet très rare que celui auquel incombe la prise de décision, soit lui-même un technicien ; le technicien qui a réalisé l'étude du risque n'est généralement pas à ses côtés et s'il y est, son efficacité peut être altérée par la pression d'événements que jusqu'alors, il n'avait fait qu'imaginer. Le décideur doit donc s'appuyer sur l'avis d'experts qui, pour être renommés ne sont pas automatiquement fiables, car ce sont plutôt des hommes de réflexion que des hommes d'action ; ils savent que les renseignements et les techniques dont ils disposent sont plus ou moins sûrs et ne garantissent pas la pertinence de leurs avis ; ils ne s'engageront donc jamais fermement ; s'ils sont plusieurs, leurs avis sont souvent différents, voire opposés ; si parmi eux, il en est un de médiatique, le débat peut rapidement dégénérer. L'irrationnel et l'incohérent rôdent là où les décisions devraient être motivées, rapides et efficaces.

L'utilisation en temps réel de mesures continues ou répétées avec une grande fréquence, d'une grandeur caractéristique du phénomène en cause, déplacement d'un point de la surface du sol pour un glissement, inclinaison de la pente d'un cône volcanique, niveau d'eau sous un pont... peut être un bon moyen d'apprécier l'imminence d'un accident en période de crise. Elle implique que préalablement, on ait défini la grandeur caractéristique réellement représentative de l'évolution globale du phénomène, que l'on ait fixé avec juste raison la valeur au-delà de laquelle on considère que l'accident est inévitable et surtout, que l'on sache interpréter instantanément les mesures ; dans le cas contraire, à proximité du site dangereux, on assiste à d'interminables discussions souvent oiseuses entre experts qui font passer leur propre prestige avant l'efficacité de leur intervention et accroissent la confusion et l'indécision des décideurs. En début de crise, la courbe d'évolution de la grandeur observée en fonction du temps, est évidemment ascendante, plus ou moins linéaire avec une pente relativement faible ; la pente de la tangente à la courbe augmente ensuite plus ou moins vite et on admet que plus elle est grande, plus l'accident est proche ; cela est souvent vrai mais pas toujours : à une période d'augmentation peut succéder une période de diminution qui peut aller jusqu'à la pente nulle, le phénomène n'évolue plus ou même régresse si la pente s'inverse. Cette méthode qu'il est indispensable de mettre en œuvre quand cela est possible, ne conduit donc pas nécessairement à un résultat incontestable : à Saint-Étienne-de-Tinée, le glissement de la Clapière s'est provisoirement arrêté (*cf. 1.1.5*) ; celui du Vaiont ne l'a pas fait et a provoqué la catastrophe de Longarone. Or, pendant un long laps de temps dans les deux cas, les courbes déplacement/temps, ont été aussi inquiétantes l'une que l'autre.

Tant que la réalisation du risque demeure clairement probable, les décisions autoritaires justifiées sont acceptées ; dès qu'il semble que le danger s'éloigne, il devient vite impossible d'imposer quoi que ce soit. L'irrationnel prend le dessus et l'effet de certaines décisions confine au résultat du jeu de pile ou face ; on fait évacuer et il ne se passe rien, le décideur sera sévèrement critiqué comme à la Guadeloupe en 1976 ; on ne fait pas évacuer et arrive la catastrophe comme à la Martinique en 1902. Mais cela, on ne le sait qu'à la fin de la crise ; pendant, on doute ou on ne sait pas. Il semble donc que dans tous les cas douteux, quand l'événement redouté peut avoir des effets réellement catastrophiques, il soit préférable de passer pour timoré en agissant plutôt que de se montrer téméraire en n'agissant pas ; ce type d'attitude paradoxale n'est malheureusement pas une façon de faire carrière dans l'administration, dans quel pays que ce soit.

3.4.1.7 - LES SECOURS

À chaud, on fait ce que l'on peut selon ce que l'on sait et ce que l'on a préparé, avec les moyens dont on dispose. Le secours organisé est souvent la seule chose réellement efficace et sérieuse que l'on puisse faire ; on sait toutefois par expérience qu'il ne représente qu'une partie, pas toujours majeure, des interventions ; le reste, souvent l'essentiel, résulte de l'aide spontanée de voisins ou même de victimes moins affectés. Son organisation préalable est plus ou moins efficace selon la connaissance du risque et des effets de sa réalisation, la fiabilité de la prévision, l'appréciation de la vulnérabilité des ouvrages dans le site et la qualité propre de l'organisation. C'est en grande partie une affaire de professionnels de sécurité civile, équipés et entraînés pour ce faire ; leur efficacité dépend de leur niveau technique et des moyens dont ils disposent ; ils doivent imaginer les scénarios possibles et préparer leur intervention, tout en sachant que cela ne se passera jamais comme prévu ; un glissement de terrain ou un pont emporté sur un itinéraire d'accès ou de dégagement, peut perturber considérablement les secours. On sait qu'en cas de grande catastrophe, les secours ne suffisent même pas à limiter les dégâts et à assumer tous les besoins de populations traumatisées : confusion, manque de préparation, incompétence… Même dans les pays très développés, les moyens locaux ne suffisent pas, en partie parce qu'ils ont eux-mêmes été affectés ; une collaboration extérieure, nationale voire internationale, est nécessaire.

3.4.1.8 - INDEMNISATION

Quand le risque est assurable, que la cause de sa réalisation est clairement établie et que celui qui en a subi les effets est effectivement assuré pour la circonstance, il est en principe indemnisé ; on lui propose un capital censé compenser plus ou moins le préjudice qu'il a subi. L'assureur et la victime n'ont évidemment pas la même façon de calculer l'indemnité ; il en résulte souvent d'interminables palabres voire des actions en justice, à l'issus desquels la victime a généralement le sentiment d'avoir été grugée.

On a vu que la loi sur l'indemnisation des « catastrophes naturelles » a multiplié les événements désignés ainsi ; certaines de ces désignations ont été manifestement plus politiques que techniques. Il est ainsi apparu que l'on vivait très dangereusement en France, sans que l'on s'en soit trop aperçu. Dans ces conditions, le fonds de garantie d'indemnisation des « catastrophes naturelles », dont les mouvements sont souvent déficitaires, pourrait n'être pas suffisant s'il se produisait une vraie catastrophe. Et c'est encore l'État qui devrait en assumer les conséquences, ce qu'il voulait éviter par la loi de 1982.

3.4.1.9 – RETOUR D'EXPÉRIENCE

Après un accident ou une catastrophe, le retour d'expérience est une action *a posteriori* absolument nécessaire ; on peut en effet attendre ou du moins espérer qu'elle permettra de réduire la probabilité et la virulence de l'événement qui suivra sans doute au bout d'un laps de temps plus ou moins indéterminé, celui dont on n'a pas su ou pu éviter la réalisation ou amoindrir les effets : sa réalisation était bien sûr inévitable ; si l'étude du risque avait été bien conduite et ses résultats correctement exploités, le danger qu'elle entraînait aurait été patent : les dommages auraient dû être limités et non catastrophiques. Pourquoi cela s'est-il aussi mal passé ? Modèle erroné ou mal utilisé, scénario imprévu, intensité hors statistique, lois et règlements inadaptés ou mal appliqués, contrôle négligent ou absent, décisions incohérentes, intérêts divergeants... ? Les raisons possibles sont nombreuses et variées mais toujours humaines et donc désagréables sinon dangereuses à expliciter ; de plus le retour d'expérience n'est prévu par aucun texte légal ou réglementaire ; il n'est donc pas étonnant qu'il soit rarement entrepris et quant il l'a été, que ses résultats ne soient pas divulgués.

4

POUR ALLER PLUS
LOIN

4.1 - DES MOTS POUR SE COMPRENDRE

La majeure partie du vocabulaire du risque «naturel» n'est pas spécifique ; le sens de certains de ses mots est imprécis, ambigu, fluctuant, confus... De plus, les textes administratifs français, lois, décrets, directives, commentaires... relatifs aux risques et catastrophes « naturels », donnent à certains mots, des sens particuliers. Cela favorise souvent des contresens qu'il est nécessaire d'éviter, car le langage du risque concerne des gens de formations totalement différentes, scientifiques, ingénieurs, juristes, administrateurs, sauveteurs... Tant en période d'étude que d'organisation ou de crise, ces contresens peuvent se révéler dangereux ; je vais donc essayer de préciser les sens des mots les plus courants de ce vocabulaire.

4.1.1 - PLUSIEURS SENS

Un premier groupe de mots comprend ceux qui ont plusieurs sens.

Selon presque toutes les cosmogonies mythologiques et théologiques, le **chaos** est le désordre universel d'avant la création du monde ; dans le langage courant, c'est quelque chose de très embrouillé, confus, désordonné. Il y a aussi les chaos granitiques ou gréseux... Les mathématiciens modernes étudient le comportement des systèmes complexes au moyen la théorie du chaos ou de la complexité. On verra plus loin que ce comportement n'est pas si désordonné que cela, du moins à son début.

Étymologiquement, un **aléa** (*ALEA*, coup de dé) est un incident du **hasard** (*al-zahr*, jeu de dés). Dans le langage courant; l'aléa est un événement fortuit, totalement imprévisible, qui n'est lié à aucune cause connue, mais aussi une situation susceptible d'entraîner une crise ; les textes administratifs en restreignent et précisent le sens pour désigner une phase de phénomène naturel de fréquence et d'intensité données, dont il résulte un danger : un séisme centennal VII, une crue décennale de 8 m... sont des aléas dans les sites qui leur sont exposés : l'aléa est le volet naturel du risque «naturel». Les aléas géologiques sont fréquemment évoqués par les entrepreneurs de génie civil pour justifier leurs dépassements de budgets et/ou de leurs accidents de chantiers. Au sens commun, le hasard est la cause imaginaire d'un événement fortuit, imprévu et/ou inexplicable ; au sens mathématique, il ressortit aux théories des grands nombres et du chaos ; il peut être quantifié par le calcul des probabilités et mesuré par l'entropie statistique du système concerné ; il pourrait donc être l'essence du risque «naturel».

Au sens commun, la **probabilité** caractérise ce qui a une apparence de vérité ; au sens scientifique, elle est l'objet de la loi des grands nombres qui régit le calcul des probabilités ; au sens mathématique, c'est, dans une série homogène et dans des conditions données, le rapport du nombre de cas susceptibles de se produire, à celui de tous les cas possibles.

Un **cycle** est une durée précise de retour d'un événement, comme le lever de la pleine lune, la marée haute... ; c'est aussi une suite d'événements qui se produisent toujours dans le même ordre mais pas forcément avec la même durée ; l'orogenèse, l'altération, l'érosion, le transport, la sédimentation et la diagenèse sont les phases majeures du cycle géologique. Une **période** est la durée d'un cycle dans les deux sens de ce mot, rigoureuse période annuelle terrestre, période glaciaire floue du Würm ; c'est aussi celle d'une suite erratique d'événements quelconques, période contemporaine. Le vocabulaire français ne distingue pas le **temps** qu'il fait, *cælum*, *weather*, *wetter*... du temps qui passe, *tempus*, *time*, *zeit*... ; nous nous débrouillons avec le contexte, pas toujours clair quand il s'agit de phénomènes atmosphériques ; le temps qui passe exprime la **durée** indéfinie ; une durée finie est un **laps de temps** continu entre deux événements limites d'une évolution, une **époque** : les temps crétacés... ; il exprime aussi l'époque, moment particulier : le temps des dinosaures... (*cf. 4.2*).

En français, la **subsidence** est l'enfoncement tectonique du fond d'un bassin sédimentaire ; en franglais, c'est un quelconque affaissement du sol.

4.1.2 - SYNONYMES

Un deuxième groupe de mots comprend des couples que l'on emploie souvent comme des synonymes stricts ou approximatifs, ce qu'ils ne sont pas.

Est **complexe** un système qui contient ou réunit plusieurs parties ou éléments différents, plus ou moins intimement liés, tels que si l'un manque ou est altéré, tout le système est altéré. Est **compliqué** ce qui est confus, embrouillé, difficile à comprendre. La science réduit la complexité naturelle à la complication physico-mathématique : le **matériau** naturel qui comporte un nombre très grand voire inconnu de caractères variables est complexe ; le **milieu** physico-mathématique correspondant, caractérisé par quelques paramètres, est compliqué.

Un **risque** est une possibilité de dommage, d'accident, de catastrophe envisageables, plus ou moins prévisibles ; il peut se prendre après s'être éventuellement calculé. Un **danger** est une situation susceptible de compromettre la sécurité de personnes et/ou de biens, quels qu'ils soient, présents ou non ; il s'évite. Un **péril** est un danger immédiat et grave ; il se fuit. Un risque devient un danger si sa réalisation parait inévitable, puis un péril si elle semble imminente.

La réalisation d'un risque peut entraîner des **dommages**, un **accident**, une **catastrophe**, selon sa gravité ; il implique la présence de personnes et/ou de biens ; un risque mesure donc un danger par sa probabilité et sa gravité. Une **détérioration**, un **dégât**, un **préjudice** sont des dommages aux personnes et aux biens, qui deviennent des **sinistres** s'ils sont assurés et déclarés ; ils seront alors éventuellement indemnisés. Un **désordre** peut dans certains cas, faire partie d'un dommage, mais contrairement à ce qu'on lit souvent quand il s'agit de construction, il n'en est pas un. Les textes administratifs donnent à la plupart de ces mots des sens particuliers : ils distinguent l'aléa, événement qui a pour origine un phénomène naturel, du risque, aléa dommageable ; le danger y est *l'état qui correspond aux préjudices potentiels d'un phénomène naturel sur les personnes* ; le dommage y est *la conséquence économique défavorable d'un phénomène naturel sur les biens, les activités et les personnes* ; il peut être *direct, indirect* ou *intangible* ; un préjudice y est *la conséquence néfaste, physique ou morale d'un phénomène naturel sur les personnes* ; un désordre y est *l'expression des effets directs et indirects d'un phénomène naturel sur l'intégrité et le fonctionnement des milieux* ; il peut être *matériel, socio-économique* et/ou *humain*.

La **prévision**, estimation de ce qui peut arriver, est accessible à la science pour des événements complexes, par la voie des statistiques qui établissent des séries de données numériques les concernant et des probabilités qui les structurent. La **prédiction**, déclaration de ce qui doit nécessairement arriver, n'est accessible à la science que pour des événements simples, par la voie du déterminisme. On peut prévoir sans risquer de trop se tromper, une crue à la suite de fortes précipitations dans le bassin versant d'une rivière ; on peut même faire l'**annonce** de son arrivée, mais pas de son niveau à tel endroit, tel jour, à telle heure. On peut par contre prédire la position à peu près exacte de n'importe quel astre répertorié ou la quantité d'eau que produira l'oxydation d'un certain volume d'hydrogène. Les textes administratifs entretiennent la confusion : la prévision est *l'estimation de la date de survenance et des caractéristiques d'un phénomène naturel*.

La **précaution** est l'action préalable, susceptible d'éviter un danger ou d'en atténuer les effets. La **prévention** est l'ensemble des mesures dont on dispose pour empêcher la réalisation d'un risque et informer ceux qui en sont menacés : on prend la précaution de respecter une mesure de prévention, comme de quitter, fût-ce provisoirement, une zone dans laquelle pourrait se produire un écroulement de falaise.

La **préservation** est l'action raisonnée de conserver en l'état ce qu'un danger menace. La **protection** est l'ensemble des dispositions que l'on prend pour y parvenir : on protège une section de route par un mur de soutènement, afin de la préserver d'un glissement.

En principe, la prévention doit réduire la probabilité de réalisation d'un risque et la protection, sa gravité.

4.1.3 - IMPROPRIÉTÉS

Un troisième groupe de mots comprend ceux dont l'usage est impropre.

Le sens du mot **naturel** est ambigu : étymologiquement, est naturel ce qui appartient à l'univers physique, la φυσις d'Aristote, la nature, qui lui est conforme, qui vient d'elle seule, indépendamment des choses humaines, ce qui se produit sans que l'homme intervienne ou soit seulement présent ; c'est aussi ce qui est normal, habituel, qui va de soi. Selon Montaigne, «[…] *On doit appeler plutôt naturel ce qui est général, commun, universel* ; (ce qui est) *rare, singulier et extraordinaire est d'autant moins naturel* […] ». Les risques et les catastrophes dits naturels n'ont évidemment rien de normaux ; ils devraient donc être dits d'origine climatique, tellurique, géologique, géotechnique, mais il est bien tard pour corriger des expressions qui figurent maintenant dans les textes administratifs : ils qualifient de naturels les risques et les catastrophes dont la source est un phénomène naturel, par opposition à ceux dont la cause est technique ; **Catnat** et **Cattec** sont les technocratismes à la mode pour désigner les uns et les autres ; depuis longtemps, les Anglo-saxons les désignent par *geological hazards* ou *God-made*, et *man-made*.

Un **vice** est un grave défaut qui gâte une chose jusqu'à la rendre impropre à sa destination ; le sol n'est pas destiné à supporter un ouvrage, il le fait si quelqu'un l'y oblige ; le vice éventuel est donc dans la structure et/ou les fondations de l'ouvrage qui se fissure, pas dans le sol qui rompt ou tasse parce qu'on l'a trop ou mal chargé. L'article 1792 du Code civil dit pourtant que le *vice du sol* peut être la cause du dommage à un ouvrage.

Une **occurrence** est événement fortuit ; un séisme, une crue, la réalisation d'un risque sont des occurrences : l'expression *occurrence d'un séisme*, d'une crue, d'un risque... est donc un pléonasme ; on devrait lui préférer *probabilité de réalisation d'un séisme*, d'une crue, d'un risque... Difficile à faire maintenant !

4.1.4 - CONTRESENS

Le mot du vocabulaire du risque «naturel» le plus souvent pris à contresens est celui d'**échelle** à propos de la magnitude d'un séisme : la magnitude est une fonction logarithmique et donc continue, ouverte dans les deux sens ; elle se mesure, contrairement à l'échelle MSK d'intensité, limitée à douze degrés discrets qui s'estiment. L'expression médiatique « tel séisme a atteint le degré 6,2 dans l'échelle de Richter qui en compte 10 » n'a aucun sens ; il faudrait dire « la magnitude Richter de tel séisme a été de 6,2 » ou bien « tel séisme a atteint le degré X dans l'échelle MSK qui en compte 12 » ; mais là encore, il serait maintenant bien difficile de corriger un usage établi.

On exprime l'échelle d'un document graphique, carte, plan... au moyen d'une fraction, rapport de la grandeur sur le document à la grandeur réelle qu'elle figure, 1/100, 1/2 000, 1/100 000... On sait depuis l'école élémentaire qu'une fraction est d'autant plus petite que son dénominateur est plus grand ; on qualifie néanmoins très fréquemment de **grande échelle**, celle d'un document peu détaillé couvrant un grand espace et de **petite échelle**, celle d'un document très détaillé couvrant un petit espace. Il faut évidemment dire le contraire.

4.1.5 - NÉOLOGISME

Bien que grécoïde, **cindyniques** est un mot barbare qui semble devoir maintenant désigner un corps de disciplines, les sciences du danger ou du risque ; parties de la lutte contre les pannes et défaillances des systèmes mécaniques et électriques, elles sont passé aux études de fiabilité de systèmes techniques de plus en plus complexes puis aux études des risques technologiques et psychosociologiques. Bientôt, on parlera peut-être de **géocindyniques** : « *Traité de géocindyniques* » est *la couverture à laquelle vous avez échappé* !

4.2 - L'ESPACE

Un risque « naturel » quel qu'il soit est strictement localisé : ce qui se produit ici est peut-être analogue à ce qui s'est produit là, mais sûrement pas identique ; chaque risque est spécifique d'un lieu et d'un moment, et les particularités du lieu tant naturelles qu'anthropiques comptent parmi les facteurs déterminants du risque. L'espace du risque « naturel » mérite donc quelques commentaires.

L'espace est le lieu qui contient et dans lequel évoluent tous les objets de l'Univers, la subsurface terrestre où se produisent les phénomènes naturels et sur laquelle nous vivons, une portion plus ou moins vaste de la subsurface, un site, un certain lieu, la place où se produisent certains phénomènes et que nous occupons. Ces espaces emboîtés sont concrets, finis, animés, subjectifs ; l'ensemble en fait continu est l'espace physique dont on sait intuitivement qu'il se prolonge au delà de notre perception immédiate.

L'espace en trois dimensions de la géométrie est le modèle mathématique du précédent et de ses sous-ensembles, réduits à leur longueur, leur largeur, leur épaisseur ou leur hauteur ; c'est un ensemble de points situés par leurs trois coordonnées. Cet espace supposé est infini, continu, inerte, vide, objectif ; il est abstrait, mais on peut le représenter, plus ou moins mal car aucune figure géométrique n'est parfaite.

En partant de la géométrie, la plupart des philosophes ont progressivement rendu la notion d'espace de plus en plus abstraite jusqu'à ce qu'elle le soit totalement. Pour Aristote, cet espace, le vide, est une place privée de corps ; pour Platon, l'espace éternel et infini, contient tout ce qui existe ; pour Newton, c'est une substance composée de points, la référence absolue de la position et du mouvement ; pour Descartes, l'espace n'est pas vide et n'existe que par la matière qu'il contient ; pour Leibnitz, c'est un simple système de relations ; pour Kant, c'est le milieu intangible et sans borne qui contient et dans lequel nous localisons tout ce que nous percevons ; cet espace intuitif est le support de la connaissance. Bergson revient en fait à l'espace physique comme l'une des caractéristiques de la matière…

4.2.1 - L'ESPACE PHYSIQUE

Le lieu des phénomènes naturels dangereux est l'espace physique, en fait des zones plus ou moins étendues de l'espace terrestre, de la subsurface.

4.2.1.1 - OBSERVATION

Les espaces stellaire et terrestre ont été observés depuis la nuit des temps, décrits et mesurés depuis la plus haute antiquité ; les cartes établies sur ces bases sont devenues de plus en plus précises et détaillées ; leur comparaison montre clairement cette évolution qui caractérise celle de notre connaissance ; elle montre aussi l'évolution permanente de cet espace que l'on imagine immuable mais qui se transforme et change incessamment. Ces observations et mesures sont maintenant continues ; depuis un satellite il ne se passe plus rien sur Terre qui ne soit immédiatement repéré, photographié, analysé et éventuellement publié en temps réel : bombardement de Jupiter par les fragments d'une comète, déplacement des plaques tectoniques, éruption d'un volcan du Kamtchatka inaccessible voire jusque là inconnu, trajectoire d'un cyclone, progression d'une inondation, changements morphologiques et destructions de la zone dévastée par un séisme...

4.2.1.2 - MESURE

La seule dimension de l'espace directement mesurable est la distance ou la longueur, [L], à condition qu'elle soit petite, au plus de l'ordre du kilomètre, mais pas trop, au moins de l'ordre du centième de millimètre ; au delà, les mesures sont indirectes, trigonométriques sur une base géométrique, temps de parcours d'ondes mécaniques, électromagnétiques, lumineuses par des moyens tachymétriques. Les mesures de surface, [L²], sont toujours indirectes, celles de volume, [L³], peuvent être directes pour les petits, mais sont indirectes pour les grands.

La grandeur de l'espace considéré impose la grandeur de l'unité de référence, de l'espace interstellaire à l'espace atomique ; sur Terre, on passe ainsi de 10^6 m pour le globe entier à 10^{-9} m pour le réseau cristallin.

4.2.1.3 - REPRÉSENTATION

Les représentations conventionnelles de l'espace sont multiples et variées, d'une série de coordonnées numériques à un dessin, en passant par un croquis, un schéma, une aquarelle, un tableau, une photographie, une carte ou un plan éventuellement précisés par des coupes... Avant même que l'on ait écrit, on a gravé des cartes du ciel et de la terre sur des blocs ou des parois de pierre, sur des plaques de pierre, d'argile, d'ivoire, d'os, de bois...

4.2.1.3.1 - Plans, cartes et coupes

Les plans, cartes et coupes sont des représentations graphiques géométriques planes orientées d'une portion plus ou moins vaste de l'espace terrestre. Ce sont des documents à la fois objectifs par les observations et les mesures qui ont permis de les établir et subjectifs car pour obtenir une image lisible de la portion d'espace représentée il a fallu interpréter et figurer conventionnellement ces données.

Les plans et cartes décrivent des espaces sur lesquelles les points sont positionnés par leurs coordonnées x et y soit géographiques, longitude et latitude angulaires, soit dans un repaire orthonormal explicite ou non ; le relief y est figuré par des courbes de niveau précisées par des points côtés. Les coupes sont des représentations verticales de ce que cache la surface ; les points y sont positionnés par leurs coordonnées x et z dans un repaire orthonormal ; dans l'espace terrestre de subsurface, les distances verticales sont généralement beaucoup plus petites que les distances horizontales ; pour que les coupes soient lisibles, on est souvent amené à les déformer en exagérant les hauteurs, ce qui altère les pentes et donc en particulier les pendages (*Fig. 1.8.1.2, 1.9.0.6.4, 3.3.1.1.2...*).

4.2.1.3.2 - Échelles

De celles d'un petit ouvrage à celles de l'ensemble du globe, les dimensions de l'espace à représenter varient dans des proportions considérables ; selon l'objet et l'utilisation du document, on est donc amené à affecter sa représentation d'un rapport de réduction, l'échelle, entre les longueurs mesurées sur lui et celles correspondantes mesurées sur l'objet figuré. L'échelle d'un document doit être telle qu'il soit à la fois manipulable et lisible ; en France, la carte de l'I.G.N. à 1/25 000, 1 mm sur la carte pour 25 000 mm ou 25 m sur le terrain, est le document de base dont sont tirés les autres à 1/50 000, 1/100 000 et 1/250 000 ; on établit directement des documents à plus grandes échelles, … 1/100, …, 1/5 000. L'échelle approximative des croquis et schémas peut être figurée par un abaque ; c'est ce que j'ai fait sur toutes les figures de cet ouvrage.

Les documents sont d'autant plus précis et détaillés que leur échelle est plus grande ; mais on doit rappeler que comme on le fait souvent pour la publication des PPR, l'agrandissement d'une carte du 1/25 000 au 1/10 000 ne l'améliore en rien et que le report d'un plan cadastral à 1/2 000 sur une telle carte agrandie n'est pas possible tant pour des raisons d'échelles trop différentes que parce que le plan et la carte ont été établis à partir de canevas radicalement différents et incompatibles ; les cartes conservent les distances et les angles tandis que les cadastres conservent les surfaces ; ils ne sont pas superposables.

4.2.2 - L'ESPACE DU RISQUE « NATUREL »

L'espace d'un risque « naturel » est celui du PPR ou d'un document analogue qui caractérise techniquement l'aléa et la vulnérabilité du site en cause et y organise les diverses actions destinées à le juguler. C'est donc d'abord un espace physique limité au bassin de risque, représenté par des documents graphiques spécifiques ; c'est ensuite un système de relations particulièrement complexe, plus ou moins organisé, entre les divers acteurs impliqués par la réalisation éventuelle du risque, habitants, autorités législatives et exécutives, techniciens de la prospective, de la prévention, de la gestion de crise, des secours, de l'assurance…, concrétisé par des documents écrits souvent disparates.

Les documents physiques de base que l'on utilise en géotechnique du risque sont la carte I.G.N. à 1/25 000 pour figurer les grands bassins de risque, les plans communaux à 1/5 000 quand il en existe pour présenter le PPR et les plans cadastraux à diverses échelles pour en détailler le zonage.

Sur ces supports, on établit indépendamment des cartes d'aléas et des cartes de vulnérabilité, cartes analytiques que l'on superpose pour établir la carte synthétique du PPR. En fait, si les cartes d'aléas établies selon les techniques géologiques sont en principe objectives, il n'en va pas de même des cartes de vulnérabilité qui sont souvent âprement discutées par les édiles et les propriétaires locaux. Les cartes de PPR qui représentent les espaces de risques à l'échelle des communes sont donc des documents contestables, et on ne se prive pas de le faire tant lors de leur élaboration puis de leur publication, qu'après une catastrophe.

4.3 - LE TEMPS

Pour avoir conscience d'un danger, il faut se référer à un passé personnel ou collectif, au cours duquel il a été attesté ; la projection de ce danger dans l'avenir en fait un risque. L'essence du risque est donc historique ; c'est gênant quand on l'aborde par le temps-dimension de la physique, des modèles, négligeant le temps-paramètre de l'enchaînement inéluctable du passé, du présent et de l'avenir, du changement, de l'évolution, du réel.

Un séisme, une crue, un glissement de terrain... sont des événements paroxystiques de phénomènes naturels qui ont des histoires jamais écrites, contrairement à ce que postulent l'occultisme et la géomécanique ; avant de se produire, ils se préparaient et après, ils ne cesseront qu'en apparence et pour un laps de temps indéterminé. Ces phénomènes sont très complexes, composés de phases plus ou moins durables, d'événements simultanés ou successifs ; les durées de référence de leurs passés et de leurs futurs sont extrêmement variables : selon le phénomène, quelques jours, mois, années pour ses paroxysmes, quelques dizaines d'années, siècles, millénaires pour ses stases, quelques millions voire milliards d'années pour son évolution globale.

Le temps du risque est fini, orienté, relatif, voire élastique ; pluriel, il mesure les durées de successions et enchaînements d'événements jalonnant les évolutions irréversibles d'innombrables phénomènes souvent interdépendants ; il importe de le définir clairement. Mais, depuis la nuit des temps, on oppose le temps fixe, l'immuable, la stase permanente sans début ni fin, le temps sagittal, histoire d'une évolution plus ou moins tourmentée avec un début et une fin, *big bang*, expansion, *big crush* (?)..., et le temps cyclique, l'éternel retour sans histoire, sans queue ni tête. En les associant, on pourrait peut-être définir un temps hélicoïdal et même tourbillonnaire au cours duquel le présent ressemblerait plus ou moins au passé et l'avenir au présent sans être identiques : la Terre tourne bien de façon à peu près cyclique autour du Soleil, mais le système solaire orbite vers Véga (α) de la Lyre, dans la Voie lactée qui elle-même se déplace dans l'Univers en expansion. On remarque à ce propos que j'utilise l'évolution d'un phénomène naturel pour justifier une définition du temps : on ne peut parler du temps que par métaphores ; le temps, la durée... *Chi lo sa* ?

En fait, à chaque époque de son développement, et pour presque chacune de ses préoccupations, l'homme a inventé un système spécifique de temps. On peut traiter également tous ces systèmes, en raison du respect culturel qu'on leur doit ou pour faire savant ; alors, tout s'embrouille rapidement et l'on ne s'y retrouve pas. On peut plus simplement préciser la teneur, la raison, l'utilité et la limite de chacun, afin de justifier le choix du temps que l'on va employer ; c'est ce que je vais essayer de faire.

4.3.1 - LE TEMPS, C'EST QUOI ?

Question socratique posée par saint Augustin ; vaste question donc, qui en appelle d'autres et ainsi, de multiples réponses. Intangible, imperceptible, le temps est-il réel, objectif et mesurable ou le produit de notre imagination ? Est-il ce qui nous permet de nous regarder vivre et de voir les choses changer ? Peut-on le saisir, s'en affranchir ? Est-il contingent ou éternel ? A-t-il eu un commencement et aura-t-il une fin ? Est-il continu ou compartimenté, linéaire, cyclique, hélicoïdal ou tourbillonnaire ? Est-il absolu ou relatif, statique ou dynamique, rigide ou élastique, orienté ou réversible ? Est-ce une dimension ou un paramètre ? Est-il ou non lié à l'espace ? Y en a-t-il un ou plusieurs ? Est-ce qu'on ne le confond pas avec la durée, avec la succession des événements, avec l'évolution ? Et donc pour finir, existe-t-il? Ben, d'après ce que l'on dit, c'est selon !

Un livre très volumineux ne suffirait sans doute pas à transcrire les opinions variées que, de tout temps si j'ose dire, les théologiens, les philosophes, les économistes, les savants, les artistes... ont exprimées à propos du temps ; si on l'éditait, on s'apercevrait sans doute que tout et son contraire ont été dits ; et ce n'est certainement pas fini !

Pour les anciens Chinois, le temps était tangible ; pour nous c'est beaucoup plus compliqué, tangible ou abstrait ? Aristote s'interrogeait sur sa nature et enseignait qu'il n'y avait pas de temps sans mouvement ni changement. Platon distinguait l'image mobile, le temps des hommes, de l'éternité immobile, le temps des dieux. Virgile voyait le temps fuit irrémédiablement. Saint Augustin a écrit que si nul ne lui demandait ce qu'était le temps, il le savait, mais que s'il cherchait à l'expliquer à quelqu'un, il ne le savait pas ; il constatait tout de même que le temps passait. Mazarin disait qu'il était un galant homme. Pascal constatait qu'il y avait de bien différentes opinions touchant l'essence du temps, et il affirmait que l'on ne saurait en avoir une définition précise. Newton appelait durée le temps absolu, vrai, mathématique, isolé, uniforme et le distinguait du temps relatif et vulgaire, mesuré par le mouvement. À l'inverse pour Rousseau citant Formey dans l'*Encyclopédie*, la durée caractérise la seule et simple succession des choses, tandis que le temps est une abstraction fruit de notre imagination. Leibniz aussi déclarait que le temps ne saurait être qu'une chose idéale ; Kant pensait à peu près la même chose. Pour Buffon, le temps était le grand ouvrier de la nature ; on dirait maintenant le paramètre de l'évolution. Dans son *Almanach du bonhomme Richard*, Franklin citait le proverbe anglais selon lequel le temps est de l'argent et le rappelait à son fils dans ses *Mémoires*. Au bord de son lac, Lamartine souhaitait que le temps suspendît son vol ; impertinent, Alain demandait pour combien de temps. Nietzche était convaincu de l'éternel retour. De sa chambre, Proust allait à la recherche de celui qui était perdu ; la machine de Wells aurait pu l'y aider ; les paléontologues le trouvent en étudiant les fossiles et les astronomes, en scrutant le fin fond de l'Univers. Poincaré voulait un temps commode qui rende les équations de la mécanique aussi simples que possible. Pour Einstein, en se déplaçant à travers notre vaste Univers, chacun a son propre temps ; mais en ne voyageant que sur notre petite Terre, nous avons heureusement tous à peu près le même ; Bergson pour qui le temps est une invention ou rien, opposait la durée au paramètre ; il demanda à Einstein si le temps des philosophes était le même que celui des savants ; ce dernier lui répondit que le vrai temps était celui des physiciens pour lesquels distinguer passé, présent et futur n'est qu'une tenace illusion. Mais le sien est maintenant contesté par Prigogine qui dit que la flèche du temps existe bien malgré l'illusion créée par la modélisation mathématique à l'échelle microscopique. Hawking courbe le temps de l'Univers, mais matérialise le nôtre par l'écoulement d'un sablier. Baudelaire conseillait de s'enivrer *de vin, de poésie ou de vertu...* pour échapper au temps. Mais, quand on étudie le risque, on ne peut vraiment pas plus échapper aux temps vécus, tangibles, qu'aux temps abstraits.

4.3.2 - LES TEMPS INTEMPORELS

Cette expression est à peine paradoxale ; elle désigne le temps immuable, celui des dieux, de l'éternité durant laquelle tout avait toujours existé, durant laquelle il ne se passait rien et durant laquelle rien ne disparaissait ; c'est le temps d'avant la science ; paradoxalement, elle peut aussi désigner le temps du déterminisme, de la physique classique, qui ne s'écoule pas vraiment ; c'est alors généralement une dimension et parfois la courte durée à l'origine arbitraire d'un événement isolé.

4.3.2.1 - LE TEMPS DE LA MÉCANIQUE RATIONNELLE

Le temps de la mécanique rationnelle est l'archétype des temps-dimension du monde macroscopique. Avec la longueur de l'espace d'Euclide et la masse de Newton, le temps de Galilée est l'une des trois grandeurs fondamentales de la mécanique rationnelle, celles dont découlent toutes les autres. Depuis Galilée, on sait que la distance parcourue par ce qui tombe verticalement est proportionnelle au carré du temps ; en fait, il l'est à celui de la durée de la chute, ce qui n'est pas du tout pareil, comme le remarque Newton. Les froids logiciens tirent de ce rapport, que ce temps de la mécanique rationnelle peut être négatif, ce qui n'a pas effleuré la pensée pragmatique de Newton qui, en bon Anglais, était familier du non-sens ; il a postulé au contraire que le temps s'écoulait uniformément du passé vers l'avenir.

Ce temps-dimension est universel, absolu, neutre, infini, invariable, uniforme, sans référentiel... Il est caché dans les équations aux dimensions ; c'est le temps de la vitesse sismique $[L.T^{-1}]$, de l'énergie d'un rocher en fin de chute $[M.L^2.T^{-2}]$... Avec lui, tout est à sa place, en fait nulle part, tout est instantané, il ne se passe rien ; ou bien tout est déterminé, l'avenir découle directement du passé par une évolution programmée ; dans un système donné, la même cause précède toujours le même effet.

Néanmoins, on voit un peu bouger ce temps mécanique comme paramètre de fonctions déterministes du type $y = f(t)$ que l'on représente par des intervalles géométriques convenus sur l'un des axes des courbes correspondantes : si la fonction est périodique, il se passe toujours et indéfiniment la même chose au bout d'un laps de temps de même durée, une période ; sinon, l'évolution et la durée sont indéterminées ; mais alors, on ne peut pas aller plus loin que l'on a le loisir ou la patience d'observer ou de calculer, dans le passé comme dans l'avenir. La plupart de ces fonctions sont symétriques par rapport au temps : on obtient des solutions mathématiquement correctes avec un temps négatif. Il en va ainsi des équations d'ondes de toutes natures, mais l'expérience montre que les ondes ne se propagent que dans le temps positif, de leur point d'émission vers la périphérie en s'amortissant ; plus communément, les morceaux des objets cassés ne se recollent d'eux-mêmes qu'au cinéma, en passant le film à l'envers, seule façon pratique de remonter le temps. L'irréversibilité est donc une réalité statistique ; pour contourner ce paradoxe, passer de la mathématique à la physique, du modèle au réel, il faut choisir les solutions pratiquement acceptables en se donnant des conditions aux limites qui permettent d'éliminer les solutions issues d'un temps négatif, infini et/ou d'un instant antérieur à l'instant initial.

Si, connaissant la position d'un point et les forces qui agissent sur lui à l'instant t_1, on peut effectivement calculer son état à l'instant $t_2 < t_1$, on décrit ainsi un événement passé sans pour cela avoir remonté le temps ; de même, si $t_2 > t_1$, on peut prévoir avec plus ou moins d'exactitude un événement futur sans pour cela avoir vieilli, car ce ne sont que des événements, si l'on peut dire, virtuels. À quelque chose près, ces fonctions permettent par exemple de dater un événement du passé par une éclipse contemporaine ou d'indiquer l'heure d'arrivée du train qui sera peut-être en retard, à celui qui nous attendra à la gare. Les ordinateurs ne permettent pas de faire beaucoup mieux : pour aller sur la Lune, on peut effectivement faire confiance à Newton avec leur aide, mais il faut aussi disposer de moteurs correcteurs de trajectoire. Le temps déterministe n'est plus ce qu'il était.

4.3.2.2. - LES TEMPS DE LA RELATIVITÉ ET DE LA MÉCANIQUE QUANTIQUE

Le temps de la relativité est un temps-paramètre un peu différent, essentiellement parce qu'il est élastique et indissociablement attaché à l'espace ; il n'existe pas de point fixe absolu, de temps et d'horloge universels : la durée qui sépare deux événements dans deux référentiels différents, l'un supposé fixe et l'autre mobile est plus courte dans le mobile que dans le fixe et la distance qui sépare deux objets est plus petite dans le mobile que dans le fixe. Ainsi, de trois mobiles circulant dans l'espace-temps restreint, il paraît que l'on pourrait percevoir simultanément le même événement dans le passé, dans le présent et dans le futur ; mais pour échanger l'information et changer le cours des choses afin d'éviter une catastrophe, il faudrait aller vraiment trop vite. Dans le système généralisé, on dit que l'on pourrait remonter le temps dans le tourbillon d'un trou noir sans dépasser la vitesse fatidique, mais à part peut-être Alice, personne n'a pu encore le faire et de toute façon, nul n'en reviendrait. Plus pragmatiquement, la diminution de gravité accélérerait le temps et enflerait l'espace ; ainsi, on vieillirait plus vite mais plus à l'aise à Briançon qu'à Calais, mais les Briançonnais qui voudraient vieillir moins vite, ne gagneraient rien à échanger leurs domiciles avec des Calaisiens qui voudraient vivre plus au large, car la différence de gravité entre les deux villes est si faible bien que mesurable, que les variations de temps et d'espace sont insignifiantes dans ce monde galiléo-newtonien. Il n'empêche qu'avec ce temps, on ne sait plus bien quand, qui est où et bien sûr, il ne se passe toujours rien.

On dit maintenant que l'on ne pourra jamais savoir où se trouvent certaines particules, là et/ou ailleurs de notre espace, avant, maintenant et/ou après de notre temps ; donc, il n'y aurait pas de temps quantique : notre macrocosme temporel déterministe serait un modèle statistique du microcosme quantique intemporel probabiliste, hors de notre atteinte et de notre entendement.

4.3.3 - LES TEMPS QUI PASSENT

Ainsi, les temps de la physique mécaniste ne sont pas très naturels ; grâce à des conditions aux limites plus ou moins restrictives et souvent arbitraires, ils permettent bien de faire fonctionner des modèles déterministes, certes très utiles, de comportements simples, mais avec eux, on ne peut pas raconter des histoires et en imaginer de futures, celles de l'Univers, de la Terre, des hommes, de vous et moi. Et quand on étudie le système terrestre et/ou le risque « naturel », c'est pourtant bien ce qu'il s'agit de faire : on n'échappe pas à la marche du temps, au temps sagittal, à la flèche du temps, à ce temps fuyant pour lequel seul existe le moment présent et pour lequel le passé qui n'existe plus et l'avenir qui n'existe pas encore ne sont que des abstractions.

4.3.3.1 - LE TEMPS QUI USE

L'empirique entropie thermodynamique a confirmé que le temps des physiciens est irréversible et usant en ne soufflant que du chaud vers le froid. Sisyphe qui ne savait pas que l'énergie potentielle d'un système ouvert est toujours minimale à son état final, en avait fait l'expérience depuis longtemps : un rocher qui a roulé sur une pente et s'est arrêté à son pied, a perdu son énergie potentielle, mais a acquis la stabilité ; l'entropie du système « rocher sur la pente » a augmenté. Pour lui redonner de l'énergie, il faut le remonter ; alors, l'entropie du système décroît, mais aux dépens de la source d'énergie - les muscles de Sisyphe -, et de la stabilité - si Sisyphe lâche le rocher, il redescend. À bout de force, le pauvre Sisyphe a fini par constater qu'il s'était usé à ce petit jeu apparemment cyclique et éternel et qu'en fin de compte, l'entropie du système « rocher de Sisyphe » ne pouvait que croître à mesure que le temps passait. Le mythe de Sisyphe est un bon modèle du comportement du système terrestre, surrections/érosions... : les entrailles de la Terre épuisent leurs énergies radioactive et gravitationnelle à ériger des montagnes que la gravité aplanit inéluctablement. Bien avant Aristote et les autres qui ont tout embrouillé en schématisant à l'excès ou en posant de graves questions existentielles auxquelles on ne sait pas répondre, le mythe rappelait que le temps passait et ne se remontait pas : le temps thermodynamique caractérisé par l'entropie use, dégrade, détériore, jalonne le vieillissement.

À mesure que le temps passe, un système ordonné ouvert acquiert ou perd de l'énergie et se transforme en s'organisant ou en se désorganisant ; l'entropie est une fonction d'état à origine arbitraire dont on ne peut déterminer que les variations. En thermodynamique, elle caractérise le degré d'ordre et la stabilité du système, et mesure le niveau de dégradation de son énergie ; elle croît quand l'énergie se dégrade, que le système en perd et se désorganise en se stabilisant ; pour la faire décroître temporairement et localement, il faut fournir de l'énergie et/ou de l'organisation au système : du gaz au liquide, l'accroissement d'ordre, de stabilité, produit du travail en dispersant de la chaleur ; à l'inverse, l'accroissement de chaleur accroît le désordre, d'abord le passage du liquide au gaz, ensuite l'agitation du gaz, pression/expansion ; plus prosaïquement, les choses abandonnées à elles-mêmes se détériorent avec le temps ; pour les réparer, il faut *travailler à la sueur de* (son) *front* : selon la décision du Dieu de la Bible et le principe de Carnot, c'est le cas général dans le monde réel.

En statistique, l'entropie caractérise l'indétermination de notre connaissance d'un système et mesure la quantité d'information que l'on a sur son état; elle décroît quand l'information augmente au prix de l'énergie intellectuelle : pendant que l'on étudie un système, son entropie thermodynamique croît inéluctablement tandis que l'on s'escrime à faire décroître son entropie statistique.

4.3.3.2 - *LE TEMPS HISTORIQUE*

L'expérience du fond des âges, que la propagation des ondes et Carnot ont confirmée, montrait donc que sur Terre, les choses et les êtres naissent, croissent, vieillissent, meurent et donc évoluent dans un temps que l'on peut qualifier d'historique : c'est le temps des hommes et de la Terre ; certains astrophysiciens et physiciens des particules pensent que cela est sans doute vrai ailleurs, d'autres non. Le temps historique, c'est le temps fuyant, le temps qui passe, linéaire, orienté, dissymétrique, monotone ou varié, continu ou compartimenté ; il s'écoule du passé - le temps de la mémoire, de l'histoire -, vers l'avenir - le temps de l'espoir, de l'attente, de la prospective -, en passant par le présent sans hélas s'y arrêter, mais peut-être vous en étiez-vous déjà rendu compte ! C'est le paramètre du mouvement, de ce qui évolue dans l'espace inerte et plus généralement du comportement. Il s'exprime par un nombre réel, positif, à une seule dimension : une date, une unité de temps, siècle, année, seconde... Il se représente soit sur une droite, soit sur un cercle, orientés ou non, ayant ou non une origine éventuellement arbitraire. Avec ce temps que nous ne pouvons que constater et qui s'impose à nous, les événements sont uniques et distincts ; ils s'enchaînent irréversiblement dans l'espace tangible, différent de lui. C'est le temps prométhéen de l'évolution, de ce changement, la première nécessité de l'existence, la seule chose qui ne change pas dans l'Univers ; le temps historique est donc le temps du risque, car un changement, un renversement de tendance crée toujours du nouveau, de l'imprévu.

Le temps historique est monotone si l'on considère que tous les instants sont semblables, varié si on les distingue par des événements associés ; il est continu si, à partir d'une origine fixe, les années et les siècles de longueurs constantes, s'enchaînent indéfiniment en ne se distinguant que par leur rang, comme nous le faisons depuis le VIe siècle et comme les Romains le faisaient avant nous ; il est compartimenté si, à partir d'une succession d'origines également réparties ou non, les années sont groupées en nombres fixes ou variables comme le faisaient les anciens Égyptiens avec les règnes, les Chinois avec les dynasties, les Grecs avec les olympiades, les Romains avec les années consulaires et comme le font encore ceux qui se réfèrent à des événements particulièrement marquants de leur époque, périodes de fortes pluies, de sécheresse, séisme... Le temps géologique est compartimenté en ères, systèmes, étages... de longueurs variables. Le temps de l'Univers en expansion est jalonné d'époques de plus en plus longues, caractérisées par les étapes successives des modifications du couple rayonnement/matière.

4.3.3.3 - *LE TEMPS HUMAIN*

En plus de tout cela, le temps humain biologique est assez régulier : chacun vit au rythme de son horloge interne, *il n'est d'horloge plus juste que le ventre*, plus ou moins adaptée aux rythmes lunaires ou solaires.

Le temps humain psychologique est particulièrement élastique ; selon sa situation, son humeur, sa situation, son âge... on peut trouver le temps long ou bien qu'il passe vite ; il accélère avec l'âge. En périodes de crises, lui seul compte pour les victimes et ce n'est pas celui des horloges ; les quelques secondes de la secousse sismique destructrice ont paru des heures à ceux qui les ont subies ; pour les habitants réfugiés sur le toit de leur maison environnée par le flot d'une violente crue, redoutant d'être emportés avec elle, les quelques heures durant lesquelles ils ont attendu des secours, seront à jamais une éternité ; mais heureusement aussi, certaines heures sont éternelles pour les amants qui ensuite, ne risquent que quelques désillusions.

Le temps historique humain est encore plus élastique ; le temps de la mémoire, le passé, se contracte à mesure qu'il s'éloigne. Cela apparaît clairement dès que l'on a atteint l'âge des souvenirs ; il en va de même pour les événements extérieurs mais socialement marquants ; ceux de notre temps sont vivants mais plus ou moins flous à mesure qu'ils vieillissent, ceux du temps de nos parents sont anecdotiques, ceux du temps de nos grands-parents sont folkloriques, ceux du temps de nos arrière-grands-parents sont mythiques ; au-delà, totalement dévitalisés, ils appartiennent à l'histoire puis à la géologie et enfin à l'astrophysique. Le souvenir d'une catastrophique se perd en une ou deux générations pour ceux qui l'ont subie et il n'excède pas la dizaine d'années pour les autres.

4.3.4 - LE TEMPS CYCLIQUE

Le temps cyclique est celui qui embrouille tout. Il vient de toutes les civilisations agricoles antiques qui ont pris conscience du temps et l'ont d'abord estimé au moyen d'événements et de phénomènes saisonniers importants pour elles comme les semailles, les récoltes, la crue annuelle du Nil en Égypte puis de façon plus précise, en suivant le cours des astres pour définir les périodes de retour immuables les plus utiles. Il est profondément ancré dans notre inconscient : la journée terrestre, le mois lunaire, l'année solaire sont clairement perçus par pratiquement tout le monde, car ils correspondent à de courtes périodes à l'échelle du temps individuel ; le saros écliptique est inconnu de la plupart, car c'est une période de 18 ans, 11 jours et 8 heures, 233 lunaisons, trop longue pour être retenue autrement que par l'archivage, sous quelle forme que ce soit : à peu près les mêmes éclipses reviennent tous les trois saros, soit une cinquantaine d'années ; c'est pour cela qu'au cours d'un saros, seuls ceux, mages, prêtres, prophètes... qui disposaient d'éphémérides même sommaires, pouvaient prévoir difficilement quelques-unes des 43 éclipses de soleil plus ou moins visibles quelques minutes dans d'étroites bandes de régions toujours différentes et prédire plus facilement la plupart des 28 éclipses de lune visibles quelques heures dans toute la partie du globe alors tournée vers son satellite : la manipulation prospective est aussi vieille que le monde.

La récurrence semble être l'évolution normale du monde, jour/nuit, saisons, années, générations d'êtres vivants : « *ce qui fut sera ; ce qui s'est fait se refera... il n'y a rien de nouveau sous le soleil* » ; cet éternel retour de l'Ecclésiaste, des stoïciens... est une chimère très facile à représenter par une roue comme le faisaient les Orientaux et à mettre en équation, notamment au moyen des fonctions périodiques. Pourtant, il est évident qu'à part les phénomènes astraux à l'échelle humaine et quelques autres que les mécaniciens appellent alternatifs, rien au monde n'est cyclique : malgré les apparences, les nombreux actes répétitifs de notre existence ne le sont pas ; nous faisons bien à peu près la même chose tous les jours, toutes les semaines, toutes les années, mais ce ne sont pas les mêmes jours, les mêmes semaines, les mêmes années et nous ne cessons pas de vieillir. Ainsi, la plupart du temps, au cours de pseudo-périodes successives d'inégales durées, des enchaînements souvent erratiques de faits, de phénomènes, d'actions parfois plus ou moins analogues, jamais identiques, se produisent suivant une évolution orientée, irréversible, évidemment historique. On a donc passé plus de trois millénaires à essayer de faire coexister le temps cyclique et le temps fléché ou sagittal ; nous aimons bien le premier parce qu'il régit plus ou moins notre existence, repas de midi, repos du week-end, vacances de Noël... et parce qu'il nous laisse entrevoir un avenir infini personnel, terrestre, solaire ; nous détestons le second parce qu'il jalonne notre vieillissement et ne nous mène à rien d'autre qu'à la mort, la nôtre, celle de la Terre, du Soleil... Finalement, à l'épreuve des faits, le temps cyclique se révèle superflu pour l'étude du risque «naturel» ; il demeure néanmoins dans l'expression des probabilités de la plupart des événements remarquables de phénomènes naturels et cela prête généralement à confusion : dire que tel événement est décennal ne veut évidemment pas dire qu'il est produit par un phénomène cyclique, fut-il irrégulier, et qu'il s'en produira un analogue à peu près tous les dix ans ; tout le monde devrait savoir cela, mais la plupart des commentateurs l'oublient. Avec le temps cyclique, il y a toujours du contresens dans l'air, quand on étudie le risque «naturel» : il laisse espérer la prédiction qui est en fait impossible.

4.3.5 - LE TEMPS HÉLICOÏDAL

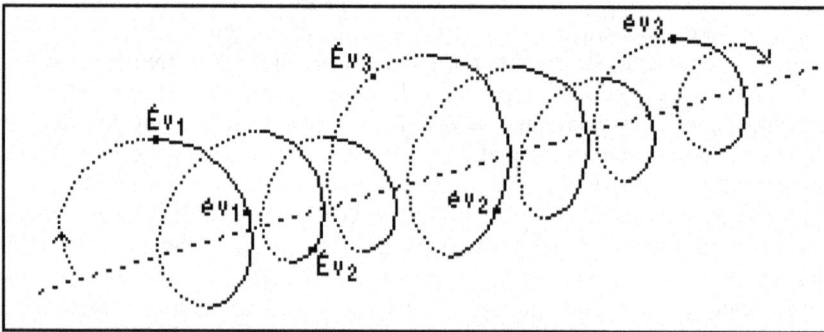

Figure 4.3.5 - Le temps hélicoïdal

On pourrait définir le temps hélicoïdal comme la superposition du temps cyclique et du temps sagittal ; l'axe du cylindre, le sens de l'histoire, porterait l'échelle de durée, son rayon donnerait la durée d'un « cycle » et le pas, la fréquence d'un événement répétitif ; et comme les durées de « cycles » et les fréquences d'événements ne sont jamais constantes, ce temps serait plutôt tourbillonnaire ; il pourrait peut-être même y en avoir un par phénomène naturel, car l'enchaînement d'événements qui constitue l'évolution de chacun est spécifique, avec ses propres échelles de durées et de fréquences : les échelles de temps d'observation, d'étude et de prospective sont évidemment différentes pour les chutes de météorites, les éruptions volcaniques, les séismes, les crues... Avec ces temps, le présent ressemblerait peut-être plus ou moins au passé, l'avenir au présent, mais ils ne seraient pas identiques : des événements analogues se produiraient de façon plus ou moins périodiques, avec une probabilité en grande partie subjective ; il permettrait donc la prévision qui ne serait toutefois jamais très précise mais plutôt estimative. Ce serait le temps du monde réel, des phénomènes naturels en évolution et de la prospective, celui du risque «naturel» ; voilà donc exprimée une opinion - de plus ? - sur le temps : ce n'était effectivement pas fini !

4.3.6 - LA MESURE DU TEMPS

Pour matérialiser ce temps dont on a pu nier l'existence sous prétexte qu'il nous affecte sans que l'on puisse l'observer, mais qu'il est nécessaire de mesurer pour caractériser l'évolution, le changement, pour jalonner l'histoire, il faut se donner une base, construire un chronomètre et fixer une origine ; on est alors obligé de passer de l'abstrait au concret, du modèle au réel, du temps à la durée, de ce temps subjectif et élastique que l'on éprouve, au temps objectif et uniforme que mesurent les horloges.

Comme l'avait souligné Aristote, la mesure du temps ne peut donc être que relative, d'origine arbitraire, par référence au mouvement d'un mobile dans l'espace, à la durée d'un de ses parcours de longueur déterminée, à sa vitesse, à une variation de son état ; assez paradoxalement, c'est l'enchaînement de cycles assez fidèlement périodiques, mouvements d'astres ou de pendules, mécanismes, vibrations de cristaux ou d'atomes... qui permettent la mesure de notre temps sagittal : les durées des unités, années, jours, secondes... sont celles de leurs périodes respectives. Autre paradoxe, on mesure ce temps sagittal au moyen d'horloges atomiques fondées sur un phénomène quantique, la vibration d'un niveau à un autre d'un électron.

Chaque civilisation a eu sa propre base de temps, l'année solaire, le mois lunaire, la journée terrestre, une fraction de seconde atomique, sa propre origine du commencement du temps, son ère liée à un événement qu'elle considérait comme créateur, fondation de Rome, naissance du Christ, Hégire... ; selon diverses interprétations de la Bible, la Terre aurait été créée entre 5500 et 3762 av. J.-C. ; pour les Juifs, c'est 3761 ans av. J.-C. ; James Ussher, théologien anglican du temps de Charles Ier, a fixé la Création au matin d'un beau dimanche 23 octobre 4004 av. J.-C. ; Mersenne, théologien catholique et savant français donne lui 5954 ans avant 1634 ; c'est l'ère que Bossuet a ensuite adoptée pour raconter l'histoire du monde à Monseigneur le Dauphin. Les détracteurs de Cuvier disent qu'il s'y serait implicitement référé, mais alors ce n'aurait pu être que pour des raisons de strict formalisme religieux, indispensable à son époque ; le savant qu'il était, n'ignorait sûrement pas que la Terre était beaucoup plus ancienne que ce qu'en dit la Bible : en effet, il estimait que ses *Révolutions de la surface du globe* s'étaient produites des milliers d'années avant celle qu'il considérait comme la dernière d'entre elles, le Déluge lui-même situé à environ 5000 ans de nous. Et même s'il ne l'appréciait guère, il devait bien savoir que le prudent Buffon avait estimé l'âge de la Terre d'abord à 75 000 ans puis à 3 Ma.

Naguère, chaque village avait sa propre heure, celle de son cadran solaire : on *voyait midi à sa porte*, à Brest presque une heure après Strasbourg ; par référence à l'isochronie du mouvement du pendule formulée par Galilée, Huygens a créé l'horloge à pendule vers 1657, puis la montre à balancier, ressort spiral et échappement à ancre vers 1675 ; cela a donné un peu d'uniformité et de précision, ≈ 10 s/j, à la mesure du temps, mais surtout en a rendu la pratique facile ; l'ère du chemin de fer a imposé la même heure, au moins dans chaque pays. L'heure peut maintenant changer d'un pays à l'autre sans changer de fuseau horaire, ou au contraire, un même pays s'étendant sur plusieurs fuseaux peut avoir la même heure ; certains pays ont une heure d'hiver et une heure d'été, d'autres non ; à l'ère de l'avion et de la correspondance électronique, on s'y retrouve pourtant à-peu-près, grâce au *Greenwich Mean Time* (GMT), le Temps universel coordonné (TU) de la conférence de Washington en 1884, par rapport auquel on donne l'heure locale qui n'est pas forcement celle du fuseau correspondant ; les minutes et les secondes sont les mêmes, presque partout car quelques rares pays n'ont pas résisté à l'originalité d'un quart d'heure ou une demi-heure de plus ou de moins.

4.3.6.1 - *LES ÉCHELLES DE TEMPS*

On parle habituellement de long, moyen et court terme en donnant à ces adjectifs des sens fluctuants qui sont rarement explicités : pour les études des risques «naturels» localisés et peu fréquents comme les chutes de météorites, les éruptions volcaniques, les variations climatiques lentes..., le très long terme pourrait être une durée de plusieurs millénaires et même bien davantage ; pour les phénomènes plus courants, le long terme pourrait être une durée d'un à plusieurs siècles, le moyen, d'un quart à un demi-siècle, le court, d'une à quelques années et le très court, de quelques jours à quelques semaines. Pour Keynes et nous tous, *à long terme, nous serons tous morts* !

Ainsi, selon le risque, les circonstances et la sensibilité du milieu concerné, on utilise successivement et/ou simultanément, l'échelle humaine, heure, jour, mois, année, dizaine d'années, l'échelle historique, siècle, millénaire, l'échelle préhistorique, dizaine, centaine de milliers d'années et l'échelle géologique million, milliard d'années.

4.3.6.2 - *LE CALENDRIER*

Chaque civilisation a aussi défini son propre calendrier en fonction de ses préoccupations du moment et de la précision avec laquelle elle connaissait le phénomène de référence ; il s'agissait généralement des cycles astraux lunaire et/ou solaire, les mêmes pour toutes, ou le cycle des saisons dont le nombre et la durée varient de deux à quatre selon la latitude...

On a mis très longtemps à obtenir un calendrier pratique à peu près stable : l'année de 12 mois lunaires a d'abord été utilisée car les phases de la lune sont tangibles ; mais comme elle est un peu plus courte que l'année solaire, 7 à 11 jours de moins, les dates lunaires des événements fixes et notamment des saisons sont fluctuantes ; l'année solaire mensualisée par le zodiaque dont l'observation est affaire de spécialistes, prêtres puis astronomes, permet de supprimer ces fluctuations ; mais en raison de la précession des équinoxes, cette année sidérale est un peu plus longue que l'année tropique, durée de 365 j 1/4 entre deux équinoxes de printemps, dont l'usage permet le retour des saisons à dates fixes ; et comme nous ne pouvons pas utiliser une année comptant des fractions de jour, l'année civile, celle avec laquelle nous vivons, compte 365 ou 366 jours.

On n'est évidemment pas arrivé à cela facilement et rapidement. Le calendrier que nous utilisons est une adaptation du calendrier solaire égyptien, agraire et religieux ; l'année égyptienne était divisée en trois saisons de quatre mois : inondation, culture, récolte ; le premier de l'an était initialement le jour du début de la crue annuelle du Nil, vers notre 19 juillet, jour du solstice à cette époque en Haute-Égypte ; malgré la réputation de grande régularité qui lui est restée, la crue n'était pas très ponctuelle ; quand les Égyptiens sont devenus plus savants et plus exigeants pour des raisons administratives, ils ont donc demandé à Sothis, Sirius, aux réapparitions annuelles à peu près à la même date mais nettement plus précises, de la remplacer ; ils sont ainsi passé sans s'en douter du probabilisme au déterminisme. Leur année administrative comportait 365 jours ; il lui manquait donc environ 6 heures ; à la longue, les dates et les saisons ne correspondaient plus et Pharaon remettait de temps en temps les pendules à l'heure, afin de ne pas en venir à célébrer l'inondation en pleine sécheresse. Les Pontifes romains faisaient à peu près la même chose afin d'éviter que l'on moissonne en hiver, mais leur comput de jours intercalaires était des plus fantaisistes ; César a donc ajouté 90 jours à l'an 46 av. J.-C. pour rattraper le retard, et systématiquement un jour tous les quatre ans pour ne pas recommencer. C'était trop ; en 1582, Grégoire XIII a donc supprimé dix jours au cours d'une curieuse nuit du jeudi 4 au vendredi 15 octobre en Italie ou du 9 au 20 décembre en France, ainsi que le 29 février des années bissextiles séculaires, sauf tous les quatre siècles comme l'an 2000. L'Angleterre protestante n'adopta le calendrier papiste qu'en 1752 de sorte que Cervantes et Shakespeare sont morts tous les deux le 23 avril 1616, mais en fait le bon catholique Cervantes était mort dix jours avant le schismatique anglican Shakespeare ; le canton d'Appenzell, partagé en 1590 en deux demi-cantons l'un catholique et l'autre protestant, a eu des calendriers différents jusqu'au milieu du XIXᵉ siècle ; la Russie orthodoxe a été encore plus obstinément conservatrice, ce qui lui a permis de faire la Révolution d'Octobre julien en novembre grégorien. Néanmoins, on sait qu'actuellement, les années religieuses n'ont pas la même base et la même longueur pour tout le monde, que chaque calendrier a son propre nouvel an et que les fêtes semblables des religions du Livre, se célèbrent à des dates grégoriennes différentes et même changeantes, car leur base est lunaire. Chez les orientaux et les amérindiens, les choses en allaient, et en vont encore pour certains, à peu près de la même façon ; jusqu'à la fin de la 2ᵉ guerre mondiale, le Japon remettait les compteurs à 0 à chaque nouvel empereur ; la Chine faisait de même et avait des années zodiacales. Mais la mondialisation de l'économie a fini par imposer à tous le calendrier grégorien.

4.3.6.3 - LES CHRONOMÈTRES

Pour mesurer le temps journalier, on a dû se donner des bases de temps et des chronomètres de plus en plus fins et spécifiques : on est ainsi allé du cadran solaire aux horloges atomiques en passant par les horloges à eau, mécanique, digitale, sans cesse améliorées pour accroître leur précision. Mais comme les secondes de la Terre et celles des atomes ne sont pas exactement les mêmes, et que de plus, celles de la Terre varient, les horloges atomiques qui fixent l'heure du Temps universel coordonné, imposent de lui ajouter une seconde, de temps en temps bien sûr ; d'après lui, la Terre ne tournerait pas tout à fait en 24 heures, parfois un peu plus, parfois un peu moins ; cela ennuie les astronomes, mais n'a aucune importance pour notre vie de tous les jours. Et de plus, à l'échelle du temps géologique, la vitesse de rotation de la terre et les paramètres de l'écliptique ont sans doute toujours varié ; il a donc dû en être de même pour les durées des jours et des années, mais cela n'intéresse que les géologues et peut-être aussi les archéologues.

Pour mesurer la très longue durée du passé géologique, le temps profond, on utilise les périodes de certains radioéléments, spécifiques de la datation d'événements plus ou moins anciens et pour le passé récent à cette échelle, les anomalies magnétiques terrestres ; pour le temps plus proche de la préhistoire, les méthodes sont nombreuses, radioactivité, thermoluminescence, sédimentation, végétation... C'est plus difficile et moins précis que de consulter sa montre ; quand on compare leurs résultats, on s'aperçoit que la synchronisation n'est pas leur qualité essentielle.

4.3.6.4 - LES ORIGINES

Avec plus ou moins de précision, on est parvenu à dater ainsi les principaux événements fondateurs qui concernent le risque «naturel» :

Univers : 12 à 15 Ga (milliard d'années) - système solaire ≈4,55 Ga - Terre ≈4,44 Ga - vie ≈3,4 Ga - métazoaires ≈700 Ma (million d'années) - vertébrés ≈505 Ma - leur sortie de l'eau ≈355 Ma - premiers mammifères ≈222 Ma - premiers primates ≈56 Ma - genre *Homo* ≈3 Ma - espèce *Homo sapiens* ≈500 000 ans - *Homo sapiens sapiens* (nous) ≈ 120 000 ans - fin de la glaciation du Würm ≈ 10 000 ans B.P. - écriture ≈5 000 ans B.P. - science ≈ XVIIe siècle.

Avant la fin du Würm, les durées sont telles qu'il n'est pas besoin de préciser l'origine, « naissance » de Jésus-Christ (av. J.-C.) ou avant le présent (B.P.), que l'on situe par convention à l'année grégorienne 1950. Ce sont deux origines différentes du même calendrier d'un temps continu et monotone. À propos du risque «naturel», on utilise l'une ou l'autre, parfois sans le préciser clairement, pour dater les événements de la préhistoire récente et de l'histoire ancienne ; cela peut rendre des études de phénomènes très peu fréquents comme les éruptions volcaniques, fâcheusement imprécises.

En fait, après le *big bang*, l'origine du temps est devenue arbitraire ; elle dépend de l'événement fondateur choisi ; toutes les civilisations l'ont entendu ainsi pour fixer l'origine de leur propre période historique ; la date de naissance est l'origine du temps personnel de chacun d'entre nous ; la science, la technique, le sport, la vie de tous les jours définissent un temps 0 pour chaque expérience, procédure, course, action...

4.3.7 - LE TEMPS DU RISQUE

Après bien d'autres, une pierre se détache d'une falaise ; au départ, son temps 0, elle a de l'énergie potentielle ; quand elle tombe, son accélération est positive et elle acquiert de l'énergie cinétique ; en arrivant sur l'éboulis, elle perd cette énergie en faisant un trou puis en roulant sur la pente et son accélération est négative jusqu'à ce qu'elle s'arrête ; d'autres pierres plus ou moins semblables à elle, tomberont encore. Dans cette histoire de chute de pierre, seul événement à peu près déterminé de l'histoire de la falaise et de l'éboulis, le temps intervient dans les équations aux dimensions de l'énergie et de l'accélération ; il est aussi le paramètre des variations d'énergie, de la position de la pierre et de la durée de chaque phase de la chute ; le départ de la pierre est l'origine du temps qui s'arrêtera avec elle ; un chronomètre horloger permet de le mesurer. Si l'on s'intéresse à l'histoire de la falaise et de l'éboulis, chaque chute de pierre est un événement semblable qui se produit de temps en temps, généralement en rafales séparées par des périodes de calme apparent ; l'ensemble est un phénomène naturel dont l'évolution n'est que probable. L'origine du temps de cette histoire est dans un passé plus ou moins lointain et elle se poursuivra plus ou moins analogue dans un avenir indéterminé ; sa mesure implique des chronomètres indirects.

Pour étudier le risque, il faut donc beaucoup de temps historique et un peu de temps de la mécanique rationnelle, mais surtout pas de temps cyclique ; les temps relativiste et quantique sont hors-sujet. Quand le risque s'est réalisé, il n'y a souvent plus que le temps humain qui compte ; il est court pour les sauveteurs et long pour ceux qui les attendent.

Sur Terre, avant l'homme, il n'y avait pas de risque, mais seulement des phases parfois violentes de phénomènes naturels. Afin d'analyser les phénomènes internes peu fréquents comme les éruptions volcaniques, il est souvent nécessaire d'essayer de comprendre ce qui se passait longtemps avant l'apparition de l'homme ; avant la fin de la glaciation du Würm, vers 10 000 ans B.P., la géomorphologie et l'intensité des phénomènes de géodynamique externe étaient différentes de celles que nous connaissons ; on peut difficilement les extrapoler.

Les chronomètres du risque sont variés. Pour la géologie et la préhistoire, ce sont les radioéléments et les anomalies magnétiques ; pour l'histoire, ce sont les varves, les dendrites et le calendrier, pour l'événement actuel, c'est le calendrier et l'horloge...

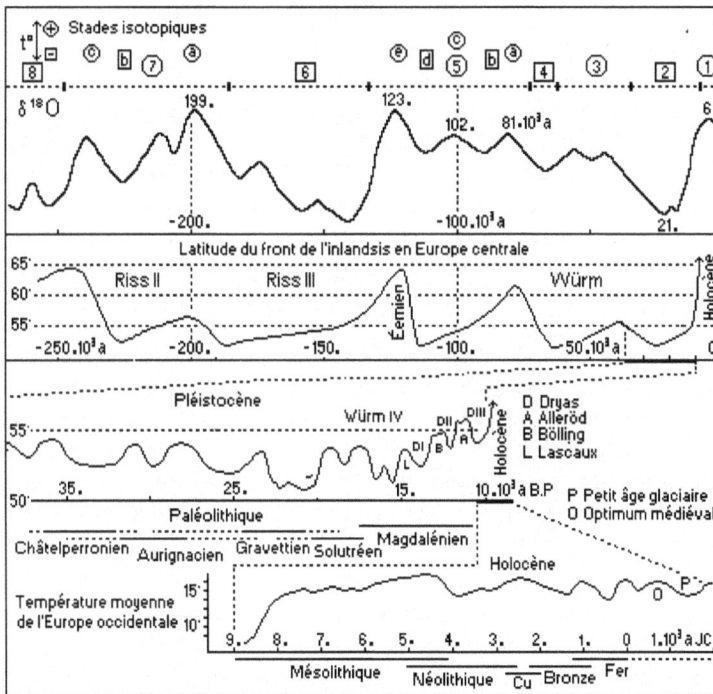

Figure 4.3.7 – Corrélations chronologiques

L'origine du temps du risque pourrait être soit le début de l'homme, *Homo habilis*, vers 3 Ma, soit celui d'*Homo sapiens sapiens*, vers 120 000 ans ; en fait, comme ils n'ont pas eu l'idée de nous renseigner, on ne sait pratiquement rien de ce qu'ils avaient subi et redoutaient le plus, de sorte que ces origines sont beaucoup trop lointaines ; toutefois, les peintres Paléo-marseillais successifs de la grotte Cosquer ont montré que pendant tout le Würm, on pouvait se promener là où passent maintenant des bateaux (*cf. 1.10.1.1*) : ainsi, à partir de la fin du Würm, la pire des calamités subies par les hommes (*cf. 1.1.1*) , nos ancêtres ont dû totalement changer de mode de vie. Le début de l'histoire marqué par les archives écrites plus ou moins utilisables que l'on a retrouvé, n'est pas le même partout ; en Mésopotamie et en Égypte, c'est vers 5 000 B.P., mais la tradition orale a dû permettre de faire mieux ; le mythe quasi universel du déluge est peut-être un souvenir d'inondations catastrophiques à la fin du Würm, partout dans le monde ; le déluge biblique, en fait mésopotamien selon l'épopée de Gilgamesh, pourrait rappeler d'énormes Tigre et Euphrate torrentiels ou l'invasion de la mer dans le fond très plat du golfe persique, leur delta ; maintenant, on parle aussi de la rapide montée de la mer Noire réunie à l'océan mondial en crue par les débordements des Dardanelles et du Bosphore, peut-être ébranlé par un séisme sur la faille nord-anatolienne vers 7500 B.P. Le début des observations raisonnées et archivées s'est produit en Chine à propos des séismes vers 500 av. J.-C. et plus près d'ici et du présent, en 79, pour la description de l'éruption du Vésuve par Pline ; en France, on dispose d'archives, généralement non spécifiques, plus ou moins fiables, depuis environ un millénaire ; on fixe souvent le début de la science occidentale à Galilée, vers la fin du XVIIe siècle.

Comme on l'a vu avec la pierre qui tombe, chaque risque a son propre temps avec sa propre origine et son propre chronomètre ; ce n'est pas très gênant quand on le sait, qu'on le précise et que l'on en tient compte. La fin du Würm, postérieure aux grottes ornées de France, Lascau, Cosquer, Chauvet..., à partir de laquelle le monde a pris peu à peu l'aspect que nous lui connaissons et à partir de laquelle les hommes sont entrés dans notre type de civilisation me semble une bonne origine du temps du risque ; elle permet de se référer à un court passé géologique et préhistorique pour comprendre le présent et imaginer le proche avenir. Mais la datation préhistorique n'est pas des plus simples ; géophysiciens, géologues et archéologues se sont ligués pour la compliquer à souhait : Pléistocène/Holocène découpés en périodes stratigraphiques d'extension mondiale, fondées sur la paléontologie, les stades magnétiques, océaniques et glaciaires... , Paléo/Mésolithique découpés en périodes fluctuant dans l'espace et le temps selon le degré local de civilisation, fondées sur les matériaux et les styles des artefacts utilitaires et artistiques ; datations techniques peu compatibles et ne facilitant pas vraiment les corrélations. Enfin, tout cela varie plus ou moins avec les progrès techniques et les nouvelles données constamment acquises, et aussi selon les idées du moment des spécialistes.

Le principal chronomètre du temps de la préhistoire jusqu'à environ 36/40 000 ans B.P, est le ^{14}C dont la période est d'environ 5 750 ans. Hier encore, on considérait que sa précision était presque absolue ; mais on sait maintenant que le taux du ^{14}C atmosphérique mesuré dans la matière organique ancienne qui avait fixé le carbone utilisé n'est pas constant en raison notamment des gaz produits par les éruptions volcaniques pliniennes, les variations climatiques et maintenant les explosions nucléaires ; selon l'époque, la précision varie de 5 à 10 % sur une période, soit quelques siècles pour quelques millénaires ; à cette imprécision d'étalonnage, il faut évidemment ajouter une inévitable imprécision de mesure ; on arrive ainsi à des précisions de 10 à 30% pour des prob de 0,7 à 0,99 ; je propose à ceux qui aiment les relations biunivoques $T\ (B.P.) \approx 1,1T\ (^{14}C)+450$; de plus, ce chronomètre n'est pas fiable en climat tropical humide sous lequel la matière organique est très instable. Les autres méthodes de datations techniques, dendrochronologie très précise, sédimentologie très relative sont spécifiques d'un lieu ; leur fiabilité est donc discutable et les corrélations qu'elles permettent sont difficiles et souvent peu convaincantes. Au-delà de 40 000 ans et jusqu'à 100 000 ans, on ne dispose pas de méthode fiable ; ensuite, jusqu'à 1 Ma, la thermoluminescence est très longue et très compliquée à mettre en œuvre, et sa précision est faible ; la résonance paramagnétique électronique est encore plus compliquée et moins précise ; sans grande précision, le paléomagnétisme permet d'aller à quelques millions d'années ; et enfin, on date à peu près les principaux événements du temps profond géologique au moyen des radioéléments naturels, de la série de l'uranium en particulier. Pour la fin du Pléistocène, le Würm, et l'Holocène, l'échelle chronologique des variations des isotopes de l'oxygène, $\delta\,^{18}O$ issue des mesures sur les carottes de glace des inlandsis et sur celles de sédiments océaniques, est un calendrier particulièrement intéressant, car il a une résolution <500 ans et caractérise bien les variations climatiques lentes, dont la connaissance est essentielle pour l'étude de certains risques ; on leur adjoint les données paléontologiques relatives à certains coléoptères très sensibles aux variations de température, et les résultats de calculs astronomiques sur les variations des paramètres orbitaux terrestres.

Les datations pré- et protohistoriques, les plus importantes pour l'étude des événements peu fréquents comme les éruptions de certains volcans habituellement assoupis, sont rarement réussies. Néanmoins, la date de l'explosion du Santorin qui a profondément affecté le monde antique méditerranéen, est maintenant connue à quelques années près, car elle a été établie indépendamment par des spécialistes, volcanologues, archéologues, historiens... utilisant des méthodes différentes ; parmi les plus récentes, en admettant qu'elle ait eu une profonde et durable influence climatique à l'échelle mondiale, ce qui est probable, on peut lui attribuer le pic d'acide sulfurique dans les glaces des inlandsis, 1645 ± 20 av. J.-C. ou les anomalies de croissance des séquoias de Californie, 1627 ± 2 av. J.-C... : une datation préhistorique ne peut être validée que si les résultats d'application de méthodes différentes concordent ; c'est cette redondance d'observations indépendantes permettant de caractériser un phénomène passé que Whewell appelait *consilience* ; elle est nécessaire à l'étude historique de tous les phénomènes naturels : des observations de terrain avaient permis à Wegener de proposer l'hypothèse de la dérive des continents avant que la théorie de la tectonique globale l'explique et que les mesures satellitaires la confirment (*Fig. 4.4.3.a*)...

4.4 - DU HASARD AU CHAOS

L'incursion dans le futur est une entreprise hasardeuse que les hommes ont tentée de tout temps et par divers moyens, avec généralement assez peu de succès patent : le présent procède bien du passé mais quoiqu'en disent les occultistes et les déterministes, il ne permet pas d'anticiper l'avenir qui est indécis : selon Hume, l'habitude et non l'argument laisse supposer que l'avenir ressemblerait au passé ; il n'en découle sûrement pas.

Pourtant, à partir d'événements et circonstances passés et présents, on essaie toujours d'esquisser la tendance selon laquelle évoluera un phénomène, une situation, un ouvrage ; c'est le but de la prospective. Mais les événements naturels remarquables et signifiants sont incertains, rares et d'interprétation délicate ; ils se produisent dans des conditions souvent confuses, ne se déroulent pratiquement jamais comme prévu et ont des effets généralement inattendus : la prospective est un art difficile dont les fruits sont souvent ambigus et parfois douteux.

La prédiction est la déclaration de ce qui doit nécessairement et exactement arriver en un lieu et à un moment précis, généralement dans le proche avenir ; appuyée à une croyance, échafaudée sur des impressions, elle tient à l'occultisme ; fondée sur l'identité du passé, du présent et de l'avenir, miraculeux produit du temps intemporel ou cyclique, elle ressortit au déterminisme pour des événements simples, de purs cas d'école : on peut prédire avec une approximation à peu près connue, la position d'un astre à un moment donné, la quantité d'eau produite par l'oxydation d'un certain volume d'hydrogène... mais on ne peut pas prédire un événement complexe comme un séisme, car on ne connaît jamais les conditions initiales de sa production ni même parfois son mécanisme. La prévision, estimation anticipée de ce qui est seulement susceptible d'arriver à terme plus ou moins lointain, est possible pour de tels événements, proches du réel, par la probabilité et la statistique sur de longues séries structurées de données numériques ; elle est fondée sur l'analogie plus vraisemblable mais aussi plus ou moins incertaine du passé, du présent et de l'avenir et le temps sagittal lui suffit : on peut prévoir, avec une chance raisonnable de succès, une crue à la suite de précipitations abondantes sur le bassin versant d'une rivière ; on peut même faire l'annonce de l'arrivée imminente d'une crue de la Seine à Paris, mais sans pouvoir prédire précisément le niveau qu'elle atteindra tel jour, à telle heure sur le zouave du pont de l'Alma, populaire seinomètre heureusement conservé au même niveau lors de la reconstruction du pont (*cf. 2.3.2*).

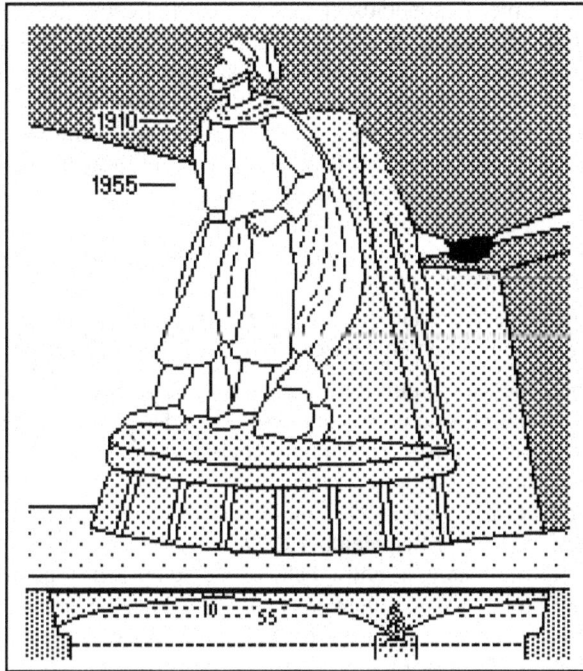

Figure 4.4 - Le zouave du pont de l'Alma

4.4.1- LA PROSPECTIVE

La démarche prospective relève de la logique si elle est intuitive et repose sur peu de données ; elle relève de la science si elle repose sur des séries de nombreuses données cohérentes, probabiliste si la série est complexe, difficile à analyser, déterministe si elle est simple et structurée, et c'est seulement alors qu'en principe on obtient la certitude.

Les circonstances déterminent les événements naturels susceptibles d'affecter un ensemble indissociable site naturel/installation humaine alors que sa forme et son comportement imposent des contraintes, des limites, à son évolution qui n'est jamais quelconque : il n'arrive jamais n'importe quoi, n'importe où, n'importe comment. Si l'événement est rare et ses effets imparables quelle que soit l'installation, comme une chute de météorite, on le considère comme le fruit du hasard ; c'est en fait un événement fortuit ; si les contraintes sont faibles et les circonstances variables, les effets d'événements analogues et fréquents comme les crues, peuvent être étudiés statistiquement ; si les contraintes sont fortes et les circonstances stables, l'événement est déterminé et on admet qu'il produira inévitablement des effets identiques comme l'écroulement d'un haut talus très pentu. La principale difficulté de la prospective géotechnique est de tracer au cas par cas la limite entre le déterminisme et la probabilité, entre le général qui ressortit aux lois et le particulier qui ressortit au contingent, entre le prédictible et le prévisible.

Les phénomènes « simples », généraux et génériques, sont ceux qui, comme la gravité, l'élasticité, l'électromagnétisme... sont plus ou moins stationnaires sinon intemporels et règlent l'évolution universelle ; ils ressortissent à la physique classique. Déterminés par des causes générales et des circonstances particulières, leurs effets sont invariables et inévitables ; ils sont décrits par des lois et exprimés par des formules. Mais rien n'est simple en géotechnique : par exemple, deux essais géomécaniques réalisés sur le même géomatériau avec le même appareil, par le même opérateur, ne donnent jamais le même résultat parce qu'entre autres deux échantillons, si proches qu'aient été leurs points de prélèvement, ne sont jamais strictement identiques ; ils sont pourtant fondés sur des lois « simples », Hooke, Coulomb, Darcy... (*Fig. 4.5.2.2.2*). En fait, il existe autant de paramètres d'un même géomatériau que d'appareils et de procédures pour les mesurer et autant de valeurs différentes du même paramètre que de mesures lors d'un même essai.

La plupart des phénomènes naturels sont complexes, particuliers et spécifiques. Leurs manifestations paraissent plus ou moins aléatoires mais dépendent en fait de l'histoire et d'un contexte défini ; leurs effets sont connus mais variables en grandeur, position et instant. On les exprime statistiquement par des intervalles de définition et des probabilités de production. Le cas de la crue de rivière est le mieux connu ; en un lieu donné, son intensité dépend principalement de la morphologie, la topographie à petite échelle de l'amont, immuable à notre échelle de temps, des quantités d'eau qui s'évaporent, s'infiltrent et y ruissellent après un orage et ne peuvent être que très grossièrement évaluées, et de l'état de l'atmosphère à très court terme qui détermine l'intensité et la durée de la précipitation dont la crue résulte en fin de compte. Même avec un ordinateur très puissant, il n'est pas question, comme on l'avait naguère envisagé, de concevoir et d'exploiter un système de fonctions qui intégrerait tous ces paramètres et quelques autres négligés, et qui permettrait de prédire la crue ; on ne disposera jamais de mesures assez nombreuses et représentatives, et de toute façon, la théorie du chaos montre qu'il serait vain d'essayer, même si tout cela était envisageable. Dans certains bassins particulièrement exposés, comme ceux des redoutables fleuves côtiers du Roussillon, l'Agly, la Têt et le Tech, il existe depuis longtemps des dispositifs de surveillance et des procédures d'annonce efficaces à très court terme. Ailleurs, des estimations d'intensité plus ou moins fiables sont disponibles : la crue décennale est susceptible d'atteindre tel niveau sous tel pont ; à l'aval ou à l'amont, un ouvrage nouveau dont le tirant d'air se révèle insuffisant est souvent là pour montrer les limites de la méthode. Les valeurs des paramètres que l'on considère comme représentatifs d'un phénomène dangereux, mesurées lors de chaque événement ou estimées d'après les archives, ne constituent jamais une véritable série statistique, soit parce qu'elles sont peu nombreuses, soit parce qu'elles proviennent d'événements qui n'ont que l'apparence de l'analogie, soit pour ces deux raisons et même quelques autres : à l'échelle de la France (*cf. 2.6*), la série des séismes catastrophiques n'est pas convenable, car elle est fondée sur des données disparates provenant d'archives et observations d'époques différentes, du Moyen Âge à nos jours, dans des régions sismo-tectoniques différentes, chacune plus ou moins hétérogène, rifts d'Alsace, de Limagne, fosse de Saône-Rhône, chaînes plissées des Pyrénées et des Alpes, carrefour de Provence où l'on distingue quatre sous-zones plus ou moins apparentées aux trois zones précédentes ; elles ne constituent donc pas une série homogène ; par contre, la série est acceptable dans les Alpes-Maritimes, car bien que très peu nombreux, les événements sur lesquels elle repose sont à peu près similaires.

Les phénomènes mal connus sont identifiés, parfois expliqués, mais leurs manifestations sont aléatoires et les relations de causes à effets, indéterminées. Aucune représentation mathématique ne peut en être faite : l'éventualité de leur réalisation et leur intensité ne sont pas prévisibles. C'est le cas des chutes de météorites ; la géologie historique montre que des chutes de tels objets extrêmement volumineux se sont produites de tout temps et ont eu des effets considérables ; on attribue une partie au moins des causes de la grande extinction de la limite Crétacé/Éocène à une ou plusieurs chutes d'énormes météorites qui auraient produit les cratères fantômes de Chicxulub au Yucatán et/ou de Bombay/Seychelles, de part et d'autre de la dorsale de Carlsberg. Il s'en produit toujours et partout ; en 1906, l'explosion d'une météorite d'une cinquantaine de mètres de diamètre, dans la vallée de la Toungouska pierreuse sur le plateau de Sibérie centrale, a ravagé plus de 1 500 km² de taïga ; en 1992, une météorite d'une douzaine de kilogrammes est tombée sur le coffre d'une voiture à Peekshill (NY) ; en France, la dernière, en 1997, est aussi tombée sur une voiture à Chambéry... Évidemment, on ignore tout de la prochaine chute ; heureusement, la majeure partie de la surface du globe est marine ou sauvage, mais une chute sur une grande ville ne sera jamais exclue.

Sauf à faire de la science-fiction qui n'a pas sa place ici, on ne peut assurément rien dire de phénomènes inconnus à propos desquels on pourrait effectivement évoquer le hasard géotechnique. Dans l'état de notre connaissance de la Terre, il n'y en a pratiquement plus ; les phénomènes connus peuvent l'être de façon plus ou moins précise ; cela dépend de l'intérêt qu'on leur porte et de leurs caractères propres, c'est-à-dire de la nocivité et de la probabilité de leurs manifestations intempestives.

4.4.2 - L'IRRATIONNEL, LA FATALITÉ, LE HASARD

Pourtant, les manifestations tant courantes qu'exceptionnelles de phénomènes naturels sont très peu familières à la plupart d'entre nous ; ces phénomènes paraissent ainsi mystérieux, leurs évolutions désordonnées et leurs événements marquants, aléatoires ; les media exploitent alors notre fascination pour l'irrationnel et le magique, et ne s'intéressent momentanément et très superficiellement, qu'à des événements aux effets particulièrement spectaculaires et/ou nuisibles voire funestes, séismes, crues, écroulements... Ainsi, bien qu'ils soient scientifiquement explicables, ces événements sont abusivement qualifiés de fatals, c'est-à-dire certains car inscrits dans une évolution strictement réglée dès l'origine, ou de hasardeux, c'est-à-dire incertains mais possibles car résultant d'une évolution fluctuant selon les circonstances ; ils sont souvent redoutés par ceux qui n'y sont pas exposés et négligés par ceux qui pourraient l'être ; ils demeurent les objets redoutés de croyances ou de superstition, qu'ils sont depuis la nuit des temps.

4.4.2.1 - L'IRRATIONNEL

Les événements naturels dommageables sont souvent abordés par la peur que suscite leur évocation et par leur probabilité de réalisation présentée comme une quasi-certitude ; or la peur est subjective, souvent imaginaire, et peut être parfois inconsidérément déclenchée par une opinion ou une action involontaire ou irresponsable : elle est donc généralement irrationnelle comme le seraient les risques qu'ils entraînent. On apprenait naguère à l'école, que nos ancêtres les Gaulois craignaient seulement que le ciel leur tombât sur la tête ; on sait maintenant qu'à part le choc bien improbable d'une météorite, leur tête ne risquait du ciel qu'un coup de soleil ; sans le savoir et accessoirement, ils se protégeaient peut-être de ces deux dangers en portant un de ces magnifiques casques à ailes qu'on leur voit sur quelques statues, dans les vieux livres d'histoire et dans une bande dessinée. Sans trop y croire en fait, les anciens Grecs avaient mythifié tous les phénomènes naturels auxquels ils étaient confrontés, et la Grèce étant le pays géologiquement tourmenté que l'on sait, ce sont presque tous ceux que l'on connaît. Ailleurs, les mythes sont spécifiques des phénomènes locaux les plus courants : inondations en Inde, séismes et inondations en Chine, volcans, séismes et tsunamis au Japon, volcan et tsunamis à Hawaii...

Les séismes dévastateurs et les éruptions volcaniques très photogéniques sont des sujets classiques de films-catastrophes ; les génériques précisent toujours que des experts ont conseillé les metteurs en scène ; on en doute quand on voit dans un film que lors de la même éruption volcanique, la coulée de lave va rattraper le héros, pendant que la nuée ardente dévale sur le quartier qu'il vient de quitter en courant, que des failles profondes s'ouvrent opportunément pour engloutir les automobilistes qui essaient d'y échapper et qu'en fondant, le glacier situé au sommet du volcan provoque un lahar qui emporte le pont traversé par le méchant ; chaque séquence est bien construite, les images sont réalistes, mais le scénario ne l'est pas ; ces quatre phénomènes bien réels ne sont jamais paroxystiques ensembles et au même endroit. Le spectacle enchérit sur la réalité ; c'est acceptable dans une fiction, à condition qu'on en informe les spectateurs : on ne le fait jamais. Ce qu'il en reste n'est pas très rassurant : lors de crises réelles ou imaginaires, au cours desquelles un individu ou un groupe pense être placé dans une situation qu'il ne domine pas et qui lui fait craindre le pire, ses réactions irraisonnées aggravent le danger de la situation ou créent une situation dangereuse. La peur, l'indécision, la négligence, l'insouciance, l'excès de confiance, de pessimisme ou d'optimisme... sont les attitudes irrationnelles les plus courantes face au risque ou même au danger « naturels ».

À propos de risque, il importe donc de bien séparer le rationnel de l'irrationnel, ce que ne font pas toujours, volontairement ou non, certains commentateurs et décideurs ainsi que des experts équivoques, en mal de renommée ; certains media préfèrent rapporter des événements rares aux effets spectaculaires en les enveloppant si possible d'un peu de mystère, plutôt que des événements courants et discrets, souvent plus redoutables : dans le monde comme en France, les catastrophes les plus fréquentes, les plus répandues et parmi les plus graves, ne sont pas causées par les séismes et encore moins par les éruptions volcaniques, phénomènes-vedettes, spectaculaires et impressionnants, mais par les inondations auxquelles on attribue en général, beaucoup moins d'intérêt, sauf à y être directement exposé.

Les positions irrationnelles extrêmes sont que tout est risqué pour l'homme, jouet de la fatalité, ou au contraire qu'il ne risque rien, car tout est déterminé : pour se prémunir du risque, il ne lui resterait alors que l'inspiration divine ou la magie qui ont largement montré leur inefficacité, ou la science qui naguère encore, promettait de faire beaucoup mieux. Les faits ont contraint la science à plus de modestie, et elle est actuellement un peu revenue de cette prétention.

Néanmoins, le principal mythe de notre temps est celui du puissant pouvoir de la science occidentale que lui attribuaient les déterministes convaincus du XVIIIe siècle et que nous trouvons toujours aussi séduisant. Ce que l'on ne sait pas faire, on le saura demain : il suffit de s'en (faire) donner les moyens ; c'est le discours que tiennent aux politiques, les scientifiques en mal de crédits, de tous bords et en tous lieux. Quel que soit le phénomène en cause, après l'échec d'une méthode de prédiction présentée comme infaillible, il se trouve toujours quelqu'un pour en proposer une autre bien meilleure qui révélera ses limites la fois suivante ; entre-temps, elle aura consommé de l'énergie et des crédits en pure perte ; le pire est que quelques spécialistes connaissaient parfaitement ses limites et le disaient, mais on préfère toujours le vain espoir à la sèche raison en tuant Cassandre.

Ce n'est donc pas demain que l'on verra disparaître l'irrationnel qui se voile parfois de curieuses démarches pseudo-scientifiques ; souvenez-vous de la mémoire de l'eau, de la fusion froide, des avions renifleurs, de la méthode Van...

4.4.2.2 - LA FATALITÉ

Et malheureusement, la persistance de l'irrationnel entraîne que l'on attribue toujours plus ou moins à la fatalité la réalisation catastrophique d'un risque «naturel» ; les décideurs imprévoyants n'en étaient pas mécontents, car la fatalité leur maintenait ouverte une porte de sortie peu honorable mais sûre ; en effet, son équivalent juridique, le cas fortuit et de force majeure, l'action divine des Anglo-saxons, empêche l'exécution d'une obligation et donc libère l'obligé : il n'y a pas de responsable. Cela est en train de changer : dans l'affaire de la crue catastrophique du Grand-Bornand, la Cour administrative d'appel de Lyon, réformant le jugement du Tribunal administratif qui avait retenu la fatalité, a dit que l'on savait bien que le torrent était redoutable et ainsi que la catastrophe n'était pas fatale : il y avait donc des responsables, en l'occurrence l'État et la commune ; le tribunal correctionnel de Bonneville a condamné le maire de Chamonix à la suite de l'avalanche catastrophique de Montroc en disant que le risque connu n'avait pas été pris en compte dans les documents d'urbanisme ; le préfet du Vaucluse de l'époque a été mis en examen trente ans après pour avoir approuvé le permis de construire du lotissement emporté par la crue catastrophique de Vaison...

La fatalité peut se définir comme la force occulte réglant d'avance et de façon irrévocable le processus qui conduira à un événement malheureux inhabituel, contraignant et insurmontable, éventuellement prévu mais demeurant inévitable : *c'était écrit* ; la *Belle Hélène* justifiait malicieusement ses écarts de conduite par la fatalité et Triboulet/*Rigoletto* expliquait tragiquement ses horribles malheurs par la malédiction ; au risque de choquer encore certains, on peut affirmer sans risque que rien n'est écrit, fatal, maudit. Débarrassée de l'occultisme mais régie par un déterminisme implacable et vue comme un enchaînement réglé de circonstances entraînant un tel événement, la fatalité paraît plus acceptable, mais elle ne saurait être acceptée quand il s'agit de la réalisation d'un risque «naturel», car aucune n'est vraiment inévitable : l'événement naturel l'est effectivement, mais pas ses conséquences qui sont humaines.

4.4.2.3 - LE HASARD

Les définitions du hasard - *al-zahr*, jeu de dés - sont nombreuses, parfois contradictoires et variées ; chacune dépend de la façon dont on l'envisage :

Au sens commun, le hasard est la cause inconnue voire imaginaire parfois minime mais aux effets considérables d'un éventuel événement hors normes, soudain, fortuit, imprévu et/ou inexplicable ; il traduirait notre méconnaissance du passé et l'imprévisibilité de l'avenir, et concrétiserait donc les limites de notre entendement. Plus précisément, il serait la cause de ce qui arrive sans raison apparente ou explicable, sans pouvoir être empêché ou prévu, généralement à la suite d'un concours de circonstances inattendues, à la fin d'un processus produisant un événement qui aurait pu ne pas advenir.

Dans la vie courante, il y a donc partout et toujours de ce hasard, puisque l'expérience quotidienne nous montre que nous connaissons mal le passé et que nous ignorons à peu près tout de l'avenir : l'homme est le phénomène naturel qui nous intéresse le plus ; nous sommes tous plus ou moins curieux de notre passé, critiques de notre présent et malades de notre avenir. Mais pour la plupart d'entre nous, le passé se limite au temps des grands-parents et l'avenir, à celui des petits-enfants dont heureusement, nous ne voyons généralement pas la fin. Les membres de quelques familles de longue tradition, prétendent mieux connaître leur passé ; c'est rarement vrai pour plus de quelques siècles et pour beaucoup de lignées de mâles qui, les amours humaines étant ce qu'elles sont, ne sont sans doute continues que dans les archives. En fait, ils ne connaissent la plupart des ancêtres qui leur ont en principe transmis une partie de leurs gènes, que comme une ou des suites de noms et éventuellement pour certains, par des écrits, des portraits ou quelques faits qui sont peu de chose dans une vie, même s'ils ont présenté une grande importance historique : à l'échelle de l'individu, le passé humain le mieux documenté est donc bien incertain. L'avenir de chacun de nous n'est pas vraiment prévisible, *tel qui rit vendredi, dimanche pleurera...* peut-être ; nous n'avons que la certitude de la mort, mais à un instant généralement imprévu. Après, il est promis au croyant des au-delà différents selon sa religion et sa façon d'avoir vécu, métempsycose, réincarnations jusqu'au néant, enfer et damnation, paradis et résurrection... et il adviendra au mécréant la dispersion irréversible des atomes et molécules qu'il avait mis toute une vie à rassembler et à faire cohabiter sans trop de heurts, puis leur aléatoire recyclage dans n'importe qui et/ou n'importe quoi. Les enfants éventuels de l'un comme l'autre recevront des moitiés de chromosomes presque pareils à ceux qu'ils avaient reçus, à la suite d'une succession d'événements plus ou moins imprévisibles, élaboration des stocks de gamètes de deux personnes, formation d'un couple, union de deux gamètes provenant de chaque stock ; et alors, de génération en génération, si la chaîne ne s'interrompt pas, autre imprévisibilité, leur avenir se diluera de plus en plus dans des méioses successives, entre lesquelles quelques mutations génétiques viendront ajouter un peu plus d'imprévisibilité. Chaque homme est donc en grande partie le fruit du hasard, mais aussi de l'amour, heureusement ; Marivaux l'avait pressenti. Plus sèchement, A. Cournot voyait dans le hasard *la rencontre de deux séries causales indépendantes*, mais il ne parlait pas de procréation ; pourtant...

Le seul hasard est un élément du désordre : quel que soit le jeu, on bat d'abord les cartes pour introduire le maximum de hasard dans la partie, afin d'en modifier aléatoirement les conditions initiales ; on ne peut ainsi obtenir une donne cohérente sans tricher, et chaque joueur devra ordonner sa donne le plus rapidement possible, en espérant que celles de ses adversaires resteront désordonnées tant qu'il n'aura pas fait valoir la sienne. Le hasard ne saurait donc être considéré comme le seul facteur de l'évolution du monde, car alors aucun principe ne pourrait s'en dégager et par conséquent, elle ne serait pas compréhensible ; cela aurait pour corollaire la vanité de la recherche scientifique et même l'inexistence de la science qui, dans une certaine mesure, explique la plupart des phénomènes naturels et permet de prévoir en gros leurs évolutions ; mais si le hasard seul conduit au désordre total, à l'imprévision absolue, le déterminisme ne conduit à rien : avec lui tout est figé, il ne se crée rien, il ne se passe rien mais on peut tout prévoir, ce que l'expérience infirme ; aussi, pour expliquer le déroulement des phénomènes naturels, l'évolution, Démocrite puis Monod avaient associé le hasard, la contingence, à la nécessité, la contrainte, la μοιρα pour le premier ou les lois de la physique déterministe pour le second ; on peut y ajouter les circonstances et sans doute bien d'autres choses que l'on connaît mal ou que l'on ignore ; *le hasard et la nécessité* sont donc les éléments déterminants et complémentaires de l'évolution : le hasard peut plus ou moins en modifier le cours, mais la nécessité l'empêche de faire n'importe quoi. Sous le double aspect de l'aléa - *ALEA*, coup de dés - empirique et de la probabilité mathématique, le hasard exprimerait alors notre incapacité de prévoir les détails du déroulement contraint d'un phénomène complexe connu, au cours duquel tout n'est pas possible.

Il pourrait alors qualifier les graves conséquences inattendues d'un événement fortuit, sans relation avec la cause supposée, d'un événement de type connu, mais brutal et exceptionnellement intense, du violent effet d'une faible cause aux effets habituellement anodins, d'une exceptionnelle concordance de phases lors d'évolutions habituellement déphasées de phénomènes contemporains mais indépendants... Aucun événement naturel n'a une seule cause strictement déterminée ; s'il y en a plusieurs et s'il en manque une, différente à chaque fois, ou si l'une d'elles n'est pas rigoureusement invariable, l'événement ne se produit jamais de la même façon, régulièrement, et son effet n'est jamais le même : il semble ressortir au hasard ; il en va de même du résultat incompréhensible que l'on dit alors incohérent pour le charger du péché, de l'exploitation statistique d'une longue série d'observations temporelles ou de mesures.

La méconnaissance des propriétés de certains éléments d'un ensemble en cours d'évolution ou celle d'éléments qui pourraient avoir certaines propriétés peut conduire à des interprétations hasardeuses ; de même, la modification ou le changement d'un élément *a priori* pas nécessairement influent peut transformer l'ensemble et/ou le faire évoluer de façon importante et imprévue, et donc hasardeuse. Le hasard traduirait alors le plafond de notre connaissance ou, pour être plus optimiste, l'état actuel de notre documentation et de notre capacité d'investigation et de compréhension ; c'était la position de Laplace, déterministe militant.

En logique déterministe, on pourrait plus simplement le définir comme l'impossibilité de prévoir l'effet d'une cause.

Le hasard que l'on dit mathématique résulte de la rencontre de séries causales indépendantes ; il ressortit aux théories des grands nombres et du chaos ; on peut le quantifier par le calcul des probabilités et le mesurer par l'entropie statistique du système concerné ; les phénomènes purement hasardeux sont alors ceux qui évoluent sans orientation particulière avec la même probabilité dans toutes les directions, ou avec une probabilité globale égale à 0. Ce hasard calculable, nécessairement fondé sur de longues séries d'observations, ne concerne donc que les événements dont l'éventualité logiquement définie et attendue dépend de situations plus ou moins simples et connues : jeux de hasard, pile/face, dés, roulette... Daniel Bernoulli a même démontré que dans certaines circonstances agir au hasard peut être plus efficace qu'agir logiquement.

Ainsi, pour faire simple et en schématisant, on pourrait dire que le hasard résulte, à parts à peu près égales, de notre seuil d'ignorance et de l'indétermination des détails de l'évolution du phénomène en cause ; en intervenant dans cette évolution comme un facteur externe, il change certaines conditions, ce qui en modifie le cours sans toutefois pouvoir transgresser les limites de ses propres contraintes ; le hasard serait donc un élément non négligeable du risque « naturel » à l'origine duquel il y a toujours l'évolution d'un phénomène naturel, de sorte que pour réduire ce risque, le niveau de nos connaissances générale et spécifique serait décisif ; si besoin en était, cela justifierait l'approche exclusivement scientifique des études du risque « naturel » qui seule, permet d'apprivoiser ce hasard équivoque.

4.4.3 - LA SCIENCE

Les formes et les comportements naturels sont assez caractéristiques pour que l'on puisse les distinguer, les étudier et les comprendre rationnellement ; ce sont les objets et le but de la science.

La nature n'est pas hasardeuse ; si elle l'était, la science n'existerait pas. Mais la nature est extrêmement diverse, complexe et évolutive : la démarche scientifique serait inextricable et ses résultats incompréhensibles si l'on devait tenir compte de tout en tous lieux et toutes circonstances. On la simplifie donc au cas par cas en schématisant la diversité du réel au moyen de catégories permettant d'ordonner les données en niveaux d'espace et de temps selon leurs affinités et sa complexité au moyen de modèles génériques dans lesquels on néglige ce qui ne parait pas indispensable à l'étude ; on ignore l'histoire, on généralise l'espace et le temps : on passe de la complexité à la complication en transformant d'innombrables variables en quelques paramètres, en fait pour les plus mathématisés en réduisant autant que possible la forme d'un modèle à un seul paramètre et son comportement à une loi globalisée, simple, susceptible de rendre compte d'un grand nombre de phénomènes génériques ; mais pour que ces modèles ne soient pas que des constructions intellectuelles et puisque *les exceptions confirment la règle*, ou du moins la précisent en montrant ses limites, on ne doit pas les négliger, voire les escamoter, les ignorer ou même les nier si elles sont gênantes : la science est une méthode pour utiliser les moyens matériels et intellectuels dont nous disposons à un moment donné afin d'accroître notre savoir et d'améliorer notre comportement par la connaissance rationnelle du réel : nous en obtenons ce que Claude Bernard appelait des *vérités relatives*, et qui sont aussi provisoires.

Dans tous les ordres de la connaissance et plus particulièrement en géotechnique, la démarche scientifique est un moyen de la prospective, de l'étude des faits et de la recherche des causes en vue de la prévision ; plus ou moins efficace selon le cas, elle est l'expression d'une connaissance du moment, qui n'est plus celle d'hier et ne sera pas celle de demain ; essentiellement expérimentale, elle est probabiliste : elle permet temporairement de décrire de façon plus ou moins fidèle, l'état apparent d'une réalité complexe et changeante et de prévoir plus ou moins son évolution. Elle va de l'observation d'événements passés et/ou présents aux hypothèses puis à la théorie et enfin au fait, en passant par l'expérience ; ainsi, l'expérience dont on fait généralement l'élément déterminant de la démarche scientifique, n'est qu'un moyen de contrôler et/ou de valider une hypothèse, pas de l'inventer ; elle est nécessaire à la démarche mais ne lui est pas suffisante.

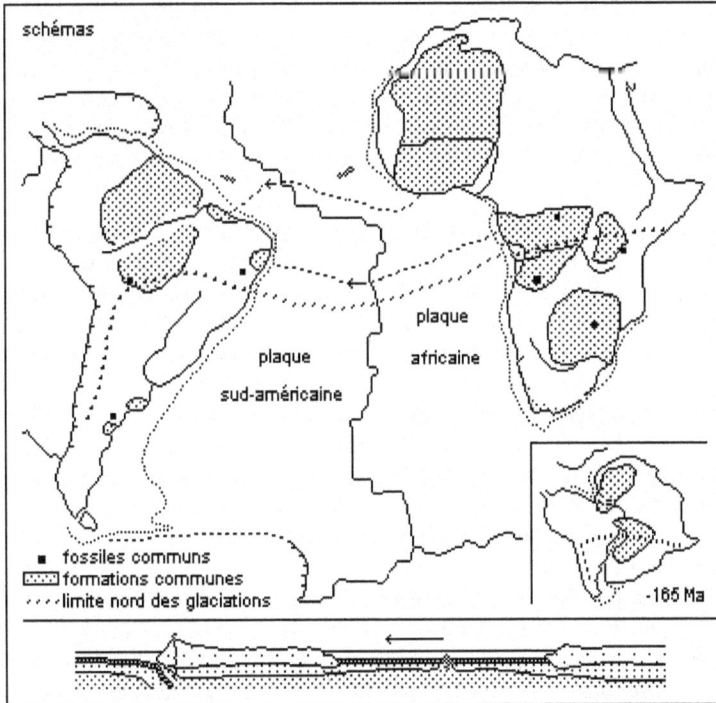

Figure 4.4.3.a - La dérive des continents

Schématisée par des principes généraux, poser un problème, valider une de ses solutions hypothétiques, en tirer une théorie, cette démarche consiste à identifier un phénomène, à l'isoler, à collecter, on dit aussi accumuler, de façon d'abord empirique puis systématique, des données, on dit aussi des informations, spécifiques au moyen d'observations et d'expériences cohérentes, structurées et reproductibles, et après les avoir ordonnées, classées et étudiées, à bâtir des hypothèses plausibles éventuellement antagonistes, à les mettre à l'épreuve et à en débattre ; on retient celle qui rend le mieux compte du plus grand nombre de résultats d'observations et/ou d'expérience pour aboutir à une théorie vérifiable ou plutôt non réfutable, on la dit alors validée, permettant de les comprendre et de les exploiter : la dérive des continents a d'abord été une hypothèse fondée sur des observations superficielles de géographie, zoo/phytologie, paléontologie, pétrographie, stratigraphie, géologie structurale... essentiellement entre l'Afrique et l'Amérique du sud ; elle est devenue une théorie quand on a disposé de mesures sismiques et magnétiques qui ont permis de l'expliquer par la tectonique globale ; elle est un fait depuis que, grâce aux satellites et aux quasars, on sait mesurer avec précision les déplacements relatifs des plaques ; cela ne permet toutefois pas de prévoir ce que sera le puzzle terrestre dans quelques dizaines de millions d'années.

Au cas par cas, la science procède d'abord par induction, de l'effet à la cause, de l'événement au comportement, du particulier au général, par l'observation et l'expérience. Source d'axiomes et d'hypothèses mais non de théories, l'induction fait progresser le savoir en suscitant de nouvelles conceptions par l'invention ; selon K. Lorenz, grâce à elle, on apprend en inventant ; mais en inventant, on peut se tromper : la validation de la nouveauté exige la preuve, sinon la généralisation abusive guette. L'observation est à la base de l'étude des phénomènes naturels, car leurs événements caractéristiques sont des faits uniques et très complexes que l'on ne peut pas reproduire au laboratoire ; ainsi, l'expérimentation classique de validation est rarement possible en géotechnique.

On ne peut plus observer les événements passés et on n'aurait pas su les prévoir ; néanmoins, s'ils sont clairement attestés par l'observation de leurs effets persistants ou par la chronique, ils demeurent des réalités et constituent donc des références ; on peut alors les expliquer et même les quantifier, mais on ne peut pas les répéter pour contrôler la pertinence de l'explication ; d'autre part, on ne peut pratiquement jamais retenir un seul événement, faire une seule observation ou imaginer une seule expérience directe ou indirecte dont l'interprétation ait une portée générale indiscutable et valide une théorie et/ou une loi ; et enfin, rien ne permet d'affirmer qu'au cours d'une série de données ou de résultats analogues, on n'en obtiendra pas qui seront différents, marqueront un changement de tendance et invalideront une hypothèse : l'induction est donc une forme de raisonnement insuffisante en géotechnique, mais parce qu'elle lui est néanmoins indispensable, il faut toujours l'utiliser avec prudence : la relation causale est une supposition initiale qu'il faudra confirmer. L'étude d'un cas peut rarement être généralisée ; tous les séismes, toutes les crues se ressemblent mais ne sont jamais identiques, et une série d'événements analogues n'est jamais stable : en 1848, 1856 et 1866, la Loire a produit trois crues « centennales » ; un modèle spécifique ne peut pas être utilisé pour résoudre tous les problèmes d'une même catégorie, mais permet de parvenir à des solutions de principe. Dans les cas simples, la déduction permet ensuite de passer du général au particulier, de la cause à l'effet, en discutant des hypothèses, jeux conjecturaux d'effets/causes interprétant plus ou moins bien les observations et les résultats d'expériences ; strictement limitée à ce qui est déjà acquis, elle ne suscite rien de nouveau ; selon K. Popper, grâce à elle, on invente en apprenant ; de la sorte, on aboutit aux explications d'une théorie, enchaînement logique de règles interdépendantes, on dit aussi de lois, combinant les données disponibles dans les modèles de forme et de comportement d'un certain phénomène ; un modèle généralement mathématisé permet ainsi de résoudre des problèmes analogues, mais les solutions ne sont que des ordres de grandeur ; elles doivent être critiquées et précisées. Dans les cas compliqués difficiles à théoriser simplement, le recours à la statistique sur une série de données brutes est indispensable mais alors le résultat ne sera qu'une probabilité qu'il faudra estimer.

On accroît ses connaissances à mesure que la base des données d'observation et d'expérience augmente et que la compréhension se précise ; en principe, on peut ainsi améliorer une théorie jusqu'à passer à une autre que l'on espère plus efficace, mais pas toujours : à un moment de l'évolution d'une science, on constate souvent que la théorie admise et défendue par la plupart des spécialistes n'est plus satisfaisante. Ce peut être parfois que des données nouvelles n'entrent pas dans son champ et conduisent à la réfuter ; ce peut être plus généralement qu'à la suite d'un progrès technique, la qualité des résultats que l'on en obtient n'est plus satisfaisante. Selon le cas, la théorie doit alors être totalement ou partiellement abandonnée ou bien être simplement précisée ; il s'agit là des processus normaux de la démarche scientifique, jamais régulière et rarement méthodique. Mais il en est d'autres que l'on peut considérer comme des supercheries ; parmi ceux-là, les plus fréquents sont l'utilisation d'une théorie existante pour tenir compte de données qui n'ont que de très lointains rapports avec celles sur lesquelles elle a été fondée, la généralisation abusive d'une théorie restreinte et la juxtaposition artificielle de théories restreintes dans un ensemble dont la cohérence apparente est obtenue au moyen de nombreuses restrictions qui sont rarement justifiées. Pour rétablir un semblant de cohérence, on peut d'abord trier les données en sélectionnant celles que la théorie explique et rejeter les autres et/ou déformer les faits pour les rendre explicables ; parce que *les faits sont têtus*, cette démarche permet seulement de prolonger la vie de la théorie dépassée pour le temps nécessaire à l'évolution ou à la disparition des orthodoxes qui s'accrochent au dogme en dénigrant voire en réprimant les idées nouvelles. On peut ensuite proposer une théorie partielle, ce qui est légitime si l'on n'essaie pas de la justifier à tout prix par la théorie générale en déformant plus ou moins l'une ou l'autre, ainsi que le font habituellement d'excellents spécialistes trop timorés pour s'éloigner de la science officielle ; à terme, elle conduit évidemment à accroître l'incohérence que l'on voulait préserver. Ce peut être ensuite de critiquer la théorie d'abord en elle-même puis par rapport aux faits, afin d'en définir la valeur et les limites pour bâtir un système qui soit cohérent sans être nécessairement unitaire ; cette démarche peut être permanente de sorte que le système peut évoluer sans heurt et sans contradiction en même temps que la pratique ; à la fin, cela pourrait conduire à proposer une nouvelle théorie unitaire, mais cela n'a été et ne sera réservé qu'à quelques êtres d'élite qui ont de plus la chance d'exister à un moment où cela est possible, ce qui limite singulièrement la mise en œuvre de cette démarche.

Et quand on sait que les théories unitaires, si parfaites apparaissent-elles quand elles sont formulées, finissent toujours par être remises en question parce qu'elles ne sont que des étapes de la progression continue de la pensée humaine, on peut se demander s'il est bien nécessaire d'en produire à d'autres fins que de satisfaire notre constante ambition métaphysique de nous placer au centre d'un Univers qui, bien sûr, ne saurait être qu'un, ou bien que de *connaître la pensée de Dieu*, comme a dit Hawking, peut-être en plaisantant.

Confrontée à la diversité, à la complexité et à la durée des phénomènes naturels et selon notre niveau de perception du monde, c'est-à-dire selon nos connaissances et nos moyens du moment, la démarche géotechnique procède par paliers, au moyen de changements d'échelles d'espace et de temps, et de progrès de conception ; elle consiste d'abord à dénommer, classer et cataloguer les phénomènes, ensuite à en retracer le cours s'ils sont durables, continus et indivisibles : érosion..., ou à les ranger et répertorier en catégories génériques s'ils sont brefs et faciles à distinguer clairement et définitivement : mouvements de pente... ; elle les réduit ensuite à des systèmes complexes, c'est-à-dire composés d'éléments schématiques plus ou moins liés, tels que si l'un manque ou est altéré, l'ensemble est dénaturé : glissements... ; enfin, elle transforme souvent certains d'entre eux en modèles apparemment simples, mais dont l'élaboration a été en fait très compliquée, pour ne pas dire confuse, embrouillée, difficile à comprendre, généralement afin de leur faire subir un traitement mathématique qui exige qu'on les schématise à l'excès : glissement « rotationnel »... : le milieu compliqué décrit par quelques paramètres constants, cohésion, angle de frottement... liés par des relations formelles, loi de Coulomb, méthode de Fellenius (*Fig. 1.9.1.4.a*)... y est substitué au matériau naturel complexe qui implique un nombre inconnu d'éléments plus ou moins variables, dont les liens sont plus ou moins inextricables. Devenus des abstractions déterministes, ces modèles décrivent rarement une réalité trop complexe, de sorte que leur capacité prospective est limitée, voire illusoire, mais leur utilité didactique et pratique est réelle.

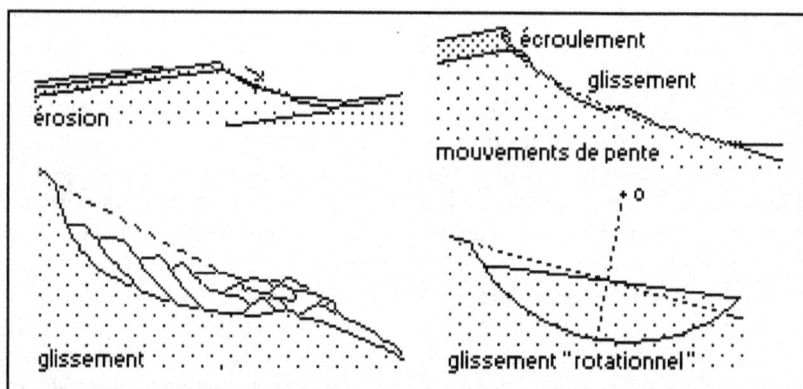

Figure 4.4.3.b - Changements d'échelle

L'évolution d'un système dépend du nombre de degrés de liberté dont il bénéficie ; elle parait simple et déterminée pour un degré, modérément complexe et probabiliste pour deux, de plus en plus complexe et chaotique à partir de trois. L'évolution d'un phénomène peut être modélisée par une fonction périodique, permanente ou amortie ; un phénomène simple, stationnaire ou qui se comporte à peu près de la même façon au cours d'un laps de temps assez long, on le dit alors déterministe, peut être figuré par une constante, une fonction biunivoque ou monopériodique ; un phénomène modérément complexe qui évolue rapidement d'un état à un autre modérément différent, on le dit alors probabiliste, peut être figuré par une fonction à deux ou trois périodes ; un phénomène très complexe qui évolue lentement d'un état à un autre radicalement différent et inattendu, on le dit alors chaotique, peut être figuré par une fonction à plus de trois périodes dont l'analyse est inextricable, même au moyen d'un développement de Fourier. Mais pratiquement aucun phénomène naturel n'est périodique au sens mathématique et on ne peut traiter ainsi qu'une évolution de courte durée, plus ou moins schématisée, dont l'extrapolation à long terme est presque toujours hasardeuse ; en fait, comme l'a remarqué E. Lorenz, l'évolution de tout système physique non périodique est imprévisible.

Privilégiant les expériences de laboratoire, les quantifications, les manipulations de modèles qui réduisent le réel à quelques paramètres synthétiques, et les preuves mathématiques, la démarche actuelle se cantonne à la relation déterministe une cause/un effet, invariable dans l'espace et dans le temps, qui débouche sur une illusoire prédiction ; ignorant le doute, elle prétend atteindre la vérité absolue, la certitude, en oubliant la forme et l'histoire comme si tous les événements se produisaient à volonté n'importe où, n'importe quand et n'importe comment, et en négligeant la fin confondue avec la finalité, le dessein, le mobile ; pourtant, toute démarche réussie doit avoir une conclusion. Débarrassé d'eux et en jouant un peu sur les mots, ce qu'autorise l'ambiguïté du vocabulaire latin, le système explicatif des *causae* d'Aristote et de la scolastique pourrait aider à définir un schéma de démarche géotechnique rationnelle, mais bien entendu pas de prospective : la *causa materialis* serait le géomatériau, l'argile... ; la *causa formalis*, sa structure, le talus de déblais... ; les deux décriraient la géométrie et la paramétrie du site, sa forme. La *causa efficiens* serait le phénomène qui l'affecte, la gravité..., et la *causa finalis*, l'événement et son effet ; les deux décriraient son comportement.

4.4.3.1 - RÉDUCTIONNISME OU HOLISME ?

Selon l'image de Lusser, confirmant le simple bon sens, la résistance d'une chaîne est au plus égale à celle de son maillon le plus faible et la probabilité de défaillance de la chaîne dans des circonstances données est égale au produit des probabilités de défaillance de chacun de ses maillons, semblables mais jamais identiques ; il importe donc de bien caractériser chaque maillon pour pouvoir étudier le comportement de la chaîne quand on l'utilisera. Cette façon pragmatique et efficace de raisonner qui, pour l'étudier, décompose un ensemble, un agrégat, une collection, une somme, un système, en ses éléments considérés comme fondamentaux, est dite réductionniste : l'ensemble est constitué d'éléments indépendants, constitués eux-mêmes d'éléments... : Univers, galaxies, système solaire, Terre, plaques, formations, roches, minéraux, cristaux, atomes... ; à chaque niveau, la description et l'étude de chaque élément permettent de décrire, étudier et comprendre le comportement de l'ensemble réduit en dernier ressort à un système de lois « naturelles », universelles, invariables dans l'espace et dans le temps, indépendantes de l'histoire ; c'est en fait la démarche scientifique héritée des anciens Grecs, codifiée par Descartes, toujours en usage, qui résout la complexité par l'analyse et la modélise par la synthèse. Elle diffère de la démarche systémique qu'adopte le structuralisme, on dit aussi *gestalttheorie*, le holisme, pour l'étude des systèmes complexes : le tout est plus que la partie comme l'a dit Zénon, l'ensemble est fondamental ; ce n'est pas un simple assemblage d'éléments indépendants auxquels il se réduirait ; il prévaut sur eux ; on ne peut les appréhender qu'à travers lui ; réciproquement, en assemblant des éléments indépendants, on obtient généralement des ensembles originaux qui peuvent avoir des propriétés et des comportements imprévus. L'approche holistique est globale, synthétique dès le départ, en se référant plus ou moins à propos à la théorie du chaos ; le réductionnisme serait ainsi totalement dépassé, à peine bon à l'étude des systèmes simples, strictement déterministes. Comme l'écrivait déjà Cuvier, holiste sans le savoir, cette approche est sûrement adaptée à l'étude du vivant ; elle l'est sans doute aussi en grande partie à celle de la plupart des phénomènes naturels complexes, et peut-être aussi à la manipulation de vastes systèmes abstraits, confus, voire ésotériques, dont on ne sait pas très bien par quel bout les prendre, si tant est qu'il faille les prendre par quel bout que ce soit. Elle ne me paraît pas l'être exclusivement à celle des systèmes matériels, bassement terre à terre, susceptibles de modéliser efficacement le risque «naturel». Aussi dans cet ouvrage, j'ai largement sollicité la bonne vieille méthode cartésienne de l'analyse et de la synthèse qui a au moins l'avantage de la clarté d'exposition et de compréhension, qui utilise un langage usuel et qui permet dans la plupart des cas, d'expliquer simplement pourquoi on pense que ceci pourrait être plus ou moins la cause de cela ; cela n'implique évidemment pas d'oublier la complexité du réel et donc de négliger certains aspects de la démarche holistique : les sciences physiques, dites dures, ne sont en effet que les parties réductionnistes des sciences naturelles dites molles, et la géotechnique du risque est pour l'essentiel une science naturelle.

4.4.3.2 - LE DÉTERMINISME

Après l'impasse de l'expression de la volonté divine et un détour stérile par la scolastique qui prétendait que l'action providentielle déterminait tout dans le monde, l'inépuisable imagination humaine a retrouvé et progressivement amélioré le rationalisme grec devenu la science, dont le but implicite est la prédiction. Le chemin a été long et tortueux : les guildes de marchands flamands et italiens du XIIIe siècle ont inventé l'assurance contre la fortune de mer, ce qui supposait une approche rationnelle du hasard ; dès le XIVe siècle, les élites de l'Italie renaissante et sans doute d'ailleurs, ont su se protéger des épidémies en s'éloignant des foyers de contagion comme le raconte Boccace ; ils savaient donc lier l'effet à la cause. Après Copernic, pendant un ou deux siècles, avec Kepler, Newton... la science admettait toujours la finalité selon laquelle tout était déterminé par *les lois que Dieu a imposées à la nature*. Le point de vue de Leibnitz est ambigu : *Rien n'arrive sans qu'il soit possible à celui (?) qui connaîtrait assez de choses, de rendre une raison qui suffise pour déterminer pourquoi il en est ainsi et pas autrement*. Avec la mécanique rationnelle, la plus mathématisée et donc réputée la plus parfaite des sciences physiques, le législateur transcendant s'estompe : quand on connaît à un instant donné, l'état d'un système, fut-il l'Univers lui-même, on peut déterminer son état à tout autre instant ; Laplace l'a péremptoirement exprimé dans un texte célèbre *: Une intelligence qui, pour un instant donné, connaîtrait toutes les forces dont la nature est animée, et la situation respective des êtres qui la composent, si d'ailleurs elle était assez vaste pour soumettre ces données à l'analyse, embrasserait dans la même formule les mouvements des grands corps de l'univers et ceux du plus léger atome : rien ne serait incertain pour elle, et l'avenir comme le passé serait présent à ses yeux. L'esprit humain offre dans la perfection qu'il a sue donner à l'astronomie, une faible esquisse de cette intelligence*. On décrétait ainsi que les règles mathématiques transcrivaient les lois immuables qui régissent l'évolution programmée de la nature éternelle, les lois « naturelles » ; au XIXe siècle, ce mécanisme universel pour lequel, selon la relativité galiléenne, l'expression d'une loi ne dépend pas de son référentiel en mouvement rectiligne et uniforme, a conduit à confondre la science avec le déterminisme. Depuis, même si cette confusion subsiste plus ou moins, on s'est rendu compte que ce n'est pas si simple : les lois « naturelles » censées régir l'Univers et ce bas monde sont des métaphores de théories humaines et peut-être même des artefacts ; la plupart ne sont acceptables que dans de petits intervalles linéaires de définition, quand l'effet est à peu près proportionnel à la cause et si l'on connaît bien la situation initiale, c'est-à-dire dans un court laps de temps après l'instant initial : la validité des observations, des expériences et des théories scientifiques est limitée dans l'espace et dans le temps ; la science ne peut donc pas reproduire la nature ; elle n'en donne que des modèles plus ou moins fidèles. L'art ne peut pas la recréer ; il n'en donne que des images : même avec l'aide d'Aphrodite, Pygmalion échoua finalement ; Snyders a peint de magnifiques *illusions de réel* et Olympia ne trompait qu'Hoffman, mais il est vrai qu'il était amoureux, donc irrationnel.

Pourtant, l'incorrigible prétention humaine réapparaît actuellement dans l'expression moins élégante d'un espoir fallacieux que l'on pourra atteindre la prédiction au moyen d'un ordinateur tellement puissant qu'il manipulerait en un rien de temps, un énorme système d'équations qui permettrait de traiter une quantité phénoménale de séries quasi-infinies de données ; c'est la voie que suivent actuellement les météorologistes qui en fin de compte, de calculs, doivent toujours se transformer en prévisionnistes, en mages, avec les succès relatifs que l'on sait : si donc cette démarche doit aboutir un jour, ce n'est pas demain et de toute façon, on verra plus loin que la théorie du chaos conduit à en douter.

Mais le déterminisme existe, tout le monde l'a rencontré, sans trop d'effort en attendant que le jour se lève puis que la nuit tombe, avec plus de loisir en observant le cours des astres, plus activement en ramassant une pierre puis en la laissant tomber, plus pratiquement en appuyant sur un bouton pour que la lumière soit dans une pièce obscure ; on se sent alors proche du Dieu de la Bible, le premier des déterministes ; mais si l'ampoule est grillée, la lumière n'est pas. Dieu est meilleur déterministe que les hommes : d'après ce que l'on dit, en plus de 5 000 ans, Il n'a raté son illumination qu'une fois, mais c'était volontairement, pour sauver Moïse. Métaphores d'un monde simple et bien réglé hélas imaginaire, le calcul de l'école primaire, la physique du lycée et même un peu celle de l'Université, sont exclusivement déterministes ; les problèmes de trains qui se croisent ou de réservoirs qui se remplissent et ceux, plus compliqués, des examens et des concours, de très nombreuses expériences de travaux pratiques, parfaitement reproductibles n'importe où, n'importe quand et par n'importe qui, montrent en effet que, selon ce que laisse prévoir une formule biunivoque, règle de trois plus ou moins alambiquée, tout fait a une seule et même cause qui produit toujours le même effet dans le même laps de temps ; pour la chute de la pierre, Galilée a donné l'équation et Newton, l'explication qui a permis de la généraliser au ballet des astres : ainsi, Laplace avait pu dire à Napoléon : « *Donnez-moi la situation d'un système mécanique à 2 corps à un moment donné (masse, vitesse, position) et je peux calculer l'histoire passée et aussi son futur. Le mouvement des planètes est une horlogerie entièrement calculable* ». La physique élémentaire ressortit donc à ce déterminisme mécanique qui permet de prédire le comportement d'un système simple, si l'on connaît son état initial et la causalité du phénomène simple qui s'y produit ; il faut pour cela connaître précisément l'état initial du système, la nature et les dimensions des forces qui s'exercent sur lui et la loi intégrale ou différentielle du mouvement : par le calcul infinitésimal, au moyen de contraintes et circonstances schématiques, les conditions aux limites, on peut obtenir plus ou moins facilement, des formules bien adaptées à fournir des solutions uniques à des problèmes simples, en plus ou moins de temps, en n'utilisant que du papier et un crayon, et l'informatique n'a pas changé grand-chose à cela. Mais ce déterminisme, science du nécessaire, fondé sur la déduction ne permet ni d'acquérir de nouvelles connaissances ni d'étudier ce qui n'est pas connu ; il permet seulement d'effectuer des études virtuelles, des manipulations théoriques de systèmes simples au moyen de calculs sur des valeurs données ou mesurées de paramètres synthétiques ; il n'est donc pas adapté à l'étude des phénomènes naturels qui ne sont jamais simples et bien connus.

C'est donc un concept humain, une abstraction, fruit de la schématisation nécessaire aux mathématiques appliquées à la macrophysique : le comportement d'un système est régi par une relation stricte de cause à effet que l'on appelle principe de causalité : tout effet a une cause ; la cause est antérieure à l'effet ; les mêmes causes produisent rigoureusement les mêmes effets. Ce déterminisme mathématique déductif qui permet la prédiction est très utile en ce qu'il paraît presque toujours conduire aux valeurs moyennes des grandeurs physiques correspondantes ; si l'on ajoute à la définition mathématique du déterminisme la variabilité des conditions initiales, on passe à un déterminisme que l'on peut qualifier de physique et qui ne permet que la prévision ; mais en les confondant puis en les assimilant à un déterminisme naturel, concret, contraignant qui n'existe pas, on amalgame imprudemment les comportements d'un système, d'un modèle et de la nature : la précision mathématique est absolue car elle concerne des objets idéaux et exacts, des systèmes sur lesquels on raisonne et on calcule ; la précision physique est relative car elle concerne des artefacts plus ou moins bien construits sur lesquels on expérimente ; la précision naturelle est subjective car elle concerne la réalité que l'on observe ; au zéro mathématique correspond le presque rien physique et l'à-peu-près naturel ; les résultats successifs d'un même calcul sont toujours strictement identiques alors que ceux d'une même expérience sont semblables et que ceux d'une même observation sont plus ou moins analogues. En pratique, pour sauvegarder le déterminisme selon lequel les expériences sont rigoureusement reproductibles, les conditions expérimentales adoptées doivent être stables ou du moins peu sensibles aux effets de petites variations, afin qu'à la précision des mesures près, n'importe qui obtienne toujours n'importe où et n'importe quand le même résultat.

Le déterminisme, c'est donc le comportement simple d'un système simple, éventuellement strictement périodique, réduit à un seul paramètre ; la cause unique a toujours, inévitablement, invariablement et nécessairement un effet unique, toujours le même, exactement prévisible ; le présent découle strictement du passé et contraint aussi strictement l'avenir ; en schématisant quelque peu, on pourrait donc dire que le temps déterministe est réduit au présent ; ainsi le déterminisme, c'est la nécessité sans le hasard, la prédiction assurée..., une belle vue de l'esprit donc ! Quoique... dans des conditions analogues, les machines font les mêmes choses, celles pour lesquelles elles ont été prévues, construites et utilisées ; elles paraissent donc déterministes : après que j'ai actionné le démarreur de ma voiture, le moteur fonctionne ; pas toujours, car les machines ne sont pas des systèmes simples dont le comportement est simple ; leur déterminisme trébuche donc contre l'incident ou la panne, l'imprévu, le *grain de sable* :

le moteur ne démarre pas car la batterie est sèche, s'arrête car le réservoir est vide, se bloque car il n'y a plus d'huile dans le carter...

4.4.3.3 - LA PROBABILITÉ

Au sens commun, la probabilité est la qualité de ce qui est possible et même vraisemblable ; c'est le caractère d'un événement préoccupant, susceptible de se produire dans peu de temps... Selon Laplace, *la probabilité est relative en partie à notre ignorance et en partie à notre connaissance.* Au sens scientifique, elle est l'objet de la théorie, on dit aussi la loi, des grands nombres, du théorème de Bernouilli et du calcul des probabilités : dans un système complexe, dont l'évolution à l'air d'un ensemble désordonnée d'innombrables événements apparemment dissemblables, la probabilité mesure la fréquence de ceux auxquels on s'intéresse, dont la production est possible mais incertaine, fortuite, imprévisible sans être hasardeuse et dont on veut évaluer numériquement les chances de se produire, étant entendu que ce que l'on en retient actuellement ne sera pas contredit à mesure que progressera l'étude du phénomène en cause ; on peut alors définir la probabilité comme la limite de la fréquence de réalisation d'un événement lorsque le nombre des observations et/ou des essais dont il est l'objet croît de plus en plus. La prévision est donc une expression de la probabilité ; elle doit s'appuyer sur une série de données sûres, nombreuses et homogènes ; comme ce n'est pas toujours le cas, elle peut être douteuse ou même se révéler fausse ; mais on dit souvent que pour agir, une mauvaise prévision est préférable à rien, alors...

Fondée sur l'induction, la statistique est l'application de la loi des grands nombres ; science du contingent, la probabilité permet de caractériser globalement un vaste ensemble sans entrer dans les détails : en principe, on échantillonne au hasard, c'est-à-dire sans préparation ni tri, une partie de l'ensemble ; on étudie une certaine particularité de l'échantillon ramené à une longue série homogène de données numériques ; on extrapole les résultats de cette étude à l'ensemble, ce qui permet d'estimer la probabilité d'y observer la particularité. Pratiquement, le décompte d'événements complexes semblables que l'on rapproche sans les identifier, dont on ignore plus ou moins les causes et conditions spécifiques, permet de les structurer afin d'obtenir des indications probables sur l'ensemble auquel ils pourraient appartenir : à partir d'une série temporelle homogène et nombreuse d'événements survenus dans le passé, analogues mais d'intensité variable dans le temps, dans des conditions données et en admettant que l'avenir ressemblera au passé, si l'on a très souvent constaté que des événements analogues de type B accompagnaient ou suivaient plus ou moins des événements analogues de type A, il est d'autant plus probable que B' $\approx$ B se produise si A' $\approx$ A se produit, que le nombre de constatations a été plus élevé, mais rien ne dit que cela persistera ou même arrivera. Sans tenir compte de cette dernière indétermination qui ruinerait tout l'édifice, des événements individuellement indéterminés seraient ainsi globalement déterminés par les lois de la probabilité et de la répartition, et en exprimant une hypothétique organisation latente, ces lois structureraient des ensembles hasardeux d'événements déterminés ; pour cela, il parait toutefois nécessaire que les laps de temps qui séparent A de B et A' de B' ne soient pas trop grands par rapport à un temps caractéristique du phénomène concerné.

La statistique est la science qui a pour objet le décompte en séries d'événements que l'on rapproche sans les identifier, dont on ignore plus ou moins les causes et conditions spécifiques.

Elle permet d'étudier pratiquement des séquences d'événements soit complexes, semblables et mal connus, soit apparemment simples et déterminés, au moyen de longues séries d'observations et d'expériences converties en données numériques, mal comprises parce que dépendant de trop nombreux facteurs inconnus ou incontrôlés. Elle est donc tributaire de l'histoire et se réfère au passé immédiat, < 500 ans pour la plupart des événements naturels dangereux.

Initiateurs du calcul des probabilités, Pascal et Fermat cherchaient seulement le moyen de répartir les enjeux quand il est nécessaire d'interrompre une partie ; pour arriver à toujours gagner au jeu, on a ensuite essayé d'estimer le nombre de fois qu'un coup connu et décompté, peut se reproduire ; on a ainsi clairement démontré que sur un grand nombre de coups, les banques de casinos ou les organisateurs de jeux publics gagnent toujours et que même si quelques coups heureux les favorisent de temps en temps, les joueurs ne peuvent finalement que perdre. Ainsi, la probabilité est calculable : dans une série homogène et pour des conditions arrêtées, c'est le rapport du nombre de cas susceptibles de se produire, à celui de tous les cas possibles ; elle vaut 0 pour l'impossibilité, le hasard, l'inconnu, et 1 pour la certitude, le déterminisme, la prédiction ; entre 0 et 1, l'événement est plus ou moins prévisible, 1/2 pour pile ou face, 1/6 pour un chiffre au dé, 1/37 pour un chiffre à la roulette..., pratiquement aléatoire, <1/1G, pour 6 chiffres au Loto. La valeur de ce rapport traduit le niveau de notre confiance dans la réalisation de l'événement.

Pour calculer cette probabilité, il suffit d'avoir décrit l'événement-type, de pouvoir l'identifier, de savoir comment et en quelles circonstances il survient, et d'observer de façon plus ou moins continue durant un plus ou moins long laps de temps pour obtenir une série temporelle homogène et nombreuse ; mais il n'est pas nécessaire d'avoir décortiqué scientifiquement le phénomène qui le produit. Pour que ce calcul soit licite, il faut que l'événement appartienne à un ensemble homogène, qu'il soit fixé, strictement reproduit au cours d'épreuves définies, et que l'on ait pu en observer un grand nombre au cours de ces épreuves. Par ce moyen, la probabilité que le soleil ne se lève pas demain est d'environ 1/1 900 000, puisque les archives écrites attestent qu'il l'a fait sans manquer depuis environ 5 000 ans ; avant, en s'en tenant strictement à ce moyen, on ne pouvait pas savoir, mais maintenant, à mesure que les jours passent, la probabilité qu'il se lève augmente ; cela est d'autant plus rassurant que depuis peu, on sait aussi que le soleil brille depuis au moins 3,4 Ga, car sa lumière est indispensable à la vie qui est alors apparue sur la Terre. Les anciens Égyptiens avaient beaucoup moins de jours de référence à leur disposition et de toute façon, ils ignoraient le calcul des probabilités et la paléontologie ; aussi, craignant une suite de coïncidences fortuites, ils préféraient que Pharaon allât secouer le lit de Rê chaque matin. Mais depuis Copernic et les autres, le recours à la statistique, plus ou moins conjecturale, n'est plus nécessaire ; on est maintenant assuré que longtemps encore, le soleil se lèvera demain. Pourtant Ramuz a écrit naguère une histoire de montagnards vaudois qui n'en étaient plus vraiment sûrs ; même littéraire, l'irrationnel du risque n'est donc pas mort.

À partir de la valeur de la probabilité, on peut estimer l'éventualité qu'a un phénomène connu dans le passé, d'intensité variable dans le temps, de se produire ou non dans l'avenir, au cours d'un laps de temps donné, avec une intensité donnée. Par convention, on dit que l'intensité est décennale si la probabilité de réalisation est de 0,1, centennale si elle est de 0,01 et millennale si elle est de 0,001 et on représente cela par une droite en coordonnées semi-logarithmiques. Ainsi à Nice, un séisme éventuel aurait une intensité MSK millennale de IX et centennale de VII. Cela ne veut pas dire qu'il se produit forcément un séisme VII tous les cent ans à Nice, mais que, par exemple, la probabilité qu'il s'en produise un l'an prochain, est de 0,0001 ; peut-être aussi qu'heureusement, il ne s'en sera toujours pas produit dans cent ans et même plus tard. Les deux séismes d'Orléansville/El-Asnam (1954, M_L 6,7 et 1980, M_L 7,2) se sont produits à 26 ans d'intervalle, prob 0,25, alors que la probabilité de réalisation du premier avait été estimée à moins de 0,01 ; le second, plus violent, était donc en principe, encore plus improbable ; et je rappelle qu'au XIXe siècle, la Loire a eu trois crues théoriquement plus que centennales en moins de vingt ans : la fatalité est néanmoins encore invoquée à l'occasion de ces catastrophes qui ne respectent pas la loi ; les épilogues juridiques des catastrophes du Grand-Bornand et de Chamonix montrent que cela est en train de changer.

L'intensité d'un événement seulement probable s'exprime par une loi de répartition comme celle de Gauss ; si elle se répartit selon une classique courbe en cloche, ce qui est rarement le cas pour un phénomène naturel, elle est dite normale, c'est-à-dire purement aléatoire.

4.4.3.4 - LES ENSEMBLES FLOUS

Si les données dont on dispose à propos des événements d'un phénomène naturel sont peu nombreuses disparates, hétérogènes, imprécises voire incertaines, elles ne constituent pas une série statistique acceptable ; c'est le cas quasi général en géotechnique du risque avec laquelle il n'est pas possible d'évaluer la très faible probabilité d'événements rares mais possibles.

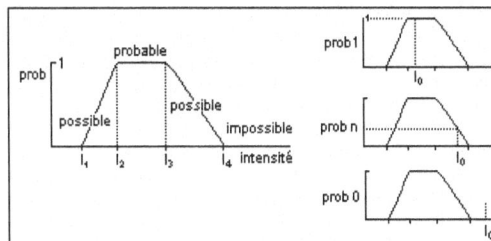

Figure 4.4.3.4 – Diagrammes théoriques de possibilité

La méthode des ensembles flous permet d'avoir une idée de la possibilité de réalisation de tels événements et d'estimer graphiquement leur prob ; très succinctement, on repère dans la série imparfaite dont on dispose les événements que l'on considère comme certains, d'intensité comprise entre deux valeurs moyennes observées I_2 et I_3, dont la probabilité est estimée à 1, et ceux que l'on considère comme impossibles, d'intensité jamais observée, inférieure à I_1 et supérieure à I_4 dont la probabilité est estimée à 0 ; les événements dont l'intensité est comprise entre I_1 et I_2 ou entre I_3 et I_4 sont possibles ; au départ, il faut donc disposer d'une série d'au moins quatre valeurs que l'on pourra compléter par la suite pour affiner le résultat. La réalisation d'un événement attendu d'intensité dangereuse I_0 sera probable (prob 1) si $I_2 < I_0 < I_3$, possible (prob n, $0 < n < 1$) si $I_3 < I_0 < I_4$, pratiquement impossible (prob 0) si $I_4 < I_0$.

4.4.3.5 - LE CHAOS

Au sens égyptien repris par la Bible, qui est aussi le sens donné par presque toutes les cosmogonies mythologiques et théologiques, le chaos est la confusion, le désordre total universel d'avant la création ; dans le langage courant, il désigne quelque chose de particulièrement embrouillé, une grande confusion, un grand désordre. Il y a aussi les chaos granitiques ou gréseux, comme ceux des paysages du Sidobre ou de la forêt de Fontainebleau ; leurs formes erratiques assez surprenantes résultent des nombreux effets physico-chimiques plus ou moins déterminés, de phénomènes géodynamiques complexes plus ou moins aléatoires ; explicable en l'état, la forme d'un bloc ou d'un amas résulte de trop nombreuses causes pour être prévisible.

Mathématiquement, on étudie le comportement complexe des systèmes complexes en fonction de leur état initial, au moyen de ce que l'on a appelé de façon assez curieuse mais très médiatique, la théorie du chaos ; maintenant, on l'appelle donc plus correctement, la théorie de la complexité ou de la dynamique non linéaire suivant que l'on s'intéresse aux comportements apparemment simples de grands systèmes complexes ou aux comportements complexes de petits systèmes apparemment simples. En fait, confondant le concept et la théorie, l'élément et l'ensemble, on définit le chaos physique comme l'état d'un système complexe dont le comportement est stochastique, aléatoire, hasardeux, irrégulier, anormal..., comme vous voudrez pour parler simplement, dynamique non linéaire si vous êtes un peu mathématicien ; c'est le cas de tous les systèmes modélisant les objets et phénomènes naturels : dans un court laps de temps après l'instant initial d'une observation mesurable, tant qu'il semble linéaire, le comportement d'un système dont on connaît bien la situation initiale parait déterministe ; son état est à peu près stationnaire et l'effet à peu près proportionnel à la cause est donc prédictible. Mais à mesure que la durée d'observation ou de calcul augmente, le comportement se complique de plus en plus et l'évolution du système devient d'abord de moins en moins prévisible puis, au bout d'un certain laps de temps dit caractéristique ou de Liapounov, de plus en plus aléatoire : la fin n'est pas prédictible même si le début est déterministe ; ainsi, pour certaines valeurs de paramètres, des équations apparemment déterministes comme $k*x^2-1$, conduisent à des résultats désordonnés au bout de nombreuses itérations... ; de même, les termes d'une série divergente sont de plus en plus désordonnés à mesure qu'ils s'éloignent de l'origine ; en fait, ces état et comportement ne sont pas si désordonnés que cela, du moins au début d'un processus ; mais ils sont instables, sensibles à ses conditions initiales et à la durée du processus ; on ne peut plus les prévoir au-delà de quelques multiples du temps caractéristique ; mais même si l'on ajoute à ses contraintes internes, des contraintes externes qu'exerce sur lui son environnement, un système complexe au comportement complexe ne peut pas faire n'importe quoi selon quelles circonstances que ce soit.

En fait, ce ne sont pas les objets et/ou les phénomènes naturels qui sont chaotiques : c'est nous qui les disons tels car les systèmes que nous imaginons pour les représenter le font mal et leur comportement obligé se révèle plus ou moins chaotique : on ne sait physiquement pas modéliser, recueillir des données et calculer pour obtenir des résultats à la précision souhaitée. Après que Galilée eut découvert les satellites de Jupiter en 1610, on pensa que l'on pourrait calculer les longitudes relatives de deux points d'où l'on observerait simultanément les phases très caractéristiques de quatre d'entre eux, Io, Europe, Ganymède et Callisto ; pour préciser la cartographie terrestre et faciliter la navigation maritime, on essaya donc d'en établir les éphémérides mais on s'aperçut rapidement qu'à mesure que le temps passait, les observations différaient de plus en plus de leurs indications fondées sur les calculs classiques de mécanique céleste ; on retrouvait le problème que posaient les éphémérides de la Lune dont on savait depuis longtemps qu'elles devaient être mises à jour de temps en temps ; Newton avait pensé l'avoir résolu par sa méthode des perturbations ; il dut rapidement déchanter, car la Lune est vraiment trop lunatique et cela le désespéra : le problème dit des *trois corps* s'est ainsi implicitement posé dès la fin du XVIIe siècle ; c'était la première constatation scientifique, incomprise, du comportement chaotique du modèle astral. Euler, Lagrange, Laplace et quelques autres ne purent pas faire mieux que Newton au cours du XVIIIe siècle ; on en est maintenant à plus de 1 500 perturbations sans avoir vraiment résolu le problème : à plus ou moins long terme, les lois de Kepler ne permettent pas de prédire exactement les positions des satellites et même des planètes. L'impossibilité de résoudre le problème des 3 corps n'a été démontrée et expliquée qu'en 1889 par la réponse de Poincaré au concours de l'université de Stockholm ; ne disposant que de papier, de crayon et d'un temps limité, il avait utilisé le fait que les termes d'une série divergente sont de plus en plus désordonnés à mesure qu'ils s'éloignent de l'origine, pour étudier les interactions de 3 *corps*, soleil + planète + satellite, dont les mouvements résultent des lois de Kepler et de Newton : les ellipses théoriques sont des trajectoires moyennes, autour desquelles les planètes et leurs satellites se déplacent de façon plus ou moins imprévisible, mais il n'avait pas les moyens matériels de le démontrer et l'a sûrement regretté. Néanmoins, il montrait ainsi que Laplace avait eu tort de dire à Napoléon que « *le mouvement des planètes est une horlogerie entièrement calculable* » : si l'on pouvait expliquer correctement le comportement d'un « *système mécanique à 2 corps* », soleil + planète, on ne pouvait pas le faire pour celui à 3 corps parce que l'on ne connaît son état actuel qu'approximativement et que l'on ne sait pas calculer les effets des perturbations dues au troisième corps et *a fortiori* à tous les corps du système solaire ; il en concluait de façon plus générale qu'une cause très faible, de petites différences dans les conditions initiales, des perturbations mineures peuvent modifier l'évolution du modèle mathématique d'un système complexe et avoir des effets considérables, apparemment incompatibles avec leurs faiblesses et ainsi, imprévus, sans que cela soit dû au hasard. En fait, il n'y a pas de solution mathématique rigoureuse au problème des 3 corps ; et si le problème mathématique des 2 corps a bien été rigoureusement résolu par Kepler, il n'en va pas de même de sa solution pratique : la Terre ne décrit pas exactement son ellipse théorique et ne répète jamais la même orbite à cause entre autres, des perturbations apportées par la Lune et les autres planètes ; elle ne peut toutefois pas faire n'importe quoi : ses trajectoires successives coupent un plan de Poincaré dans une zone bien délimitée, mais au coup par coup, on ne sait jamais exactement où ; elle reste à proximité du plan de l'écliptique et les variations de son mouvement sont restreintes ; on dit qu'elle reste sur un attracteur, ensemble des états successifs d'un système dynamique au cours de son évolution à très long terme, ou des chemins que suit un point représentatif du système durant un très long laps de temps ; on sait ainsi à peu près dans quel domaine, comment et avec quelle intensité, un événement sera susceptible de s'y produire, mais jamais où et quand, dès que l'on aura dépassé la durée du temps caractéristique du système. Une très longue séance de calculs itératifs permet théoriquement de construire mathématiquement un attracteur, à partir d'un bon modèle de forme et de comportement du système ; une longue série d'observations quantifiées pour le dessiner graphiquement permet de le faire empiriquement.

Le temps caractéristique T d'un système chaotique est la durée au bout de laquelle l'intensité du phénomène en cause est multipliée par une constante quelconque que l'on choisit plutôt égale à 10 ou à e = 2,7... par simplification de calcul ; si l'on choisit e, le temps caractéristique est dit temps de Liapounov. Avec 10, pour un glissement de talus dont T serait estimé à environ 1 j, ce qui est peu, et dont la précision de repérage d'un jalon de surface serait d'environ 1 cm, l'incertitude topographique serait supérieure à 1 m au bout d'une dizaine de jours de déplacement du jalon ; elle serait très largement supérieure aux quelques millimètres que l'on constate habituellement en début de crise ; cela rendrait suspecte toute observation de surveillance destinée à prévoir le moment où le glissement pourrait éventuellement se produire, et par là, toute prévision, si l'on ne prenait pas la précaution habituelle de multiplier les jalons, la fréquence des observations et aussi, d'utiliser plusieurs autres moyens de contrôle, photographie, inclinomètres, extensomètres, fissuromètres, piézomètres, sismographes...

La redondance est une technique qui permet de réduire l'effet chaotique, et par là, le hasard. Et si certains déplacements de jalons sont bien de l'ordre du mètre, il n'est plus question de prévision, mais de réalisation imminente ou en cours du glissement. Toutefois, reste toujours l'éventualité d'un changement de tendance qui peut se produire au cours d'une phase apparemment exponentielle : le glissement catastrophique du Rossberg, longuement observé, a fini par se produire à la fin d'une telle phase ; ceux de la Clapière à Saint-Étienne-de-Tinée et des Ruines à Séchilienne, prévus et même prédits par extrapolation de telles phases à des termes largement dépassés, ne se sont heureusement toujours pas produits, car les tendances se sont entre-temps renversées ; cela ne veut pas dire qu'ils ne le feront jamais, de sorte qu'il est absolument nécessaire de continuer à les étudier et à les suivre.

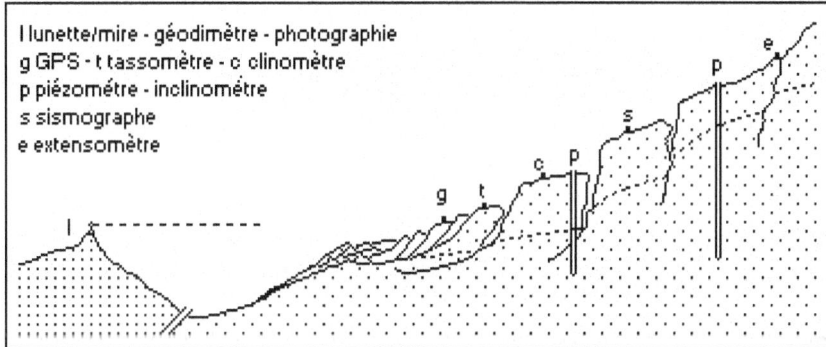

I lunette/mire - géodimètre - photographie
g GPS - t tassomètre - c clinomètre
p piézomètre - inclinomètre
s sismographe
e extensomètre

Figure 4.4.3.5 - Redondance

Pour justifier ce genre de déduction, il faut évidemment déterminer T ; dans la plupart des cas réels, on ne sait pas. On sait seulement, et ce n'est déjà pas si mal, que l'imprécision augmente d'autant plus vite que T est petit, que l'on ne s'aperçoit pas du fait que le système est chaotique si T est très grand, ce qui pourrait être la raison d'un certain déterminisme apparent du monde macroscopique, et que l'on ne peut pas savoir ce qui pourrait se passer au-delà de quelques T, car les divergences auxquelles on arriverait, n'auraient plus de sens pratique. Le système solaire serait, paraît-il, chaotique avec un T supérieur à la dizaine de millions d'années ; cela pourrait poser de sérieux problèmes pour interpréter certains phénomènes géologiques anciens et pour prévoir ce qu'il pourrait se passer dans le futur lointain de la Terre ; cela n'en pose pas pour notre époque ; le soleil se lèvera bien demain.

L'ordinateur permet maintenant de vérifier cela pour des phénomènes évolutifs, au moyen de très longues séances de calculs numériques, même pour une très grosse machine, portant sur des systèmes de formules très complexes, manipulant de très nombreux paramètres et des quantités industrielles de données automatiquement obtenues comme l'on en fait pour pouvoir se promener dans l'espace ou prévoir le temps d'après-demain à Romorantin ; en visualisant les solutions, on constate facilement que si l'on modifie un peu l'état initial du système, deux séances identiques de calculs comportant généralement de nombreuses itérations vont aboutir à des résultats totalement différents au bout d'un laps de temps plus ou moins long, selon le système en cause et le volume des calculs à effectuer. Un tel système dont les états futurs dépendent des conditions initiales, ce qui est pratiquement le cas général des phénomènes naturels, est curieusement dit chaotique ; en fait, sur la base des lois de la physique macroscopique qui peuvent s'y appliquer, l'évolution de ce système est parfaitement déterminée mais elle aboutit à des états tellement différents selon les cas, que nous ne comprendrions pas très bien ce qui les rapproche si nous ignorions les observations ou la technique et l'enchaînement des calculs. Il s'agit là de l'évolution du phénomène lui-même ; la manipulation informatique de son modèle entraîne d'autres dérives : les longues séances de calcul accumulent et amplifient les effets de petites imperfections inévitables, écarts d'arrondis, de traduction des codes internes... De plus, le même logiciel tournant sur des machines différentes ou des logiciels différents faisant la même chose tournant sur la même machine donnent toujours des résultats plus ou moins différents. Néanmoins, l'exploitation statistique de résultats obtenus à partir de telles simulations, est généralement fructueuse en ce qu'elle permet de discerner les tendances évolutives et le seuil de prédiction au-delà duquel la dérive est excessive. Le taux de croissance de cette dérive est l'exposant de Liapounov ; plus il est petit, plus la dérive est lente ; s'il est >1, la dérive est exponentielle ; s'il est ≤1, le système n'est pas chaotique ; le problème est de déterminer ce taux dans un cas donné.

Depuis Poincaré, contre l'affirmation de Laplace, on sait que, même si nous connaissions parfaitement les lois « naturelles », nous ne pourrions pas prédire un événement naturel, car nous savons rarement situer ou même identifier les conditions initiales de sa production ; Petit-Jean disait : *ce que je sais le mieux, c'est mon commencement* ; il se trompait, car en fait, on ignore totalement le commencement de quel phénomène naturel que ce soit : tout aurait commencé au *big bang* et depuis, tout se serait enchaîné dans l'Univers en constante évolution ; tous les événements naturels, même les plus insignifiants, ont une histoire dont l'origine se perd dans la nuit des temps.

Dans le temps sagittal, il n'existe donc pas d'états initiaux réels strictement identiques de phénomènes naturels, alors que l'on peut toujours en donner à leurs modèles intemporels. Ce qui sépare donc de façon totale le déterminisme de la réalité, c'est qu'avec lui, les conditions initiales sont toujours les mêmes alors qu'avec elle, elles ne le sont jamais. Comme le hasard avec lequel on le confond volontiers, le chaos concrétise ainsi la limite de notre compréhension et de notre possibilité de connaissance, et confirme l'existence de bornes qui en fait, se révèlent toujours proches ; car enfin, comment se prononcer sur ce qui n'est pas encore ? Selon Hume et le simple bon sens, on ne peut pas connaître ce qui est au-delà de notre expérience, à moins d'être magicien. Tout cela indique qu'il est peut-être vain d'accumuler des observations pour essayer d'accroître la précision d'un résultat lointain puisque à plus ou moins long terme, le système aura oublié son passé de sorte que son avenir n'en sera pas déductible. Pour la plupart des phénomènes naturels et hors l'évolution des astres, le temps de retour millennal est sans doute un concept dénué de sens pratique, un simple point parmi ceux équidistants de 10 en 10 sur une abscisse logarithmique.

4.4.3.6 - *LES SYSTÈMES CRITIQUES AUTO-ORGANISÉS*

Si l'on veut faire moderne, on peut voir les événements dommageables de phénomènes naturels dangereux comme des transitions de phases de 2e ordre : avant l'événement, le système est en état d'équilibre instable ; après, il est en état d'équilibre stable pour un laps de temps plus ou moins long au bout duquel il redevient en état instable... ; le changement d'état, l'événement, correspond à un seuil critique de transition ; il provoque ou est provoqué par un accroissement de l'entropie du système ; c'est un changement de symétrie, un passage de l'ordre au désordre ; un tel système que l'on dit complexe adaptatif ou auto-organisé évolue d'un état à un autre en s'adaptant lui-même aux sollicitations extérieures ou à certaines phases de sa propre évolution. Il en va ainsi de la plupart des phénomènes naturels dangereux, séismes, mouvements de terrain... qui ne le sont qu'à certains moments de leur évolution ; ils passent par des phases relativement durables de stabilité apparente et généralement rapides de perturbation : un tas de sable, stable à pente limite, auquel on ajoute quelques grains, évolue peu à peu par petits glissements et coulées en demeurant dans cet état critique proche de la rupture ; si on augmente le débit de sable, il s'écroule brusquement ; sous sa nouvelle forme, il est alors superstable ; si on le réalimente, dès que la pente limite est de nouveau atteinte, il se comporte comme précédemment. L'étude pratique d'un cas réel impose de décrire précisément le phénomène en cause, de déterminer la durée du « cycle » et la probabilité de réalisation de l'événement, ce qui est rarement simple, voire possible.

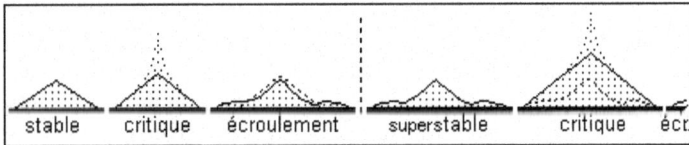

Figure 4.4.3.6 - Évolution d'un tas de sable

4.4.4 - GÉOLOGIE ET GÉOTECHNIQUE

En géologie, le déterminisme prend la forme de l'uniformitarisme et le chaos, celle du catastrophisme. Le principe d'uniformité, l'uniformitarisme de Whewell, selon lequel le passé de la Terre peut s'expliquer par son présent, que l'on dit avoir été pressenti par Hutton, peut-être imaginé mais en tous cas imposé par Lyell, cher aux géologues des générations précédentes, postule un monde en évolution graduelle, lente et continue, et même en quasi-équilibre permanent : depuis la naissance de la Terre, les mêmes phénomènes telluriques se produisent continûment, mais pas forcement toujours dans des conditions strictement identiques ; cela semble plus ou moins vrai à court terme, ce qui explique en partie l'endurance de l'uniformitarisme ; à long terme, le catastrophisme de Cuvier parait plus conforme à la réalité : des événements non répétitifs, rares et épisodiques du passé lointain, se seraient successivement produits lors de courtes périodes de crises extrêmement violentes, suivies de longues stases et/ou phases d'évolution lente, l'ensemble étant lissé par notre courte vue ; certains événements, au-delà des temps caractéristiques des phénomènes en cause quels qu'ils soient, se produiraient au cours de crises comme les cinq extinctions majeures, Ordovicien/Silurien ($\approx$-440 Ma), Dévonien/Carbonifère ($\approx$-350), Permien/Trias ($\approx$-230), Trias/Jurassique ($\approx$-190), Crétacé/Tertiaire ($\approx$-65), et un grand nombre d'autres... que l'on a prétendues cycliques avec une fréquence de l'ordre de 25 Ma (?). Ainsi, le temps profond géologique est compartimenté, ce que traduit effectivement son découpage en ères, périodes, époques, étages... caractérisés par des événements fondateurs spécifiques, généralement rapides et épisodiques, début d'orogenèse, changements de types de sédimentation, de faunes... suivis de longues périodes de stases : la chronologie stratigraphique, tel étage est caractérisé par telle faune qui s'éteint en partie au passage à l'étage suivant, en découle directement. Il semble que l'évolution générale du système terrestre suive le même schéma : immensité des temps, contingence et unicité des événements... Gould en a tiré sa théorie des équilibres ponctués à propos de l'évolution de la vie ; elle est à peine plus que la théorie catastrophiste de Cuvier débarrassée d'un corollaire créationniste et d'implications théologiques, en réalité absents des textes de ce dernier : Cuvier n'était pas créationniste ; il considérait que, dans un site donné après une catastrophe, les nouvelles espèces qui remplacent les anciennes inadaptées viennent d'ailleurs et/ou résultent de l'évolution de certaines de ces dernières qui ont survécu, mais ne sont évidemment pas les produits au cas par cas et au coup par coup d'un créateur anthropomorphe ; Cuvier était encore moins théiste : il discute très longuement et de façon très détaillée le Déluge tel que la Bible et les autres traditions présentent cette « révolution » qu'il considérait non comme la seule, mais comme la dernière de ses *Révolutions de la surface du globe.*

L'uniformitarisme selon lequel les causes actuelles sont les mêmes que les causes anciennes, et encore plus l'actualisme qui en est l'aspect réducteur selon lequel les événements naturels se sont toujours produits de la même façon, avec la même intensité et au même rythme qu'actuellement, sont les formes déterministes de la pensée géologique ; avec eux, très simplement, tout est clair et ordonné sur la Terre : le passé explique le présent, ce qui est plus ou moins vrai, et l'avenir peut être strictement prévisible, ce qui est absolument faux. Le catastrophisme, évidemment non créationniste, correspond mieux à la conception actuelle de l'évolution du système terrestre ; avec lui, c'est plus compliqué : à première vue, tout paraît obscur et confus, le passé n'explique pas tout le présent, la prédiction est impossible et la prévision qui ressortit obligatoirement à la statistique, n'est pas assurée car les séries de données cohérentes nombreuses relatives aux événements naturels signifiants sont rares. Cela rend les études beaucoup plus difficiles et les situations de ceux qui les réalisent moins confortables, mais on ne peut y échapper ; la complexité du système terrestre est effectivement très grande comme l'est corollairement son étude et donc aussi, celle du risque «naturel» ; on sait du reste depuis longtemps, que la statistique et le calcul des probabilités sont nécessaires à l'étude du risque ; c'est même pour cela qu'ils ont été imaginés.

Pourtant, la géotechnique n'est pas foncièrement probabiliste. Bien que les phénomènes naturels soient très loin d'être simples, elle les schématise à l'extrême, notamment en faisant appel à de nombreuses approximations et hypothèses, en limitant strictement leurs domaines de validité et en les appliquant à des paramètres simplistes ; par son outil mathématique calqué sur la mécanique rationnelle, la géomécanique avec laquelle on la confond habituellement, la plus grande partie de la géotechnique est donc résolument déterministe : les milieux de la géomécanique sont des abstractions continues, homogènes, isotropes, libres et immuables ; leurs comportements sont schématiques et figés, régis par des lois transcrites en formules biunivoques de calcul ; à chaque valeur du paramètre-cause, la donnée, correspond strictement une seule valeur de l'inconnue-effet, le résultat du calcul : cette fondation va rompre parce que la pression qu'elle impose au matériau de son ancrage est supérieure à la pression dite admissible ; cela est évident et indiscutable ! Ce qui ne l'est pas, c'est la valeur de cette pression admissible et même la méthode de calcul qui permet de l'obtenir. On peut dire à peu près la même chose à propos de tassement de fondation ou de remblais, de stabilité de talus ou de mur de soutènement, de débit de puits ou de fouille... On ne s'étonnera donc pas que les résultats de calculs géotechniques soient des ordres de grandeur et non des certitudes : même là où elle paraît déterminée, la géotechnique ne permet pas la prédiction.

La petite partie nécessairement probabiliste de la géotechnique, celle qui étudie les événements aléatoires dangereux, précédés et suivis de plus ou moins longues périodes de calme relatif comme les séismes, les crues..., ne dispose pas des longues séries structurées de données numériques cohérentes, nécessaires à un traitement statistique régulier : les prévisions de la géotechnique probabiliste ne sont jamais très probantes.

4.4.5 - POUR S'AFFRANCHIR DU HASARD

Pour s'affranchir du hasard, les anciens Grecs d'Ionie avaient compris que l'étude rationnelle du monde qu'ils appelaient philosophie et que nous appelons science, serait plus efficace que la magie, le chamanisme, la mythologie ou la théologie, adoptées par tous leurs voisins pour lesquels rien n'arrivait au hasard, car tout était déterminé par des forces supérieures ; ils ont inventé la démarche sans pouvoir obtenir de résultat car ils étaient venus trop tôt dans un monde trop neuf. Inspiré par Démocrite, Épicure avait donné des explications transcrites par Lucrèce, qui écartaient clairement toute intervention divine dans les phénomènes naturels et dans les actions des hommes ; les explications évidemment dépassées de Lucrèce à propos des séismes, des éruptions de l'Etna et des crues du Nil, font sourire bêtement ceux qui oublient le fond pour ne s'attacher qu'à la lettre et auraient fait certainement beaucoup plus mal à son époque et à sa place. Assez curieusement, dans un monde qui commençait à s'imprégner d'irrationnel proche-oriental et platonicien pour s'éloigner du pragmatisme épicurien et de la rigueur stoïcienne, Sénèque a dit que les phénomènes les plus confus avaient leurs causes (*cf. A P*), puis Pétrone a dit que le hasard avait ses lois, ce qu'a confirmé Boèce et beaucoup d'autre après eux.

Confronté au hasard, l'irrationnel est absurde, la fatalité inadmissible, l'occultisme hors-sujet. Surdéterminées par un ordre supranaturel éternel, les explications abstraites et dogmatiques d'Aristote puis de la scolastique étaient les sources intarissables d'un hasard qu'elles niaient. La démarche scientifique est la seule qui soit efficace pour s'affranchir du hasard, mais elle n'évite pas tout : le déterminisme rigoureux des phénomènes naturels, perçu par Agricola, sacralisé par Descartes, formalisé par Kepler et Newton, systématisé par Laplace, d'abord fondé sur la révélation de lois « naturelles » immuables puis sur la raison, semblait approprié ; il n'est adapté qu'à des cas simples que l'on rencontre très rarement dans la nature : comme Poincaré et d'autres ont pu ensuite le constater, même le comportement des astres n'est ni stable ni immédiatement et strictement explicable par le seul calcul sans le recours à des « perturbations » ou à des objets imaginaires comme la planète Vulcain ou la sœur du Soleil, la naine blanche ou brune Némésis. Les probabilités des joueurs, des thermodynamiciens et des mécaniciens quantiques conviennent à l'étude de la plupart des cas complexes habituels dans la nature ; la théorie du chaos semble permettre de faire mieux, mais montre aussi les limites que nous imposent nos moyens et notre méconnaissance de l'histoire. Tous sont des outils rationnels de prospective, compatibles et même complémentaires malgré les apparences, mais ils ne conduisent jamais à l'exactitude : l'incertitude chaotique doit maintenant être regardée comme la limite scientifique de notre entendement, et une telle limite ne peut être approchée que de façon asymptotique : la science ne permet donc pas de s'affranchir totalement du hasard et ne le permettra sans doute jamais.

Pour s'affranchir mathématiquement du hasard, le calcul des probabilités est moins commode que le calcul de la physique déterministe ; il faut beaucoup plus de temps, de patience, voire d'obstination notamment pour interroger le passé et effectuer de très longues séries d'observations, ainsi que beaucoup plus de papier et de mines de crayon ou de temps d'ordinateur. Certains regrettent aussi que ses résultats soient moins précis, ce qui est fondamentalement vrai, de sorte qu'il est inutile de le remarquer. Mais on peut ainsi prévoir des phénomènes beaucoup plus complexes, en sachant avec quelle incertitude et en matière de risque, cela est sans doute préférable à une fausse assurance.

L'écologie est un nouvel essai déterministe de s'affranchir du hasard, en agissant sur la cause pour éviter l'effet dommageable ; il est en partie utopique parce que les moyens dont nous disposons ne le permettent pas et parce que nous connaissons mal les phénomènes naturels redoutables : si l'eustatisme actuel ne dépend pas que de l'activité humaine, comme cela est plus que probable, il ne nous sera pas possible de l'arrêter et, à moins d'un renversement naturel de tendance tout à fait hypothétique et même improbable à long terme humain, les côtes basses mondiales seront très lentement mais inexorablement submergées.

Le problème fondamental de la géotechnique du risque est de caractériser le phénomène en cause, de déterminer son évolution, la tournure et la probabilité de réalisation de l'événement redouté, la durée d'un « cycle » ou plutôt son temps de retour ; il est très difficile à résoudre, car les causes d'un événement naturel paroxystique sont extrêmement nombreuses. On y parvient généralement plus ou moins bien en ayant peu ou prou recours à tout ou partie des méthodes de raisonnement et d'étude que l'on vient d'évoquer, selon les circonstances, le nombre et la qualité des données dont on dispose, le niveau de précision que l'on souhaite atteindre... À mesure que l'étude progresse des éléments à l'ensemble et donc se complique, l'analyse d'abord déterministe devient peu à peu probabiliste, pour éventuellement finir sur un peu de chaos ; par essence, la synthèse systématique est déterministe, mais il n'est pas interdit d'en faire une critique holistique.

Ainsi, pour l'étude du risque «naturel», les recours successifs au déterminisme, au probabilisme, au chaos et au holisme sont sinon toujours nécessaires, du moins utiles dans la plupart des cas. En principe, le déterminisme permet la modélisation mathématique et le probabilisme, la mise au point de scénarios à toutes les étapes de l'étude de l'aléa, de la vulnérabilité, de la gestion de crise et de l'assurance.

C'est donc en combinant judicieusement selon le cas, le déterminisme de la macrophysique, nécessaire à la compréhension et au calcul, l'approche chaotique de l'évolution d'un phénomène complexe pour préciser les limites spécifiques de ce déterminisme et le calcul des probabilités sur les résultats de simulations en faisant varier les conditions initiales, et si possible sur les données homogènes de longues séries d'observations, que l'on peut actuellement s'affranchir au mieux du hasard dans l'étude rationnelle du risque «naturel». Les déterminismes relativiste et quantique sont évidemment hors-sujet.

4.5 - LA MODÉLISATION

La modélisation est un des moyens scientifiques schématisant la diversité et la complexité des formes et des comportements du réel afin d'en simplifier l'étude ; les modèles analogiques simplifient la diversité en décrivant, nommant, classant et cataloguant les objets d'étude et en les groupant en types génériques ; les modèles mathématiques simplifient la complexité de leur comportement en le décrivant sous forme de lois et de formules.

Le système terrestre est trop vaste, trop divers et trop complexe pour qu'on puisse le décrire, l'étudier et le comprendre directement avec efficacité, afin d'anticiper son évolution et ainsi, tenter de prévoir la réalisation d'un risque «naturel» ; en effet, le nombre d'informations, de données, dont il faut disposer pour décrire la forme et le comportement d'un bassin de risque est considérable. La modélisation consiste à réduire ce nombre afin d'obtenir pratiquement les informations supposées essentielles, en fait facilement quantifiables, et les traiter par des méthodes simples. Elle est donc extrêmement réductrice et toujours subjective : la réalité doit alors être schématisée en respectant les formes et les comportements généraux, au moins dans leurs grandes lignes ; ainsi, on ne peut correctement modéliser que ce que l'on a bien observé et compris : pour résoudre un problème spécifique, utiliser ou adapter sans discernement un modèle existant, construire trop hâtivement un modèle nouveau conduit généralement à l'échec. L'aspect du modèle varie suivant l'objet, la méthode et le but de l'étude dont il est un instrument ; selon l'étape de l'étude, il peut être descriptif, explicatif, prévisionnel, opérationnel ; il doit pouvoir être manipulé de façon spécifique pour en obtenir sans trop de peine, des renseignements fiables et facilement utilisables sur le comportement particulier du site et/ou de l'aménagement ou de l'ouvrage dans des circonstances données, et pour résoudre des problèmes pratiques : que risque-t-on dans ce site, que risque cet ouvrage, à quelle échéance... ?

La science physico-mathématique s'intéresse en premier lieu et principalement au comportement d'un système, c'est-à-dire au temps-dimension des relations de causalité, peu à sa forme, c'est-à-dire à l'espace réduit à l'état, aux conditions initiales et aux limites, très peu à son histoire, c'est-à-dire au temps qui passe et à son évolution. Pourtant, l'étude d'un risque impose de considérer indissociablement la forme, l'histoire et le comportement d'un site naturel, aménagé ou non, dont le modèle spécifique est toujours un système complexe ; les modèles analytiques ne doivent donc ni se limiter à des formules issues de calculs de mécanique et/ou de probabilité, ni être seulement des descriptions littérales d'objets et de comportements dans lesquelles se mêlent le rationnel et l'irrationnel. Le modèle synthétique d'un risque «naturel» particulier est ce à quoi doit aboutir son étude spécifique ; ensemble cohérent et structuré, il n'est pas que la somme de ses parties, une simple réunion de quelques modèles analytiques tant formels que comportementaux évidemment indispensables, qui sont ses unités structurelles et fonctionnelles, indissociables et interdépendantes : en négliger une, mal les juxtaposer, mal saisir leurs relations, peut modifier le modèle géotechnique synthétique de telle sorte qu'il ne représente plus rien de réel ; mal comprendre leurs rôles respectifs ou leur faire jouer des rôles qui ne sont pas les leurs, peut conduire à des résultats aberrants, à des effets imprévus sur l'ensemble, qui ne devront rien au hasard ; c'est ce à quoi on s'expose en confondant la géotechnique et la géomécanique. Un réductionnisme teinté d'un peu de holisme est donc nécessaire à la géotechnique du risque.

La modélisation très compliquée d'un bassin de risque impose donc que l'on construise maillon par maillon, une chaîne hiérarchisée cohérente de modèles successifs imbriqués, de plus en plus détaillés, qui doivent être parfaitement compatibles : le modèle géologique traduit le cadre général de l'étude ; les modèles géomorphologique et géodynamique traduisent la forme et le comportement du site ; le modèle géomécanique permet la mathématisation du problème que pose ce comportement ; le modèle géotechnique synthétise l'ensemble et permet, autant que faire se peut, de résoudre le problème.

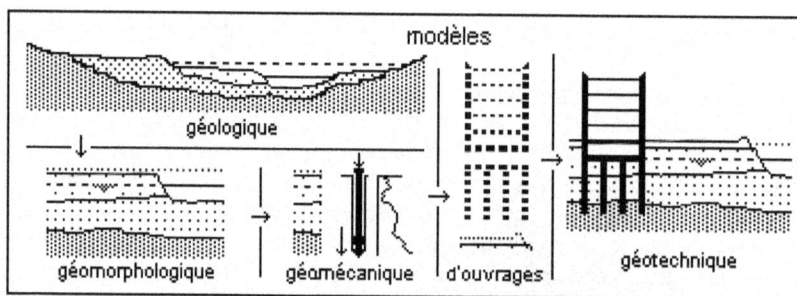

Figure 4.5 - Enchaînement de modèles

4.5.1 - MODÉLISATION GÉOTECHNIQUE

La modélisation géotechnique est particulièrement difficile car elle doit être abordée à plusieurs échelles d'espace et de temps, et successivement de deux façons apparemment opposées, d'abord holistique par la diversité du géomatériau traduite en descriptions, dénominations, classifications, catalogues, fondements des modèles analogiques, ensuite réductionniste par la complexité des problèmes géotechniques qui impose la simplification et le paramétrage, fondements des modèles physico-mathématiques.

La construction et la validation d'un modèle géotechnique passent ainsi par une démarche structurée qui repose sur des considérations historiques, scientifiques et pratiques : elle est différente suivant que le but est de recherche ou d'application, qu'il s'agit de comprendre un comportement ou d'en simuler l'évolution ; quoi qu'il en soit, il faudra sélectionner les paramètres supposés influents, les juxtaposer comme les briques du modèle, effectuer des mesures qui ne produiront que des séries courtes et donc incomplètes de données imprécises voire incertaines et les intégrer dans un système graphique, analytique et/ou numérique cohérent : le recours à des méthodes probabilistes de traitement s'imposerait donc, mais la géotechnique a rarement les moyens de les mettre en œuvre ; il faudra enfin valider le modèle en comparant des observations judicieuses aux résultats auxquels la manipulation du modèle permet d'aboutir, ce qui n'est guère possible à l'échelle d'un ouvrage et encore moins d'un aménagement. Un comportement, même clairement identifié et apparemment simple, peut en effet prendre divers aspects selon l'échelle de temps pertinente, les lieux et les circonstances spécifiques ; les valeurs des paramètres que l'on considère comme représentatifs du phénomène générique, mesurées à chaque occasion d'étude, ne constituent jamais de véritables séries statistiques parce qu'elles proviennent de manipulations qui n'ont que l'apparence de l'analogie : les modèles décrivent assez bien des événements qui se sont déjà produits, car c'est à partir des observations faites à leur occasion qu'on les a bâtis et validés *a posteriori* ; ils ne décrivent jamais aussi bien les événements à venir, car ces derniers ne seront sûrement pas identiques à ceux qui ont servi de référence et d'étalon ; en effet, au moins en ce qui concerne leurs relations avec le site, les installations et les ouvrages sont tous des prototypes : chacun impose ses propres conditions aux limites du modèle générique utilisé, différentes dans chaque cas, ce qui conduit à des résultats chaque fois différents. Aussi imparfaits qu'ils soient, les modèles sont néanmoins des moyens utiles sinon nécessaires d'expérimentation et d'exploration virtuelles du futur ; ce sont des instruments de travail métaphoriques, pas des portraits et encore moins des substituts ou des équivalents. Mais l'efficacité pratique d'une modélisation spécifique repose sur la pertinence des hypothèses qui ont servi à construire le modèle et à le faire fonctionner, sur la qualité des données, sur la complication et la longueur des calculs ; ses limites sont celles que lui confèrent les hypothèses sur lesquelles il est bâti, qui sont évidemment réductrices et même plus ou moins erronées voire fausses ; dans les cas maintenant habituels de résolution par itération numérique, elles peuvent produire des résultats aberrants par accumulation d'erreurs d'arrondis et autres, qui amplifient les écarts réels jusqu'à les estomper voire à les escamoter.

Généralement, on teste des modèles standards aussi simples que possible qui paraissent adaptés au type d'évolution que l'on étudie, puis on compare les résultats avec les observations et les expériences pour en retenir un, quitte à en changer si la solution obtenue par son intermédiaire ne parait pas satisfaisante. En effet, il est rare que l'on doive inventer de toutes pièces un modèle ; il en existe des types, on pourrait dire des modèles de modèles, pour tous les ordres de préoccupations que l'on peut avoir quand on procède à une étude géotechnique de risque ; il y a des modèles standards de géomorphologie, de géodynamique, de géomécanique, d'ouvrages, de risques. On doit non seulement les utiliser individuellement et/ou conjointement, mais surtout vérifier que le modèle synthétique que l'on est en train de construire est effectivement compatible avec chacun d'eux ; si ce n'est pas le cas, on peut être assuré que l'on est en train de se tromper, à moins que la création d'un nouveau type ne s'impose.

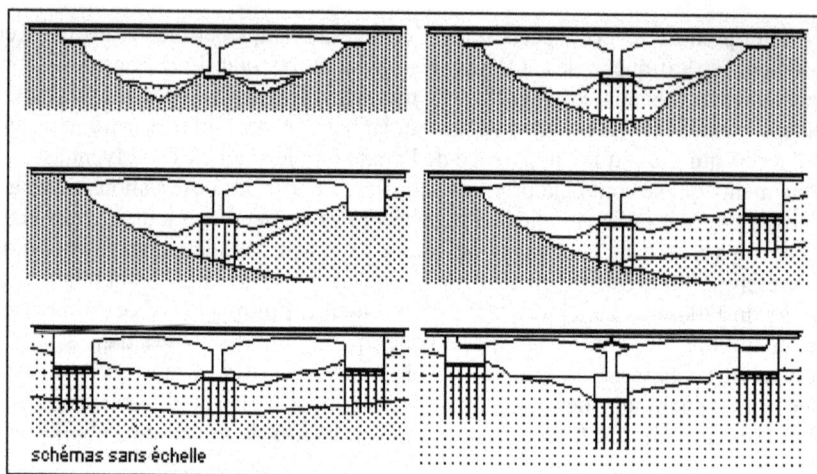

Figure 4.5.1 – Modèles géotechniques de franchissement de rivière

Ainsi, quels qu'en soient l'objet et le but, une étude géotechnique de risque oblige à considérer synthétiquement la forme, l'histoire et le comportement d'un ensemble indissociable site/ouvrage. La géomécanique est un moyen d'y parvenir mais ses modèles sont particulièrement réducteurs : elle géométrise la forme, ignore l'histoire et réduit le comportement complexe à une juxtaposition et/ou une succession de comportements élémentaires déterminés ; en privilégiant les techniques de calcul, elle isole des petits morceaux de réalité comportementale, elle les schématise et les manipule mathématiquement un à un, en ignorant d'autres genres de modèles plus proches du réel ; mais l'étude de la chute d'un bloc rocheux ne se réduit pas à la détermination de la trajectoire de son centre de gravité et à l'énergie qu'il libérera à son point d'impact.

Pour construire un modèle géotechnique, on retient en principe ceux des caractères du site que l'on sait le mieux manipuler dans un cadre théorique limité et que l'on suppose directement utiles à la résolution du problème posé. Ainsi, les modèles géotechniques sont extrêmement schématiques et les résultats de leurs manipulations doivent toujours être utilisés avec de grandes précautions. On est donc amené à les valider ou du moins à en critiquer attentivement les valeurs et les limites plus ou moins floues sinon incertaines.

Lors d'une étude géotechnique de risque, on dispose de peu de données généralement peu précises pour identifier et définir les risques éventuels, et on connaît et comprend plus ou moins bien les phénomènes en cause ; après avoir énoncé des hypothèses et construit des modèles, on ne peut les valider qu'au coup par coup, selon les circonstances et les résultats obtenus, sans pouvoir recourir à l'expérience directe : on ne peut pas surcharger un pont pour analyser la façon dont il rompt ; on vérifie seulement que ses déformations restent dans le domaine élastique. Ainsi, la prospective géotechnique est hautement probabiliste, seulement exploratoire, et ses résultats sont approximatifs ; cela n'est pas négligeable, car comme disait à peu près Keynes, il vaut mieux avoir raison approximativement, avec une bonne appréciation des ordres de grandeur que se tromper précisément, avec quelques chiffres après la virgule.

4.5.2 - LES MODÈLES ANALYTIQUES

En ne s'intéressant qu'aux comportements élémentaires du géomatériau, évidemment déterminants quand on procède à une étude géomécanique, on néglige généralement les formes, cadres dans lesquels se produisent les phénomènes en cause dont la manifestation intempestive peut constituer un risque : l'étude d'un glissement réel ne ressortit pas qu'aux lois de la géomécanique dont l'utilisation impose au phénomène des conditions aux limites fictives ; en tenant compte de la morphologie, de la structure du talus réel qu'il risque d'affecter et de l'endroit précis où il risque de se produire, on peut définir des conditions aux limites plus réalistes, mais évidemment plus difficiles à manipuler par le calcul. Et bien entendu, on néglige totalement l'histoire du site, quand, pourquoi et comment d'autres glissements s'y sont produits.

4.5.2.1 - MODÉLISATION DES FORMES

Par forme, il faut entendre tout ce qui est matériel, relatif à l'espace, à l'état, matière, morphologie, structure... d'un objet intervenant dans l'étude du risque, ensemble site/aménagement-ouvrage, machine, instruments de jeu..., un versant argileux que l'on va entailler, un marécage que l'on va remblayer... Les dés pipés et les cartes biseautées sont des instruments qui permettent à certains de s'affranchir du hasard des jeux ; utiliser ces modèles de formes inadéquats conduit à un modèle de comportement peu recommandable ; avant de commencer la partie, il est prudent de contrôler la forme des objets que l'on va utiliser en se référant à un modèle-type. Cela est aussi vrai quel que soit le risque que l'on étudie ; on ne sera pas atteint par l'eau si l'on se trouve sur une butte qui domine la plaine d'inondation ; en l'occurrence, les repères de niveaux traditionnellement tracés sur certains murs par des occupants antérieurs, une carte topographique précise sont de bons modèles de forme.

L'analyse formelle d'un site que l'on occupe déjà, que l'on va aménager, dans lequel on va construire un ouvrage et où l'on va peut-être prendre un risque, ne peut être effectuée qu'au moyen d'observations spécifiques selon les méthodes et moyens de la géotechnique ; elles sont généralement traduites par des descriptions, des plans et des coupes graphiques ou numériques représentant son état initial et synthétisées par des schémas de principes qui sont ses modèles de forme (*Fig. 4.5*). On leur superpose des modèles d'éléments d'aménagements et/ou d'ouvrages, fondations, terrassements, écrans... de façon à obtenir un modèle de forme de l'ensemble. Les effets du tassement éventuel du sol de fondation d'un ouvrage ne seront pas les mêmes selon que la structure de ce dernier est iso- ou hyperstatique, plus ou moins tolérante ; il importe de bien la connaître car, si elle est adaptée au comportement prévisible de ce sol, le risque n'est que d'un enfoncement et/ou d'une déformation limités, calculables, sans conséquence fonctionnelle ; si la structure est inadaptée, le dommage est presque assuré et peut aller jusqu'à rendre l'ouvrage impropre à sa destination, comme disent les juristes (*Fig. 1.9.3.3*).

Les modèles de forme qu'utilise la géomécanique ne combinent que quelques modèles types géométriques de sites et structuraux d'ouvrages ; ils sont simplissimes car ils doivent conduire à des conditions aux limites que l'on sait manipuler mathématiquement, matériaux homogènes, isotropes..., structures régulières, ouvrages élémentaires... ; ils imposent les conditions initiales et aux limites des modèles mathématiques.

4.5.2.2 - MODÉLISATION DU COMPORTEMENT

Relatifs au temps-dimension, les modèles physico-mathématiques de comportements élémentaires sont beaucoup plus familiers aux géotechniciens que les modèles de formes. En effet, ils sont habitués à en établir au moyen d'expériences analytiques ou à effets séparés, essais et mesures, et à les manipuler au moyen de théories généralement condensées en formules qu'ils considèrent ainsi comme seules acceptables pour étudier un fait ou résoudre un problème de façon scientifiquement rigoureuse ainsi qu'il est d'usage en technosciences, dans l'ensemble du *cursus* scolaire puis dans la majeure partie des activités techniques. Ces modèles sont pour la plupart des formules déterministes généralement de premier ordre, issues du calcul infinitésimal appliqué à des fonctions pas trop compliquées, dans des conditions aux limites simples, sur la base de théories dont chacune ne concerne qu'une part de réalité ; on ne peut les utiliser qu'au coup par coup, pour prévoir l'effet d'un seul événement relativement simple comme celui de l'impact sur une route, d'une pierre qui pourrait se détacher d'une falaise.

Le danger de l'usage de ce type de modèles classiques qui s'appliquent à des comportements reproductibles, déterministes et donc très rassurants parce que prédictibles, est que l'on surévalue souvent ses qualités ainsi que la réalité qu'il peut englober ; on bâtit alors des pseudo-modèles déterministes, en simplifiant le problème étudié jusqu'à le rendre squelettique, pour le forcer à ressortir à une théorie classique, mal adaptée à sa résolution. À la suite d'études conventionnelles de glissement, de tassements... on constate fréquemment que les faits observés ne correspondent pas aux résultats des calculs conformes aux modèles classiques ; on préfère alors accuser le géomatériau de ne pas être comme il faudrait pour obtenir le bon résultat, en mettant en cause la qualité des données, résultats d'essais qui sont en fait des simulations à l'échelle d'échantillons, plutôt que celle de la théorie ; cela permet de continuer à considérer comme déterminés, des comportements qui ne le sont manifestement pas : en 1964, à propos de l'instabilité des talus de déblais dans l'argile de Londres, Skempton constatait, comme d'autres avant et après lui, là et ailleurs, que les effets de leurs applications divergeaient plus ou moins des résultats des essais ; il se demandait donc comment il fallait modifier les appareils et les procédures d'essais pour aboutir à des résultats directement applicables. Il attribuait sa constatation au fait que les essais standards ne permettaient pas de mettre en évidence ce qu'il pensait être le rôle de la microfissuration de l'argile, par ailleurs supposée homogène, isotrope et immuable. Or, comme n'importe quelle autre formation, l'argile de Londres s'altère au contact de l'atmosphère et perd progressivement sa cohésion, et elle recèle des hétérogénéités favorables aux glissements comme de fins lits de sable humide : l'explication de la divergence était donc géologique, pas géomécanique.

Les modèles probabilistes ne sont guère plus familiers que les modèles de forme, car ils sont beaucoup plus difficiles à concevoir, à construire et à manipuler que les modèles déterministes et conduisent évidemment à des résultats qui sont en principe des moyennes sur des variables plus ou moins aléatoires, imprécis par essence ; on prise rarement cela, car en technique, l'imprécision est généralement regardée comme la marque de l'incompétence, voire comme une forme dissimulatrice de l'erreur. Il est pourtant impossible de ne pas recourir à de tels modèles quand on étudie des systèmes ou des phénomènes complexes, ce qui est le cas général en géotechnique du risque.

Pour essayer de s'affranchir d'eux, dès que l'on a disposé d'ordinateurs, on a parfois pensé pouvoir s'en tirer, en modélisant un comportement complexe comme une réunion de comportements simples, déterminés, et en demandant à la machine d'effectuer des séries de calculs itératifs sur de grands systèmes d'équations linéaires, manipulant un nombre considérable de données ; c'est ce que font actuellement les météorologistes, ce qu'auparavant, un homme n'avait jamais eu le temps de faire sur un bureau, avec du papier et un crayon. La théorie du chaos est venue opportunément expliquer que cette méthode toujours déterministe avait des limites qui étaient déjà apparues aux observateurs attentifs d'effets réels plus ou moins différents de ceux prévus : ce système d'équations est bien le modèle déterministe qui représente le mieux ce comportement, mais en raison de l'instabilité courante des équations différentielles, au-delà d'une certaine durée qui dépend de son temps caractéristique, le comportement du modèle diverge tellement de celui de l'objet réel que, quelle que soit la puissance de calcul dont on dispose, aucun résultat sérieux n'est possible : les effets réels diffèrent de plus en plus de ceux attendus par référence au modèle.

Cela ne veut pas dire que le comportement puisse être n'importe quoi dans l'avenir ; tous ses effets théoriquement productibles ne se réaliseront pas ; ceux qui seront susceptibles de se produire et que l'on pourrait qualifier de naturels sont ceux qui sont les plus probables parmi tous ceux qui sont possibles d'après le modèle, si ce dernier est suffisamment fiable. Selon la théorie du chaos, l'image graphique du comportement restera sur son attracteur, c'est-à-dire que l'on saura à peu près dans quel domaine, comment et avec quelle intensité, un événement sera susceptible de se produire, mais jamais où et quand, dès que l'on aura dépassé la durée du temps caractéristique du phénomène. Le chasseur qui attend sur sa trace habituelle et quand il a l'habitude d'y passer, le gibier qui va de son terrier à son abreuvoir, a une bonne chance de le capturer ; mais si le gibier dispose de plusieurs traces et emprunte indifféremment l'une ou l'autre à un moment ou à un autre, aléatoirement pour le chasseur, il se déplace en sécurité sur son attracteur et la chance du chasseur s'amenuise. Cela se chante depuis longtemps : *il court, il court le furet... il est passé par ici, il repassera par là...*

4.5.2.2.1 - Les modèles analogiques

Les modèles analogiques, on dit aussi historiques, sont ceux dont la variable principale est le temps-paramètre ; ils font référence au passé et à l'expérience et sont plus descriptifs que chiffrés ; ils traduisent la contingence de l'évolution des systèmes compliqués. De tous les modèles analytiques nécessaires à l'étude du risque, ce sont de loin les moins familiers et curieusement, les moins utilisés de façon explicite ; en géomécanique, quel que soit le cas, conformément à la méthode de la macrophysique, on essaie toujours de bâtir un modèle immanent, indépendant du temps, qui permette de décrire l'avenir avec au moins une probabilité dûment chiffrée, en fait grossièrement estimée par un coefficient de sécurité : à quelle pression transmise au sous-sol, cette fondation risque-t-elle de poinçonner ; quel sera le débit de ce forage ?.. Et pourtant, un processus historique est sans appel, unique et définitif ; les événements, même les plus simples, s'y enchaînent en séries de durée variable, qui ne sont qu'apparemment cycliques, dans un ordre qui n'est pas forcément toujours le même ; ils sont souvent analogues, jamais identiques. Un processus historique est par nature imprévisible, mais à partir du moment où une partie s'engage, où un événement se déclenche, les options de leurs déroulements sont limitées et il n'est pas possible de les faire sortir de ces limites, de leurs attracteurs, sauf à tricher s'il s'agit de jeu ou de mesures de prévention dans les autres cas. On ne peut pas modifier significativement l'évolution d'un phénomène naturel, éviter un événement paroxystique au moyen d'actions directes : tenter de détourner un flux de lave pour qu'il contourne un village n'est jamais très efficace, empêcher une inondation, les ravages d'un torrent n'est possible que pour un débit maximum mal connu ; on peut seulement obtenir des effets très limités et mal contrôlables comme ceux des ouvrages de défense, de soutènement... souvent défaillants ; cette évolution doit donc être elle aussi modélisée.

Les modèles historiques sont généralement des scénarios que l'on peut parfois traduire en graphes comme ceux des méthodes d'ordonnancement destinées à optimiser le déroulement de programmes d'études, de production, d'interventions... complexes ; un tel programme est modélisé comme un ensemble d'opérations ou d'événements élémentaires concourant à la réalisation du programme ou du risque ; chacune est caractérisée par sa durée et par ses relations d'ordre avec les autres. Selon la complexité du programme ou du processus, divers modèles-types sont disponibles ; les plus courants sont ceux dits du chemin critique, variantes et extensions de la méthode Pert, utilisés pour la construction d'ouvrages, les opérations de prévention ou de secours... C'est ainsi que l'on peut ordonner au mieux les opérations, contrôler la cohérence d'une série d'événements et plus particulièrement en matière de risque, repérer des événements décisionnels et estimer leur importance relative dans le déroulement général du scénario géotechnique d'opérations imposant un phasage précis : terrassements/soutènements, consolidation/tassement, évolution de cavités minières, exploitation de nappes aquifères aux ressources limitées, développement de pollutions de nappes... ou dans le suivi de l'évolution de la plupart des phénomènes dangereux en phase susceptible d'avoir une fin paroxystique : crues, mouvements de terrains... Il est possible et même recommandé de les traiter par l'informatique ; il existe de nombreux logiciels pour ce faire, spécialisés ou non.

4.5.2.2.2 - Les modèles physico-mathématiques

Pour poser et résoudre des problèmes technico-scientifiques essentiellement fondés sur le temps-dimension, les modèles physico-mathématiques sont en fait les seuls que l'on connaisse ; ils sont mécanistes : les équations sont monotones, les courbes sont continues, il n'y a pas de rupture, les résultats qu'ils fournissent sont simples, attendus, sans surprise. Ce sont les archétypes de la science dont l'objet principal paraît être d'en produire de façon continue ; on les pratique dès que l'on fréquente l'école : *deux et deux sont quatre* est la seule croyance affirmée de Dom Juan ; ils produisent des résultats précis et sans appel : les résultats erronés sont donc des erreurs de données, de mesures des paramètres utilisés, et/ou de calcul imputables à l'opérateur, non à la méthode. On leur attribue ainsi une force de conviction qu'ils ont bien sur le papier, mais qui résiste mal à l'épreuve des faits ; en réalité, les trains du classique problème de calcul de l'école primaire ne se croiseraient jamais précisément là où le résultat l'affirme - 10 en calcul pour la bonne réponse à deux ou trois décimales près -, car ils ne partiraient pas exactement aux instants et ne rouleraient pas tout à fait aux vitesses fixées par l'énoncé. Les savants problèmes des concours d'admission aux grandes écoles d'ingénieurs ne font pas mieux ; ils concernent seulement des événements fictifs, on dit maintenant virtuels, plus complexes, ont des énoncés beaucoup plus compliqués et exigent quelques années de plus d'entraînement pour les résoudre.

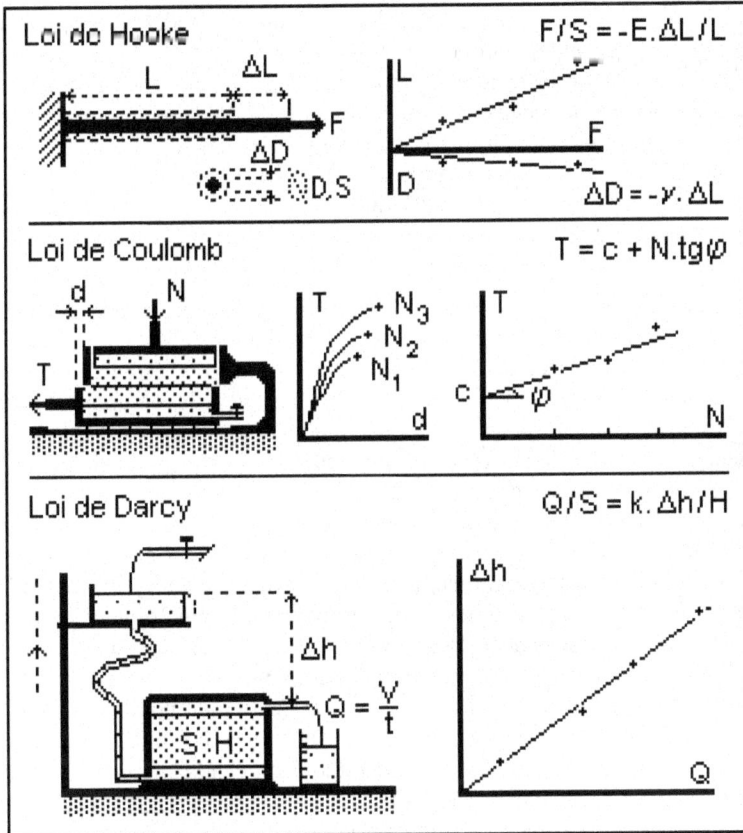

Figure 4.5.2.2.2 - Lois géomécaniques

Les expériences de macrophysique que la géotechnique appelle essais et qui consistent en des séries de mesures de couples de grandeurs que l'on considère comme dépendantes, contrainte/déformation, charge/débit, sont des modèles élémentaires de comportement, plus ou moins précis selon la qualité des mesures et la pertinence de la dépendance. On procède ensuite à un lissage de la série des valeurs, de façon à l'ajuster à une fonction mathématique simple, si possible linéaire, faute de mieux polynomiale rarement au-delà du degré 3, exponentielle, logarithmique ; on partait naguère d'un graphique cartésien du semis de points de la série, duquel on tirait intuitivement, avec pas mal d'imagination, une courbe de régression plus ou moins continue, rappelant plus ou moins la courbe d'une de ces fonctions ; on pouvait ainsi estimer les paramètres d'une formule simple. L'ordinateur permet maintenant d'obtenir rapidement et précisément tous les ajustements possibles de la série de couples numériques et de comparer leurs précisions par référence à l'écart-type de la série ; on retient en principe la fonction caractérisée par l'écart le plus faible, mais en pratique, on essaie autant que possible d'adopter la plus simple, linéaire ou exponentielle, même aux dépens de la précision ; car, alors qu'en principe on ne peut superposer, additionner, que des fonctions linéaires, ensuite il faudra utiliser cette fonction avec d'autres obtenues de façon analogue, dans un système complexe dont le modèle synthétique serait inextricable et donc pratiquement inutilisable dans le cas contraire. Il y a ainsi un monde entre le modèle physique et le modèle mathématique ; on en avait l'intuition depuis longtemps ; la théorie du chaos en donne la raison : le modèle mathématique est parfaitement stable, le modèle physique, non. La précision d'un résultat mathématique est rigoureusement 1, celle d'un résultat physique est à peu près 1 ; cet à-peu-près dépend de la pertinence du modèle, de la qualité des mesures... Entre le péremptoire *2 et 2 sont 4* de Dom Juan et l'improbable *univers où 2 et 2 font 5* de Proust, il y a la triviale réalité physique pour laquelle 2 et 2 font à peu près 4.

Les comportements simples sont ceux qui ressortissent à la physique élémentaire, en particulier à la mécanique rationnelle et à l'hydraulique : la gravité et/ou un effort extérieur provoque un déplacement, une déformation, un écoulement... Ils sont déterminés et leurs effets sont déductibles des circonstances ; la relation de cause à effet est certaine. Ils s'expriment par des relations analytiques commodes, des égalités qui lient de façon biunivoque des variables précises sous la forme de fonctions comme l'équation du second degré pour la chute libre des corps. La courbe cartésienne représentative de chacun est unique, intemporelle, droite, parabole, exponentielle... Les lois fondamentales de la géomécanique, lois de Hooke, de Coulomb et de Darcy, n'entrent pas dans cette catégorie, bien qu'elles répondent à cette définition ; à l'origine c'étaient en effet des lois empiriques et opportunistes très spécifiques, dont ensuite la généralisation a été manifestement abusive (*Fig. 4.5.2.2.2*). Les comportements qu'elles modélisent - élasticité, plasto-rupture et perméabilité - ne sont pas vraiment simples : on n'a pu les simplifier qu'en les schématisant à l'extrême, notamment en limitant strictement leurs domaines de validité, ce que l'on a souvent oublié par la suite. La perméabilité k qui selon Darcy relie directement le débit Q à la charge Δh, est en fait un paramètre composite qui synthétise les influences spécifiques de nombreux caractères du matériau auquel on l'attribue - granulométrie, nature et forme des grains, compacité, structure... - et du fluide qui y circule - nature, viscosité, température, composition chimique... Il en va de même pour les modules E qui selon Hooke relient la déformation L à la contrainte F, l'angle de frottement φ et la cohésion c qui selon Coulomb relient la rupture d à l'effort T...

En première approximation, la plupart des comportements complexes peuvent être vus comme des réunions de comportements simples dont la nature et l'influence relative sont plus ou moins bien connues. Ils paraissent plus ou moins aléatoires mais sont statistiquement définis ; les relations de cause à effet sont connues mais imprécises. Leurs effets s'expriment sous forme statistique, intervalle de définition et probabilité de production ; à la valeur précise d'une variable correspond la valeur probable d'une autre avec une fréquence donnée. La représentation cartésienne est un semis de points duquel on tire, avec plus ou moins d'imagination, une courbe représentative plus ou moins continue ; elle ne peut généralement pas se traduire par une formule simple, sauf à utiliser une fonction lissante comme la fonction log.

4.5.2.2.2.1 - Le modèle déterministe

La causalité est le fondement du modèle déterministe qui est intemporel, immuable : tout a une cause et dans les mêmes conditions, la même cause produit toujours instantanément le même effet. Pour construire un modèle déterministe, il faut parfaitement connaître et comprendre le processus étudié et disposer de nombreuses données précises, issues d'observations et/ou d'expériences normalisées permettant de le valider ; on peut alors l'utiliser dans tous les cas semblables.

Le type représentatif du modèle déterministe physico-mathématique de comportement est celui de la relation si possible linéaire de deux grandeurs dépendantes, caractérisant le même comportement d'un même objet. Ce peut être le débit en fonction de la charge, la déformation et/ou la rupture en fonction de l'effort... Le temps n'intervient apparemment pas dans ce type de modèle ; en réalité, il n'en est rien ; à débit constant, la charge et à effort constant, la déformation croissent plus ou moins avec le temps ; on contourne la difficulté en retenant comme valeur représentative, celle mesurée au bout d'un certain laps de temps, voire instantanément.

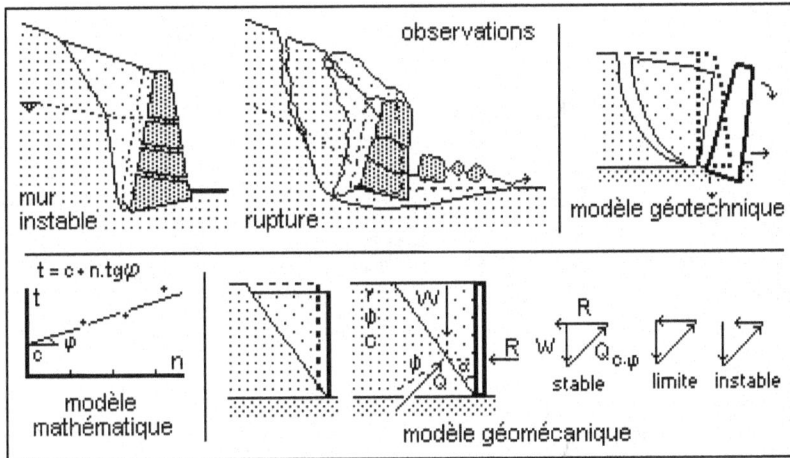

Figure 4.5.2.2.1.a - Déterminisme géotechnique

Un tel modèle est bâti sur des lois de la mécanique et/ou de l'hydraulique : à partir de conditions initiales et aux limites qu'on lui impose, mais qu'en fait on ne connaît pas très bien, il schématise l'évolution d'un système simple et inerte animé par des forces, afin de déterminer à partir d'un état initial stable et parfaitement déterminé, quel sera son état final stable en fin d'évolution. En fait, la modélisation consiste à simplifier le comportement du système en neutralisant les difficultés de calcul ou pire, en les escamotant : on pose en principe que le système est intégrable, c'est-à-dire modélisable par des formules et donc qu'il ressortit au calcul infinitésimal. L'escamotage habituel est celui de l'espace et du temps : le passage d'un état à l'autre est indépendant de l'un et de l'autre : selon la relativité galiléenne, dans un référentiel donné, sous l'effet d'une même cause, le système évolue de la même façon et produit le même effet n'importe où, n'importe quand et il le fait instantanément ou plutôt hors du temps ; l'impulsion et l'énergie du système sont conservées ; son inertie est négligée : telle pression de fondation produit tel tassement selon tel module ; tel rabattement de niveau d'eau de forage produit tel débit selon telle perméabilité…

Dans le cas de la relation effort/déformation, l'expérience de Hooke sur un fil métallique tendu montre que, pour des tractions faibles, le fil s'allonge et rétrécit peu, de façon à-peu-près linéaire ; la partie de courbe correspondante est à peu près une droite qui caractérise le domaine élastique. Au-delà d'une certaine tension dépendant de plusieurs paramètres initialement négligés comme la nature du matériau dont est constitué le fil, son diamètre, le pas et la quantité d'accroissement de la tension… la déformation devient de plus en plus grande, de façon à peu près géométrique, alors que l'effort augmente toujours à la même cadence ; la courbe devient concave et se rapproche du parallélisme à l'axe des déformations, caractérisant ainsi le domaine plastique. Une certaine valeur de la traction atteinte, le fil rompt et l'expérience est terminée.

Les essais géomécaniques font à peu près la même chose avec des échantillons de géomatériaux ou *in situ*, en explicitant la relation effort/déformation, depuis la déformation pseudo-élastique jusqu'à la rupture en passant par la déformation plastique ; on peut ainsi caractériser une densité, un angle de frottement, une cohésion, un module…, du matériau à la profondeur de l'échantillon ou de l'essai ; les valeurs obtenues dépendent de l'appareil utilisé : aucun paramètre géomécanique n'est un véritable paramètre mécanique.

La plupart des modèles de géomécanique sont déterministes : une formule plus ou moins compliquée combine quelques paramètres schématisant la forme de l'ouvrage et le comportement du géomatériau pour délivrer un résultat unique ; c'est en fait une estimation qu'un coefficient de sécurité rend à-peu-près utilisable. Pour parvenir à ces formules et obtenir ce résultat, on procède graphiquement, analytiquement et/ou numériquement (*Fig. 4.5.2.2.2.1.a*).

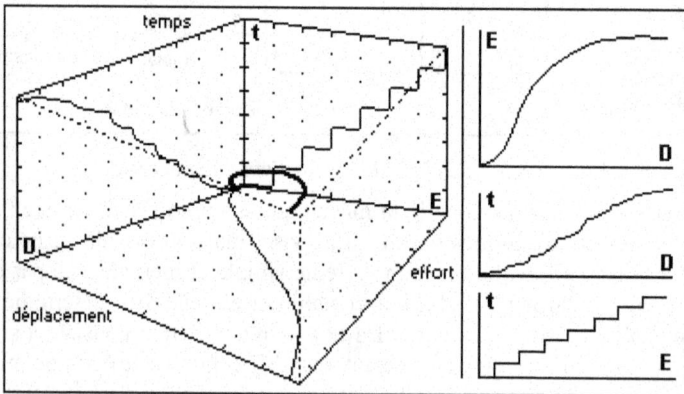

Figure 4.5.2.2.2.1.b - Courbe tridimentionnelle

Normalement, la représentation graphique des mesures de l'un des essais géotechniques de base puis des résultats de calculs pratiques est une courbe complexe dans un espace à trois dimensions, effort/déformation/temps, débit/charge/temps... (*Fig. 4.5.2.2.2.1.b*) ; très difficile à tracer, elle est pratiquement impossible à manipuler. On préfère donc utiliser une à trois courbes, projections de la courbe tridimensionnelle dans un trièdre trirectangle, selon le type de comportement étudié, efforts/temps, déformations/temps, efforts/déformations. La construction graphique de la courbe lissant les points représentatifs des mesures correspond au passage analytique des accroissements finis à la différentielle.

Une traduction analytique de la courbe est une équation temporelle aux dérivées partielles, F(t...; e, e'...; d, d'...) = 0 que l'on sait généralement plus ou moins bien poser mais pas résoudre ; comme on l'a fait avec les courbes planes, on lui substitue donc une équation différentielle intemporelle, f(e ; d, d'...) = 0, que l'on peut plus ou moins facilement résoudre avec des conditions initiales et aux limites, valeurs particulières de la fonction, pas trop abstraites ; on considère parfois aussi f(t ; e, e'...) = 0 et/ou f(t ; d, d'...) = 0 si l'évolution du phénomène dans le temps est particulièrement importante comme dans le cas des tassements de fondations.

Les valeurs des paramètres du système et celles de la fonction figurant les conditions initiales et/ou aux limites d'une intégration sont théoriquement celles que l'on considère comme très proches du cas étudié, ce qu'elles ne sont jamais en raison de la multiplicité et de la complexité des phénomènes et des situations réelles ; ce sont en fait des restrictions qui schématisent le milieu naturel autant que de besoin pour permettre l'intégration. La modélisation physico-mathématique géotechnique sous-entend ainsi que l'on applique aux géomatériaux et aux phénomènes naturels, les notions de vecteur représentant des forces, de fonction de point traduisant leur (ce pronom concerne-t-il le vecteur ou la force ? Il y a déjà ambiguïté à ce niveau) répartition dans l'espace cartésien auquel on assimile le milieu, de champ dérivant d'un potentiel et de milieu immuable, continu, homogène, isotrope, libre et parfois non pesant, et que le modèle de forme du système est à deux dimensions, ou même à une seule dans la direction de la force ; ce sont des simplifications exorbitantes de la réalité.

De plus, on ne sait intégrer que les équations différentielles linéaires ; celles qui ne le sont pas sont donc considérées comme des exceptions que l'on cherche à simplifier en négligeant les infiniment petits d'ordre >2 ou même en ne conservant que celui de premier ordre ; la technique du calcul infinitésimal est fondée sur cette simplification qui peut entacher le résultat numérique final d'une erreur absolue importante ; en pratique, cela veut dire que graphiquement, on essaie toujours de lisser selon une droite, une parabole..., un semis de points représentations de couples de valeurs dépendantes et quand on ajuste une série de tels couples, on retient autant que possible une solution linéaire, sinon une solution binomiale, exponentielle ou logarithmique. C'est ainsi que lors des quatre expériences dont il rend compte, Darcy a mesuré le débit constant Q d'un filtre à sable vertical de 2,5 m de hauteur et de 0,35 m de diamètre, en faisant varier la nature et la granulométrie du sable, la hauteur de matériau filtrant L, la charge d'eau Δh et il a calculé les rapports $Q/\Delta h$ correspondants : les résultats de la première expérience portant sur dix mesures peuvent se mettre sous la forme $\Delta h \approx 0,3Q + 0,003Q^2 + ...$; le terme du second degré modélisant la turbulence était effectivement assez faible pour être négligé. La dispersion de ses résultats portant sur une vingtaine de mesures, est de l'ordre de 15% ; il en déduit avec une prudence dont nous avons oublié la pratique : *Il parait donc que pour un sable de même nature, on peut admettre que le volume débité est proportionnel à la charge et en raison inverse de l'épaisseur de la couche traversée* ; selon son auteur lui-même, la très déterministe loi de Darcy, Q ÷ Δh/L, ne l'est pas autant que cela.

Tout calcul analytique de géomécanique est donc une série axiomatique de déductions fondées sur l'intégration d'une équation différentielle dans un cas particulier ; compte tenu de l'énorme imprécision métrologique qui affecte généralement les valeurs mesurées des paramètres géotechniques, l'accroissement de précision mathématique qui résulte du passage de l'utilisation des accroissements finis à celle de la différentielle, est tout à fait négligeable en pratique.

C'est la raison pour laquelle, grâce aux ordinateurs, les méthodes de calcul numérique fondées sur les accroissements finis, éléments finis, différences finies, éléments distincts, éléments aux limites... sont très efficaces et donc très utilisées en géotechnique ; mais le gain apparent de précision de la méthode numérique par rapport à la méthode analytique est assez illusoire, car le modèle numérique est lui aussi construit sur une accumulation d'hypothèses simplificatrices et d'approximations, sources d'imprécisions et d'erreurs, qui ont transformé le site et l'ouvrage en figures maillées et leur comportement en équations. Sur un tel modèle, en faisant plus ou moins varier les hypothèses et/ou les conditions initiales, de longues séances successives de calculs identiques aboutissent à d'importantes différences de résultats qui ne traduisent pas les variations initiales, mais sont les effets difficiles à contrôler de la technique elle-même, ainsi que des facilités et erreurs de programmation, des arrondis et finalement de l'instabilité numérique qui résulte de tout cela. D'autre part, même si son comportement tend à devenir chaotique lors de longues séances de calcul, le modèle est déterministe alors que le prototype ne l'est pas ; pour le valider, la référence au terrain est indispensable ; c'est à peu près possible pour les modèles statiques, pas pour les modèles dynamiques avec lesquels la dérive du résultat final due aux itérations en fonction du temps peut devenir rapidement considérable. La précision du résultat final est donc pratiquement incontrôlable ; néanmoins sans fournir les réponses claires et définitives que l'on attend souvent d'elle, la méthode numérique permet d'apprécier correctement les tendances d'évolution connues et parfois même, d'en découvrir d'inconnues ou de négligées.

4.5.2.2.2.2 - Le modèle probabiliste

Si l'on ne dispose que de nombreuses données brutes, plus ou moins désordonnées et peu compréhensibles, on peut bâtir un modèle probabiliste, ce qui implique le temps sagittal ; pour l'exploiter, il n'est pas nécessaire d'avoir analysé scientifiquement le phénomène étudié, d'avoir posé les équations déterministes qui modélisent son comportement, ni d'avoir caractérisé l'influence spécifique de chacune des grandeurs que l'on considère comme représentatives ; on peut se contenter d'en sélectionner et manipuler quelques-unes unes : si les résultats ainsi obtenus ne paraissent pas satisfaisants par étalonnage ou même intuitivement, on modifie autant de fois que de besoin les choix et/ou les manipulations. On tire des conjectures et non des certitudes :

le rôle du manipulateur, le prévisioniste, est donc prépondérant et le résultat final n'est qu'un diagnostic, un pronostic, issu d'un scénario.

La base du modèle probabiliste type est la variation en fonction du temps orienté vers l'avenir et/ou du nombre de mesures, d'une grandeur représentative ; on la traduit graphiquement par une courbe cartésienne temps ou nombre/grandeur, température d'un malade, pression atmosphérique en un endroit donné, hauteur d'eau sous un pont... d'une façon plus générale, « intensité » du phénomène. Ce genre de courbe est presque toujours difficile à interpréter tel quel ; en particulier, il ne peut pas être directement traduit par une fonction mathématique simple.

À partir d'une longue série chronologique de grandeur aisément mesurable, on peut tenter d'y parvenir par une analyse spectrale : on attribue plus ou moins subjectivement une partie déterministe et une partie aléatoire à la grandeur en cause et on essaie successivement, en les ajustant puis en comparant les résultats obtenus à ceux espérés, quelques modèles comportant deux ou trois termes périodiques, un terme plus ou moins linéaire de tendance et un terme de bruit pour tout le reste : on obtient ainsi des images continues du phénomène et de ses variations, ce qui efface les pics singuliers que l'on cherche précisément à mettre en évidence. De plus, la continuité n'est pas une qualité essentielle des objets et des phénomènes naturels et les courtes séries dont on dispose, de valeurs de rares grandeurs susceptibles de caractériser la plupart d'entre eux, ne permettent pas des analyses spectrales sérieuses ; après un dur labeur et des heures d'ordinateur, on n'arrive ainsi que très rarement à des résultats satisfaisants en matière d'étude de risque «naturel».

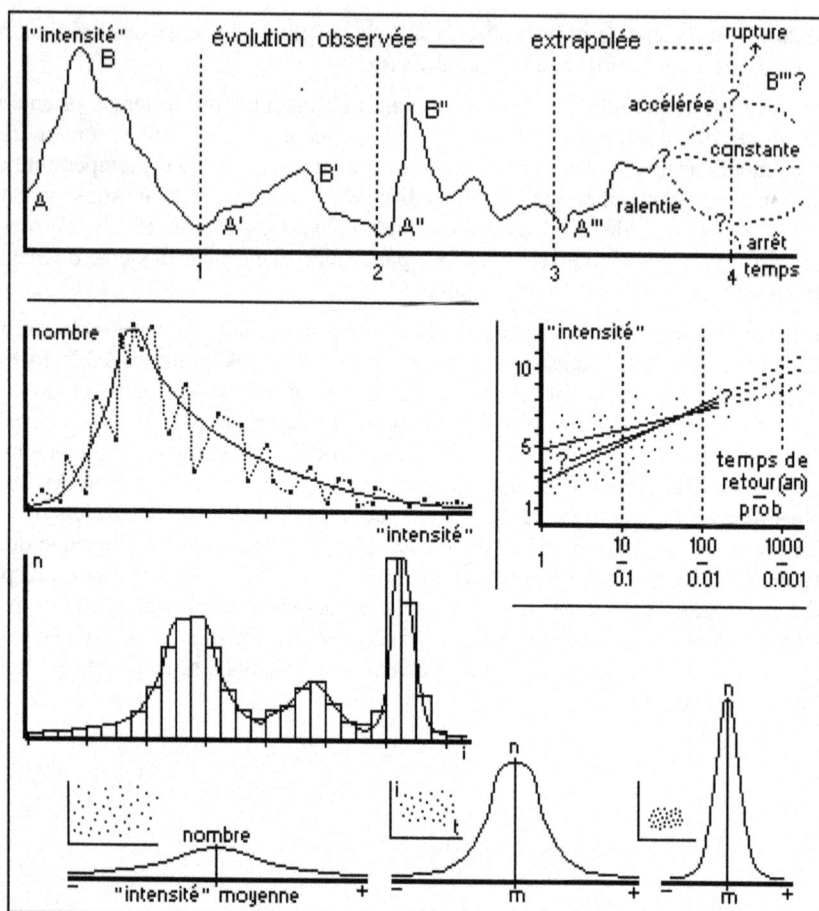

Figure 4.5.2.2.2.2 - Modèles de courbes statistiques

Plus simplement et peut-être un peu plus efficacement, on peut tenter une exploitation statistique en extrayant de la série des valeurs de la grandeur, une valeur moyenne, des extrêmes, un écart-type et quelques autres ; on la traduit graphiquement par un diagramme valeurs/nombre de valeurs. La distribution monomodale d'une série homogène est dite normale ou gaussienne ; elle est alors représentée par une courbe en cloche, symétrique par rapport à la moyenne qui se confond avec le mode et la médiane, plus ou moins aiguë selon que l'écart-type est plus ou moins grand ; si la répartition de la série est plurimodale, la courbe comporte quelques pics caractéristiques, bien individualisés ; mais plus généralement, la courbe obtenue par lissage d'une répartition irrégulière présente de nombreux pics s'inscrivant dans une tendance générale ; elle est alors dissymétrique (*Fig. 4.5.2.2.2.2*).

En procédant ainsi, on admet *a priori* que le modèle-type du phénomène est la loi normale ; cela n'est licite que pour de petits écarts-types correspondant à des variations rapides et ordonnées, et à des fluctuations modérées ; or cela caractérise mal l'évolution d'un phénomène naturel, variations lentes et fluctuations importantes, traduites par un écart-type grand ; un écart-type extrême correspond à des fluctuations démesurées et ainsi qu'on le pense généralement, à une forte probabilité de réalisation d'un risque grave dont le phénomène est susceptible d'être le facteur ; la loi normale est donc rarement un modèle adéquat de forme et de comportement du géomatériau, dans l'étude du risque «naturel».

En fait, une distribution plurimodale de mesures concernant par exemple différents matériaux d'un même site traduit son hétérogénéité ; chaque pic correspond à un élément distinct de la série qu'il serait imprudent de négliger sans réflexion : si un pic domine nettement les autres parce que l'élément correspondant est le plus fréquent, parce qu'il présente un caractère déterminant... on peut considérer en première approximation sans grand risque d'erreur que la série est monomodale et que le site est homogène ; si tous les pics ont à peu près la même hauteur parce que les éléments sont de même poids, il faut réorganiser la série en s'appuyant sur des modèles géomorphologiques et/ou structuraux pour répartir les mesures dans plusieurs séries monomodales, si possible une par matériau et/ou caractère. Et quand on a déterminé les valeurs moyenne, médiane, modale la plus fréquente, la plus forte, la plus faible... de la série correspondant à chacun, on ne sait pas laquelle doit être utilisée dans les calculs, car la courbe traduit le hasard mathématique pur, c'est-à-dire une évolution strictement aléatoire qui n'est jamais celle d'un phénomène naturel.

Avec le modèle valeurs/nombre, le temps disparaît ; cela n'est pas satisfaisant pour un modèle de risque. Pour le retrouver, on modélise la relation « intensité »/fréquence de la série ; en se référant implicitement à l'adage rarement justifié en réalité selon lequel ce qui est plus grand est d'autant plus rare, les fonctions modélisant les réalisations d'événements exceptionnels paraissent généralement exponentielles, faible intensité/grande fréquence ou forte intensité/petite fréquence ; on cherche donc à définir les intensités correspondant à des fréquences de probabilités données, généralement 0,1, 0,01 et 0,001 ; en lissant plus ou moins, on essaie de les rattacher à une droite en coordonnées semi-logarithmiques. On arrive ainsi au modèle-type de prévision de risque «naturel» : la prob 0,1 est dite décennale, 0,01 centennale et 0,001 millennale, sans qu'en fait cela ait une véritable relation avec le temps. Mais, pour les intensités très variables de phénomènes naturels, on ne possède des séries à peu près continues de mesures fiables que depuis deux ou trois siècles ; l'aspect du semis de points des valeurs de prob supérieures à 0,01, les plus nombreuses, permet de se faire une idée de la pente de la droite, mais rien ne permet d'affirmer qu'elle demeure cette droite par extrapolation, de puissance de 10 en puissance de 10 ; on peut même affirmer qu'il n'en est presque jamais ainsi, car la stabilité à long terme n'est pas un caractère habituel des phénomènes naturels et en particulier climatiques ; les valeurs de prob pluricentennales et millennales sont donc toujours des extrapolations hautement hasardeuses. À propos du pont de Quinson (*cf. 1.8.2.3*), on a vu que les courtes séries de données à fort écart-type conduisent à des résultats statistiques peu convaincants.

On a donc essayé de théoriser cela comme un système critique auto-organisé : l'exposant de la fréquence, compris entre 0 et 2 est la dimension fractale du système et la relation valeur/fréquence est l'expression de son bruit de scintillation ; on a vu à propos du tas de sable (*Fig. 4.4.3.6*), que la stabilité d'un tel système est précaire, qu'il est très sensible aux perturbations même petites, et qu'après avoir été désorganisé, il se réarrange lui-même en acquérant une nouvelle stabilité tout aussi précaire que la précédente, au bout d'un laps de temps plus ou moins variable selon les circonstances ; la géotechnique montre que pour les mouvements de pentes comme pour la plupart des autres phénomènes naturels, il en va à peu près ainsi ; c'est donc un beau modèle théorique dont la mise en œuvre pratique n'est pas pour demain.

Donc, associée ou non à la courbe en cloche, la droite en coordonnées semilogarithmiques n'est vraisemblablement pas le modèle probabiliste représentatif des variations dans le temps de n'importe quel phénomène naturel, ainsi qu'on a pris l'habitude de le faire parce que, dans la plupart des cas, on ne dispose pas de meilleur modèle mathématique ; la parabole des vaches grasses puis vaches maigres est là pour nous rappeler que l'on sait cela depuis longtemps ; entre l'Optimum médiéval et notre temps de réchauffement peut-être un peu anthropique mais en fait principalement naturel, le Petit âge glaciaire (*cf. 1.1.1.2*), lui-même pas très stable, est venu le confirmer durant deux ou trois siècles.

La géotechnique déterministe attribue sans distinction la dispersion des caractéristiques des phénomènes naturels aux hétérogénéités structurales et locales et au niveau de connaissance de ses paramètres, qualité de l'échantillonnage, quantité d'échantillons, choix et qualité des essais, précision des mesures... Elle les considère globalement comme des erreurs de mesures que l'on élimine, ce qui facilite un traitement statistique monomodal rarement justifié. Car entre autres, les formes et les comportements naturels ne sont pas aléatoires mais structuralement ordonnées dans l'espace et dans le temps ; leur apparent caractère aléatoire ne traduit qu'une insuffisance de compréhension, d'informations et de traitement ; en géotechnique, les modèles statistiques courants ne devraient donc être utilisés que faute de mieux, si l'on ne dispose que de mesures hétérogènes dont on ne comprend pas la structure : la même valeur brute de la dispersion mathématique d'une série de mesures non structurées traduit aussi bien l'hétérogénéité totale de la série que la juxtaposition de séries différentes ; les modèles géomorphologiques et géodynamiques leur seront toujours préférables pour ordonner les séries de telles mesures.

Les pétroliers et les mineurs, plus riches et plus exigeants que les géotechniciens, traitent convenablement par la géostatistique, les effets d'une inévitable dispersion naturelle des mesures. Cette discipline s'appuie sur le fait évident pour un géologue mais apparemment pas pour un géotechnicien, que la répartition des valeurs de n'importe quel paramètre naturel paraît aléatoire à l'échelle de l'échantillon, mais est structurée à l'échelle du site ; elle considère que le paramètre est une variable régionalisée, parce qu'elle ne peut pas prendre n'importe quelle valeur n'importe où dans le site concerné ; à partir d'un nombre de mesures toujours faible qui dépend du niveau de l'étude et des moyens financiers disponibles, elle cherche à établir une fonction qui modélise la distribution réelle de la variable. Les modèles géostatistiques dissocient clairement les données concernant le site de celles concernant l'ouvrage ; ils caractérisent ensuite les sujétions d'étude et de réalisation qui en résultent et s'attachent plus particulièrement à la qualité de l'information sur le site et les matériaux qui le composent, données géomorphologiques, nombres de sondages, d'essais... de façon à travailler sur des séries homogènes de mesures.

La géostatistique linéaire est la seule économiquement accessible à la géotechnique ; elle impose une bonne connaissance géomorphologique et géodynamique du site, ce qui permet dès l'abord de structurer la série des mesures d'un paramètre en différents points du site, pour en régionaliser les valeurs et les corréler plus ou moins.

L'analyse factorielle serait une autre façon de traiter les séries plurimodales issues de mêmes objets ; par de très longs calculs matriciels, seulement possibles à l'ordinateur, elle révélerait leurs caractères fondamentaux ; en fait, ceux que l'on obtient ainsi dépendent des choix, préférences et objectifs de l'opérateur qui peut reprendre ses calculs en modifiant leurs bases jusqu'à obtenir le résultat souhaité et en tirer des conclusions préétablies ; ce n'est donc pas une méthode recommandable en géotechnique du risque.

4.5.2.2.2.3 - Le modèle cyclique

Les fonctions périodiques sont des modèles cycliques mathématiques simples ; elles sont très utiles en macrophysique, mécanique, électrotechnique, médecine... pour rendre compte entre autre, de rotations par rapport à des points ou des axes fixes, de vibrations entretenues, de battements de cœur... Pour débroussailler les systèmes complexes évolutifs paraissant plus ou moins périodiques comme le mouvement de la Terre, on dispose de la méthode de Fourier qui permet d'identifier et d'analyser des phénomènes apparemment plus ou moins périodiques, mais au-delà de trois périodes, de trois degrés de liberté et/ou de trois mobiles, de *trois corps (cf.4.4.8)*, les calculs deviennent rapidement inextricables et les solutions, difficilement interprétables. Pour l'étude du risque « naturel », ces modèles cycliques ne sont pas plus pertinents que le temps cyclique.

En effet, les modèles cycliques les plus judicieux, établis dès l'Antiquité, sont relatifs aux mouvements astraux qui du reste, ne paraissent effectivement cycliques que par rapport à un repère terrestre et pour des laps de temps relativement courts ; en raison principalement de la précession, le ciel des anciens Chaldéens, Égyptiens, Indiens, Chinois, Grecs... n'était pas le même que le nôtre. Avant Copernic, Kepler et Newton, l'héliocentrisme, les ellipses, la loi des aires et l'accélération gravitaire, Ptolémée, les astronomes iraniens de Marâgha et d'autres ont conçu de nombreux modèles géocentriques plus ou moins épicycliques combinant des mouvements circulaires uniformes, très logiques, cohérents et efficaces, pour expliquer et prévoir à peu près les positions relatives des astres, à la précision des méthodes de calcul et des appareils de mesure dont ils disposaient ; les horlogers s'en sont largement inspirés pour fabriquer des mécanismes de plus en plus compliqués et précis qu'il faut néanmoins remettre à l'heure de temps en temps. Par analogie, les Anciens ont cru que tous les phénomènes naturels et en particulier climatiques, étaient cycliques, régis par les jours, les saisons, les années et d'autres cycles supposés comme celui des Vaches grasses des Égyptiens, de la Grande année des Grecs... Il nous en reste la notion de périodes de retour des événements naturels dangereux, annuelle, décennale, centennale, millennale... sur laquelle est imprudemment bâtie la prospective de ces événements. Car la périodicité des phénomènes naturels n'est qu'apparente : *les jours se suivent et ne se ressemblent pas*, les saisons, les années... non plus.

En géotechnique, les modèles cycliques ne sont utiles que pour l'étude du comportement d'ouvrages soumis à des vibrations naturelles ou provoquées du sous-sol qui les porte et éviter ainsi les effets de résonance susceptibles d'entraîner de graves dommages, voire la ruine. Pourtant, on a vu qu'expliquer l'histoire climatique récente du monde et en prévoir le devenir par les effets de trois mouvements « périodiques » du globe, en fait plus ou moins chaotiques voire erratiques, précession des équinoxes, obliquité, excentricité, n'était pas très convaincant (*cf. 1.7.2.4.2*).

4.5.3 - LE MODÈLE GÉOTECHNIQUE DE SYNTHÈSE

Le modèle géotechnique de synthèse d'un risque donné, forme un ensemble indissociable de modèles analytiques spécifiques de forme, historiques et de comportements dont il est nécessaire de vérifier les cohérences propre et relationnelle ; il est donc composite et par là, très complexe. Ses qualités essentielles sont ses capacités de prévision et de justification de décisions constructives... ; sa manipulation doit permettre de décrire ce comportement le plus précisément possible, d'évaluer la probabilité de réalisation du risque modélisé et de décrire les conséquences de sa réalisation, afin de définir et de justifier les décisions qu'il pourrait être nécessaire de prendre en cas de crise.

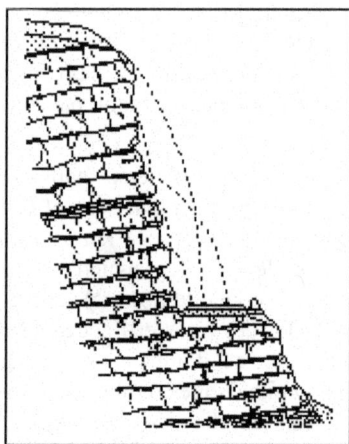

Figure 4.5.3.a - Chutes de pierres sur une route

Le modèle du mitraillage d'une route par des pierres qui pourraient se détacher d'une falaise, peut être vu comme la réunion de modèles mécaniques de chutes unitaires. Les circonstances et la fréquence des chutes, la durée et l'abondance des salves... précisent le modèle du phénomène naturel ; les caractéristiques de la route, largeur de la plate-forme, profil en travers, longueur de la zone menacée... complètent le modèle technique ; le type de trafic, sa densité... déterminent le risque. En fonction de tout cela, la décision administrative peut être de placer un panneau « chute de pierres » dans la zone concernée, d'y interdire strictement le stationnement ou l'arrêt, de préparer des moyens rapides de nettoyage ou de déblayage de la chaussée, de purger, grillager, conforter la falaise, de dévier la route...

Pour schématiser le comportement dynamique général du modèle géotechnique synthétique du risque, on peut l'analyser comme un effet ayant plusieurs causes selon un arbre générique, puis considérer que le modèle évolue par sauts successifs d'un état à un autre, dans des laps de temps variables, en étant régi par l'un ou l'autre des phénomènes modélisés analytiquement ; on peut utiliser pour cela des modèles-types causes/effets inspirés des graphes de Markov qui se prêtent bien à l'exploitation informatique. Dans les cas très complexes et de probabilité dangereuse réelle faible comme pour la plupart des risques induits par des phénomènes naturels, on peut simuler une complexité, un chaos bien organisés : on écrit plusieurs scénarios, généralement des systèmes d'équations déterministes ; ensuite, on les joue successivement au moyen de l'ordinateur, en faisant varier certaines conditions, puis en exploitant les résultats ainsi obtenus par une méthode de calcul des probabilités ; on en déduit que telle situation-type entraîne tel résultat à prob n, tel autre à prob n'...

C'est à peu près ainsi que l'on étudie la stabilité d'un talus de hauteur et pente données par la méthode du glissement rotationnel circulaire de Fellenius (*Fig. 1.9.1.4.a*), en faisant varier les paramètres de Coulomb du matériau dans des limites définies au moyen de résultats d'essais et en calculant successivement pour des cercles supposés critiques, des valeurs de coefficients de sécurité auxquelles on attribue une illusoire portée probabiliste. Ce genre d'opération est analogue à une simulation de Monte-Carlo ; il en existe de nombreux logiciels plus ou moins spécifiques. Ses résultats doivent être reçus, interprétés et surtout manipulés avec beaucoup d'attention, de prudence, voire de réserve.

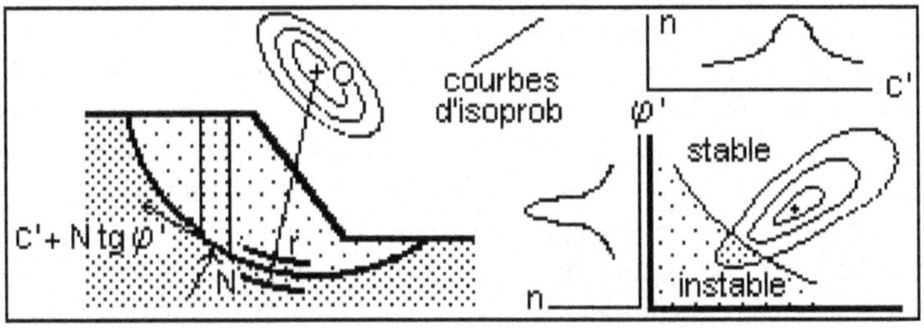

Figure 4.5.3.b - Approches probabilistes de la stabilité d'un talus

4.5.4 - REPRÉSENTATIVITÉ DES MODÈLES

Un modèle, qu'il soit analytique ou synthétique, de forme, historique ou de comportemental, doit rendre compte de la réalité, en la simplifiant mais sans la déformer et encore moins en l'escamotant. Quand l'aspect d'un modèle et/ou sa manipulation conduit à un résultat manifestement aberrant, c'est que le modèle et/ou sa manipulation ne sont pas corrects ; il faut l'abandonner, en chercher un autre et non essayer de forcer la réalité à se plier à lui. Aucun glissement n'est rotationnel, circulaire et instantané, il n'y a pas de géomatériau réellement élastique au sens de la loi de Hooke, même si la sismologie est en partie bâtie sur elle, avec une efficacité évidente... Avec les modèles correspondants, on obtient des résultats qui ne sont que de grossières approximations ; on peut néanmoins les utiliser sans trop de risques en les minorant largement au moyen de confortables coefficients de sécurité qui sont en fait des coefficients d'ignorance, introduits dans des calculs dont la complexité est purement formelle et finalement assez vaine.

4.5.4.1 - MATÉRIAU NATUREL, MILIEU GÉOMÉCANIQUE

Deux essais d'un même géomatériau, quel qu'il soit, réalisés avec le même appareil, par le même opérateur, ne donnent jamais le même résultat parce que deux échantillons, si proches qu'aient été leurs points de prélèvement, ne sont jamais strictement identiques. En fait, on détermine autant de valeurs de paramètres d'un géomatériau qui n'est jamais strictement le même, que d'échantillons, d'appareils, de procédures et d'opérateurs pour les mesurer.

Le milieu dont on utilise les valeurs de caractéristiques dans les calculs géomécaniques n'est jamais très représentatif du géomatériau dont on étudie le comportement : pour le théoricien, le premier doit être immuable, continu, homogène, isotrope et libre alors que pour le praticien, le second est variable, discontinu, hétérogène, anisotrope et confiné.

4.5.4.2 - STRUCTURES NATURELLES, FIGURES GÉOMÉCANIQUES

Un modèle géométrique réaliste de site est toujours difficile à établir ; il doit être compatible avec les modèles de la géomorphologie et de la géologie structurale qui sont très nombreux, variés, généralement compliqués, difficiles à identifier et à figurer.

À toutes échelles, une carte topographique et/ou un plan de géomètre représentent bien la surface d'un site géotechnique. Aux petites échelles, la représentation du sous-sol du site peut être établie par référence à un modèle type de la géologie structurale et de la géomorphologie, complétée par des observations de surface ; une formation sédimentaire plissée, un massif granitique faillé, une cuesta karstique, un versant de colline instable, une plaine alluviale inondable... présentent des structures et des organisations très caractéristiques et suffisamment différentiées pour que l'on ne risque pas de les représenter par des modèles aberrants ; aux grandes échelles, le risque est plus important, car on doit intégrer au modèle type, les renseignements recueillis spécifiquement lors de l'étude détaillée du sous-sol du site, de façon que le modèle correspondant soit compatible avec le type. Si un renseignement spécifique parait ne pas pouvoir s'inscrire dans ce modèle, c'est le plus souvent qu'il est erroné ; il faut alors chercher et corriger l'erreur et non bâtir un modèle intégrant le renseignement douteux et s'écartant du modèle type. Toutefois, la démarche la plus fréquente est d'ignorer qu'il existe de bons modèles types et d'en construire un, exclusivement géométrique et donc tout à fait irréaliste, qui ne représente que les conditions aux limites permettant d'intégrer l'équation différentielle que l'on va utiliser comme modèle de base du comportement auquel on s'intéresse.

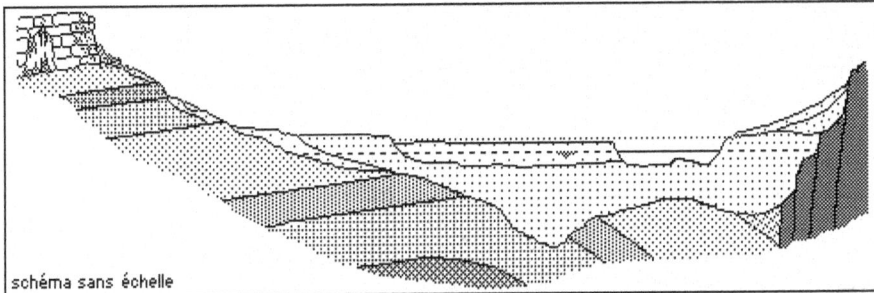

Figure 4.5.4.2 - Modèle géologique et géomorphologique

Le massif homogène, isotrope, et semi-infini, les couches homogènes, horizontales et d'épaisseurs constantes, le versant à pente constante, le glissement circulaire... n'existent que dans l'imaginaire des géomécaniciens ; ce sont les images simplistes d'une réalité beaucoup plus complexe à laquelle est constamment confronté le praticien du risque «naturel».

4.5.4.3 - PHÉNOMÈNES NATURELS, MODÈLES DE COMPORTEMENTS

Avant de poser et d'intégrer l'équation modèle d'un comportement géomécanique, il importe de l'identifier et d'en inventorier les modèles types ; c'est ce que permet la géodynamique. Les modèles géodynamiques sont eux aussi, nombreux et variés ; les modèles géomécaniques qu'on peut leur faire correspondre, sont au contraire très peu nombreux et relativement analogues puisque la plupart sont fondés sur l'intégration particulière d'une même équation dans des conditions aux limites différentes. La modélisation comportementale d'un site doit donc être en premier lieu et principalement, fondée sur la géodynamique. C'est rarement le cas et le modèle mathématique de comportement que l'on utilise exclusivement ne représente finalement que lui-même.

Le géomatériau n'est pas immuable. Or, les seuls modèles géomécaniques qui tiennent compte du temps sont ceux liés à l'écoulement de l'eau dans le géomatériau, qui n'est évidemment pas un phénomène statique. C'est la raison pour laquelle le modèle de consolidation de Terzaghi est l'un des rares modèles mathématiques réellement efficace de la géomécanique ; il rend bien compte de l'évolution du tassement dans le temps. D'autres modèles traitent la plasto-rupture comme s'il s'agissait d'un comportement instantané, ce qui est assez surprenant ; on ne doit donc pas trop s'étonner de leur manque d'efficacité.

Dans les cas simples ou simplifiés comme les dimensionnements de fondations ou de soutènements, les modèles géomécaniques de comportements sont des formules traduisant une relation de cause à effet et permettant de calculer un état final statique instantanément atteint à partir d'un état initial statique. Dans les cas complexes, ce sont des documents évolutifs construits à partir de mesures de paramètres variables dans le temps, comme une série de cartes et de coupes établies à des dates successives, pour représenter un glissement de terrain dans sa phase de déformation plastique, avant que se produise éventuellement la rupture calculée selon Rankine ou Fellenius. Les modèles numériques d'évolution future peuvent créer une série de tels documents figurant des déplacements successifs par sauts, soit d'éléments discrets du massif, plus ou moins mobiles mais corrélés par des lois de comportement, depuis leurs positions initiales qui figurent l'état initial du massif, jusqu'à leurs positions finales qui figurent l'état final du massif que l'on veut déterminer, comme quand on étudie les déformations futures d'une cavité artificielle, galerie, quartier de mine, soit d'une zone mobile particulière du massif dont on veut suivre le déplacement, comme quand on étudie la propagation d'une pollution dans une nappe.

4.5.7 - VALIDATION DES MODÈLES
VALIDITÉ DES RÉSULTATS

C'est évidemment en manipulant des modèles proches de la réalité sans être trop compliqués, bâtis à partir de données fiables et précises que l'on obtient les meilleurs résultats géotechniques, mais quoi qu'il en soit, on ne pourra jamais atteindre la précision absolue : la construction et la manipulation de modèles sont des exercices permanents de simplifications fondés sur des théories et même des hypothèses issues de différentes disciplines, portant sur des données disparates et des processus fluctuants ; cela introduit à tous les niveaux de la démarche des incertitudes de natures fondamentalement différentes, géologiques, géomorphologiques... sur la forme du site, géodynamique, géomécanique... sur son comportement, de conception, de construction, de maintenance sur les ouvrages ; des imprécisions de toutes sortes souvent importantes altèrent les valeurs des paramètres et on connaît mal l'influence des paramètres les uns sur les autres ; il en résulte une incertitude générale sur le processus et le résultat qui en altère évidemment la qualité pratique, la plus importante à connaître pour le projeteur et le décideur.

Le résultat d'une simulation, et la manipulation d'un modèle en est une, quelle qu'en soit la qualité, est toujours entaché d'erreurs systématiques et/ou matérielles ; l'analyse du comportement réel et donc du risque éventuel n'est jamais parfaite, les données sont mal définies et/ou insuffisantes, les processus sont plus ou moins rigoureux, les mesures sont approximatives, les valeurs des paramètres n'ont pas la précision mathématique... En fait, de façon assez paradoxale, les imprécisions et les erreurs peuvent plus ou moins se compenser ; les arrondis de calculs successifs entraînent que la précision des résultats intermédiaires décroît jusqu'à atteindre ou même dépasser l'imprécision des données de départ ; en faisant varier les conditions initiales dans les limites de cette imprécision, les résultats de simulations successives, même entachées d'imprécisions systématiques de calcul, sont de toute façon différents. S'ils sont assez nombreux, une exploitation statistique de la série permet ainsi d'obtenir un résultat global dont on pourrait en principe calculer la probabilité.

Le seul moyen de valider expérimentalement le résultat d'une simulation au moyen d'un modèle géotechnique serait d'en confronter le résultat à la réalité, c'est-à-dire de comparer la prévision à l'événement après qu'il se soit produit : tel ouvrage va tasser de tant en tel laps de temps, tel autre pourra subir un séisme de telle intensité sans s'écrouler ou même fissurer... ; en matière d'aménagement et construction d'ouvrages, sauf dans des cas simples et non dangereux comme l'essai destructif d'un pieu ou d'un tirant au début d'un important chantier, cela n'est pas possible. On ne peut évidemment pas expérimenter, provoquer un dommage réel à l'ouvrage pour analyser son déroulement et toutes ses conséquences ; la référence à des dommages déjà subis par des ouvrages comparables dans des sites semblables, la validation par l'expérience et l'histoire, laissent une place importante à l'imprécision, car pas plus que les sites et les ouvrages, des dommages comparables ne sont jamais identiques mais seulement plus ou moins analogues ; on peut être assuré que ce qui s'est passé là, ne se passera jamais de la même façon ici.

Reste donc la validation virtuelle basée sur l'expérience et l'expertise du praticien ; elle doit être conduite de façon particulièrement rigoureuse en analysant à tous les niveaux les éléments de la démarche générale, identification du phénomène, définition du risque, énoncé des hypothèses, recueil des données, construction du modèle, qualité de sa manipulation, comparaison des résultats obtenus avec ceux attendus...

Quoi que l'on fasse, le résultat de la manipulation d'un modèle géotechnique qui doit toujours être interprété par un prévisionniste sera donc inévitablement entaché d'erreur qu'il ne sera pas toujours possible de quantifier : on n'obtient ainsi que des tendances et des ordres de grandeur. Il importera de s'en souvenir quand, à partir d'un tel résultat, on devra prendre une décision constructive et dimensionner une partie d'ouvrage en relation directe avec le géomatériau ou quand on mettra au point la gestion d'un risque «naturel».

Ainsi, la valeur de tout résultat géotechnique, quel que soit le soin que l'on ait mis à l'obtenir, impose qu'il soit utilisé avec prudence et même avec circonspection sinon avec méfiance. Cela ne veut pas dire qu'il ne faille pas tout faire pour en obtenir qui soient les meilleurs possibles.

4.5.8 - LE COEFFICIENT DE SÉCURITÉ

L'étude théorique d'un cas réel implique que l'on réduise le problème concret dans lequel tous les paramètres possibles seraient pris en compte, à un problème abstrait pour la résolution duquel on n'utilise qu'un nombre restreint de paramètres. Il est donc nécessaire de faire appel à des hypothèses simplificatrices, permettant de sélectionner certains paramètres, et de graduer leurs influences relatives. Ensuite, les calculs ne seront possibles que dans des cas théoriques simples, plus ou moins éloignés de la réalité. Il ne saurait donc être question d'obtenir ainsi un résultat exact, mais seulement d'essayer d'établir ce que l'on suppose et de vérifier que ce que l'on pense n'est pas trop déraisonnable. Ce résultat est une estimation, traduisant une image floue ou même grossière de ce qui pourrait être ou advenir à condition de ne pas avoir négligé des paramètres importants ni employé des hypothèses farfelues.

On ne peut pas admettre les conséquences d'une telle imprécision en matière de stabilité de sites et/ou d'ouvrages, ainsi que de probabilité de réalisation de risque ; on a donc inventé le coefficient de sécurité, sorte de poudre de perlimpinpin mal nommée que, selon Verdeyen, on ne sait ni définir ni quantifier ; on en saupoudre plus ou moins les résultats des calculs de géomécanique. C'est un facteur de proportionnalité qui les minore afin que les valeurs limites de contrainte, de déformation ou de rupture que l'on s'est fixé ne soient atteintes en aucun endroit d'un site et/ou d'un ouvrage ; ainsi, quelle que soit la précision en fait inconnue de ces résultats, on peut les utiliser alors qu'ils ne sont que de grossières approximations. On pense alors ne prendre aucun risque en s'y référant, mais on ne fait que se prémunir plus ou moins des conséquences d'une éventuelle erreur d'appréciation. Pour d'évidentes raisons économiques, il importe que la valeur de ce coefficient soit la plus juste possible car le coût de l'aménagement ou de l'ouvrage sera d'autant plus élevé que cette valeur le sera elle-même.

On peut considérer ce coefficient comme l'expression mathématisée d'une incertitude subjective, généralement dénuée de tout fondement probabiliste rigoureux ; il n'est en rien un coefficient d'incertitude statistique : sa valeur ne mesure pas la probabilité de voir se produire ou non un accident ; elle n'est qu'une estimation en partie intuitive, en fait arbitraire, de l'imprécision du résultat, selon son optimisme et par référence à des expériences antérieures. Certes en principe, plus le coefficient adopté est petit, plus le risque de voir se produire un accident diminue, à condition évidemment que le résultat théorique ne soit pas totalement erroné. Mais adopter un coefficient de sécurité deux fois plus petit, ne diminue sûrement pas de moitié le risque ; on ne sait même pas estimer ce qui résulte de quelle diminution que ce soit.

C'est donc effectivement un coefficient d'ignorance ou pour être plus décent, d'incertitude au sens commun et non au sens mathématique du terme ; comme l'on est réellement incertain du résultat, on corrige ainsi couramment de 300 % en géomécanique et de plus de 500 % en hydraulique souterraine, une valeur elle-même calculée à partir de valeurs de paramètres largement minorés quand on est prudent. On ne risque ainsi plus grand-chose, mais la référence à un résultat de savant calcul, aussi trafiqué que cela, paraît sérieux et donne confiance ; un calcul rapide d'ordre de grandeur, plus honnête, paraîtrait désinvolte et risqué ; il en va de même de l'expression, coefficient de sécurité est plus rassurant que coefficient d'incertitude ; c'est sans doute pour cela qu'on l'emploie. La valeur de 1/3 que l'on attribue au coefficient de sécurité de n'importe quelle formule de géomécanique, vient peut-être de ce que, si l'on néglige le frottement et la profondeur d'encastrement dans la formule de la contrainte admissible des fondations superficielles établie par Terzaghi, la valeur de la contrainte limite est à peu près égale à trois fois celle de la résistance à la compression simple, paramètre facile à mesurer par divers moyens ; en égalant la contrainte admissible à la valeur de cette résistance, on adopte implicitement un coefficient de sécurité de 1/3 ; la généralisation de cette valeur à d'autres formules serait alors abusive mais, simple à retenir, elle est entrée dans les mœurs et elle est assez élevée pour que cela marche dans tous les cas de figures, alors... !

Ainsi, quelle que soit la façon dont on le détermine et on le nomme, quelle que soit la confiance que l'on peut avoir en l'efficacité de ces coefficients qui homogénéisent les résultats de calculs, il est donc prudent d'analyser cas par cas, l'influence de chacune des incertitudes irréductibles qui les entachent et qui le justifient, nature et structure du matériau, qualité et nombre des essais, représentativité du modèle, valeur de la formule..., puis de construire des prototypes et de les essayer afin de les perfectionner. Malheureusement, en géotechnique il n'est pas possible de valider par expérimentation préalable, car tout aménagement, tout ouvrage est unique et original dans ses relations avec le site et on ne peut pas tester son comportement jusqu'à sa rupture.

Théoriquement, la valeur de ce coefficient serait le produit pondéré de coefficients partiels, relatifs à de nombreux facteurs d'incertitude comme la validité des hypothèses de modélisation, les erreurs et la dispersion des mesures sur échantillons dans la détermination des caractéristiques du matériau, la nature, la valeur et les fluctuations éventuelles de l'effort réel, le bon choix et la précision de la méthode de calcul, les mésestimations des coefficients utilisés dans les calculs, la dispersion des résultats d'essais, les écarts par rapport à la forme théorique, les insuffisances et défauts de matériaux, les défauts de construction, les surcharges ou fluctuations des conditions de service, les déformations différée, les effets du vieillissement... En fait, on ne connaît que quelques-uns de ces facteurs apparemment les plus influents, on ne sait estimer que certains coefficients partiels de façon très approximative, et on ignore généralement les valeurs des facteurs de pondération : la valeur que l'on attribue à un coefficient de sécurité est donc bien en grande partie subjective ; mais généralement fruit d'une longue expérience, son utilisation est presque toujours efficace.

En géotechnique, l'incertitude sur le résultat de n'importe quel problème dépend d'un nombre considérable de facteurs ; sans être exhaustif, on peut citer la pertinence des lois, des modèles et des méthodes de calcul, le niveau de connaissance des caractéristiques du géomatériau concerné - qualité de l'échantillonnage, quantité d'échantillons, choix des paramètres, qualité et précision des mesures -, la représentativité de l'échantillon et la légitimité du passage au site, c'est-à-dire la pertinence du modèle de forme, l'appréciation des conditions aux limites naturelles et de celles traduisant les effets des efforts extérieurs. Or, chaque ouvrage, même un pont courant d'autoroute, dont il existe des centaines, voire des milliers d'exemplaires un peu partout, est un prototype qui impose une étude spécifique, car son site de construction est unique. Cela pose le problème généralement négligé, de la précision et même de la fiabilité des résultats issus de calculs géomécaniques, obtenus à partir de formules combinant, après de nombreuses approximations de conditions aux limites et de simplifications d'intégration, des valeurs peu nombreuses, limitées et imprécises de paramètres peu représentatifs.

De façon à peu près analogue, pour s'accommoder de ce que des formules issues de théories différentes et souvent concurrentes à travers l'utilisation commerciale d'un appareil d'essai, appliquées à un même problème, aboutissent à des résultats différents, on est obligé d'introduire dans chaque formule un coefficient constant correctif différent, que l'on appelle parfois coefficient de forme pour faire sérieux, choisie selon de mystérieux critères que l'on essaie de présenter comme rationnels, mais qui ne résultent que de comparaisons *a posteriori*, pas souvent justifiées ; ainsi, les corrections qu'elles apportent aux diverses valeurs obtenues, conduisent parfois, avec un peu d'accommodement, voire de chance, à des résultats à peu près identiques. Ces constantes sont donc en fait d'autres coefficients d'incertitude.

Tout cela est évidemment plus proche de la cuisine que de la technoscience et ainsi, la valeur de tout résultat géotechnique, quels que soient la manière et le soin que l'on ait mis à l'obtenir, impose qu'il soit utilisé avec prudence et même avec circonspection sinon avec méfiance. Il est évidemment nécessaire de viser à obtenir les meilleurs possibles ; mais comme l'on sait que l'on ne parviendra jamais à des résultats géotechniques indiscutables, l'utilisation, si critiquable soit-elle, d'un coefficient de sécurité est l'ultime moyen de prévenir d'éventuels dommages à l'ouvrage.

La géotechnique prétend maintenant être capable de substituer à ce coefficient bien suspect, le traitement statistique de résultats obtenus en modifiant de façon itérative dans un même programme de calcul, des valeurs aléatoires des conditions aux limites, des paramètres... obtenues par tirage dans les limites des incertitudes, ce qui s'apparente à la méthode de Monte-Carlo, et/ou par ce que l'on appelle sans bien la définir, l'analyse de sensibilité. Cela fait plus sérieux et plus savant, mais, très compliqué à mettre en œuvre et imposant de très longues séries d'observations statistiques que l'on ne fait pas, ce n'est pas encore très opérationnel et si cela le devient, il n'est pas certain que ce sera très efficace.

L'application prochaine des eurocodes destinés à harmoniser les pratiques constructives en Europe conduit à ne plus parler de coefficient de sécurité. La voie de la méthode semi-probabiliste de justification d'ouvrage indiquée par les eurocodes, sera difficile à suivre en géotechnique ; elle consiste à substituer au traditionnel coefficient global que l'on appliquait en fin de calcul, des coefficients partiels pondérés appliqués en série à chaque étape du calcul ; il en résulte en fait de belles formules tout aussi déterministes qu'avant et fournissant des résultats tout aussi discutables. Les imprécisions des théories géotechniques, des calculs qui en résultent, des valeurs des paramètres que l'on y introduit, imposeraient ainsi que l'on détermine de façon mal définie un très grand nombre de coefficients élémentaires pour en tirer à grand-peine un coefficient général qui serait tout aussi imprécis que les coefficients classiques.

4.6 - ÉTUDE GÉOTECHNIQUE DE L'ALÉA

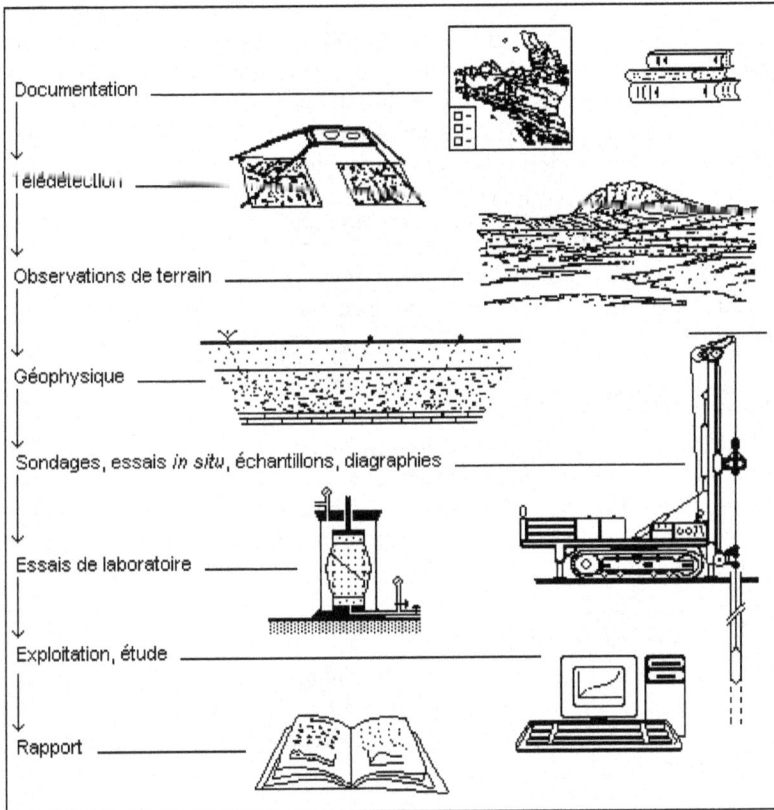

Figure 4.6 – Les moyens de la géotechnique

Chaque risque, chaque site est unique ; la montagne Pelée de la Martinique, la Soufrière de la Guadeloupe, volcans voisins de l'arc des Antilles, n'ont pas la même morphologie, ne fonctionnent pas de la même façon et menacent différemment des territoires différents ; il en va de même des crues de la Meuse et de celles du Tech, des glissements de coteaux dans l'Agenais et de versants dans les hautes vallées alpines... L'étude géotechnique d'un aléa doit donc être spécifique. C'est une opération structurée qui consiste à mettre en œuvre de façon cohérente et rationnelle, certaines théories et techniques des sciences de la Terre, de la physique, de la chimie et des mathématiques, certaines techniques du bâtiment et du génie civil, pour caractériser un bassin de risque, le décrire et le schématiser ; cela conduit à bâtir un modèle du site généralement représenté par des cartes, des profils, des formules, des programmes... On peut alors analyser son évolution en étudiant les phénomènes naturels ou induits qui l'affectent ou l'affecteront et ainsi, lui adapter les aménagements existants et les ouvrages qui y seront implantés, afin de les rendre aussi peu vulnérables que possible.

Le but pratique de cette étude est de fournir rapidement et au moindre coût, les renseignements nécessaires et suffisants sur les caractères naturels d'un site, pour prévoir le comportement de l'ensemble site/aménagement, préciser les risques encourus, organiser leur traitement et le traitement de leur réalisation éventuelle. La mise en œuvre rationnelle de l'étude géotechnique de risque demande que l'on dispose de multiples moyens. Ils sont liés à certaines disciplines des sciences de la Terre, dont la géotechnique utilise tout ou partie des acquisitions. Les disciplines sont communes à tous les risques « naturels », les moyens sont spécifiques.

4.6.1 - DISCIPLINES DE L'ÉTUDE

Les disciplines qu'utilise la géotechnique, proposent des théories et des formes de raisonnement permettant de poser et de résoudre spécifiquement les problèmes géotechniques de risques.

4.6.1.1 - LA GÉOLOGIE

Le rôle de la géologie est essentiel en géotechnique du risque ; c'est la discipline de base qui permet que la description du matériau terrestre et de son comportement soit cohérente et convenable ; sa démarche qui s'appuie sur le visible et l'accessible, est qualitative ou semi-quantitative ; elle doit donc être précisée par des mesures dans le cadre d'autres disciplines.

4.6.1.1.1 - Géologie structurale

La géologie structurale décrit et classe les ensembles rocheux et leurs relations, à des échelles successives allant de l'affleurement au globe terrestre. En fait, elle s'intéresse plus aux relations qu'à la morphologie ; la géotechnique fait le contraire, ce qui en complique l'utilisation.

4.6.1.1.2 - Géomorphologie et géodynamique

La géomorphologie et la géodynamique décrivent l'aspect et l'évolution de la subsurface terrestre. Elles fournissent à chaque échelle d'observation, les modèles schématiques les plus proches de la réalité, ce qui devrait conduire les autres disciplines à ne pas utiliser des modèles trop abstraits de conditions aux limites, nécessaires pour résoudre leurs équations ; du point de vue comportemental, elles permettent d'étudier les phénomènes complexes, difficiles à mathématiser et de justifier la formulation de ceux qui peuvent l'être ; elles s'appuient sur des observations directes du matériau terrestre et de son comportement. Leur rôle est essentiel en géotechnique du risque ; elles pourraient procurer des modèles-types aux géomécaniciens qui souhaiteraient éviter les élucubrations mathématisantes ; peu d'entre eux les connaissent.

4.6.1.1.3 - Hydrogéologie

L'hydrogéologie s'intéresse aux relations de l'eau et du sous-sol mais davantage aux matériaux aquifères et aux réseaux de circulation qu'aux mouvements de l'eau eux-mêmes. Elle propose des modèles réalistes de réservoirs et de conduites.

4.6.1.2 - LA PHYSIQUE

Pour l'étude géotechnique de risque, les disciplines physiques ne sont pas indépendantes mais au contraire, étroitement liées. Leurs modèles doivent être calqués sur ceux de la géologie, discipline fédératrice ; tout résultat de géophysique, de géomécanique ou d'hydraulique souterraine, incompatible avec une observation géologique, est inacceptable en géotechnique du risque.

La géophysique, la géomécanique et l'hydraulique souterraine, permettent d'affiner la connaissance d'un site, acquise par les moyens de la géologie qui concernent le visible et l'accessible. Elles considèrent que le matériau terrestre est le siège de champs de forces naturels ou induits, permanents ou transitoires ; elles en étudient la répartition et l'évolution naturelles ou artificielles ; elles postulent que les équipotentielles de ces champs à la surface du sol, sont directement liées à la nature et à la structure locales du matériau invisible et inaccessible qui constitue le sous-sol d'un site.

Selon ce que l'on veut étudier du site, le choix du champ et de son paramètre caractéristique est possible en géophysique et en géochimie ; il ne l'est pas en géomécanique qui ne concerne que la gravité, le couple contrainte/déformation et sa relation en principe biunivoque.

L'interprétation des mesures est indirecte ; elle est d'abord objective quand on mesure les variations du potentiel du champ depuis la surface ; elle est ensuite déjà subjective pour calculer la forme tridimensionnelle du champ à partir des équipotentielles de surface, et devient enfin très subjective pour relier cette forme à la structure réelle du sous-sol du site.

Le matériau terrestre n'est pas homogène et isotrope comme le voudrait la théorie ; le potentiel local y dépend d'un grand nombre de caractères géométriques et physiques, souvent mal identifiés. On ne peut donc pas résoudre l'équation du champ et calculer le potentiel réel d'un point quelconque du sous-sol. On essaie de s'en approcher en introduisant dans les calculs d'intégration, des hypothèses simplificatrices, forme du volume, distribution du matériau dans le volume, conditions aux limites du volume... simples. Mais ces hypothèses sont éloignées de la réalité ; et même, en raison du grand nombre de mesures que cela imposerait, on ne sait pas tracer avec précision la carte du potentiel à la surface du sol ; on ne peut donc pas connaître la valeur ponctuelle réelle du paramètre. Les résultats auxquels on arrive, ne rendent compte que très imparfaitement de la distribution tridimensionnelle du potentiel et donc, de la structure du matériau du volume.

Pour qu'un moyen soit utilisable dans un site donné, il faut que l'équation du champ utilisé puisse être intégrée sans qu'il soit nécessaire d'adopter un trop grand nombre d'hypothèses simplificatrices, que les variations significatives du potentiel soient suffisamment grandes à l'échelle du site étudié pour que les instruments de mesures puissent les mettre en évidence, que ces variations se distinguent suffisamment du bruit de fond et d'éventuelles variations parasites, et surtout, qu'elles soient structurées. La sismique 3D qui exige de très gros moyens de terrain et informatiques, est actuellement à peu près le seul moyen efficace dont on dispose.

On peut ainsi affiner le modèle du site proposé par la géologie mais non en établir un.

4.6.1.2.1 - Géophysique

La géophysique est la discipline qui étudie les propriétés physiques du matériau terrestre, ainsi que les phénomènes physiques qui l'affectent de l'échelle de la Terre à celle d'un site ou d'un ouvrage ; elle concerne les mêmes matières que la physique mais la géomécanique a fait l'objet d'un développement indépendant.

Sur le fond, les préoccupations de la physique et de la géophysique sont très proches. Seulement la matière étudiée par la géophysique est beaucoup plus complexe et hétérogène que celle étudiée par la physique ; il s'agit de roches et non de corps simples. De plus, à l'exception de celle des échantillons prélevés sur site avec plus ou moins de rigueur, cette matière n'est pas à la disposition de l'expérimentateur dans un laboratoire et doit être étudiée *in situ* et même seulement à partir de la surface de la Terre, puisque ce qui est en profondeur est à peu près inaccessible.

En géotechnique, le rôle essentiel de la géophysique est de préciser les données géologiques et de valider et simplifier les modèles de la géomécanique. Pour l'étude du risque sismique, elle a évidemment un rôle spécifique.

4.6.1.2.2 - Géomécanique

La géomécanique étudie la déformation et/ou le déplacement du matériau terrestre, sol ou roche, sous l'action de la gravité à laquelle peuvent se superposer des contraintes induites ; c'est la discipline privilégiée des études de mouvements gravitaires de terrain, mais à elle seule, elle ne saurait en résoudre tous les problèmes. Elle manipule des modèles très schématiques, issus de conditions aux limites simplistes qu'impose l'intégration d'équations de champs très complexes. Elle mesure très ponctuellement divers paramètres, sur échantillons ou *in situ* et prétend les extrapoler à l'ensemble du site ; cela pose un problème théorique insoluble, artificiellement résolu par l'introduction de mystérieux coefficients de formes dans les formules. Le passage correct de l'échantillon au site ne peut pas être réalisé par la géomécanique ; elle a besoin de la géologie et de la géophysique pour y parvenir ; ses modèles doivent être compatibles avec la structure réelle du site étudié, ou bien demeurent des objets d'exercices scolaires.

La géomécanique limite l'action d'un ouvrage sur le matériau terrestre à une contrainte dérivant de la gravité et produisant un déplacement, une déformation instantanée pouvant aller jusqu'à la rupture, ou un écoulement d'eau ; elle réduit le matériau à être plus ou moins résistant, compressible, perméable et invariable. Un versant de colline, une excavation... posent le problème de la stabilité d'un talus et d'un éventuel soutènement ; les fondations d'un ouvrage posent celui de la stabilité à la rupture qui est un problème analogue au précédent, et le problème très différent du tassement ; le puisage ou l'épuisement d'eau souterraine pose le problème du débit et/ou du rabattement et éventuellement, celui de l'équilibre hydrodynamique d'un ouvrage enterré. C'est tout, c'est essentiel, mais nettement insuffisant pour s'assurer de la sécurité propre d'un ouvrage et *a fortiori*, de sa sécurité générale. En fait, la géomécanique ne traite correctement que quelques effets particulièrement fréquents de phénomènes dommageables, éboulements, tassements, poinçonnements, vibrations, pour des intensités modérées et dans des conditions aux limites simples. Pour le reste, c'est-à-dire presque tout, la géodynamique fournit les modèles les plus efficaces.

En géomécanique, la diagenèse s'appelle consolidation ; la théorie de Terzaghi (*Fig. 1.9.2.2.2*) et l'essai œdométrique en sont de bons modèles. La consolidation artificielle d'un sol qui peut être dommageable, tant pour l'ouvrage qui la provoque que pour son voisinage, s'obtient au moyen d'une charge statique et/ou dynamique appliquée à la surface du sol ; le résultat est toujours une diminution de volume du matériau sous-jacent par écrasement de sa microstructure, expulsion d'eau et compactage ; elle s'exprime par un tassement, accroissement de sa densité et donc de ses caractéristiques mécaniques, module, cohésion, angle de frottement, et diminution de sa porosité et donc de sa perméabilité.

À l'exception de la consolidation qui est bien un comportement dynamique du matériau terrestre, ses autres comportements mécaniques sont modélisés comme s'ils étaient statiques ou instantanés ; le temps n'est jamais un paramètre des modèles mathématiques correspondants. Selon la loi de Hooke, la déformation élastique du matériau terrestre sous l'effet d'une charge, serait instantanée, faible, et réversible alors que la consolidation d'un sol est plus ou moins lente, forte et permanente ; en dehors de la vibration terrestre extrêmement rapide, de courte durée, faible et réversible, il est donc difficile d'admettre qu'elle est un modèle acceptable de la déformation lente du matériau terrestre et Hooke ne l'a même pas envisagé ; aucun module de la géomécanique n'est de près ou de loin un module d'Youngs et le coefficient de Poisson n'est parfois évoqué dans les calculs que pour faire savant. En pratique, quand il s'agit de calculer le tassement d'un ouvrage, la déformation élastique est négligeable, comparée à la déformation de consolidation ; la réversibilité éventuelle de la déformation est sans intérêt, car les charges de la plupart des ouvrages sont constantes. La seule application directe de la théorie de l'élasticité pour le risque «naturel» est donc la modélisation sismique (*Fig.1.5.2.2*).

En statique rationnelle, la loi de Coulomb stipule que l'équilibre du point gêné dépend d'un coefficient de frottement, rapport de la force de réaction à la force d'action dont la résultante doit être nulle ; à partir de cette loi, Coulomb a défini un angle de frottement puis résolu le problème de l'équilibre d'un point pesant reposant avec frottement sur un plan incliné ; l'angle de frottement est égal à l'angle du plan à partir duquel le point n'est plus en équilibre (*Fig. 1.9.0.6.1*). La loi géotechnique de Coulomb est une adaptation par son auteur de la loi statique, pour résoudre le problème de l'équilibre d'un remblai en cours de construction. Mais un tel remblai, et encore moins un poids sur une planche inclinée, ne sont des sols ; un remblai frais est effectivement stable à partir d'un certain angle de talus que rien n'interdisait d'appeler angle de frottement pour rappeler l'angle du plan ; quand on compacte le remblai ou bien quand il vieillit et se compacte par gravité, il acquiert ce qu'il n'était pas interdit d'appeler cohésion, par la vertu de laquelle son angle de talus s'accroît parfois jusqu'à la verticale et son équilibre s'améliore. Tout cela est logique, réel, le résultat est acceptable et la boite de Casagrande permet de le vérifier. Ce l'est moins quand on passe au matériau terrestre ; pour déterminer si un certain talus est susceptible de glisser, il est préférable d'en établir d'abord le modèle géomorphologique plutôt que d'y prélever des échantillons, de les soumettre à des essais et d'effectuer des calculs de stabilité en manipulant un des nombreux modèles géomécaniques de glissement, agrémenté de quelques valeurs de paramètres ; on sait depuis fort longtemps que cela ne mène pas à grand-chose de sûr ; le nombre des modèles qui conduisent généralement à des résultats très différents est là pour le prouver ; s'il en existait un de fiable, on n'utiliserait que lui. Faute de mieux, on peut néanmoins se servir de n'importe lequel d'entre eux comme un grossier modèle vaguement analogique ; quand on charge trop un sol, il rompt ; quand un talus présente une pente trop raide, il glisse.

4.6.1.2.3 - Hydraulique souterraine

L'hydraulique souterraine concerne la mathématisation de l'écoulement naturel ou artificiel de l'eau dans le sous-sol. Elle a besoin de modèles de réservoirs et de conduites issus de l'hydrogéologie ; on leur préfère souvent ceux issus de calculs complexes comme les réflexions d'ondes aux limites ; la précision des résultats que l'on en obtient est dérisoire ; c'est alors la plus décevante des disciplines qu'utilise la géotechnique. Il est pourtant indispensable d'y avoir recours, avec prudence, à partir de modèles réalistes, notamment lors d'études de pollutions.

Elle ne s'intéresse au matériau terrestre lui-même que comme réservoir ou conduite de l'eau qu'il contient. Comme réservoir, l'eau y a une pression dite interstitielle quand il est très peu perméable, hydrostatique quand l'eau est à peu près immobile ; elles sont assez faciles à mesurer ; la première intervient dans la consolidation, la seconde, dans l'équilibre d'ouvrages enterrés. Comme conduite, l'eau circule dans ses interstices ; quand ils sont suffisamment grands et continus pour que la circulation soit analogue à un écoulement de surface, on dit que le matériau est perméable en grand ; quand il s'agit de pores plus ou moins grands mais reliés entre eux, on dit que le matériau est perméable en petit. Le premier cas est celui d'un réseau karstique ; la description du réseau, l'étude et la modélisation de l'écoulement sont très difficiles, surtout quand le réseau est dénoyé. Le second est celui des graves alluviales, domaine privilégié de la loi de Darcy *;* ouvrir une fouille ou prévoir un radier drainant de sous-sol enterré dont le débit a été estimé à 50 m^3/h, mais qui pourrait atteindre 500 m^3/h, sont bien des opérations risquées. La circulation de l'eau est très difficile à modéliser ; elle est à l'origine de nombreux dommages aux ouvrages ; la pression de courant, difficile à mesurer, est à l'origine de déjaugeages, on dit aussi sous-pressions, de renards... qui peuvent ruiner un mur, une digue, un barrage...

4.6.1.3 - LA CHIMIE

En géotechnique du risque, on recourt à la chimie pour établir des modèles de réactions comme les oxydations d'altération, pour analyser des marqueurs naturels comme lors d'éruptions volcaniques, de séismes ou artificiels en cas de pollutions. Les prélèvements sur le terrain sont généralement très délicats et les résultats des analyses, souvent douteux et difficiles à interpréter. Les sondes électroniques en réseaux permettent maintenant de doser certains éléments sur site de façon continue, notamment en volcanologie et pour la surveillance antipollution des nappes aquifères.

4.6.2 - LES ACTEURS DE L'ÉTUDE

Les risques « naturels » sont pratiquement tous connus à peu près partout, au moins par les occupants des aménagements menacés ; ceux-ci ont plus ou moins l'expérience de leurs réalisations dont toutefois, ils comprennent rarement les mécanismes. Ces risques préoccupent plus ou moins attentivement des décideurs, législateurs, administrateurs, et en situation de crise ou d'accident, des intervenants spécialisés. Les simples dommages localisés et fréquents, généralement aux ouvrages, sont connus des victimes, des experts, des assureurs et éventuellement des magistrats ; les études correspondantes sont réalisées par les experts et financées par les assureurs, toujours *a posteriori*. Les risques dont la réalisation est susceptible d'être catastrophique, n'intéressent pas grand-monde jusqu'à une réalisation spectaculaire au cours de laquelle les sauveteurs, plus ou moins bien préparés et équipés, font le plus qu'ils peuvent pour limiter les victimes et les dégâts ; ensuite, on assiste généralement à de stériles palabres technico-politico-administratifs débouchant sur des décisions de principes qui seront mises en défaut à la prochaine réalisation, après quoi elles seront remises en question ; les études correspondantes sont réalisées un peu n'importe comment, par beaucoup de gens plus ou moins spécialisés, rarement d'accord, auxquels se mêlent souvent des bateleurs qui exploitent l'irrationnel. Le financement est public ; ceci explique peut-être cela.

4.6.2.1 - LE GÉOTECHNICIEN

Qu'il agisse seul ou comme chef de projet, le responsable de l'étude géotechnique d'un risque doit être géotechnicien ; il est bon de le rappeler aux spécialistes des disciplines connexes, les autres trouveront cela évident. Le spécialiste d'une technique, géologue, géophysicien, géomécanicien, géochimiste, hydraulicien... n'utilise efficacement qu'elle ; c'est notoirement insuffisant ; en utiliser d'autres sans les bien connaître peut se révéler plus dangereux que le risque en cause.

4.6.2.1.1 - Connaître le risque et analyser le site

Le géotechnicien, individu ou équipe chargé de l'étude, doit bien connaître le risque et comprendre les préoccupations et la latitude de jeu des décideurs. Il doit analyser rapidement le site et en souligner les caractères essentiels. À ce niveau d'intervention, il peut être amené à favoriser une décision et/ou une attitude ; sa responsabilité est alors considérable car il peut affoler ou rassurer inconsidérément, faire entreprendre de coûteux travaux inutiles ou arrêter des actions nécessaires.

4.6.2.1.2 - Proposer et réaliser un programme d'étude

Connaissant le risque et le site, le géotechnicien informe les décideurs et les bailleurs de fonds, de la valeur et des limites de chaque moyen susceptible d'être mis en œuvre pour réaliser l'étude géotechnique du risque. Il élabore un programme général d'étude, en estime le budget et apprécie sa durée d'exécution. Pour cela, il choisit les moyens les mieux adaptés au site et au risque, les met en œuvre lui-même ou bien en organise et contrôle la mise en œuvre confiée à des spécialistes qui sont incompétents en dehors de leur propre spécialité. Bien entendu, il doit catégoriquement écarter tout moyen non éprouvé et tout processus non validé ; la recherche est une chose, l'étude technique en est une autre ; il est bon de ne pas les confondre.

4.6.2.1.3 - En tirer des renseignements pratiques

Quand les diverses opérations d'étude sont achevées, le géotechnicien analyse les renseignements obtenus, définit leur précision et leur fiabilité et en tire les renseignements pratiques dont les décideurs et les intervenants en période de crise et/ou de réalisation éventuelle, ont besoin pour mener à bien leurs tâches respectives : avant, élaborer et exécuter les actions de prévention ; pendant, organiser et répondre à la demande puis éventuellement secourir ; après, remettre en état, réorganiser…

Il doit enfin bien connaître les préoccupations, les méthodes et les moyens de ces intervenants, pour les assister et en cas d'imprévu, contribuer à la mise au point d'actions opportunistes.

4.6.2.1.4 - Les limites de son rôle

Le géotechnicien assume l'étude du site et contribue en ce qui le concerne, à celle du risque ; il ne devrait intervenir dans la prise de décision et dans la mise au point des interventions que comme collaborateur spécialisé des décideurs et des spécialistes de sécurité civile. C'est au géotechnicien d'identifier, localiser et caractériser l'aléa, d'analyser et modéliser le site, de proposer un scénario fiable de l'aspect géotechnique de la crise redoutée, d'estimer l'intensité et la probabilité de réalisation. Ce n'est pas à lui d'en étudier les conséquences humaines et d'en définir la gravité sur lesquelles reposeront essentiellement les décisions et les actions ; c'est l'homme de l'aléa, pas celui de la vulnérabilité.

4.6.3 - ÉTUDE GÉOTECHNIQUE D'ALÉA

L'étude géotechnique d'aléa est l'opération de base dont dépend en grande partie la qualité de l'étude rationnelle de risque. La façon de la conduire dépend de la conception personnelle du géotechnicien qui en est chargé. Mais les problèmes qu'il doit résoudre ne sont jamais les mêmes ; il doit donc adapter le schéma général qu'il a l'habitude de suivre, à chaque cas en tenant compte des caractères naturels du site, des particularités des aménagements, de la nature des risques redoutés et bien souvent aussi, des moyens financiers accordés par les décideurs. Il n'est donc pas possible de proposer un programme-type d'étude géotechnique de risque, mais seulement les grandes lignes d'une méthode générale. Il est par contre nécessaire d'organiser et conduire l'étude logiquement et rigoureusement.

4.6.3.1 - UN PROGRAMME SPÉCIFIQUE

Le même site, étudié pour des risques différents, doit avoir un modèle différent pour chacun ; celui du site d'un glissement redouté en cas de séisme, est différent de celui du séisme lui-même. Chaque site et éventuellement chaque risque dans un même site, doit donc être étudié spécifiquement, selon un programme sur mesure, adapté à chaque étape de l'étude et éventuellement même susceptible d'être modifié à tout moment en fonction des résultats obtenus, en mettant en œuvre les moyens qui fourniront à meilleur compte les renseignements nécessaires et suffisants les plus précis. Chaque moyen a évidemment sa valeur mais aussi ses limites ; aucun n'est *a priori* inutile, mais aucun n'est universel. Pour chaque type de risque, à chaque étape de l'étude, employer ceux qui lui sont les mieux adaptés, conduit certainement à une meilleure précision de résultats et à d'appréciables économies de temps et d'argent.

Pour qu'il soit possible de le faire, le programme spécifique de chaque étude doit avoir été soigneusement préparé en tenant compte à la fois des caractères naturels du site, de la nature des risques redoutés et des particularités techniques de l'aménagement.

4.6.3.2 - UN PROGRAMME ÉVOLUTIF

L'organisation correcte d'une étude géotechnique de risque implique qu'elle soit conduite par étapes, de façon de plus en plus détaillée. Il est en effet impossible d'imaginer dès l'abord dans le détail, tout ce qu'il faudra faire pour réaliser une étude satisfaisante. Le site, pratiquement inconnu au début, est de mieux en mieux connu à mesure que progresse l'étude et certains problèmes structuraux et comportementaux d'abord envisagés, se résolvent beaucoup plus facilement que prévu, alors que d'autres plus difficiles à résoudre, ne se révèlent qu'en cours d'étude.

4.6.3.3 - PAR LE SITE OU PAR LE RISQUE

Il y a deux façons d'aborder une étude géotechnique de risque, soit par le site, soit par le risque. En langage de physicien, le faire par le site revient à considérer que le système terrestre est ordonné et cohérent, ce qui est vrai, alors que le faire par le risque revient à considérer qu'il est chaotique au sens biblique du terme, ce qui est faux malgré les apparences.

Dans le premier cas, on étudie d'abord objectivement et complètement le site en mettant en œuvre les moyens les mieux adaptés à ses particularités naturelles et on essaie ensuite de caractériser le risque, afin que les décideurs puissent agir en toute connaissance de causes ; on commence par faire l'inventaire de ce qui est pour comprendre et prévoir au mieux ce qui sera ; c'est évidemment ainsi qu'il faut procéder. Par contre, si l'on définit *a priori* les modalités de l'étude que l'on va entreprendre en fonction de craintes plus ou moins justifiées et d'aménagements dont la vulnérabilité est plus ou moins évidente, sans trop tenir compte du site, on décide de ce qui sera avant de connaître ce qui est et on frôle l'irrationnel ; on assimile ainsi implicitement le site à un élément quelconque de réalisation du risque, en négligeant que cet élément est en fait le seul qui s'impose effectivement dés l'abord ; ses caractères morphologiques et comportementaux sont ce qu'ils sont et ne seront pas fondamentalement différents dans l'avenir, alors que l'aménagement aura des comportements différents et sera plus ou moins vulnérable, suivant qu'il est plus ou moins bien adapté au site. On peut toujours améliorer plus ou moins la sécurité d'un aménagement, mais on ne peut jamais modifier un site dangereux jusqu'à le rendre inoffensif ; il importe donc de bien le connaître en premier lieu.

En abordant l'étude par le site, toutes les données des problèmes géotechniques susceptibles de se poser en cas de crise, sont connues dès l'abord, ce qui permet d'étudier le risque et de protéger l'aménagement de la façon la plus rationnelle et la plus sûre, rapidement et à moindre frais, en décidant en toute connaissance de cause. Par contre, en l'abordant par le risque, les problèmes se posent les uns après les autres, parfois sans que cela ait été prévu et chacun est étudié et résolu de façon spécifique ; privilégiant leur rôle aux dépens de leur spécialité, jamais un volcanologue, un sismicien, un géomécanicien... n'admettra qu'en matière de risque, il doit d'abord travailler selon des principes généraux ; chacun veut réaliser l'étude du phénomène dont il est familier avec les moyens et selon un programme-type, spécifiques de sa microspécialité ; deux experts ou prétendus tels de la même spécialité, agissent de façons totalement différentes et ainsi, obtiennent des résultats contradictoires qui ne font qu'ajouter à la perplexité des décideurs et à la consternation des observateurs. La mise en œuvre et l'exploitation systématiques et conjointes d'instruments d'observation et de mesure spécifiques, géométriques, géophysiques, mécaniques, chimiques... produisant de nombreuses mesures, réservent toujours de désagréables surprises car, en raison de leur coût et de leur durée, il est tout à fait impossible d'en faire un nombre suffisamment grand pour qu'elles aient une réelle valeur statistique. On entreprend ainsi de façon désordonnée et hâtive, plusieurs campagnes parallèles dont certaines sont inutiles ; il en résulte toujours d'importantes pertes de temps et d'argent, surtout si certains problèmes, souvent les plus ardus, se posent en temps de crise, ce qui se produit généralement. Dès l'étude des effets de la réalisation du risque, les décideurs sont ainsi tentés d'adopter des attitudes outrancières ou timorées, car la probabilité et la gravité de réalisation ont été mal définies ; ce sera pire éventuellement, à chaud.

4.6.4 - ORGANISATION DE L'ÉTUDE

Quelles que soient la nature et la gravité estimée du danger redouté, une étude géotechnique de risque bien conduite est une opération complexe qui prend beaucoup de temps. Il est donc essentiel de l'entreprendre dès que l'on a une crainte de danger et de l'organiser pour que soient effectivement résolus les problèmes posés par une réalisation éventuelle. Mais en raison de sa complexité, il n'est pas possible d'en proposer le programme-type ni la durée d'exécution. Il faut donc l'aborder au cas par cas, selon un schéma général très souple, mais néanmoins organisé ; seules, les principales règles peuvent en être énoncées dans un cadre de forme militaire, distinguant stratégie et tactique, rappelant ainsi que naguère, on utilisait l'expression de campagne d'étude.

4.6.4.1 - STRATÉGIE DE L'ÉTUDE

Aborder l'étude géotechnique de risque par le site, c'est d'abord en bâtir le modèle puis étudier les phénomènes dont il est ou sera le siège et enfin définir les conditions dans lesquelles des aménagements existants ou futurs pourraient être endommagés par la réalisation d'un risque ; on ne doit donc pas pour autant négliger le risque.

4.6.4.1.1 - Modèle géotechnique du site

Pour bâtir le modèle géotechnique du site on emploie les moyens analytiques de la géologie structurale et de la géophysique appliquée ainsi que les moyens métrologiques de la géomécanique, de l'hydraulique et de la géochimie.

4.6.4.1.1.1 - Limites du site

On définit d'abord les limites du site ; ses limites immédiates correspondent à peu près à celles de l'emprise de l'aménagement menacé ; ses limites lointaines sont celles de la structure siège du phénomène dangereux, zone de subduction, volcan, bassin versant de cours d'eau, coteau argileux... L'expérience du géotechnicien, appuyée sur des observations classiques de géologie, éventuellement précisées par de la géophysique, le permet rapidement et à moindre coût.

4.6.4.1.1.2 - Structure du site

On définit ensuite la structure du site en commençant à caractériser les ensembles quasi homogènes que l'on y rencontre, c'est-à-dire les masses continues de matériaux terrestres dont les caractères géotechniques sont à peu près constants.

Matériaux et ensembles sont des termes préférables à roches et formations, trop précis du point de vue de la géologie et trop imprécis du point de vue de la géotechnique ; rares sont les formations que l'on peut considérer comme des ensembles homogènes, et rares sont les roches dont les caractères géotechniques sont constants ; une seule formation géologique peut ainsi correspondre à plusieurs ensembles géotechniques et certaines parties de formations voisines, à un même ensemble.

Pour achever la définition de la structure du site, on précise les limites des ensembles et on caractérise leurs relations par les surfaces de discontinuité qui les séparent. En général, ces surfaces sont différentes des surfaces de stratification ou de fracturation de la géologie structurale, tout en ayant souvent des affinités avec elles.

Ainsi, pour bâtir le modèle géotechnique d'un site, il ne suffit pas d'effectuer un travail de géologue. Une carte géologique n'est jamais une carte géotechnique et encore moins une carte de risque.

4.6.4.1.1.3 - Caractères des matériaux

Enfin, on définit les caractéristiques chimiques, physiques et mécaniques du matériau-type de chaque ensemble considéré comme plus ou moins homogène. Par la mise en œuvre d'instruments divers plus ou moins spécifiques, on mesure, soit *in situ*, soit sur échantillons, divers paramètres de ce matériau au moyen d'essais plus ou moins codifiés. Avant que l'on ait précisé la structure du site, c'est souvent la seule forme d'étude que l'on mette en œuvre ; mais alors, on attribue un rôle de synthèse à une méthode analytique. En mesurant la valeur d'un paramètre en un nombre forcément limité de points choisis presque au hasard, il n'est statistiquement pas possible d'en schématiser la répartition avec une précision aussi grande qu'on peut le faire en définissant d'abord la structure du site, reflet fidèle de cette répartition ; les moyens de la géologie et de la géophysique sont mieux adaptés à un travail de synthèse que l'instrumentation ponctuelle.

4.6.4.1.2 - Évolution du site

Quand le modèle géotechnique du site est bâti, on étudie les phénomènes qui s'y produisent et plus particulièrement ceux dont on redoute les manifestations dangereuses. Il s'agit de prévoir l'évolution du site pour apprécier la probabilité de crise, en dégrossir le scénario et dans la mesure du possible, tracer les grandes lignes de l'adaptation éventuelle des aménagements.

Les théories et les techniques alors employées sont celles de la géodynamique pour qualifier ces phénomènes, celles de la géomécanique et de la statistique pour les quantifier.

4.6.4.2 - TACTIQUE DE L'ÉTUDE

Aborder l'étude par le site, c'est en second lieu l'organiser comme toute expérience, selon un protocole définissant un cadre et des règles.

4.6.4.2.1 - Du général au particulier

D'abord, on observe et on décrit le matériau terrestre en faisant progresser l'étude du général au particulier ; on va de la région au site puis à certains détails du site, sans toutefois perdre de vue la région, référence nécessaire pour vérifier la cohérence du modèle du site.

Ce schéma d'étude subordonne les moyens utilisés. La démarche géologique fournit le cadre synthétique de l'étude en ce qu'elle permet dès l'abord de caractériser le site. Les démarches des autres disciplines sont essentiellement analytiques pour préciser ses caractères et fournir certains éléments de la connaissance générale du site.

Placer le site dans son cadre géologique est donc la première opération fondamentale, rapide et peu onéreuse, d'une étude géotechnique de risque. Elle fournit des indications générales et parfois détaillées des caractères qualitatifs ou semi-quantitatifs du site et permet d'organiser au mieux son étude détaillée.

La deuxième opération, l'étude détaillée du site, elle-même subdivisée éventuellement en études spécifiques de certaines de ses parties, consiste à caractériser les ensembles précédemment identifiés, en précisant leurs limites et en mesurant les paramètres mécaniques et hydrauliques nécessaires à la connaissance du risque et à son traitement.

Mais les résultats de l'étude détaillée ne sont que les éléments de la solution du problème général, prévoir le comportement du système site/aménagement et apprécier la vulnérabilité de l'aménagement. Issus de calculs fondés sur des théories dont l'utilisation implique que l'on admette la légitimité d'un certain nombre de postulats ayant pour objet de schématiser le matériau terrestre, ces résultats sont entachés d'erreurs systématiques dont l'appréciation ne peut se faire qu'en comparant le matériau réel au milieu idéal, par référence au cadre géologique.

L'organisation d'une étude géotechnique de risque impose donc de considérer les disciplines annexes comme des outils d'analyse au service de la géologie de synthèse ; leur utilisation ne doit pas être une fin mais un moyen parmi d'autres. Les unes et les autres sont extrêmement nombreuses et variées. Le recours à certaines d'entre elles n'est profitable qu'autant qu'on les a judicieusement choisies, correctement utilisées et que les résultats obtenus ont été complètement exploités, correctement interprétés et sévèrement critiqués tant du point de vue du site que de celui de l'aménagement et du risque.

L'imprécision fondamentale des résultats d'une étude géotechnique de risque ne doit pas être perdue de vue et être appréciée par référence au cadre géologique du site.

4.6.4.2.2 - Par étapes

Aborder une étude géotechnique de risque par le site n'implique pas qu'elle soit uniquement organisée par rapport à lui. On procède aussi par étapes, selon l'évolution de la connaissance du risque, depuis l'esquisse d'un scénario jusqu'à une action structurée. Il est vain d'entreprendre l'étude détaillée d'un site tant que le risque n'est pas clairement caractérisé ; une étude plus légère et donc plus rapide et moins onéreuse, mettant surtout en œuvre les méthodes générales de la géologie et de la géophysique, est toujours préférable à ce niveau.

4.6.4.2.3 - Par phases

Chaque étape de l'étude définie par rapport au niveau de connaissance du risque, peut elle-même se subdiviser en trois phases définies par rapport au site. La première est celle de l'analyse du site et des phénomènes susceptibles de l'affecter, c'est-à-dire celle du recueil objectif de renseignements géotechniques. La seconde est celle de la synthèse, c'est-à-dire de la construction du modèle géotechnique du site. En le manipulant au cours de la troisième, on essaie de préciser et d'estimer l'éventualité de la réalisation de l'aléa et d'en proposer le scénario.

4.6.4.2.3.1 - Analyse

L'analyse du site et des phénomènes correspond à la phase documentaire de chaque étape de l'étude. On recueille les renseignements géotechniques dont on a besoin pour poursuivre l'étude. Schématiquement, les moyens de la géologie, essentiellement fondés sur l'observation, fournissent des renseignements qualitatifs d'ordre général ; ceux de la géophysique, fondés sur la mesure mais aussi sur l'observation pour interpréter ces mesures, fournissent des renseignements semi-quantitatifs d'ordre plus particulier. Les moyens de la géomécanique et de la géochimie, échantillonnage, sondages et essais, fournissent des renseignements quantitatifs spécifiques. On passe ainsi progressivement de l'observation à la mesure et de l'analogie à la déduction ; l'analyse devient de plus en plus abstraite et peut conduire à des résultats peu réalistes.

4.6.4.2.3.1.1 - Les ensembles structuraux

On commence l'analyse du site en y caractérisant des ensembles quasi homogènes ; c'est un travail de géologue. Pour ce faire, on place le site dans son cadre, en observant ses environs afin de supputer ce que l'on peut y trouver. L'observation d'un versant de vallée renseigne toujours sur sa stabilité, celle d'une plaine alluviale, sur sa zone inondable... Plus généralement on peut tirer des renseignements géotechniques, évidemment très généraux, en considérant le cadre d'un site à l'échelle régionale.

Cette approche de l'étude permet d'obtenir très rapidement et à peu de frais, une masse importante de renseignements géotechniques toujours intéressants, souvent essentiels et parfois très précis. Elle est fondée d'abord sur la réunion d'une documentation aussi complète que possible sur la géologie et l'histoire régionales, mémoires, cartes géologiques, avis de géologues locaux... archives, traditions, mémoire des plus vieux du pays... et sur les événements catastrophiques qui ont pu l'affecter, puis sur de rapides excursions, tant pour acquérir une expérience concrète du terrain que pour visiter les aménagements menacés. Une étude générale de télédétection stéréoscopique aérienne et plus rarement satellitaire, permet enfin de compléter et de synthétiser ces renseignements sous la forme d'une carte géotechnique schématique à petite échelle.

On peut alors entreprendre l'étude détaillée du site et de ses environs immédiats à l'échelle correspondant à celle de l'aménagement et du risque. À un premier niveau encore qualitatif, il s'agit d'établir une carte détaillée, après avoir défini les formations que l'on rencontre dans le site et analysé leurs contacts et leurs relations. Les moyens classiques de la géologie de terrain et de la télédétection sont en principe les seuls sollicités, mais une carte ainsi établie présente de nombreuses lacunes concernant par exemple l'épaisseur de la couverture, la nature du substratum, la position de contacts cachés... À un deuxième niveau, on précise donc ce document en procédant à une analyse fine, semi-quantitative de la structure du site. Des compléments de géologie de terrain et la mise en œuvre de la géophysique, caractérisent cette nouvelle phase.

Si la mise en œuvre de ces moyens permet de compléter et de préciser les renseignements recueillis lors des phases précédentes, on n'obtient pas ainsi des renseignements originaux. La géophysique complète la géologie, elle ne la remplace pas ; même dans des sites de risques dont les facteurs sont internes comme le volcanisme ou la sismicité, ce serait une erreur méthodologique de mettre en œuvre des moyens géophysiques dans un site dont on connaîtrait mal la structure géologique : les zones sismiques et volcaniques ont été repérées et délimitées bien avant la formulation de la tectonique globale qui doit beaucoup à la géophysique.

La plupart des moyens de la géophysique profonde sont passifs, gravimétrie, sismique, magnétisme, électromagnétisme... On mesure directement certaines grandeurs considérées comme représentatives des phénomènes naturels correspondants et en confrontant les renseignements ainsi obtenus de sources différentes, on construit des modèles schématiques à l'échelle régionale, zone de subduction, rift, point chaud... Mais ces modèles sont trop généraux pour rendre compte de particularités locales spécifiques ; il faut les préciser sur site, au moyen de méthodes géophysiques actives, électrique, sismique et géodésie pour l'essentiel. On utilise directement ces techniques, avec au coup par coup quelques autres, pour les études de géotechnique superficielle. Pour préciser localement certains renseignements structuraux comme la nature et la profondeur d'un substratum, cette analyse de la structure détaillée du site peut être complétée par les résultats de sondages-étalons, implantés en des points structuralement intéressants, sans tenir compte de la position relative de l'aménagement.

Ayant ainsi défini la structure géologique du site, on en établit le modèle géométrique schématisé par une carte et des profils sur lesquels figurent les limites de chaque ensemble.

4.6.4.2.3.1.2 - Les paramètres

Pour achever l'étude objective du site et en établir le modèle géotechnique, on mesure ponctuellement les paramètres physico-chimiques, mécaniques et hydrauliques qui caractérisent le matériau de chaque ensemble. Selon le type d'aléa que l'on étudie, on choisit évidemment de mesurer les paramètres les plus intéressants pour sa caractérisation. Les outils de cette phase d'étude sont accessoirement certains moyens géophysiques, mais plus généralement, cette phase est celle de la mise en œuvre des outils métrologiques de la géomécanique, de l'hydraulique et de la géochimie, l'échantillonnage, les sondages, les essais et les dosages.

4.6.4.2.3.2 - Synthèse

La phase d'analyse du site achevée, on passe à celle de synthèse, au cours de laquelle, au moyen de tous les documents précédemment recueillis, on construit le modèle géotechnique du site, traduit en cartes et profils dressés et présentés à une échelle adaptée à l'étape de caractérisation du risque. Sur ces documents, on indique les limites des ensembles, les valeurs moyennes et extrêmes des paramètres mesurés pour caractériser le matériau de chaque ensemble. On y attire l'attention sur le ou les paramètres utiles à la caractérisation du risque.

Ces documents sont spécifiquement géotechniques. Ce ne sont pas des cartes et des coupes géologiques complétées par quelques indications géotechniques, mais d'autres choses ; ils décrivent le site dans un but pratique ; ils doivent donc être immédiatement et parfaitement compréhensibles, même pour un utilisateur qui ne serait pas géotechnicien, puisque ces documents concrétisent pour lui, l'aide qu'il attend de la géotechnique.

4.6.4.2.3.3 - Manipulations des modèles

Malgré la multiplicité et la variété des risques géotechniques, les problèmes que la géomécanique aborde habituellement, se réduisent à quatre groupes principaux ; ils reçoivent des solutions-types découlant de quelques théories et méthodes de bases qui se voudraient strictement déterministes, mais qui ne le sont pas.

L'élasticité est à la base de la sismologie et de la sismique ; bien que l'on y recoure habituellement, elle est mal adaptée aux problèmes d'équilibre de massifs et de tassements. La loi de Coulomb et ses innombrables extensions relatives à l'équilibre des massifs, concernent la stabilité des versants, des talus de fouilles et remblais, des écrans, murs de soutènement, palplanches, parois diverses... S'il y a une charge en tête, il faut en plus un zeste d'élasticité et s'il s'agit d'une digue ou d'un barrage, un peu d'hydraulique. La stabilité des fondations, tant superficielles que profondes, se traite comme un équilibre de massif. Le tassement des sols se détermine par la méthode de Terzaghi. La loi de Darcy et ses quelques extensions permettent d'aborder la plupart des problèmes hydrauliques.

Pour préciser les résultats de ces méthodes, mais aussi résoudre tous les problèmes, les plus nombreux et les plus difficiles, qui n'ont pas de modèle déterministe, le recours aux modèles statistiques est indispensable. Malheureusement on ne sait pas bien faire ; les séries historiques ne sont pas des séries statistiques et les probabilités que l'on en tire sont au mieux de grossières approximations et au pire des élucubrations, même si on les exprime péremptoirement en temps de retour x-ennaux. On ne sait pas définir le temps caractéristique d'un quelconque phénomène naturel facteur de risque ; on ne peut donc pas plus justifier la durée de la période passée, base de la série, que celle de la période future, cadre de la prévision.

4.6.4.2.3.4 - Mise au point d'un scénario de crise

Quand on a construit le modèle géotechnique du site et caractérisé statistiquement le risque, on aborde la dernière phase de l'étude, la mise au point d'un scénario de crise. On critique les résultats des manipulations des modèles mathématiques puis on écrit les scénarios de crise envisageables ; entre plusieurs d'entre eux, théoriquement équivalents, on choisit celui qui paraît le mieux décrire la réalisation menaçante.

4.6.5 - LES RÈGLES GÉNÉRALES D'UNE CONDUITE

On ne réalise jamais une parfaite étude géotechnique de risque ; la méthode esquissée est donc bien théorique et difficile à suivre fidèlement ; on peut au moins la soumettre à quelques règles de bon sens ; quoi que l'on puisse en penser, elles ont une valeur méthodologique certaine en ce que pour être efficace, le programme d'étude doit leur être soumis.

4.6.5.1 - ORDRE ET CONTINUITÉ

Une bonne étude se réalise avec ordre et continuité, sans hâte excessive. Son but est de fournir des renseignements pratiques et fiables à ceux qui devront décider et agir ; chacune de ses phases précède l'étape de décisions correspondante ; elle ne la dépasse pas. Afin de ne pas perdre de temps, d'informations ni de résultats, le même géotechnicien, individu ou équipe, assure successivement la réalisation de chaque phase de l'étude, à chaque étape de décisions.

4.6.5.2 - EN FAIRE ASSEZ MAIS PAS TROP

Il est tentant de prolonger chaque phase d'étude, en s'intéressant à des détails dont l'examen ne sera justifié que par la suite ou ne le sera pas.

À chaque phase, il est préférable, de faire le nécessaire sans aller au-delà, car faire plus n'entraîne pas savoir davantage. Après avoir amassé des renseignements, il faut avoir le temps de les exploiter et souvent même apprendre à le faire quand le problème posé est nouveau. La passion des mesures accumulées est disproportionnée avec la capacité de les utiliser judicieusement ; l'analyse considérée comme une fin, fait oublier la synthèse, dont elle n'est que le moyen. De plus, les décisions peuvent largement varier au cours de l'étude, ce qui peut déprécier une plus ou moins grande partie de renseignements surabondants, recueillis trop hâtivement.

Une étude géotechnique de risque est de plus en plus longue, complexe et onéreuse en devenant plus détaillée ; il est donc inutile de l'aborder par son ultime phase, la collecte du renseignement quantitatif localisé sur lequel sont fondés des calculs spécifiques aussi savants que suspects si leur cadre n'est pas préalablement défini. Mais sans grand effort intellectuel, on peut ainsi constituer un volumineux dossier de résultats bruts qui ne présentent jamais un grand intérêt pratique immédiat ; pour peu que la structure du site soit complexe ou le problème difficile, on s'y noie dans des détails sans intérêt ou bien on y puise de faux arguments pour étayer des convictions erronées ; on y trouve certains renseignements surabondants ou sans intérêt alors que certains autres, indispensables, font défaut.

4.6.5.3 - DES SOLUTIONS APPROCHÉES

Même en organisant une étude de la meilleure façon possible, on ne peut jamais en obtenir un résultat indiscutable, soit pour des raisons de temps ou de budget, soit par l'essence même du problème. Le scénario retenu n'est sans doute pas le meilleur.

À chaque étape de l'étude, on doit en fait, se contenter d'esquisser un ou quelques scénarios qui paraissent plus ou moins raisonnables, en ayant bien conscience des limites de la géotechnique et du fait que quoi que l'on fasse, la qualité de l'étude sera imparfaite ; la réduction de l'imprécision des esquisses ou le choix de l'une d'entre elles interviendra à l'étape suivante, mais le choix sera toujours en partie subjectif et imparfait. La géotechnique est l'art de se contenter de ce que l'on a et de faire ce que l'on peut en choisissant entre des inconvénients ; cela n'est évidemment ni très exaltant ni très prestigieux, mais c'est sûrement très efficace.

4.6.5.4 - S'ARRÊTER À TEMPS

Les résultats obtenus lors des premières phases d'étude géotechnique de risque sont nombreux et intéressants. Ils le sont de moins en moins ensuite, car un grand nombre de ceux que l'on obtient par d'autres moyens font double emploi avec ceux que l'on connaît déjà ; dans certains cas toutefois, la redondance permet de les préciser ou de les contrôler, ce qui est loin d'être négligeable si elle n'est pas abusive. L'intérêt pratique d'une étude devient de plus en plus discutable à mesure qu'elle se précise et le rapport précision/coût ou intérêt pratique, tend très vite vers une valeur asymptotique. Il est donc souhaitable de contrôler constamment son déroulement, de façon à pouvoir l'arrêter à temps, à l'optimum de son intérêt. Ainsi, les décideurs et les bailleurs de fonds ne seront pas tentés de la considérer comme une stérile obligation technique ou morale et apprécieront tout le bien fondé de la démarche qui les a conduits à la faire entreprendre.

4.6.6 - RÉSULTAT

Il reste à interpréter, organiser, combiner, coordonner et synthétiser tout cela pour obtenir le résultat pratique et concret qu'attendent les décideurs politico-administratifs et les spécialistes de sécurité civile : réalité de l'aléa, probabilité, gravité, fréquence… d'un événement dommageable dans le site étudié ; c'est l'affaire du géotechnicien du risque qui, comme tous les prévisionnistes, doit exercer son art en s'appuyant sur son expérience, mais cela ne suffit pas : il sait que le résultat auquel il arrive n'est pas déterministe, qu'il est entaché d'erreurs irréductibles, que son interprétation et son usage peuvent être erronés, inattentifs ou abusifs ; consciemment ou non, il l'affecte donc d'un coefficient de sécurité qui a pour effet d'accroître en principe les actions de précaution. Mais l'application stricte du principe de précaution se paye alors qu'en phase d'étude, les conséquences de la réalisation d'un risque et la sécurité sinon nécessaire, du moins souhaitable ne sont ni quantifiables ni même tangibles ; il est donc facile d'en minimiser le coût en sous-estimant les risques encourus ; le compromis sécurité/économie doit évidemment pencher du côté de la sécurité car l'économie à tout prix peut être désastreuse à terme si des dommages ou des accidents se produisent ; mais cela ne ressortit pas à la géotechnique du risque.

Les meilleurs critères de qualité du résultat d'une étude géotechnique de risque sont la facilité et l'efficacité de son utilisation par les commanditaires et les utilisateurs qui ne sont pas des spécialistes ; il est rare qu'un rapport confus et/ou imprécis, peu compréhensible, corresponde à une étude convenable, même si elle paraît savante.

Mais avoir correctement organisé, réalisé et présenté une étude géotechnique de risque n'est pas suffisant pour assurer la qualité du résultat obtenu ; quoi que l'on fasse, toute étude expérimentale est affectée d'erreurs systématiques et aléatoires ; quel que soit le risque en cause, la vérification expérimentale des décisions prises ne pourrait se faire qu'en cas de réalisation ; il est donc souhaitable que l'on n'en fasse jamais. C'est sur cette impossible vérification à froid que se fondent ceux qui disent et font n'importe quoi pour obtenir des crédits et faire parler d'eux ; à chaud, on a évidemment d'autres soucis que les critiquer, de sorte qu'ils sont rarement sanctionnés. Aussi parfaite que paraisse une étude géotechnique de risque présentée dans un épais dossier multicolore, son résultat ne peut donc être que critiquable ; ainsi, le doute est l'attitude normale du géotechnicien conscient de ses responsabilités.

La critique de la qualité et du résultat d'une étude géotechnique de risque est donc une opération indispensable qui, quoi que l'on fasse, demeure toujours plus ou moins aléatoire sinon... risquée.

POST-SCRIPTUM

Depuis la nuit de notre temps, nous sommes confrontés aux effets parfois désastreux, des manifestations intempestives mais tout à fait normales, de certains phénomènes naturels. Sans trop se poser la question de notre propre responsabilité, nous avons imaginé d'innombrables façons de nous adapter à ces effets en les confondant avec leurs causes : les pires façons ont été d'abord de considérer que les causes étaient des punitions et que les effets étaient inéluctables, fatals, prescrits..., ensuite d'essayer de vaincre les causes par la science et la technique. En 1970, pour titre de l'un de ses ouvrages, mon maître Marcel Roubault posait la question, Peut-on prévoir les catastrophes naturelles ? *et dans le texte, il répondait,* si l'homme ne peut pas tout empêcher, il peut beaucoup prévoir. *Plus de trente ans après, il me semble que* beaucoup *était assez optimiste. Je crois même que, redoutant la manifestation intempestive d'un phénomène naturel, il serait vain de chercher à l'empêcher : il est plutôt préférable de s'efforcer de prévenir ses effets au lieu d'essayer de la prévoir avec une précision impossible à atteindre pour être réellement efficace.*

En réalité, la plus grande partie, sinon la totalité des dommages, accidents et catastrophes « naturels » que nous avons subis, subissons, et subirons, résultent de nos propres faits, implantations défectueuses, inadaptations aux sites, vices de construction, légèreté, inconscience, attitudes et/ou décisions aberrantes... Ainsi, les effets de certains phénomènes naturels sont catastrophiques parce que nous ne tenons pas compte de leurs événements dangereux. Au risque de vous lasser, je répète donc que la nature n'est pas capricieuse, que le sol n'est pas vicieux, que les catastrophes ne sont pas naturelles.

En écrivant sur tout dans cet ouvrage ambitieux, j'ai négligé les sages conseils de Ptahhotep : « Pense qu'un spécialiste peut s'opposer à toi. Il est fou de vouloir parler de tout ». *Les spécialistes de tous les sujets que j'y aborde ne pardonnerons peut-être pas mes imprécisions voire mes erreurs, mais j'ai pu ainsi montrer aux autres que les actions et les moyens rationnels dont on dispose pour prévenir les effets de la réalisation de n'importe quel risque « naturel » sont nombreux et variés : pour tout risque clairement caractérisé et bien étudié, on peut définir, décider et préparer calmement ces actions et moyens, et au besoin, les mettre en œuvre efficacement. La géotechnique est la technoscience du risque « naturel » ; les études géotechniques sont nécessaires à la prévention des dommages, accidents et catastrophes « naturels » ; elles sont même pratiquement suffisantes si elles sont spécifiques, sérieuses et complètes, et si leurs résultats sont correctement interprétés et utilisés. Leurs coûts sont infimes, comparés à ceux des sinistres qu'elles permettent d'éviter ; il serait indécent de les mettre en parallèle avec les coûts humains des catastrophes.*

Felix qui potuit rerum cognoscere causas

Virgile

BIBLIOGRAPHIE SOMMAIRE

ALLÈGRE C. (1992) - Introduction à l'histoire naturelle - Fayard, Paris.

BILLAUT C. (1989) - Le rôle épurateur du sol - TEC & DOC Lavoisier, Paris.

BARDINTZEFF J.-M. (1992) - Volcanologie - Masson, Paris.

BOLT et autres (1975) - Geological Hazards - Springer Verlag, NY.

BOOTH B. et FITCH F.(1980) - La Terre en colère - les cataclysmes naturels - Seuil, Paris.

BOURRELIER P.-H. et autres (1997) - La prévention des risques naturels – La Documentation française, Paris.

FLAGEOLET J.-C. (1989) - Les mouvements de terrain et leur prévention - Masson, Paris.

LECOMTE P. (1995) - Les sites pollués - TEC & DOC Lavoisier, Paris.

LEVASSEUR-LEGOURD A.-C. (1997) - Les comètes et les astéroïdes - Seuil, Paris.

LEVÊQUE P.-C. (1983) - Géologie appliquée au génie civil, au génie nucléaire et à l'environnement - TEC & DOC Lavoisier, Paris.

MADARIAGA R. et PERRIER G. (1991) - Les tremblements de terre - Presses du CNRS, Paris.

MARTIN P. (1997) - La géotechnique - Principes et pratiques - Masson, Paris.

MARTIN P. (2005) - Géomécanique appliquée au BTP - Eyrolles, Paris.

PASKOFF R. (1994) - Les littoraux - Impacts des aménagements sur leur évolution - Masson,   Paris.

RÉMÉNIÉRAS G. (1986) - L'hydrologie de l'ingénieur - Eyrolles, Paris.

ROUBAULT M. (1970) - Peut-on prévoir les catastrophes naturelles ? - PUF, Paris.

www.ingramcontent.com/pod-product-compliance
Lightning Source LLC
Chambersburg PA
CBHW082120210326
41599CB00031B/5823